JIXIE SHEBEI ZHENDONG GUZHANG
JIANCE YU ZHENDUAN

机械设备振动故障监测与诊断

黄志坚 编著

The Second Edition
第二版

化学工业出版社
·北京·

本书第一版自出版以来，受到了广大读者的欢迎，并荣获中国石油和化学工业优秀图书一等奖。第二版在系统介绍了现代机械设备振动故障监测与诊断基本理论方法的基础上，对原书做了进一步的订正与更新，主要是根据近年来技术进步情况增加了核电与风电装备的振动、新能源汽车电机振动、数控机床振动等技术内容。

本书取材新颖、概念清晰，案例丰富具体，技术内容翔实。适合广大机械动力设备维修工程技术人员、振动仪器仪表设计开发与制造专业技术人员，以及大中专院校相关专业师生阅读。

图书在版编目（CIP）数据

机械设备振动故障监测与诊断/黄志坚编著．—2版．—北京：化学工业出版社，2017.4（2024.5重印）

ISBN 978-7-122-29021-2

Ⅰ.①机… Ⅱ.①黄… Ⅲ.①机械设备-机械振动-故障监测②机械设备-机械振动-故障诊断 Ⅳ.①TH17

中国版本图书馆CIP数据核字（2017）第024144号

责任编辑：黄　滢　　文字编辑：冯国庆
责任校对：宋　夏　　装帧设计：王晓宇

出版发行：化学工业出版社（北京市东城区青年湖南街13号　邮政编码100011）
印　　装：北京盛通数码印刷有限公司
787mm×1092mm　1/16　印张23　字数604千字　　2024年5月北京第2版第12次印刷

购书咨询：010-64518888　　售后服务：010-64518899
网　　址：http://www.cip.com.cn
凡购买本书，如有缺损质量问题，本社销售中心负责调换。

定　　价：98.00元

序

从 20 世纪 60 年代开始，国际工程科技界开发了设备监测诊断技术，在军事装备和工业企业逐步推行预知维修和智能维修。 近二三十年来国内外设备诊断技术的研究开发及应用异常活跃，多种诊断方法已在工厂实际应用，常常取得出人意料的实效。 现代设备监测诊断技术正在成为机电、信息、监控、通信、计算机和人工智能等集成技术，并逐步发展成为一门多学科交叉的新兴工程科学技术。

随着科技的进步与经济的发展，现代生产装备日趋大型化、综合化、精密化、复杂化，工艺过程自动化，流水作业，连续生产，非计划停产损失巨大。 生产过程对人的依赖程度越来越低，但对设备的依赖程度越来越高，对设备技术状态的掌握要求越来越高，设备的安全、可靠与平稳运行备受人们关注。 设备故障监测与诊断是提高设备可靠性的基本技术手段，而设备的振动监测与诊断是其中的重要技术途径，这早已为广大业内人士所认同。 进入 21 世纪以来，人们追求科学发展与和谐社会，人与设备的和谐至关重要，振动监测与诊断更具实际意义。

振动监测与诊断涉及多方面的专业技术，现场实际问题错综复杂、千变万化，要顺利完成机器故障诊断任务并取得实效并不容易。 坚实的理论基础、广博的专业知识、深入的现场实践，以及科学的思维方法，是当代高素质维修工程技术人员必备的基本素质，是解决复杂工程问题不可或缺的基本条件。 为帮助维修工程技术人员掌握振动监测诊断技术和方法，《机械设备振动故障监测与诊断》一书问世了。 本书列举了大量工程实例，对国内近年来机械设备振动监测与诊断实践与创新活动作了比较系统的总结与提炼。 作者都是长期在一线从事维修工程的专业技术人员，同时也在故障诊断领域作了大量的理论探讨。 该书内容丰富、覆盖面广，所选的实例具有典型性，该书具有一定的学术特色和实用价值，相信对广大读者会有较大的帮助，并将对本领域的技术进步和推广应用起积极作用。 对医学科学，临床诊断是病理学研究的基础，又是验证医学科学理论的实践。 同样的，机械设备现场故障诊断是故障机理研究和开发先进智能维修技术的基础。 本书较好地把握了理论与实践的结合、先进性与实用性的统一，工程应用成效显著，值得称赞和推荐。 希望更多的专家学者和专业技术人员，特别是一线工程技术人员，共同参与本技术领域的理论探讨和学术交流。

设备故障监测与诊断技术正向网络化、智能化、远程化、实时化、精密与早期预测的方向发展，实行装备预测及健康管理并与工程资产管理信息化紧密结合，是未来物联网应用的重要领域之一。 新的工程需求和研究课题层出不穷，广大专家学者和工程技术人员任重道远。 我们深信，只要团结协作、勇于探索、大胆实践、不懈努力，我国设备诊断和先进维修工程科技研究和应用会取得新的更大成就。

中国工程院院士
中国设备管理协会副会长
北京化工大学教授

第一版前言

现代机械设备正朝着大型化、高功率的方向发展，设备振动问题越来越引起人们的关注。

旋转机械发生故障的主要特征是机器伴有异常的振动和噪声，其振动信号从幅域、频域和时域反映了机器的故障信息。因此，了解旋转机械在故障状态下的振动机理，对于监测机器的运行状态和提高诊断故障的准确率都非常重要。利用振动监测系统可及时发现和识别这些异常振动现象，通过振动发展趋势观察分析，控制或减少振动，避免发生重大事故。

机械故障诊断与监测的任务是对振动信号进行特征参数提取，并依据特征参数进行设备正常与否的分析以及对特征参数序列进行数据解释，同时将故障信息传递、显示，并通过适当途径报警、处理。

在现代科学技术条件下，振动故障诊断与监测技术不断进步，诊断与监测系统日趋复杂，功能不断扩展、精度也更高。

本书结合实例，系统地介绍了现代机械设备振动故障诊断与监测及故障排除理论与方法。

全书共 12 章，分为上、下两篇。其中第 1 ~ 5 章为上篇，主要介绍振动基础理论、机械设备振动测试诊断与监测基本方法；第 6 ~ 12 章为下篇，分别介绍各类重要机械设备振动故障及诊断、监测与排除方法。

本书概念清晰、通俗浅显，注重技术内容的翔实、具体，实用性与先进性紧密结合。本书取材新颖，很多技术方法都是通过实例来介绍的。

本书主要供广大机械动力设备维修工程技术人员、振动仪器仪表设计开发与制造专业技术人员使用，也可供大中专院校相关专业的学生与教师学习参考。

本书由黄志坚、高立新、廖一凡、张健、邓家青、陈安安编著，其中第 1、5、7～10 章由黄志坚执笔，第 2 章由廖一凡执笔，第 3、6 章由张健执笔，第 4 章由高立新执笔，第 11 章由邓家青执笔，第 12 章由陈安安执笔，全书由黄志坚统稿。

上海东昊测试技术有限公司李网彬工程师、张福志工程师提供了第 9 章部分案例，在此表示诚挚的谢意。

我国著名振动工程专家、中国工程院院士高金吉教授对本书出版给予了关注，对文稿改进提出了重要意见。同时，他欣然为本书作序勉励。在此向高院士致以诚挚的感谢和敬意。

编著者

前 言

FOREWORD

机械振动是工程中普遍存在的现象，机械设备的零部件和整机都有不同程度的振动。机械设备的振动往往会影响其工作精度，加剧机器的磨损，加速疲劳破坏；而随着磨损的增加和疲劳损伤的产生，机械设备的振动将更加剧烈，如此恶性循环，直至设备发生故障和破坏。振动加剧往往是伴随着机器部件工作状态不正常、乃至失效而发生的一种物理现象。有 60%以上的机械故障都是通过振动反映出来的。不用停机和解体，通过对机械振动信号的测量和分析，就可对其劣化程度和故障性质有所了解。如今，振动的理论已相当成熟，方法更加简单易行。

现代机械设备正朝着大型化和高功率的方向发展，设备振动问题越来越引起人们的关注。

当旋转机械发生故障时，在敏感点的振动参数的峰值和有效值往往有明显的变化，或者出现新的振动分量。因此对机器进行故障诊断时，通常是在故障敏感点进行第一类振动测量。但是，当机器有故障时，往往产生新的激励，如果激励是一种脉冲，则其包含的频率成分是十分丰富的。机器或其部件对此激励的响应主要是以其各阶固有频率所做的振动。显然，不同的部件其固有频率是不同的。因此，如要寻找或判断故障源，就需要进行第二类振动测量。旋转机械发生故障的主要特征是机器伴有异常的振动和噪声，其振动信号从幅域、频域和时域反映了机器的故障信息。因此，了解旋转机械在故障状态下的振动机理，对于监测机器的运行状态和提高诊断故障的准确率都非常重要。利用振动监测系统可及时发现和识别这些异常振动现象，通过振动发展趋势观察分析，控制或减少振动，避免发生重大事故。

机械故障诊断与监测的任务是对振动信号进行特性参数提取，并依据特征参数进行设备正常与否的分析，以及对特征参数序列进行数据解释，同时对故障信息进行传递和显示，并通过适当途径进行报警和处理。

在现代科学技术条件下，振动故障诊断与监测技术不断进步，智能诊断与远程监测技术应用于振动领域，诊断与监测系统日趋复杂，功能不断扩展，精度也更高。

本书结合实例，系统地介绍了现代机械设备振动故障诊断与监测及故障排除理论与方法。

全书共 11 章，其中第 1～4 章主要介绍了振动基础理论、机械设备振动测试诊断与监测基本方法；第 5～11 章为分别介绍了各类典型机械设备振动故障及诊断、监测与排除方法。

本书概念清晰、通俗浅显、取材新颖，注重技术内容的翔实、具体、实用性与先进性。

本书第一版自出版以来，受到广大读者的欢迎，并荣获中国石油和化学工业优秀图书一等奖。第二版对第一版做了进一步的订正与更新。主要是根据近年来技术进步情况增加了核电与风电装备的振动、新能源汽车电动机振动、数控机床振动等技术内容。

本书主要适于企业广大机械动力设备维修工程技术人员，振动仪器仪表设计开发与制造专业技术人员，大中专院校相关专业的学生与教师阅读。

由于笔者水平有限，书中不足之处在所难免，希望广大读者批评指正。

编著者

目 录

第 1 章

机械振动故障监测与诊断基础

1.1 机械振动概述

机械设备中任何一个运动部件或与其相关的零件出现故障，必然破坏机械运动的平稳性，在传递力的参与下，这种力和运动的非平稳现象表现为振动。

如不能准确判断设备异常振动的原因，这会给系统运行带来较大隐患，最终造成设备无法正常运转，给企业生产带来巨大的损失。

振动分析及测量在诊断机械故障中有着重要的地位。建立在现代故障诊断技术和系统集成技术上的机械设备故障诊断系统，可对设备的运行状态实现实时在线监测，通过对其监测信号的处理与分析，以及不同时期信号变化的对比，可真实地反映出设备的运行状态和松动、磨损等情况的发展程度及趋势，为预防事故、科学安排检修提供依据。

从力学的角度来看，振动可以定义为：物体围绕某一固定位置来回摆动并随时间变化的一种运动。

如图 1-1 所示弹簧质量系统中质量块的运动就是一个典型的振动例子。

在质量块上作用一个力（例如作用一个向上的力），让其偏离平衡位置，到达上限位置后，将作用力撤除，于是质量块便会因重力而向下运动，并穿过平衡位置到达某个下限位置，之后又会在弹簧拉力作用下向上运动。这种周而复始的运动就是振动。

根据这样的力学模型，心脏的跳动、肺部的呼吸、潮汐的涨落、柴油机排气管的噪声等都可归到振动学研究的范畴。

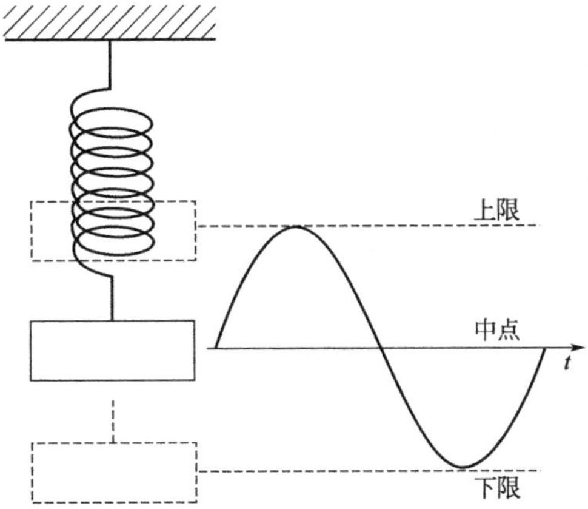

图 1-1　质量块运动随时间变化的轨迹

引起机械振动的原因有很多种，概括起来主要有：①转动部件不平衡；②联轴器和轴承安装不对中；③轴弯曲；④齿轮磨损、偏心或损坏；⑤传动带或传动链损坏；⑥轴承损坏；⑦扭矩变化；⑧电磁力；⑨空气动力；⑩水动力；⑪松动；⑫摩擦；⑬油膜涡动和油膜振荡。

任何振动工程问题都可以用图 1-2 来概括说明。这里的输入是指作用在系统上的激励或干扰，输出也称为响应。对于机械振动而言，激励大多为力，而常用的响应物理量一般分为位移、速度和加速度。

要引起振动，必须要有干扰（力）。人们坐在开动的汽车中感到振动是由于汽车发动机转动和车轮通过不平的路面而产生的干扰力所致。这种有输入的振动称为强迫振动或受迫振动。当人们上船经过跳板时也会感到振动，这种振动也属于受迫振动之列。但人走过之后，

图 1-2 振动问题简化系统模型

跳板仍在振动，这种现象在跳板较薄时更为显著。这种在外界干扰力撤去之后依然存在的振动称为自由振动或固有振动。从理论上讲，若无阻力存在，跳板会永远地振动下去。事实上，阻力总是存在，在一定的时间之后，振动便会感觉不到了，这就是自由衰减振动。

1.2 机械振动的分类

1.2.1 按振动规律分类

按振动的规律，一般将机械振动分为如图 1-3 所示的几种类型。这种分类，主要是根据振

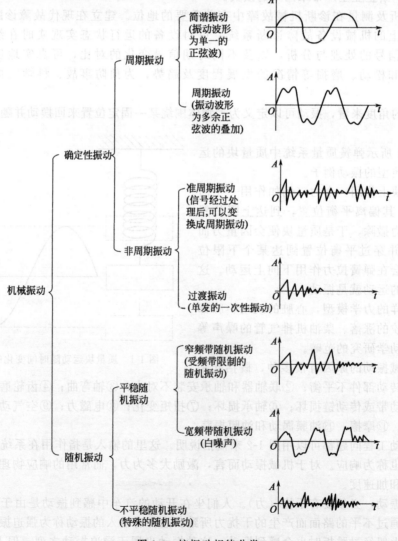

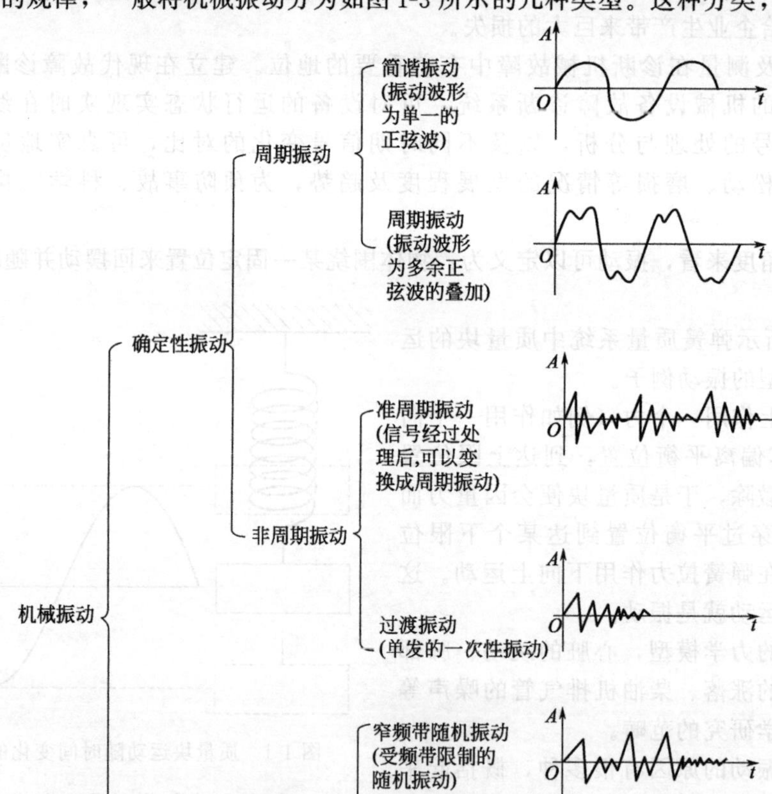

图 1-3 按振动规律分类

动在时间历程内的变化特征来划分的。大多数机械设备的振动是周期振动、准周期振动、窄频带随机振动和宽频带随机振动中的一种，或是某几种振动的组合。一般在启动或停机过程中的振动信号是非平稳的。设备在实际运行中，其表现的周期信号往往淹没在随机振动信号之中。若设备故障程度加剧，则随机振动中的周期成分加强，从而整台设备振动增大。因此，从某种意义上讲，设备振动诊断的过程，就是从随机信号中提取周期成分的过程。

1.2.2　按振动动力学特征分类

机器产生振动的根本原因，在于存在一个或几个力的激励。不同性质的力激起不同类型的振动。了解机械振动的动力学特征不仅有助于对振动的力学性质作出分析，还有助于说明设备故障的机理。因此，掌握振动动力学知识对设备故障诊断具有重要的意义。据此，可将机械振动分为三种类型。

(1) 自由振动与固有频率

自由振动是物体受到初始激励（通常是一个脉冲力）所引发的一种振动：这种振动靠初始激励一次性获得振动能量，历程有限，一般不会对设备造成破坏，不是现场设备诊断所必须考虑的因素。自由振动给系统一定的能量后，系统产生振动。若系统无阻尼，则系统维持等幅振动；若系统有阻尼，则系统为衰减振动。描述单自由度线性系统的运动方程式为

$$m\frac{\mathrm{d}^2x(t)}{\mathrm{d}t^2}+kx(t)=0 \tag{1-1}$$

式中　x——振动位移量。

通过对自由振动方程的求解，导出了一个很有用的关系式：无阻尼自由振动的振动角频率 ω_n 为

$$\omega_n=\sqrt{\frac{k}{m}} \tag{1-2}$$

式中　m——物体的质量；

k——物体的刚度。

这个振动频率与物体的初始情况无关，完全由物体的力学性质决定，是物体自身固有的，称为固有频率。这个结论对复杂振动体系同样成立，它揭示了振动体的一个非常重要的特性。许多设备强振问题，如强迫共振、失稳自激、非线性谐波共振等均与此有关。

物体并不是一受到激励都可发生振动。实际的振动体在运动过程中总是会受到某种阻尼作用，如空气阻尼、材料内摩擦损耗等，只有当阻尼小于临界值时才可激发起振动。临界阻尼是振动体的一种固有属性，用 C_e 表示。

$$C_e=2\sqrt{km} \tag{1-3}$$

实际阻尼系数 C 与临界阻尼 C_e 之比称为阻尼比，记为 ζ。

$$\zeta=C/C_e \tag{1-4}$$

当阻尼比 $\zeta<1$ 时，是一种振幅按指数规律衰减的振动，其振动频率与初始振动无关，振动频率 ω 略小于固有频率 ω_n($\omega=\sqrt{1-\zeta^2}\omega_n$，$\omega<\omega_n$)；当 $\zeta\geqslant1$ 时，物体不会振动，而是作非周期运动。

(2) 强迫振动和共振物体

在持续周期变化的外力作用下产生的振动叫强迫振动，如由不平衡、不对中所引起的振动。强迫振动的力学模型如图 1-4 所示。其运动方程式为

$$m\frac{\mathrm{d}^2x}{\mathrm{d}t^2}+c\frac{\mathrm{d}x}{\mathrm{d}t}+kx=F_0\sin\omega t \tag{1-5}$$

式中 m——振动体质量；

c——阻尼系数；

k——弹性系数；

x——振动位移；

$m\dfrac{d^2x}{dt^2}$——惯性力；

$c\dfrac{dx}{dt}$——阻尼力；

kx——弹性力；

F_0——激振力。

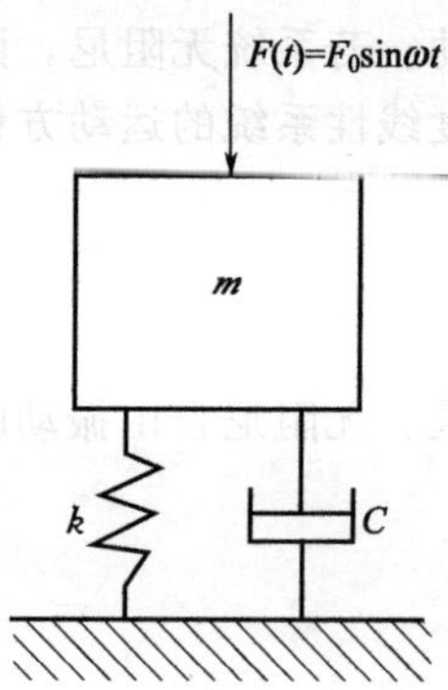

图 1-4 强迫振动的力学模型

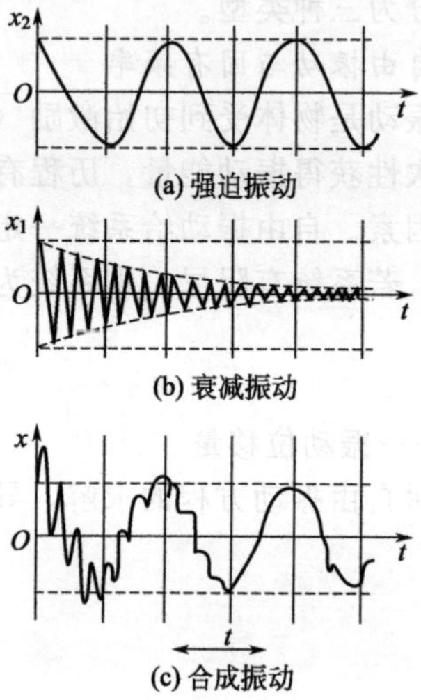

图 1-5 强迫振动的时间波形

这是一个二阶常系数线性非齐次微分方程，其解由通解和特解两项组成，即

$$x(t)=Ae^{-\zeta\omega_n t}\sin(\sqrt{1-\zeta^2}\,\omega_n t+\varphi)+B\sin(\omega t-\psi) \tag{1-6}$$

（通解，衰减自由振动）　　（特解，稳态强迫振动）

式中 A——自由振动的振幅；

B——强迫振动的振幅；

ζ——阻尼比；

φ,ψ——初相角。

该强迫振动的时间波形如图 1-5 所示。

如图 1-5 所示，衰减自由振动随时间的推移迅速消失，而强迫振动则不受阻尼影响，是一种和激振力同频率的振动。由此可见，强迫振动过程不仅与激振力的性质（激励频率和振幅）有关，而且与物体自身固有的特性（质量、弹性刚度、阻尼）有关，这就是强迫振动的特点。

物体在简谐力作用下产生的强迫振动也是简谐振动，其稳态响应频率与激励力频率相等。

振幅 B 的大小除与激励力大小成正比、与刚度成反比外，还与频率比、阻尼比有关。当激励力的频率很低时，即 ω/ω_n 很小时，振幅 B 与静力作用下位移的比值 $\beta=1$，或者说强迫振动的振幅接近于静态位移（力的频率低，相当于静力）。当力的频率很高时，$\beta\approx0$，这是物体由于惯性原因跟不上力的变化而几乎停止不动。当激励力的频率与固有频率相近时，若阻尼很小，则振幅很大。这就是共振现象。注意，共振频率不等于振动体的固有频率，因最大振幅不单和激振频率有关，还和阻尼的大小有关。经推导得知，发生共振的频率 $\omega=\sqrt{1-\zeta^2}\,\omega_n<\omega_n$。此时共振振幅

$$B_r=\frac{\lambda_u}{2\zeta\sqrt{1-\zeta^2}}$$

为了避免共振振幅过大造成的危害，设备转速应避开共振区，共振区的宽度视角频率上、下限而定，一般为 $(0.7\sim1.4)\omega_n$。

物体位移达到最大值的时间与激振力达到最大值的时间是不相同的，两者之间存在有一个相位差。这个相位差同样和频率比与阻尼比有关。当 $\omega=\omega_n$，即共振时，相位差 ψ 等于 $90°$。当 $\omega\gg\omega_n$ 时，相位差 $\psi\approx180°$。了解这些特点，对故障诊断是很有用的。

(3) 自激振动

自激振动是在没有外力作用下，由系统自身原因所产生的激励而引起的振动，如油膜振荡、喘振等。自激振动是一种比较危险的振动，设备一旦发生自激振动，会使设备运行失去稳定性。

顾名思义自激振动是由振动体自身能量激发的振动。比较规范的定义是：在非线性机械系统内，由非振荡能量转变为振荡激励能量所产生的振动称为自激振动。自激振动也称为负阻尼振动，这是因为这种振动在振动体运动时非但不产生阻尼力来阻止振动，反而按振动体运动周期持续不断地输入激励能量来维持物体的振动。物体产生自激振动时，很小的能量即可产生强烈振动。只是由于系统的非线性，振幅才被限制在一定量值之内。

自激振动有如下特点。

① 随机性。因为能引发自激振动的激励力（大于阻尼力的失稳力）一般都是偶然因素引起的，没有一定规律可循。

② 振动系统非线性特征较强，即系统存在非线性阻尼元件（如油膜的黏温特性，材料内摩擦）、非线性刚度元件（柔性转子、结构松动等）时才足以引发自激振动，使振动系统所具有的非周期能量转为系统振动能量。

③ 自激振动频率与转速不成比例，一般低于转子工作频率，与转子第一临界转速相符合。只是需要注意，由于系统的非线性，系统固有频率会有一些变化。

④ 转轴存在异步涡动。

⑤ 振动波形在暂态阶段有较大的随机振动成分，而稳态时，波形是规则的周期振动，这是由于共振频率的振值远大于非线性影响因素所致；与一般强迫振动近似的正弦波（与强迫振动激励源的频率相同）有区别。

自由振动、强迫振动、自激振动这三种振动在设备故障诊断中有各自的主要使用领域。

对于结构件，因局部裂纹、紧固件松动等原因导致结构件的特性参数发生改变的故障，多利用脉冲力所激励的自由振动来检测，以测定构件的固有频率、阻尼系数等参数的变化。对于减速箱、电动机、低速旋转设备等的机械故障，主要以强迫振动为特征，通过对强迫振动的频率成分、振幅变化等特征参数的分析，来鉴别故障。

对于高速旋转设备以及能被工艺流体所激励的设备，除了需要监测强迫振动的特征参数外，还需监测自激振动的特征参数。

1.2.3　按振动频率分类

机械振动频率是设备振动诊断中一个十分重要的概念。在各种振动诊断中常常要分析频率与故障的关系，要分析不同频段振动的特点，因此了解振动频段的划分对振动诊断的检测

参数选择具有很实用的意义。按照振动频率的高低，通常把振动分为三种类型：

机械振动(按频率分类)—
- 低频振动：$f<10\text{Hz}$
- 中频振动：$f=10\sim1000\text{Hz}$
- 高频振动：$f>1000\text{Hz}$

在低频范围，主要测量的振幅是位移量。这是因为在低频范围造成破坏的主要因素是应力的强度，位移量是与应变、应力直接相关的参数。

在中频范围，主要测量的振幅是速度量。这是因为振动部件的疲劳进程与振动速度成正比，振动能量与振动速度的平方成正比。在这个范围内，零件主要表现为疲劳破坏，如点蚀、剥落等。

在高频范围，主要测量的振幅是加速度。加速度表征振动部件所受冲击力的强度。冲击力的大小与冲击的频率和加速度值正相关。

1.3 振动信号与传感器

1.3.1 振动信号

构成一个确定性振动有三个基本要素，即振幅 s，频率 f(或 ω) 和相位 φ。即使在非确定性振动中，有时也包含有确定性振动。振幅、频率、相位是振动诊断中经常用到的三个最基本的概念。下面以确定性振动中的简谐振动为例，来说明振动三要素的概念、它们之间的关系以及在振动诊断中的应用。

(1) 振幅 s

简谐振动可以用下面的函数式表示，即

$$s=A\sin\left(\frac{2\pi}{T}t+\phi\right) \tag{1-7}$$

式中 A——最大振幅（μm 或 mm），指振动物体（或质点）在振动过程中偏离平衡位置的最大距离（在振动参数中有时也称峰值或单峰值，$2A$ 称为峰峰值、双峰值或简称双幅）；

t——时间，s；

T——周期，振动质点（或物体）完成一次全振动所需要的时间，s；

ϕ——初始相位，rad。

由于 $2\pi/T$ 可以用角频率 ω 表示，即 $\omega=2\pi/T$，所以式(1-7) 又可写成

$$s=A\sin(\omega t+\phi) \tag{1-8}$$

简谐振动的时域图像如图 1-6 所示。

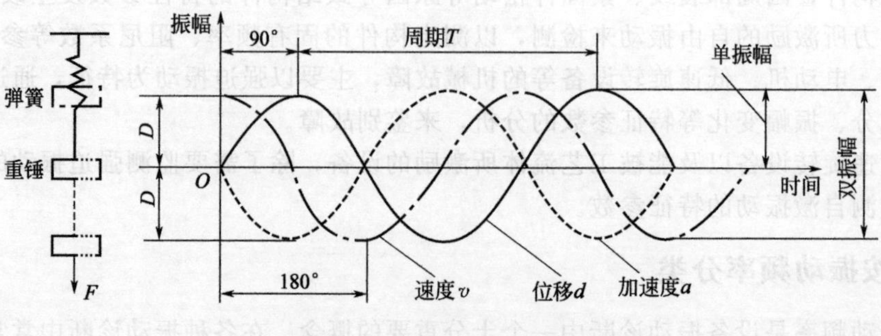

图 1-6 简谐振动的时域图像

振幅不仅可用位移 s 表示，还可以用速度 v 和加速度 a 表示。将简谐振动的位移函数式(1-8) 进行一次微分即得到速度函数式

$$v=V\cos(\omega t+\phi)=V\sin(\omega t+\frac{\pi}{2}+\phi) \tag{1-9}$$

式中　V——速度最大幅值，mm/s，$V=A\omega$。

再对速度函数式(1-9) 进行一次微分，即得到加速度函数式

$$a=K\sin(\omega t+\pi+\phi) \tag{1-10}$$

式中　K——加速度最大幅值，m/s^2，$K=A\omega^2$。

从式(1-8)～式(1-10) 可知，速度比位移的相位超前 90°，加速度比位移的相位超前 180°。比速度超前 90°，如图 1-7 所示。

在这里，必须特别说明一个与振幅有关的物理量即速度有效值 V_{rms} 亦称速度方均根值。这是一个经常用到的振动测量参数。目前许多振动标准都是采用 V_{rms} 作为判别参数，因为它最能反映振动的烈度，所以又称振动烈度指标。

对于简谐振动来说，速度最大幅值 V_p(峰值) 与速度有效值 V_{rms}、速度平均值 V_{av} 之间的关系如图 1-7 所示。

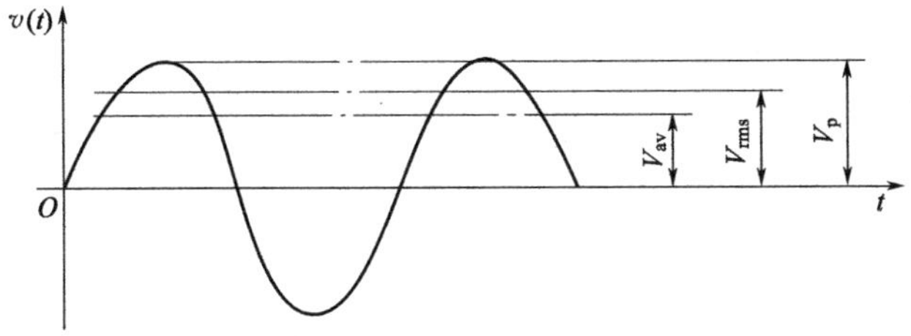

图 1-7　简谐振动的速度有效值 V_{rms}、速度峰值 V_p、速度平均值 V_{av} 之间的关系

可见，速度有效值是介于速度最大幅值和速度平均值之间的一个参数值。用代数式表示，三者有如下关系

$$V_{rms}=\frac{\sqrt{2}\pi}{4}V_{av}=\frac{\sqrt{2}}{2}V_p\approx 0.707V_p \tag{1-11}$$

振幅反映振动的强度，振幅的平方常与物质振动的能量成正比。因此，振动诊断标准都是用振幅来表示的。

(2) 频率 f

振动物体（或质点）每秒钟振动的次数称为频率，用 f 表示，单位为 Hz。

振动频率在数值上等于周期 T 的倒数，即

$$F=1/T \tag{1-12}$$

式中　T——周期，s 或 ms，即质点再现相同振动的最小时间间隔。

频率还可以用角频率 ω 来表示，即

$$\omega=2\pi f \tag{1-13}$$

交流电源频率为 50Hz。一台机器的转速为 1500r/min，其转动频率 $f_t=25Hz$。频率是振动诊断中一个最重要的参数，确定诊断方案、进行状态识别、选用诊断标准等各个环节都与振动频率有关。对振动信号作频率分析是振动诊断最重要的内容，也是振动诊断在判定故障部位、零件方面所具有的最大优势。

(3) 相位角 φ

相位角 φ 由转角 ωt 与初相位角 ϕ 两部分组成，即

$$\varphi=\omega t+\phi \tag{1-14}$$

式中 φ——振动物体的相位角，rad，是时间 t 的函数。

振动信号的相位，表示振动质点的相对位置。不同振动源产生的振动信号都有各自的相位。相位相同的振动会引起合拍共振，产生严重的后果；相位相反的振动会产生互相抵消的作用，起到减振的效果。由几个谐波分量叠加而成的复杂波形，即使各谐波分量的振幅不变，仅改变相位角，也会使波形发生很大变化，甚至变得面目全非。相位测量分析在故障诊断中亦有相当重要的地位，一般用于谐波分析、动平衡测量、识别振动类型和共振点等许多方面。

1.3.2 测振传感器

(1) 压电式加速度传感器

压电式加速度传感器工作原理如图 1-8 所示。

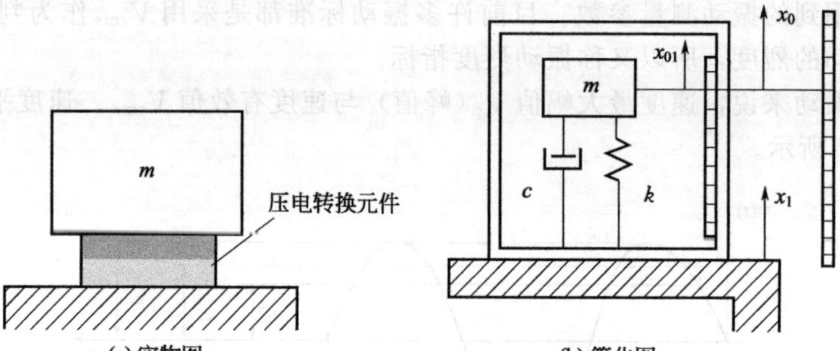

图 1-8 压电式加速度传感器工作原理

① 惯性式传感器的力学模型。压电式加速度传感器属于惯性式（绝对式）测振传感器，可简化为图 1-8(b) 所示的力学模型。图 1-8 中 m 为惯性质量块的质量、k 为弹簧刚度、c 为黏性阻尼系数。传感器壳体紧固在被测振动件上，并同被测件一起振动，传感器内惯性系统受被测振动件运动的激励，产生受迫振动。

设被测振动件（基础）的振动位移为 x_1（速度 $\mathrm{d}x_1/\mathrm{d}t$ 或加速度 $\mathrm{d}^2x_1/\mathrm{d}t^2$），作为传感器的输入；质量块 m 的绝对位移为 x_0，质量块 m 相对于壳体的相对位移为 x_{01}（相对速度 $\mathrm{d}x_{01}/\mathrm{d}t$ 或相对加速度 $\mathrm{d}^2x_{01}/\mathrm{d}t^2$），作为传感器的输出。因此，质量块在整个运动中的力学表达式为

$$m\frac{\mathrm{d}^2x_0}{\mathrm{d}t^2}+c\left(\frac{\mathrm{d}x_0}{\mathrm{d}t}-\frac{\mathrm{d}x_1}{\mathrm{d}t}\right)+k(x_0-x_1)=0 \tag{1-15}$$

如果考察质量块相对于壳体的相对运动，则 m 的相对位移为

$$x_{01}=x_0-x_1 \tag{1-16}$$

式(1-15) 可改写成

$$m\frac{\mathrm{d}^2x_{01}}{\mathrm{d}t^2}+c\frac{\mathrm{d}x_{01}}{\mathrm{d}t}+kx_{01}=-m\frac{\mathrm{d}^2x_1}{\mathrm{d}t^2} \tag{1-17}$$

设被测振动为谐振动，即以 $x_1(t)=X_1\sin\omega t$，则 $\mathrm{d}^2x_1/\mathrm{d}t^2=-X_1\omega^2\sin\omega t$，故式 (1-17) 又可改写成

$$m\frac{\mathrm{d}^2x_{01}}{\mathrm{d}t^2}+c\frac{\mathrm{d}x_{01}}{\mathrm{d}t}+kx_{01}=m\omega^2X_1\sin\omega t \tag{1-18}$$

式(1-18) 是一个二阶常系数线性非齐次微分方程。从系统特性可知，它的解由通解和特解两部分组成。通解即传感器的固有振动，与初始条件和被测振动有关，但在

有阻尼的情况下很快衰减消失；特解即强迫振动，全由被测振动决定。在固有振动消失后剩下的便是稳态响应。惯性式位移传感器的幅频特性 $A_x(\omega)$ 和相频特性 $\varphi(\omega)$ 的表达式为

$$\left.\begin{aligned}A_x(\omega)&=\frac{X_{01}}{X_1}=\frac{(\omega/\omega_n)}{\sqrt{[1-(\omega/\omega_n)^2]^2+[2\xi(\omega/\omega_n)]^2}}\\ \varphi(\omega)&=-\arctan\frac{2\xi(\omega/\omega_n)}{1-(\omega/\omega_n)^2}\end{aligned}\right\}\tag{1-19}$$

式中，ξ 为惯性系统的阻尼比，$\xi=-\dfrac{c}{2\sqrt{km}}$；$\omega_n$ 为惯性系统的固有频率，$\omega_n=\sqrt{\dfrac{k}{m}}$。

按式(1-16) 和式(1-19) 绘制的幅频曲线和相频曲线如图 1-9 和图 1-10 所示。

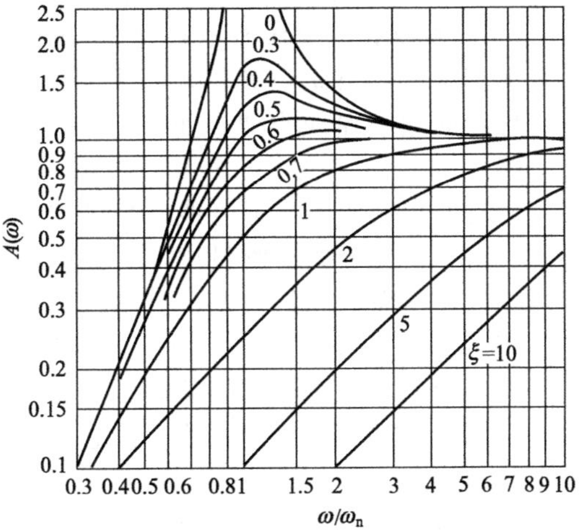

图 1-9 惯性式位移传感器幅频曲线

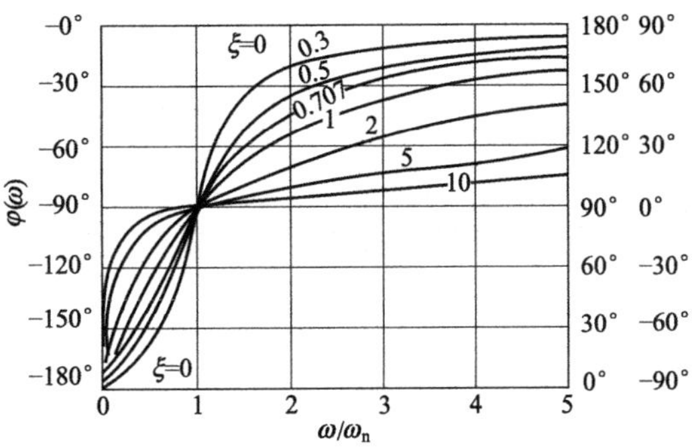

图 1-10 惯性式传感器相频曲线

显然，质量块 m 相对于壳体的位移 $x_{01}(t)$ 也是谐振动，即 $x_{01}(t)=X_{01}\sin(\omega t-\varphi)$，但与被测振动的波形相差一个相位角 φ。其振幅与相位差的大小取决于 ξ 及 ω/ω_n。

② 惯性式位移传感器的正确响应条件。要使惯性式位移传感器输出位移 X_{01} 能正确地反映被测振动的位移量 x_1，则必须满足下列条件。

a. $\omega/\omega_n\gg1$，一般取 $\omega/\omega_n>(3\sim5)$，即传感器惯性系统的固有频率远低于被测振动下限频率。此时 $A_x(\omega)\approx1$，不产生振幅畸变，$\varphi(\omega)\approx180°$。

b. 选择适当阻尼，可抑制 $\omega/\omega_n=1$ 处的共振峰，使幅频特性平坦部分扩展，从而扩大下限的频率。例如，当取 $\xi=0.7$ 时，若允许误差为±2%，下限频率可为 2.13ω；若允许误差为±5%，下限频率则可扩展到 $1.68\omega_n$。增大阻尼，能迅速衰减固有振动，对测量冲击和瞬态过程较为重要，但选择不适当的阻尼会使相频特性恶化，引起波形失真。当$\xi=0.6\sim0.7$ 时，相频曲线 $\omega/\omega_n=1$ 附近接近直线，称为最佳阻尼。

位移传感器的测量上限频率在理论上是无限的，但实际上受具体仪器结构和元件的限制，不能太高。下限频率则受弹性元件的强度和惯性块尺寸、质量的限制，使 ω_n 不能过小。因此位移传感器的工作频率范围仍然是有限的。

③ 惯性式加速度传感器的正确响应条件。惯性式加速度传感器质量块的相对位移 x_{01} 与被测振动的加速度 d^2x_1/dt^2 成正比，因而可用质量块的位移量来反映被测振动加速度的大小。加速度传感器幅频特性 $A_\alpha(\omega)$ 的表达式为

$$A_{\alpha}(\omega)=\frac{X_{01}}{\frac{\mathrm{d}^2 x_1}{\mathrm{d}t^2}}=\frac{X_{01}}{X_1\omega^2}=\frac{1}{\omega_{\mathrm{n}}^2\sqrt{[1-(\omega/\omega_{\mathrm{n}})^2]^2+[2\xi(\omega/\omega_{\mathrm{n}})]^2}} \tag{1-20}$$

要使惯性式加速度传感器的输出量能正确地反映被测振动的加速度，则必须满足如下条件。

a. $\omega/\omega_{\mathrm{n}}\ll 1$，一般取 $\omega/\omega_{\mathrm{n}}=(1/5\sim 1/3)$，即传感器的 ω_{n} 应远大于 ω，此时，$A_{\alpha}(\omega)\approx 1/\omega_{\mathrm{n}}^2$，为一常数，因而，一般加速度传感器的固有频率 ω_{n} 均很高，在 20kHz 以上，这可使用轻质量块及“硬”弹簧系统来达到。随着 ω_{n} 的增大可测上限频率也提高，但灵敏度减小。

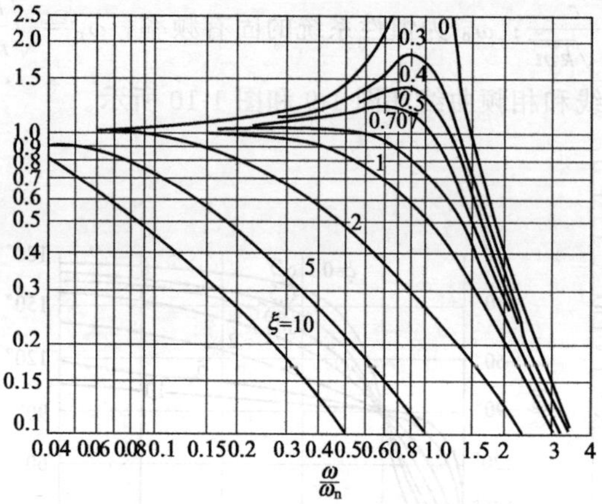

图 1-11 惯性式加速度传感器幅频曲线

b. 选择适当阻尼，可改善 $\omega=\omega_{\mathrm{n}}$ 的共振峰处的幅频特性，以扩大测量上限频率，一般取 $\xi<1$。若取 $\xi=0.65\sim0.7$，则保证幅值误差不超过 5% 的工作频率可达 $0.58\omega_{\mathrm{n}}$。其相频曲线与位移传感器的相频曲线类似，如图 1-10 所示。当 $\omega/\omega_{\mathrm{n}}\ll 1$ 和 $\xi=0.7$ 时，在 $\omega/\omega_{\mathrm{n}}=1$ 附近的相频曲线接近直线，是最佳工作状态。在复合振动测量中，不会产生因相位畸变而造成的误差，惯性式加速度传感器的最大优点是它具有零频特性，即理论上它的可测下限频率为零，实际上是可测频率极低。由于 ω_{n} 远高于被测振动频率 ω，因此它可用于测量冲击、瞬态和随机振动等具有宽带频谱的振动，也可用来测量甚低频率的振动。此外，加速度传感器的尺寸、质量可做得很小（小于 1g），对被测物体的影响小，故它能适应多种测量场合，是目前广泛使用的传感器。惯性式加速度传感器幅频曲线如图 1-11 所示。

要做到 $\omega/\omega_{\mathrm{n}}\ll 1$，就要将 ω_{n} 设计得很大，以满足频率范围高端的要求。压电加速度计就属于这种情况。由于压电元件有极高的刚度，且这类传感器结构上没有多少连接件和接合面，k 值很大，因而 ω_{n} 可以做得很高。

如图 1-8(a) 所示，在压电转换元件上，以一定的预紧力安装一惯性质量块 m，惯性质量块上有一预紧螺母（或弹簧片），就可组成一个简单的压电加速度传感器。

压电转换元件在惯性质量块 m 的惯性力作用下，产生的电荷量为

$$q=\frac{d_{ij}m\mathrm{d}^2 y}{\mathrm{d}t^2} \tag{1-21}$$

对每只加速度传感器而言，d_{ij}、m 均为常数。式(1-21) 说明压电加速度传感器输出的电荷量 q 与物体振动加速度成正比。用适当的测试系统检测出电荷量 q，就实现了对振动加速度的测量。

压电片的结构阻尼很小，压电加速度计的等效惯性振动系统的阻尼比 $\xi\approx 0$，所以压电加速度计在 $0\sim 0.2f_{\mathrm{n}}$ 的频率范围内具有常数的幅频特性和零相移，满足不失真传递信号的条件。传感器输出的电荷信号不仅与被测加速度波形相同，而且无时移，这是压电加速度计的一大优点。

在工作频率范围内，压电加速度计的输出电荷 $q(t)$ 与被测加速度 $a(t)$ 成正比

$$q(t)=S_{\mathrm{q}}a(t) \tag{1-22}$$

式中，S_q 为电荷灵敏度，单位为微微库仑/单位加速度（pC/ms^{-2} 或 pC/g）。

④ 惯性式速度传感器的正确响应条件。惯性式速度传感器质量块的相对位移 x_{01} 与被测振动的速度 dx/dt 成正比，因而可用质量块的位移量来反映被测振动速度的大小。速度传感器幅频特性 $A_v(\omega)$ 的表达式为

$$A_v(\omega)=\frac{X_{01}}{dx_1/dt}=\frac{X_{01}}{X_1\omega}=\frac{\omega}{\omega_n^2\sqrt{[1-(\omega/\omega_n)^2]^2+[2\xi(\omega/\omega_n)]^2}} \tag{1-23}$$

要使惯性式速度传感器的输出量能正确地反映被测振动的速度，则必须满足如下条件

$$\omega/\omega_n\approx 1 \tag{1-24}$$

此时，$A_v(\omega)\approx 1/2\xi\omega_n=$常数。

由于惯性式速度传感器的有用频率范围十分小，因此，在工程实践中很少使用。工程中所使用的动圈型磁电式速度传感器是在位移计条件下应用的。其工作原理是基于振动体的振动引起放在磁场中的芯杆、线圈运动，运动的线圈切割磁力线，使线圈中产生感生电动势。该电动势与芯杆、线圈以及阻尼环所组成的质量部件的运动速度 $v=dx/dt$ 成正比。

（2）电阻应变式与压阻式加速度传感器

电阻应变式加速度传感器和压阻式加速度传感器由于具有低频特性好和较高的性能价格比，因而也广泛应用在振动测量领域内。

电阻应变式加速度传感器的原理图如图 1-12 所示。图中三角形弹性板的端部装有一个质量为 m 的惯性锤。传感器安装在被测振动物体上，受到一个上下方向的振动。设物体的振幅位移为 x、惯性锤上下振动幅度为 y，且振动物体的振动频率为 f，系统的固有频率为 f_0，则当 $f_0\ll f$ 时，y 与 x 成正比；当 $f_0\gg f$ 时，y 与 d^2x/dt^2（即振动加速度）成正比；当 $f_0\approx f$ 时，y 与 dx/dt（即振动速度）成正比。因为 y 是弹性板受振动力作用而产生应变的函数，可以通过应变电桥的输出信号进行测量。所以，针对振动频率，适当设定系统的固有频率 f_0 并分别满足上述关系时，即可知道物体振动的幅度 x、振动速度 dx/dt 和振动加速度 d^2x/dt^2。

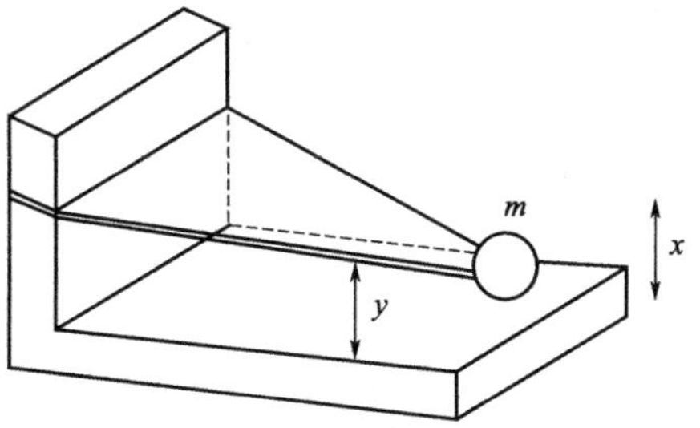

图 1-12　振动测量传感器原理

如图 1-13 所示为一种板簧式结构电阻应变式加速度传感器。这是一种结构简单的加速度传感器。它是基于悬臂梁在振动力作用下产生应变的原理。应变计可以粘贴在板簧的根部，那里具有最大灵敏度。全部结构被密封在一个充有硅油的外壳内。传感器可以在上下或左右振动状态下工作。

目前，压阻式加速度传感器的机械结构绝大多数都采用悬臂梁，如图 1-14 所示。

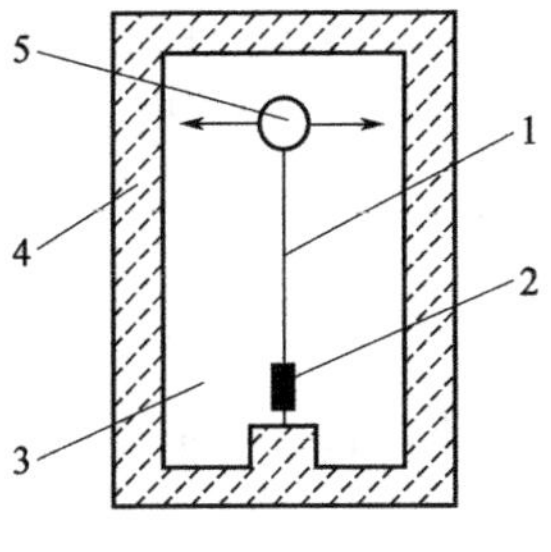

图 1-13　板簧式结构电阻应变式加速度传感器

1—板簧；2—应变片；3—硅油；4—外壳；5—惯性质量

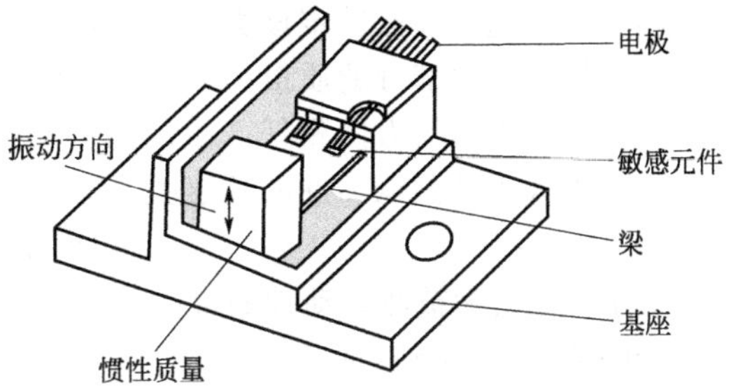

图 1-14　压阻式加速度传感器结构原理

悬臂梁可用金属材料，也可用单晶硅。前者在其根部的上下两对称面上各粘贴两对半导体应变计。如果用单晶硅作应变梁，就必须在根部扩散四个电阻组成全桥。当悬臂梁自由端的惯性质量受到振动产生加速度时，梁受弯曲而产生应力，使四个电阻发生变化。其应力大小为

$$\sigma_L = 6mLa/bh^2 \tag{1-25}$$

式中，m 为惯性质量；b、h 为梁的宽度和厚度；L 为质量中心至梁根部的距离；a 为加速度。

(3) *磁电式速度传感器*

磁电式速度传感器是利用电磁感应原理将传感器的质量块与壳体的相对速度转换成电压输出。如图 1-15 所示为磁电式相对速度传感器的结构，它用于测量两个试件之间的相对速度。壳体 6 固定在一个试件上，顶杆 1 顶住另一个试件，磁铁 3 通过壳体构成磁回路，线圈 4 置于回路的缝隙中，两试件之间的相对振动速度通过顶杆使线圈在磁场气隙中运动，线圈因切割磁力线而产生感应电动势 e，其大小与线圈运动的线速度 u 成正比。如果顶杆运动符合前述的跟随条件，则线圈的运动速度就是被测物体的相对振动速度，因而输出电压与被测物体的相对振动速度成正比。

相对式测振传感器力学模型如图 1-16 所示。相对式测振传感器测出的是被测振动件相对于某一参考坐标的运动，如电感式位移传感器、磁电式速度传感器、电涡流式位移传感器等都属于相对式测振传感器。

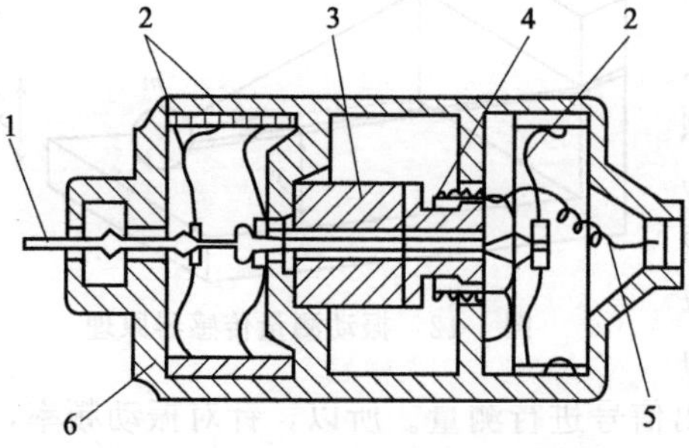

图 1-15　磁电式相对速度传感器的结构

1—顶杆；2—弹簧片；3—磁铁；4—线圈；5—引出线；6—壳体

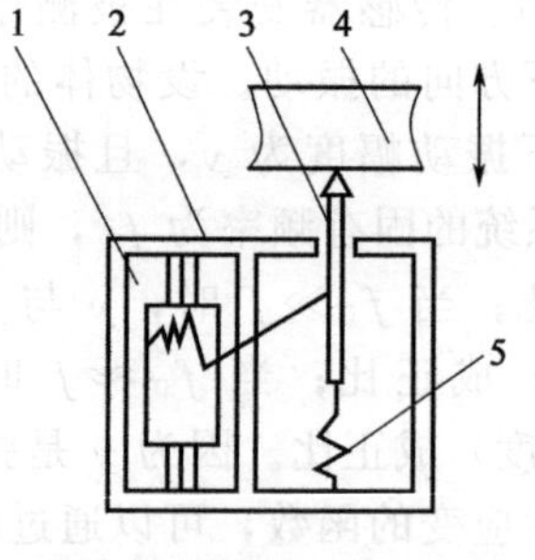

图 1-16　相对式测振传感器力学模型

1—变换器；2—壳体；3—活动部分；4—被测部分；5—弹簧

相对式测振传感器具有两个可做相对运动的部分。壳体 2 固定在相对静止的物体上，作为参考点。活动的顶杆 3 用弹簧以一定的初压力压紧在振动物体上，在被测物体振动力和弹簧恢复力的作用下，顶杆跟随被测振动件一起运动，因而和测杆相连的变换器 1 将此振动量变为电信号。

测杆的跟随条件是决定该类传感器测量精度的重要条件，其跟随条件简要推导如下。

设测杆和有关部分的质量为 m，弹簧的刚度为 k，当弹簧被预压 Δx 时，则弹簧的回复力 $F=k\Delta x$，该回复力使测杆产生的回复加速度 $a=F/m$，为了使测杆具有良好的跟随条件，它必须大于被测振动件的加速度，即

$$F/m > a_{\max}$$

式中，$a_{\max}$ 为被测振动件的最大加速度（如果是简谐振动，$a_{\max}=\omega x_m$，x_m 为简谐振动的振幅值）。考虑到 $F=k\Delta x$，则

$$k\Delta x/m > \omega^2 x_m$$

因而可得

$$\Delta x > \frac{m}{k}\omega^2 x_{\mathrm{m}} = \left(\frac{\omega}{\omega_{\mathrm{n}}}\right)^2 x_{\mathrm{m}} = \left(\frac{f}{f_{\mathrm{n}}}\right)^2 x_{\mathrm{m}}$$

式中，f_{n} 为被测振动件固有频率（$f_{\mathrm{n}}=\omega_{\mathrm{n}}/2\pi$，$\omega_{\mathrm{n}}=\sqrt{k/m}$）。

如果在使用中弹簧的压缩量 Δx 不够大，或者被测物体的振动频率 f 过高，不能满足上述跟随条件，顶杆与被测物体就会发生撞击。因此相对式传感器只能在一定的频率和振幅范围内工作。

(4) 涡流式位移传感器

涡流式位移传感器是非接触式传感器。它具有测量动态范围大，结构简单，不受介质影响，抗干扰能力强等特点。

如图 1-17 所示为电涡流传感器的原理。传感器以通有高频交流电流的线圈为主要测量元件。当载流线圈靠近被测导体试件表面时，穿过导体的磁通量随时间变化，在导体表面感应出电涡流。电涡流产生的磁通量又穿过线圈，因此线圈与涡流相当于两个具有互感的线圈。互感的大小和线圈与导体表面的间隙有关，等效电路如图 1-17(b) 所示。R、L 为传感器线圈的电阻与自感，R_{e}、L_{e} 为涡流的电阻和电感。当电流频 ω 很高时，$\omega L_{\mathrm{e}} \gg R_{\mathrm{e}}$。传感器线圈的等效阻抗可简化为

$$Z = R_0 + \mathrm{j}\omega L_0 \tag{1-26}$$

式中 $R_0 = R + \frac{L}{L_{\mathrm{e}}}k^2 R_{\mathrm{e}}$，$L_0 = L(1-k^2)$。

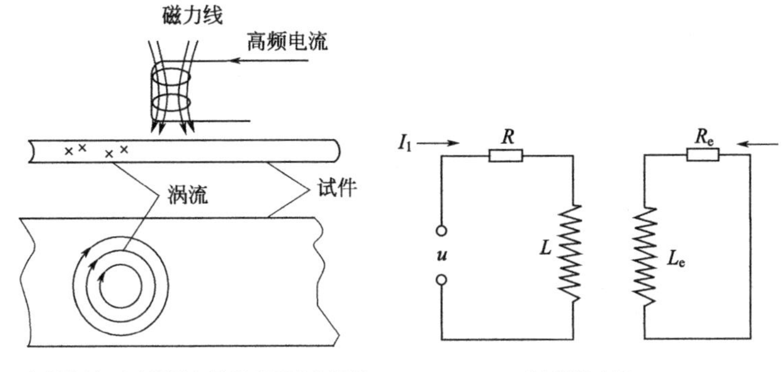

(a) 高频电流通过线圈在导体表面产生涡流　　(b) 等效电路

图 1-17 电涡流传感器的原理

式中，$k=M/\sqrt{LL_{\mathrm{e}}}$ 为耦合系数，M 为互感系数。由于互感 L 和传感器线圈与导体试件表面的距离 d 有关，因此耦合系数点也随 d 而变化。在测量线圈上并联一个电容 C，构成 L-C-R 振荡回路，其谐振频率为

$$f_0 = \frac{1}{2\pi}\frac{1}{\sqrt{LC(1-k^2)}} \tag{1-27}$$

由此可见，传感器等效阻抗 Z、谐振频率 f 和耦合系数 k 有关，也就是与间隙系数 d 有关。

在谐振回路之前引进一个分压电阻 R_{c}，令 $R_{\mathrm{c}} \gg |Z|$，则输出电压信号为

$$e_0 = \frac{1}{R_{\mathrm{c}}} e_{\mathrm{i}} Z \tag{1-28}$$

当 R_{c} 确定时，输出电压仅取决于振动回路的阻抗。

电涡流传感器的特点是：结构简单，灵敏度高，线性度好，频率范围为 0～10kHz，抗干扰性强。因此被广泛应用于不接触式振动位移测量。

1.4 振动的测量与校准

1.4.1 振动的测量

机械振动测量主要是指测定振动体（或振动体上某一点）的位移、速度、加速度大小，以及振动频率、周期、相位、衰减系数、振型、频谱等。

(1) 振幅的测量

机械振动测量中，有时不需要测量振动信号的时间历程曲线，而只需要测量振动信号的幅值，即振动位移、速度和加速度信号的有效值，有时也包括峰值的测量。它们的物理单位分别为米（m）、米/秒（m/s）和米/秒^2（m/s^2）。机械工程中最常采用压电式加速度计和磁电式速度计作为测振传感器来测量机械振动。如图 1-18 所示为采用这两种传感器的测振系统原理框图。

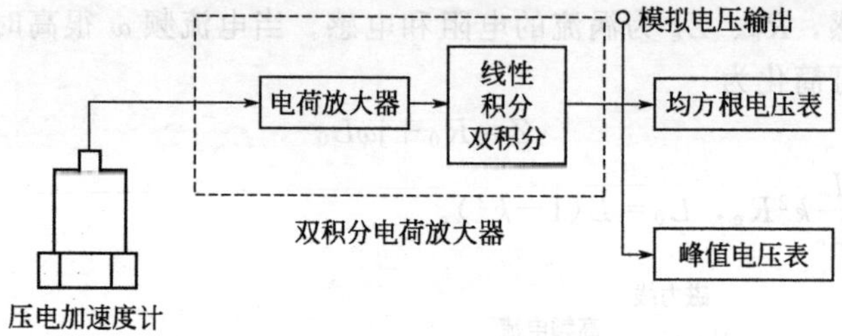

(a) 采用压电式加速度计的测振系统

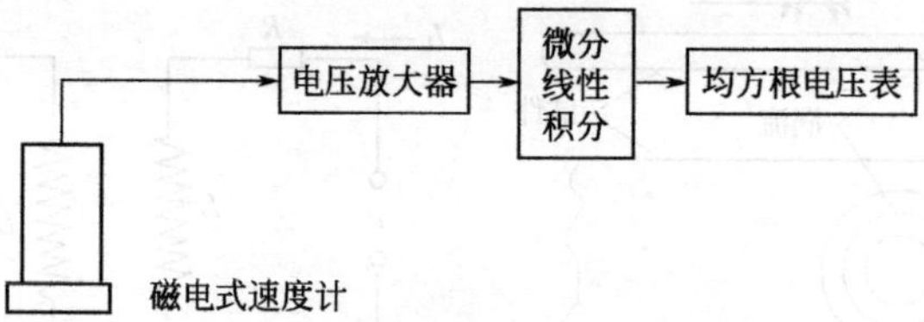

(b) 采用磁电式速度计的测振系统

图 1-18 机械振动幅值测量框图

工程实际中的机械振动一般不会是纯正弦振动。为保证测量结果的准确性，信号有效值的测量必须使用所谓均方根电压表，而不能用一般的毫伏表。因为一般的毫伏表是针对正弦信号设计的，以简单的绝对均值测量代替有效值测量，这种电压表在测量非正弦复杂信号时会产生大的测量误差。

若所测的振动信号是典型的简谐信号，只要测出振动位移、速度、加速度幅值中的任何一个，就可以根据位移、速度、加速度三者的关系求出其余的两个。

设振动位移、速度、加速度分别为 x、v、a，其幅值分别为 X、V、A，即

$$\left.\begin{aligned} x&=B\sin(\omega t-\varphi)\\ v&=\frac{\mathrm{d}y}{\mathrm{d}t}=\omega B\cos(\omega t-\varphi)\\ a&=\frac{\mathrm{d}^2 y}{\mathrm{d}t^2}=-\omega^2 B\sin(\omega t-\varphi)\end{aligned}\right\}\tag{1-29}$$

式中，B 为位移振幅；ω 为振动角频率；φ 为初相位。

振动信号的幅值可根据式(1-30) 中位移、速度、加速度的关系，分别用位移传感器、速度传感器和加速度传感器来测量。也可利用信号分析仪和测振仪中的微分、积分功能来测量。

$$\left.\begin{aligned} X &= B \\ V &= \omega B = 2\pi f B \\ A &= \omega^2 B = (2\pi f)^2 B \end{aligned}\right\} \tag{1-30}$$

对于一般复杂振动信号幅值的测量，当用电测法进行测量时，可将记录（或显示）的振动波形幅值大小乘以相应的灵敏度（可由系统定度得到），即可得到振动体振动的幅值。在实际振动波形的记录（或显示）图中，通常波形基线不易确定，故常读取波形的峰-峰值，再折算为振动峰值或有效值。测量值可以是位移、速度、加速度。

(2) 振动频率和相位的测量

① 简谐振动频率的测量。简谐振动频率的测量是频率测量中最简单、最基本的，但它又是复杂振动频率测量的基础。

简谐振动频率的测量方法有李萨如图形比较法、录波比较法、直读法、频谱分析法等。现在，一般多用频谱分析法直接进行测读。

用傅里叶频谱法测量简谐振动的频率：傅里叶频谱法，就是用快速傅里叶变换的方法，将振动的时域信号变换为频域中的频谱，从而从频谱的谱线测得振动频率的方法。

傅里叶变换可由下列积分表示

$$X(f) = \int_{-\infty}^{+\infty} x(t)\mathrm{e}^{-\mathrm{j}2\pi f t}\mathrm{d}t \tag{1-31}$$

式(1-31) 中频率的函数 $X(f)$ 便是振动时间函数 $x(t)$ 经傅里叶变换（在实际工作中便是 FFT）后得到的频域函数或称频谱。

② 同频简谐振动相位差的测量。同频简谐振动相位差的测量方法也有多种，如线性扫描法、椭圆法、相位计直接测量法、频谱分析法等，现在应用最多的是频谱分析法。直接利用互谱或互相关分析即可方便地测读出两个同频简谐振动信号之间的相位差。

(3) 机械系统固有频率的测量

固有频率是机械系统最基本、最重要的动态特性参数之一。在机械系统的振动测量中，固有频率的测量往往优先考虑。

这里，有两个必须明确区分的基本概念，即固有频率和共振频率。

固有频率是当机械系统作自由振动时的振动频率（也称自然频率），它与系统的初始条件无关，只由系统本身的参数所决定，与系统本身的质量（或转动惯量）、刚度有关。

在系统作受迫激励振动过程中，当激振频率达到某一特定值时，振动量的振幅值达到极大值的现象称为共振。共振时的激励频率称为共振频率。但要注意，振动的位移幅值、速度幅值、加速度幅值及其各自达到极大值（对单自由度系统，极大值就是最大值）时的共振频率是各不相同的。

在现代工程振动测试中，还广泛采用瞬态激振中的锤击法测量机械系统的低阶固有频率，方便快捷，虽然测量精度稍差，但在某些情况下仍可满足工程测试所要求的精度。

(4) 衰减系数及相对阻尼系数的测定

衰减系数及相对阻尼系数是通过振动系统的某些其他参数进行间接测量的。通常，可用自由振动衰减法、半功率点法和共振法进行测定。这些方法，对于多自由度系统也是适用的。

对于一个有阻尼的单自由度系统，其自由振动可用下式来描述

$$x = A e^{-nt} \sin(\sqrt{\omega_n^2 - n^2 t} + a) \tag{1-32}$$

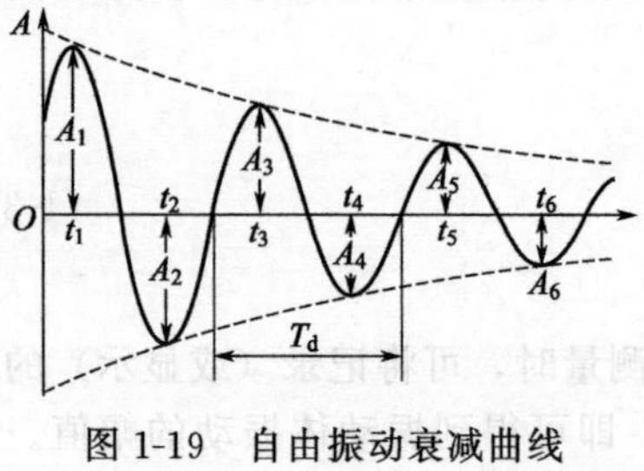

图 1-19 自由振动衰减曲线

它的图像如图 1-19 所示。这是一个逐渐衰减的振动，其振幅按指数规律衰减，衰减系数为 n。

在振动理论中，常用“对数衰减比”来描述其衰减性能，它的定义是两个相邻正波峰幅值比的自然对数值。按照图 1-19 所示的图像，其对数衰减比为

$$\delta = \ln\frac{A_1}{A_3} = \ln\frac{e^{-nt}\sin(\sqrt{\omega_n^2 - n^2}\, t_1 + a)}{e^{-n(t_1+T_d)}\sin[\sqrt{\omega_n^2 - n^2}\,(t_1 + T_d) + a]}$$

$$= \ln\frac{e^{-nt}}{e^{-n(t_1+T_d)}} = \ln e^{nT_d} = nT_d \tag{1-33}$$

由此得

$$n = \left(\ln\frac{A_1}{A_3}\right)\frac{1}{T_d} = \frac{\delta}{T_d} \tag{1-34}$$

式中，$T = 2\pi/\sqrt{\omega_n^2 - n^2}$，称为衰减振荡周期。

将 T_d 的表达式代入式(1-33) 后得

$$\delta = \frac{2\pi n}{\sqrt{\omega_n^2 - n^2}} = \frac{2\pi n}{\sqrt{1-\xi^2}} = \frac{2\pi\xi}{\sqrt{1-\xi^2}} \tag{1-35}$$

在 ξ 比较小时（$\xi \ll 1$），$\sqrt{1-\xi^2} \approx 1$。因此式(1-35) 的近似方程可表达为

$$\delta = 2\pi\xi \tag{1-36}$$

由图 1-19 中可以看出，当相对阻尼系数在 0.3 以下时，可以用式(1-36) 来代替式(1-35)。这时，$\xi = \delta 2\pi$。式(1-35) 表达了 δ 与 ξ 之间的关系；另外，还有 ξ、n 和 ω_n 之间的关系

$$\xi = \frac{n}{\omega_n} \tag{1-37}$$

上述式(1-35)～式(1-37) 三个方程中共有五个参数，其中 ζ 和 T_d 可以通过测量得到，从而其他三个参数 n、ξ 和固有频率 ω_n 也就可以确定了。

自由振动法通常只能用来测量第一阶固有振型的衰减系数。如果要测量高阶固有振型的衰减系数，必须确知能激出高阶振型，并确知要测的某阶固有频率。

利用带通滤波器阻断其他各阶自由振动信号，只容待测的那一阶通过，然后可用以上方法来求得待测阶数的衰减系数。

1.4.2 测振系统的校准

机-电转换元件有随时间变化的性质和易受其他因素的影响，非但制造单位必须进行严格的性能校准，以确定其灵敏度、频率响应特性、动态线性范围等技术指标和各种非振动环境（如温度、湿度、磁场、声场、安装方式、导线长度、横向灵敏度等）的影响并规定其精度外，使用者还必须定期对测量传感器及仪器进行校准，特别是在进行重大的和大型的试验前，更需进行一次校准，以保证测量数据的可靠性和精度。

校准测振仪的方法很多，但从计量标准和基准传递的角度来看，可分成两类：一类是复现振动量值最高基准的绝对法；另一类是以绝对法校准的标准测振仪作为二等标准，用比较法校准工作测振仪和传感器。

(1) 绝对校准法

绝对校准法是将被校准的传感器置于精密的振动台上承受振动，通过直接测量振动的振

幅、频率和传感器的输出电量来确定传感器的特性参数。

绝对校准法有两种，即振动标准装置法和互易法。目前振动标准装置法运用得最多。振动标准装置法又有激光干涉校准法、重力加速度法和共振梁法等多种。下面介绍激光干涉校准法。

激光干涉校准法的原理是将被校准的测振装置安装在一个能产生正弦振动的标准振动台上，用激光干涉仪等手段测出振动台的振动频率和振幅，此法用于校准测振装置的机械输入量。被校测振装置的输出量可通过相应的电气测量系统获得，从而可计算出灵敏度或其他特性参数。如校准一只加速度传感器的灵敏度，它的机械输入量是加速度 a，即

$$a=(2\pi f)^2 A\sin(2\pi ft) \tag{1-38}$$

式中，f 和 A 分别为振动台的振动频率和振幅。传感器的电压输出量为

$$e=\sin(2\pi ft+\varphi) \tag{1-39}$$

式中，e 为电压幅值，mV；φ 为输出与输入之间的相位差（通常在计算灵敏度时不予考虑）。

加速度传感器的灵敏度为

$$S_a=\frac{e}{(2\pi f)^2 A}\ [\mathrm{mV/(mm/s^2)}]=\frac{e\times 9800}{(2\pi f)^2 A}\ (\mathrm{mV/g}) \tag{1-40}$$

（2）比较校准法

比较校准法是将被校准的传感器与标准传感器相比较。校准时，将被校准传感器和标准传感器一起安装在标准振动台上，使它们承受相同的振动，然后，精确地测定它们的输出电量，被校传感器的灵敏度 S_a 由下式计算得到

$$S_a=(e_a/e_0)S_{a0} \tag{1-41}$$

式中，S_{a0} 为标准传感器的灵敏度；e_0 为标准传感器的输出电压；e_a 为被校传感器的输出电压。

在用比较法校准试验中，为了使被校传感器和标准传感器同时感受相同的振动输入，常采用如图1-20所示的“背靠背”安装法。标准传感器端面上，常有螺孔供直接安装被校传感器或用刚性支架安装。

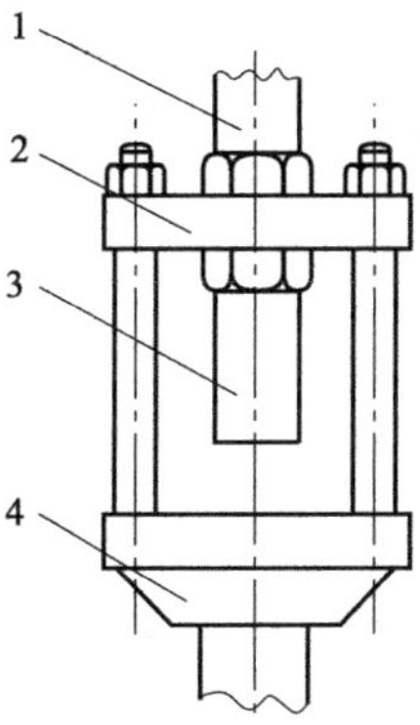

图1-20 “背靠背”比较法校准装置
1—被校传感器；2—支架；3—标准传感器；4—标准振动台

1.5 振动测试系统的设置与调试

传感器所处位置必须能使其所测得的振动能对横向运动做出评价。对于相对和绝对测量，一般应将两个传感器置于或邻近于机器的每一个轴承。它们应呈辐射状安装在垂直于轴线的同一横向平面内，它们的轴线互成 $90°\pm5°$，选择的位置在每个轴承上应是相同的。

在每个测量平面上也可使用单传感器，以代替常用的一对正交传感器，只要它能提供轴振动特性的足够信息。

测试前应做专门的测量以确定总的非振动偏差，这是由于轴表面金属材质的不均匀，局部残余磁性及轴的机械偏差所引起的，这种偏差也叫金属材质响应。应当注意，对于非对称轴，重力效应也可引起一种虚假的偏差信号。

1.5.1 测试方案的选择

在设计测试系统时应考虑到温度、湿度、腐蚀性空气、轴表面速度、轴材料及表面洁度、传感器所接触的工作介质（如水、油、空气或蒸汽）、振动和冲击（三个主轴上）、气动

噪声、磁场、传感器的端部邻近的金属物质、电源电压波动及瞬变等因素的影响。

希望仪器系统有直读式仪器的在线校准，还有合适的分离输出，以允许需要时做进一步分析。

(1) 测试系统的一般结构

图 1-21 给出了旋转机械振动测试的一般框图，它不是一成不变的，根据问题研究的需要、机器的特点以及手头现有仪器的情况可有所变化。

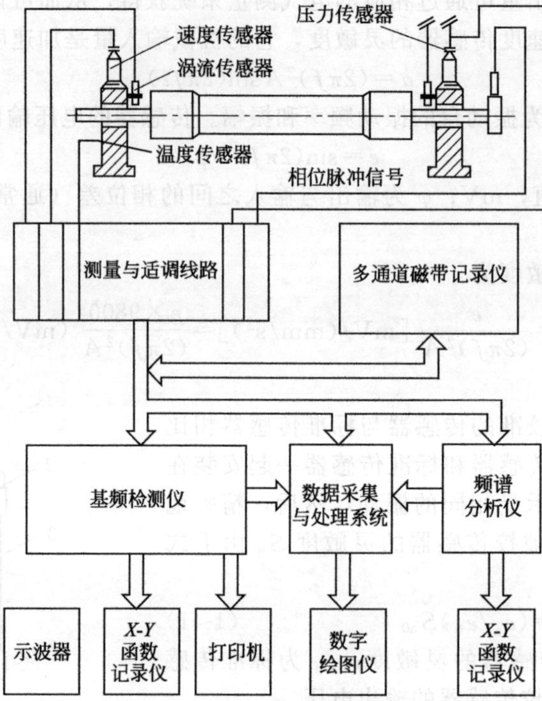

图 1-21　旋转机械振动测试框图

如图 1-21 所示的测试系统可以划分为两大部分。前一部分包括传感器和专用测量适调线路，这一部分的功能在于将机械测量量最终变换为可以被一般分析测量仪器所接受的，并具有归一化机电灵敏度的电压信号。后一部分的功能在于将前面所获得的原始电压信号加以分析、处理和取得所要的数据。

传感器是将机械测量量转换为电量的机电转换装置。传感器的性能及种类都直接影响整个测试系统的功能。在旋转机械测试装置中，常用的传感器有两种类型，它们是慢变信号传感器和快变信号传感器。慢变信号传感器主要用于测量温度、压力、流量等慢变信号。而快变信号传感器则主要用于测量振动和转速等快变信号。快变信号传感器又分速度传感器、加速度传感器及位移传感器。这些传感器及其专用测量线路分别如图 1-22(a)～(c) 所示。由于振动测量比较复杂，本小节以振动测量为例来说明测量系统的选择。

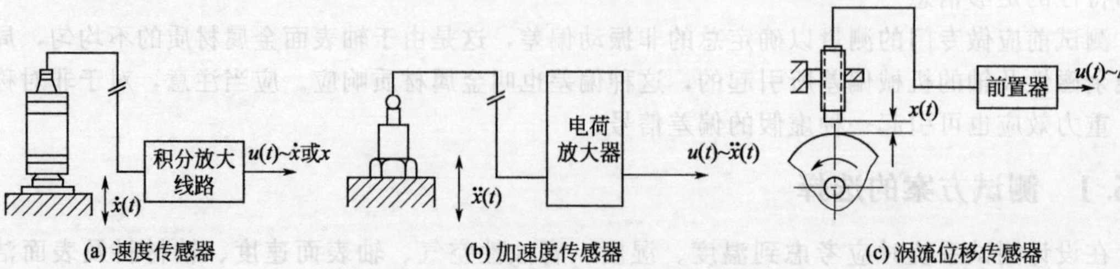

图 1-22　传感器及其专用测量线路

惯性式速度传感器适用于测量轴承座、机壳及基础的一般频带内的振动速度和振动位移（经积分后）。其频带为 5～500Hz（即 300～30000r/min）。测量更低的频率时，要求采用具有摆式结构的速度传感器。少数场合也有利用速度传感器配上一特制的“轴鞍”用以测量转子的绝对振动。

压电式加速度传感器适用于测量轴承座、机壳等的绝对运动。它具有较宽的频带，一般可以为 0.2Hz～20kHz，因此比较适合于测量高转速机器及因气流脉动或滚动轴承噪声等引起的高频振动。

最具有特点的是非接触式电涡流位移传感器，它适合于测量转子相对于轴承的相对位移（包括轴心平均位置及振动位移）。由于转子轴表面有很大的切线速度，因此用接触式传感器难以实现振动的接收。例如，大型汽轮发电机组的发电机转子，轴颈直径为 300～400mm，转速为 3000r/min，因此其轴颈表面的线速度高达 47～62m/s，至于某些高速离心式压缩机，其转轴表面的线速度可能更高。涡流传感器是利用转轴表面与传感器探头端部间的间隙变化来接收振动，从而避免了与轴表面的直接接触。涡流式位移传感器另一特点是具有零频率的响应，因此它不仅可以测出转轴轴心的振动位移，而且还可测出转轴轴心静态位置的偏离，这在判断运转过程中轴心是否处于正常的偏心位置是很有用处的。

总而言之，传感器的选用以及测试对象和部位的选择应当是这样，即该部位的振动最能反映出被测对象的特点。

图 1-21 的后一部分是对原始信号的分析与处理部分。这一部分的内容非常丰富，而且具体仪器繁多。现仅就最基本的要求叙述如下。

① 转速的测量。这是指直接从安装在转子上的转速传感器（涡流传感器、光电传感器或磁电式传感器）获得转速信号，并进行测量。有时不仅要给出瞬时转速，而且要知道转速随时间的变化率，即角加速度。在用 X-Y 函数记录仪绘制幅频图时，希望转速的测量装置能输出正比于转速的直流信号。

② 1×RPM 基频幅值与相位的测量。其中 RPM 代表转子的转速。旋转机械的振动（轴承座的或转轴的）不可能是只有与转速同频率（1×RPM）的纯正弦振动，波形中还包含许多其他频率成分的振动，例如，2×RPM、3×RPM、4×RPM 等频率成分的振动。在发生自激励振动时，还可能包含有近似于 0.5RPM 和等于某一阶临界转速的频率成分。

此外，还有可能出现随机振动成分等。但是，1×RPM 频率的振动为基频振动。由于转轴质量不平衡而引起的振动就属于基频振动。在进行动平衡时，要求较精确地测定基频振动的幅值及其相对于转子上某一刻线的相位角。为了从合成波形中获得基频的幅值与相位，要求分析仪器具有调谐滤波、跟踪滤波或相关处理等功能。为了绘制幅频及相频特性曲线，要求仪器具有正比于幅值及相位的直流输出。为了绘制振动向量端图（或称之为极坐标图）要求仪器设置正比于同向分量 $X=A\cos\varphi$ 及正比于正交分量 $Y=A\sin\varphi$ 的直流输出。

（2）测试方式

测试系统采用的测试方法取决于测试系统的性能指标，诸如非线性度、精度、分辨率、误差、零漂、温漂及可靠性等。

在上述测试系统性能指标确定后，根据成本预算、人机界面、测量模块与其他模块的界面要求选择测试方法。这里以旋转设备为例来说明测试方式的确定。

旋转设备的测试有其特殊性，这一特殊性表现在测试的主要对象是一个转动部件，即转子或转轴。

常见的旋转设备主要有汽轮发电机组、工业燃气轮机、压缩机、风扇、电机、泵及离心机等。它们都是由转动部件和非转动部件构成。转动部件包括转子及连接转子的联轴器等；非转动部件包括轴承、轴承座、机壳及基础等。

转子是旋转设备的核心部件。整个旋转设备能否正常工作主要取决于转子能否正常运转。当然，转子的运动不是孤立的，它是通过轴承（流体膜轴承或滚动轴承）支承在轴承座及机壳或基础上，构成了所谓的转子-支承系统。支承的动力学特性在一定程度上影响转子的运动。但是可以说，旋转设备的大多数振动问题或故障都是与转子直接有关，只有少数问题直接与支承、箱体或基础有关。曾有文章这样估计，大约70%的振动故障都能从转子运动上发现；而从轴承机壳及基础上只能发现30%的故障。这一估计数字虽是近似的，但说明大多数振动故障是与转子直接有关。

与转子直接有关的振动故障包括：各种原因引起的质量不平衡振动；转子热或机械原因引起的弯曲；转子连接不对中引起的振动；油膜涡动及油膜振荡；润滑中断；推力轴承损坏；轴裂缝或叶片断裂；径向轴承磨损；部件脱离；动静部件间的不正常接触等。

与轴承、机壳及基础直接有关的振动故障包括：支承损坏；基础共振；基础材料损坏；机壳不均匀膨胀；机壳固定不妥；各种管道作用力引起的振动等。

既然大多数振动故障都是直接与转子运动有关，因此，要求人们主要是从转子运动中去监测和发现故障，这比只局限于轴承座或机壳的振动信息更为直接和有效。当然，监测转子轴的振动比测量非转动部件的振动，在测试技术的难度上要稍大一些。随着传感器及其他电子测试仪器的发展，对旋转机械的试验研究及运转监测，特别是对转子运动的测试技术都有了发展，使人们有可能借助于试验和测量手段深入一步研究旋转设备的振动问题。

旋转设备的测试内容按其目的不同，大体上可列出以下几方面。

① 运转中旋转设备的振动监测与保护。

② 流体压力、流量、温度的监测与保护。

③ 转子-支承系统的动力学特性的试验研究。

④ 转子动平衡。

对于以上的内容分述如下。

在工厂中旋转机械按其在整个生产过程中所占有的地位不同，可分为关键性设备、半关键性设备和非关键性设备。发电厂的汽轮发电机组、化工厂的压缩机组、原子能电站的反应堆冷却泵等都属于关键性设备。对于关键性设备，要求设置有完整的实时监测与保护系统，及时指出设备是否出现非正常的测量量或超过该设备所规定级别的量值，并及时发出警报和自动执行保护动作，以防止故障扩大。人们要求监测系统能最大限度地发现机器的故障信息，比如95%，这不过是最大限度较为形象的说法。因为100%是难以实现的，特别是那些事前并无明显征兆的事故，如涡轮机叶片的突然断裂。对于半关键性设备，如锅炉给水泵，以及非关键性设备，如一般的通风机和水泵等，从经济角度出发都应设有相应级别的监测与保护装置。

转子-支承系统动力学特性实验研究包括多方面的内容，它为转子-支承系统设计提供实验数据，包括：临界转速的测定；振形的实验测定；转子内阻的研究；支承及油膜刚度和阻尼的实验分析；各种类型转子动平衡技术的探讨；各种类型转子-支承系统稳定性问题实验分析等内容。

现场动平衡是振动测试的重要内容，同时它也是一个很有实际意义的问题。任何一种平衡理论都有精良的测量技术为物质基础。长期以来，现场动平衡都是以轴承座的振动为依据。但是，质量不平衡是一个与转子直接有关的问题，因此转子的不平衡响应一般说来应比轴承座或机壳上更为敏感。所以结合转子的振动测量进行动平衡，从而提高平衡精度，减小停机和加重次数应是振动测试工作研究的重要内容。

(3) 测试方案选择原则

在测试系统的设置中，应防止信息过多和信息不足两种情况的发生。第一种情况是由于不断提高测试系统的测量水平和不断扩大测量范围所致，从而形成了一种以过分的高精度和高分辨率采集所有可以得到的信息的趋势。其结果，有用的数据混在大量无关的信息中，且由于这些无关数据的存在，给系统的数据处理带来了沉重的负担。第二种情况大多因为对测量在整个系统中的功能和目的考虑不周所致，这种不能提供所需要全部信息的缺点会导致系统整体功能的显著下降。

测试应根据测试目的确定测试方法和手段，研究测点布置和仪器安装方法，对可能发生的问题和测试中的注意事项，应事先予以周密考虑，以便达到预期目的。

建立测试方案，确定使用的测量系统和安排操作程序的步骤如下。

① 将测量量分类，估计测量量范围，判别测量量的性质，如振动是周期性振动、随机振动还是冲击型或瞬变型振动。

② 根据研究需要和性能要求，确定测量方法、测量参数和记录分析方式。

③ 考虑环境条件，如电磁场、温度、湿度、声场和振动等各种因素，选择合适的传感器种类和变换器的类型。

④ 仔细确定安装测量传感器的位置，选定能代表被测对象特征的安装位置，并考虑是否会产生传感器附加质量载荷的影响。

⑤ 选择仪器的可测频率范围，注意频率的上限和下限。对传感器、放大器和记录装置的频率特性和相位特性进行认真的考虑和选择。

⑥ 考虑需测范围和仪器的动态范围，即可测量程的上限和下限，了解仪器的最低可测振动量级。注意在可测频率范围内的量程是常数还是变数，因为有的仪器量程随频率增加而增大，有的仪器量程随频率增加而减小。注意避免使仪器在测试过程中过载和饱和。

⑦ 标定的检验包括传感器、放大器和记录装置全套测试系统的特性标定，定出标定值。

⑧ 画出测量系统的工作方框图以及仪器连接草图，标出所用仪器的型号和序号，以便于测试系统的安装和查校。

⑨ 在选定了振级、频率范围，解决了绝缘及接地回路等问题后，要确定测振传感器最合理的安装方法，以及安装固定件的结构及估计可能出现的寄生振动。

⑩ 在被测构件上做好测试前的准备，把测试仪器配套连线，传感器安装固定，并记下各个仪器控制旋钮的位置。

⑪ 对测试环境条件做详细记录，以便供数据处理时参考，并可以查对一些偶然因素。

⑫ 在测试过程中应经常检查测试系统的“背景噪声”，即“基底噪声”。把传感器装在一个非振动体上，并测量这个装置的“视在”振级，在数据分析处理时，可去掉这部分误差因素。在实际振动测量中，为了获得适当的精度，“视在”振动应小于所测振动的 1/3。

1.5.2 测试中干扰的排除

测试过程中经常会有各种各样的干扰使测量仪器无法正常工作。因此，如何提高测试系统的抗干扰能力、保证其在规定条件下正常工作，是设置测试系统时必须考虑的问题。而要想提高测试系统的抗干扰能力，首先要知道干扰产生的原因，以及干扰窜入的途径，然后才能有针对性地解决测试系统的抗干扰问题。

（1）干扰产生的原因

对仪器来说，干扰可分为外部干扰和内部干扰两类。

仪器能否可靠运行，受到使用环境的限制。使用环境中的电磁场、振动、温度、湿度等构成了外部干扰源，它们都可能干扰仪器的正常运行。因此，仪器在实际使用中必须要了解使用的环境条件，在设计仪器时也必须保证其具备较强的环境防护能力。

在测试中，许多因素都会对测试信号产生干扰，如测试系统的安装固定要很好考虑，不合理的安装固定和固定件的寄生振动会给测试信号带来各种干扰，严重地影响测量结果。另外，电源、信号线、接地等也会产生干扰。这些可归为内部干扰源。为了确保正确的测试，对测试系统要注意下面几个问题。

① 首先要注意传感器的安装和测点布置位置能否反映被测对象的振动特征。

② 传感器与被测物需要有良好的固定，保证紧密接触，连接牢固，振动过程中不能有松动。

③ 考虑固定件的结构形式和寄生振动问题。

④ 对小型、轻巧结构的振动测试，要注意传感器及固定件的“额外”质量对被测结构原始振动的影响。

⑤ 导线的连接及仪器的接地等。

(2) 干扰传播途径

干扰是一种破坏因素，但它必须通过一定的传播途径才能影响到仪器。为此，有必要对干扰的传播途径进行深入的分析，以便找到有效消除干扰的方法。

一般说来，干扰的传播途径主要包括以下几个方面。

① 静电感应。任何通电导体之间或通电导体与地之间都存在着分布电容，干扰电压通过分布电容的静电感应作用耦合到有效信号，就造成干扰。

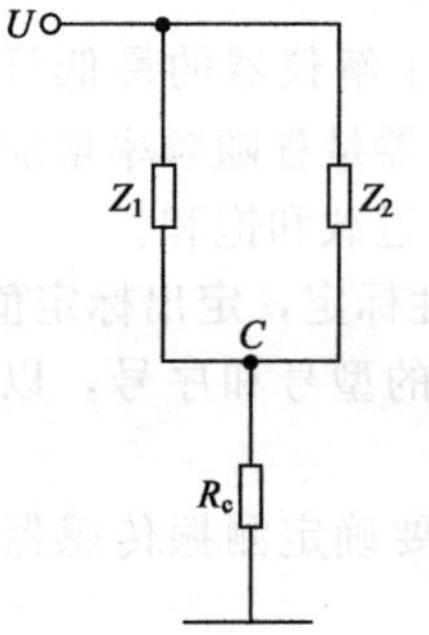

图 1-23　公共阻抗干扰

② 电磁感应。由于干扰电流产生磁通，当此磁通随时间变化，它可通过互感作用在另一回路引起感应电动势。当印刷电路板中两根导线平行敷设时，就会有互感存在。

③ 公共阻抗。如图 1-23 所示是公共阻抗干扰。公共点 C 为公共接地点，R_c 是公共阻抗；Z_1、Z_2 分别是两个电路的等效阻抗。C 点电压可看作 Z_1 和 R_c 对电源 U 的分压以及 Z_2 和 R_c 对 U 的分压。若 Z_1、Z_2 彼此产生干扰，这就是公共阻抗干扰。

④ 辐射电磁干扰与漏电耦合。在电能频繁交换的地方和高频换能装置周围存在着强烈的电磁辐射，会对仪器产生干扰电压；而电器元件绝缘不良或功率元器件间距不够也会产生漏电现象，由此引入干扰。

(3) 常用抗干扰技术

测试仪器设计过程中必须考虑电磁兼容问题。电磁兼容性是指以电为能源的电气设备，在其使用的场合运行时，自身的电磁信号不影响周边环境，也不受外界电磁干扰的影响，更不会因此发生误动或遭到破坏，而能完成预定功能的能力。要做到这一点，常采取屏蔽、隔离或接地等方法。

① 屏蔽技术。屏蔽技术是利用金属材料对电磁波具有良好的吸收和反射能力来抗干扰的。一般分为静电屏蔽、磁屏屏蔽和电磁屏蔽三种。

用导体做成的屏蔽外壳处于外电场时，由于壳内场强为零，可保护放置于其中的电路不受外电场干扰；或将带电体放入接地的导体壳内，则壳内电场不能穿透到外面，这就是静电屏蔽。磁屏屏蔽是用一定厚度的铁磁材料做成外壳，由于磁力线无法穿入壳内，可以保护内部仪器不受外部磁场影响。而电磁屏蔽是用一定厚度的导电材料做成外壳，由于交变电磁场在导体中按指数规律衰减，可以使壳内仪器不受外界电磁场影响。

导线是信号有线传播的唯一通道，干扰将通过分布电容耦合到信号中，因此导线的选取要考虑电磁屏蔽问题。导线可选用同轴电缆，同时其屏蔽层要接地，并且同轴电缆的中心抽出线要尽量短；仪器的机箱为金属材料时，也可作为屏蔽体；而采用塑料机箱时，可在其内壁喷涂金属屏蔽层。

② 隔离技术。隔离是抑制干扰的有效手段之一。仪器中的隔离可分为空间隔离和器件隔离。空间隔离实现手段如下。

a. 包裹干扰源。

b. 功能电路合理布局，如使数字电路与模拟电路、微弱信号通路与高频电路、智能单元与负载回路相隔一段距离，以减少互扰。

c. 信号之间的隔离。由于多路信号输入时也会产生互扰，可在信号之间用地线隔离。

隔离器件一般有隔离放大器、信号隔离变压器和光电隔离器。

③ 接地技术。正确的接地能够有效地抑制外来干扰，同时可以提高仪器本身的可靠性，减少仪器自身产生的干扰因素，是屏蔽技术的重要保证。

仪器中所谓的“地”是一个公共基准电位点。该基准电位点用于不同场合就有了不同的名称，如大地、基准地、模拟地、数字地等。接地的目的是为了仪器的安全性和抑制干扰。为此，常见的接地方法有保护接地、屏蔽接地和信号接地等，详见有关资料。

④ 滤波技术。共模干扰并不是直接干扰电路，而是通过输入信号回路的不平衡转成串模干扰来影响电路的。而抑制串模干扰最常用的方法是滤波。滤波器是一种选频器件，可根据串模干扰与信号频率分布特性选择合适的滤波器抑制串模干扰的影响。一般串模干扰的频率比实际信号高，因此可采用无源阻容低能滤波器将其滤掉。

1.5.3 构建测试系统时应注意的问题

(1) 传感器的安装和测点布置

被测对象测点的具体布置和传感器的安装位置应该选择合理。测点的布置和仪器安装位置决定了测到的是什么样的频率和幅值。实际被测对象都有主体和部件、部件和部件之间的区别。不合理的安装布点，会产生一些错乱现象。例如，需测主体结构振动，却得到部件振动的数据；需测部件的振动状态，实际获得的却是主体结构的振动状态。对一个有复杂部件的结构或机器，如火车车厢的振动、车厢车体振动、车轮和车轴及轴箱盖等几个地方的振动幅值和频率的差别是很大的。因此，必须找出能代表被测物体特征的测量位置，合理布点。另外，垂直、水平等测试方向的电缆不能装错。同时，不论哪种安装连接方式，都应注意避免发生额外的寄生振动，而能较真实地反映需测振动的实际情况。

(2) 传感器与被测对象的接触和固定

在测试过程中，传感器需要与被测物良好接触（必要时传感器与被测物间应有牢固的连接）。如果在水平方向产生滑动，或者在垂直方向脱离接触，都会使测试结果严重畸变，使记录无法使用。这在一般的位移波形上的反映是很清楚的。

(3) 固定件的结构、固定形式

仪器固定中采用固定件，使传感器与被测体中增加了一个弹性垫层。固定体本身所产生的振动，就是寄生振动。振动测试中，首先应尽量减少不必要的固定件，最好使传感器直接安装于被测物上，仅在必要时才设置固定件。良好的固接，要求固定件的自振频率大于被测振动频率的5～10倍以上，这时可使寄生振动减小。实际上由于测试的需要和安装条件的限制，一定的固定件和连接方式总是不可避免的。现以压电式加速度计为例，介绍以下几种安装方式。

① 用钢螺栓。

② 用绝缘螺栓和云母垫圈。

③ 用永久磁铁。

④ 用胶合剂和胶合螺栓。

⑤ 用蜡和橡胶泥黏附。

⑥ 用手持探针。

其安装方法如图 1-24 所示。

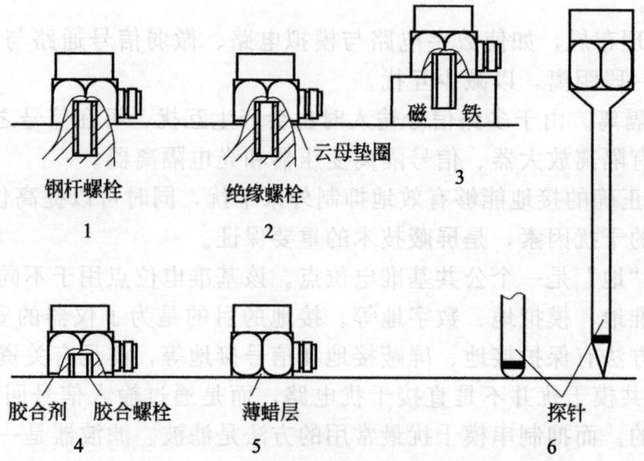

图 1-24 压电加速度计的安装方法

1—钢螺栓；2—绝缘螺栓和云母垫圈；3—磁铁吸附；

4—胶合；5—蜡和橡胶泥黏附；6—手持探头

这六种安装方法，各有不同特点。第一种安装方法的频率响应最好，基本符合加速度计实际校准曲线所要求的条件。若安装面不十分平滑，则用螺钉拧紧加速度计之前，最好在表面涂一层硅润滑脂，以便增加安装刚度。每次使用安装螺栓时，特别注意不要将螺栓完全拧入加速度计基座的螺栓孔中，否则，会引起加速度计基座面弯曲，影响加速度计的灵敏度。第二种安装方法是当加速度计和振动体之间需要电绝缘时采用。使用绝缘螺栓和薄云母垫圈，因云母的硬度较好，这样频率响应较好。使用时应使垫圈尽可能薄（云母容易被剥成薄层）。第三种安装方法是使用永久磁铁的吸引力固定。该磁铁也需和振动件电绝缘。磁铁使用闭合磁路，所以，在加速度计处，实际上没有泄漏磁场。这种安装方法，不适用于加速度幅值高于 200g 的范围，当温度为 150℃时，可允许短时间使用。

当适合用胶合技术时，第四种安装方法是方便的，因为可以随时移动加速度计。最好用 501 胶和环氧树脂连接胶合螺栓。第五种方法是使用一薄层蜡，将加速度计黏附在振动物体的面上，虽然蜡的硬度差，但此种安装方法给出了一个非常好的频率响应。在较高温度下，蜡的硬度变小，导致它的频率响应变坏。应该避免使用软胶或树脂，后者有去耦作用，会滤掉一些频率成分。第六种方法是用手持探针测量，使用可更换的圆头和尖头探针。这种方法适用于快速测试，如在某些测试地点很多而又不要固定的场合。但是，测试频率不能太高，一般要小于 1000Hz 频率范围，因为这时仪器的安装自振频率很低。

另外，在安装中要注意对压电晶体加速度计螺栓的安装力矩不能太大。否则会损坏加速度计基础上的螺纹和加速度计壳体，尤其使用绝缘螺栓时，一般不能承受大于 36kgf · cm（1kgf · cm＝9.81N · cm）的力矩，因此，螺栓的安装力矩定为不大于 18kgf · cm，以使用 4 英寸扳手为宜。

(4) 传感器对被测构件附加质量的影响

对于一些小巧轻型的结构振动或在薄板上测量振动参数时，传感器和固定件质量引起的“额外”载荷，可能改变结构的原始振动，从而使测得结果无效，因此，在这种情况下，应该使用小而轻的传感器，估算加速度计质量-载荷的影响

$$a_r = a_s \frac{m_s}{m_s + m_a}$$

式中　a_r——带有加速度计的结构加速度；

a_s——不带有加速度计的结构加速度；

m_s——待装加速度计的结构"部件"的等效质量（重量）；

m_a——加速度计的质量（重量）。

应注意因附加质量而改变结构振动的频率，这在大型的工程结构测试中，并不突出，而对小型的机械零部件影响较大，测试分析中要考虑。

(5) 传感器安装角度引起的误差

传感器的感振方向，应该与待测方向一致，否则会造成测试误差。在测量正弦振动时因重力作用会引起测量误差，因此在标定和测试时应该用波形的峰和谷之和来消除重力引起的误差。当所测加速度很大时即 $a>g$，则此时的 g 可忽略不计。

测量小加速度时，传感器更应该精确安装使惯性质量运动的方向和待测振动方向重合。

(6) 电源和信号线干扰的排除

电源是测试系统唯一的能量提供者，是一个较大的磁辐射源，容易产生干扰。同时，测试中的导线连接也会严重地影响测试结果，因为信号线的电辐射和磁辐射以及磁、电耦合也会构成干扰空间。因此，要保证传感器的输出连接导线之间，导线与放大器之间的插头连接处于良好的工作状态。测试系统每个接插件与开关的连接状态和状况，也要保证完善和良好。有时因接头不良，会产生寄生的振动波形，使得测试数据忽大忽小。在一次性测试中，这些误差难以被发现。

另外，使用压电式传感器测量时，还存在一个特殊问题即连接电缆的噪声问题，这些噪声既可由电缆的机械运动引起，也可由接地回路效应的电感应和噪声引起。机械上引起的噪声是由于摩擦生电效应产生，称为"颤动噪声"。它是由于连接电缆的拉伸、压缩和动态弯曲引起的电缆电容变化和摩擦引起的电荷变化产生的，这些容易发生低频干扰。因此，压电式和电感调频式传感器对这个问题都是十分敏感的。在采用低噪声电缆的同时，为避免因导线的相对运动引起"颤动噪声"，应该尽可能牢固地夹紧电缆线，其形式如图 1-25 所示。此外，在选择和布置电缆时，还可采取下列措施以减少信号线的干扰。

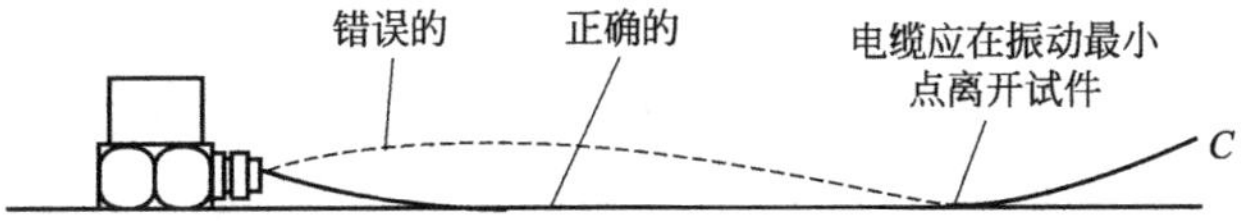

图 1-25　固定电缆避免"颤动噪声"示意

① 坚持使用带屏蔽层的二芯导线（专用信号线）。

② 尽可能避免信号传输中输出干扰和输入干扰。

③ 电源线与信号线分开布置。

④ 强信号线与弱信号线（及高、低频信号）分开布置。

⑤ 电源与测试系统的隔离及良好连接。

⑥ 信号线屏蔽层在同一端相连并接地。

(7) 接地

接地是抗干扰的有效措施，但不良的接地或不合适的接地地点，会在测试中产生较大的电气干扰，同样会使测试受到严重的影响，甚至导致整个测试系统无法正常工作。对于大型设备和结构的多点测量，更应引起足够的重视。对于压电晶体加速度计的测振回路有时需用绝缘螺栓和云母垫圈对加速度传感器与安装部件的结构实施电气绝缘。避免形成接地回路的唯一方法，是确保装置接地在同一点上，接地点最好设置在放大器或分析仪器上，如图1-26所示。在接地时，要注意以下几个问题。

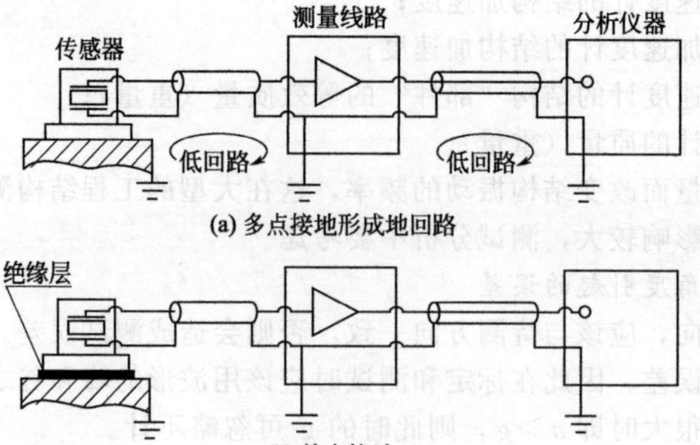

(a) 多点接地形成地回路

(b) 单点接地

图1-26 接地点的安置

① 地线指标：优质地线≤2Ω；仪表地线≤5Ω。

② 地线选择：可靠、电阻小（选择尽可能粗的铜线或铜条）。

③ 电源的可靠接地。

④ 多仪表的接地：所有仪表统一接地。

⑤ 多系统、多电源的接地：严禁多点接地（避免不同地线间的连线有电流）；各系统、电源的地线用粗线相连，然后在同一点接地，如图1-27所示。

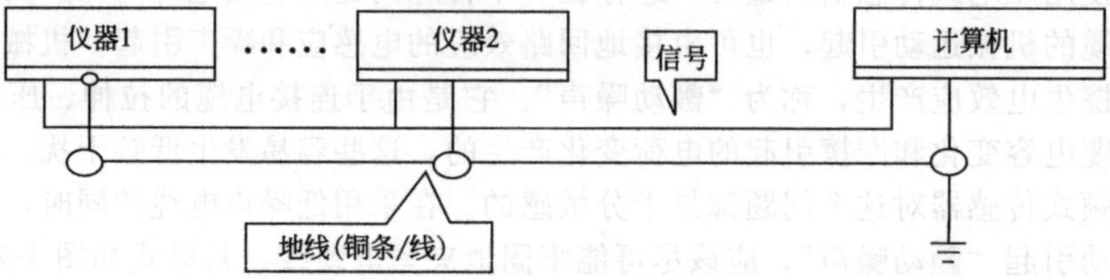

图1-27 多系统、多电源的接地

（8）其他问题

在测量极低频率和极低振级的振动时，还可能产生温度的干扰效应，即温度变化引起传感器的输出值变化，变化速度由放大器输入电路的时间常数确定。一般情况下温度效应是不显著的。

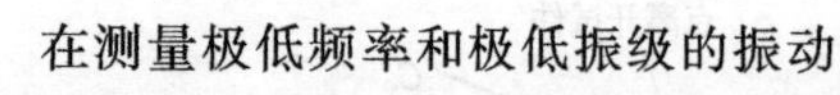

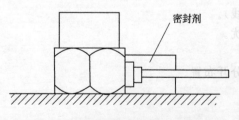

图1-28 加速度计电缆接头的密封

最后，应该指出的是防潮问题。传感器本身到接头的绝缘电阻，会因受潮气和进水而大为降低，从而严重地影响测试。

受潮使电阻式仪器不能调平衡，而压电晶体传感器因测试数据误差很大而不能使用。所以测试系统的防潮是一项细致的工作，平时要保持接插件、插头、插座的清洁、干燥。尤其是压电式传感器与电压和电荷放大器的连接，需用酒精、四氯化碳等清洁剂去除插头的脏物和汗渍。如果在液体内或非常潮湿的环境中进行测量，传感器与电缆的接头必须密封（图1-28）。密封材料可用环氧树脂或室温硫化硅橡胶，保证在−70～60℃的温度范围内表现出极好的性能。

1.5.4　测试系统的调试

在测试前必须对测试系统进行调试，否则会产生各种误差。

(1) 各环节的单独调试

① 接地检查。接地对于测试非常重要，接地好坏不仅直接影响到测试精度，而且关系到仪器设备的安全。因此，对系统进行调试时，首先要对接地进行检查。

② 单个仪器的检测。用标准信号源逐一检查仪器（含传感器）的线性度及线性范围、满度、灵敏度和精度，以便准确了解仪器的工作状态，并正确选用和设置初始状态。

③ 短路检查。短路会造成测试仪器和系统的损毁甚至引起火灾。因此，测试前一定要仔细地排除短路的可能。即进行零点检查。

④ 输出检查。用标准信号源对测试仪器的输出进行检查，并校准仪表的精度。各环节检测的界面如图 1-29 所示。

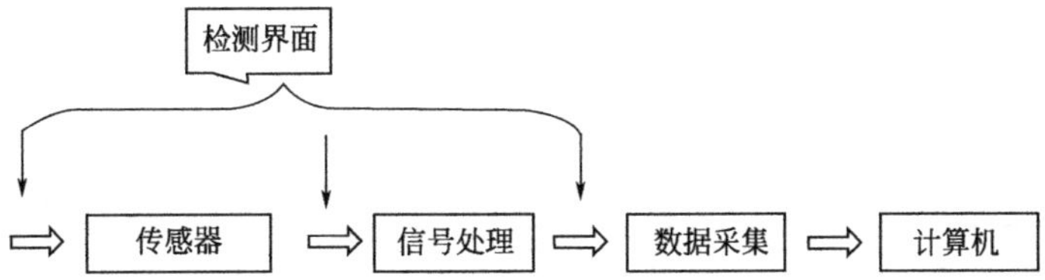

图 1-29　检测界面

(2) 连接

在连接测试系统时，要注意以下问题。

① 编号。在工程实际中的测试，一般都是多测点的，少则几十个，多则几百个，为了防止接错信号，应该对传感器、电缆和通道进行编号。连接时，将同号的传感器、电缆和通道连接在一起，并按图 1-30 的连接界面进行仔细检查，以防接错。

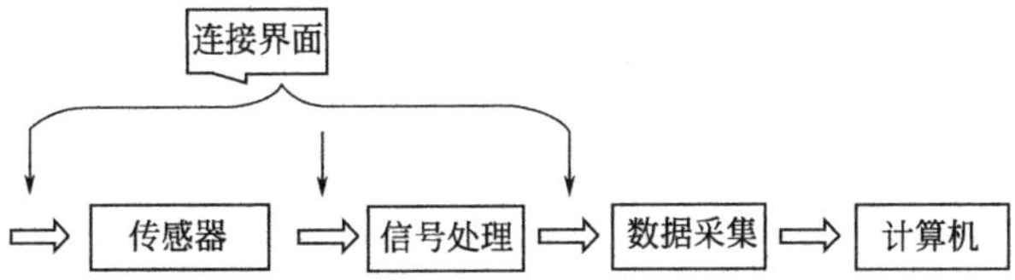

图 1-30　连接界面

② 极性。有些电缆是有极性的，在连接时必须严格按照标明的极性进行连接，特别是屏蔽线。

③ 断电连接。连接必须在断电的情况下进行，以防发生意外。

(3) 统调

在完成上述步骤之后，要对测试系统进行统调。统调包括以下几步。

① 系统检测。用标准信号源对测试系统的线性、满度、灵敏度、精度、零漂、温漂等指标逐一进行检测和记录，以便准确了解测试系统的工作状态，为测试误差分析提供依据。

② 校准。用标准被测量对测试系统的输出进行检查，并对测试系统的精度进行系统校准和标定。

③ 实测实验。按图 1-31 对测试系统进行初步实验，以检查测试系统是否能正常工作。

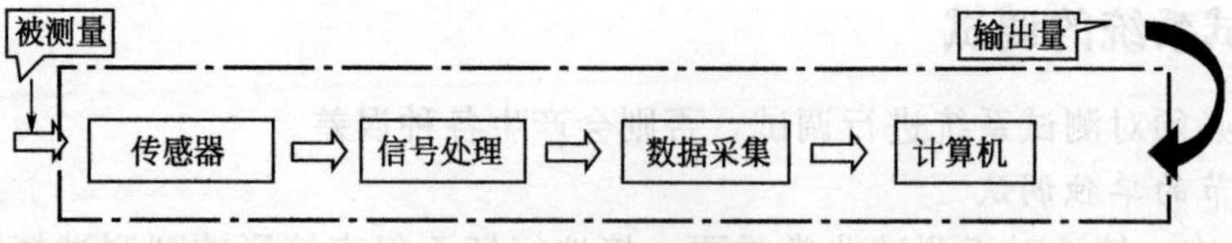

图 1-31 实测实验

当测试系统工作不正常时，要对测试系统进行故障排除，然后方可进行测试。检查故障的方法有隔离法和排除法两种。

① 排除法。首先对测试系统进行逐级检测，以确定故障发生的范围。

② 隔离法。然后对有问题的子系统中的仪器进行单独检测，以发现问题所在。

在用上述方法检测故障时，还可通过输入短路来查看输出变化，以发现问题。查错界面如图 1-32 所示。

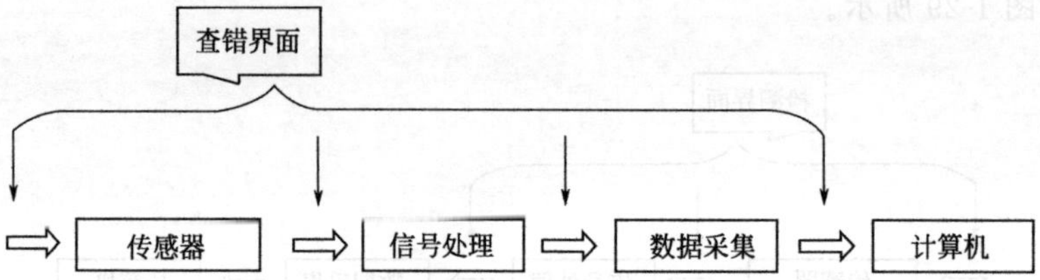

图 1-32 查错界面

1.6 机械振动信号的分析

信号中包含对诊断有用的信息，但是也存在一些无用的东西，为了提取有用信息，必须对信号进行处理。任何信号都不可能是纯正的，去伪求真处理的最终目的，就是要提取与状态有关的特征参数。任何信息的采集都是以信号的形式存在，如果没有信号的分析处理，就不可能得到正确的诊断结果，因此信号处理广泛地应用于各种各样的领域，信号处理是设备诊断中不可缺少的重要手段。

振动信号的分析方法，可按信号处理方式的不同分为幅域分析、时域分析以及频域分析。信号的早期分析只在波形的幅值上进行，如计算波形的最大值、最小值、平均值、有效值等，后又进而研究波形的幅值的概率分布。在幅值上的各种处理通常称为幅域分析。信号波形是某种物理量随时间变化的关系，研究信号在时间域内的变化或分布称为时域分析。频域分析是确定信号的频域结构，即信号中包含哪些频率成分，分析的结果是以频率为自变量的各种物理量的谱线或曲线。不同的分析方法是从不同的角度观察、分析信号，使信号处理的结果更加丰富。

1.6.1 数字信号处理

机械故障诊断与监测所需的各种机械物理量（振动、转速、温度、压力等）一般用相应的传感器转换为电信号再进行深处理。通常传感器获得的信号为模拟信号，它是随时间连续变化的。随着计算机技术的飞速发展和普及，信号分析中一般都将模拟信号转换为数字信号进行各种计算和处理。

(1) 采样

在信号处理技术中将采样定义为将所得到的连续信号离散为数字信号，其过程包括取样和量化两个步骤。

取样是将一连续信号 $x(t)$ 按一定的时间间隔 Δt 逐点取得其瞬时值。量化是将取样值表示为数字编码。量化有若干等级，其中最小的单位称为量化单位。由于量化将取样值表示为量化单位的整倍数，因此必然引入误差。由图 1-33 可知，连续信号 $x(f)$ 通过取样和量化在时间和大小上成为一离散的数字信号。采样过程现都是通过专门的模数转换（A/D）芯片实现的。

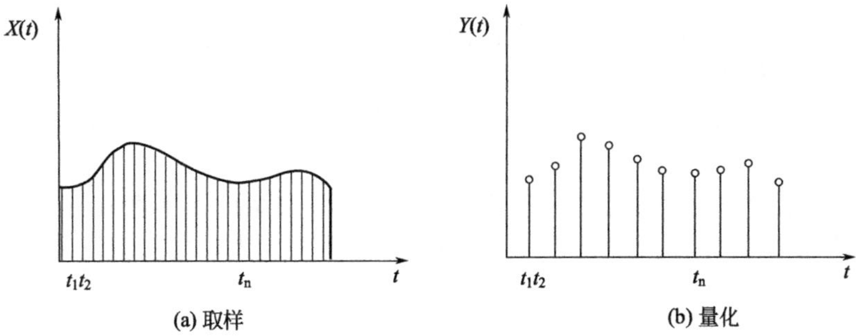

图 1-33　信号的采样过程

(2) 采样间隔及采样定理

采样的基本问题是如何确定合理的采样间隔 Δt 和采样长度 T，以保证采样所得的数字信号能真实反映原信号 $x(t)$。显然，采样频率 $f_s(f_s=1/\Delta t)$ 越高，则采样越细密，所得的数字信号越逼近原信号；但当采样长度一定时，f_s 越高，数据量 $N=T/\Delta t$ 越大，所需内部存储量和计算量就越大。根据 Shannon 采样定理，带限信号（信号中的频率成分 $f<f_{max}$）不丢失信息的最低采样频率为

$$f_s \geqslant 2f_{max} \tag{1-42}$$

式中，f_{max}为原信号中最高频率成分的频率。当不满足采样定理时，将会产生频率混淆现象，采样得到的数字信号将不能正确反映原有信号的特征。

解决频率混淆的办法如下。

① 提高采样频率以满足采样定理。$f_s=2f_{max}$ 为最低限度，一般取 $f_s=(2.56\sim4)f_{max}$。

② 用低通滤波器滤掉不需要的高频成分以防止频混现象。此时的低通滤波器也称为抗混频滤波器。如滤波器的截止频率为 f_c，则有 $f_s=(2.56\sim4)f_c$。

(3) 采样长度和频率分辨率

采样长度太长会使计算量增大；但采样长度过短则不能反映信号的全貌，信号分析的频率分辨率不够（$\Delta f=1/T$）。因此，必须综合考虑采样频率和采样长度的问题。一般在信号分析仪中，采样点数是固定的（如 $N=1024$，2048，4096 点等），各挡分析频率范围取

$$f_a=f_s/2.56=1/(2.56\Delta t) \tag{1-43}$$

则频率分辨率

$$\Delta f=1/N\Delta t=2.56f_a/N=(1/400,1/800,1/1600,\cdots)f_a \tag{1-44}$$

这就是信号分析仪的频率分辨率选择中通常所说的 400 线，800 线，1600 线，…。

1.6.2　振动信号的时域分析

幅域分析尽管也是用样本时间的波形来计算，但它不关心数据产生的先后顺序，将数据

次序任意排序，所得结果一样。在这里提出的时域分析，主要是指波形分析、轴心轨迹分析、相关分析和时序分析等，它们可以在时域中抽取信号的特征。

(1) 波形分析

时间波形是最原始的振动信息源。由传感器输出的振动信号一般都是时间波形。对于具有明显特征的波形，可直接用来对设备故障作出初步判断。例如，大约等距离的尖脉冲是冲击的特征，削波表示有摩擦，正弦波主要是不平衡等。波形分析具有简洁、直观的特点，这是波形分析法的一大优势。分析波形有助于区分不同故障。一般说来，单纯不平衡的振动波形基本上是正弦式的；单纯不对中的振动波形比较稳定、光滑、重复性好；转子组件松动及干摩擦产生的振动波形比较毛糙、不平滑、不稳定，还可能出现削波现象；自激振动，如油膜涡动、油膜振荡等，振动波形比较杂乱，重复性差，波动大。

如图 1-34 所示的波形基本上为一正弦波，这是比较典型的不平衡故障；如图 1-35 所示的波形在一个周期内，比转动频率高一倍的频率成分明显加大，即一周波动两次，表示转轴有不对中现象。

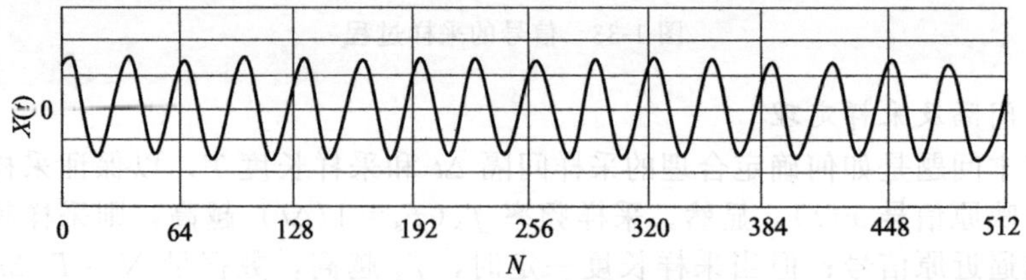

图 1-34 不平衡的时域波形

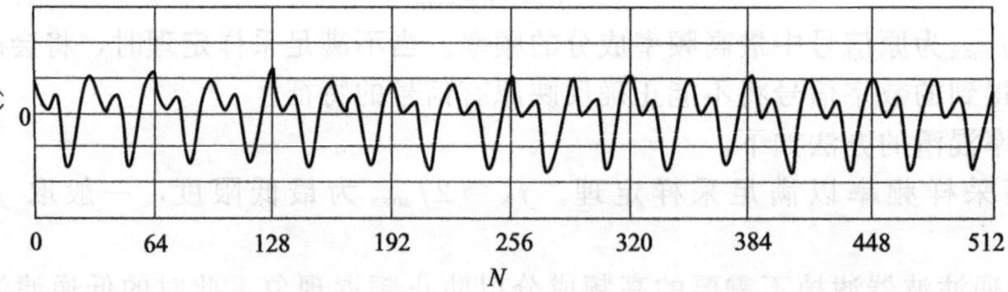

图 1-35 不对中的时域波形

(2) 同步平均

同步平均是一种把与机器转速相同步的大量的周期信号进行平均的时间信号。这种技术不仅可以消除背景噪声，而且还可以消除与被监测机器非精确同期的周期信号。它特别适用于具有多轴的齿轮振动诊断。所有与所测轴的不同步部件都能予以排除。典型的测量组态是由一个加速度传感器，一个能够产生参考脉冲的转速表，以及一个信号平均器所组成。如果还能有一个脉冲频率放大器以更正参考脉冲的重复率，则与参考轴不同步的轴信号也可以进行平均。如图 1-36 所示是截取不同的段数，进行同步平均的结果，虽然原来图像（$N=1$）时的信噪比很低，但经过了多段平均后，信噪比大大提高。当 $N=256$ 时，就可以得到几乎接近理论的正弦周期信号，而原始信号中的周期分量，是几乎完全被其他信号和随机噪声所淹没的。

(3) 轴心轨迹分析

轴心运动轨迹是利用安装在同一截面内相互垂直的两支电涡流传感器对轴颈振动测量后

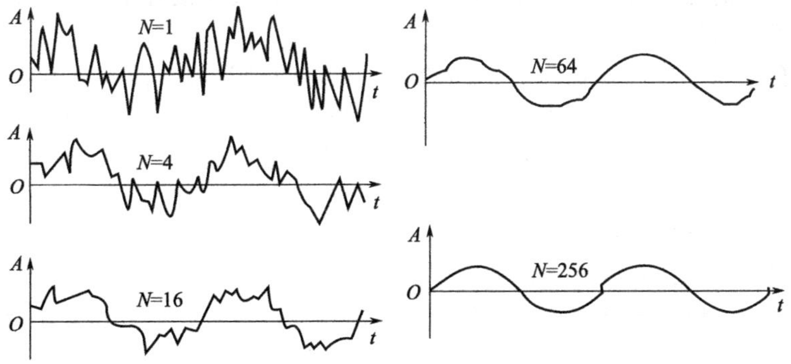

图 1-36　同步平均对信噪比的影响

得到的，如图 1-37 所示。它可以用来指示轴颈轴承的磨损、轴不对中、轴不平衡、液压动态轴承润滑失稳以及轴摩擦等。

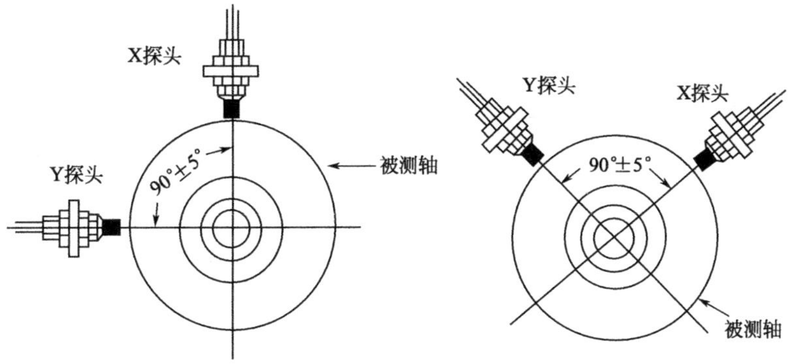

图 1-37　轴心轨迹测量传感器的安装

传感器的前置放大器输出信号经滤波后将交流分量输入示波器的 x 轴和 y 轴或监测计算机，便可以得到转子的轴心轨迹。轴心轨迹非常直观地显示了转子在轴承中的旋转和振动情况，是故障诊断中常用的非常重要的特征信息。

对仅由质量不平衡引起的转子振动，若转子各个方向的弯曲刚度及支承刚度都相等，则轴心轨迹为圆，在 x 和 y 方向为只有转动频率的简谐振动，并且两者的振幅相等，相位差为 90°。实际上，引起转子振动的原因也并非只有质量不平衡，大多数情况下转子各个方向的弯曲刚度和支承刚度并不相同，因此轴心轨迹不再是圆，而是一个椭圆或者更复杂的图形，反映在 x 和 y 方向的振幅并不相等，相位也不是 90°。表 1-1 列出了振动频率分别为 1ω、$1/2\omega$、$1/3\omega$ 和 $1/4\omega$ 转动频率下转子的轴心轨迹。如果同时从轴心轨迹的形状、稳定性和旋转方向等几方面进行综合分析，可以得到比较全面的机组运行状态信息。

表 1-1　典型的正反进动轴心轨迹图

频率比	正进动	反进动	频率比	正进动	反进动
$\Omega=1\omega$			$\Omega=\frac{1}{3}\omega$		
$\Omega=\frac{1}{2}\omega$		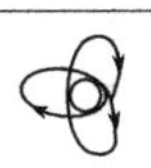	$\Omega=\frac{1}{4}\omega$		

转轴轴心相对于轴承座的运动轨迹，直观地反映了转子瞬时运动状态，它包含着许多有

关机械运转状态的信息。因此，轴心轨迹分析是诊断设备故障很有用的一种方法，对确诊设备故障能起到很好的作用。

轴心轨迹有未滤波的轴心轨迹和提纯的轴心轨迹两种类型，前者由轴端两个空间相距90°的位移传感器输出综合而成。由于所含成分比较复杂，轨迹一般较为凌乱，不易获得清晰的特征。后者是在频谱分析基础上提取相应频率成分重构而成，也可通过带通保相滤波对轴心轨迹进行重构。提纯的轴心轨迹比原始轨迹简洁得多，而且突出了与故障有关的成分。因此，轨迹的特征与故障的相关性更加突出，诊断价值更大。观看轨迹的重复性，可判断机组运转稳定与否。分析轴心轨迹还可发现，探头的安装方向不一定就是振动最大的方向。也就是说，仅据单一的探头信号有可能低估转子实际振动的大小，只有将两个方向探头的信号合成轴心轨迹才可获得评价轴振动所需的振动最大值。分析轨迹的形状，可以得知转子受力的状态，直观地区分多种类型故障。表1-2给出了典型故障的波形及轴心轨迹图。

表1-2 典型故障的波形及轴心轨迹图

缺陷	时域	x-y 轨迹	诊断
不对中	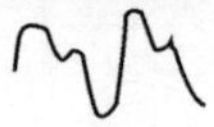		典型的严重不对中
油膜涡动	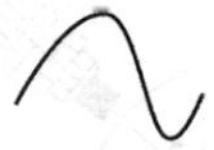		与不平衡相似而且涡动频率较慢，小于轴转速的0.5倍
摩擦			接触产生花状，它叠加在正常的轴心轨迹上
不平衡或轴弯	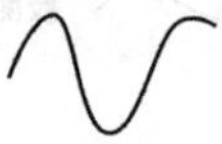		椭圆的 x-y 显示

正常情况下，轴心轨迹是稳定的，每次转动循环基本都维持在同样的位置上，轨迹基本上都是相互重合的。如果轴心轨迹紊乱，形状、大小不断变化，则预示转子运行状态不稳，如得不到及时的调整控制，很容易导致机组失稳，酿成停车事故。

(4) *启停过程（开/停车分析）*

通常将开机、停机过程的振动信号称为瞬态信号，是转子系统对转速变化的响应，是转子动态特性和故障征兆的反映。在启停过程中，转子经历了各种转速，其振动信号是转子系统对转速变化的响应，是转子动态特性和故障征兆外在反映，包含了平时难以获得的丰富信息。因此，启停过程分析是转子检测的一项重要工作。

用于启停过程的分析方法很多，除轴心轨迹、轴心位置和相位分析以外，主要通过奈魁斯特图、波德图和瀑布图来了解启停过程的特性。奈魁斯特图是将在启停过程中每个转速下的基频振幅和相位用极坐标表示的一条曲线。由奈魁斯特图可以得到有关转子运行状态的一些基本特性。分析振幅峰值和相位偏移，能够发现转子系统共振频率和临界转速。根据低速下的幅值和相位，有助于了解转子弯曲的程度。纵观奈魁斯特图的全图，还可以看出整个启停过程中转子系统对于转子不平衡激振的响应。

波德图是将各转速下的振幅和相位分别绘在以转速为横坐标的直角坐标系上所得到的曲线，其作用与奈魁斯特图相同，只是表现形式不同。瀑布图也是一种转子过渡状态振动分析方法，它是将各个转速下的振动信号的幅值谱叠置而成的，纵坐标是转速，横坐标是频率。

瀑布图反映了全部频率分量的振幅变化情况，图像直观易懂，不足之处是丧失了振动的相位信息。

实践表明，振动瞬态信号的变化是随着激励源的变化而变化的，不同的激励源产生不同的振动瞬态信号。在振动分析中，通过作波德图可以分析振动瞬态信号的形态。波德图是描述某一频带下振幅和相位随过程的变化而变化的两组曲线。频带可以是 1 次、2 次或其他谐波；这些谐波的幅值、相位可以用 FFT 法计算，也可以用滤波法得到。当过程的变化参数为转速时，例如开机、停机期间，波德图实际上又是机组随转速不同而幅值和相位变化的幅频响应和相频响应曲线。

如图 1-38 所示是某压缩机转子在升速过程中的波德图。从图中可以看出，系统在通过临界转速时幅值响应有明显的共振峰，而相位在其前后变化近 180°。

如图 1-39 所示是从一台通风机轴承座上测得的波德图，图形说明该机组存在共振现象。风机共振转速为 850r/min，共振范围 800～920r/min，由于该机设计工作转速为 900r/min，恰好落在共振区内，故运行时会产生共振现象。因此，必须采取措施使风机运行转速避开共振区，解决办法有两个：一是改变机器结构，增大基础刚度；二是保证转子有良好的平衡性。

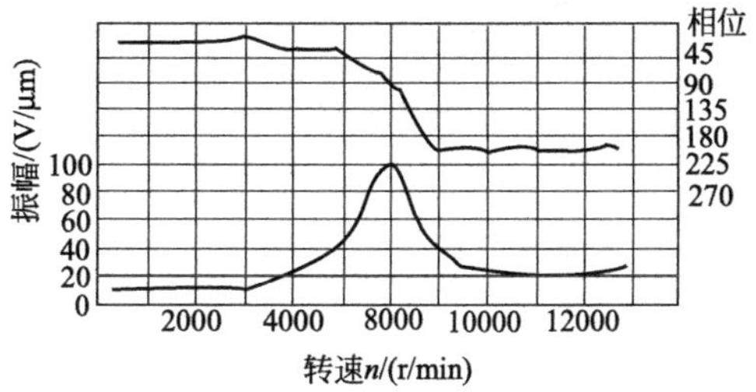

图 1-38　压缩机转子波德图

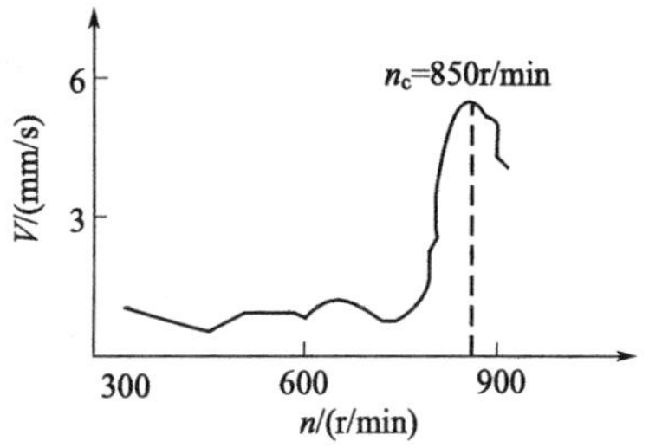

图 1-39　风机转子波德图

在设备诊断中，通过分析振动瞬态信号来识别故障的方法有一定的局限性。一是因为测量机器的振动瞬态信号只有在机器降速停机或升速启动的时候才能进行，操作比较麻烦，在没有备用设备的岗位上，无法用此法进行测试，特别是连续生产线上的设备。设备振动瞬态信号曲线比较复杂，往往难以作出准确判断。

(5) 其他

相关分析又称时延分析，用于描述信号在不同时刻的相互依赖关系，是提取信号中周期成分的常用手段。相关分析包括自相关分析和互相关分析。自相关函数描述的是同一信号中不同时刻的相互依赖关系，其定义为

$$R_x(\tau)=\lim_{T\to\infty}\frac{1}{T}\int_0^T x(t)x(t+\tau)\mathrm{d}t \tag{1-45}$$

1.6.3 振动信号的频域分析

对于机械故障的诊断而言，时域分析所能提供的信息量是非常有限的。时域分析往往只能粗略地回答机械设备是否有故障，有时也能得到故障严重程度的信息，但不能提供故障发生部位等信息。作为机械故障诊断中信号处理的最重要和最常用的分析方法，频域分析能通过了解测试对象的动态特性，对设备的状态作出评价并准确而有效地诊断设备故障和对故障进行定位，进而为防止故障的发生提供分析依据。

实际的设备振动信号包含了设备许多的状态信息，因为故障的发生、发展往往会引起信号频率结构的变化。例如，齿轮箱的齿轮啮合误差或齿面疲劳剥落都会引起周期性的冲击，相应在振动信号中就会有不同的频率成分出现，从而根据这些频率成分的组成和大小，就可

对故障进行识别和评价。频域分析是基于频谱分析展开的，即在频率域将一个复杂的信号分解为简单信号的叠加，这些简单信号对应各种频率分量并同时体现幅值、相位、功率及能量与频率的关系。

频谱分析是设备故障诊断中最常使用的方法。频谱分析中常用的有幅值谱和功率谱，另外自回归谱也常用来作为必要的补充。功率谱表示振动功率随振动频率的分布情况，物理意义比较清楚。幅值谱表示对应于各频率的谐波振动分量所具有的振幅，应用时显得比较直观，幅值谱上谱线高度就是该频率分量的振幅大小。相应自回归谱为时序分析中自回归模型在频域的转换。频谱分析的目的就是将构成信号的各种频率成分都分解开来，以便于振源的识别。

频谱分析计算是以傅里叶积分为基础的，它将复杂信号分解为有限或无限个频率的简谐分量，如图 1-40 所示。目前频谱分析中已广泛采用了快速傅里叶分析方法（FFT）。

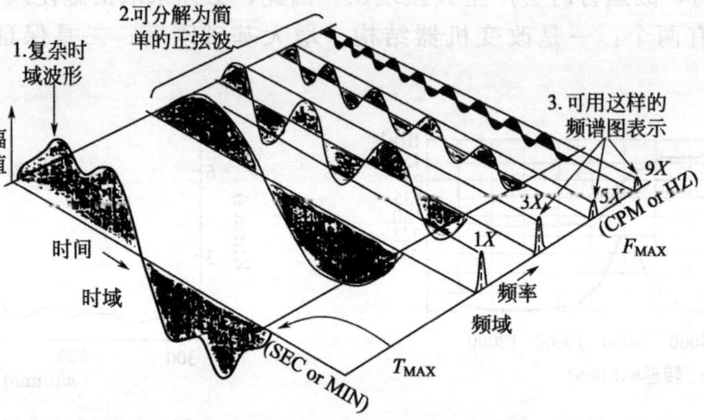

图 1-40 傅里叶变换与频谱分析图示

实际设备振动情况相当复杂，不仅有简谐振动、周期振动，而且还伴有冲击振动、瞬态振动和随机振动，必须用傅里叶变换对这类振动信号进行分析。

时域函数 $x(t)$ 的傅里叶变换为

$$X(f)=\int_{-\infty}^{\infty} x(t)\mathrm{e}^{-j2\pi ft}\,\mathrm{d}t \tag{1-46}$$

相应的时域函数 $x(t)$ 也可用 $X(f)$ 的傅里叶逆变换表示为

$$x(t)=\int_{-\infty}^{\infty} X(f)\mathrm{e}^{j2\pi ft}\,\mathrm{d}f \tag{1-47}$$

式(1-46) 和式(1-47) 被称为傅里叶变换对。

$|X(f)|$ 为幅值谱密度，一般被称为幅值谱。

自功率谱可由自相关函数的傅里叶变换求得，也可由幅值谱计算得到。其定义为

$$S_x(f)=\int_{-\infty}^{\infty} R_x(\tau)\mathrm{e}^{-j2\pi ft}\,\mathrm{d}\tau \tag{1-48}$$

$$S_x(f)=\lim_{T\to\infty}\frac{1}{2T}|X(f)|^2 \tag{1-49}$$

实际上，对于工程中的复杂振动，正是通过傅里叶变换得到频谱，再由频谱图为依据来判断故障的部位以及故障的严重程度的。

从某种意义上讲，振动故障分析诊断的任务就是读谱图，把频谱上的每个频谱分量与监测的机器的零部件对照联系，给每条频谱以物理解释。主要内容包括以下内容。

a. 振动频谱中存在哪些频谱分量？

b. 每条频谱分量的幅值多大？

c. 这些频谱分量彼此之间存在什么关系？

d. 如果存在明显高幅值的频谱分量，它准确的来源？它与机器的零部件对应关系如何？

e. 如果能测量相位，应该检查：相位是否稳定？各测点信号之间的相位关系如何？

进行频谱分析，建立频谱上每个频谱分量与监测的机器的零部件对照联系时，要注意以下几个方面。

① 进行频谱分析首先要了解频谱的构成。依据故障推理方式的不同，对频谱构成的了解可按不同层次进行。

a. 按高、中、低频段进行分析，初步了解主故障发生的部位。

b. 按工频、超谐波、次谐波进行分析，用以确定转子故障的范围。振动信号中的很多分量都与转速频率（简称工频）有密切关系，往往是工频的整数倍或分数倍，所以一般均先找出工频成分，随后再寻找其谐波关系，弄清它们之间的联系，故障特征就比较清楚了。

c. 按频率成分的来源进行分析。实际的谱图往往很复杂，除故障成分以叠加的方式呈现在谱图上外，还有由于非线性调制生成的和差频成分、零部件共振的频率成分、随机噪声干扰成分等非故障成分。弄清振动频率的来源有利于进一步进行故障分析。

d. 按特征频率进行分析。振动特征频率是各振动零部件运转中必定产生的一种振动成分，如不平衡必定产生工频，气流在叶片间流动必定有通过频率，齿轮啮合有啮合频率，过临界有共振频率，零部件受冲击有固有振动频率等。根据特征频率的了解，大体上即可掌握机组各构成部件的振动情况。

② 对主振成分进行分析。做频谱分析时，首先抓住幅值较高的谱峰进行分析，因为它们的量值对振动的总水平影响较大，要分析产生这些频率成分的可能因素。如工频成分突出，往往是不平衡所致，要加以区分的原因还有轴弯曲、共振、角度不对中、基础松动、定转子同轴度不良等故障。2X 频为主往往是平行不对中以及转轴存在有横裂纹。1/2 分频过大，预示涡动失稳。0.5X～0.8X 是流体旋转脱离。特低频是喘振。整数倍频是叶片流道振动。啮合成分高是齿轮表面接触不良。谐波丰富是松动。边频是调制。分频是流体激振、摩擦等。

③ 做频谱对比发现状态异常。在分析和诊断过程时应注意从发展变化中得出准确的结论，单独一次测量往往难于对故障做出较有把握的判断。在机器振动中，有些振动分量虽然较大，但是很平稳，不随时间的变化而变化，对机器的正常运行也不会构成多少威胁。而一些较小的频率成分，特别是那些增长很快的分量，常常预示着故障的发展，应该加以重视。特别需要注意的是，一些在原来谱图上不存在或比较微弱的频率分量突然出现并扶摇直上，可能会在比较短的时间内破坏机器的正常工作状态，因此分析幅值谱时不仅要注意各分量的绝对值大小，还要注意其发展变化情况。

分析幅值谱的变化可以从以下几个方面着手。

a. 某个谱峰的变化情况，是单调增大，单调减少，还是波动而无固定趋势。

b. 哪些谱峰是同步变化的？哪些谱峰不发生变化？

c. 是否有新的频率成分出现？

d. 转子同一部分各测点（例如轴承座水平、垂直方向）振动之间，或相近部位各测点的振动之间振动谱上的相互联系，各种变化的快慢，等等。

1.6.4　几种常用的频谱处理技术

(1) 加窗技术

时间信号 $z(t)$ 的采样过程可理解为用一矩形窗去截取原信号，在矩形窗外的信号值都假设为零。作傅里叶变换时，变换原理决定了必须将原信号解释为以窗长度为周期的周期信号。显然当原始信号不是周期信号，或即使是周期信号但截取长度不等于整周期时，则将遇到原信号的曲解问题，于是信号的频率结构被改变。在信号分析中称为频率泄漏。为了克服这种现象，常采用其他的时窗函数来对所截取的时域信号进行加权处理，于是产生了加窗技术。

常用的窗函数有

① Hamming 窗

$$\omega(t)=\begin{cases}0.5(1-\cos 2\pi t/T) & 0\leqslant t\leqslant T\\ 0 & t<0, t>T\end{cases} \tag{1-50}$$

② Hamming 窗

$$\omega(t)=\begin{cases}0.54(1-0.85\cos 2\pi t/T) & 0\leqslant t\leqslant T\\ 0 & t<0, t>T\end{cases} \tag{1-51}$$

③ 矩形窗

$$\omega(t)=\begin{cases}1 & 0\leqslant t\leqslant T\\ 0 & t<0, t>T\end{cases} \tag{1-52}$$

通常，矩形窗频率泄漏最严重，主瓣顶点误差最大，但主瓣最窄，故只用于要精确定出主瓣峰值频率时。Hamming 窗频率泄漏在这几种中最少，故使用最多，缺点是主瓣较宽，且主瓣顶点误差也不小。

(2) 频率细化技术（Zoom 技术）

频谱分析中常常会遇到频率很密集的谐波成分，从而产生了分辨率的问题。在故障诊断信号处理技术中，通过减小分析带宽的特殊技术（如复调制法或相位补偿法）来细化频谱，以提高局部频段频谱分析的分辨率的技术，称为频率细化技术。频率细化的另一作用是提高分析中的信噪比。

1.7 振动的监测与诊断

1.7.1 监测与诊断系统的任务及组成

(1) 监测与诊断系统的任务

机械故障诊断的任务是对振动信号进行特性参数提取，并依据特征参数进行设备正常与否的分析以及对特征参数序列进行数据解释。其工作程序为：采用正确的信号分析技术，将信号中反映设备状况的特征信息提取出来，与过去值进行比较，找出其中的差别，以此判定设备是否有故障。若有故障，则进一步指出故障的类型以及故障的部位。

① 能反映被监测系统的运行状态并对异常状况发出警告。通过监测与诊断系统对机械设备进行连续的监测，可以在任何时刻了解设备的当前状况，并通过与正常状态的特征值的比较，判定现状是否正常。若发现或判定异常，及时发出故障警告。

② 能提供设备状态的准确描述。在正常运行状态时，能反映设备主要零部件的劣化程度，为设备的检修提供针对性的依据。当设备发生故障时，能反映故障的位置——造成故障的零部件及故障的程度。为是坚持运行还是停机检修提供决策依据。

③ 能预测设备状态的发展趋势。通过对状态特征数据时间历程的统计分析，描绘出状态特征数据的时间历程曲线及趋势拟合方程的曲线，对后续的设备状态发展进行预测，以提供制订大修工作计划内容的依据，避免欠维修或过维修现象发生。

（2） 监测与诊断系统的组成

监测与诊断系统的组成与任务目标是配合协调的。它们分为简易诊断系统和精密诊断系统两种。大多数点巡检系统属于简易诊断系统，在线监测与诊断系统属于精密诊断系统。

简易诊断系统由便携式测量仪表（如振动参数测试仪、轴承故障测试仪等）和一些统计图表所组成。表 1-3 是一个点检数据记录统计表的例子，统计表由示意图、设备名称、结构参数、测量部位、测量参数、判别标准、点检数据及测点趋势图等所组成，是简易诊断系统的重要组成部分。

表 1-3　点检数据记录统计表

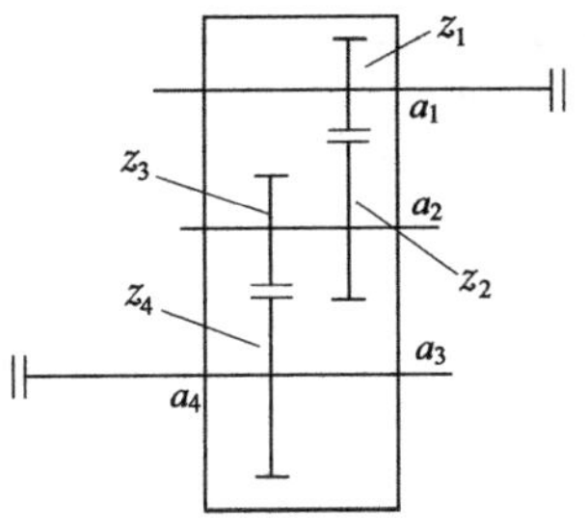

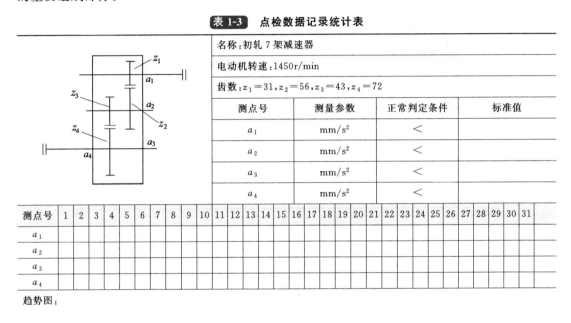

名称：初轧 7 架减速器			
电动机转速：1450r/min			
齿数：$z_1=31, z_2=56, z_3=43, z_4=72$			
测点号	测量参数	正常判定条件	标准值
a_1	mm/s²	<	
a_2	mm/s²	<	
a_3	mm/s²	<	
a_4	mm/s²	<	

测点号	1	2	3	4	5	6	7	8	9	10	11	12	13	14	15	16	17	18	19	20	21	22	23	24	25	26	27	28	29	30	31	
a_1																																
a_2																																
a_3																																
a_4																																

趋势图：

属于精密诊断系统的在线监测与诊断系统由三部分组成：数据采集部分、状态识别部分和数据库部分。

数据采集部分包含传感器、信号调理器（放大、滤波等）、A/D 转换器及计算机，还可以有其他辅助仪器，如图 1-41 所示。

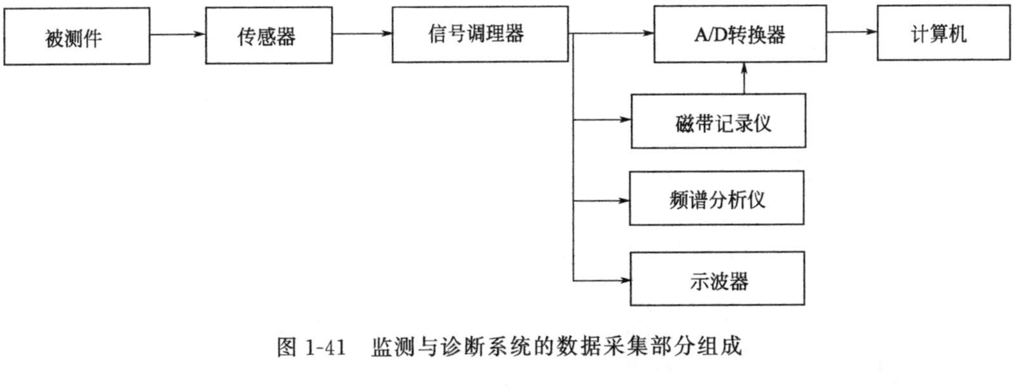

图 1-41　监测与诊断系统的数据采集部分组成

状态识别部分是计算机中的数字信号处理软件。它包含：信号分析模块（时域统计分析、频域分析等）、状态识别模块、趋势分析模块、图形显示模块、数据解释模块、故障诊断模块、数据管理模块、系统管理模块等。

图 1-42 中，左边是数据管理窗口，右上边是频谱分析窗口，右下边是数据解释窗口。

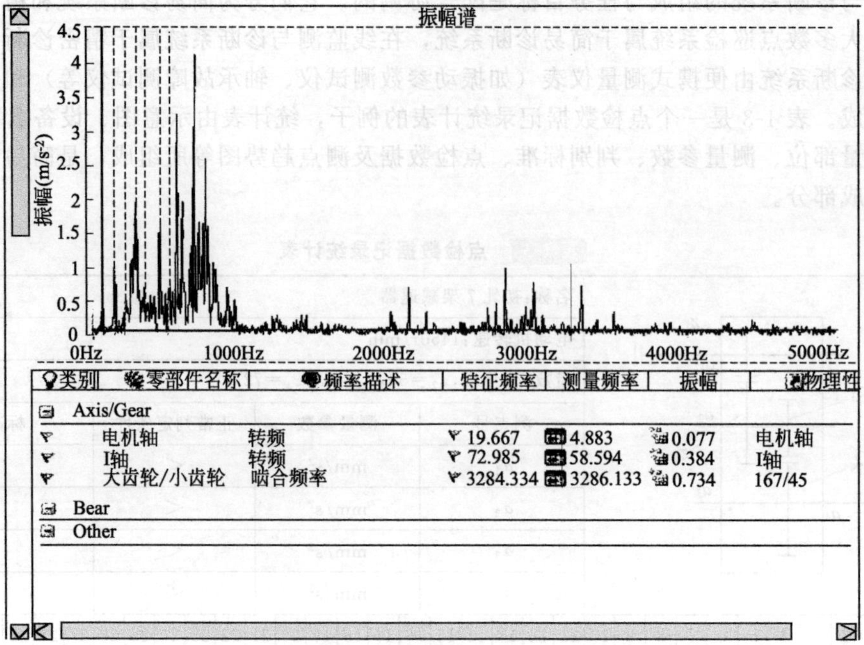

图 1-42 监测与诊断系统的信号处理部分

数据管理部分有两种，早期的监测与诊断系统依托操作系统中的文件管理系统来管理采集的数据，分为周、日、时及故障等几个子目录，分别管理 54 个周数据文件、60 个日数据文件及 48～72 个分钟数据文件以及包含事故数据的故障数据文件。每个数据文件包含一组（n 个测点）采集的信号数据。

现在的数据管理部分主要依托数据库，最常见的是 Access 数据库和 SQL Server 网络数据库。分别将设备结构参数、测点基础数据、监测数据及周、日数据等划分为多个既独立存在又相互关联的数据表。SQL 数据库中监测数据表的记录结构定义见表 1-4。

表 1-4 监测数据表的记录结构定义

序号	字段名	数据类型	字段长度	备注
1	记录序号	长整型	32	主键
2	测点编号	字符	18	外键,测点基础数据表
3	采样时间	日期		
4	采样频率	整型	16	
5	采样参数	字符	2	a、v、s、t、p…
6	采样长度	整型	16	
7	当时转速	整型	16	
8	有效值	浮点型		
9	平均值	浮点型		
10	峰峰值	浮点型		
11	峭度指标	浮点型		
12	脉冲指标	浮点型		
13	裕度指标	浮点型		
14	歪度指标	浮点型		
15	状态判定	逻辑型		
16	采样数据	二进制数组	2048	

1.7.2　振动监测参数与标准

(1) 振动参数及其选择

通常用来描述振动响应的三个参数是位移、速度和加速度。为了提高振动测试的灵敏度，在测试时应根据振动频率的高低来选用相应的参数（或传感器）。从测量的灵敏度和动态范围考虑，低频时的振动强度用位移值度量；中频时的振动强度用速度值度量；高频时的振动强度用加速度值度量。从异常的种类考虑，冲击是主要问题时应测量加速度；振动能量和疲劳是主要问题时应测量速度；振动的幅度和位移是主要问题时，应测量位移。

对大多数机器来说，速度是最佳参数，这也是许多标准采用该系数的原因之一。但是另外一些标准都采用相对位移参数进行测量，这在发电和石化工业的机组振动监测中用得最多。对于轴承和齿轮部件的高频振动监测来说，加速度却是最合适的监测参数。

(2) 测量位置的选定

首先应确定是测量轴振动还是轴承振动。一般情况下，监测轴比测试轴承座或机壳的振动信息更为直接和有效。在出现故障时，转子上振动的变化比轴承座或机壳要敏感得多。不过，监测轴的振动常常要比测量轴承座或外壳的振动需要更高的测试条件和技术，其中最基本的条件是能够合理地安装传感器。测量转子振动的非接触式涡流传感器安装前一般需要加工设备外壳，保证传感器与轴颈之间没有其他物体。在高速、大型旋转设备上，传感器的安装位置常常是在制造时就留下的，目的是对设备实行连续在线监测。而对低中速、小设备来说，常常不具备这种条件，在此情况下，可以选择在轴承座或机壳上放置传感器进行测试。可以通过检测机械的各种振动测量轴承振动，因受环境影响较小而易于测量，而且所有仪器价格低，装卸方便，但测量的灵敏度和精度较低。

其次应确定测点位置。一般情况下，测点位置选择的原则是，能对设备振动状态做出全面的描述；应是设备振动的敏感点；应是离机械设备核心部位最近的关键点；应是容易产生劣化现象的易损点。一般测点应选在接触良好、表面光滑、局部刚度较大的部位。值得注意的是，测点一经确定之后，就要经常在同一点进行测量。特别是高频振动，测点对测定值的影响更大。为此，确定测点后必须做出记号，并且每次都要在固定位置测量。如机座、轴承座，一般都选择典型测点。通常对于大型设备，必须在机器的前中后、上下左右等部位上设点进行测量。在监测中还可以根据实际需要和经验增加特定测点。

不论是测轴承振动还是测轴振动，都需要从轴向、水平和垂直三个方向测量。考虑到测量效率及经济性，一般应根据机械容易产生的异常情况来确定重点测量方向。

(3) 振动监测的周期

监测周期的确定应以能及时反映设备状态变化为前提，根据设备的不同种类及其所处的工况确定振动监测周期，通常有以下几类。

① 定期检测。即每隔一定的时间间隔对设备检测一次，间隔的长短与设备类型及状态有关。高速、大型的关键设备，振动状态变化明显的设备，新安装及维修后的设备，都应较频繁地进行检测，直至运转正常。

② 随机检验。对不重要的设备，一般不定期地进行检测。发现设备有异常现象时，可临时对其进行测试和诊断。

③ 长期连续监测。对部分大型关键设备应进行在线监测，一旦测定值超过设定的门槛值即进行报警，进而对机器采取相应的保护措施。对于定期检测，为了早期发现故障，以免故障迅速发展到严重的程度，检测的周期应尽可能短一些；但如果检测周期定得过短，则在经济上可能不合理。因此，应综合考虑技术上的需要和经济上的合理性来确定合理的检测周期。连续在线监测主要适用于重要场合或由于工况恶劣不易靠近的场合，相应的监测仪器较

定期检测的仪器要复杂，成本也要高些。

(4) 振动监测标准

衡量机械设备的振动标准，一般可分为绝对判断标准、相对判断标准和类比判断标准三大类。

① 绝对判断标准。绝对判断标准是将被测量值与事先设定的“标准状态门槛值”相比较以判定设备运行状态的一类标准。常用的振动判断绝对标准有ISO 2372、ISO 3495、VDI 2056、BS 4675、GB/T 6075.1、ISO 10816等。

② 相对判断标准。对于有些设备，由于规格、产量、重要性等因素难以确定绝对判断标准，因此将设备正常运转时所测得的值定为初始值，然后对同一部位进行测定并进行比较，实测值与初始值相比的倍数叫作相对标准。相对标准是应用较为广泛的一类标准，其不足之处在于标准的建立周期不常，且门槛值的设定可能随时间和环境条件（包括载荷情况）而变化。因此，在实际工作中，应通过反复试验才能确定。

③ 类比判断标准。数台同样规格的设备在相同条件下运行时，通过对各设备相同部件的测试结果进行比较，可以确定设备的运行状态。类比时所确定的机器正常运行时振动的允许值即为类比判断标准。

需要注意的是，绝对判定标准是在规定的检测方法的基础上制定的标准，因此必须注意其适用频率范围，并且必须按规定的方法进行振动检测。适用于所有设备的绝对判定标准是不存在的，因此一般都是兼用绝对判定标准、相对判定标准和类比判定标准，这样才能获得准确、可靠的诊断结果。

1.7.3 故障诊断的程序

诊断步骤可概括为三个环节，即准备工作、诊断实施、决策与验证。

(1) 了解诊断对象

诊断的对象就是机器设备。在实施设备诊断之前，必须对它的各个方面有充分的认识和了解，就像医生治病必须熟悉人体的构造一样。经验表明，诊断人员如果对设备没有足够充分的了解，甚至茫然无知，那么，即使是信号分析专家也是无能为力的。所以，了解诊断对象是开展现场诊断的第一步。

了解设备的主要手段是开展设备调查。在调查前应作出一张调查表，它由设备结构参数子表、设备运行参数子表、设备状况子表组成。

设备结构参数子表有下列项目。

① 清楚设备的基本组成部分及其连接关系。一台完整的设备一般由三大部分组成，即原动机（大多数采用电动机，也有用内燃机、汽轮机、水轮机的，一般称辅机）、工作机（也称主机）和传动系统。要分别查明它们的型号、规格、性能参数及连接的形式，画出结构简图。

② 必须查明各主要零部件（特别是运动零件）的型号、规格、结构参数及数量等，并在结构图上标明，或另予说明。这些零件包括：轴承形式、滚动轴承型号、齿轮的齿数、叶轮的叶片数、带轮直径、联轴器形式等。

设备运行参数子表包括以下内容。

① 各主要零部件的运动方式：旋转运动还是往复运动。

② 机器的运动特性：平稳运动还是冲击性运动。

③ 转子运行速度：低速（＜600r/min)、中速（600～6000r/min）还是高速（＞6000r/min)，匀速还是变速。

④ 机器平时正常运行时及振动测量时的工况参数值，如排出压力、流量、转速、温度、

电流、电压等。

⑤ 载荷性质：均载、变载还是冲击载荷。

⑥ 工作介质：有无尘埃、颗粒性杂质或腐蚀性气（液）体。

⑦ 周围环境：有无严重的干扰（或污染）源存在，如强电磁场、振源、热源、粉尘等。

设备状况子表包括以下内容。

① 设备基础形式及状况，弄清楚是刚性基础还是弹性基础。

② 有关设备的主要设计参数，质量检验标准和性能指标，出厂检验记录，生产厂家。

③ 有关设备常见故障分析处理的资料（一般以表格形式列出），以及投产日期、运行记录、事故分析记录、大修记录等。

(2) 确定诊断方案

一个比较完整的现场振动诊断方案应包括下列内容。

① 选择测点。测点就是设备上被测量的部位，它是获取诊断信息的窗口。测点选择的正确与否，关系到能否获得所需要的真实完整的状态信息，只有在对诊断对象充分了解的基础上，才能根据诊断目的恰当地选择测点。测点应满足下列要求：

a. 对振动反应敏感。所选测点要尽可能靠近振源，避开或减少信号在传递通道上的界面、空腔或隔离物（如密封填料等），最好让信号成直线传播。这样可以减少信号在传递途中的能量损失。

b. 信息丰富。通常选择振动信号比较集中的部位，以便获得更多的状态信息。

c. 所选测点要服从于诊断目的，诊断目的不同，测点也应随之改换位置。如图 1-43 所示，若要诊断风机叶轮是否平衡，应选择测点④；若要诊断轴承故障，应选择③、④；若要诊断电动机转子是否存在故障，则应选择测点①、②。

d. 适于安置传感器。测点必须有足够的空间用来安置传感器，并要保证有良好的接触。测点部位还应有足够的刚度。

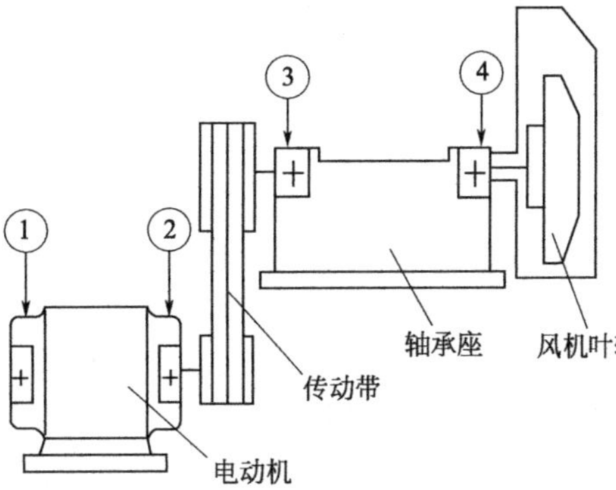

图 1-43　测点选择示意

e. 符合安全操作要求。由于现场振动测量是在设备运转的情况下进行的，所以在安置传感器时必须确保人身和设备安全。对不便操作，或操作起来存在安全隐患的部位，一定要有可靠的保安措施；否则，只好暂时放弃。

在通常情况下，轴承是监测振动最理想的部位，因为转子上的振动载荷直接作用在轴承上，并通过轴承把机器与基础连接成一个整体，因此轴承部位的振动信号还反映了基础的状况。所以，在无特殊要求的情况下，轴承是首选测点。如果条件不允许，也应使测点尽量靠近轴承，以减小测点和轴承座之间的机械阻抗。此外，设备的地脚、机壳、缸体、进出口管道、阀门、基础等部位，也是测量振动的常设测点，必须根据诊断目的和监测内容决定取舍。

在现场诊断时常常碰到这样的情况，有些设备在选择测点时遇到很大的困难。例如，卷烟厂的卷烟机、包装机，其传动机构大都包封在机壳内部，不便对轴承部位进行监测。碰到这种情况，只有另选测量部位。若要彻底解决问题，必须根据适检性要求对设备的某些结构作一些必要的改造。

有些设备的振动特征有明显的方向性，不同方向的振动信号也往往包含着不同的故障信息。因此，每一个测点一般都应测量三个方向，即水平方向（H），垂直方向（V）和轴向

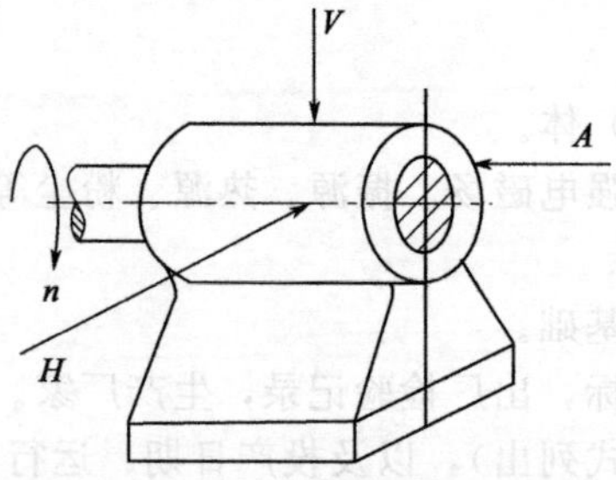

图 1-44 测点的三个测量方位

(A)，如图 1-44 所示。水平方向和垂直方向的振动反映径向振动，测量方向垂直于轴线，轴向振动的方向与轴线重合或平行。

测点一经确定，必须在每个测点的三个测量方位处做上永久性标记，如打上样冲眼，或加工出固定传感器的螺孔。

② 预估频率和振幅。测量振动前，对所测振动信号的频率范围和振幅大小要作一个基本的估计，为选择传感器、测量仪器和测量参数、分析频带提供依据，同时防止漏检某些可能存在的故障信号而造成误判或漏诊。预估振动频率和振幅可采用下面几种简易方法。

a. 根据长期积累的现场诊断经验，对各类常见多发故障的振动特征频率和振幅作一个基本估计。

b. 根据设备的结构特点、性能参数和工作原理计算出某些可能发生的故障特征频率。

c. 利用便携式振动测量仪，在正式测量前进行分区多点搜索测试，发现一些振动烈度较大的部位，再通过改变测量频段和测量参数进行多次测量，也可以大致确定其敏感频段和参量。

人们在诊断实践中总结出一条普遍性原则，即根据诊断对象振动信号的频率特征来选择诊断参数。常用的振动测量参数有加速度、速度和位移，一般按下列原则选用：

低频振动（<10Hz）采用位移测量；

中频振动（10～1000Hz）采用速度测量；

高频振动（>1000Hz）采用加速度测量。

对大多数机器来说，最佳诊断参数是速度，因为它是反映振动强度的理想参数，所以国际上许多振动诊断标准都是采用速度有效值（V_{rms}）作为判别参数。

以往我国一些行业标准大多采用位移（振幅）作诊断参数。在选择测量参数时，还需与所采用的判别标准使用的参数相一致，否则判断状态时将无据可依。

③ 选择诊断仪器。测振仪器的选择除了重视质量和可靠性外，最主要的还要考虑两条。

a. 仪器的频率范围要足够宽　要求能记下信号内所有重要的频率成分，一般在 10～10000Hz 或更宽一些。对于预示故障来说，高频成分是一个重要信息，设备早期故障首先在高频段中出现，待到低频段出现异常时，故障已经发生了。所以，仪器的频率范围要能覆盖高频低频各个频段。

b. 要考虑仪器的动态范围　要求测量仪器在一定的频率范围内能对所有可能出现的振动数值，从最高至最低均能保证近似相同的增益和一定的记录精度。这种能够保证一定精度的数值范围称为仪表的动态范围。对多数设备来说，其振动水平通常是随频率而变化的。

④ 选择与安装传感器。用于振动测量的传感器有三种类型，一般都是根据所测量的参数类别来选用：测量位移采用涡流式位移传感器，测量速度采用电动式速度传感器，测量加速度采用压电式加速度传感器。

由于压电式加速度传感器的频响范围比较宽，所以现场测量时，在没有特殊要求的情况下，常用它同时测量位移、速度和加速度三个参数，基本上能满足要求。

振动测量不但对传感器的性能质量有严格要求，对其安装形式也很讲究，不同的安装形式适用不同的场合。在现场测量时，尤其是大范围的普查测试，以采用永久性磁座安装最简便。长期监测测量用螺栓固定为好。在测量前，传感器的性能指标须经检测合格。

还必须要说明的是，在测量转子振动时，有两种不同的测量方式，即测量绝对振动和相对振动。由转子交变力激起的轴承振动称为绝对振动，在激振力的作用下，转子相对于轴承的振动称为相对振动。压电式加速度传感器是用于测量绝对振动的，而测量转子的相对振动，则必须使用电涡流位移传感器。在现场实行简易振动诊断时，主要使用压电式加速度传感器测量轴承的绝对振动。

⑤ 作好其他相关事项的准备。测量前的准备工作一定要仔细。为了防止测量失误，最好在正式测量前作一次模拟测试，以检验仪器是否正常、准备工作是否充分。比如，检查仪器的电量是否充足，这看起来似乎是小事，但也绝不能疏忽，在现场常常发生因仪器无电而使诊断工作不得不中止的情况。各种记录表格也要准备好，真正做到“万事俱备”。

(3) 振动测量与信号分析

① 两种测量系统。目前，现场简易振动诊断测量系统可采取两种基本形式。

a. 模拟式测振仪所构成的测量系统　我国企业开展设备诊断的初期（即 20 世纪 80 年代），现场振动诊断广泛采用模拟式测振仪，其基本功能主要是测量设备的振动参数值，对设备作出有无故障的判断。当需要对设备状态作进一步分析时，可加上一台简易示波器和一台简易频率分析仪，组成简易测量系统，既可以观察振动波形，又可以在现场作简易频率分析，这种简易测量分析系统在现场诊断中也能解决大量的问题，发挥很大的作用，即使到现在仍有它存在的价值。

b. 以数据采集分析系统为代表的数字式测振仪器所构成的振动诊断测量系统　设备诊断技术在 20 世纪 80 年代末、90 年代初发展起来，以数据采集器为代表的便携式多功能测振仪器在企业中得到了广泛的推广和应用，逐步取代了模拟式测振仪，成了现场简易诊断的主角，使简易诊断技术发生了革命性的变化。其操作方法之简便，功能之丰富，是模拟式仪器望尘莫及的。建立在数字信号分析技术上的精密诊断系统和在线监测与诊断系统也是在这一时期发展起来的。

② 振动测量与信号分析。在确定了诊断方案之后，根据诊断目的对设备进行各项相关参数测量。在所测参数中必须包括所选诊断标准（例如 ISO2372）中所采用的参数，以便进行状态识别时使用。如果没有特殊情况，每个测点必须测量水平（H）、垂直（V）和轴向（A）三个方向的振动值。

对于初次测量的信号，要进行信号重放和直观分析，检查测得的信号是否真实。若对所测的信号了解得比较清楚，对信号的特性心中有数，那么在现场可以大致判断所测得信号的振幅及时域波形的真实性。如果缺少资料和经验，应进行多次复测和试分析，确认测试无误后再作记录。

如果所使用的仪器具有信号分析功能，那么，在测量参数之后，即可对该点进一步作波形观察、频率分析等有关项目，特别对那些振动值超过正常值的测点作这种分析很有必要。测量后要把信号储存起来，若要长期储存，则必须储存到合适的数据库中。

③ 数据记录整理。测量数据一定要做详细记录。记录数据要有专用表格，做到规范化，完整而不遗漏。除了记录仪器显示的参数外，还要记下与测量分析有关的其他内容，如环境温度、电源参数、仪器型号、仪器的通道数（数采器有单通道、双通道之分），以及测量时设备运行的工况参数（如负荷、转速、进出口压力、轴承温度、声音、润滑等）。如果不及时记录，以后无法补测，将严重影响分析和判断的准确性。

对所测得的参数值，最好进行分类整理，比如，按每个测点的各个方向整理，用图形或表格表示出来，这样易于抓住特征，便于发现变化情况。也可以把两台设备定期测定的数据或相同规格设备的数据分别统计在一起，这样有利于比较分析。

(4) 实施状态判别

根据测量数据和信号分析所得到的信息，对设备状态作出判别。首先判断它是否正常，然后对存在异常的设备作进一步分析，指出故障的原因、部位和程度。对那些不能用简易诊断解决的疑难故障，必须动用精密诊断手段去加以确诊。

(5) 诊断决策

通过测量分析、状态识别等几个程序，弄清设备的实际状态，为作出决策创造条件。这时应当提出处理意见：或是继续运行，或是停机修理。对需要修理的设备，应当指出修理的具体内容，如待处理的故障部位、所需要更换的零部件等。

(6) 检查验证

必须检查验证诊断结论及处理决策的结果。诊断人员应当向用户了解设备拆机检修的详细情况及处理后的效果。如果有条件的话，最好亲临现场查看，检查验证诊断结论与实际情况是否符合，这是对整个诊断过程权威的总结。

1.7.4 旋转机械振动故障原因

旋转机械的主要功能是由旋转部件来完成的，转子是其最主要的部件。旋转机械发生故障的主要特征是机器伴有异常的振动和噪声，其振动信号从幅域、频域和时域反映了机器的故障信息。因此，了解旋转机械在故障状态下的振动机理，对于监测机器的运行状态和提高诊断故障的准确率都非常重要。利用振动检测系统可及时发现和识别这些异常振动现象，通过振动发展趋势观察分析，控制或减少振动，避免发生重大事故。

大型旋转机械常见的故障原因分类如下。

① 设计原因。设计不当，运行时发生强迫振动或自激振动；结构不合理，应力集中；设计工作转速接近或落入临界转速区；热膨胀量计算不准，导致热态对中不良。

② 制造原因。零部件加工制造不良，精度不够；零件材质不良，强度不够，制造缺陷；转子动平衡不符合技术要求。

③ 安装、维修。机械安装不当，零部件错位，预负荷大；机器几何参数调整不当；未按规程检修，破坏了机器原有的配合性质和精度。

④ 操作运行。工艺参数（如介质的温度、压力、流量、负荷等）偏离设计值，机器运行工况不正常；运行点接近或落入临界转速区；润滑或冷却不良。

第 2 章 旋转机械振动故障监测与诊断

旋转机械是指主要功能是由旋转运动完成的机械。如电动机、离心式风机、离心式水泵、汽轮机、发电机等，都属旋转机械范围。

2.1 转子的振动故障

转子组件是旋转机械的核心部分，由转轴及固定装上的各类盘状零件（如叶轮、齿轮、联轴器、轴承等）所组成。

从动力学角度分析，转子系统分为刚性转子和柔性转子。转动频率低于转子一阶横向固有频率的转子为刚性转子，如电动机、中小型离心式风机等。转动频率高于转子一阶横向固有频率的转子为柔性转子，如燃气轮机转子。

在工程上，也把对应于转子一阶横向固有频率的转速称为临界转速。当代的大型转动机械，为了提高单位体积的做功能力，一般均将转动部件做成高速运转的柔性转子（工作转速高于其固有频率对应的转速)，采用滑动轴承支撑。由于滑动轴承具有弹性和阻尼，因此，它的作用远不止是作为转子的承载元件，而且已成为转子动力系统的一部分。在考虑到滑动轴承的作用后，转子-轴承系统的固有振动、强迫振动和稳定特性就与单个振动体不同了。

由于柔性转子在高于其固有频率的转速下工作，所以在启动、停车过程中，它必定要通过固有频率这个位置。此时机组将因共振而发生强烈的振动，而在低于或高于固有频率转速下运转时，机组的振动是一般的强迫振动，幅值都不会太大，共振点是一个临界点。故此，机组发生共振时的转速也被称为临界转速。

转子的临界转速往往不止一个，它与系统的自由度数目有关。实际情况表明带有一个转子的轴系，可简化成具有一个自由度的弹性系统，有一个临界转速；转轴上带有两个转子，可简化成两个自由度系统，对应有两个临界转速，依次类推。其中转速最小的那个临界转速称为一阶临界转速 n_{c1}，比之大的依次叫做二阶临界转速 n_{c2}、三阶临界转速 n_{c3}…工程上有实际意义的主要是前几阶，过高的临界转速已超出了转子可达到的工作转速范围。

机组的临界转速可由产品样本查到或在启停车过程中由振动测试获取。需提出的是，样本提供的临界转速和机组实际的临界转速可能不同，因为系统的固有频率受到种种因素影响会发生改变。这样，当机组运行中因工艺需要调整转速时，机组转速很可能会落到共振区内。针对这种情况，设备故障诊断人员应该了解影响临界转速改变的可能原因。一般地说，一台给定的设备，除非受到损坏，其结构不会有太大的变化，因而其质量分布、轴系刚度系数都是固定的，其固有频率也应是一定的。但实际上，现场设备结构变动的情况还是很多的，最常遇到的是更换轴瓦，有时是更换转子，不可避免的是设备维修安装后未能准确复位等，这些因素都会影响到临界转速的改变。多数情况下，这种临界转速的改变量不大，在规定必须避开的转速区域内，因而被忽略。

2.1.1 转子不平衡

(1) 不平衡故障的特征

旋转机械的转子由于受材料的质量分布、加工误差、装配因素以及运行中的冲蚀和沉积等因素的影响，致使其质量中心与旋转中心存在一定程度的偏心距。偏心距较大时，静态下，所产生的偏心力矩大于摩擦阻力矩，表现为某一点始终恢复到水平放置的转子下部，其偏心力矩小于摩擦阻力矩的区域内，称为静不平衡。偏心距较小时，不能表现出静不平衡的特征，但是在转子旋转时，表现为一个与转动频率同步的离心力矢量，离心力 $F=Me\omega^2$，从而激发转子的振动。这种现象称为动不平衡。静不平衡的转子，由于偏心距 e 较大，表现出更为强烈的动不平衡振动。

虽然做不到质量中心与旋转中心绝对重合，但为了设备的安全运行，必须将偏心所激发的振动幅度控制在许可范围内。

① 不平衡故障的信号特征

a. 时域波形为近似的等幅正弦波。

b. 轴心轨迹为比较稳定的圆或椭圆，这是因为轴承座及基础的水平刚度与垂直刚度不同所造成。

c. 频谱图上转子转动频率处的振幅。

d. 在三维全息图中，转频的振幅椭圆较大，其他成分较小。

② 敏感参数特征

a. 振幅随转速变化明显，这是因为，激振力与转动角速度 ω 是指数关系。

b. 当转子上的部件破损时，振幅突然变大。例如某烧结厂抽风机转子焊接的合金耐磨层突然脱落，造成振幅突然增大。

(2) 离心式氢气压缩机不平衡振动案例

某厂芳烃车间一台离心式氢气压缩机是该厂生产的关键设备之一。驱动电动机功率为610kW，压缩机轴功率550kW，主机转子转速15300r/min，属4级离心式回转压缩机，工作介质是氢气，气体流量38066m³/h，出口压力1.132MPa，气体温度200℃，该压缩机配有本特利公司7200系列振动监测系统；测点有7个，测点A、B、C、D为压缩机主轴径向位移传感器，测点E、F分别为齿轮增速箱高速轴和低速轴轴瓦的径向位移传感器，测点G为压缩机主轴轴向位移传感器。

该机没有备用机组，全年8000h连续运转，仅在大修期间可以停机检查。生产过程中一旦停机将影响全线生产。因该机功率大、转速高、介质是氢气，振动异常有可能造成极为严重的恶性事故，是该厂重点监测的设备之一。

该机组于某年5月中旬开始停车大检修，6月初经检修各项静态指标均达到规定的标准。6月10日下午启动后投入催化剂再生工作，为全线开车做准备。再生工作要连续运行一周左右。再生过程中工作介质为氮气（其相对分子质量较氢气大，为28)，使压缩机负荷增大。压缩机启动后，各项动态参数如流量、压力、气温、电流振动值都在规定范围内，机器工作正常，运行不到两整天，于6月12日上午振动报警，测点D振动值越过报警限，高达60～80μm之间波动，测点C振动值也偏大，在50～60μm之间波动，其他测点振动没有明显变化。当时，7200系统仪表只指示出各测点振动位移的峰-峰值，它说明设备有故障，但是什么故障就不得而知了。依照惯例，设备应立即停下来，解体检修，寻找并排除故障，但这要使再生工作停下来，进而拖延全厂开车时间。

首先，采用示波器观察了各测点的波形，特别是D点和C点的波形，其波形接近原来的形状，曲线光滑，但振幅偏大，由此得知，没有出现新的高频成分。

进而用磁带记录仪记录了各测点的信号，利用计算机进行了频谱分析，见图 2-1，并与故障前 5 月 21 日相应测点的频谱图 2-2 进行对比（表 2-1），发现：

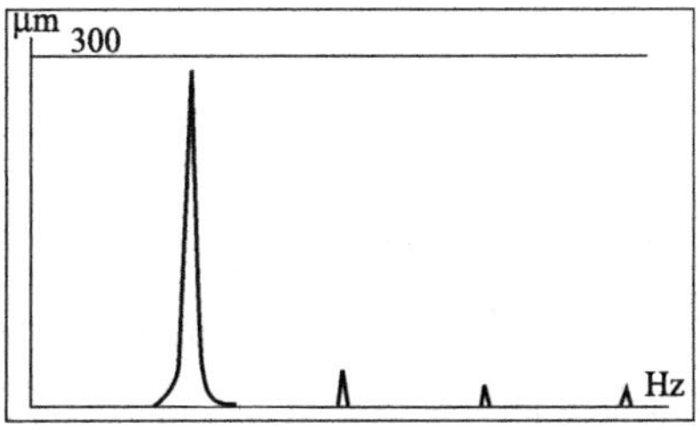

图 2-1　6 月 12 日 D 点频谱图

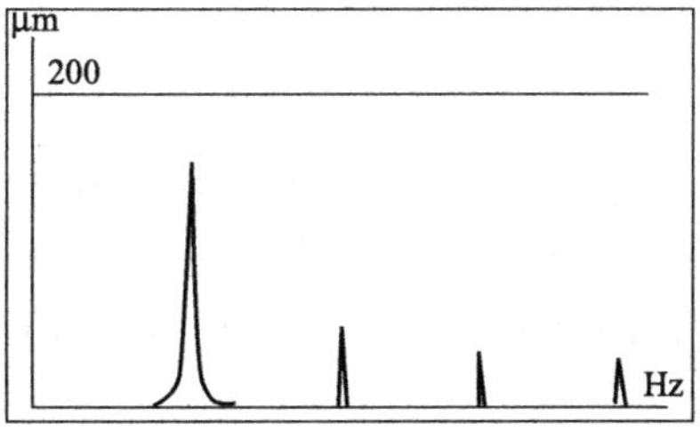

图 2-2　5 月 21 日 D 点频谱图

表 2-1　5 月 21 日与 6 月 12 日频率-振幅对比表

谐波	频率/Hz	21/5 振幅	12/6 振幅	改变量
1×	254.88	170.93	295.62	125
2×	510.80	38.02	38.82	0
3×	764.65	34.40	35.38	1
4×	1021.53	23.38	26.72	3

① 1 倍频的幅值明显增加，C 点增大到 5 月 21 日的 1.9 倍，D 点增大 1.73 倍；

② 其他倍频成分的幅值几乎没变化。

根据以上特征，可作出以下结论：

① 转子出现了明显的不平衡，可能是因转子的结垢所致；

② 振动虽然大，但属于受迫振动，不是自激振动。

因此建议做以下处理：

① 可以不停机，再维持运行 4～5 天，直到再生工作完成；

② 密切注意振动状态，再生工作完成后有停机的机会，做解体检查。

催化剂再生工作圆满完成，压缩机停止运行。对机组进行解体检查，发现机壳气体流道上结垢十分严重，结垢最厚处达 20mm 左右。转子上结垢较轻，垢的主要成分是烧蚀下来的催化剂，第一节吸入口处约 3/4 的流道被堵，只剩一条窄缝。因此检修主要是清垢，其他部位如轴承、密封等处都未动，然后安装复原，总共只用了两天时间。

压缩机再次启动，工作一切正常。

工业现场的一般情况是：当新转子或修复的转子在投入运用前，都必须作动平衡检查。正常投入运行后，如果突发振动超高或逐渐升高，应首先检查是否为动平衡失衡。这是旋转机械的常见多发性故障。

2.1.2　转子与联轴器不对中

(1) 转子不对中故障的原因与特征

转子不对中包括轴承不对中和轴系不对中。轴承不对中本身不引起振动，它影响轴承的载荷分布、油膜形态等运行状况。一般情况下，转子不对中都是指轴系不对中，故障原因在联轴器处。

① 引起轴系不对中的原因

a. 安装施工中对中超差。

b. 冷态对中时没有正确估计各个转子中心线的热态升高量，工作时出现主动转子与从动转子之间产生动态对中不良。

c. 轴承座热膨胀不均匀。

d. 机壳变形或移位。

e. 地基不均匀下沉。

f. 转子弯曲，同时产生不平衡和不对中故障。

由于两半联轴器存在不对中，因而产生了附加的弯曲力。随着转动，这个附加弯曲力的方向和作用点也被强迫发生改变，从而激发出转频的 2 倍、4 倍等偶数倍频的振动。其主要激振量以 2 倍频为主，某些情况下 4 倍频的激振量也占有较高的分量。更高倍频的成分因所占比重很少，通常显示不出来。

② 轴系不对中故障特征

a. 时域波形在基频正弦波上附加了 2 倍频的谐波。

b. 轴心轨迹图呈香蕉形或 8 字形。

c. 频谱特征：主要表现为径向 2 倍频、4 倍频振动成分，有角度不对中时，还伴随着以回转频率的轴向振动。

d. 在全息图中 2、4 倍频轴心轨迹的椭圆曲线较扁，并且两者的长轴近似垂直。

③ 故障甄别

a. 不对中的谱特征和裂纹的谱特征类似，均以两倍频为主，两者的区分主要是振动幅值的稳定性，不对中振动比较稳定。用全息谱技术则容易区分，不对中为单向约束力，2 倍频椭圆较扁。轴横向裂纹则是旋转矢量，2 倍频全息谱比较圆。

b. 带滚动轴承和齿轮箱的机组，不对中故障可能引发出轴承转动频率或啮合频率的高频振动，这些高频成分的出现可能掩盖真正的振源。如高频振动在轴向上占优势，而联轴器相连的部位轴向转频的振动幅值亦相应较大，则齿轮振动可能只是不对中故障所产生的过大的轴向力的响应。

c. 轴向转频的振动原因有可能是角度不对中，也有可能是两端轴承不对中。一般情况，角度不对中，轴向转频的振动幅值比径向为大，而两端轴承不对中正好相反，因为后者是由不平衡引起，它只是对不平衡力的一种响应。

(2) 烟机-主风机组故障诊断实例

某冶炼厂一台新上的烟机-主风机组，其配置及测点如图 2-3 所示。1～6 测点都是测量轴振的涡流传感器，布置在轴承座附近。

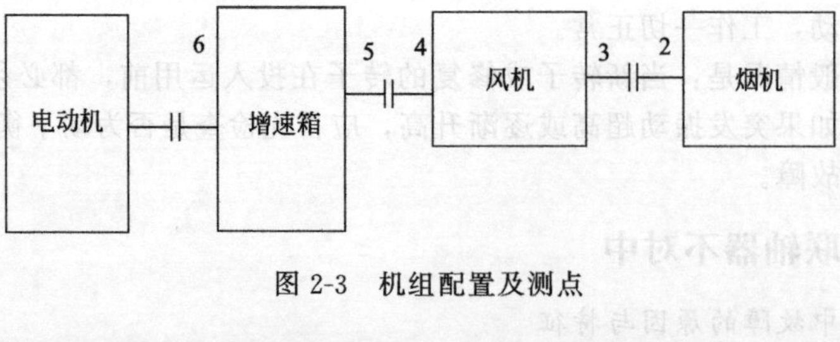

图 2-3 机组配置及测点

首先，该机组在不带负荷的情况下试运了 3 天，振动约 50μm，次日 2：05 开始带负荷运行，各测点振值均有所上升，尤其是排烟机主动端 $2^{\#}$ 测点的振动由原来的 55μm 上升至 70μm 以上，运行至 16：54 机组发生突发性强振，现场的本特利监测仪表指示振动满量程，同时机组由于润滑油压低而联锁停机。停机后，惰走的时间很短，大约只 1～2min，停车后盘不动车。

机组事故停机前振动特点如下。

① 16：54 之前，各测点的通频振值基本稳定，其中烟机 2# 轴承的振动大于其余各测点的振动。16：54 前后，机组振值突然增大，主要表现为联轴器两侧轴承，即 2#、3# 轴承振值显著增大，如表 2-2 所示。

表 2-2　强振前后各轴承振动比较　μm

部位	1# 轴承	2# 轴承	3# 轴承	4# 轴承
强振前振值	26	76	28	20
强振时振值	50	232	73	22

注意：2# 轴承与 3# 轴承变化最大，约 3 倍，说明最接近故障点。

② 14：31 之前，各测点的振动均以转子工频、2 倍频为主，同时存在较小的 3×、4×、5×、6× 等高次谐波分量，2# 测点的合成轴心轨迹很不稳定，有时呈香蕉形，有时呈“8”字形，如图 2-4 所示是其中一个时刻的时域波形和合成轴心轨迹（1×、2×）。

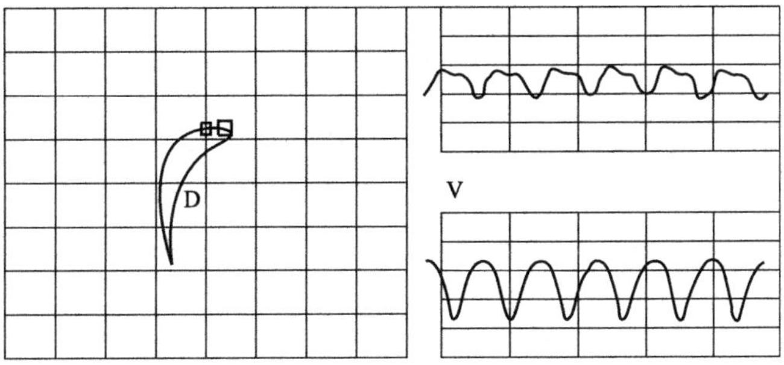

图 2-4　2# 测点的合成轴心轨迹图（1×、2×）
D—轴心轨迹；V—径向振动波形

③ 14:31 时，机组振动状态发生显著变化。从时域波形上看，机组振动发生跳变，其中 2#、3# 轴承处的振动由大变小（如烟机后水平方向由 65.8μm 降至 26.3μm，如图 2-5 所示），而 1# 与 4# 轴承处的振动则由小变大（如烟机前垂直方向由 14.6μm 升至 43.8μm，如图 2-6 所示），说明此时各轴承的载荷分配发生了显著的变化，很有可能是由于联轴器的工作状况改变所致。同时，如图 2-7 所示，2# 轴承垂直方向出现很大的 0.5× 成分，并超过工频幅值，水平方向除有很大的 0.5× 成分外，还存在突出的 78Hz 成分及其他一些非整数倍频率分量。烟机前 78Hz 成分也非常突出，这说明此时机组动静碰磨加剧。

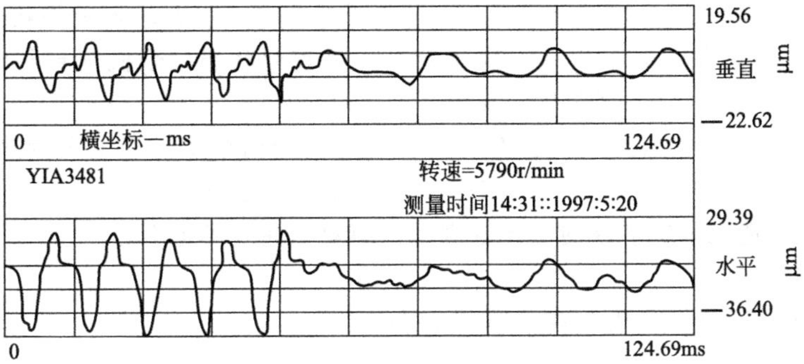

图 2-5　2# 轴承振动波形突然跳变

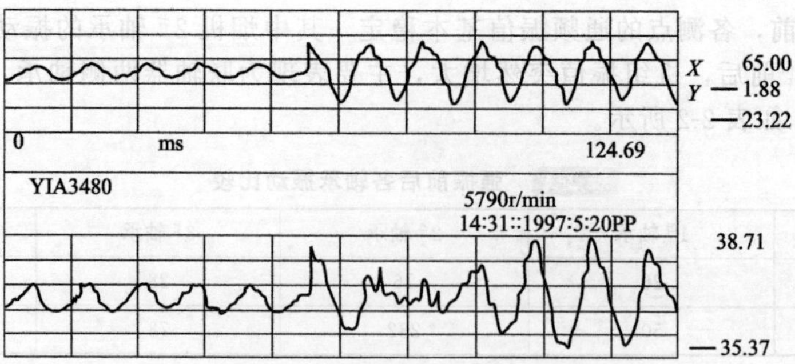

图 2-6 1# 轴承振动波形突然跳变

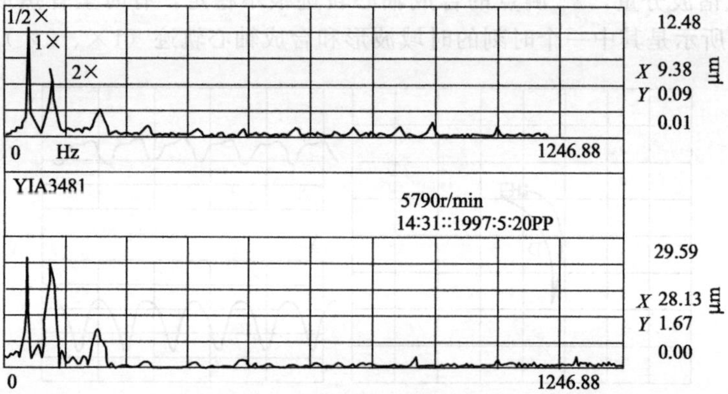

图 2-7 2# 轴承振动频谱图

④ 机组运行至 16：54 前后，机组振动幅值突然急剧上升，烟机后垂直方向和水平方向的振动幅值分别由 45μm、71μm 上升至 153μm 和 232μm，其中工频振动幅值上升最多。且占据绝对优势（垂直方向 V 和水平方向 H 的工频振动幅值分别为 120μm 和 215μm），同时 0.5 倍频及高次谐波的振动幅值也有不同程度的上升。这说明，此时烟机转子已出现严重的转子不平衡现象。

⑤ 开机以来，风机轴向振动一直较大，一般均在 80μm 以上，烟机的轴向振动也在 30～50μm 之间。16：54 达最大值 115μm，其频谱以 1×为主，轴向振动如此之大，这也是很不正常的。不对中故障的特征之一就是引发 1 倍频的轴向窜动。

综上所述，可得出如下结论。

① 机组投用以来，风机与烟机间存在明显不对中现象，且联轴器工作状况不稳定。

② 14：31 左右，联轴器工作状况发生突变，呈咬死状态，烟机气封与轴套碰磨加剧。其直接原因是对中不良，或联轴器制造缺陷。

③ 16：54，由于烟机气封与轴套发展为不稳定的全周摩擦，产生大量热量，引起气封齿与轴套熔化，导致烟机转子突然严重失衡，振动值严重超标。

因此分析认为造成本次事故的主要原因是机组对正曲线确定不当。

事故后解体发现：

① 烟机前瓦（1# 测点）瓦温探头导线破裂；

② 副推力瓦有磨损，但主推力瓦正常；

③ 二级叶轮轮盘装配槽部位法兰过热，有熔化痕迹及裂纹；

④ 气封套熔化、严重磨损，熔渣达数千克之多；

⑤ 上气封体拆不下来；

⑥ 烟机——主风机联轴器咬死，烟机侧有损伤。

后来，机组修复后，烟机进行单机试运时，经测量发现烟机轴承箱中分面向上膨胀 0.80mm，远高于设计给出的膨胀量 0.37mm。而冷态下当时现场找正时烟机标高比风机标高反而高出 0.396mm，实际风机出口端轴承箱中分面仅上胀 0.50mm，故热态下烟机比风机高了：0.80＋0.396—0.50＝0.696mm，从而导致了机组在严重不同轴的情况下运行，加重了联轴器的咬合负荷，引起联轴器相互咬死，烟机发生剧烈振动。由于气封本身间隙小（冷态下为 0.5mm），在烟机剧烈振动的情况下，引起气密封套磨损严重，以致发热、膨胀，摩擦加剧，导致气封齿局部熔化，并与气密封套粘接，继而出现跑套，气密封套与轴套熔化，烟机转子严重失衡。

按实测值重新调整找正曲线后，该机组运行一直正常。

2.2 转轴的振动故障

2.2.1 转轴弯曲

(1) 转轴弯曲引起的故障

设备停用一段较长时间后重新开机时，常常会遇到振动过大甚至无法开机的情况。这多半是设备停用后产生了转子轴弯曲的故障。转子弯曲有永久性弯曲和暂时性弯曲两种情况。永久性弯曲是指转子轴呈弓形。造成永久弯曲的原因有设计制造缺陷（转轴结构不合理、材质性能不均匀）、长期停放方法不当、热态停机时未及时盘车或遭凉水急冷所致。临时性弯曲指可恢复的弯曲。造成临时性弯曲原因有预负荷过大、开机运行时暖机不充分、升速过快等致使转子热变形不均匀等。

轴弯曲振动的机理和转子质量偏心类似，都要产生与质量偏心类似的旋转矢量激振力，与质心偏离不同点是轴弯曲会使轴两端产生锥形运动，因而在轴向还会产生较大的一阶转频振动。

振动信号特征（轴弯曲故障的振动信号与不平衡基本相同）：

① 时域波形为近似的等幅正弦波；

② 轴心轨迹为一个比较稳定的圆或偏心率较小的椭圆，由于轴弯曲常陪伴某种程度的轴瓦摩擦，故轨迹有时会有摩擦的特征；

③ 频谱成分以转频为主，伴有高次谐波成分。与不平衡故障的区别在于：弯曲在轴向方面产生较大的振动。

(2) 转轴弯曲故障分析与排除实例

某公司一台 200MW 汽轮发电机组，型号为 C145/N200/130/535/535，形式为超高压、中间再热单抽冷凝式。在长期的运行中，该机高压转子振动一直保持在较好范围，轴承振动小于 10μm，轴振动小于 100μm。在一次热态启动时 2$^{\#}$、3$^{\#}$ 轴、1$^{\#}$ 和 2$^{\#}$ 轴承振动出现短时突增，被迫紧急关小闸门；再次冲车后并网运行。并网后，2$^{\#}$ 轴和 1$^{\#}$、2$^{\#}$ 轴承振动虽然仍处于良好范围，但其振动有明显增大趋势，经连续观察运行近一月，也未能恢复至以前运行时的振动水平。为此，结合该机历史振动数据、停机前后振动数据及运行参数进行诊断分析。

① 振动趋势历史数据。在长期运行中，该机 1$^{\#}$、2$^{\#}$ 轴承的振动幅值分别为＜2μm 及＜10μm，2$^{\#}$ 轴的振动幅值为 80～90μm。为便于突出比较，停机前振动选取 4 月 2～5

日，热态启动后数据选取 4 月 6～9 日，作该期间的振动趋势记录曲线。如图 2-8 所示，其中轴承的振幅（曲线 1、2）看左边的纵坐标，轴的振幅（曲线 3）看右边的纵坐标。该趋势记录曲线表明长期运行时高压转子的轴及轴承振动均处于优良范围，热态启动后高压转子轴承及轴振动仍然在正常范围以内。

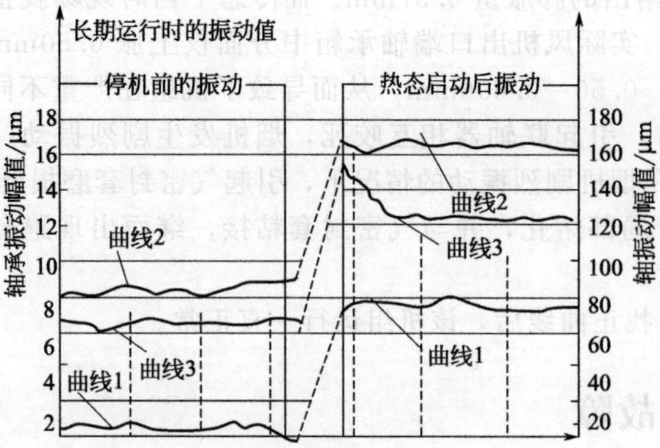

图 2-8　振动历史历程

曲线 1—停机前 1# 轴承振动≤1μm，热态启动后，为 6～8μm；
曲线 2—停机前 2# 轴承振动≤6μm，热态启动后，为 16～18μm；
曲线 3—停机前 2# 轴振动≤80μm，热态启动后，为 120～140μm

② 停机前后数据。因处理锅炉隐患而停机，停机时主要参数及振动数据如下。

a. 停机前各轴承和轴振动数据如表 2-3 所示，停机前各轴承和轴振动均在良好范围，其中，1#、2# 轴及轴承振动均处于优秀标准以内，反映高压转子停机前状态良好。

b. 停机时的临界振动数据：查一周振动趋势记录，2#、3# 轴停机临界振动值均未超过 230μm，处于良好范围。

表 2-3　停机前振动数据［振幅（μm）与相位（°）］

1# 机 4 月 4 日(20:00)的振动数据										
轴承编号			1#	2#	3#	4#	5#	6#	7#	8#
轴振通频	垂直振幅			82	52	131	89			149
	水平振幅				58	86	126			70
轴振工频	垂直	振幅		68	45	88	88			131
		相位		143	85	312	187			176
	水平	振幅			52	50	125			60
		相位			215	91	110			125
轴承振动	通频振幅		2	11	14	30	50	9	9	28
	工频	振幅		12	16	33	54	11	9	28
		相位		223	28	350	190	255	129	269

注：通频指在不滤波状态下的测量值，工频指转动频率的测量值。

c. 停机主要参数（4月5日）如下。

6：05 1# 机，关闸停机。

6：25 机组止速投入盘车，盘车电流 32A，大轴挠度值 30μm。高压缸外缸内壁上/下温度 363℃/346℃，中压缸内壁上/下温度 386℃/387℃；30μm，主机润滑油温 40℃，中压缸外壁上/下温度 386℃/383℃，均属正常。

d. 热启动（4 月 6 日）主要参数与振动数据如下。

主要动力蒸汽参数：压力 2.2MPa，温度 412℃，再热蒸汽温度 392℃，真空 77kPa，大轴挠度值 30μm，主机润滑油温 40℃。

4：15 冲车（转速迅速上升）：低速（500r/min）、10min，摩擦检查。

4：25 升速至 1600r/min，此时 $1^{\#}$ 轴承振动幅值达 120μm，$2^{\#}$ 轴承振动幅值达 65μm，$2^{\#}$、$3^{\#}$ 轴振动幅值达到监测表的满量程（即轴振动幅值已大于 400μm），运行人员采取紧急关闸措施停机。

5：05 转子静止投入盘车，大轴挠度值增大为 120μm，盘车电流 32A。

6：40 再次启动，快速冲车至 3000r/min 定速，然后并入电网。

从热态启动数据知：在启动过程中，机组 $1^{\#}$、$2^{\#}$ 轴承及 $2^{\#}$、$3^{\#}$ 轴振动异常增大，紧急打闸停机后，电动盘车时机组大轴挠度值增加较大，盘车电流略有增加。

e. 热态启动运行后的振动数据如下。

自再次启动并网后，机组高压转子轴和轴承振动均未能恢复历史振动水平，尽管 $1^{\#}$、$2^{\#}$ 轴承振动均小于 20μm，仍处于优秀振动标准范围内，但与历史数据比较均有所增大。尤其是 $2^{\#}$ 轴的振动增大显著。从频率成分来看，主要是 1 倍频成分增加，其余频率的振动成分无变化。见表 2-4。

表 2-4 热态启动并网后的振动数据［振幅（μm）与相位（°）］

轴承编号			$1^{\#}$	$2^{\#}$	$3^{\#}$	$4^{\#}$	$5^{\#}$	$6^{\#}$	$7^{\#}$	$8^{\#}$
轴振通频	垂直振幅			140	55	132	90			133
	水平振幅				60	110	132			67
轴振工频	垂直	振幅		120	43	82	82			140
		相位		166	95	312	189			180
	水平	振幅			47	45	120			70
		相位			220	90	132			120
轴承振动	通频		8	17	10	26	46	15	14	20
	工频	振幅	7	16	13	28	49	10	9	21
		相位	254	227	37	352	190	255	137	269

注：通频指在不滤波状态下的测量值，工频指转动频率的测量值。

f. 运行近一月后，停机时临界振动数据如下。

4 月 30 日，该机因电网调峰转为备用停机。在机组停机惰走降速过程中，$2^{\#}$ 轴和 $1^{\#}$、$2^{\#}$ 轴承临界振动值比历史数据有成倍的增加，其振动成分是 1 倍频，机组停机临界振动数据见表 2-5。

表 2-5 4 月 30 日停机临界振动数据

位置	$1^{\#}$ 轴承	$2^{\#}$ 轴承	$2^{\#}$ 轴垂直	$3^{\#}$ 轴垂直	$3^{\#}$ 轴水平
临界转速/(r/min)	1815	1947	1969	1968	1947
振幅/μm	36	44	645	263	175
相位/(°)	200	162	123	68	175

③ 数据分析。综合图 2-8、表 2-3～表 2-5 数据及启动前后运行参数分析，可得出下列分析结论。

a. 探头所在处的转子跳动值从 30μm 增加至 120μm，比启动前增大了 4 倍，反映出高压转子挠曲程度加剧，提示可能已产生转子弯曲。

b. 从振动频率以及振值随转速变化的情况来看，其症状和转子失衡极为相似。但停机前运行一直很正常，只是在机组停车后再次启动中振动异常，且在并网后一直维持较大振值，缺乏造成转子失衡的理由或转子零部件飞脱的因素，故可排除转子失衡的可能。

c. 综合二次启动及并网运行一个月后停机惰走振动情况，表明机组在第一次启动时即存在较大的热弯曲，而停车后间隔 1.5h 再次启动，盘车时间不足，极易造成转子永久性弯曲。

ⓐ 在第一次热态启动时，高压转子的轴及轴承振动急剧增加（转速刚达 1600r/min 时，轴振动即已超满量程值，即至少已大于 400μm）。

ⓑ 机组启动并网连续运行近一月，其振动一直处于稳定状态。1#、2# 轴承和 2# 轴振幅在热态启动后比历史数据有明显的增大，并且振幅增大的主要原因是 1 倍频振幅增大。工频振幅的增大反映出转子弯曲程度的增大，振幅的稳定反映出弯曲量的大小基本恒定。

1# 和 2# 轴承的振动相位也一直保持稳定，且基本相近，2# 轴的振动相位较历史数据变化了近 20°。相位的稳定性表明弯曲的方向基本不变，2# 轴的振动相位增大，表明还受到轴系角度对中状况变差（转子弯曲所致）的影响。

ⓒ 查启动后运行近一月的频谱图，除 1 倍频振动和 2# 轴处的少量 2 倍频振动成分外，无其他振动频率成分。少量 2 倍频振动成分的产生，则分析认为是高压转子弯曲后与中压转子的对中性变差所造成的。

ⓓ 中、低压转子各轴承及各轴的振动与历史数据相比基本无变化，反映出故障的发生部位主要是在高压转子。

d. 分析机组的历史故障及结构特点，预测潜在的故障隐患。

转子故障的历史记录表明，该机曾发生高压末三级围带铆接不良造成的围带脱落故障，并且末三级围带具有铆接点较薄弱的结构特点，因此，在转子可能存在热弯曲的情况下进行启动，同时又发生了临界振动过大及转子挠度增大的异常情况，不能排除围带再次受到损伤的可能性。如围带损伤容易造成脱落，可能进一步发生运行中的动静碰磨而使转子严重损伤。

综上所述，尽管该机高压转子振动仍在良好范围以内，但从各种参数的综合分析来看，均表明高压转子上已发生了转子弯曲故障。而无论是转子弯曲引起机组过临界振动过大或是存在围带损伤等事故隐患，均对该机组安全运行构成极大的威胁。因此，诊断分析的结论是：该机立即进行提前大修，解体查明故障并予以消除。

④ 解体大修检查情况。5 月 4 日，该机提前转入大修。经揭缸解体检查证实，高压转子前汽封在距调速级叶轮 180mm 处弯曲 0.08mm，中压转子在 19 级处弯曲 0.055mm，高压汽封、围带、隔板汽封和中压汽封、隔板汽封及围带均有不同程度的摩擦损伤，其中，中压 19 级近半圈围带前缘已磨坏，为此，高压转子采取直轴、中压转子采取低速动平衡处理，同时对损伤的围带也进行了相应的处理，经大修处理后高压转子振动重新恢复到优等标准内。

在本例中，热态启动条件下轴封窜气及摩擦检查时间较长是造成该机转子热弯曲的主要原因，由于轴封汽温、蒸汽参数及机组的热态温度难以匹配和控制，转子容易形成较大的热弯曲而减小与汽封（或围带）间的动静间隙，导致过临界时转子与密封部件发生动静碰磨；而摩擦不但使临界振动值迅速上升，还进一步加剧了转子的弯曲，因而在第一次启动到冲过临界转速时振动过大，紧急停机之后，伴随有在盘车状态下，挠度值急剧增大的现象。

2.2.2 转轴横向裂纹

转轴横向裂纹的振动响应与所在的位置、裂纹深度及受力的情况等因素有极大的关系，因此所表现出的形式也是多样的。在一般情况下，转轴每转一周，裂纹总会发生张合。转轴的刚度不对称，从而引发非线性振动，能识别的振动主要是 1×、2×、3×倍频分量。

(1) 振动信号特征

① 振动带有非线性性质，出现旋转频率的 1×、2×、3×等高倍分量，随裂纹扩展，刚度进一步下降，1×、2×等频率的幅值随之增大，相位角则发生不规则波动，与不平衡故障的相角稳定有区别。

② 开停机过程中，由于谐振频率的非线性关系，会出现分频共振，即转子在经过1/2、1/3…临界转速时，相应的高倍频（2×、3×）正好与临界转速重合，振动响应会出现峰值。

③ 裂纹的扩展速度随深度的增大而加速，相应的 1 倍频、2 倍频的振动也会随裂纹扩展而快速上升，同时 1 倍频、2 倍频相位角出现异常波动。

④ 全息谱表现为 2 倍频的椭圆形状，与轴系不对中的扁圆有明显的差别。

(2) 故障甄别

稳态运行时，应能与不对中故障区分。全息谱是最好的区分方法。

转轴裂纹的故障诊断实例少见于公开发布的资料。

2.3 其他原因引起的振动故障

2.3.1 连接松动

(1) 连接松动引起异常振动

振动幅值由激振力和机械阻抗共同决定，松动使连接刚度下降，这是松动振动异常的基本原因。支承系统松动引起异常振动的机理可从两个侧面加以说明。

① 当轴承套与轴承座配合具有较大间隙或紧固力不足时，轴承套受转子离心力作用，沿圆周方向发生周期性变形，改变轴承的几何参数。进而影响油膜的稳定性。

② 当轴承座螺栓紧固不牢时，由于结合面上存在间隙，使系统发生不连续的位移。

上述两项因素的改变，都属于非线性刚度改变，变化程度与激振力相联系，因而使松动振动显示出非线性特征。松动的典型特征是产生 2×及 3×、4×、5×等高倍频的振动。

振动特征：

① 轴心轨迹混乱，重心飘移；

② 频谱图中，具有 3×、5×、7×等高阶奇次倍频分量，也有偶次分量；

③ 松动方向的振幅大。

高次谐波的振幅值大于转频振幅的 1/2 时，应怀疑有松动故障。

(2) 大型锅炉引风机故障诊断实例

某发电厂一台大型锅炉引风机如图 2-9 所示。由一台转速 840r/min 的电动机直联驱动。该机组运转时振动很大，测量结果显示电动机工作很平稳。总振幅不超过 2.5mm/s，但在引风机上振幅很高，前后轴承在水平和垂直方向上的振幅却很

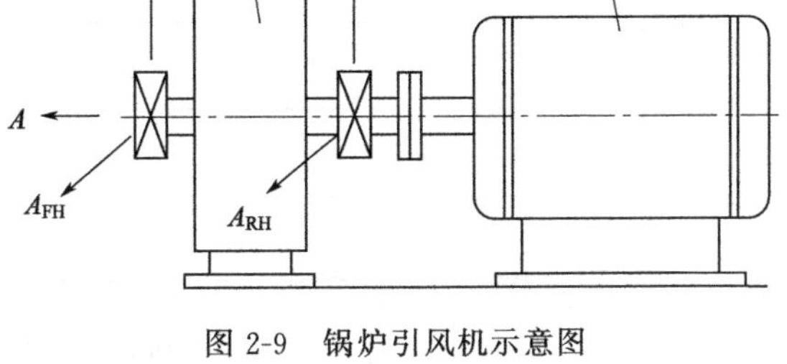

图 2-9　锅炉引风机示意图

大。$A_{FV}=150\mu m$，$A_{FH}=250\mu m$，$A_{RV}=87\mu m$，$A_{RH}=105\mu m$。风机的轴向振幅小于 $50\mu m$。频率分析指出，振动频率主要是转速频率成分。这些数据表明，风机振动并不是联轴器不对中或轴发生弯曲所引起的，应诊断为转子的不平衡故障。但是对风机振动最大的外侧轴承在水平和垂直方向上的相位进行分析，发现两个方向上的相位是精确同相的，在水平、垂直 2 个方向上的振幅同步地增高下降，说明是“定向振动”问题，而不是单纯的不平衡原因。然后对外侧轴承、轴承座和基础各部分位置进行振动测量，检查出轴承架一边的安装螺钉松动了，使整个轴承架以另一边为支点进行摆振。用同样方法检查了内侧轴承架的安装螺钉，也发现有轻微松动。当全部安装螺钉被紧固以后，风机的振值就大大下降，达到可接受的水平。

(3) 离心式压缩机齿轮箱故障诊断实例

某厂一台离心式压缩机，转速为 7000r/min，通过齿轮增速器，由一台功率为 1470kW，转速为 3600r/min 的电动机驱动。机组运行中测得电动机和压缩机的振动很小，振幅不超过 2.5mm/s，但是齿轮增速器却振动很大，水平方向振幅为 12.5mm/s，垂直方向振幅为 10mm/s，振动频率为低速齿轮的转速频率（60Hz），轴向振幅很低。停机后打开齿轮箱，检查了齿轮和轴承，并没有发现任何问题，怀疑是不平衡引起的振动。把低速齿轮送到维修车间进行了平衡和偏摆量检查，在安装过程中又对电动机和齿轮箱进行了重新对中，但是这一切措施对于改善齿轮箱的振动毫无效果。

为了对齿轮箱振动作进一步分析，测量水平和垂直方向上的相位，发现两个方向上的相位是精确地同相，显示是一种“定向振动”，然后又对齿轮箱壳体安装底脚和底板进行测振和检查，底脚螺钉是紧固的，但从底板的振动形态中发现一边挠曲得很厉害。移去底板，就看到底板挠曲部分下面的水泥浆已经破碎，削弱了该处的支承刚度。解决底板局部松动的处理办法是把混凝土基础进行刮削，在底板下重新浇灌了混凝土，当机组放回到原处安装后，齿轮箱的振幅就下降到 2.5mm/s 以下。

(4) 钢铁公司氧气厂压缩机故障诊断实例

某钢铁公司氧气厂三车间压缩机建成以来长期因振动过大，不能投入生产。该机组由一台 2500kW，转速 2985r/min 的电动机经增速齿轮箱后，压缩机转子为 9098r/min。其振动波形和频谱，如图 2-10 所示。

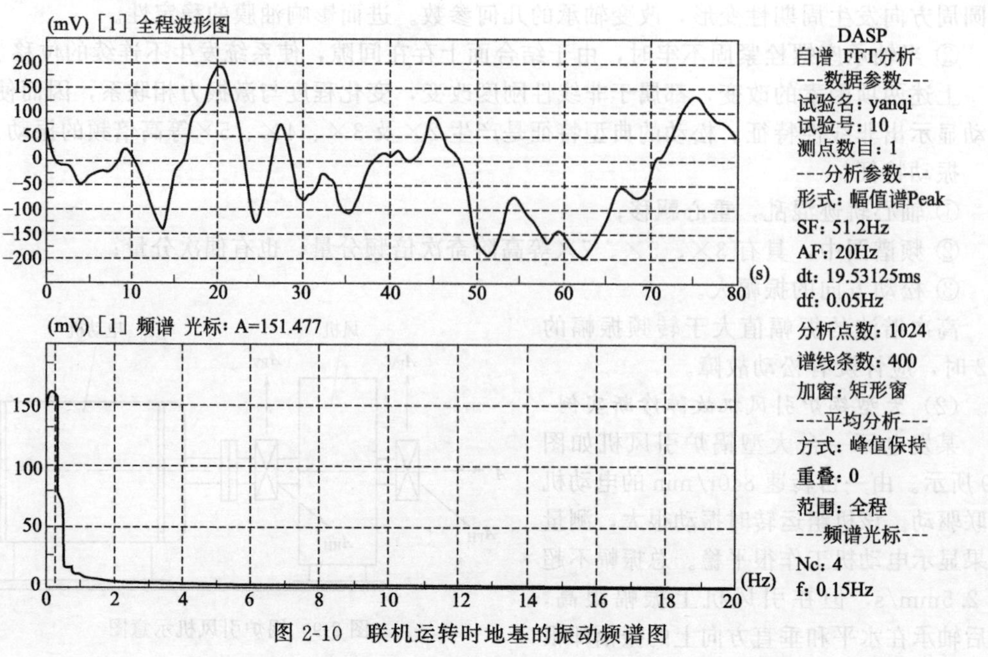

图 2-10 联机运转时地基的振动频谱图

现场调查表明：因迟迟不能投产，厂方已分别对电动机、压缩机转子作过动平衡校正，也对联轴器进行多次找正、找同心。但仍然未能降低振动。

根据调查情况，采用频谱分析技术，期望能从振动成分的频率分布中分析振动的原因。

① 测得厂房大地的基础振动：0.1Hz，振幅 5.6mV。

② 测得地基的固有频率：7Hz(10.14mV)；二阶频率：19Hz；三阶频率：29Hz；四阶频率：38Hz。

③ 测得在联机运转时，地基的振动主频 0.15Hz；振幅：110～151mV。如图 2-10 中下图所示。

分析与结论如下。

① 振动以低频振动为主要矛盾，地基是 0.15Hz；电动机是 50Hz，两者不一致。

② 地基振动的振幅 151mV 远大于电动机的振幅 62mV。说明地基的振动是主要矛盾。若地基偏软，刚度不足。但与地基固有频率 7Hz 相矛盾，因而问题应在电动机与地基连接部位。

③ 根据电修厂方面提供的信息：安装后电动机垂直振动大于水平振动。这与通常的状态相矛盾，即垂直刚度小于水平刚度，也证明地基存在问题。正常状态是垂直刚度大于水平刚度。

④ 导致地基垂直刚度不足的可能原因：安装垫板与地基的接触面积不够，空洞面积大，导致弹性变形大；地脚螺钉与地基的联结刚度不足；地脚螺钉直径偏小，刚度不足。

2.3.2 油膜涡动及振荡

(1) 油膜涡动及振荡的特征

转子轴颈在滑动轴承内作高速旋转运动的同时，随着运动楔入轴颈与轴承之间的油膜压力若发生周期性变化，迫使转子轴心绕某个平衡点作椭圆轨迹的公转运动，这个现象称为涡动。当涡动的激励力仅为油膜力时，涡动是稳定的，其涡动角速度是转动角速度的 0.43～0.48。所以又称为半速涡动。当油膜涡动的频率接近转子轴系中某个自振频率时，引发大幅度的共振现象，称为油膜振荡。

油膜涡动仅发生在完全液体润滑的滑动轴承中，低速及重载的转子建立不起完全液体润滑条件，因而不发生油膜涡动。所以消除油膜涡动的方法之一，就是减少接触角，使油膜压力小于载荷比压。此外，降低油的黏度也能减少油膜力，消除油膜涡动或油膜振荡。

油膜振荡仅在高速柔性转子以接近某个自振频率的 2 倍转速条件下运转时发生。在发生前的低速状态时，油膜涡动会先期发生，再随着转速的升高发展到油膜振荡。

(2) 二氧化碳压缩机组故障诊断实例

某化肥厂的二氧化碳压缩机组，在检修后，运行了 140 多天，高压缸振动突然升到报警值而被迫停车。

在机组运行过程中及故障发生前后，在线监测系统均作了数据记录。高压缸转子的径向振动频谱图见图 2-11，图 2-11(a) 是故障前的振动频谱，振动信号只有转频的幅值。图2-11(b) 是故障发生时的振动频谱，振动信号除转频外，还有约为 1/2 转频的振幅，这是典型的油膜涡动特征。据此判定高压缸转子轴承发生油膜涡动。

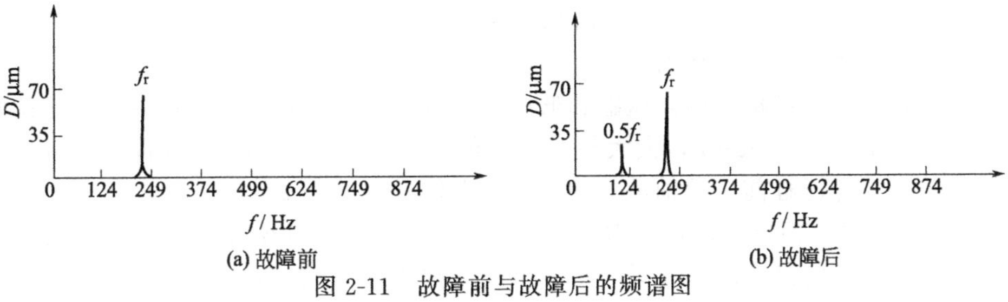

(a) 故障前　(b) 故障后

图 2-11　故障前与故障后的频谱图

(3) 离心式氨压缩机组故障诊断实例

某公司国产 30 万吨合成氨装置，其中一台 ALS-16000 离心式氨压缩机组，在试车中曾遇到轴承油膜振荡。

该机由 11000kW 的汽轮机拖动，压缩机由高压缸和低压缸两部分组成，中间为速比是 56∶42 的增速器。低压缸工作转速为 6700r/min，高压缸工作转速为 8933r/min。轴承形式为四油楔。轴承间隙＝1.6‰D。在试车中，高压缸转子在 7800r/min 以后振幅迅速增大，至 8760r/min 时，振幅达到 150μm 左右。从不平衡响应图上可以确定高压缸第一临界转速为 3000～3300r/min。

图 2-12(a) 表示高压缸轴振动刚出现油膜振荡时的频谱。从图中可见，140.5Hz（8430/min）是轴的转速频率 f，由轴的不平衡振动引起。55Hz 为油膜振荡频率 Ω。当转速升至 8760r/min（146Hz）时，油膜振荡频率 Ω 的幅值已超过转速频率 f 的幅值，见图 2-12(b)，这是一幅典型的油膜振荡频谱图，从图 2-12(b) 中可见，频率成分除了 f(146Hz) 和 Ω(56.5Hz) 之外，还存在其他频率成分，这些成分是主轴振动频率 f 和油膜振荡频率 Ω 的一系列和差组合频率。

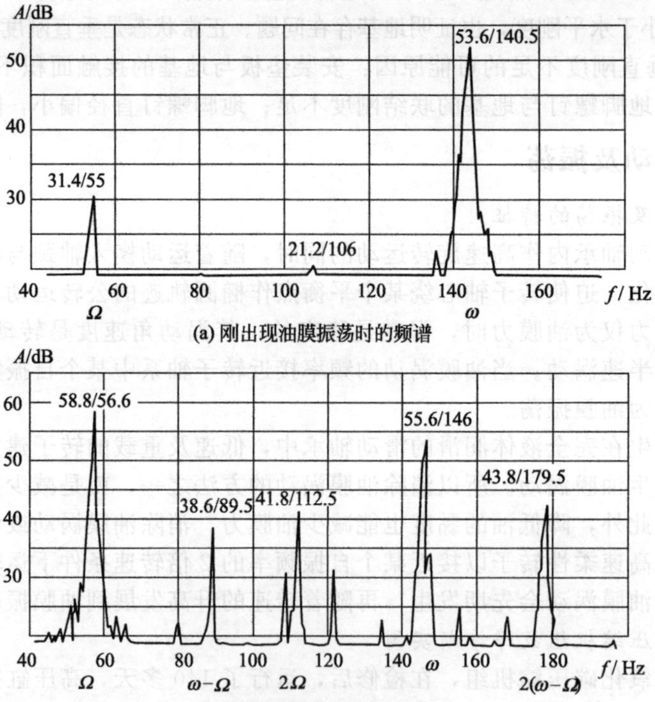

图 2-12 高压缸油膜振荡初期及发展的振动频谱比较

例如：

$$f-\Omega=146-56.5=89.5\text{Hz}$$

$$2\Omega=2\times 56.5=113\approx 112.5\text{Hz}$$

$$2(f-\Omega)=2\times(146-56.5)=179\approx 179.5\text{Hz}$$

(4) 空气压缩机故障诊断实例

某公司一台空气压缩机，由高压缸和低压缸组成。低压缸在一次大修后，转子两端轴振动持续上升，振幅达 50～55μm，大大超过允许值 33μm，但低压缸前端的增速箱和后端的高压缸振动较小。低压缸前、后轴承上的振动测点信号频谱图如图 2-13(a)、(b) 所示，图中主要振动频率为 91.2Hz，其幅值为工频（190Hz）振幅的 3 倍多，另外还有 2 倍频和 4 倍频成分，值得注意的是，图中除了非常突出的低频 91.2Hz 之外，4 倍频成分也非常明显。

对该机组振动信号的分析认为：

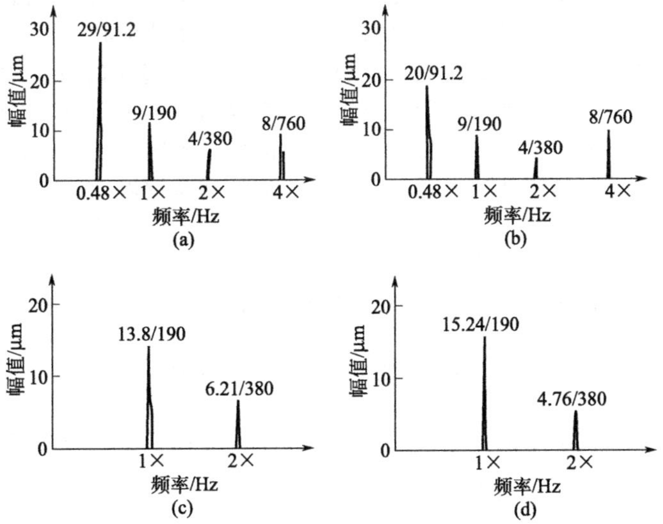

图 2-13　低压缸前、后轴承上的振动测点信号频谱比较

① 低频成分突出，它与工频成分的比值为 0.48，可认为是轴承油膜不稳定的半速涡动；

② 油膜不稳定的起因可能是低压缸两端联轴器的对中不良，改变了轴承上的负荷大小和方向。

停机检查，发现如下问题。

① 轴承间隙超过允许值（设计最大允许间隙为 0.18mm，实测为 0.21mm）。

② 5 块可倾瓦厚度不均匀，同一瓦块最薄与最厚处相差 0.03mm，超过设计允许值。瓦块内表面的预负荷处于负值状态（PR 值原设计为 0.027，现降为－0.135），降低了轴承工作稳定性。

③ 两端联轴器对中不符合要求，平行对中量超差，角度对中的张口方向相反，使机器在运转时产生附加的不对中力。

对上述发现的问题分别作了修正，机器投运后恢复正常，低压缸两端轴承的总振值下降到 20μm，检修前原频谱图上反映轴承油膜不稳定的 91.2Hz 低频成分和反映对中不良的 4 倍频成分均已消失［图 2-13(c)、(d)］。

(5) 高速空压机故障诊断实例

某钢铁公司空压站的一台高速空压机开机不久，发生阵发性强烈吼叫声，最大振值达 17mm/s（正常运行时不大于 2mm/s），严重威胁机组的正常运行。

对振动的信号作频谱分析。正常时，机组振动以转频为主。阵发性强烈吼叫时，振动频谱图中出现很大振幅的 0.5×转频成分，转频振幅增加不大。基于这个分析，判定机组的振动超标是轴承油膜涡动所引起，并导致了动静件的摩擦触碰。

现场工程技术人员根据这个结论，调整润滑油的油温，使供油油温从 30℃提到 38℃后，机组的强烈振动消失，恢复正常运行。

事后，为进一步验证这个措施的有效性。还多次调整油温，考察机组的振动变化，证实油温在 30～38℃时，可显著降低机组的振动。

2.3.3　碰磨

(1) 碰磨的特征与诊断

动静件之间的轻微摩擦，开始时故障症状可能并不十分明显，特别是滑动轴承的轻微碰磨，由于润滑油的缓冲作用，总振值的变化是很微弱的，主要靠油液分析发现这种早期隐患；有经验的诊断人员，由轴心轨迹也能做出较为准确的诊断。当动静碰磨发展到一定程度后，机组将发生碰撞式大面积摩擦，碰磨特征就将转变为主要症状。

动静碰磨与部件松动具有类似特点。动静碰磨是当间隙过小时发生动静件接触再弹开，改变构件的动态刚度；松动是连接件紧固不牢、受交变力（不平衡力、对中不良激励等）作用，周期性地脱离再接触，同样是改变构件的动态刚度。不同点是，前者还有一个切向的摩擦力，使转子产生涡动。转子强迫振动、碰磨自由振动和摩擦涡动运动叠加到一起，产生出复杂的、特有的振动响应频率。由于碰磨产生的摩擦力是不稳定的接触正压力，在时间上和空间位置上都是变化的，因而摩擦力具有明显的非线性特征（一般表现为丰富的超谐波）。因此，动静碰磨与松动相比，振动成分的周期性相对较弱，而非线性更为突出。

由于碰磨产生的摩擦力的非线性，振动频率中包含有 2×、3×等高次谐波及$\frac{1}{2}$×、$\frac{1}{3}$×等分次谐波。局部轻微摩擦，冲击性突出，频率成分较丰富；局部重摩擦时，周期性较突出，超谐波、次谐波的阶次均将减少。

① 振动特征

a. 时域波形存在“削顶”现象，或振动远离平衡位置时出现高频小幅振荡。

b. 频谱上除转子工频外，还存在非常丰富的高次谐波成分（经常出现在气封摩擦时）。

c. 严重摩擦时，还会出现$\frac{1}{2}$×、$\frac{1}{3}$×、$\frac{1}{N}$×等精确的分频成分（经常出现在轴瓦磨损时）。

d. 全息谱上出现较多、较大的高频椭圆，且偏心率较大。

e. 提纯轴心轨迹（1×、2×、3×、4×合成）存在“尖角”。

f. 轴瓦磨损时，还伴有轴瓦温度升高、油温上升等特征，气封摩擦时，在机组启停过程中，可听到金属摩擦时的声音。

g. 轴瓦磨损时，对润滑油样进行铁谱分析，可发现如下特征：

ⓐ 谱片上磁性磨粒在谱片入口沿磁力线方向呈长链密集状排列，且存在超过 20μm 的金属磨粒；

ⓑ 非磁性磨粒随机地分布在谱片上，其尺寸超过 20μm；

ⓒ 谱片上测试的光密度值较上次测试有明显的增大。

② 故障甄别

a. 由于故障机理与松动类似，两者不容易加以区分。据现场经验，松动时以高次谐波为特征，摩擦时以分量谐波为特征。另外，松动振动来源于不平衡力，故松动振动随转速变化比较明显，碰磨受间隙大小控制，与转速关系不甚密切，由此可对两者加以区分。在波形表现形式上，摩擦常可见到削顶波形，松动则不存在削顶问题。

b. 局部碰磨与全弧碰磨的区分。全弧碰磨分频明显，超谐波消失；局部轻摩擦很少有分频出现，谐波幅值小但阶次多；局部严重摩擦介于两者之间，有分频也有低次谐波，且谐波幅值比基频还大。基频则由未碰撞前的较大值变为较小值。在轨迹上，局部碰磨轨迹乱而不放大，正进动；连续的全弧碰磨则随时间逐渐扩散，进动方向为反进动。

(2) 烟气轮机故障诊断

某炼油厂烟气轮机正常运行时，轴承座的振动不超过 6mm/s。该机组经检修后刚投入运行即发生强烈振动。

壳体上测得的振动频谱如图 2-14 所示。图中：s 表示振幅 mm/s，H 为水平方向、V 为垂直方向、A 为轴向。除转子工频外，还存在大量的倍频谐波成分，如 2×、3×、4×、5

×等，南瓦的 5 倍频振动特别突出。时域波形存在明显的削波现象。

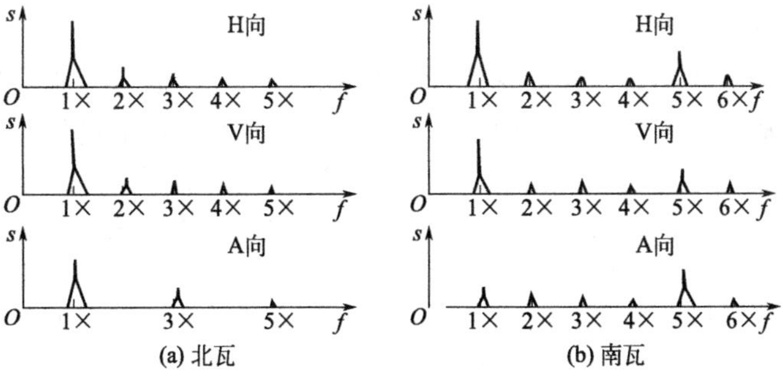

图 2-14　烟机强振时的频谱

分析认为烟机发生严重的碰磨故障，主要部位应为轴瓦（径向轴承和推力轴承均由 5 块瓦块组成）。

拆开检查，发现南北瓦均有明显的磨损痕迹，南瓦有一径向裂纹，并有巴氏合金呈块状脱落，主推力瓦有三个瓦块已出现裂纹。

更换轴瓦，经仔细安装调整，开机，恢复正常。

(3) 主风机故障诊断实例

某主风机运行过程中突然出现强振现象，风机出口最大振值达 159μm，远远超过其二级报警值（90μm），严重威胁着风机的安全生产。如图 2-15、图 2-16 所示分别是风机运行正常时和强振发生时的时域波形和频谱。

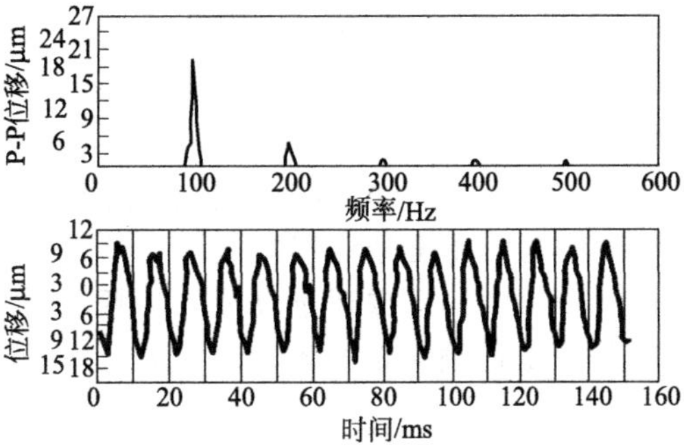

图 2-15　风机运行正常时的波形和频谱

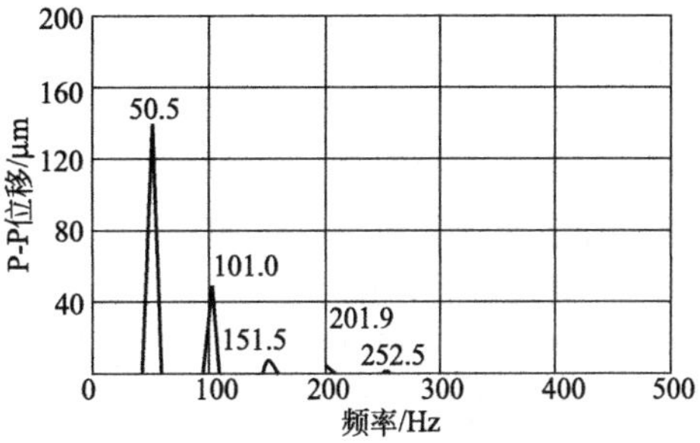

图 2-16　风机强振时的频谱

由图可见，风机正常运行时，其主要振动频率为转子工频 101Hz 及其低次谐波频率，且振幅较小，峰-峰值约 21μm。而强振时，一个最突出的特点就是产生一振幅极高的0.5×(50.5Hz) 成分，其幅值占到通频幅值的 89%，同时伴有 1.5×(151.5Hz)、2.5×(252.5Hz) 等非整数倍频，此外，工频及其谐波幅值也均有所增长。

结合现场的一些其他情况分析认为，机组振动存在很强烈的非线性，极有可能是由于壳体膨胀受阻，造成转子与壳体不同心，导致动静件摩擦而引起的。随后的停机揭盖检查表明，风机第一级叶轮的口环磨损非常严重，由于承受到巨大的摩擦力整个叶轮也已经扭曲变形，如果再继续运行下去，其后果将不堪设想。及时的分析诊断和停机处理，避免了设备故障的进一步扩大和可能给生产造成的更大损失。

0.5 倍频的振动也有可能是油膜涡动的特征，这里最主要的判断依据是 1.5×(151.5Hz)、2.5×(252.5Hz) 等非整数倍频的振动，它们是非线性振动的特征，也就是碰磨故障的特征。

2.3.4 喘振

(1) 喘振的特征与机理

喘振是一种很危险的振动，常常导致设备内部密封件、叶轮导流板、轴承等损坏，甚至导致转子弯曲、联轴器及齿轮箱等机构损坏。它也是流体机械特有的振动故障之一。

喘振是压缩机组严重失速和管网相互作用的结果。它既可以是管网负荷急剧变化所引起，也可以是压缩机工作状况变化所引起。当进入叶轮的气体流量减少到某一最小值时，气流的分离区扩大到整个叶轮流道，使气流无法通过。这时叶轮没有气体甩出，压缩机出口压力突然下降。由于压缩机总是和管网连在一起的，具有较高背压的管网气体就会倒流到叶轮里来。瞬间倒流来的气流使叶轮暂时弥补了气体流量的不足，叶轮因而恢复正常工作，重新又把倒回来的气流压出去，但过后又使叶轮流量减少，气流分离又重新发生。如此周而复始，压缩机和其连接的管路中便产生出一种低频率高振幅的压力脉动，造成机组强烈振动。

喘振是压力波在管网和压缩机之间来回振荡的现象，其强度和频率不但和压缩机中严重的旋转脱离气团有关，还和管网容量有关：管网容量越大，则喘振振幅越大，频率越低；管网容量小，则喘振振幅小，喘振频率也较高，一般为 0.5～20Hz。

这个压力波源于两种情况之一。第一种情况：压缩机因吸入不足，发生旋转失速。旋转失速严重时，压缩机内压力低于管网压力，引起压力波回冲压缩机，压缩机升压，再倒回管网。第二种情况：管网用户端由于某种原因造成管网内压力、流量突变，引起压力波冲向压缩机。

旋转失速是发生于压缩机内旋转气团脱离叶轮所激发的振动，而喘振还把管网联系在一起，是更严重的故障形态。它们在频谱图中都以叶片通过频率及各阶倍频的形式出现。

(2) 压缩机组故障诊断实例 1

某大型化肥厂的二氧化碳压缩机组由汽轮机和压缩机组成。压缩机分为 2 缸、4 段、13 级。高压缸为 2 段共 6 级叶轮，低压缸为 2 段共 7 级叶轮。低压缸工作转速 6546r/min，高压缸工作转速 13234r/min，中间通过增速齿轮连接。正常出口流量应为 $9400m^3/h$。但投产后不久，因生产的原因，将流量下降至额定流量的 66%左右，机器第四段的轴振动达 58μm，而且高压缸机壳和第四段出口管道振动剧烈，甚至把高压导淋管振裂。当开大“四回一”防喘阀以后，振幅可下降至 50μm，然而机器剧烈振动的现象还难以消除。频谱分析显示，一个 55Hz 及其倍频成分占有显著的地位，其幅值随通频振幅的增大而增大，转速频率成分的幅值则基本保持不变。

从频谱图［图 2-17(c)］上看出，55Hz 低频成分是引起机器振动的主要因素，但属何种

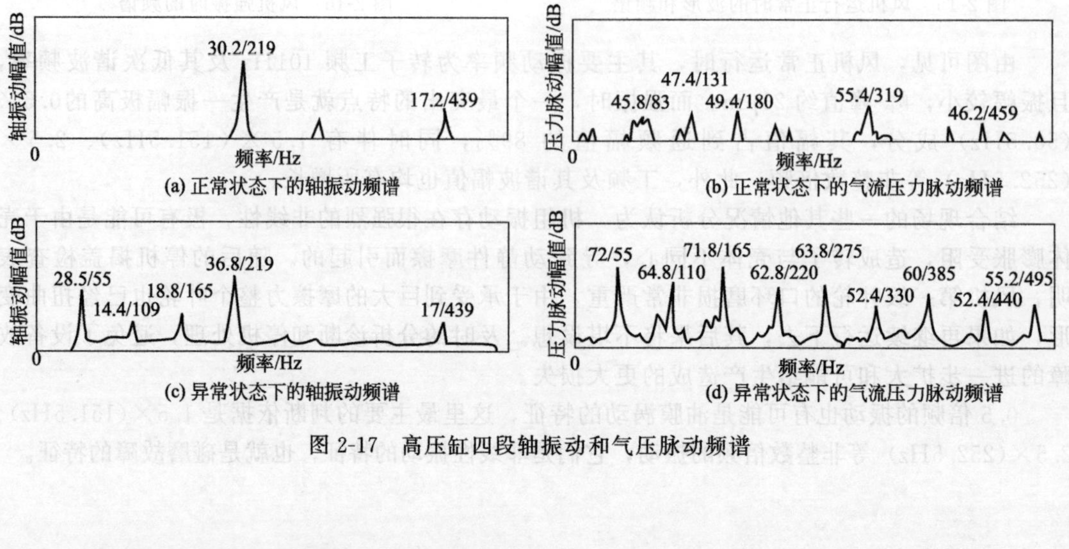

图 2-17 高压缸四段轴振动和气压脉动频谱

原因尚不很清楚。分析四段轴振动信号和四段出口气流压力脉动信号随工况的变化过程，可得到该机故障原因的信息。

如图 2-17 所示为高压缸四段轴振动和气流压力脉动的频谱图（压力脉动信号直接从四段出口管线上用压力传感器测取)。当四段出口压力为 11MPa 时，振动测点测得的通频值为 37μm，频谱图上除了转速频率 219Hz 成分外，无明显的低频成分出现，压力脉动的信号也比较小，见图 2-17(a) 和 (b)。

在升压过程中，当测点通频振幅增至 47μm 时，轴振动频谱图和压力脉动信号频谱图上均突然出现 55Hz 的低频及其倍频成分，见图 2-17(c) 和 (d)。图 2-17(d) 中，55Hz、110Hz、165Hz、220Hz 等都是 55Hz 的倍频成分。

继而在小流量区域出口压力升到 14MPa 以上时，通频振幅达 60μm，55Hz 的低频及其倍频成分则始终存在。当压缩机背压降低，流量上升后，通频振幅下降至一定值，55Hz 低频成分随之消失。

由以上的变工况试验可见，55Hz 低频成分是随出口压力升高和流量下降而出现的，又随背压下降和流量增加而消失，因此诊断 55Hz 的低频成分是压缩机高压缸旋转失速所产生的一种气体动力激振频率，这一振动频率严重地危及机器的安全运转。最后通过加装“四回四”管线（即从四段出口加一旁通管至四段入口，并在其间加一调节阀)，调节“四回四”，或“四回一”阀门，适当增加四段供气量，四段轴振动就由原来的高振幅下降至 22μm，机器强烈振动情况也就随之消失。

(3) 压缩机组故障诊断实例 2

某二氧化碳压缩机组是尿素生产装置的关键设备之一，其运行状态正常与否直接关系到安全生产的顺利进行。但是该机组高压缸转子振动中始终存在一个与转速大致成 0.8 倍关系的振动分量，有时这一振动分量的幅值与基频振动分量的幅值相等，甚至大于基频幅值。如图 2-18 所示是二氧化碳压缩机高压缸转子振动幅值谱，各主要振动分量，按振幅的大小，依次用 1～9 标记。图中“1”就是 0.8 倍频振动分量，其振动频率 $f_{0.8}=183.59\text{Hz}$，“2”是基频振动分量，其振动频率 $f_2=222.66\text{Hz}$，从图中可以看到 0.8 倍频的振动幅值大于包括基频在内的其他振动成分的幅值，成为引起转子振动的主要因素，为此，需要分析其产生原因，以便加以控制和消除。

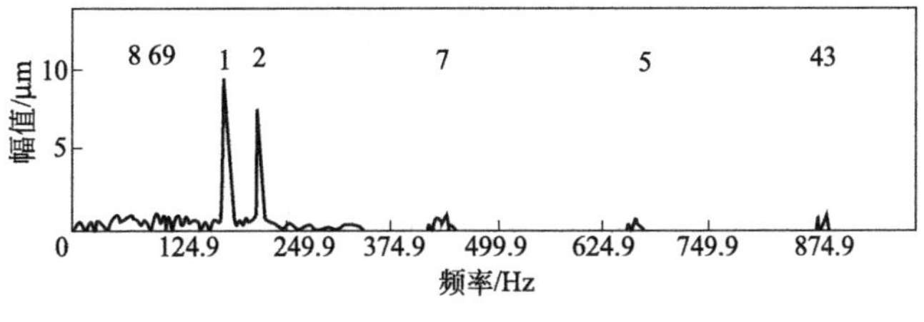

No.	频率/Hz	幅值/μm	No.	频率/Hz	幅值/μm	No.	频率/Hz	幅值/μm
1	183.59	9.971	2	222.66	7.750	3	892.58	1.178
4	884.77	1.063	5	669.92	0.987	6	97.66	0.901
7	447.27	0.816	8	67.36	0.811	9	111.33	0.775

图 2-18 高压缸转子振动幅值谱 1

① 振动特性分析。0.8 倍频振动比较特殊，它不同于基频和 2 倍频振动等有明显的影响因素和解释，为此，采用多种分析方法就其振动方式以及振动与运行工况之间的关系进行分析。首先用瀑布图分析 0.8 倍频的振动特性，如图 2-19 所示是二氧化碳压缩机组高压缸转子启动过程中振动的瀑布图，从图中可以看到启动过程无论哪一转速下都没有 0.8 倍频这一

振动分量出现。

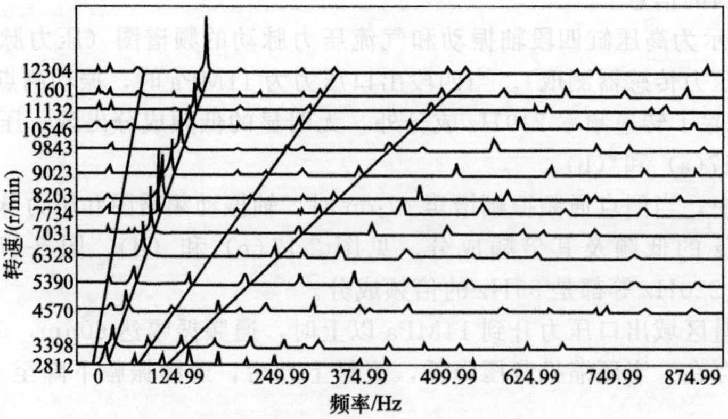

图 2-19　高压缸转子启动过程的瀑布图

启动过程中负荷低，可见 0.8 倍频振动分量与负荷有关，在低负荷和低转速下，其振动并不表现出来。

其次用传统的振动谱进行分析，如图 2-20 所示是高压缸转子振动的幅值谱，谱中不但包括 0.8 倍频、基频、2 倍频等振动成分，而且包含一个频率为 $f=39.06\text{Hz}$ 的振动分量（即图中第 5 点），其幅值大小仅次于 0.8 倍频、基频、2 倍频、3 倍频振动分量的幅值。而且 $f+f_{0.8}=39.06+183.59=222.65\text{Hz}$，近似于转子基频振动频率 $f_1=222.66\text{Hz}$（其中的误差是由于 FFT 谱分辨率引起），由此可见，转子振动中不但包含有一个 0.8 倍频的振动分量，对应还有一个 0.2 倍频的振动分量。

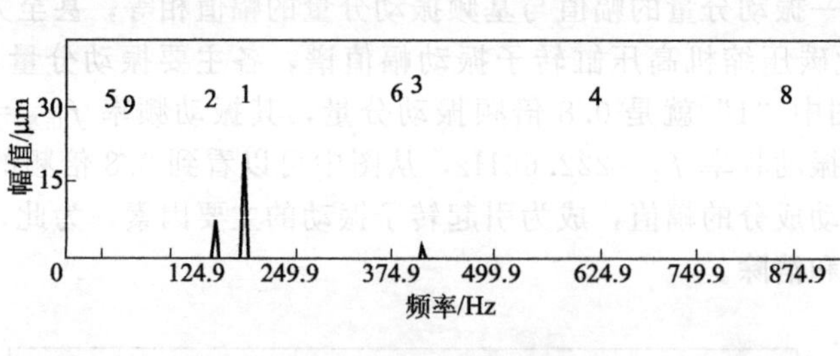

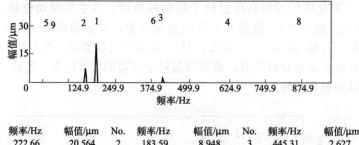

No.	频率/Hz	幅值/μm	No.	频率/Hz	幅值/μm	No.	频率/Hz	幅值/μm
1	222.66	20.564	2	183.59	8.948	3	445.31	2.627
4	667.97	1.007	5	39.06	0.954	6	406.25	0.945
7	216.80	0.921	8	890.62	0.858	9	50.78	0.591

图 2-20　高压缸转子振动幅值谱 2

此外，通过频谱分析，还可以发现 0.8 倍频这一振动成分的频率随转速的升高而升高，但也没有明显的线性关系。转速微小变化后 0.8 倍频振动频率随转速的变化见表 2-6。

表 2-6　0.8 倍频振动频率随转速的变化

转子基频/Hz	0.8 倍频振动频率/Hz	$f_{0.8}/f_1$
219.0	178.3	0.814
233.8	181.5	0.810
225.5	182.3	0.810

最后，用二维全息谱对 0.8 倍频的振动特性进行分析，如图 2-21 所示是高压缸转子振动的二维全息谱，从二维全息谱上可以看到，0.8 倍频振动的轨迹是一个椭圆，与基频振动

的轨迹相类似。

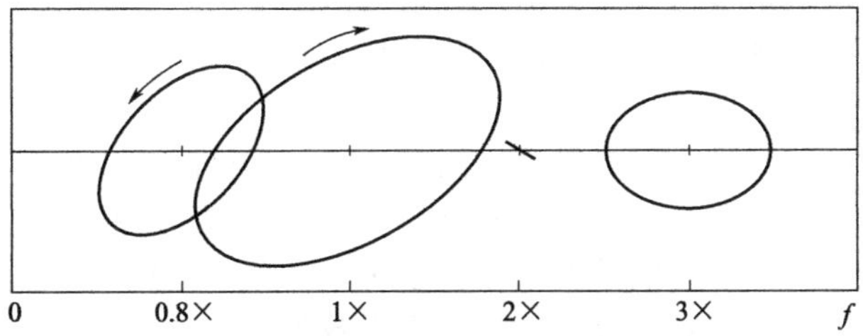

图 2-21　高压缸转子振动的二维全息图

通过上面几种方法的分析说明二氧化碳压缩机高压缸转子 0.8 倍频振动主要有下列特性：

a. 只有当压缩机达到一定的负荷及一定转速的情况下，才产生 0.8 倍频振动。

b. 其振动频率随转速的升高而增加，但并不呈线性关系。

c. 0.8 倍频的振动伴随者一个 0.2 倍频的振动，两者振动频率之和恰好是转子的回转频率。

d. 引起 0.8 倍频振动的激振力是一个旋转力，类似于不平衡力引起的转子振动。

e. 0.8 倍频振动的涡动方向与转子转动方向相反。

② 振动原因分析。上面分析可得出 0.8 倍频振动的特征与转子中气团旋转脱离引起的振动比较吻合，气团旋转脱离是由于气体容积流量不足等原因引起，气体不能按设计的合理角度进入叶轮或者扩压器，造成叶轮内出现气体脱离团，这些气体脱离团以与叶轮转动方向相反的方向在通道间传播，造成旋转脱离。当气体脱离团以角速度 ω 在叶轮中传播，方向与转子旋转方向相反时，对转子的激振频率为 $\Omega-\omega$ 和 ω，其中 Ω 表示转子回转频率。因此，气团旋转脱离引起对转子的作用力表现为 $\Omega-\omega$ 和 ω 两个频率成分。反映在频谱图上，就出现了两个振动频率之和等于旋转频率的振动分量，而在二维全息谱上表现为与转子旋转方向相反运动的圆或椭圆。所以认为引起 0.8 倍频振动的最大可能是气团旋转脱离。

为了进一步说明问题，查找了二氧化碳压缩机组高压缸转子在刚投入运行以及这几年的运行记录和振动频谱，也都发现 0.8 倍频振动分量的存在。所以旋转脱离引起转子 0.8 倍频的振动，可能与压缩机制造上的某些不足有关。从有关资料也证明压缩机制造上的不足是引起旋转脱离的主要原因之一。

2.4 覆膜机转轴振动综合测试实例

在高速运作下，覆膜机轴和轴上的零件安装对中不良、配合间隙过大、结构设计不合理等，都会产生不平衡的离心力，从而引起轴振动。若发生共振，轴的振幅将急剧增大，严重影响机器的正常工作。在此利用东昊信号测试分析系统软件（DMDAS）对覆膜机进行测试，得到数据并进行分析，改进其结构，以达到提高精度的目的。

2.4.1 振动测试方案

测试技术是工程技术领域中的一项重要技术。工程研究、产品开发、生产监督、质量控制和性能测试都离不开测试技术。在生产中，工艺及设备的产生、改进都需要通过测试手段进行。测试技术已广泛应用于各个领域。针对机械行业，在各种现代设备的制造与实际运行中，测试工作内容已占首位，它是保证现代机械设备实际性能指标和正常工作的重要手段。

根据被测对象、测试方法和测试参数的不同，测试的种类很多，振动测量是工程测试的重要内容之一。机械振动是指物体在平衡位置附近作往复运动，它是机械设备中最常见的物理现象，大多数情况下机械振动是有害的，它破坏了机械设备的正常工作，甚至导致损坏，造成事故。

对机械设备进行振动测量有很多目的：测定振级；寻找振源；提取设备故障的信息；研究结构的动态特性；研究隔振理论、方法和材料；环境模拟和产品质量检查。

利用现有测试设备——东昊信号测试分析系统软件（DMDAS）进行测试，它自带计算机处理系统，在国内属于中档测试设备。软件提供数据采集（数据采集模式）、实时在线分析（包括相关分析、幅值分析、频谱分析、频响分析、倒谱分析）及事后分析（包括索力计算、桩基检测、风洞测试、应力变化计算）功能，所有分析模式共享系统采集到的数据，各种模式可相互切换。整套设备包括计算机、测试仪器系统、各类传感器等。

(1) 测试方法

采用电测量法，这种方法灵敏度高，频率范围及线性范围宽，便于遥测和运用电子仪器，还可以用计算机分析处理数据。测量时，用传感器将被测振动量转换成电量，而后再通过对电量的处理获取对应的振动量。

(2) 测试对象

测试对象为覆膜机的前规轴、侧规轴及压合部位的光辊共 3 根轴及连接的墙板。根据观测，这些地方是机器的主要机构部件，属于纸张输送部位中的定位机构和压合部位的关键部分，在 SF1020 水性覆膜机中，对搭边精度起到极大的作用，因此，决定对其振动进行测量。

(3) 传感器

选用涡流位移传感器（图 2-22），该传感器属于非接触式传感器，技术成熟，已成系列。特点是线性范围广、灵敏度大、抗干扰能力强、不受油污等介质影响。测墙板的综合振动时选用压电式加速度传感器，因为墙板处的振动受很多部件影响，是共同作用的结果，主要测量的是 6 个自由度方向的振动。

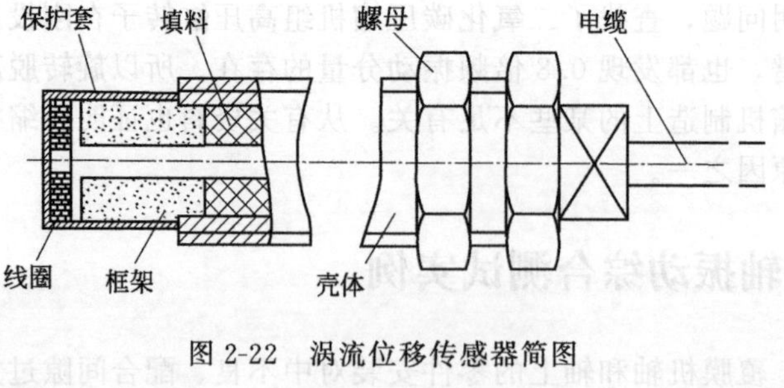

图 2-22　涡流位移传感器简图

2.4.2　振动测试数据及分析

限于机器表面的不平整以及没有必要的辅助设备，无法固定传感器。于是，焊接了一个带长梁的底座，从而将传感器与磁力座安装；装好后吸附在长梁上伸入机器轴上端，让传感器的探测头垂直距离辊子 0.1mm 左右进行测量。

(1) 前规轴

前规轴振动测量数据曲线，低速 15m/min，如图 2-23 所示；高速 45m/min，如图 2-24 所示。

图 2-23 和图 2-24 表明，前规轴在覆膜机低速运行下其最大轴振动为 12.41μm，高速运

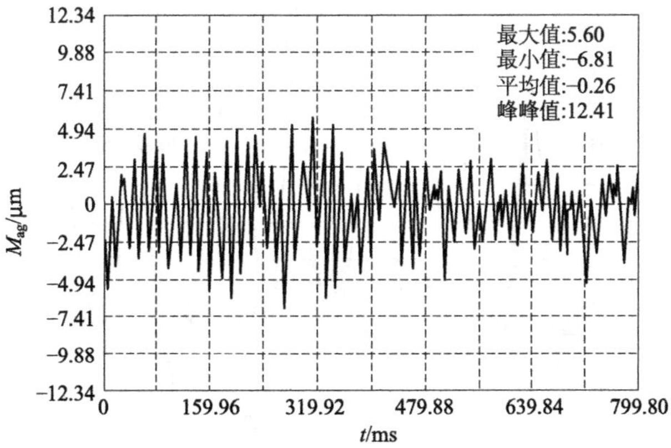

图 2-23　低速运动前规轴振动测量数据曲线

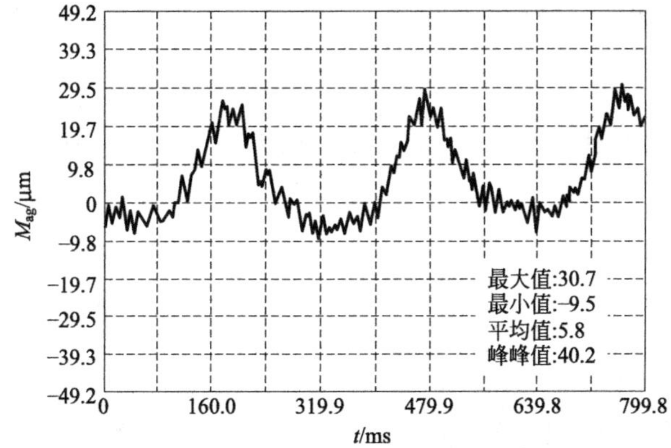

图 2-24　高速运动前规轴振动测量数据曲线

行时最大值为 40.2μm。

(2) 侧规轴

侧规轴振动测量数据曲线，低速 15m/min，如图 2-25 所示；高速 45m/min，如图 2-26 所示。

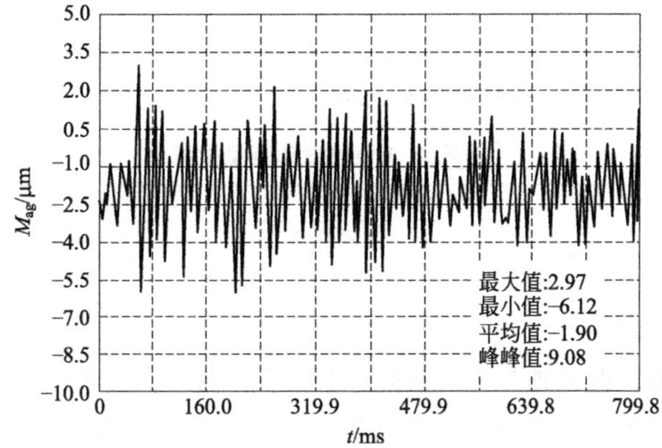

图 2-25　低速运动侧规轴振动测量数据曲线

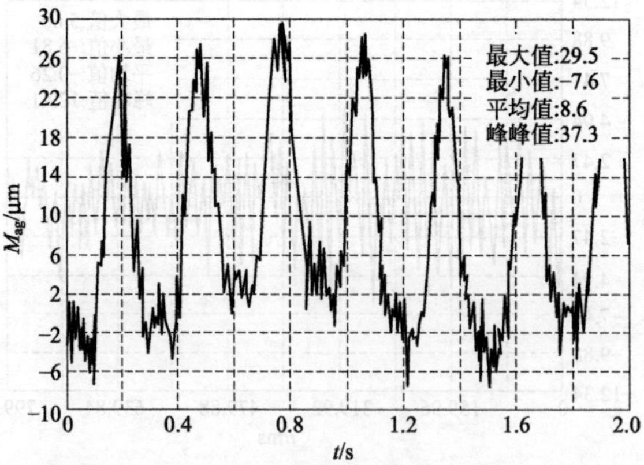

图 2-26　高速运动侧规轴振动测量数据曲线

图 2-25 和图 2-26 表明，侧规轴在覆膜机低速运行下其最大轴振动为 9.08μm，高速运行时最大值为 37.3μm。

(3) 光辊

光辊振动测量数据曲线，低速 15m/min，如图 2-27 所示；高速 45m/min，如图 2-28 所示。

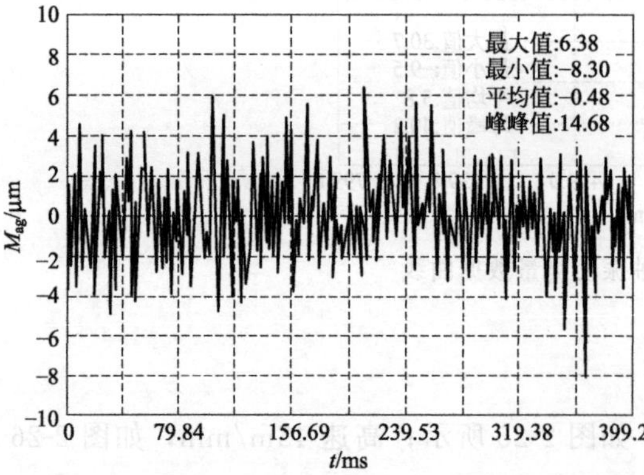

图 2-27　低速运动光辊振动测量数据曲线

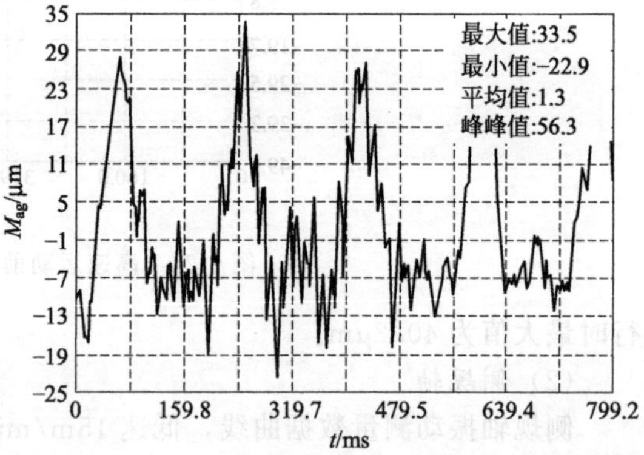

图 2-28　高速运动光辊振动测量数据曲线

图 2-27 和图 2-28 表明，光辊在覆膜机低速运行下其最大轴振动为 14.68μm，高速运行时最大值为 56.3μm。3 根轴振动测量数据见表 2-7。

表 2-7　3 根轴振动测量数据

速　度	轴振动/μm		
	前规轴	侧规轴	光辊
低速(15m/min)	12.41	9.08	14.68
高速(45m/min)	40.2	37.3	56.3

从表 2-7 可以看出，前规轴与侧规轴振动较接近，压合部光辊振动较大，且低速时 3 根轴的振动接近，在高速时轴振动变大，尤其是光辊振动变化更明显。

前规轴与侧规轴振动较接近主要是因为前规和侧规安装在同一墙板中，位置靠近，动力来源都是凸轮轴的传动。侧规轴采用齿轮传动，这种传动的特点是效率高、传动平稳、维护简单，但是制造成本高、精度低、噪声大。而前规轴是做来回摆动的，轴上有 4 根长摆臂与前规轴一起摆动，运动时前规轴的这种结构也就造成了其重心不在轴的中心线上，尤其是在高速情况下就增加了轴的振动。前规轴是靠凸轮来驱动的，这对凸轮的加工精度有很高的要求，如果凸轮表面的设计和加工处理工艺欠缺，将引起前规轴的跳动，对振动会有很大影响。综上所述，前规轴振动比侧规轴的振动大。

压合部光辊振动比其他 2 轴大，分析其机构，发现它的动力是通过链轮传入的，然后分 3 条线路将动力传给下一个机构，其中传给上胶部和复卷部的动力也是通过链轮来传动的，该种传动有一定的优点，如没有弹性滑动、结构简单、安装方便。但缺点是运转时速度和载荷不均匀，冲击振动大，所以光辊振动是很大的。

（4）墙板

墙板的测量用到了 3 个压电式加速度计，测量 6 个自由度的振动，该传感器测量比较方便，可直接吸附在墙板上进行测量。墙板振动测量数据曲线，低速 15m/min，如图 2-29 所示；高速 45m/min，如图 2-30 所示。

图 2-29 和图 2-30 表明，墙板在覆膜机低速运行时振动峰峰值为 118.41，高速运行时振动峰峰值为 289.92。以覆膜机走纸方向为前后方向，图 2-29 和图 2-30 从上至下 3 个振动测量数据坐标分别为墙板的左右、上下、前后的振动。墙板振动测量数据见表 2-8。

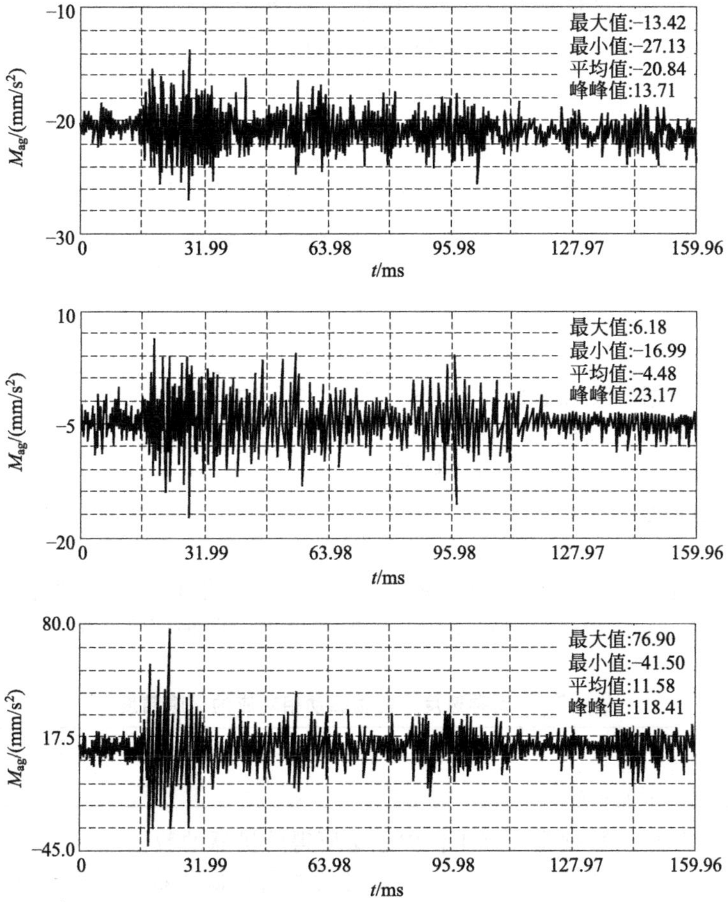

图 2-29　低速运动时墙板振动测量数据曲线

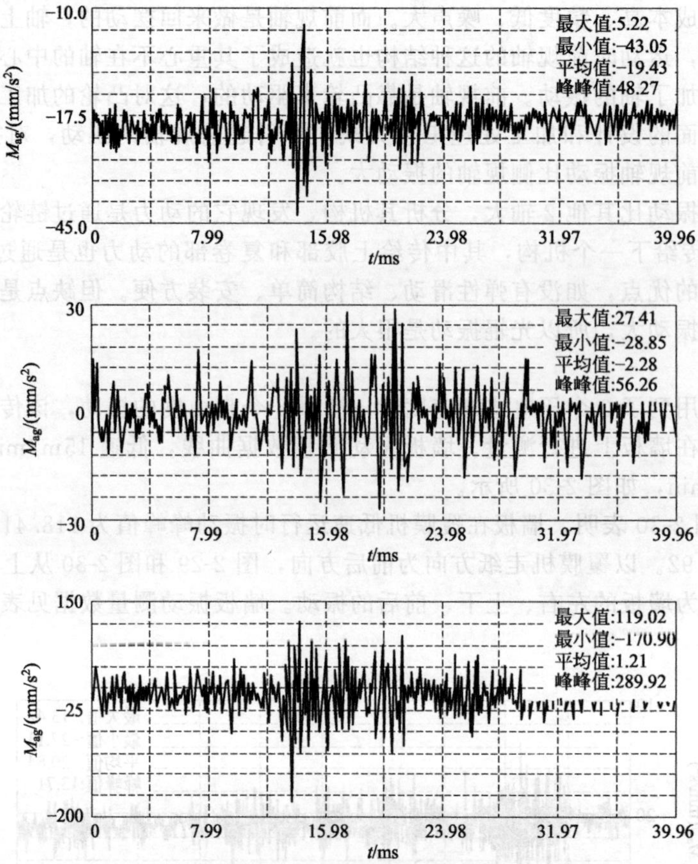

图 2-30 高速运动时墙板振动测量数据曲线

表 2-8 墙板振动测量数据 单位：μm

速度	方向		
	左右	上下	前后
低速(15m/min)	13.71	23.17	118.41
高速(45m/min)	48.27	56.26	289.92

观察表 2-8 的数据，发现墙板在覆膜机高速工作下的振动很大，主要原因是墙板处的振动是很多轴及其他部件振动的综合体。其中，前后方向的振动最大，主要原因可能是该墙板部分传动系统一般是前后方向的，造成机器前后方向的冲击振动也很大；其次是上下方向；左右方向的振动是最小的。

(5) 结论

从整个覆膜机振动实验测得的数据来看，可以得出：墙板处的振动最大；其次是前规轴；侧规轴本身的运动比较平稳，精度较高，振动最小。两种速度下的轴振动相对应的覆膜精度见表 2-9。

表 2-9 两种速度下的轴振动相对应的覆膜精度

速度	覆膜精度/mm
低速(15m/min)	±2
高速(45m/min)	±4

表 2-9 中的覆膜精度数据是实际工作中总结所得的机器的数据。

因为对于机器的振动没有一个标准，只能考虑机器在低速状态下覆膜精度高，则高速运转下振动值应尽量朝着低速时轴振动数据方向靠近。如果改进后，高速运转时的振动值能达到低速时的振动值，那么，覆膜搭接精度将得到显著提高。

第3章 滚动轴承振动故障监测与诊断

随着现代工业的发展和科学技术水平的不断提高，机电设备正不断朝着大型化、高速化、连续化、集中化、自动化和精密化的方向发展，其组成和结构也变得越来越复杂，这直接导致故障率增加和诊断的异常困难，其中关键零部件如滚动轴承、齿轮等某些细微的损伤性故障或异常若不及时检测并排除，就可能造成整个系统的失效、瘫痪，甚至导致灾难性后果。

3.1 滚动轴承振动故障监测与诊断概述

滚动轴承是机电设备中应用最为广泛的机械部件，也是最易损坏的部件之一。近年来，国内外因轴承损伤性故障而引起的重大事故屡有发生。

3.1.1 滚动轴承

滚动轴承由内圈、外圈、滚动体和保持架四类零件组成（图 3-1），它的主要优点是：摩擦阻力小、启动快、效率高；安装、维修方便；制造成本低。

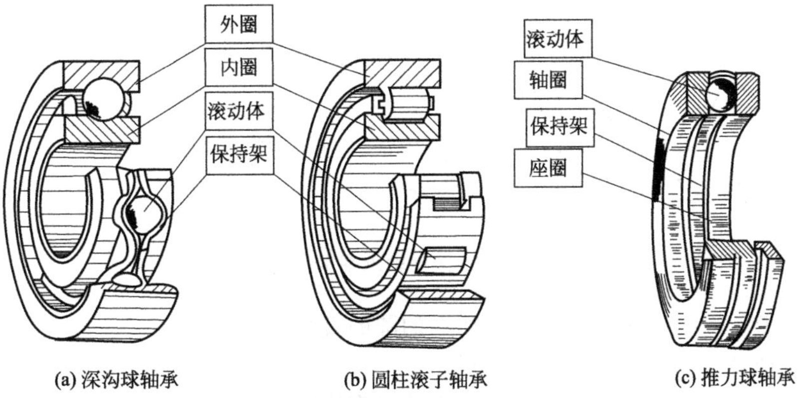

图 3-1 滚动轴承的构造

滚动轴承在运转过程中可能会由于各种原因引起损坏，如装配不当、润滑不良、水分和异物侵入、腐蚀和过载等都可能会导致轴承过早损坏。即使在安装、润滑和使用维护都正常的情况下，经过一段时间运转，轴承也会出现疲劳剥落和磨损而不能正常工作。滚动轴承工作时内、外套圈间有相对运动，滚动体既自转又围绕轴承中心公转，滚动体和套圈分别受到不同的脉动接触应力。根据工作情况，滚动轴承的故障原因是十分复杂的。

3.1.2 滚动轴承的失效形式

(1) 疲劳剥落

在滚动轴承的滚道或滚动体表面，由于承受交变负荷的作用使接触面表层金属呈片状剥落，并逐步扩大而形成凹坑。若继续运转，则将形成面积剥落区域。

由于安装不当或轴承座孔与轴的中心线倾斜等原因将使轴承中局部区域承受较大负荷而出现早期疲劳破坏。

(2) 磨损

当滚动轴承密封不好，使灰尘或微粒物质进入轴承，或是润滑不良，将引起接触表面较严重的擦伤或磨损，并使轴承的振动和噪声增大。

(3) 裂纹和断裂

材料缺陷和热处理不当，配合过盈量太大，组合设计不当，如支承面有沟槽而引起应力集中等，将形成套圈裂纹和断裂。

(4) 压痕

外界硬粒物质进入轴承中，并压在滚动体与滚道之间，可使滚动表面形成压痕。此外，过大的冲击负荷也可以使接触表面产生局部塑性变形而形成凹坑。当轴承静止时，即使负荷很小，由于周围环境的振动也将在滚道上形成均匀分布的凹坑。

3.1.3 振动机理

(1) 滚动轴承故障的基本频率

滚动轴承基本结构如图 3-2 所示。

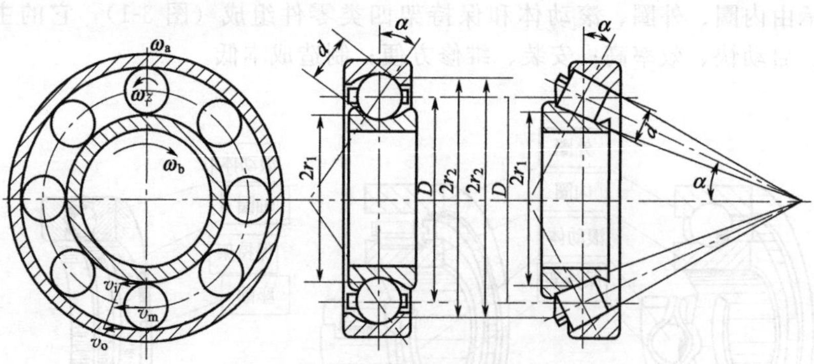

图 3-2 滚动轴承基本结构

轴承节径 D	轴承滚动体中心所在的圆的直径
滚动体直径 d	滚动体的平均直径
接触角 α	滚动体受力方向与内外垂直线的夹角
滚动体个数 z	滚动体或滚动体的数目

基本频率：

内圈滚道回转频率为：$f_i = N/60$

外圈滚道回转频率为 f_o，一般为 0。

(2) 滚动轴承故障的通过频率

通过频率：滚动轴承元件出现局部损伤时，机器在运行中就会产生相应的振动频率，称为故障特征频率，又称轴承通过频率。

设外圈固定。

滚动体在外圈上的通过频率

$$f_{\rm bc}=\frac{1}{2}\frac{D}{d}(f_{\rm i}-f_{\rm o})\left[1-\left(\frac{d}{D}\right)^2\cos^2\alpha\right]$$

滚动体在内圈上的通过频率

$$f_{\rm bi}=zf_{\rm ic}=\frac{1}{2}z\left(1+\frac{d}{D}\cos\alpha\right)f_{\rm i}$$

保持架相对内圈的旋转频率

$$f_{\rm ci}=\frac{1}{2}f_{\rm i}\left[1+\frac{d}{D}\cos\alpha\right]$$

保持架相对外圈滚道的旋转频率

$$f_{\rm co}=\frac{1}{2}f_{\rm i}\left[1-\frac{d}{D}\cos\alpha\right]$$

需特别指出的是，以上的故障频率和特征频率相等只是理论上的推导，在实际情况中，由于滚动体除正常公转与自转外，还会发现随轴向力变化而引起的摇摆和横向滚动，因此，尤其是滚动体表面存在小缺陷时，在其滚动过程中缺陷可能时而能碰到内外圈，时而又碰不到，以致产生故障信号的随机性，给故障诊断带来复杂性。

(3) 滚动轴承故障的固有频率

当轴承某一元件表面出现损伤时，在受载运行过程中损伤点要撞击其他元件表面而产生冲击脉冲力。

损伤产生的冲击可以激起系统的各个固有振动。但所产生的脉冲不像理想脉冲那样能量沿频率轴分布，而是频率越高，能量分布越小。所以，在损伤大小和轴承运动速度一定的条件下，在轴承系统的多个固有振动中，损伤更容易引起频率较低的固有振动而更难引起频率较高的固有振动。

另外，在滚动轴承中，由于损伤点在运动过程中周期性地撞击其他元件表面，所以产生周期性的脉冲力，也就产生一系列高频固有衰减振动。这种振动是一种受迫振动，当振动频率与轴承元件固有频率相等时振动加剧。固有频率仅取决于元件本身的材料、形状和质量，与轴转速无关。

3.1.4 信号特征

(1) 轴承内圈损伤

轴承内圈产生损伤时，如剥落、裂纹、点蚀等，若滚动轴无径向间隙时，会产生频率为 $nzf_{\rm i}(n=1，2，\cdots)$ 的冲击振动。波形如图 3-3 所示。

通常滚动轴承都有径向间隙，且为单边载荷，根据点蚀部分与滚动体发生冲击接触的位置的不同，振动的振幅大小会发生周期性的变化，即发生振幅调制。

若以轴旋转频率进行振幅调制，这时的振动频率为

$$nzf_{\rm i}\pm f_{\rm r}(n=1,2,\cdots)$$

若以滚动体的公转频率（即保持架旋转频率）进行振幅调制，这时的振动频率为

$$nzf_{\rm i}\pm f_{\rm m}(n=1,2,\cdots)$$

(2) 轴承外圈损伤

当轴承外滚道产生损伤时，如剥落、裂纹、点蚀等（图 3-4），在滚动体通过时也会产生冲击振动。由于点蚀的位置与载荷方向的相对位置关系是一定的，所以这时不存在振幅调制的情况，振动频率为 $nzf_{\rm o}(n=1，2，\cdots)$。

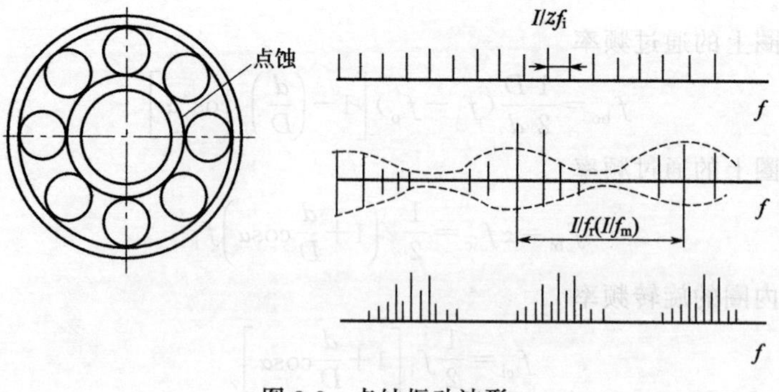

图 3-3　点蚀振动波形

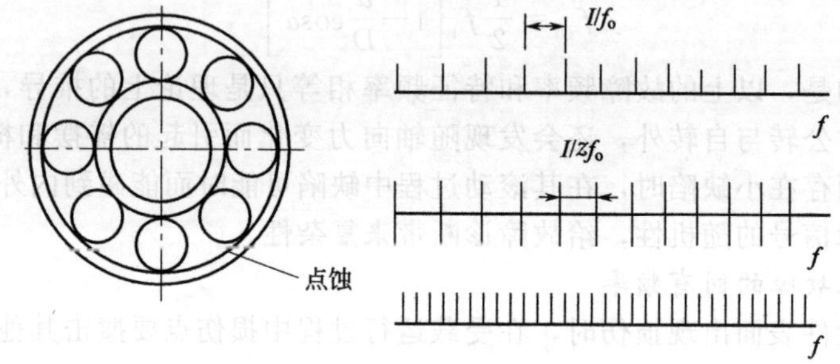

图 3-4　轴承外滚道产生损伤频谱

（3）轴承滚动体损伤

当轴承滚动体产生损伤时，如剥落、裂纹、点蚀等，缺陷部位通过内圈或外圈滚道表面时会产生冲击振动。

在滚动轴承无径向间隙时，会产生频率为 nzf_b 的冲击振动，如图 3-5 所示。

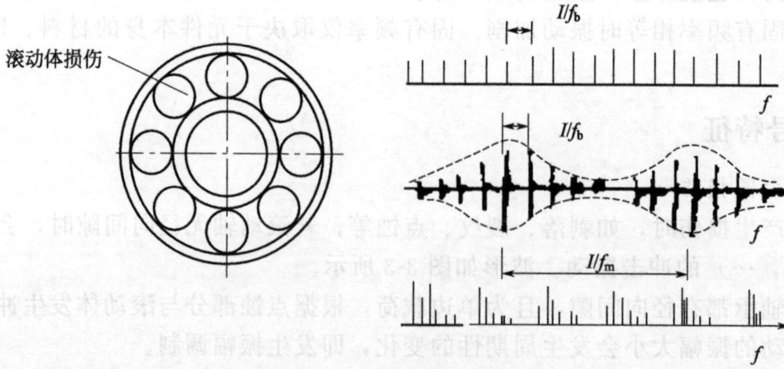

图 3-5　轴承滚动体损伤

通常滚动轴承都有径向间隙，因此，同内圈存在点蚀时的情况一样，根据点蚀部位与内圈或外圈发生冲击接触的位置不同，也会发生振幅调制的情况，不过此时是以滚动体的公转频率进行振幅调制。这时的振动频率为 $nzf_b \pm f_m$。

（4）轴承偏心

当滚动轴承的内圈出现严重磨损等情况时，轴承会出现偏心现象，当轴旋转时，轴心（内圈中心）便会绕外圈中心振动摆动，如图 3-6 所示，此时的振动频率为 nf_r（$n=1, 2, \cdots$）。

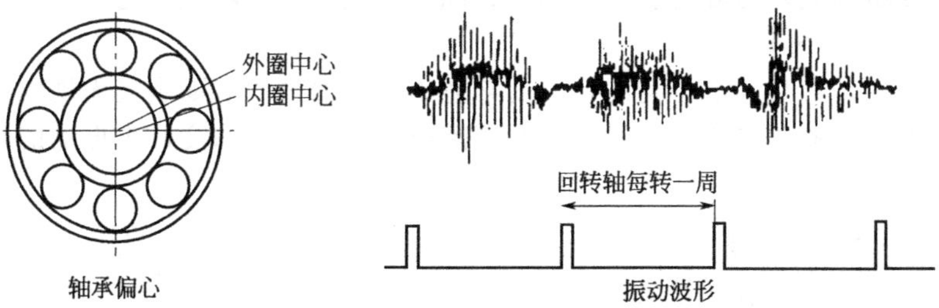

图 3-6　轴承偏心

3.1.5 滚动轴承的振动测量与简易诊断

(1) 测点位置的选择

不同机械轴承安装的方式和结构是不同的。有的轴承安装在轴承座上，而轴承座是外露的，测点（即传感器）应布置在轴承座上。有的装在机械内部，或直接装在箱体上，测点应选在与轴承座连接刚度较高的地方或箱体上的适当位置。

总之，测点选择应以尽可能多地获得轴承外圈本身的振动信号为原则。

注意：如果定期巡回监测，则每次测量时测点的位置要一致，这样采得的数据才具有可比性。

(2) 测点方向的选择

测量方向应根据轴承的承载情况来考虑。如果轴承承受径向载荷，则应测量径向振动；如果轴承承受轴向载荷，应测量轴向振动；如果轴承同时承受径向和轴向载荷，则一般应同时在两个方向布置传感器。

传感器应尽可能布置在载荷密度最大的地方，以保证获取尽可能大的轴承本身的振动信号。

(3) 测量标准的确定

① 绝对标准。绝对标准是在规定了正确的测量方法后而制订的标准。它包括国际标准、国家标准、部颁标准、行业标准和企业标准等。使用绝对标准，必须用相同仪表、在同一部位、按相同条件进行测量。选用绝对标准，必须注意掌握标准适用的频率范围和测量方法等。

② 相对标准。相对判断标准是对同一部位定期进行测量，并按时间先后进行比较，以正常情况下的值为基准值，根据实测值与基准值的倍数比来进行判断的方法。对于低频振动，通常规定实测值达到基准值的 1.5～2.0 倍时为注意区，约 4 倍时为异常区；对于高频振动，当实测值达到基准值的 3 倍时为注意区，6 倍左右时为异常区域。

③ 类比标准。类比判定标准是指对若干个同一型号的轴承在相同的条件下同一部位进行振动监测，并将振值相互比较进行判别的标准。

需要注意的是，绝对判定标准是在标准和规范规定的检测方法的基础上制定的标准，因此必须注意其适用频率范围，并且必须按规定的方法进行振动检测。适用于所有轴承的绝对判定标准是不存在的，因此一般都是兼用绝对判定标准、相对判定标准和类比判定标准，这样才能获得准确、可靠的诊断结果。

(4) 滚动轴承振动信号的简易诊断

① 振幅值诊断法。峰值反映的是某时刻振幅的最大值，因而它适用于像表面点蚀损伤之类的具有瞬时冲击的故障诊断。另外，对于转速较低的情况（如 300r/min 以下），也常采用峰值进行诊断。

均值用于诊断的效果与峰值基本一样，其优点是检测值较峰值稳定，但一般用于转速较高的情况（如 300r/min 以上）。

均方根值由于是对时间取平均的，因而它适用于像磨损、表面裂痕无规则振动之类的振幅值随时间缓慢变化的故障诊断。对于表面剥落或伤痕等具有瞬变冲击振动的异常实践证明是不合适的。

② 波形因数诊断法。波形因数定义为峰值与均值之比，为：$X_p/\overline{X}$。

波形因数值过大时，表明滚动轴承可能有点蚀；而波形因数值过小时，表明发生了磨损。如图 3-7 所示。

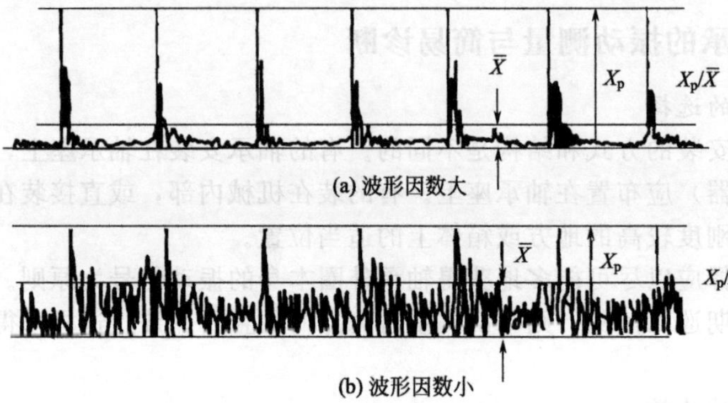

图 3-7 波形因数诊断法

③ 概率密度诊断法。无故障滚动轴承振幅的概率密度曲线是典型的正态分布曲线；而一旦出现故障，则概率密度曲线可能出现偏斜或分散的现象，如图 3-8 所示。

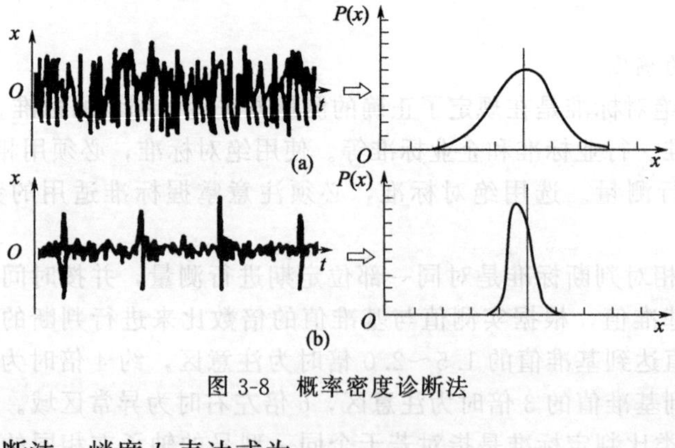

图 3-8 概率密度诊断法

④ 峭度系数诊断法。峭度 k 表达式为

$$k=\frac{\int_{-\infty}^{+\infty}(x-\overline{x})^4 p(x)\mathrm{d}x}{\delta^4}$$

当振幅满足正态分布规律的无故障轴承，其峭度值约为 3。随着故障的出现和发展，峭度值具有与波峰因数类似的变化趋势。此方法的优点在于与轴承的转速、尺寸和载荷无关，主要适用于轴承表面有伤痕的诊断。缺点是峭度系数波动较大，对轴承表面皱裂、磨损等异常缺乏诊断能力，特别是在信噪比很低的情况下几乎无法做出判断。

滚动轴承的精密诊断与旋转机械、往复机械等精密诊断一样，主要采用频谱分析法。由于滚动轴承的振动频率成分十分丰富，既含有低频成分，又含有高频成分，而且每一种特定的故障都对应特定的频率成分。进行频谱分析之前需要通过适当的信号处理方法将特定的频率成分分离出来，然后对其进行绝对值处理，最后进行频率分析，以找出信号的特征频率，确定故障的部位和类别。

3.2 电动机滚动轴承异常振动噪声的分析及处理

电动机是企业生产中使用最广泛的动力设备，其可靠性直接影响生产正常进行，尤其是电动机的轴承故障在设备运行中占有很大的比例。作为电动机的易损件轴承需要及时按要求进行更换，如不能准确判断轴承异常振动噪声的原因，这会给电动机运行带来较大隐患，最终造成电动机无法正常运转，给企业生产带来巨大的损失。

3.2.1 电动机轴承异常振动噪声的识别

(1) 电动机噪声的识别方法

电动机噪声分为电磁噪声、通风噪声及机械振动噪声。其中机械振动噪声中主要是轴承振动噪声。轴承振动噪声是相对滚动轴承基本噪声而言，轴承振动噪声的频率的频带分布较宽，不同的人可能感觉到异响的大小不一样。因此，要识别异常振动噪声还要有一定的实践经验。根据经验提出可识别轴承异常振动噪声的几种方法。

① 根据声音的特征识别。基本噪声一般是连续的平坦的声音，没有明显的高低，而轴承异常振动噪声则是断续声响或嗡嗡声，甚至有时能感觉到似乎有物体的互相摩擦声或撞击声等。

② 根据声源识别。根据异响声源是否来自电动机端盖或轴承部位进行判断。一般滚柱轴承比滚珠轴承的异响发生的概率要高，所以可以根据电动机滚柱轴承的位置初步判断声源的来源。

③ 更换轴承识别。将原轴承重新清洗或更换后，异常振动噪声消失，则可判断轴承异常振动噪声。

④ 用电子听诊器识别。轴承噪声分布在1～20kHz广阔范围内，随时间的波动，而往往被电动机的端盖所放大。大多数轴承噪声多出现在1～5kHz频段内，用电子听诊器听起来呈呲沙声。

(2) 电动机轴承异常振动噪声形成的原因

① 轴承质量。轴承异常振动噪声可能出自轴承本身。轴承本身的质量也对异常振动噪声的大小起决定作用。轴承有先天性的品质缺陷，如轴承滚柱或滚珠的加工精度差，表面有划痕碰伤，内外轴承套的圆度、波度、粗糙度较差，保持架加工精度及定位精度不高，与滚柱或滚珠间的窜动较大等。也有轴承购进后，由于保存或安装过程中形成的品质性缺陷，如锈蚀、碰伤、划伤等。这些因素均是形成异常振动噪声的重要因素。

② 轴承的润滑。良好的润滑是保证轴承正常运行维持低振动噪声的基本条件。在正常润滑情况下，滚动体与滚道之间会被一层润滑油膜隔开，这层油膜起到减少金属与金属间的摩擦、吸振延缓作用。一旦油膜因外界因素而失效或消失，或油膜厚度不足时均会产生刚性体之间的接触、碰撞，最终出现异常振动噪声，多数中小型电动机一般采用锂基润滑脂，润滑脂的稠度大小也会影响轴承异常振动噪声。

③ 轴承的清洁度。轴承在污染的条件下工作，很容易让杂质和微粒进入。当这些污染微粒被滚动体碾压后，会产生振动。杂质内不同的成分、微粒的数量和大小会导致振动水平有所不同，频率也没有固定的模式，同样可能会产生令人烦扰的噪声。

④ 轴承的配合及装配。轴承的内外圈与电动机轴及轴承室配合精度至关重要。轴承在装入电动机后，因轴承内外圈与轴及轴承室有一定的配合公差，使轴承产生径向变形，引起

游隙减小，故运行时另有一个工作游隙值，试验研究表明：当工作游隙为10μm左右时，对噪声来说是最佳值。过大会使振动加大，过小则使噪声加大。工作游隙与原始游隙的差值主要与轴承内外圈、轴及轴承室的加工精度有关，如果配合选择的过紧，加工精度过低，致使大部分轴承工作游隙偏小，甚至造成无间隙运行，导致轴承产生噪声。轴承装配时由于不按轴承装配工艺要求进行，野蛮装配，而造成的轴承损伤，也会引起轴承异常振动噪声。

3.2.2 电动机轴承异常振动噪声的消除措施

（1）严格控制进厂轴承质量及防止轴承锈蚀

轴承进厂时应进行相应的检验，除进行外观及尺寸的检查外，还要对轴承用仪器进行振动检测，检测方法是采用冲击脉冲法进行诊断，其原理是：当两个不平的表面撞击时，就会产生冲击波，即冲击脉冲，这个冲击脉冲的强弱直接反映了撞击的猛烈程度。根据这个原理，如果通过检测轴承内滚珠或滚柱与滚道的撞击程度，也就可以了解轴承的工作状态，低的冲击脉冲值客观地反映了轴承良好的工作状态，而当测得较高的冲击脉冲值时，说明轴承处于不良好的工况，原理如图3-9所示。

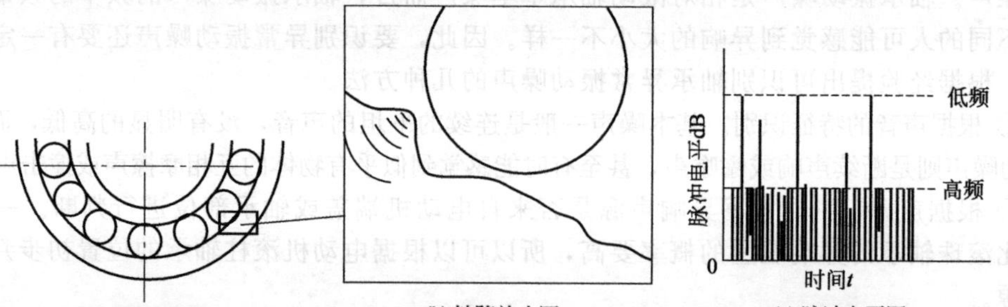

(a) 轴承缺陷部位　(b) 缺陷放大图　(c) 脉冲电平图

图3-9　冲击脉冲法检测滚动轴承缺陷

一般用户对轴承的保存期不太注意，实际上，普通轴承涂的防锈油有效期只有一年，如果超过期限，不进行重新防锈处理，就有可能生锈，如果轴承滚珠或滚柱及滚道锈蚀，一定会引起异常振动噪声，因此，对轴承的保存管理一定注意轴承的出品期和防锈有效期，做到定期检查。

（2）严格控制清洁度

电机行业有许多企业不重视清洗，大多数企业没有专门的清洗设备，靠手工吹、扫或随意清洗一下，导致电动机在一个不干净的条件下装配，既影响电动机的内表观质量，又会使轴承产生异响。

为了控制清洁度，在电动机装配时，要对装配的零部件，如机座、端盖、轴承套、转子及轴等进行清洗。只有清洗干净、通过验收合格的零部件才能装配。

（3）严格控制轴承室及轴承台内外径公差

多年的实践证明：多数轴承外圈均为减差，为降低轴承异常振动噪声，轴承室内径的公差设计值一般取J6或JS6为宜，这样可以保证轴承与轴承室为过渡配合，并保证轴承室公差尽量取中间公差，既不要接近正公差太多，也不要接近负公差太多，且轴承室内径圆柱度公差为5级。为保证轴承内圈与轴承台配合的合理性，一般轴承台处公差根据需要取k5或k6，且轴承台外径圆柱度公差为5级，轴承台台肩处倒角不应大于轴承倒角，否则轴承装配时不到位，所以轴承台台肩处倒角应小于轴承倒角。

（4）改进轴承装配工艺

安装轴承时，可以根据轴承类型和尺寸选择机械、加热或液压等方法进行。但在任何情况下，都不可以直接敲击轴承圈、保持架、滚动体或密封件。安装时对轴承施加的作用力绝不可通过滚动体从一个轴承圈传递到另一个轴承圈，否则会对滚道造成损伤，使轴承产生异常振动噪声。轴承装配最好是采用油加热或用专用的感应加热器加热，对于小型电动机轴承尽量采用油加热，油加热设备简单，但油经多次使用后会不干净，所以用油加热的轴承装配后，要用汽油清洗两次。第一次清洗的汽油变得不干净了，要用汽油进行第二次清洗，然后加入少许的 20# 机油，可提高轴承抗耐磨性，延长寿命，降低轴承噪声，在涂油时一定保证均匀涂抹，使之形成均匀油膜，最后加入锂基脂。对中大型电机必须采用专用的感应加热器加热，可以保证轴承均匀加热，不会产生尺寸变形。

3.3 轴承状态监测与诊断系统

轴承状态监测一直是机械故障诊断的重要内容，传统的监测及分析方法如幅值分析法、频域分析法、共振解调等只能分析平稳信号，并且不能做局部分析。因此，这些传统的方法已经无法分析轴承这一非线性系统的振动信号。本节利用虚拟仪器技术研制开发了轴承状态监测与诊断系统，采用分形法对轴承振动信号进行监测分析，利用能描述非线性系统特征的分维数来判别轴承的状态。该系统结构为开放式，可按照用户的需要增加各种功能，维护升级方便。

3.3.1 系统诊断原理

在工程实际中，通过对轴承的振动信号波形进行研究得出，轴承的时域波形在一定的时域长度下存在自相似性。因此，可用分形理论来研究轴承的状态。其诊断原理如下。

轴承在不同状态下由于振动非线性特性不同而具有不同的分维数，因此分维数可以作为识别轴承故障状态的特征量。在众多分维数中，关联维数对吸引子的不均匀性反应敏感，能较好地反映客体的分形性质。通常采样信号是单变量的时间序列 $\{X_K\}$，其中 $K=1, 2, \cdots, N$，用时延法对 X 进行相空间重构。由 Takens 重构原理，嵌入维数 $m \geqslant 2d+1$（d 为吸引子的真实维数，m 为重构相空间的维数），重构结果记为 $X_n(m, \tau)=[X_n, X_{n+1}\cdots, X_{n+(m-1)\tau}]$，其中 $n=1, 2, \cdots, N-m+1$；$\tau=K\Delta t$ 为时间延迟；Δt 为数据的采样间隔；K 为任意整数；m 为重构相空间的维数。则重构相空间吸引子的关联维数为

$$D_2=\lim_{r\to\infty}\frac{\ln C(r)}{\ln r} \tag{3-1}$$

$$C(r)=\frac{1}{N(N-1)}\sum_{I=1}^{N-m+1}\sum_{j=1}^{N-m+1}H(r-|X_i-X_i|)(i\neq j) \tag{3-2}$$

式中，r 为 m 维超球半径；H 为 Heaviside 函数，即

$$H(r-|X_i-X_j|)=\begin{matrix}1(r-|X_i-X_j|)\geqslant 0\\0(r-|X_i-X_j|)<0\end{matrix} \tag{3-3}$$

画出标度曲线 $\ln r$-$\ln C(r)$，取标度线中的直线部分，其斜率即为对应时间序列的关联维数。本系统即通过轴承振动信号关联维数的变化来判别其状态。

3.3.2 系统硬件结构及功能

轴承状态监测与诊断系统是一个集数据采集与处理、状态监测与诊断、信息存储与输出以及状态异常报警功能为一体的多任务处理系统。如图 3-10 所示为轴承实验时该系统的结构框图，其硬件核心如下。

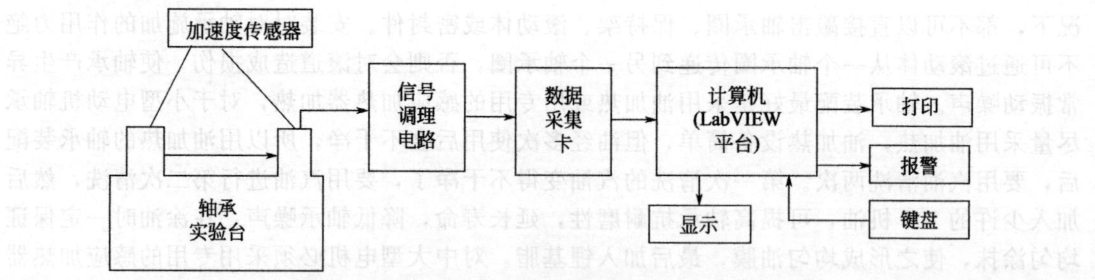

图 3-10 系统结构框图

① 输入部分。对信号进行调理并将输入的被测模拟信号转换成数字信号以便于处理。包括加速度传感器、信号调理电路和数据采集卡。根据轴承振动频率的特征（一般在50Hz～20kHz之间），分别选用 LC0402T 型加速度传感器（谐振频率为 30kHz）、DHF-2 电荷放大器（加速度频率范围为 0.3Hz～100kHz）、PCI-9111HR 数据采集卡（采样最高频率 110kHz）。

② 数据处理部分。按系统要求对输入信号进行分析、处理和存储。高性能的台式 PC、便携式 PC、工业 PC、工作站等均可以胜任该项工作。

③ 输出部分。将分析结果显示在计算机上。

如状态出现异常，则同时发出声光报警信号，并可打印显示信息。

当轴承在实验台上运转稳定后，由加速度传感器检测其振动信号，并将测得的信号送至信号调理电路，由其中的电荷放大器将电荷转换成电压并放大，经数据采集卡中的 A/D 转换器后即可得到轴承不同状态下的时域序列，再利用分形理论对信号进行处理，然后将数据和分析结果存入计算机中的数据库，以备调用。

3.3.3 系统软件

系统软件是以 LabVIEW 平台设计的。LabVIEW 是一种功能强大的编程语言，在具体编程时按层次结构将每一个细节任务编制成结构完整、功能相对独立的子程序块。软件部分总体构成如图 3-11 所示。

(1) 主控模块

主控模块是整个诊断程序的框架，提供用户进入各功能模块的途径。每个功能模块通过其输入和输出端口与主控模块进行通信，取得相应指令或数据，完成各自的特定功能。

(2) 信号采集控制模块

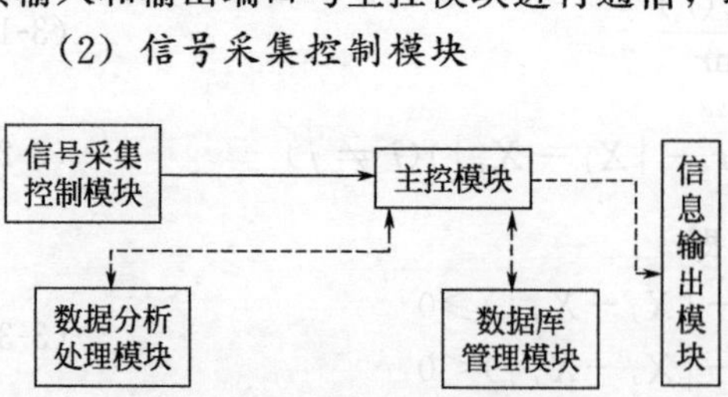

图 3-11 系统软件总体构成

信号采集提供了整个系统的数据来源，是虚拟仪器的基本组成部分。信号采集控制模块主要是实现振动信号的拾取及对各种参数的控制，如对数据采集卡、采集通道的选择，以及采样频率、点数、段数的控制等。轴承振动信号主要为随机信号和瞬态信号，因此对信号的采集设置为自由连续采集方式。其中，调用了 LabVIEW 中 Data Acquisition 功能模块下 Analog Input 中的 AI Conifg. vi、AIStart. vi 及 AI Read. vi 等子函数，通过这些模块可以实时采集振动模拟信号，采集的信号经主控模块送至数据分析处理模块。

(3) 数据分析处理模块

该模块是整个软件的主体，包含信号预处理、特征参数计算、数据分析与状态判别四个功能。用加速度传感器获取运动中轴承的振动加速度信号，在 LabVIEW 的 MATLABScript 节点中使用小波包分析技术对检测的信号进行分解，然后对包含有异常状态特征的信号进行重构，以消除噪声的影响，再由公式(3-1) 计算出相应的关联维数，根据数据库中的历史数据对计算结果进行分析，判断轴承状态是否存在异常及其严重程度，并产生诊断结果报告，返回给主控模块。

(4) 数据库管理模块

数据库管理模块主要负责采样后数据和经过分析处理后数据的管理。此模块采用 Microsoft Access 作为开发工具，对各通道采集和处理后的数据分表单进行存储，可以实现记录采样信息、采集波形以及特征参数等工作，同时还可以对库中的数据信息进行查询和修改等。

(5) 信息输出模块

该模块建立了良好的人机界面，使用人员通过系统界面显示对轴承的诊断情况一目了然。其主要功能有：振动信号时域波形实时显示；特征参数值实时显示；状态诊断结果实时显示；状态异常报警及诊断结果实时打印。

3.3.4 系统的应用

选取 3 组滑动轴承作为研究对象，每组均含有间隙正常、轻微磨损、中等程度磨损和严重磨损的滑动轴承各一个。如图 3-12 所示为其中一组轴承小波包降噪后的时域波形，振动信号降噪后的关联维数计算结果见表 3-1。

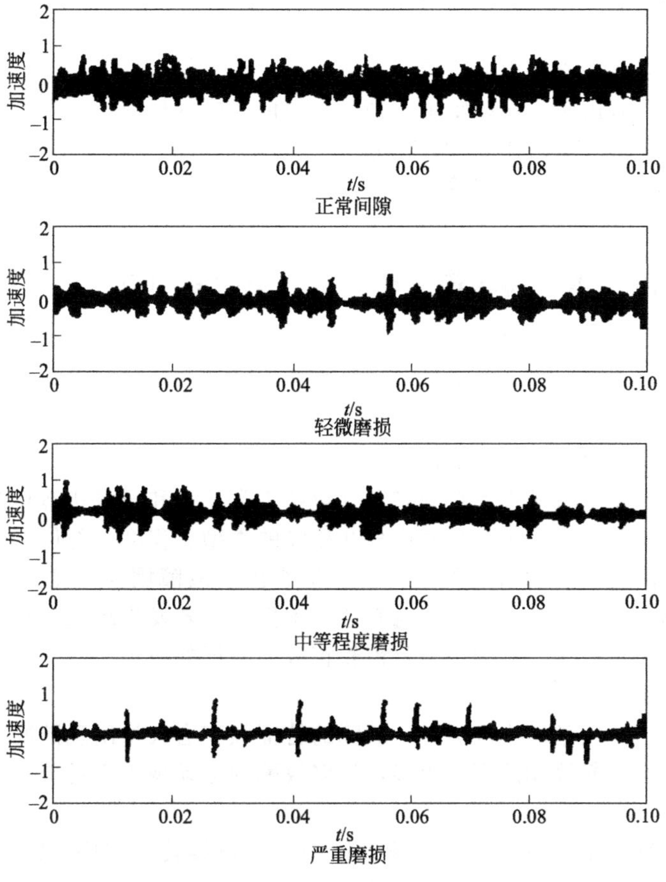

图 3-12　轴承振动信号时域波形

表 3-1 轴承振动信号关联维数计算结果

关联维数	轴承状态			
	正常间隙	轻微磨损	中等程度磨损	严重磨损
组 1	2.791	3.096	3.295	3.578
组 2	2.801	3.102	3.311	3.602
组 3	2.783	3.090	3.293	3.580

轴承状态良好时，关联维数最小，而当状态出现异常时，关联维数增大，这种变化可以从表中数据看出。因能量耗散的不可逆过程，系统出现故障必然提供能量来克服该故障，当轴承磨损加剧时，其耗散能量呈递增趋势，表现在关联维数的上升。将计算结果和系统数据库中的数据比对得出的轴承状态信息和实验选取的轴承状态信息相吻合，在系统显示结果的同时，如轴承状态异常则发出声光报警信号，并将采样信息和计算分析结果存入数据库。以上分析和比较，充分验证了本系统在对轴承状态进行监测的同时能快速准确地判别出轴承的故障状态，符合设计要求。

以 LabVIEW 为平台开发的轴承状态监测与诊断系统有着形象直观的用户界面，能够实现在 Windows 环境下进行数据采集与存储、实时显示波形和相应的分析结果，并且用户可根据自己的要求在硬件系统变化很小甚至不发生变化的条件下实现对系统的改进与升级。该系统具有功能完善、可靠性强、性价比高的特点，而且系统应用软件维护、升级简便，为轴承提供了先进可靠的状态监测诊断手段。

3.4 齿轮箱中滚动轴承的故障诊断与分析

齿轮箱运行状态往往直接影响到传动设备能否正常工作。

齿轮箱通常包含有齿轮、滚动轴承、轴等零部件。据资料统计，齿轮箱内零部件失效情况中，齿轮和轴承的失效所占比重最大，分别为 60%和 19%。因此，齿轮箱故障诊断研究的重点是齿轮和轴承的失效机理与诊断方法。作为齿轮箱中滚动轴承的故障诊断，其具有一定的技巧性和特殊性。

3.4.1 振动检测技术在齿轮箱滚动轴承故障诊断的应用

(1) 齿轮箱振动信号及分析

对齿轮箱的故障诊断，目前普遍采用的是基于振动技术的诊断方法，它通过提取齿轮箱轴承座上或齿轮箱壳体中上部的振动信号，运用适当的信号处理技术，分析可能出现的故障特征信息，以判断发生故障性质及部位。

振动检测技术是基于机械设备在动态下（包括正常状态和异常状态）都会产生振动这一事实，振动的强弱及其包含的主要频率成分和故障的类型、程度、部位以及原因等有着密切的联系。它可以检测出人的感官和经验无法直接查出的故障因素，尤其是不明显的潜在故障。齿轮箱中的轴、齿轮和轴承在工作时都会产生振动，若发生故障，其振动信号的能量分布和频率成分将会发生变化，振动信号是齿轮箱故障特征的载体。

(2) 齿轮箱中滚动轴承故障的特点

一般情况下，当齿轮箱发生故障时，故障的特征频率会大量出现谐波，同时其周边会存在许多边频带。由于引起故障的原因很多，许多故障的振动现象不是单一的，轴承故障特征频率也会受到调制。

当齿轮箱滚动轴承出现故障时，在滚动体相对滚道旋转过程中，常会产生有规律的冲击，能量较大时，会激励起轴承外圈固有频率，形成以轴承外圈固有频率为载波频率，以轴承通过频率为调制频率的固有频率调制振动现象。

齿轮箱滚动轴承出现严重故障时，在齿轮振动频段内可能会出现较为明显的故障特征频率成分。这些成分有时单独出现，有时表现为与齿轮振动成分交叉调制，出现和频与差频成分，和频与差频会随其基本成分的改变而改变。

(3) 齿轮箱中滚动轴承故障诊断的难点

① 确定齿轮箱中间传动轴的转速难　齿轮箱通常具有多级结构，每级传动产生不同的速比。一般情况下，齿轮箱厂家仅提供齿轮总速比，并不详细提供每级传动速比以及齿轮齿数，这为准确判断中间传动轴的轴承故障增加了难度。确定每根传动轴的转速，是正确分析判断轴承故障的关键，因为轴承故障特征频率是与轴承结构尺寸及轴的转速相关的。轴承的结构尺寸（滚子直径、滚子分布圆直径、接触角）以及轴承滚子数量等是内在因素，是由轴承制造商决定的。而转速是外在因素，同一轴承在不同的转速上，轴承的故障特征频率不同。

② 确定频谱中故障特征频率成分难　目前齿轮箱故障诊断方法是以箱体振动信号进行研究的，信号在传递过程中经过的环节很多，例如齿轮信号传递会经过以下环节：齿轮—轴—轴承—轴承座—测点，这样会导致部分信号在传递过程中衰减或受调制。另外，由于齿轮箱结构复杂，工作条件多样，箱内多对齿轮和滚动轴承同时工作，频率成分多且复杂，各种干扰较大。所以传感器所提取的振动信号中，各信号频率杂、多且不易区分，确定其中某故障特征频率就存在一定难度。滚动轴承故障产生的振动信号能量要比齿轮或轴承故障产生的振动能量小，其故障信号很容易被淹没在其他振动信号中，故障特征更不明显，这为确定轴承故障特征频率增加了很大难度。

3.4.2　齿轮箱中滚动轴承故障诊断实例

采用 SKF 振动检测技术，利用 Version3.1.2 版本分析软件，结合振动频谱图、时域图、加速度包络图等，对齿轮箱中滚动轴承故障进行仔细的分析诊断。

(1) 浆板四压下辊传动齿轮箱诊断

齿轮箱型号 H3SH10B(FLENDER)，齿轮总速比 1520.9/38=40.023，结构见图 3-13。

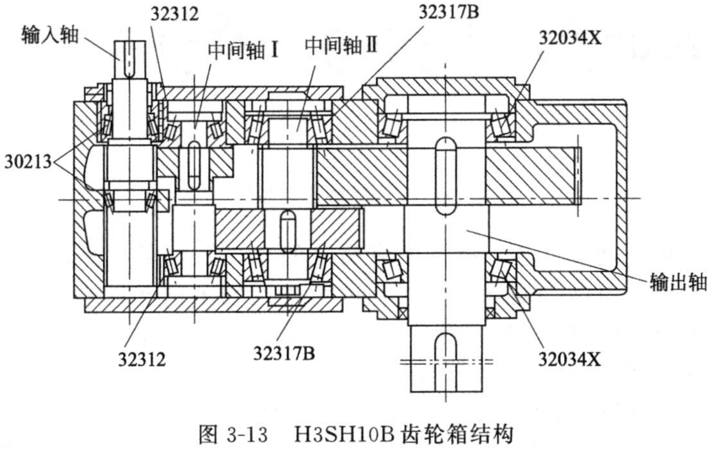

图 3-13　H3SH10B 齿轮箱结构

该齿轮箱现场有周期噪声，如同齿轮啮合不良产生的周期冲击。这之后，车间曾两次计划停机检查齿轮箱，结果并没有发现齿轮明显损伤。后来现场噪声越加尖锐，产生的高振动给产品质量也带来了一定影响。为进一步诊断产生该噪声的根源并消除故障，对该齿轮箱进行了振动数据采集并分析。

根据齿轮箱结构图，分别对每根轴上的轴承所在位置从水平、垂直和轴向设置了测点。从资料上查阅出了每根轴上的轴承型号，以 SKF 作参考厂家计算出每个轴承的故障特征频率，见表 3-2。

表 3-2 H3SH10B 齿轮箱内轴承故障特征频率表

轴	轴承型号	轴承故障特征频率/Hz			
		轴承外圈	轴承内圈	滚动体	保持架
输入轴	30213	$8.08497f_1$	$10.915f_1$	$3.1688f_1$	$0.4255f_1$
中间轴Ⅰ	32312	$6.56395f_2$	$9.436f_2$	$2.627f_2$	$0.410f_2$
中间轴Ⅱ	32317B	$7.6616f_3$	$10.338f_3$	$3.08967f_3$	$0.4256f_3$
输出轴	32034X	$13.128f_4$	$15.8719f_4$	$5.0229f_4$	$0.4527f_4$

注：f_1、f_2、f_3、f_4 表示所在轴转速频率。

根据浆板车速推算出齿轮箱输入轴转速在 1419r/min，即输入轴转频 $f_1=23.65$Hz。分析输入轴的振动速度频谱，发现频谱中有非常明显的 110.9Hz 的异常频率及其谐波（图 3-14），并有大量边频带。频率 110.9Hz＝4.69（输入轴转频倍数）×23.65Hz（输入轴转频）。该谐波不像是齿轮的啮合频率，很可能是某轴承的故障特征频率。假定该异常频率为轴承故障特征频率，从谐波周围可计算出 11.72Hz 的边频带。因资料中只提供了该齿轮箱的总速比为 40.023，不能一一确定每根轴的实际转速，这就需要从频谱中捕捉轴转速信息。

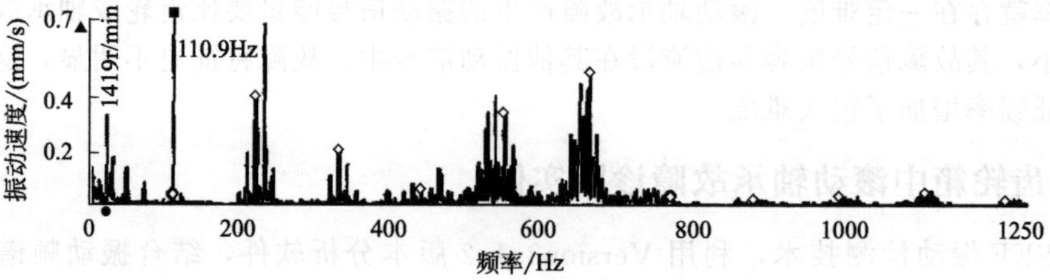

图 3-14 输入轴振动速度频谱图

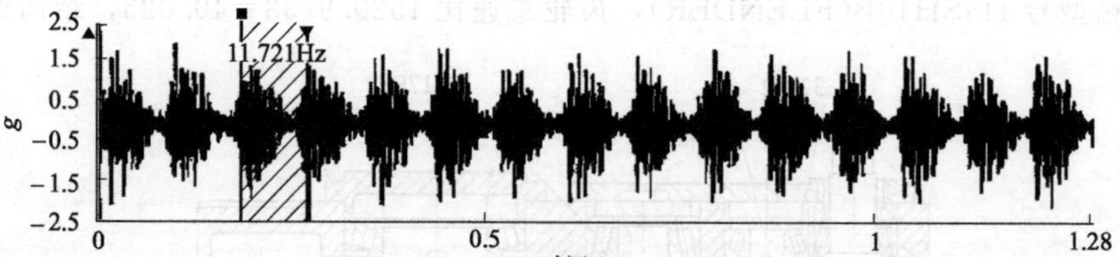

图 3-15 中间轴Ⅰ时域图

分析中间轴Ⅰ振动速度频谱，频谱中有明显的 11.72Hz 的频率，特别在时域图（图 3-15）中捕捉到了 11.72Hz 的高强度脉冲。因为中间轴Ⅰ的转频是 11.72Hz，即转速为 703r/min，这样频谱中的 110.9Hz 的频率将变为 110.9Hz＝9.47（中间轴Ⅰ转频倍数）×11.72Hz（中间轴Ⅰ转频）。对照 H3SH10B 齿轮箱内轴承故障特征频率表，发现中间轴Ⅰ轴承 32312 的内圈故障特征频率 9.436×11.72Hz（此时＝11.72Hz）与频谱中的 9.47×11.72Hz 非常接近。在系统中输入 32312 轴承内圈故障特征频率，频谱中的 110.9Hz 的频率就是轴承 32312 的内圈故障特征频率（图 3-16）。

经过上面数据的分析判断，并结合以往停机检查的结果，可确诊该齿轮箱中间轴Ⅰ轴承 32312 存在严重损伤。齿轮箱内所发出的周期性异常噪声很可能是轴承损坏引起齿轮啮合不良产生的。

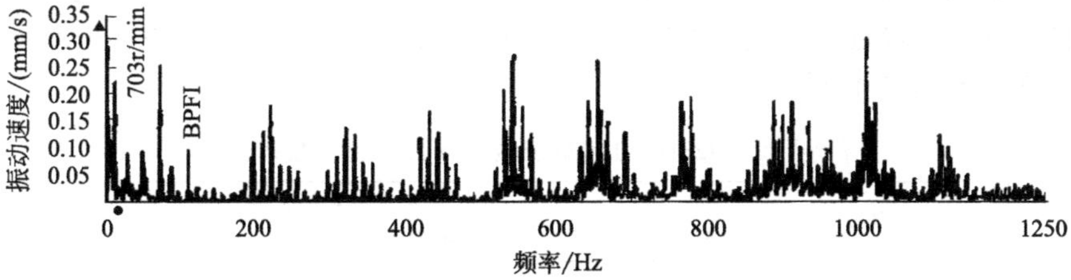

图 3-16　中间轴Ⅰ振动频谱图

计划停机更换轴承。拆下的 32312 轴承内圈 180°范围严重剥落，轴承滚动体研磨，外圈麻点疲劳磨损。

更换轴承开机后的第二天检测，发现振动频谱中原轴承故障特征频率消失，振动速度值降低（图 3-17）。现场周期性异常噪声也随之消除，运行状态良好，产品质量也明显好转。

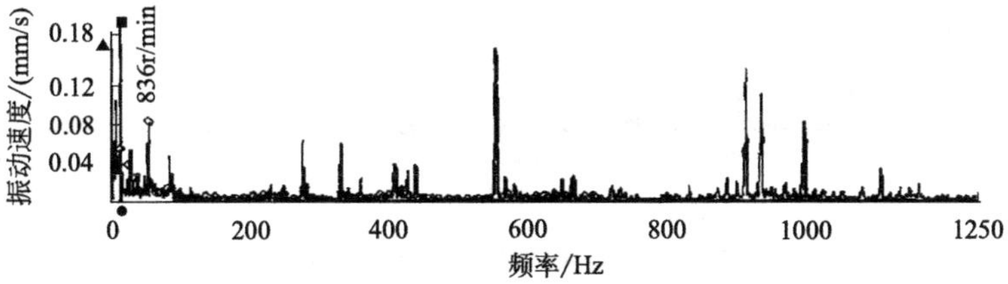

图 3-17　中间轴Ⅰ振动频谱图

（2）纸板 25 传动齿轮箱诊断

齿轮箱型号为 H2SH04B(FLENDErt)，齿轮总速比 1633.4/192.5＝8.485，结构见图 3-18。

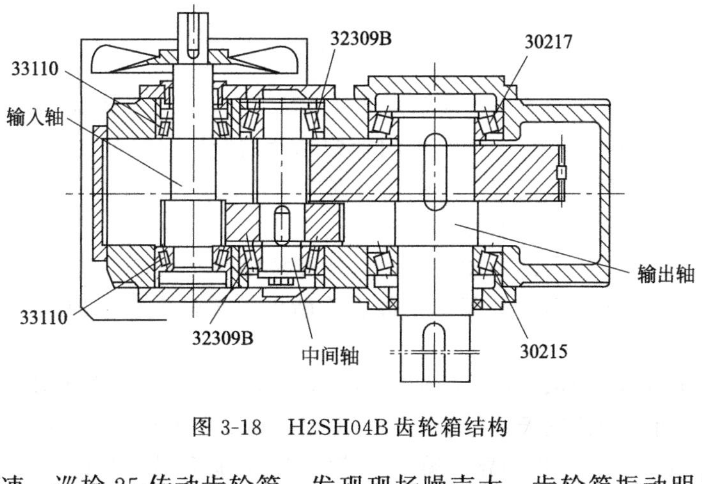

图 3-18　H2SH04B 齿轮箱结构

车间纸机提速，巡检 25 传动齿轮箱，发现现场噪声大，齿轮箱振动明显。采集振动数据并分析诊断。

根据结构图分别对三根轴上轴承所在位置从水平、垂直和轴向设置了测点。从资料上查阅出了每根轴上的轴承型号，以 SKF 作参考厂家计算出每个轴承的故障特征频率，见表 3-3。

根据纸机车速推算出齿轮输入轴转速为 1527.5r/min，即输入轴转频 f_1＝25.46Hz。分析输入轴加速度包络频谱。其加速度包络非常高，基本在 30gE(SKF 加速度包络单位）以上。包络频谱中有非常明显的 249.2Hz 异常频率及其谐波，并有 6.094Hz 的边频带（图 3-

19)，频率 249.2Hz＝9.79(输入轴转频的倍数）×25.46Hz(输入轴转频)。这与 33110 轴承外圈故障特征频率很接近。时域图上有约 246.1Hz 的冲击（图 3-20)，该冲击频率与输入轴频谱中的 249.2Hz 频率相近。

表 3-3 H2SH04B 齿轮箱内轴承故障特征频率表

轴	轴承型号	轴承故障特征频率			
		轴承外圈	轴承内圈	滚动体	保持架
输入轴	33110	$9.650771f_1$	$12.34923f_1$	$33.872214f_1$	$0.438671f_1$
中间轴	32309B	$7.181758f_2$	$9.818242f_2$	$2.956694f_2$	$0.4224562f_2$
输出轴	30217	$8.57083f_3$	$11.42917f_3$	$3.300186f_3$	$0.428541f_3$
	30215	$9.0592f_3$	$11.9408f_3$	$3.433763f_3$	$0.43139f_3$

注：f_1、f_2、f_3 表示所在轴转速频率。

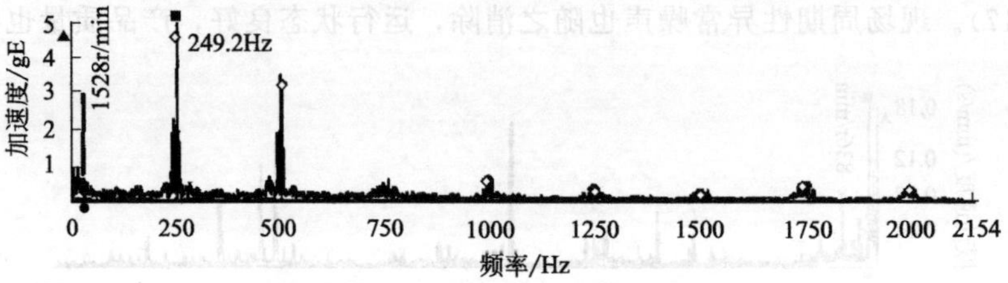

图 3-19 输入轴加速度包络频谱图

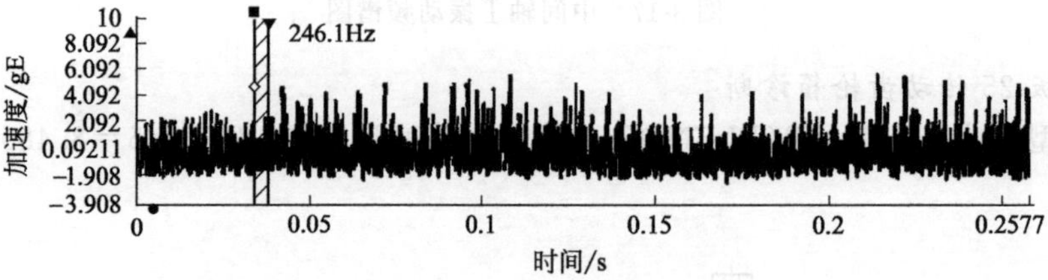

图 3-20 输入轴时域图

分析中间轴频谱，从频谱上确定输出轴的转频为 6.25Hz。这样频谱中 249.2Hz 的频率在中间轴上将表现为 249.2Hz＝39.88(中间轴转频的倍数）×6.25Hz(中间轴转频)，这与中间轴轴承故障特征频率相差很远。同样，根据速比可计算出最后输出轴的转频为 3Hz，这与该轴上的轴承故障特征频率也不符。

鉴于以上分析，在系统中输入 33110 轴承外圈故障特征频率，频谱中的 249.2Hz 的频率就是轴承 33110 的外圈故障特征频率。最后诊断齿轮箱输入轴上的 33110 轴承外圈严重损伤。

计划停机更换 33110 轴承。拆下的轴承外圈负荷区已磨损，并有明显的滚子压痕。

更换轴承，开机后的第三天进行检测，发现振动频谱中轴承故障特征频率消失，加速度包络值大幅降低（图 3-21)。现场异常噪声也随之消失，运行状态良好。

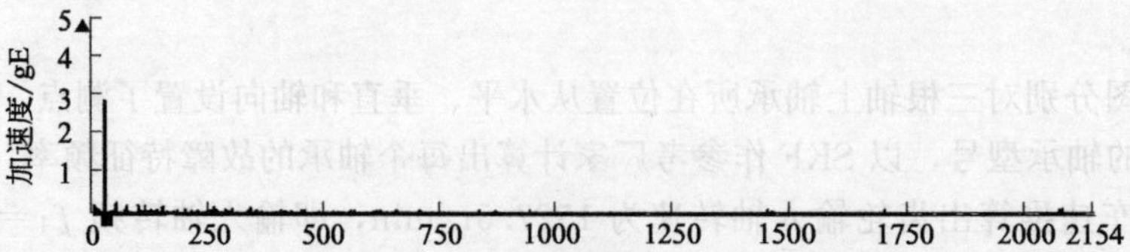

图 3-21 输入轴加速度包络频谱图

3.4.3　齿轮箱中滚动轴承故障诊断经验

（1）清楚齿轮箱内部结构及轴承故障特点

要知道齿轮箱内的基本结构，比如齿轮是何种模式、传动轴有几根、每根轴上有哪些轴承和什么型号的轴承等。因为知道哪些是高速重载轴和齿轮，可以帮助确定测点的布置；知道电动机转速和各传动齿轮的齿数、传动比，可以帮助确定各传动轴的转频、啮合频率；知道各轴承座等滚动轴承的型号，可以帮助确定各轴承的故障特征频率。另外，还要清楚轴承故障的特点。一般情况下，齿轮啮合频率是齿轮数及转频的整倍数，而轴承故障特征频率却不是转频的整倍数。清楚齿轮箱内部结构及轴承故障特点，是正确分析齿轮箱中滚动轴承故障的首要前提。

（2）尽可能在每根传动轴所在的轴承座上测量振动

在齿轮箱壳体上不同位置的测点，由于信号传递路径不同，因而对同一激励的响应也有所差异。齿轮箱传动轴所在的轴承座处对轴承的振动响应比较敏感，此处设置监测点可以较好地接收轴承振动信号，而壳体中上部比较靠近齿轮的啮合点，便于监测齿轮的其他故障。

（3）尽量从水平、垂直和轴向三个方向去测量振动

测点的选择要兼顾轴向、水平与垂直方向，不一定所有位置都要进行三个方向的振动测量。如带散热片的齿轮箱，其输入轴的测点就不方便检测。甚至某些轴承设置在轴的中间位置，部分方向的振动也不方便测，此时可有选择地设置测点方向。但重要的部位，一般要进行三个方向的振动测量，特别注意不要忽略轴向振动测量，因为齿轮箱内很多故障都会引起轴向振动能量与频率变化。另外，同一测点多组振动数据还可为分析判断所在传动轴转速提供足够的数据参考，并为进一步诊断出哪端的轴承故障更严重些而获得更多的参数依据。

（4）兼顾高低频段振动

齿轮箱振动信号中包含固有频率、传动轴的旋转频率、齿轮的啮合频率、轴承故障特征频率、边频族等成分，其频带较宽。对这种宽带频率成分的振动进行监测与诊断时，一般情况下要按频带分级，然后根据不同的频率范围选择相应测量范围和传感器。如低频段一般选用低频加速度传感器，中高频段可选用标准加速度传感器。

（5）最好在齿轮满负荷状态下测量振动

满负荷下测量齿轮箱振动，能够较清晰地捕捉到故障信号。有时候，在低负荷时，部分轴承故障信号会被齿轮箱内其他信号所淹没，或者受其他信号调制而不容易发现。当然，若轴承故障比较严重，在低负荷时，即使通过速度频谱也是能够清晰地捕捉到故障信号。

（6）分析数据时要兼顾频谱图与时域图

当齿轮箱发生故障时，有时在频谱图上各故障特征的振动幅值不会发生较大的变化，无法判断故障的严重程度或中间传动轴转速的准确值，但在时域图中可通过冲击频率来分析故障是否明显或所在传动轴转速是否正确。因此，要准确确定每一传动轴的转速或者某一故障的冲击频率，都需要将振动频谱图和时域图两者结合起来判断。特别对异常谐波的边频族的频率确定，更是离不开时域图的辅助分析。

（7）注重边频带频率的分析

对于转速低、刚性大的设备，当齿轮箱内的轴承出现磨损时，往往轴承各故障特征频率的振动幅值并不是很大，但是伴随着轴承磨损故障的发展，轴承故障特征频率的谐波会大量出现，并且在这些频率周围会出现大量的边频带。这些情况的出现，表明轴承发生了严重的故障，需要及时更换。

第4章 齿轮箱振动故障监测与诊断

齿轮传动具有结构紧凑、效率高、寿命长、工作可靠和维修方便等特点，所以在运动和动力传递以及变更速度等各个方面得到了普遍应用。

齿轮传动也有明显缺点，由于其特有的啮合传力方式造成两个突出的问题：一是振动、噪声较其他传动方式大；二是当其制造工艺、材质、热处理、装配等因素未达到理想状态时，常成为诱发机器故障的重要因素，且诊断较为复杂。

4.1 齿轮箱的失效原因与振动诊断

齿轮传动多以齿轮箱的结构出现。齿轮在运动中若产生故障，温度、润滑油中磨损物的含量及形态、齿轮箱的振动及辐射的噪声、齿轮传动轴的扭转和扭矩、齿轮齿根应力分布等，都会从各自角度反映出故障信息，但是由于现场测试条件及分析技术所限，有些征兆的提取与分析不易实现，有些征兆反映的状态情况不敏感。相对来讲，齿轮箱的振动与噪声（尤其是振动）是目前公认的最佳征兆提取量，它对运行状态的反应迅速、真实、全面，能很好地反映出绝大部分齿轮故障的性质范围，所以振动诊断在齿轮的故障中占有重要的地位。

4.1.1 齿轮箱的失效形式和原因

在齿轮箱的各类零件中，失效比例分别为：齿轮60%，轴承19%，轴10%，箱体7%，紧固件3%，油封1%。由此可看出，在所有零件中，齿轮自身的失效比例最大。

(1) 由制造误差引起的缺陷

制造齿轮时通常会产生偏心、齿距误差、基节误差、齿形误差等几种典型误差。偏心指齿轮基圆或分度圆与齿轮旋转轴线不同轴的程度；齿距误差指齿轮同一圆周上任意两个齿距之差；基节误差指齿轮上相邻两个同名齿形的两条相互平行的切线间，实际齿距与公称齿距之差；齿形误差指在轮齿工作部分内，容纳实际齿形的两理论渐开线齿形间的距离。当齿轮的这些误差较严重时，会引起齿轮传动中忽快忽慢的转动，啮合时产生冲击引起较大噪声等。

(2) 由装配误差引起的故障

由于装配技术和装配方法等原因，通常在装配齿轮时会造成“一端接触”和齿轮轴的直线性偏差（不同轴、不对中）及齿轮的不平衡等异常现象。

(3) 运行中产生的故障

齿轮运行一段时间后才产生的故障，主要与齿轮的热处理质量及运行润滑条件有关，也可能与设计不当或制造误差或装配不良有关。根据齿轮损伤的形貌和损伤过程或机理，故障的形式通常为齿的断裂、齿面疲劳、齿面磨损或划痕、塑性变形四类。

(4) 滚动轴承的失效

滚动轴承是齿轮箱中最常见也是最易损坏的零件之一，它的破坏形式很复杂，主要有磨损失效、疲劳失效、腐蚀失效、压痕失效、断裂失效和胶合失效。

4.1.2　齿轮箱振动诊断分析方法

(1) 时域平均法

其原理是在检测信号中消除噪声干扰。此方法应用于故障分析的要点是：①要有两个检测信号，一是振动信号，二是转轴旋转的时标信号；②光滑滤波；③如需对传动链中每一个齿轮进行监测，则需根据每个齿轮的周期更换时标。

(2) 频谱分析法

将测得的齿轮加速信号进行频谱分析，从频谱图上看齿轮的啮合频率及其各阶谐波的幅值变化情况，从而判断有误故障。

(3) 倒频谱分析法

倒频谱方法用于齿轮故障边频带的分析具有独特的优越性，它的主要特点是受传输途径的影响很小，在功率谱中模糊不清的信息在倒频谱中却一目了然，且倒频谱能较好地检测出功率谱上的周期成分，使之定量化。

(4) 其他分析法

上述几种方法是齿轮箱故障检测的常用方法，但仅仅应用这些方法还不够，这是因为齿轮箱的局部故障对振动的影响往往是短促的、脉冲式的，它既改变振动信号的振幅，也使信号相位发生突变。因此，必须重视相位信号，应用时序模型、频率调解等方法来解决。

4.1.3　齿轮箱振动诊断实例

某型柴油机齿轮箱是大型舰船的主动力装置，其技术状况直接影响各项任务的完成，为了保障该装备的完好，在跟踪振动监测过程中发现故障一例。

(1) 故障现象

用红外测温仪对齿轮箱外壳进行温度监测时，发现左主机齿轮箱表面温度普遍在40～44℃之间，较右主机齿轮箱表面温度高（37～40℃），并且在左齿轮箱倒车齿轮部位温度偏高为47～55℃，较右主机齿轮箱相同部位温度高（40～45℃）。

(2) 故障监测

在高温部位选测点，见图 4-1。选 3 个测点，分别为垂向（V）、水平向（H）、轴向（A）。采用振通 903 数据采集器在主机进三（824r/min）工况下，对 3 个测点进行了振动数据采集，应用其分析软件对采集的数据进行了分析处理，谱图见图 4-2～图 4-4。

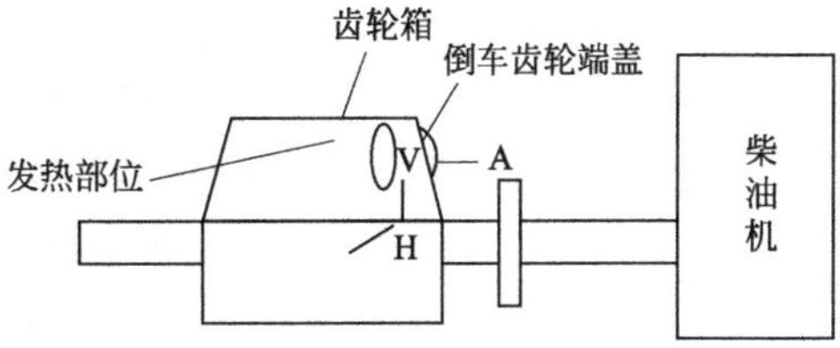

图 4-1　测点分布图

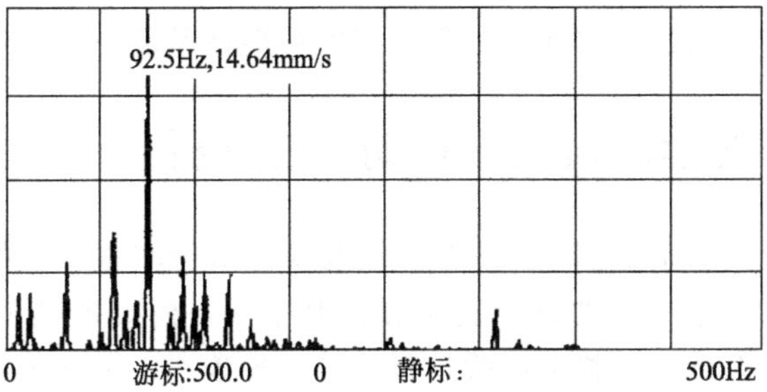

图 4-2　左主机进三垂向振动速度谱图

（3）故障诊断

用振通 900 信号分析系统对采集的振动信号进行频谱分析，谱图见图 4-2～图 4-5。

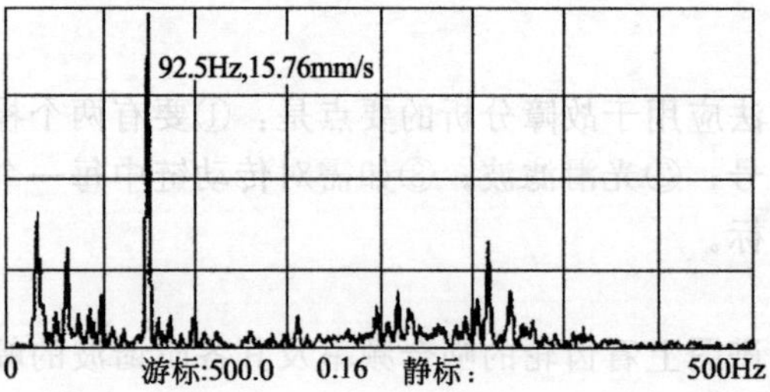

图 4-3 左主机进三水平振动速度谱图

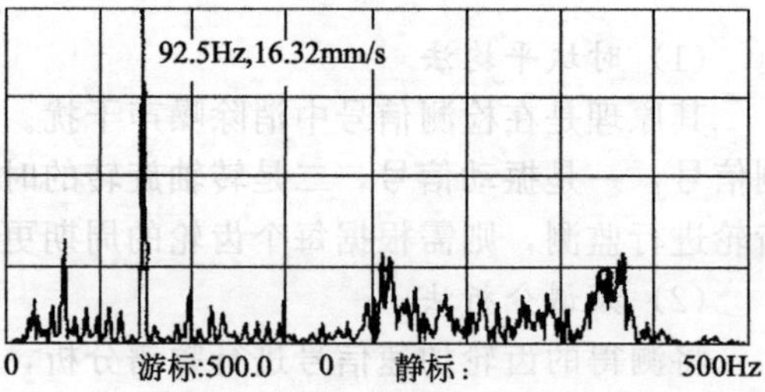

图 4-4 左主机进三轴向振动速度谱图

通过振动图谱分析判断左主机齿轮箱在 92.5Hz 频率速度振动值异常，如经检查其结构资料并经过计算，发现与倒车箍支撑轴承内圈 4 倍频 92.34Hz 相近，说明轴承内圈存在问题，从波形图上看有“截头”现象，说明带有干摩擦现象。经拆检，发现齿轮箱倒车箍支撑轴承内圈断裂，倒车齿轮轴颈磨损（最大处 20μm）。

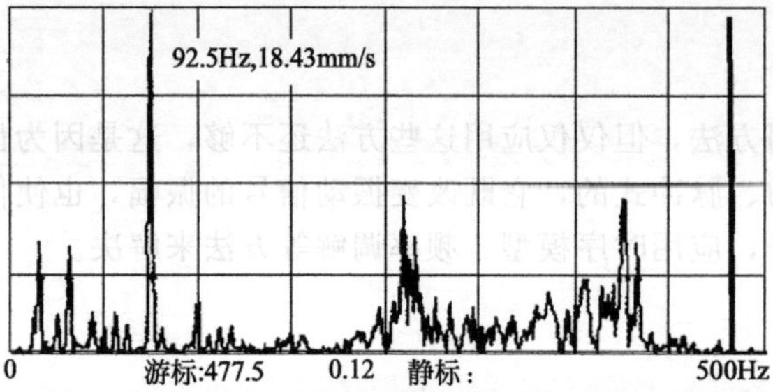

图 4-5 左主机进四垂向振动速度谱图

（4）故障原因及排除

倒车箍上的支撑轴承属于滚动轴承，采用过盈配合工艺加装在倒车齿轮轴上，从而保证了齿轮轴与支撑轴承内圈紧密配合为一体。正常情况下在齿轮轴高速旋转时，带动支撑轴承内圈通过支撑轴承的滚柱体与支撑轴承外圈产生相对旋转，达到既支撑整个倒车箍的重量又减小了轴承与轴之间摩擦的目的。该滚动轴承的润滑由齿轮箱专门的油路保证。

当支撑轴承内圈断裂，使支撑轴承与倒车齿轮轴之间的配合间隙增大，齿轮轴与支撑轴承形成了相对独立的个体，从而导致了在齿轮轴高速旋转时，支撑轴承的内圈与倒车齿轮轴产生了相对滑动，形成了一对摩擦副，该摩擦副无正常的油路供给滑油润滑，发生干摩擦磨损，同时产生大量的热量，使得该部位局部温度升高。随着齿轮箱的使用时间增加，倒车齿轮轴与支撑轴承的受力部位磨损加大，之间的间隙也随之加大，形成了倒车箍的不对中状态。这种状态如不拆检，进行修复，干摩擦磨损量加大，产生大量磨粒流入到整个润滑系统中，将造成整个倒车箍损坏，甚至整个齿轮箱的报废。

齿轮箱监测主要方法可分为油液监测和振动监测。在实际工作中，振动监测对齿轮箱的工作状态作用较油液监测明显。红外测温虽然简易，但机械发生故障的征兆往往是装备的局部或整体温度升高，这种测量方法在对装备故障的初期诊断是一种有效手段。

4.2 丰收 180-3 变速箱齿轮副振动性能分析

变速箱是汽车拖拉机的主要部件，其质量直接关系到汽车拖拉机的主要性能。采用模拟技术，即在实验室内，采用专门的试验装置和控制手段，模拟被试装置或部件各种工作条件，并同时测试和记录被试件在整个试验过程中的各种数据，根据试验结果得出被试件是否满足要求，以及影响原因及解决办法，以改进和优化产品质量。

4.2.1 变速箱齿轮副振动测试

(1) 测试

选用丰收 180-3 变速箱的Ⅱ挡啮合齿轮副 z_{27}/z_{29}（共 3 套）进行开式试验，其加工精度分别为 9 级（变速箱原装齿轮）、8 级、10 级各 1 套。当测试试验台对变速箱的输入转速 2000r/min，变速箱中间轴转速约为 666.667r/min，输出转矩为 30N・m 时，相当于拖拉机以Ⅱ挡工作。振动信号是用安装在变速箱箱体上的振动传感器来测量，拾取的信号是变速箱复合振动信号。输入转速范围为 0～2030r/min，扭矩 0～30N・m；采样时间 3s，采样频率 2000，采样数据点 6000。

(2) 齿轮副振动分析

使用 Vib'sys 程序中频谱分析中正富氏变换功能可以对时域数据进行傅里叶变换，生成频域数据及图形，如图 4-6 所示。对得到的频域数据统计处理，对应频率如表 4-1 所示。

最大值＝0.678　频率＝288.57Hz　采样频率＝2000.00Hz

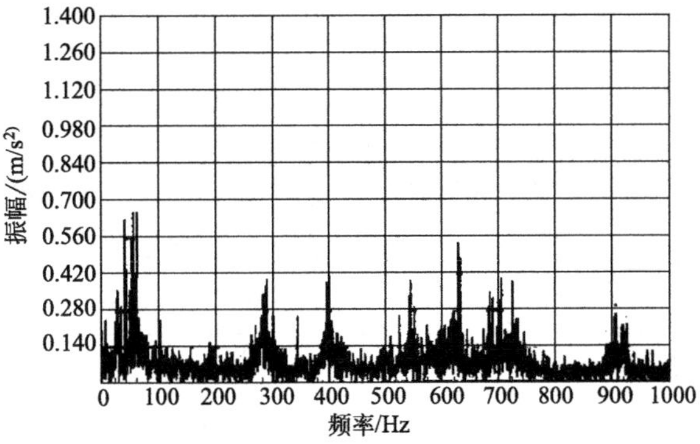

图 4-6　变速箱振动信号频域图（齿轮副转速 640r/min）

表 4-1　转速与频率对应表

参数	输入轴转速 /(r/min)	Ⅱ挡齿轮副转速/(r/min)	啮合频率 /Hz	参数	输入轴转速 /(r/min)	Ⅱ挡齿轮副转速/(r/min)	啮合频率 /Hz
1	550	183.333	82.5	4	1600	533.333	240.0
2	800	266.667	120.0	5	2000	666.667	300.0
3	1200	400.000	180.0				

4.2.2 试验数据处理分析

(1) 数据及处理分析

在该对齿轮啮合副的轴承座处由加速度传感器测得的振动信号经频谱分析，峰值频率均出现在齿轮Ⅱ挡齿轮副转速 $n=640$（$z=27$ 为主动齿轮齿数）及其倍频处，证明了齿轮系统振动的主要激励源是轮齿的啮合力。各级精度在频域内加速度值试验测试数据处理，如图 4-7 所示。

① 振动与转速的关系。由图 4-7(a)、(c) 可以看出，当输出转矩保持一定，随着输入轴转速（Ⅱ挡齿轮副转速）的升高，频谱图上的峰值频率增高；同时，振动加速度量值也增大。说明当转矩不变，随着转速升高，齿轮的激励力增大。

② 振动与负载的关系。由图 4-7(b)、(d) 可以看出，当输入轴转速保持不变，随着输出负载的增大，峰值频率保持不变，但各峰值的加速度量值有所增加，且近似线性变化。以

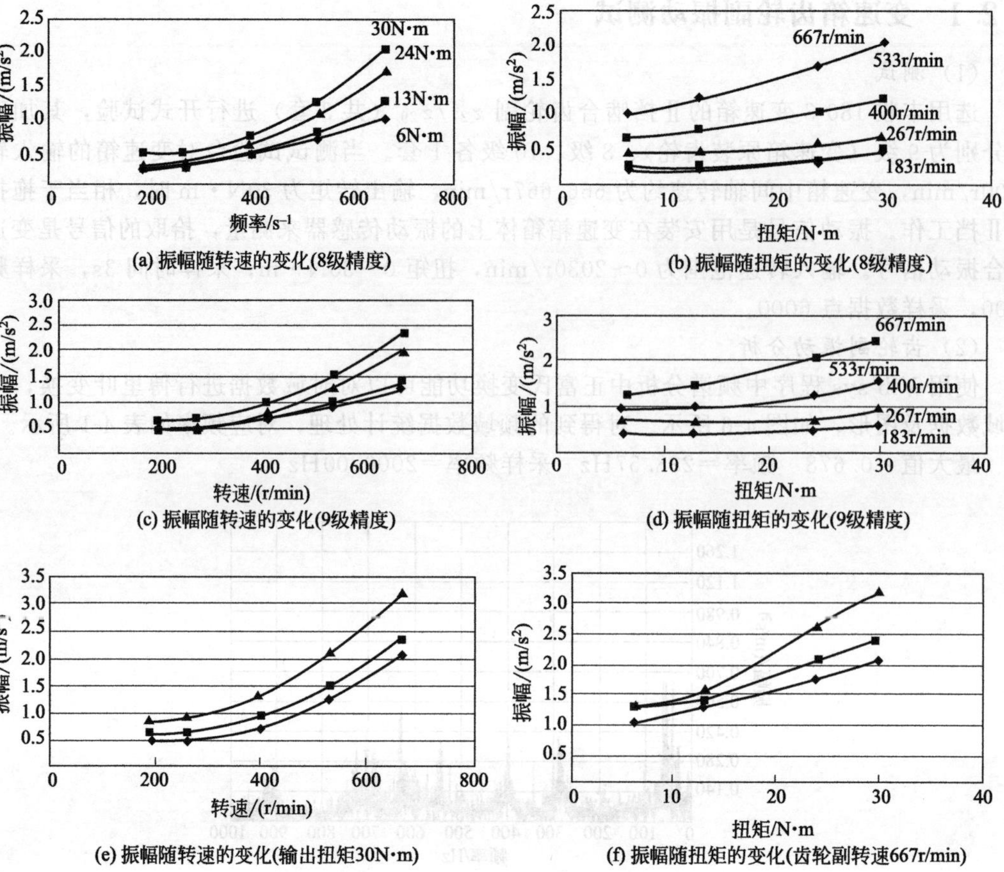

图 4-7 变速箱副振动测试数据处理结果

上频谱数据分析表明，齿轮运转过程中，受到轮齿的啮合冲击，转速增加则齿面动载荷增大，有时不仅在基频处，且在其高次谐频处也显现较大峰值。随着负载的增大，振动加速度量值也逐渐上升，但其增长斜率比较平缓。

③ 振动与齿轮精度的关系。由图 4-7(e)、(f) 可以看出，当转速小于 300r/min 时 3 种精度下加速度值的差异及变化较小且基本不受速度变化的影响，受载荷变化的影响也很小；当转速在 300～500r/min 时，对加速度的影响随转速增加明显增加，随载荷增加也有增加。

图 4-7 中可以看出 9 级与 8 级精度 n 挡齿轮副加速度值较为接近，且随转速及扭矩的变化趋势相同，表明两种精度下齿轮副啮合激励力基本较为稳定；10 级精度时随转速的增加，加速度值有明显的增大，试验现场也表明，变速箱噪声加大。

④ 振动的频谱图分析。振动噪声的能量主要集中于齿轮的啮合频率及其倍频处，因此轮齿的啮合冲击是主要的振动、噪声源，提高齿轮的精度，对降低齿轮的振动和噪声有良好的作用。

(2) 结论

① Ⅱ挡齿轮副振动信号的频域分析证明了齿轮系统振动的主要激励源是轮齿的啮合力，随转速的提高，齿轮啮合激励力增大，此轮齿的啮合冲击是主要的振动、噪声源。其符合理论分析振动噪声的能量主要集中于齿轮的啮合频率及其倍频处。转速对齿轮振动的影响很大，载荷变化不是振动的主要原因。

② Ⅱ挡齿轮副振动信号的频域分析同时说明提高齿轮精度，对降低齿轮的振动和噪声

有良好的作用，可以改善拖拉机变速箱的振动特性。

4.3　船用齿轮箱的振动分析

齿轮箱为船舶动力装置的重要组成部分。为降低工作转速范围内的振动水平，提供充分的阻尼是一种相当有效的途径。阻尼减振简单而实用的方法是在齿轮上安装阻尼环或附加黏弹性阻尼层，这是因为黏弹性阻尼对宽频带的随机振动可实现有效的控制。某船用减速齿轮箱低速级齿轮即采用附加黏弹性阻尼层的方法来实现减振降噪之目的，为了解该减速器的动力学性能，应用有限元分析方法，计算了自由振动、刚性支撑、柔性支撑三种情况下齿轮的固有振动特性。分析表明，采用柔性支撑更符合实际振动情况，计算结果可以作为齿轮传动系统优化设计的基础。

4.3.1　理论基础

振动是结构系统常见的问题之一，模态分析就是将线性定常系统振动微分方程组中的物理坐标变换为模态坐标，使方程组解耦，成为一组以模态坐标及模态参数描述的独立方程，以便求出系统的模态参数。

任意一个典型的振动系统，模态分析基本方程如下。

$$M\ddot{x}+C\dot{x}+Kx+f(t) \tag{4-1}$$

式中　M，C，K——振动系统的质量矩阵、阻尼矩阵和刚度矩阵；

x，$\dot{x}$，$\ddot{x}$——振动系统的位移矢量、速度矢量和加速度矢量；

$f(t)$——结构的激振力向量。

对于无阻尼系统，自由振动方程为

$$M\ddot{x}+Kx=0 \tag{4-2}$$

对于任一阶固有频率（特征频率），必有相应的特征向量（模态振型）与之对应，即

$$K-\omega_i^2M\psi_i=0 \tag{4-3}$$

这是个典型的特征值问题方程，可以求解个的值以及 n 个 ψ_i 的特征值。

4.3.2　有限元模型的建立

(1) 螺栓连接的处理

采用阻尼大的材料制造齿轮或在齿轮辐板上添加阻尼，可抑制谐振，对降低齿轮辐射噪声特别是高频成分噪声非常有效。齿轮辐板厚度一般都大于 3mm，非约束阻尼层降噪效果不佳，宜采用约束阻尼层技术，见图 4-8(a)，且约束层的刚度必须比阻尼材料层的刚度大得多，用螺钉紧固方式可使辐板对振动的衰减更为有效。另一种加阻尼的有效方法是在齿圈内侧增加预载的弹性环槽［见图 4-8(b)］或在辐板上加阻尼环［见图 4-8(c)］。研究对象采用图 4-8(d) 的约束形式，内圈用 14 个螺栓均布，外圈用 16 个螺栓均布的连接方式，在进行模态分析时，必须对螺栓连接进行合理简化。

一般对螺栓连接件的处理有两种方法：①按照实际尺寸做出螺栓的模型，用连续单元进行网格划分；②采用梁单元模拟实际螺栓，并且采用耦合自由度的方法来实现螺栓的连接作用。以上两种方法虽然有各自的优点，但都不方便模态分析，因此，针对具体连接情况，对其进行简化。由于研究的齿轮分度圆直径达 1.6m，相比之下，螺栓尺寸可以忽略。另外，考虑到阻尼材料的黏性及约束板的压力作用，可以采用共节点代替螺栓连接，从而使得有限元造型更加方便，单元数量大大减少，网格更加均匀，计算更快速。

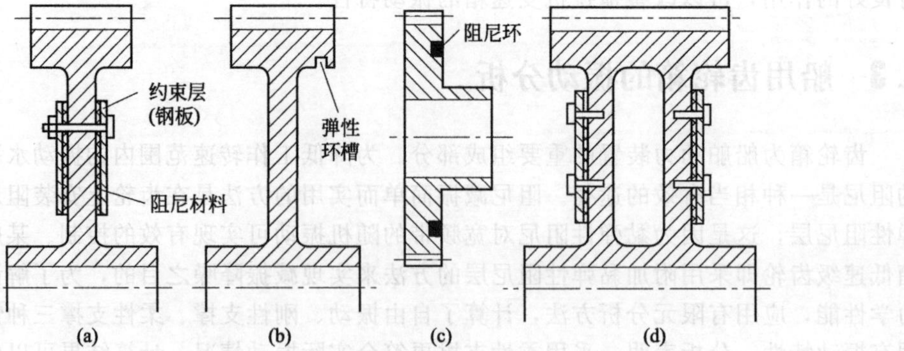

图 4-8 齿轮附加阻尼减振形式

(2) 有限元模型

利用 I-DEAS 软件建立齿轮三维实体模型，以 IGES 格式输出并导入 Altair Hyper Mesh 中进行有限元网格划分；对有限元网格质量进行检查，检查项目包括翘曲、扭曲度、单元内角等。有限元模型见图 4-9 和图 4-10。

节点数 38234，单元总数 26292。

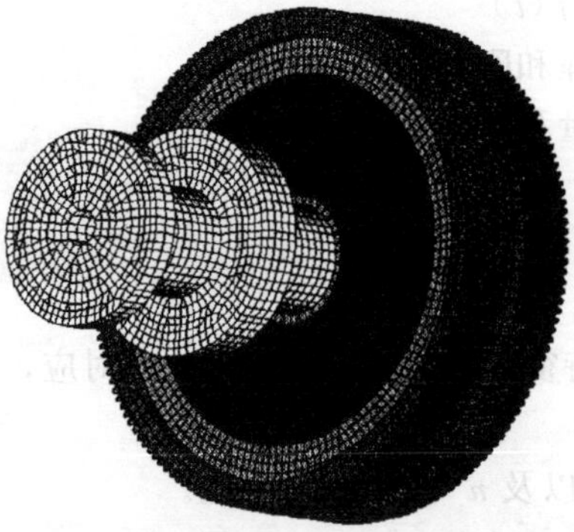

图 4-9 齿轮有限元整体模型

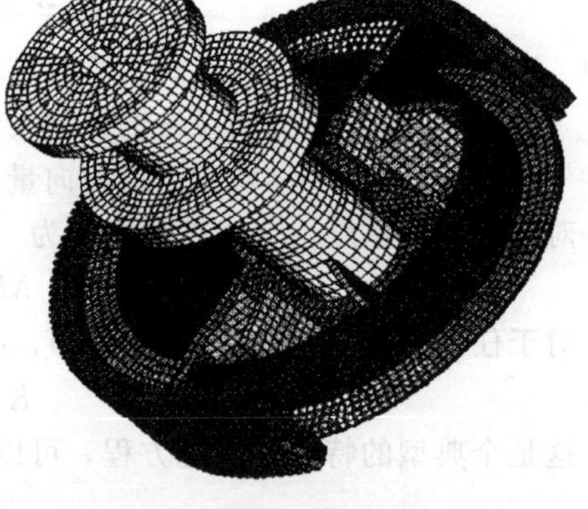

图 4-10 有限元模型内部结构

为了更加精确地模拟实际情况，分别将齿轮结构中的加强筋、连接环、阻尼板等部分进行投影，在同一平面上划分二维有限元网格，然后根据不同部件的位置，按照其本身的高度进行拉伸，这样在共节点处理时可以避免网格畸变，得到了准确的三维有限元网格。利用网格划分中的旋转拉伸功能，按照斜齿轮的螺旋角，以齿轮轴为轴线旋转拉伸得到准确的齿轮有限元模型。在齿与齿圈的连接上采用共节点处理，从而得到完整的有限元分析模型。最后对整个有限元模型进行了单元质量检测，全部合格，可以根据此模型进行后续计算分析。

4.3.3 三种支撑方式振动特性分析

(1) 自由振动特性分析

阻尼板弹性模量 1MPa，密度 1400kg/m^3，泊松比 0.1。压板、齿轮体及辐板均为钢材，弹性模量 210GPa，密度 7800kg/m^3，泊松比 0.3。对于振动系统来讲，其低阶固有频率对系统的振动特性影响较大，因此，主要关心计算得到的低阶频率与振型情况。将上述基本参数赋予有限元模型，选择 Lanczos 法计算齿轮自由振动前 20 阶模态频率及振型。

第 1～10 阶自由振动固有频率见表 4-2。

表 4-2　3 种支撑状态下齿轮第 1～10 阶固有频率

模型	阶数									
	1	2	3	4	5	6	7	8	9	10
自由状态	229.68	238.32	303.56	313.35	339.44	340.21	368.55	382.75	440.64	454.72
柔性支撑	233.07	245.17	350.75	362.44	369.01	369.13	463.93	464.65	504.00	551.54
刚性支撑	275.27	365.97	366.06	493.34	516.08	552.52	569.55	618.38	628.33	642.88

(2) 刚性支撑振动特性分析

研究刚性支撑振动特性时，刚性连接的处理方法是把齿轮的内周视为固结在轴上，即采用约束内圈各节点的方法。

(3) 柔性支撑振动特性分析

在进行柔性支撑条件下的振动计算时，轴与轮体对应节点之间采用弹簧单元连接，各部分的材料属性与自由振动设置相同。利用这种处理方法即可得到柔性支撑边界条件下的齿轮体的固有特性。

(4) 计算结果对比分析

3 种边界条件下的振动频率变化见图 4-11。

自由状态是同阶次固有频率中最小的，刚性支撑最大。根据振动理论，当系统自由振动时，没有考虑齿轮与轴连接处的刚度，由总刚度合成原理，此时系统总刚度相对较小，在质量一定时，系统固有频率较小。刚性支撑时，齿轮与轴连接处的刚度可视为无穷大，这样导致系统总刚度增大，同样在质量一定时，系统固有频率就增大。所以，由柔性边界条件计算得到的结果与实际工作情况最接近。

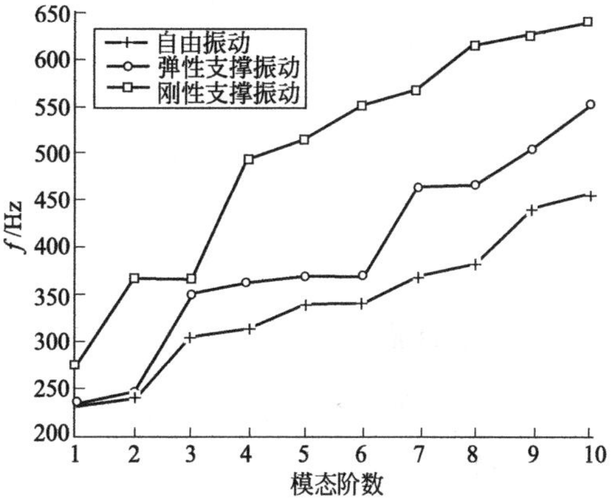

图 4-11　3 种边界条件下的振动频率变化曲线

本例以某船用带阻尼板齿轮为研究对象，在 I-DEAS 软件中建立了系统的三维实体模型。通过软件之间文件的有效传输，将实体模型导入 Hyper Mesh 软件中进行网格划分，得到了有限元计算模型，并分别求解了系统自由振动、刚性支撑、柔性支撑 3 种情况下的振动固有特性。计算结果与理论分析表明，采用柔性支撑进行计算更符合实际工作情况，计算结果对进一步优化齿轮设计具有重要的参考价值。

4.4 基于小波包分析的减速器故障诊断

冶金企业中的轧钢设备大多在复杂的工作环境下运行，许多设备经受着复杂的工作负载。承受时变负荷及温度变化是影响轧钢设备工作过程的主要因素，例如在轧机的工作过程中，每一次咬钢、甩钢都伴随着较强烈的振动冲击现象，因此作为重要的调速设备的轧机减速器就会受到影响，由减速器故障引起且导致轧钢设备产生的故障将直接影响设备的运行状况及所产生的产品质量，因此做好机械设备状态监测以及早期故障诊断就尤为重要。

4.4.1 小波包变换

小波变换是一种全新的时频分析方法，在信号领域得到了广泛的应用。小波变换通过小波函数的伸缩和平移实现对信号的多分辨率分析，所以能有效地提取信号的时频特征。小波包分析是从小波分析延伸出来的一种对信号进行更加细致的分解和重构方法。在小波分析中每次只对上次分解的低频部分进行再分解，对高频部分则不再分解，故在高频频段分辨率较差。小波包分析不但对低频部分进行分解，而且对高频部分也做了二次分解，所以小波包可以对信号的高频部分做更加细致的描述，对信号的分析能力更强，小波包的分解过程如图4-12所示。

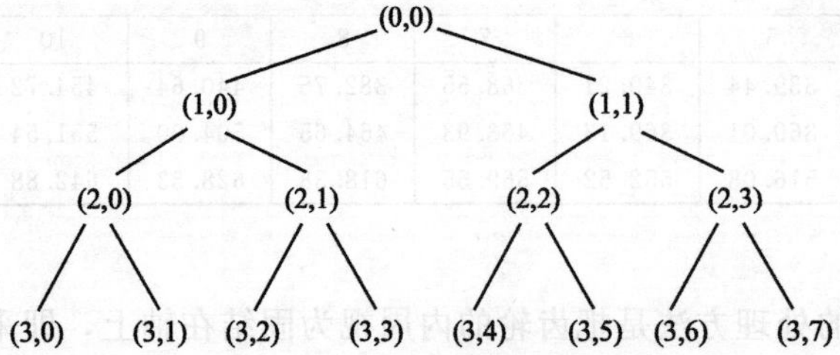

图 4-12　小波包分解树形结构

其中（0,0）表示原始信号，$(i,0)$ 表示小波包的第 i 层的低频系数 X_{i0}，$(i=1,2\cdots7)$。对减速器的振动信号进行3层小波包分解，分别提取第3层从低频到高频8个频带成分的信号特征：低频系数 X_{30}，高频系数 X_{31}，X_{32}，X_{33}，X_{34}，X_{35}，X_{36}，X_{37}。对小波包进行重构，提取各频带范围的信号。设 S_{3j} 是 X_{3j} 的重构信号，则总信号 S 可以表示为

$$S=S_{30}+S_{31}+S_{32}+S_{33}+S_{34}+S_{35}+S_{36}+S_{37} \tag{4-4}$$

假设原始信号 S 中，最低频率成分为0，最高频率成分为1，则提取的8个频率成分所代表的频率范围见表4-3。

表 4-3　8个频带成分所代表的频率范围

信号	S_{30}	S_{31}	S_{32}	S_{33}	S_{34}	S_{35}	S_{36}	S_{37}
频率范围	0～0.125	0.125～0.250	0.250～0.375	0.375～0.500	0.500～0.625	0.625～0.750	0.750～0.875	0.875～1.000

4.4.2　计算机仿真

如图4-13所示为正弦周期信号 $x_1=\sin(0.2\pi t)$ 叠加 $x_2=2e^{-0.5t}\sin(10\pi t)$ 这样的冲击信号，其表达式为

$$s(t)=\sin(0.2\pi t)+2e^{-0.5t}\sin(10\pi t) \tag{4-5}$$

如图4-13所示为正弦信号（x_1）、（x_2）和两者叠加信号（x_1+x_2），通过选择db4小波对叠加信号（x_1+x_2）进行分解。如图4-14所示为小波包分解后的信号，对比分解前和分解后的信号可以看出，小波包分解信号、提取信号特征的效果相当好，这一点有利于机械故障诊断，因为一般故障信号为数个信号的叠加，通过计算机仿真证明了小波包分析在故障信号提取的有效性。

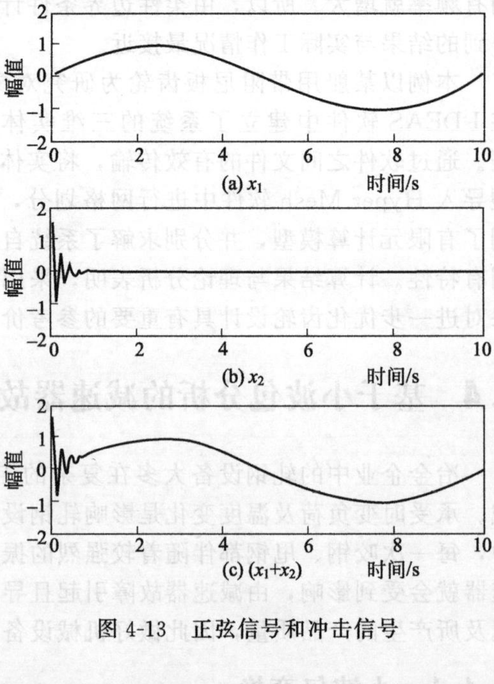

图 4-13　正弦信号和冲击信号

4.4.3　实例分析

（1）减速器振动测试系统

减速器被广泛应用于冶金机械轧钢设备中，用以传递动力和改变速比，其故障将直接影响到整台设备的工作状况。减速器作为常用的传动部分，其中齿轮、滚动轴承和轴系的工作

情况很复杂，各种典型故障一般并不以单一形式出现，而是多个故障同时发生。因此当其中某一部件发生故障时由于其他振动信号的干扰，很难显示出故障特征频率，从而给故障诊断工作带来了较大的困难。一些用于故障诊断的传统分析方法，如快速傅里叶变换（FFT）通过有限时间域上的一组复指数基函与信号乘积的积分来表示。分析的频谱结果是在整个被分析时间段上的平均，不能反映故障信号的细节。传统的假设信号是平稳的条件下才能有效地对故障信号进行诊断，而实际信号大多是非平稳信号。小波包变换克服了上述缺点，利用其空间局部化性质和多分辨率分析，它可以在不同的时间分辨率下对信号进行分析，这些特性使得小波包分析能识别振动信号中的故障特征。

测试所选用 Zonic Book/618E 型振动测试系统，它是一种便携式振动测试系统，可以直接测量振动加速度、振动烈度（速度），测量范围宽，有最大值保持功能，并有相关处理软件，可以对其所测的数据作进一步分析。Zonic Books/618E 是一个 8 通道的振动信号分析仪器，最大可以扩展到 56 个通道，可以对微小振动及超强振动进行测量，它可以储存 1000 组以上测点的数据，具有信息管理的功能，仪器可以与计算机进行通信，实现现场监测的功能，并通过 eZ. Anayst 软件进行实时状态监测和频谱分析。

测试系统示意图如图 4-15 所示。

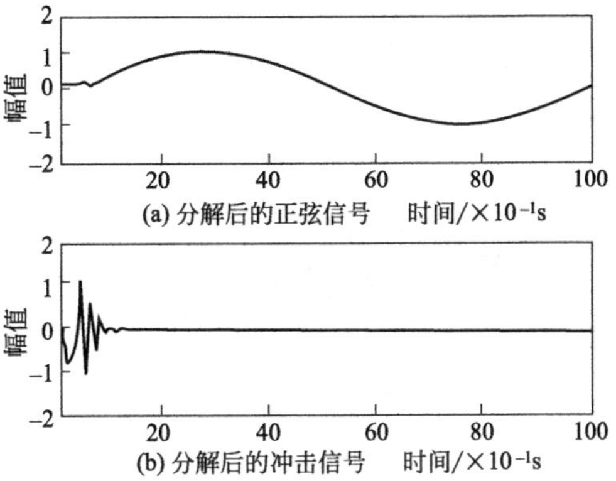

图 4-14 信号的分解

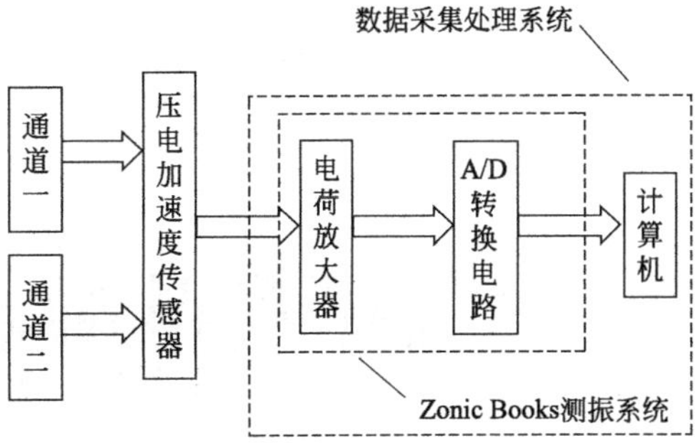

图 4-15 测试系统示意图

（2）减速器传动简图及测点布置

在减速器中，齿轮的振动信号经过轴、轴承、轴承座传至减速器箱体。由于振动信号经过路径较长，振动源多，从箱体测得的振动信号非常复杂。因此，测点的选择很重要，选择振动能量较为集中和突出的轴承座垂直方向作为测点位置，测取振动加速度信号，其中电动机的功率为 500kW，转速 1000r/m，减速器传动简图及测点布置图如图 4-16 所示。

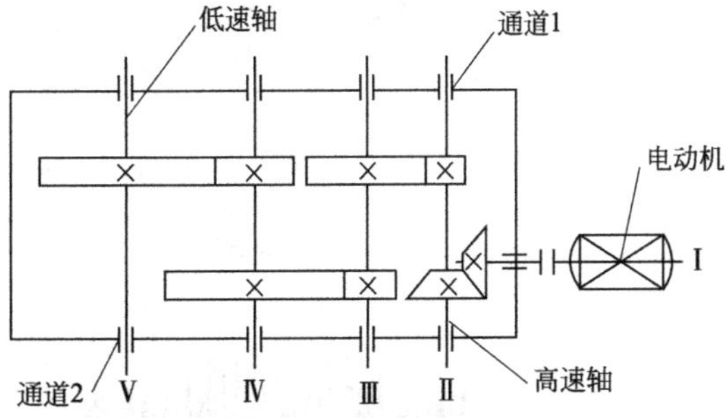

图 4-16 传动简图及测点布置图

（3）减速器故障信号的小波包分解

振动信号采集的时域波形如图 4-17 所示，从振动信号的时域波形图中不能得到故障特征频率，对其进行小波包分解，由于减速器振动信号的采样频率为 1000Hz，经过三层小波包分解后的各个结点频段所代表的频率范围为 [0, 62.5]，[62.5, 125]，[125,187.5]，[187.5,250]，[250,372.5]，[372.5,375]，[375,437.5]，[437.5,500] 这 8 个频段，并对小波包分解系数进行重构，得到各个频段的重构信号，分解后的各结点的重构信号见图4-18。

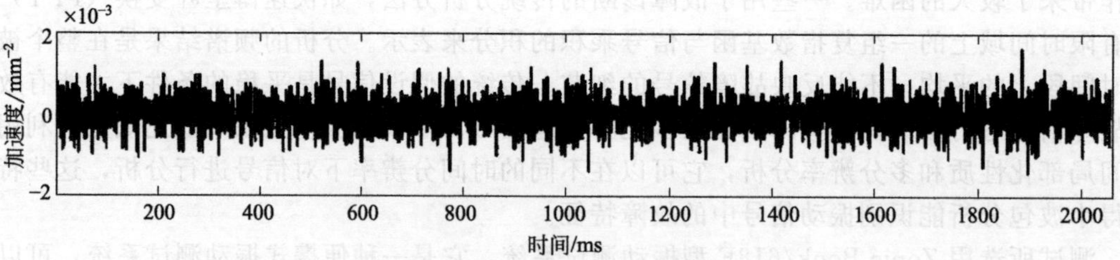

图 4-17 振动信号的时域波形

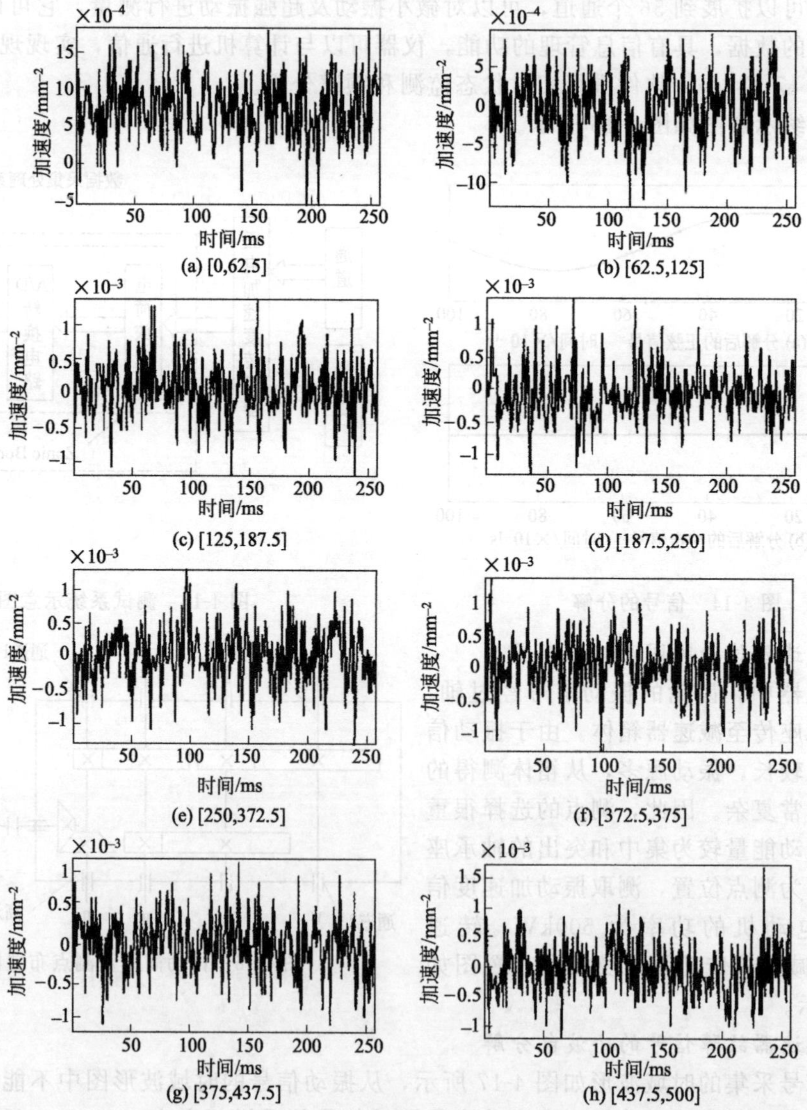

图 4-18 振动信号的小波包分解

从图4-18中看出，结点［3,0］对应的最大幅值与其他结点幅值相差很大，说明结点

［3,0］对应的频段 0～62.5Hz 有故障频率，减速器的第三对齿轮的啮合频率 $f=47.5\text{Hz}$ 位于此频段，从结点［3,0］中也可以看到一个明显的冲击，从而可以判断减速器第三对齿轮出现故障。

（4）减速器故障信号的能量分析

为了更加直观地显示故障特征，把小波包分解后的故障信号进行能量分析，8 个频带的能量形成一个八维向量，如图 4-19 所示为各个频带分解的各个频带相对比例能量，通过小波包分解能量监测，发现第 1 频带（0～62.5Hz）的能量比很大，与上面所提取的故障频率一致。

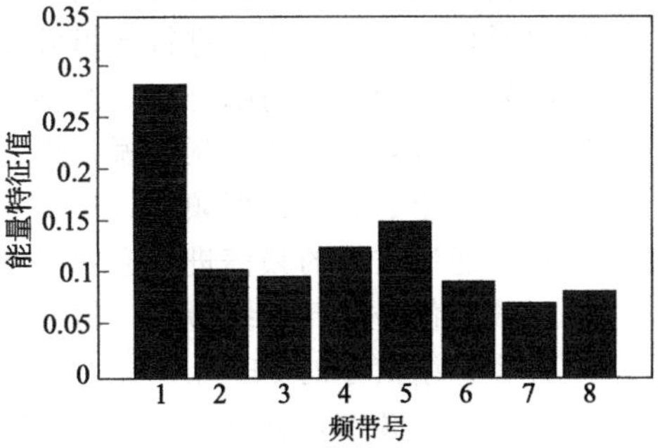

图 4-19　小波包频带能量监测

故障信号的特征提取是进行故障诊断的基础，提出了基于小波包分解在减速器故障中的应用和基于小波包的频带能量特征提取方法。并通过仿真结果可以看出，这两种方法在减速器故障诊断中故障信号特征提取效果明显，为减速器的故障特征提取提供了一种新方法。

4.5　齿轮故障高频共振诊断

对于齿轮箱的故障诊断，通常只能将加速度传感器安装在箱体表面测取振动信号，由于振动信号不是直接在被监测齿轮上测取，故受传输途径与设备中其他部件振动的影响，其中常常含有大量噪声，甚至抑制了有用的故障信息。采用适当的信号处理技术降低噪声的影响和提取感兴趣的特征信息，是齿轮故障诊断的关键。

一种齿轮故障诊断方法是把齿轮故障冲击激起的高频共振频带作为带通滤波器的通带，对同步平均振动信号进行带通滤波，然后进行包络检波，实现齿轮故障的高频共振诊断。由于该诊断方法是以信噪比更高的高频共振信息作为诊断依据，因此具有更高的诊断准确性。

4.5.1　齿轮故障高频共振诊断原理与流程

（1）诊断原理

在齿轮箱中，由于某啮合齿局部受损，该齿啮合时的承载能力便急剧下降，所加载荷需依赖该齿轮上的其他齿轮承担，导致其他齿因过载而有更大的挠度。于是，该受损齿轮上即将进入啮合的齿提前到位，而另一齿轮的齿仍然正点到位。这个时间差将导致下一对齿啮合时的碰撞力度大于正常啮合时的力度，将发生显著的脉冲冲击波。这一冲击将激起齿轮产生高频共振。这就是高频共振技术得以在齿轮故障诊断中应用的基础。

（2）诊断流程

如图 4-20 所示是高频共振技术用于齿轮故障诊断的流程图。

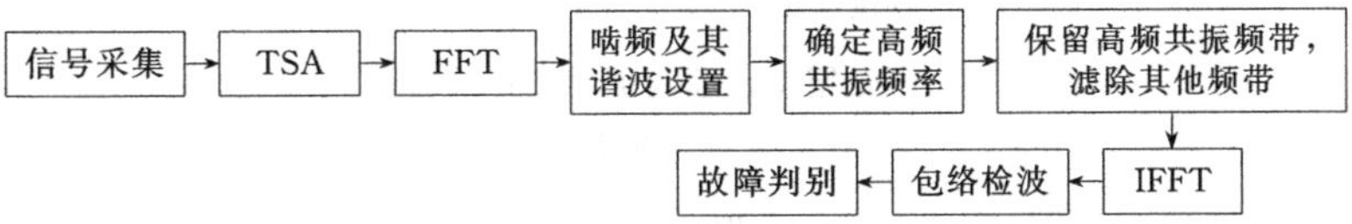

图 4-20　高频共振技术用于齿轮故障诊断的流程图

高频共振技术用于齿轮故障诊断主要分为如下几步进行。

① 对齿轮箱的振动信号进行整周期采样，并连续采集多个整周期的振动信号。

② 将齿轮箱振动信号进行时域同步平均，得到时域同步平均信号。
③ 对时域同步平均信号进行傅里叶变换，即计算 FFT。
④ 滤除信号频谱中的啮合频率及倍频成分。
⑤ 确定信号频谱中的高频共振频带。
⑥ 根据确定的高频共振频带，对信号频谱进行带通滤波。
⑦ 对带通滤波后的频谱进行逆傅里叶变换，即计算 IFFT，得到残余信号。
⑧ 对残余信号进行包络检波，得到包络信号。
⑨ 计算包络信号的 FFT。
⑩ 根据包络频谱，进行齿轮故障诊断。

在实际应用中，可以不必进行上述的第⑨和第⑩步，直接根据残余信号的包络进行齿轮故障诊断。

4.5.2 应用实例

在一个齿轮箱实验器上对齿轮箱中的某一齿轮人工设置了故障，并用上述方法对该齿轮箱的齿轮故障进行诊断。齿轮箱实验器与振动测试装置的简图如图 4-21 所示。它由 JZQ-250 型齿轮减速机、交流驱动电动机、变频调速器和抱闸等部件组成。齿轮 1～4 的齿数依次为 35、64、18 和 81。减速机和驱动电动机均固定在平台上。变频调速器可调整电动机转速在 100～3000r/min 范围内运转。抱闸系统为齿轮箱提供转矩负载，其大小可由系统中的力簧调整。法兰（联轴器）上贴有反光纸，光电转速传感器为振动信号采集提供相位信号。由加速度传感器测得的箱体振动信号经电荷放大器，送入信号调理器预处理，再通过 NI（DAQCard-AI-16E-4）采集卡（A/D 转换）到达计算机，最后由装于计算机的自行研制的/齿轮状态监测与故障诊断软件包 0 进行分析与处理。NI 采集卡的最大采样频率为 1.25MHz，16 通道并行采集，驱动程序利用 C++语言自行编制。

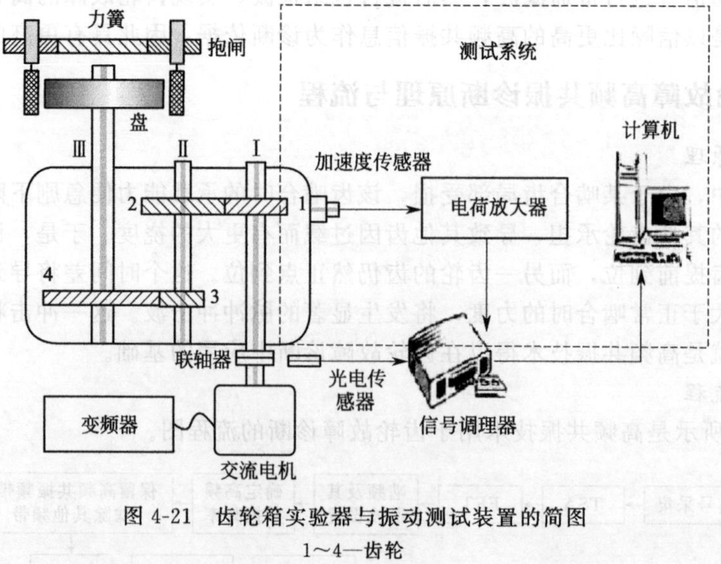

图 4-21 齿轮箱实验器与振动测试装置的简图

1～4—齿轮

实验前，拆开齿轮箱，在齿轮 1 第 24 齿（以光电标记为起始齿记数）侧面节圆附近制造一凹坑（<1.5mm）。测试时，电动机转速为 1260r/min，信号采样触发方式为转速脉冲触发采集。连续采集多个周期，每周期采样 1024 点，于是采样频率为 21504Hz。各轴转频及各个齿轮副啮合频率如下。

$f_{\mathrm{I}}=21\mathrm{Hz}$，$f_{\mathrm{II}}=11.48\mathrm{Hz}$，$f_{\mathrm{III}}=2.55\mathrm{Hz}$；$f_{M_1}=735\mathrm{Hz}$，$f_{M_2}=206.64\mathrm{Hz}$。

如图 4-22 所示为加速度传感器测得的箱体振动信号的时域波形。

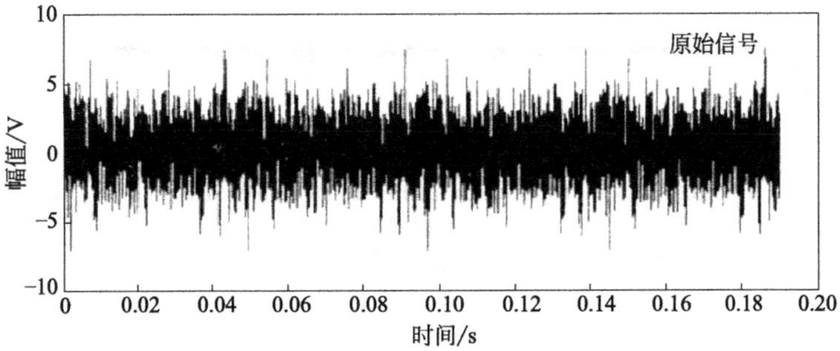

图 4-22 加速度传感器测得的箱体振动信号的时域波形

如图 4-23 所示为同步平均信号及其频谱，同步平均的周期个数为 32。在图 4-23 的频谱中，可以清楚地看出齿轮的啮合频率 f_{M_1} 和 f_{M_2}，以及 f_{M_1} 的 2、3、4、6 阶倍频，同时还可以发现在 8700Hz 附近有一个较明显的高频共振峰。

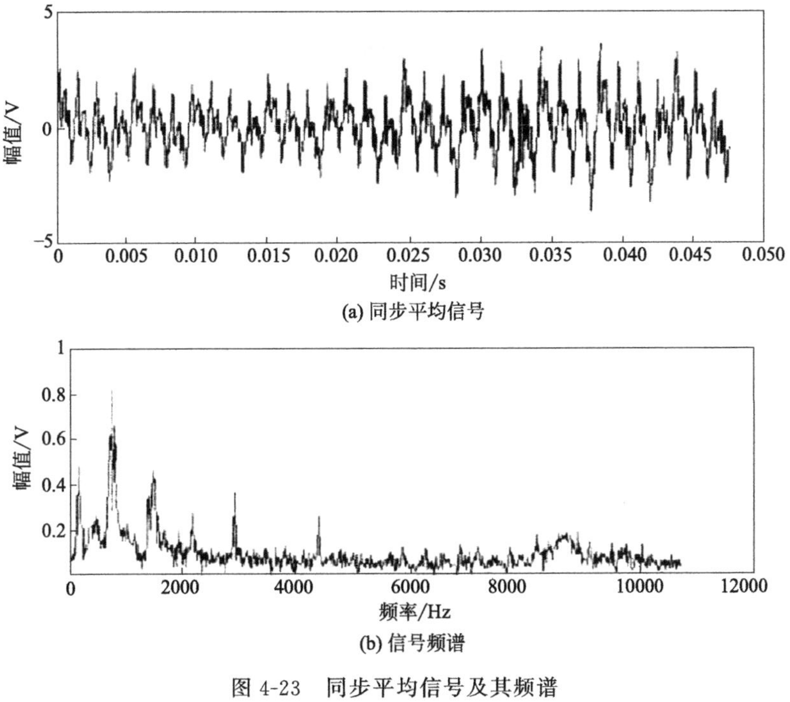

图 4-23 同步平均信号及其频谱

用上述齿轮故障诊断的高频共振方法对图 4-23 中的同步平均信号进行处理，如图 4-24 所示为处理后得到的残余信号和包络信号。在信号处理过程中，带通滤波器的中心频率为 8700Hz。

从图 4-24 的残余信号和包络信号中可以看出，在 0.032s 附近有一个明显冲击峰，根据信号采样频率和齿轮 1 的总齿数，可以计算出 0.032s 与齿轮 1 的第 24 齿对应，说明齿轮 1 的第 24 齿存在故障，这与预期结果相同。

实验结果证实了上述齿轮故障诊断的高频共振方法的有效性。该故障诊断方法具有可以较准确地辨别出故障齿的位置，以及诊断早期齿轮故障的优点。

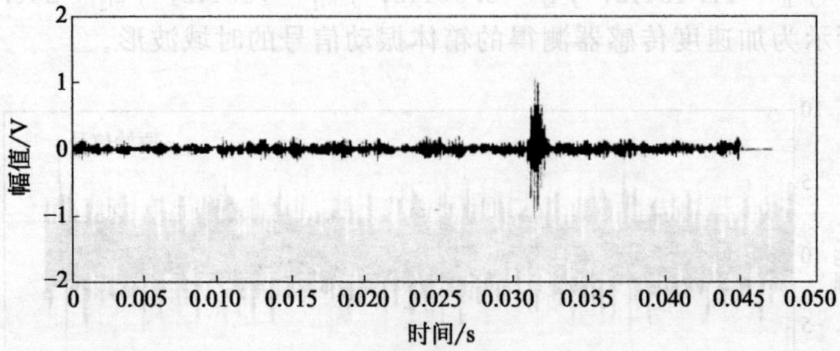

(a) 残余信号

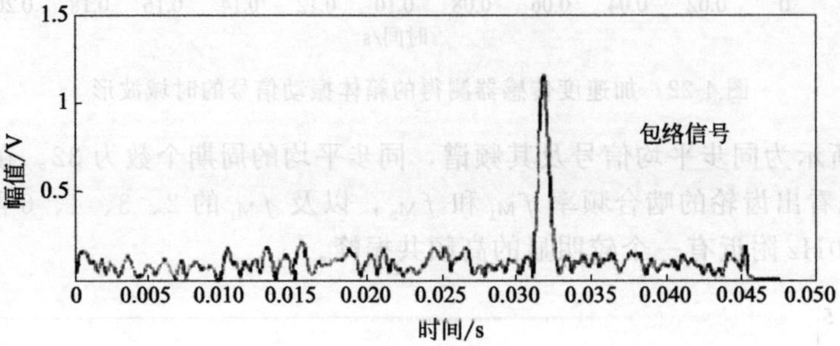

(b) 包络信号

图 4-24 高频共振处理后的残余信号和包络信号

第 5 章

轧机振动故障监测与诊断

5.1 轧机振动故障监测与诊断方法

轧机是通过碾压，把金属原料加工成所需断面形状的重型机械设备。按金属原料的不同分为钢材轧机、铜材轧机、铝材轧机等；按加工前原料的温度又分为热轧机、冷轧机；按成品的断面形状分为板材轧机、型材轧机；板材轧机按成品的厚度又分厚板轧机、中板轧机、薄板轧机；型材轧机根据型材的形状又分为型材轧机、棒材轧机、管材轧机等。各种不同成形目标的轧制工艺有很大的不同，为满足这些工艺目标，轧机的机械结构也是千差万别的，因而轧机机械故障在线监测诊断系统也有各自不同的针对目标。

5.1.1 轧机常见振动故障

(1) 倾斜传动轴引起的振动

轧机必须适应原料的尺寸变化，同时也是为了控制成品的尺寸，轧辊之间的距离必须可以调节。板材轧机传动示意如图 5-1 所示。

由于传递力和运动的齿轮箱中，齿轮中心距是固定不可调的，因此调节轧辊之间的距离，必然使传动轴发生倾斜，为适应这种变动，通常传动轴两端的联轴器采用万向联轴器类的结构（如虎克接手等）。

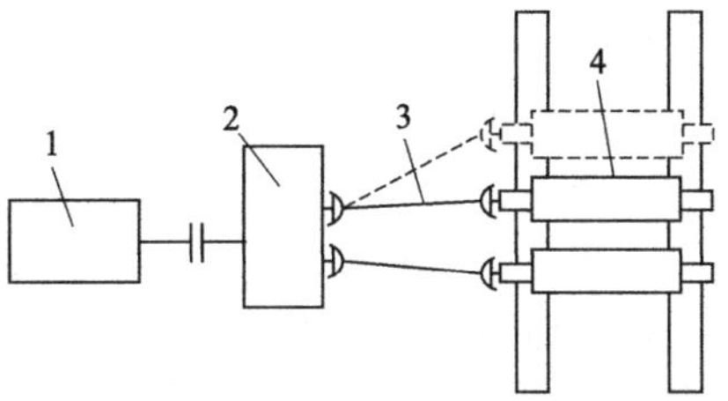

图 5-1　板材轧机传动示意

1—电动机；2—齿轮箱；3—传动轴；4—轧辊

根据机械传动的原理及运动力学分析，倾斜的传动轴在转动时必然产生径向和轴向力，表现为径向和轴向的振动，其大小与转动角速度的平稳性、倾斜角度、万向联轴器内部的摩擦力等因素相关。在齿轮箱的输入、输出轴处测量径向和轴向的振动，若齿轮箱的输出边的轴向振动远大于输入边，基本可以判定传动轴联轴器处存在故障。

轧辊在生产中难免磨损，为保证成品的尺寸精度、表面质量指标，轧辊要经常更换。多数情况下，为方便更换轧辊，联轴器与轧辊连接处留有较大的间隙。这些间隙必然造成联轴器的重心与旋转中心不重合，在转动中附加离心力产生的径向振动。振幅的大小与间隙和转速两个因素相关，在转速不变的条件下，振幅随着间隙的增大而增加。

(2) 原料厚度、硬度变化引起的振动

轧制过程是一个强制原料金属变形的过程，材料变形的抗力称为轧制力，其大小取决于变形量的大小。材料变形的抗力通过轧辊、轧辊轴承、辊缝调节机构作用到轧机机架上，成为机架的弹性变形。

因为轧件坯料的厚度变化必然造成变形量的变化，从而导致轧制力的波动。同样轧件坯料内部硬度的变化，也必然使材料变形的抗力也产生变化，也会造成轧制力的波动。轧制力的波动表现在轧机机架上就是机架的振动。

轧件坯料的厚度变化与轧件坯料的生产方式相关，采用连铸机生产的铸造坯料，其厚度变化是随机的，所造成的振动在频率和振幅两方面都具有随机成分。若轧件坯料是前道工序轧制出来的，受前道工序中轧辊的偏心、椭圆度等因素的影响，坯料的厚度变化成为有规律的，所造成的振动频率取决于厚度节距与轧制速度。

通常，轧件坯料的硬度沿整个轧件的长度分布正常情况下是随机分布的，硬度变化导致的轧制力波动也是随机的。某些热轧坯料在加热过程中，受加热炉内炉底托梁的影响，轧件全长上的温度出现非均匀分布，由此造成轧件的硬度分布与温度同样的分布规律，导致轧制力波动所引起的振动具有同样的规律。

(3) 咬钢、抛钢工艺过程引起的振动

轧件坯料的长度都是有限的，因此必然有轧件坯料进入轧辊及离开轧辊的过程。

在轧件坯料进入轧辊前，轧机的各部分没有承受轧制力，处于应力松弛状态，传动系统中的间隙为随机的。轧件坯料被咬入轧辊的瞬间，轧机突然加载上轧制力，从应力松弛状态突变为应力张紧状态，传动系统中的间隙猛然消失。轧机及传动系统可以看成一个具有复杂的微分方程组构造的高阶振动物理模型，在突加的载荷作用下，激发出冲击性的衰减振动。轧机的振动由两部分组成：一个是以平均轧制力引起的稳态振动；另一个是瞬间冲击产生的暂态衰减振动。暂态衰减振动的频率由轧机及系统的综合固有频率决定，轧机状态好，则暂态衰减振动的时间很短。影响轧机及系统的综合固有频率的因素主要有：①某个零部件的内部裂纹，使该零部件的固有频率降低，从而降低了轧机及系统的综合固有频率；②磨损造成间隙增大，轧机及系统的非线性振动特性的影响加大。这两个因素都使暂态衰减振动的时间延长，严重情况下可贯穿整个轧制过程。

在轧制过程中，轧制力转变成轧机及系统的应力，以弹性能的形式存储起来。当轧件离开轧辊时，这些储存的弹性能迅速地释放出来，这个过程称为抛钢过程。突然释放的弹性能是一个瞬态冲击，对轧机及系统同样引发一个衰减振荡过程。

(4) 轧制速度变化引起的振动

现代轧机为了提高生产率，主要采取提高轧制速度的方式。为了降低咬钢抛钢过程引起的应力冲击，需要在咬钢抛钢时减低轧制速度，这样一来，轧机的转动速度不再是一个恒速运动，改成了变速运动。特别是连续轧制的机组，轧件在轧制过程中，总质量（体积）不变，断面面积不断减小，其结果是轧件愈来愈长。这就要求在连轧工艺中，各轧机的转速从前至后愈来愈快，每台轧机单位时间内的体积流量相同。由于各种因素的影响，如轧辊的椭圆、偏心都是无法避免的，前道轧机的体积流量和后道轧机的体积流量做不到绝对相同，这样一来，两道轧机之间的轧件内部有可能出现两种状态：①轧件内是负应力状态，即前道轧机的体积流量大于后道轧机的体积流量，造成的效果就是堆钢故障；②轧件内是正应力状态，即轧件是在拉伸状态下的挤压变形，这种状态有利于提高轧机的生产率，也就是张力轧制。现代的连轧机组全部都采用张力轧制工艺，张力控制的要求应运而生。张力过小，易产生堆钢事故，张力过大，则会使轧件拉断，两种情况都使得连轧工艺中断。张力控制的实质就是控制前后轧机的轧制转速，使两轧机之间的轧件张力控制在一定范围内。因此轧制速度就成了变速转动。

现代连轧机的转速控制大多数采用变频调速技术，其中最重要的是轧机传动系统的质量惯性对速度变动的影响，早期的轧机变频调节技术对这方面考虑不足，引起过多种故障，目前轧机变频调节技术已经成熟，此类故障基本消除。

轧机传动系统的多发常见故障是传动轴断裂，断裂的原因主要有两种。一种是传动轴的内部缺陷引起的，如内部裂纹、夹杂、局部应力集中等。另一种是疲劳断裂，其中危害最大的是传动轴的扭转振动，咬钢、抛钢、频繁地变速都能引发扭振。许多研究资料指出影响扭振的持续时间和振幅的最大因素是传动系统内的间隙，扭振加快了传动轴疲劳损伤的过程。

传动轴扭振断裂的断口特征：①断口中找不到内部裂纹、夹杂、气孔等内部缺陷特征；②断口存在 1 个以上的断裂斜面，斜面初始部分与轴线的角度接近 45°。

5.1.2 轧机故障的测试与分析

轧机的故障诊断基本是通过表面现象、工作原理、结构特点，推测故障的部位、原因的过程。诊断过程可分为下列步骤。

(1) 充分了解轧机的构造

轧机的种类繁多，其结构的多样性是特别突出的。首先应深刻掌握开展故障诊断的轧机机械传动原理、构造、运行特点等；其次是工作状态，如工作电压、电流，是否存在变速控制等；还有工作环境状态，如热轧、冷轧等。

(2) 调查研究设备的多发、常见故障

设备故障诊断目的是提高设备的生产率、降低运行维修成本，获得更好的经济效益。设备故障按发生的频度可分为多发常见故障和偶发故障，按时间关系可分为渐变性故障和突发性故障。多发常见故障一定存在稳定的系统原因，是可以查找的。一旦找到准确的原因，采取针对措施，可以通过故障率的降低而得到证实。偶发性故障的影响因素很多，查找困难，也很难证实。渐变性故障有一个发展过程，是可以通过发现早期故障征兆，采取措施，降低故障损失。突发性故障的发展时间短，即使发现早期故障特征，也来不及采取消除措施。

所以故障诊断监测系统的针对目标要放在多发常见故障及渐变性故障上面。

(3) 分析研究针对性监测的物理参数、部位

在充分分析故障可能原因的基础上，分析当存在这些原因条件下，有哪些物理参数可以充分证实故障原因存在。由此决定监测的物理参数，并选择合适的检测方案，包括传感器种类、型号、数量、部位等。并按检测方案组织实施。

注意，在制订检测方案时，一定要把所有可能原因都考虑到，为了避免遗漏，有时不妨把网撒大一点。同时也要考虑经济适用性，检测方案愈大、愈复杂，则成本费用愈高。

(4) 依据所获得的各项数据分析故障的原因

诊断故障原因的基本方法是排除法。全部故障可能的原因构成了一个故障原因集，而按检测方案实施所测得的数据构成证据集。仔细地分析各项数据，判断它们可以证实哪些故障原因存在，不能证实的原因被排除，剩下的即为故障的可能原因。证据越充分，则可能性越大。

在这个过程中要尽量避免孤证，优先考虑复证。这是因为孤证的证据不充分，可信度较低。

(5) 采取必要措施，降低故障，证实故障原因

确定了故障原因后，应考虑采取必要的措施，来降低故障。通过措施的效果来证实故障原因的判定正确与否。

下面通过一个实例，来说明诊断各步骤的应用。

某公司冷轧厂的五机架薄板冷连轧机组是从德国进口的设备，奥钢联设计制造，是典型的四辊轧机结构，如图 5-2 所示。投产初期设备运行正常，三年以后，轧辊轴承烧损事故逐渐增多。该厂就此问题委托北京某大学研究，该校在最终报告中建议：就此问题向奥钢联提出咨询。奥钢联建议购买油雾润滑系统。

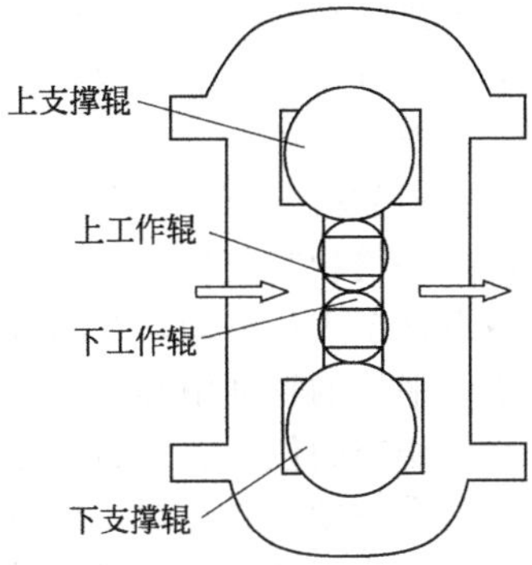

图 5-2 四辊轧机结构示意

油雾润滑系统投入运行后，轴承烧损事故明显下降。两

年以后，重新出现，并且逐年增多，该厂就此问题先后委托武汉 2 所大学研究，其中 1 所实力较强的大学经过多方调研，测试、核算，得出该轴承的使用寿命为 680h，建议在运行了 600h 左右更换。当接到这个委托时，该机组已经运行了 11 年。

接到委托后，首先调查了该厂前面所做的工作，以免重复前面院校的工作。在现场调查中发现故障的特点规律，烧损轴承事故集中在 $2^{\#}$、$3^{\#}$、$4^{\#}$ 轧机上，其中 $3^{\#}$ 的压下量最大，轧制力最高，$4^{\#}$ 的轧制速度大，$5^{\#}$ 轧机主要用于平整，控制钢板表面质量，虽然转速最高，轧制力却不大。故障发生的特点是：轧制功率（轧制力×轧制速度）高的轧机，轴承烧损故障发生的次数多。

烧损故障发生的规律还表现为随着在役时间的延长，故障发生的频率增高。这个规律符合某种设备状态劣化的特点。

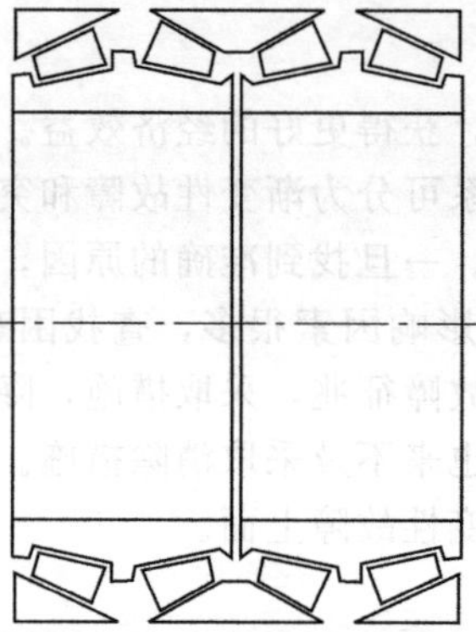

图 5-3 轧辊轴承结构示意

轧辊轴承采用四列圆锥滚子轴承的结构，如图 5-3 所示。厂方将工作时数小于 200h 的轴承损坏，归于烧损事故，实际上发生烧损事故的轴承最小工作时数甚至只有 10 多个小时。一旦发生，轴承根本无法从轧辊及轴承箱中拆除，厂内只能采取氧气火焰切割拆除。使用这种四列轴承的最关键要求是载荷均担，如果安装时各环位置调整不好，也是容易发生早期损坏。厂方对这个调整非常重视，指定专人做这项工作。

从现场调查的信息来分析，使这种轴承烧损的条件是：存在过大的轴向力，使得载荷集中到 2 列甚至 1 列轴承上。这个轴向力在轧钢机械设计的教科书上是查不到的，在教科书上轧辊的受力分析是在理想状态下，而理想状态下轧制载荷均匀分布，是没有轴向力的。

通过上述分析，故障原因的测试将针对轴向力有多大？轴向力是什么原因产生的？这些具体的问题上，测试的轧机选择故障率最高的 $3^{\#}$ 轧机。

针对轴向力有多大这个问题，采用在轴承箱门拴螺栓上布置应变片的方式，测量螺栓承受的应力。并在测试前将所有测量螺栓在拉力试验机上作好标定，即作好拉力吨位与测量仪器输出的电压的关系曲线图，以便在测试时通过仪器的输出电压获得轧制时的轴向力。实际上，在测试中得到的平均轴向力约为 85t，最大冲击情况的轴向力接近 100t。

至于轴向力是什么原因产生的，从故障发展规律看，磨损是符合随时间延长，而劣化情况增长的因素之一。当然还有位移、下沉等因素，因此在测量方案中应包含对这类可能因素的测量。

轧机牌坊测量方案的实施如下。

测量的首要问题是定位测量基准，在轧机机组的两端保留有安装时的原始轧制中心线标点，它就是基准。如图 5-4 所示。轧机牌坊中心线应与轧制中心线成 90°，但是测量仪器无法布置在轧机牌坊中心线与轧制中心线相交的位置，这是因为测量施工时，这个区域有许多人员移动，对测量不利。需要另设与轧制中心线平行的辅助中心线，在辅助中心线与轧机牌坊中心线相交的位置布置测量经纬仪。

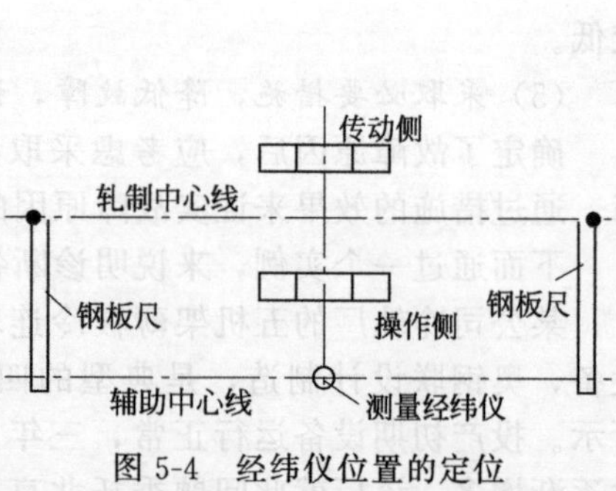

图 5-4 经纬仪位置的定位

因为辅助中心线与轧制中心线的距离较远，在两根小型工字钢梁上各卡紧 1 根 1m 钢板尺，作为读数部分。工字钢梁两端铣端面，并将两辅助读数尺校准，放到基准点上。

测量经纬仪布置到轧机牌坊中心线延长处，调整测量经纬仪，使对两端钢板尺上的读数相同，则测量经纬仪中心与两端钢板尺上的读数三点一线，构成辅助中心线。测量经纬仪旋转 90°，使读数方向对准轧机牌坊，测量经纬仪定位完成，测量经纬仪的读数光学平面构成测量轧机牌坊中心线的基准平面。

测量基准平面完成后，就可以对轧机牌坊的各部分进行测量了。在此要定义后面数字中的前后的含义，轧机的入料口处称为前面，轧机的出料口处称为后面，即前进后出。

被测量的平面有：传动侧牌坊的上支撑辊前定位面、后定位面；上工作辊前定位面、后定位面；下工作辊前定位面、后定位面；下支撑辊前定位面、后定位面，还有操作侧牌坊的 8 个对应的定位面。共 16 个测量面，每个面测量上中下左中右 9 个点，取平均值为该面的测量值。经数据处理后的测量数据如图 5-5 所示。

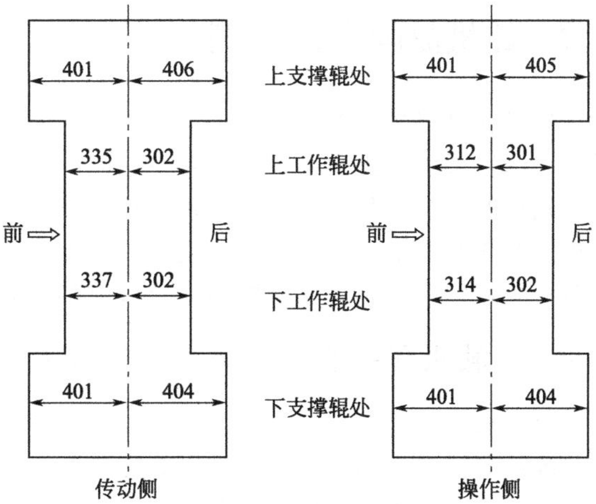

图 5-5　轧机牌坊的尺寸测量数据图

分析图 5-5 的数据分布，可以看到这样一些特点：①支撑辊的磨损面在后面（出口侧），传动侧与操作侧的磨损相差不大，支撑辊的中心线基本保持了对轧制中心线的垂直；②工作辊的磨损面在前面（入口侧），并且传动侧比操作侧的磨损大二十多毫米，即工作辊的中心线在传动侧向前倾斜，与轧制中心线不垂直；③由于传动端存在联轴器的不平衡甩动，所以传动侧的磨损大于操作侧。考虑到同样的原因，传动侧的工作辊轴承箱的磨损必然大于操作侧，估计工作辊的中心线的实际倾斜程度是图 5-5 所示的 2 倍左右。

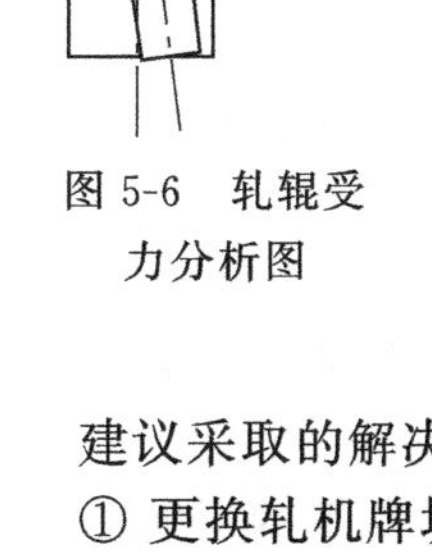

图 5-6　轧辊受力分析图

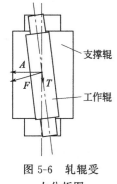

四辊轧机的辊系布局设计中，工作辊、支撑辊的轴心线不是布置在轧机牌坊的中心上，而是工作辊向前错位，支撑辊向后错位。轧制时，轧辊使钢坯向后运动，钢坯的反作用力使工作辊向前。这种布局有利于辊系的稳定。如图 5-6 所示，轧制时轧辊下面是钢坯的反作用力，轧辊的上面是支撑辊的作用力，上下合力在水平方向上的投影是 F，垂直于轧辊轴线，使轧辊向前靠近。T 是 F 的轴向分量，也就是使轧辊轴承发生烧损故障的轴向力。随着轧机的使用，磨损增大，轧辊的倾斜度增大，轧辊轴承的轴向力也逐步增加。

在上述分析的基础上，提交给厂方的报告指出：造成轧辊轴承烧损的主要原因是：轧制时的轴向力过大。随着轧机牌坊的磨损增大，轧辊与轧制中心线的倾斜程度加大，这个倾斜是轧制时产生轴向力的主要因素。

建议采取的解决措施。

① 更换轧机牌坊的衬板，修复牌坊的几何尺寸，使之恢复到图纸设计的标准。

② 更换轧辊轴承箱的衬板，修复轧辊轴承箱的几何尺寸到图纸设计的标准。

在目前情况下，轧辊轴承箱在安装前测量尺寸，与轧机牌坊的尺寸采用选配方式，以控制轧辊的倾斜程度，减少烧损事故发生。

报告提交后，厂方开始准备轧机牌坊衬板等备件，安排在年底大修时修复五台轧机的牌坊。在等待大修的期间，轧辊轴承的烧损基本维持在每月 10 多套的程度。大修工作只修复了轧机的牌坊，轧辊轴承箱衬板来不及处理，只对其中部分磨损程度明显大的轧辊轴承箱进行了修复。

大修完成后，轧辊轴承的烧损下降到过去水准的三分之一以下。说明修复措施有效，故障原因分析是准确的。

5.2 轧机故障在线监测

现代轧机都是由多个系统组合而成的，如主轧传动系统、连杆平衡系统、压下辊缝调节系统、弯辊系统、张力系统等。其中任何一个系统发生故障，都造成轧机不能正常工作。但建立轧机的在线监测系统把所有系统都监测起来，成本费用太高，而费用效能比不高。因此轧机的在线监测系统的目标主要放在主轧传动系统上，这是因为主轧传动系统，载荷大，速度高，故障发生率高。在线监测系统目的在于降低高发率的故障。

5.2.1 轧机在线监测系统的主要功能

(1) 统计分析

统计分析类指标较多，最常用的是振动有效值指标 X_{rms}、峰值指标 X_p、峭度指标 X_b。这些指标配合趋势分析功能的曲线，使故障诊断人员清晰地认识到设备状态发生了什么样的变化。有效值指标 X_{rms}的持续上升，使诊断人员看到事故隐患正在发展。峰值指标 X_p 的趋势曲线，使诊断人员看到设备的平稳性发生了什么样的变化。峭度指标 X_b 对冲击性振动非常敏感，往往在故障隐患初期即发生明显的升高，例如，轴承的点蚀刚刚发生，峭度指标就有较大的上升表现，当点蚀连成一片时，峭度指标反而下降。诊断人员往往利用峭度指标升降这一特点，敏感到故障将要发生。

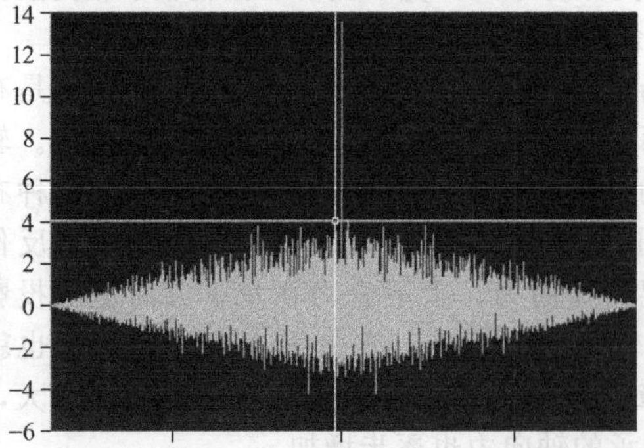

图 5-7 正常状态的自相关函数图像

(2) 时域波形与自相关函数图像

时域波形使诊断人员观察到所测得信号有无畸变，测试系统是否运行正常，采集数据分析的结果可信性如何。自相关函数的图像告诉诊断人员时域波形的周期性特点，它的横坐标是时间，表现的是信号重复的间隔时间，在现实中机械设备的振动是周期信号与随机信号的混合形态。

若自相关函数的图像表现出棱形的形态，如图 5-7 所示，周期性信号的特征不突出，说明振动的主要因素是随机性振动，多数波形的峰值在 $4m/s^2$ 以下，设备状态正常。

图 5-8 表现出机械设备故障状态的信号周期性特征。其中图 5-8(a) 表现出设备的振动信号有 2 个周期性特征：1 个为较高频率的周期性信号，信号间隔时间约为 0.11s，对应的频率约为 9Hz，略低于某个轴承滚动体通过内圈的特征频率，另一个较低频率的周期性信号的时间间隔约为 0.53s，对应的频率约为 1.8Hz，略高于该轴承所在轴的转动频率。这个图像中周期性信号虽然明显，但并没有全面压住随机信号，这是设备中轴承故障的早期特征图像。

图 5-8(b) 表现出强烈的周期特征，随机信号的影响表现得微弱，信号的幅值也很高，时间间隔约为 0.014s，对应的频率约为 71Hz。查该设备的各轴转动频率都低于 71Hz，各齿轮啮合频率都远高于 71Hz，因此判定这是设备中某个轴承损坏所产生的特征频率。图像

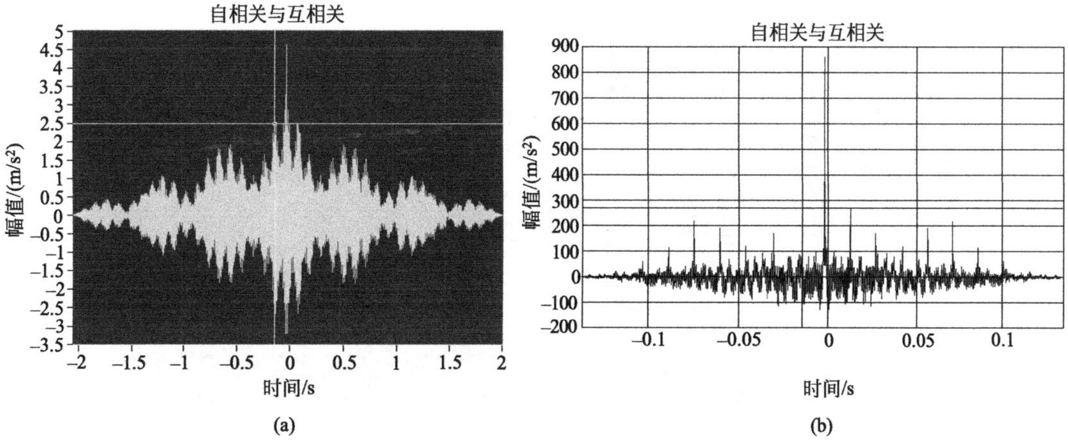

图 5-8　异常状态的自相关函数图像

中周期特征极为强烈，表明轴承损坏已到晚期，应及时更换。

自相关函数图像的局限性在于，它只反映了信号的中低频信号特征，不能清晰地表现齿轮啮合频率的周期特征。这是因为通常为了对低频信号保持足够的频率分辨率，设备故障在线监测与诊断系统的采样频率往往不是很高，在一个齿轮啮合振动的周期中，采样点数很少，造成自相关函数图像的时间分辨率不足，而无法表现出高频信号的周期性特征。

从上面的论述中，可以认识到自相关函数图像可以在早期清晰地反映出轴承的故障，无论是轴转动周期特征还是轴承故障特征都表征了轴承故障。推测：自相关函数图像的最大优势可能是低速重载轴承的故障监测与诊断。

(3) 信号的频谱分析图像及特征频率表

在设备故障诊断的实际操作中，多数情况是首先看各机组的时域统计指标有没有异常。对于有异常的传感器信号，再进一步看该信号的自相关函数图像，主要是看中低频范围的信号特征，然后在信号频谱分析图像中查看信号的频率特征。

如图 5-9 是一个典型的信号频谱分析图像，可以看到这是某钢铁公司棒材厂 2009 年 7 月 26 日 21 点采集的振动信号，图中频谱图是 8# 轧机三轴输入端水平振动加速度的频率分布谱线图。在频谱图的低频部分，首先看到的是 50Hz 处有一个振动小峰值（实测频率 49.316Hz，振幅 0.328m/s^2），在频谱图的下面有一个特征频率表，上下滚动特征频率表，又可以看到 49.316Hz 是 32040-X 轴承的滚动体过内圈故障特征频率，这就清楚地向操作人员显示 49.316Hz 的振动是 32040-X 轴承故障所造成。使用这个频谱图的功能还可以回溯之前的振动频谱特征，查得 2009 年 7 月 11 日的同样部位的频谱图，其中 49Hz 的振动谱线值为 0.201m/s^2，这就说明在 15 天内，32040-X 轴承的振动增加了 1.5 倍，说明了故障的发展速度。

在图 5-9 中还有 1 个高振幅的信号，大约在 310Hz 的位置上，振幅约 1.25m/s^2。对照特征频率表，Z_1/Z_2 和 Z_3/Z_4 两对齿轮的啮合频率都在这个频率上，不易区分是哪对齿轮的啮合振动，但表现的边频带较窄，可以认为是齿轮磨损的原因造成的。查 2009 年 7 月 11 日的同样部位的频谱图，可以发现 310Hz 处的振幅同样有随着磨损加剧而增大的趋势，增大的幅度小于轴承，危险度较小。

(4) 按时间排列的三维频谱图

如图 5-10 所示是按时间排列的三维频谱图，又称为瀑布图。其中图 5-10(a) 的各条谱线的时间间隔较大，反映了两周的时间范围，从谱图的排列来看，谱线的幅值存在某种规

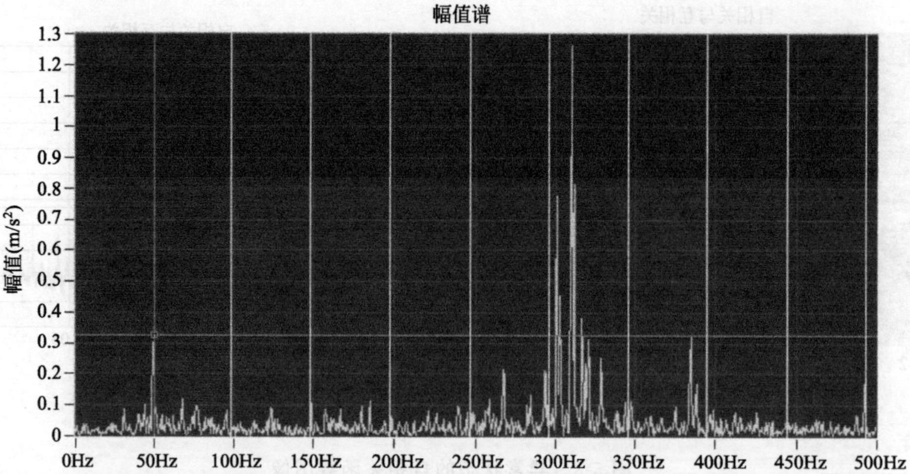

图 5-9　信号的频谱分析图像及特征频率表

律，说明设备的振动处于比较稳定状态，用近期的谱图所分析的问题是可信的。图 5-10(b) 的谱线混乱，且谱线的时间间隔较小，仅包含了 2 天内的情况，它反映了设备中某个零部件（轴承或齿面）的破损发展过程。当零件破损发生时，在相对接触面上产生了大量锐角，这些锐角激发了瞬间冲击性振动，由此频谱中出现大量的高频成分，随着锐角被磨钝，高频成分逐渐减少，谱线慢慢恢复到稳定状态。

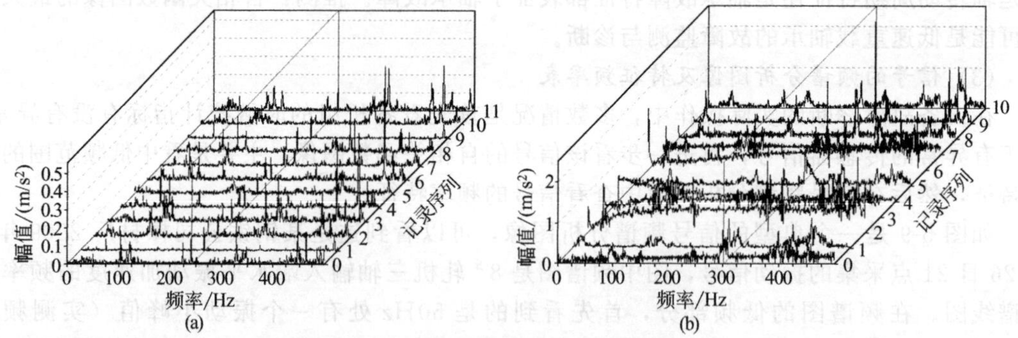

图 5-10　按时间排列的三维频谱图

5.2.2　轧机在线监测系统的类型

(1) 冷轧五连轧机组的故障在线监测诊断系统

① 冷轧五连轧机组主轧传动系统的组成（图 5-11）。系统由五架冷轧机串联成一套连续轧钢系统，每台轧机的主传动系统结构基本相同。为了适应各架轧机的轧制速度相互匹配，采用电动机调速系统调节各架的轧制速度。对于轧制功率小的轧机采用 2 台电动机驱动，轧制功率要求大的轧机采用 4 台电动机驱动，不采用大功率电动机的原因是为了改善主传动系统速度调节的动态响应性能，降低主传动系统的旋转惯性。

这样一来，主传动轴系变得复杂起来，轴系的综合扭转刚度将低于单电动机系统。

② 传感器布置及监测目的。对于生产厂的重要设备采用在线故障检测诊断系统，以早期发现故障隐患避免重大事故是必要的措施，但将主传动系统所有物理参数都监测起来也无必要，而且成本代价太高，经济上也不合理。本节主要分析在主传动系统中的传感器设置及

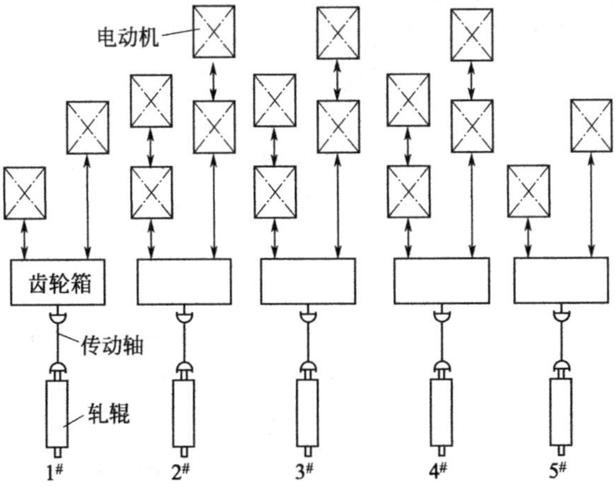

图 5-11 冷轧厂五机架连轧机组传动系统示意

监测的目的。

a. 机械振动的监测。机械振动的监测重点放在传动齿轮箱上，如图 5-12 所示。

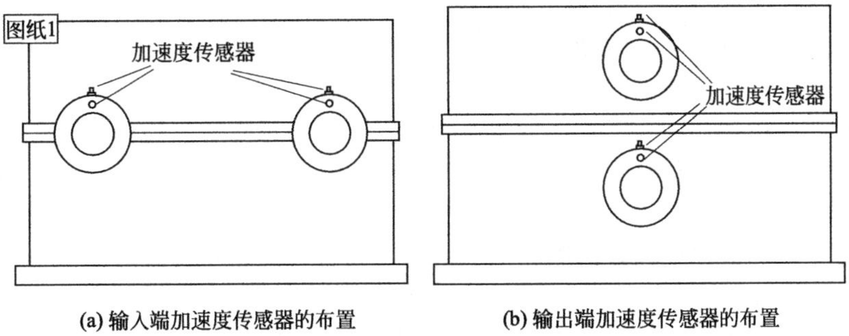

图 5-12 齿轮箱加速度传感器的布置

在输入轴轴承座处及输出轴轴承座处共布置 8 个加速度传感器，其中 4 个垂直布置的径向加速度传感器的任务是监测齿轮、轴承的故障振动情况；输入轴端的轴向加速度传感器的任务是监测电动机等的状态，因为实际现场电动机及传动轴均采用了刚性联轴器连接，电动机等部件故障所引起的轴向振动都将反映到输入端的轴承上来；输出轴端的轴向加速度传感器的任务是监测连接轧辊的传动轴及上联轴器故障。

将加速度传感器都布置在齿轮箱的原因是便于布线、维护等工作。检修前便于统一拆除，不易漏项，也便于恢复。

b. 电动机电压、电流的监测。主传动电动机的电压、电流反映了轧制负载的情况，同时也监测了主传动轴系的扭振故障。一旦发生扭振，电流将发生大幅度的上下振荡，严重时电流的低位甚至接近零。

c. 转速测量。为了便于分析计算各轧机齿轮箱内转轴、齿轮、轴承的特征频率，在线故障监测诊断系统还需要获得各轧机的转速，这些转速值采取从轧钢控制系统中传出。

d. 电动机温度的监测。电动机温度主要反映了电动机线圈的状况，漏电流增大、铁损增大、磁损增大等故障都将引起电动机温度的升高。

e. 电动机轴承的监测。因为厂方的设备管理制度早就施行，一直有专人以点巡制度进行监测。因此电动机轴承的监测延续一直采用的制度，同时也降低了在线故障监测诊断系统的成本，这也是厂方要求的，使多年来收集的数据继续能有效使用。

(2) 棒材轧机机组的故障在线监测诊断系统

棒材轧机属于型钢轧机类，其机组的布置是立式轧机与卧式轧机交错布置。其中卧式轧机的环境恶劣，齿轮箱内故障率较高，因此棒材轧机的在线故障监测诊断系统主要针对卧式轧机的齿轮箱。

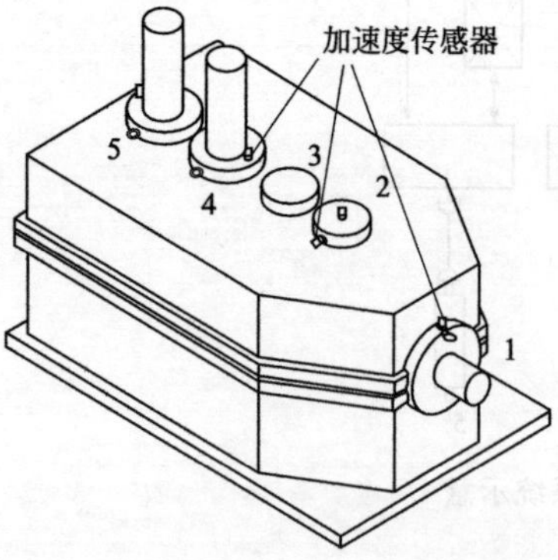

图 5-13 卧式齿轮箱传感器布置

卧式齿轮箱如图 5-13 所示，与电动机相连的 1 轴水平布置，1 轴上的齿轮是螺旋圆锥齿轮，2 轴、3 轴、4 轴、5 轴都是竖直布置，立轧辊直接套在输出轴 4、5 轴上。

在卧式齿轮箱上布置了 8 个加速度传感器，由于输出轴 4、5 轴上直接套有轧辊，工作环境恶劣，上面布置的轴向加速度传感器损坏率较高，使用时间不长，后来也没有恢复。实际上这 2 根轴的轴向振动一直不高，以径向振动的故障为主。

卧式齿轮箱的故障特点如下。

① 输入轴 1 轴的传动齿轮是螺旋圆锥齿轮，在轴承上有较大的轴向力，轴承的故障率较高。1 轴齿轮的转速高，螺旋圆锥齿轮的磨损快，打齿也是一种常见故障。

② 多数齿轮箱内的轴承是靠齿轮啮合产生的飞溅油润滑，卧式齿轮箱的各轴（除 1 轴外）都是竖直布置，在上箱盖的轴承容易出现润滑不良。齿轮箱内的润滑油中含有大量的齿轮磨损下来的金属颗粒，进入下箱体的轴承中，促进了轴承疲劳点蚀的产生。

③ 输出轴 4、5 轴因为承受轧辊的轧制力，工作时受力的平稳性差，因此轴承的故障也是属于常见多发故障。

可以说棒材轧机的在线故障监测诊断系统是一种针对齿轮箱的故障监测诊断系统。

(3) 高速线材轧机的在线故障监测诊断系统

高速线材轧机的机组布置如图 5-14 所示，电动机以 1313r/min 的转速运行，经增速齿轮箱（156/60、156/48）增速后，驱动两列轧机。轧机的轧辊与垂直轴倾斜 45°，两列轧机交错布置，H21～H30 是精轧机组的编号。

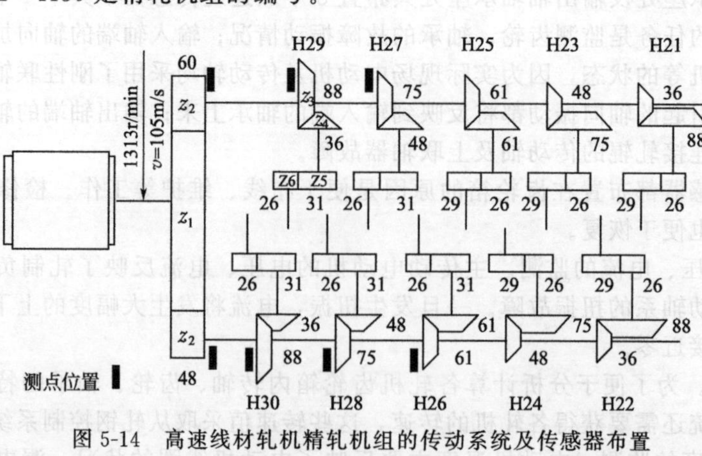

图 5-14 高速线材轧机精轧机组的传动系统及传感器布置

因为轧材在轧制过程中愈轧愈长，因此编号在后面的轧机轧制速度大于编号在前面的轧机，H30 的轧制速度达到 105m/s。轧制速度快，则转速高，编号高的轧机故障率也高。因此在线故障监测诊断系统选择 H26～H30 轧机作为检测对象，没有监测到的轧机利用点巡检制度作为补充。

每台线材轧机由两部分组成——辊箱与锥箱，如图 5-15 所示。辊箱的作用是通过一对齿轮将动力分配给两根轧辊，辊箱中的齿轮未在图 5-15 中显示。下面的锥箱包含 1 对圆锥齿轮和 1 对圆柱齿轮，如图 5-15 所示。

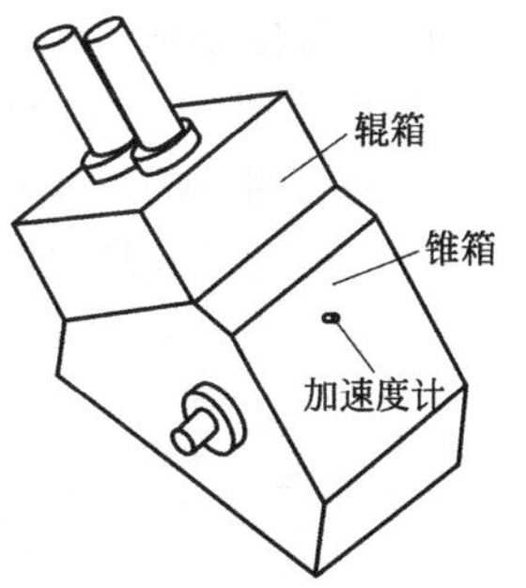

图 5-15　轧机与传感器布置图

监测的物理量如下。

① 振动加速度检测。在齿轮增速箱及各锥箱上，布置加速度传感器，其目的是监测齿轮啮合和轴承的运转情况。

② 监测增速箱的轴承座温度。这是因为增速箱在轧制平台的下面，上面是轧制线传送辊道，空间紧凑，日常点巡检难以进入。利用这次在线监测系统的建立，将增速箱的轴承座温度纳入到监测内容中。

③ 电动机转速的监测。为了在故障监测诊断系统中，自动计算出各轧机齿轮箱的轴承特征频率、齿轮啮合频率等，以方便故障诊断人员迅速地掌握异常特征，故障部位的判定，必须测得电动机转动的转速。

一些功能是系统必须有的功能，这些功能一直在诊断方面发挥着重要作用。

5.3 轧机振动故障监测与诊断实例

5.3.1 冷轧五机架轧机振动故障的诊断

(1) 现场情况

某轧机第五架齿轮箱有异常，早 8 时接班时操作工感觉振动和噪声非常大。在五机架主电室的维护钳工明显感觉到：在转速为 600r/min 时，振动噪声较小，转速在 600r/min 以上振动噪声逐渐加大；在五机架传动侧铁板平台上，第五架振动和噪声不仅比其他几架要大，也比自身以往大。

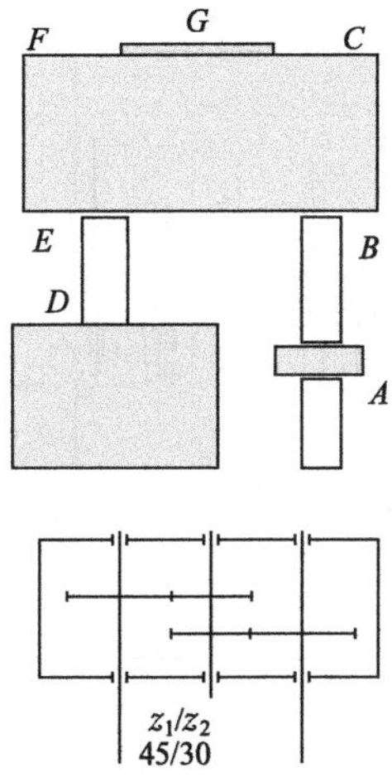

图 5-16　五机架齿轮箱传动结构及测点示意

次日早上 9 时左右，五架齿轮箱振动加大，中午停机通过窥测孔观察，齿面和轴承等没有问题，但上输出轴轴向窜动大，点温枪检测上下输出接手等部位温度正常，于是继续生产，为了防止设备异常劣化，组织专业监测人员采集数据并分析诊断。

(2) 传动链图及测点布置

图 5-16 中，G 点为输出轴端，A、D 为电动机输入端。

(3) 特征频率计算

电动机轴承和主要传动件特征频率见表 5-1。

表 5-1　电动机轴承和主要传动件特征频率

序号	名称	齿数	转速/(r/min)	频率/Hz	频率描述	备注
1	Ⅰ轴		600	10	转频	电动机轴
2	Ⅱ轴		900	15	转频	
5	z_1	45	600	(450)	啮合频率	
6	z_2	30	900	(450)	啮合频率	

(4) 谱图分析

① G 点轴向信号谱图　如图 5-17 所示的 G 点轴向振动的信号分析频谱图，时域波形中可以看到有明显的低频周期成分，频谱图以 8Hz 为基频，存在多阶倍频成分。时域振幅达 150μm，频谱图最高幅值 38μm。

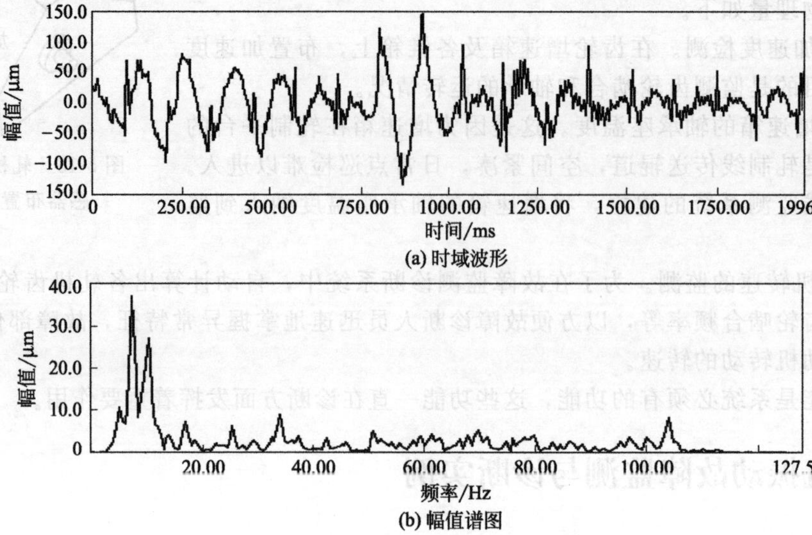

图 5-17　G 点轴向信号的波形及谱图

② B 点垂直信号谱图　从图 5-18 的时域波形中可以看到有明显的低频周期成分，频谱图以 8Hz 为基频，存在多阶倍频成分，且有高有低。时域振幅达三十多微米，频谱图最高幅值 4.4μm。

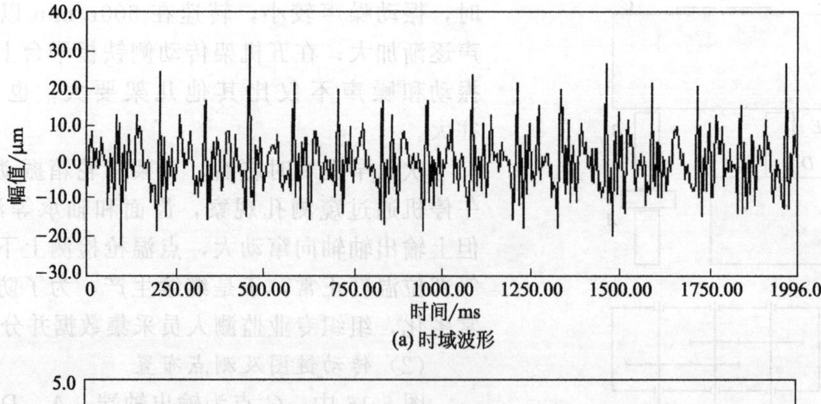

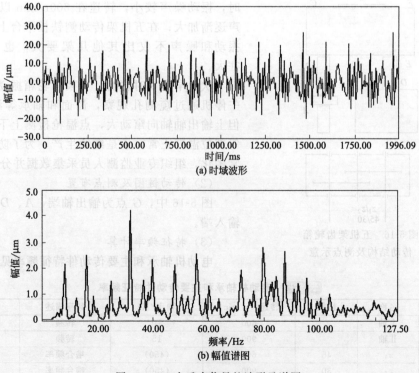

图 5-18　B 点垂直信号的波形及谱图

③ E 点垂直信号谱图　从图 5-19 的时域波形中可以看到有明显的低频周期成分，频谱图以 8Hz 为基频，存在多阶倍频成分。时域振幅达 15μm，频谱图最高幅值 1.7μm。

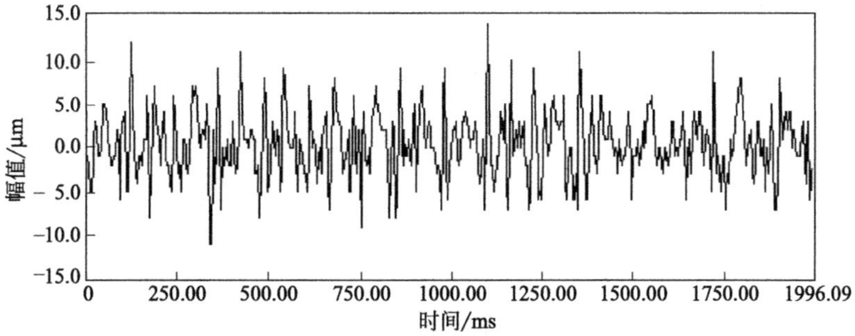

(a) 时域波形

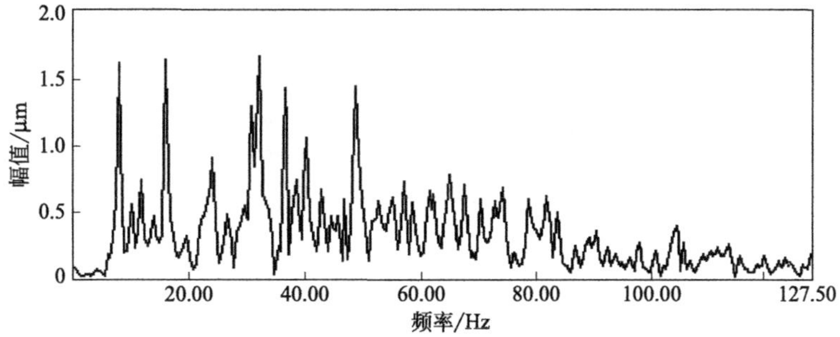

(b) 幅值谱图

图 5-19　E 点垂直信号的波形及谱图

(5) 分析和诊断结论

① 分析

a. 垂直频谱：比较图 5-18 与图 5-19，B 点振幅大于 E 点，B 点对应于上辊，说明振源在上辊。

b. 轴向频谱：比较图 5-17 与图 5-18 可见，G 点振幅远大于 B 点振幅，说明故障振源在 G 点附近。

c. G 点轴向振幅时域达 150μm，是其他最大振幅的 3 倍。

② 诊断结论　根据上述分析，故障源可能有两处。

a. 齿轮箱外部的上辊输出轴连接处，最有可能的部位是联轴器处。

b. 齿轮箱内部的上辊输出轴部件。

估计是某个零件存在严重磨损、松动或破碎。

(6) 维修建议

设备故障隐患不仅会加速第五架齿轮箱劣化，也会影响整个五机架设备，对产品质量也有一定影响，建议如下。

① 尽早检查处理第五架齿轮箱。

② 重点检查处理联轴器。

③ 在这样强度的轴向冲击下，齿轮箱中靠近轧辊传动轴端的轴承可能已经产生严重损伤。建议在处理联轴器时，更换该轴承。

停产检修，拆除输出轴处的联轴器，发现联轴器内的弹簧挡板损坏，如图 5-20 和图 5-21 所示。

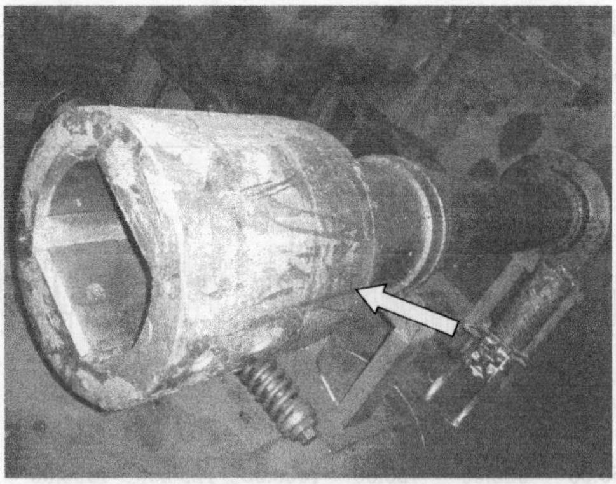

图 5-20 端盖弹簧挡板所在传动轴

图 5-21 弹簧挡板完全损坏（沿圆周断裂）

5.3.2 高线轧机增速箱振动故障的诊断

某高线在线监测系统是在投产时安装的，精轧机增速箱上有 3 个测点，输入端一个，输出端两个，投产以后增速箱没有出现过问题，轧制品种是 $\phi6.5\sim10$mm。次年 9 月 18 日，发现增速箱振动异常。

（1）传动链图

增速箱传动链图见图 5-22。

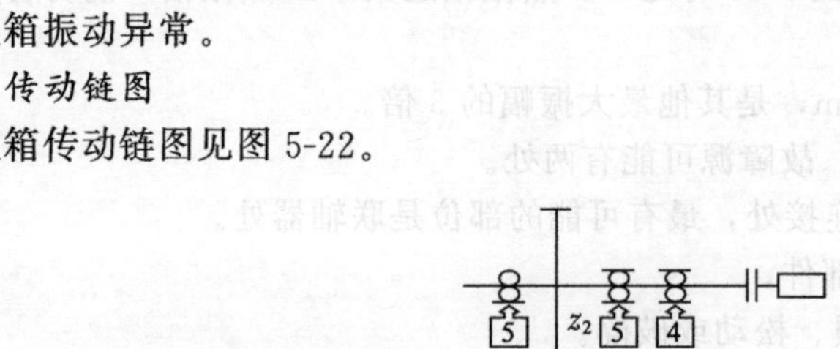

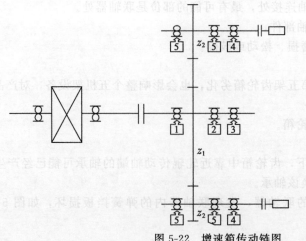

序号	轴承型号	数量
1	162250B	1
2	NU228EC	1
3	QJ228N2MPA	1
4	162250X	2
5	162250D	4

序号	齿 数
z_1	150
z_2	齿轮轴单(上) 57
z_2	齿轮轴双(下) 43

图 5-22 增速箱传动链图

（2）趋势图

从图 5-23 可以看出，在 8 月 25 日以后峰值有明显的上升趋势。

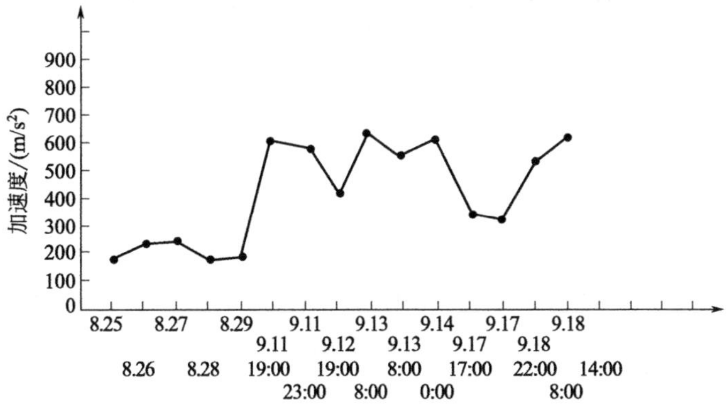

图 5-23　增速箱 8 月 25 日到 9 月 18 日振动峰值趋势图

（3）自相关分析

从图 5-24 自相关图中可以看出，增速箱测点在 9 月 18 日 08：00 的自相关图有明显的等时间间隔存在，时间间隔为 0.054s。对应的频率为 1/0.054＝18.519Hz，与已知的Ⅱ轴轴承 162250X 的保持架旋转频率（18.592Hz）相接近。

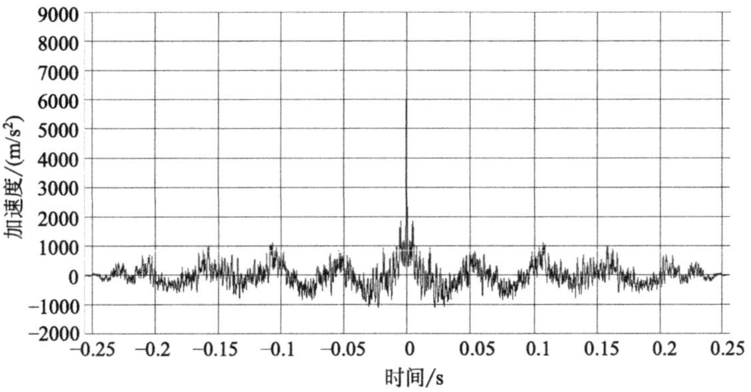

图 5-24　增速箱测点 9 月 18 日 08：00 自相关图

（4）频谱幅值分析

从图 5-25 可以看出，时域波形有明显的冲击信号，从频域图看出增速箱 162250X 轴承保持架旋转频率（19.531Hz）的幅值达到 23.128m/s²，并伴有 2、3、4、5、6、7、8 倍频成分。

（5）诊断结论

1# 增速箱测点的峰值趋势有明显的上升趋势，概率密度曲线与标准的概率密度正态分布相差很大，说明增速箱有故障隐患出现。增速箱有故障隐患出现。测量的峭度系数上升，说明轴承发生了疲劳破坏，峭度系数已由 3 上升到 6.54，而此时峰值趋势尚无明显剧烈增大。它需要在故障进一步明显恶化后，峰值、趋势值才有强烈的反映。

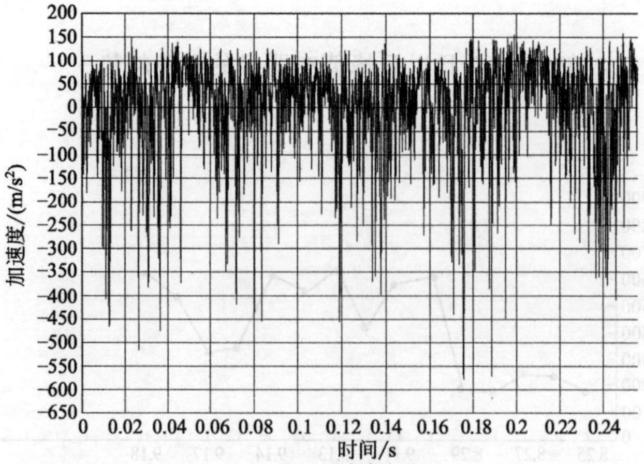

(a) 时域波形

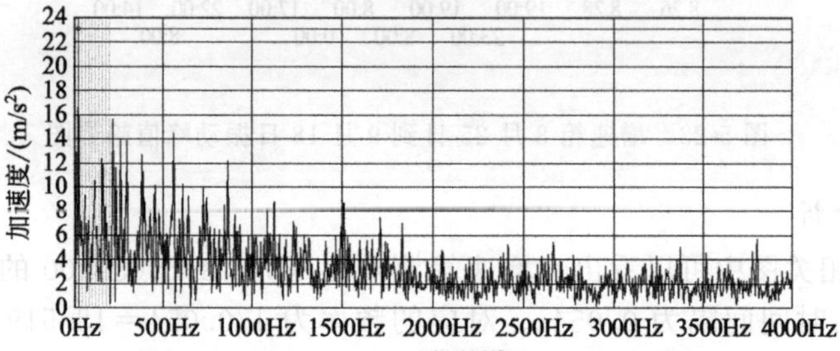

(b) 幅值谱

图 5-25 增速箱测点 9 月 18 日 08：00 频谱图

建议厂里密切关注振动情况，若振动趋势仍然继续上升，应该开箱进行检查 1# 增速箱Ⅱ轴的轴承。

拆箱发现二轴轴承和阻尼垫片损坏，见图 5-26。

图 5-26 拆箱检查的情形

5. 3. 3 高线轧机振动故障的诊断

某厂高速线材轧机的第 25 架轧机例行检查中发现存在振动异常。

(1) 25 架传动链图

25 架传动链图见图 5-27。

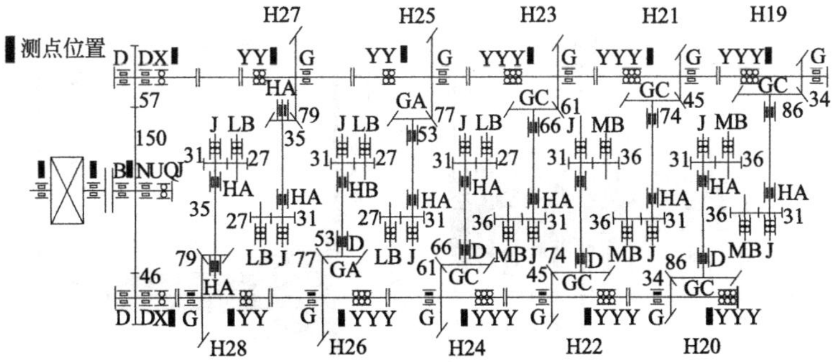

代码	轴承型号	代码	轴承型号	代码	轴承型号	代码	轴承型号
D	162250D	B	162250B	HA	162250HA	GC	162250GC
X	162250X	NU	NU228EC	HB	162250HB		
Y	162250Y	QJ	QJ228N2MPA	LB	162250LB		
G	162250G	J	162250J	GA	162250GA		

承钢二高线精轧机传动链图

图 5-27　高速线材轧机组传动链图

（2）趋势分析

从图 5-28 可以看出，25 架锥箱水平测点的峰值有上升趋势，最高值达到 460m/s^2，说明趋势状态正在往恶化方面发展，初步判断 25 架锥箱有故障隐患出现。

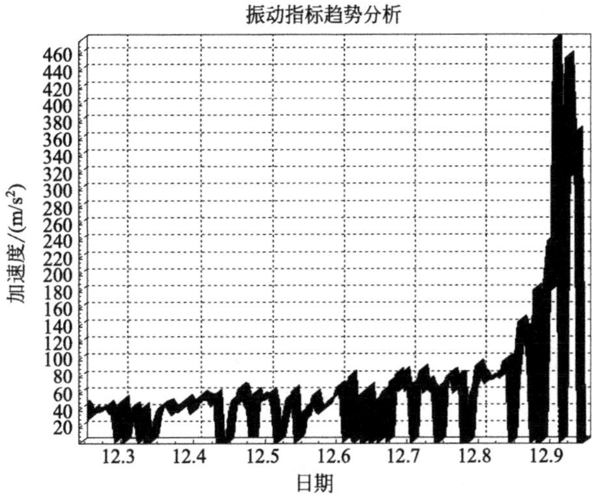

图 5-28　25 架锥箱水平测点峰值趋势图

（3）概率密度分析

从图 5-29 中可以看出，25 架锥箱输入端水平测点在 12 月 8 日 18：00 的概率密度曲线，与标准的概率密度正态分布相差很大，而且波形陡峭。而且中间的时域波形存在明显的周期性瞬间冲击，说明 25 架齿轮箱有故障隐患出现。

（4）自相关分析

从图 5-30 中可以看出，25 架锥箱水平测点在自相关图中有明显的等时间间隔：$t=0.023\text{s}$，对应故障频率为：$f=1/t=1/0.023=43.47\text{Hz}$，与Ⅰ轴的轴频（43.158Hz）相近，说明 25 架齿轮箱有故障隐患出现。

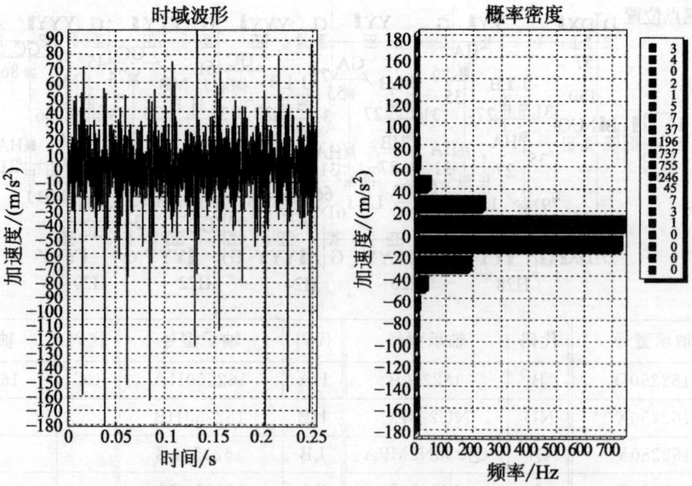

图 5-29　25 架锥箱水平测点概率密度

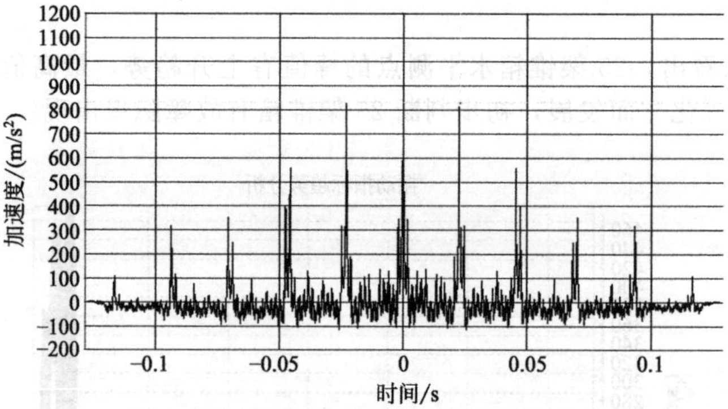

图 5-30　25 架锥箱水平测点自相关图

（5）频谱幅值分析

从图 5-31 中可以看出，25 架齿轮箱的故障特征频率 46.875Hz 与Ⅰ轴的转频(43.158Hz) 相近，幅值为 6.246m/s²，且有倍频出现，说明锥箱Ⅰ轴有故障隐患存在。

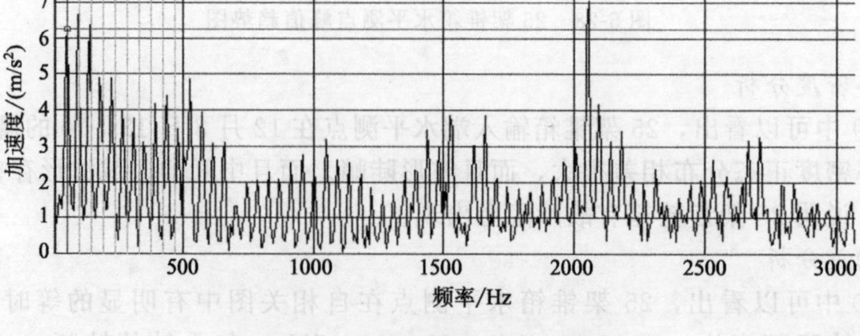

图 5-31　25 架锥箱水平测点幅值谱

(6) 结论

经以上数据分析看出，25 架齿轮箱存在故障隐患，可能是Ⅰ轴轴承内圈点蚀或保持架原因，建议对精轧 25 架轧机停车检修，重点检修Ⅰ轴轴承和齿轮。拆箱检查发现一轴轴承滚动体上存在剥落，如图 5-32 所示。

图 5-32 轴承剥落的检查

5.3.4 轧机轧制薄板时异常振动测试与分析

某热连轧生产线轧机在轧制薄规格集装箱板（SPA-H）时，F2、F3、F4 机架（尤其 F3）出现了不同程度的振动现象，它严重影响了机电设备的寿命和产品产量、质量的提高。在轧制 1.6mm 厚度集装箱板时，F3 振动剧烈，并且伴随着轧辊转动一周产生一次低沉的轰响。当振动发生时，现场振感明显，在工作辊和带钢上有边界清晰的明暗条纹。机架振动严重地影响了机件的寿命，限制了产品质量的提高和新产品的研制与开发。为解决轧机振动问题，相关人员采集了大量的振动数据，并形成了分析报告，对问题的最终解决也已理出较为成熟的思路。

(1) 主传动系统固有特性

为了了解主传动系统的固有特性，建立了如图 5-33 所示的 F3 轧机主传动系统 6 自由度集中质量轴盘模型，图 5-33 中 $J_1 \sim J_6$ 分别为电动机、联轴器、减速器、齿轮座、上轧辊和下轧辊的等效转动惯量：$k_1 \sim k_5$ 分别为电动机与联轴器之间、联轴器与减速器之间、减速器与齿轮座之间、齿轮座与上轧辊之间以及齿轮座与下轧辊之间的等效转动刚度，其大小如表 5-2 所示。

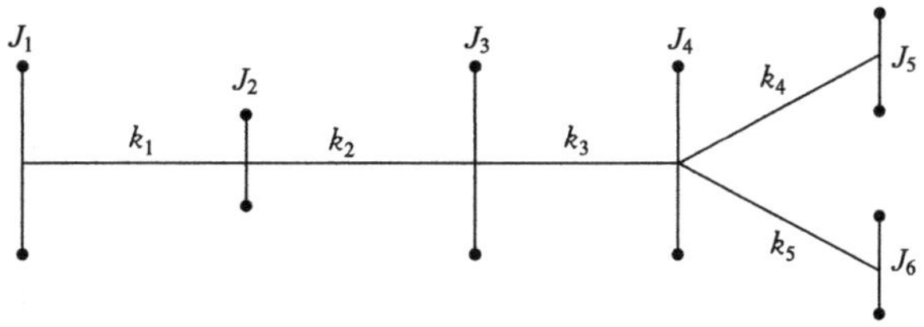

图 5-33 扭振系统集中质量弹簧模型

表 5-2 主传动系统参数

参数	主传动系统编号					
	1	2	3	4	5	6
转动惯量 J_i/(kg/m²)	127	112	1540	987	642	642
转动刚度 k_i/(MN·m/rad)	256	102	1123	135	135	—

根据拉格朗日方程建立上述力学模型的振动方程式

$$J\ddot{\varphi}+k\varphi=Q \tag{5-1}$$

式中，J、k、Q、φ、$\ddot{\varphi}$ 分别为系统的惯量矩阵、刚度矩阵、系统的外载荷列阵、角位移列阵及角加速度列阵，编制程序求得本系统第一阶固有频率为 21Hz。

(2) 机座系统固有特性

为掌握机座的垂直振动固有特性，建立了F3轧机机座垂直系统6自由度集中质量弹簧模型，具体如图5-34(a) 所示。图5-34中，$m_1 \sim m_6$ 分别为机架立柱及上横梁、上支承辊及其轴承座（包括油缸）、上工作辊系、下工作辊系、下支承辊及其轴承座以及机架下横梁的等效质量：$k_1 \sim k_7$ 分别为机架立柱及上横梁、上支承辊中部至上横梁中部、上工作辊与上支承辊间弹性接触、上下工作辊以及带材之间、下工作辊与下支承辊间弹性接触、下支承辊中部至下横梁中部以及下横梁弯曲等效刚度，其大小如表5-3所示。

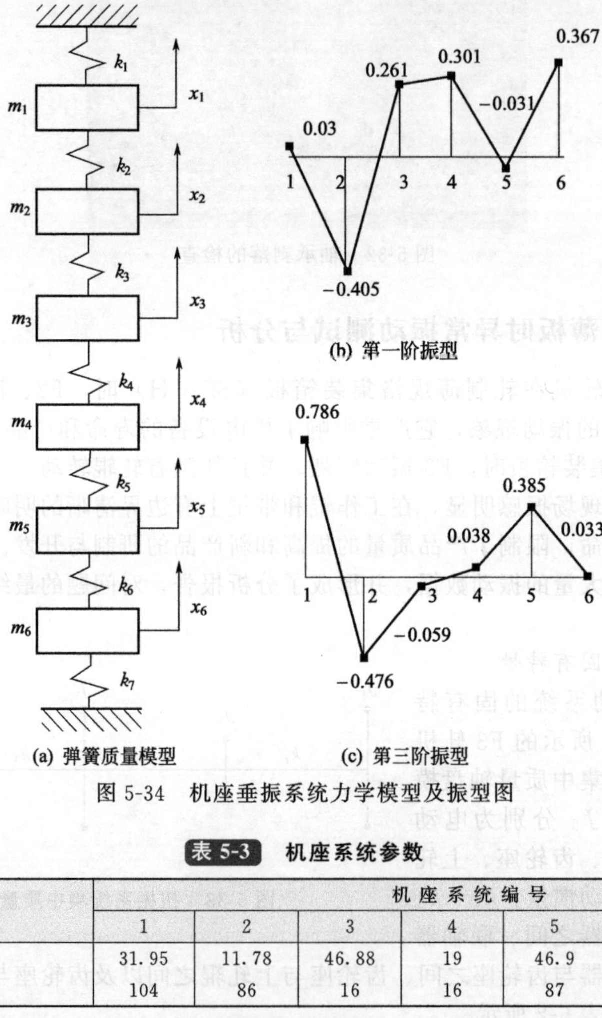

图 5-34　机座垂振系统力学模型及振型图

表 5-3　机座系统参数

参　数	机座系统编号						
	1	2	3	4	5	6	7
等效刚度 k_e/(MN/mm)	31.95	11.78	46.88	19	46.9	29.5	101.4
等效质量 m_e/Mg	104	86	16	16	87	29	—

根据拉格朗日方程，把该系统各部件的运动微分方程写成矩阵形式，有

$$m\ddot{x}+kx=0 \tag{5-2}$$

式中，m、k、x、$\ddot{x}$ 分别为系统的质量矩阵、刚度矩阵、位移列阵和加速度列阵。将参数代入源程序求得F轧机垂直振动系统第一、三阶固有频率为56Hz、113Hz。如图5-34(b)、(c) 所示分别是第一、第三阶振型，从系统的第一阶振型图上看出，上、下工作辊振动相位相同，基本上不会造成带钢厚差；在第三阶模态，上、下工作辊振动相位相反。

另外，还采用有限元软件ANSYS对F3轧机各方面的振动特性进行了更为详细的分析，其结果和传统分析基本相同。其中有特别意义的是主传动系统轴系水平（轧制方向）振动情况。包含接轴的辊系有限元模型，如图5-35(a) 所示。当辊径在可用范围内时，辊系水平振动前四阶固有频率分别为 4.80～4.99Hz、48.2～49.5Hz、50.9～55.5Hz、82.3～82.4Hz，对应第三阶的振型如图 5-35(b) 所示，表现为弧形齿接手中间轴水平弯曲振动。

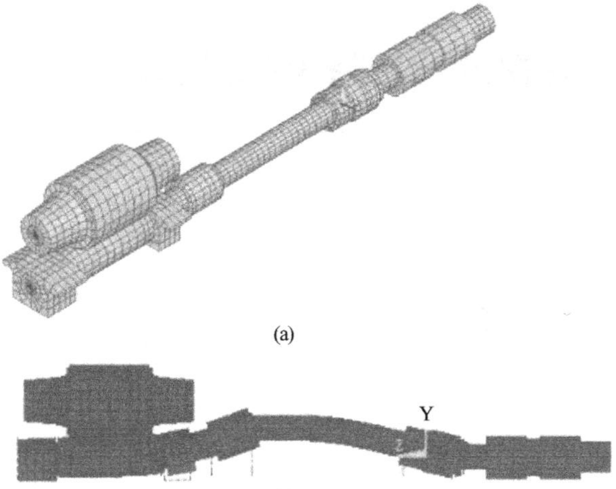

图 5-35 辊系有限元模型及第三阶振型

(3) 轧制 1.6mm 厚集装箱板时的测试

主要工作是分别对 F2、F3、F4 进行综合测试。结合现场通过研究该轧机本身结构参数、轧制工艺参数，并且查阅大量国内外这方面的资料，确定了其主要测试内容。测试主要围绕以下四项着重进行：主传动系统的扭矩和弯矩测试；机座及轧辊振动测试、减速器以及齿轮座振动测试；轧制力测试；轧辊磨损及板型板面质量测试。

① F2 轧机振动

a. 工作辊轴承座振动。F2 上工作辊轴承座沿走带方向存在明显振动，如图 5-36 所示，在 13.5Hz、27Hz 出现了 1073.395mV、1130.106mV 两个优势相当的峰值，其中 13.5Hz 与 F2 上轧辊扭矩优势频率相同，27Hz 为其 2 倍频。

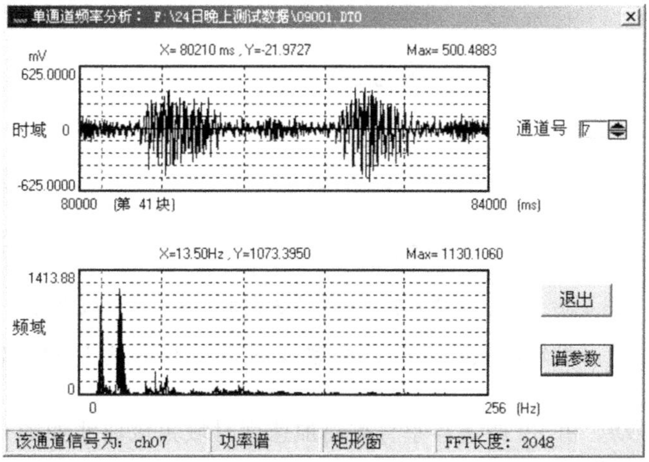

图 5-36 F2 上工作辊轴承座沿走带方向加速度时域频域曲线（09001）

扭矩测试中的另一块钢（扭振动较小，频率为 18Hz）相应的工作辊轴承座水平方向振动信号见图 5-37，其频率是 18Hz。与扭振基本相同。不过这时的能量相对分散一些。垂直方向的振动如图 5-38 所示，能量集中在 51Hz 附近。这和接轴垂直方向的横向振动有关。

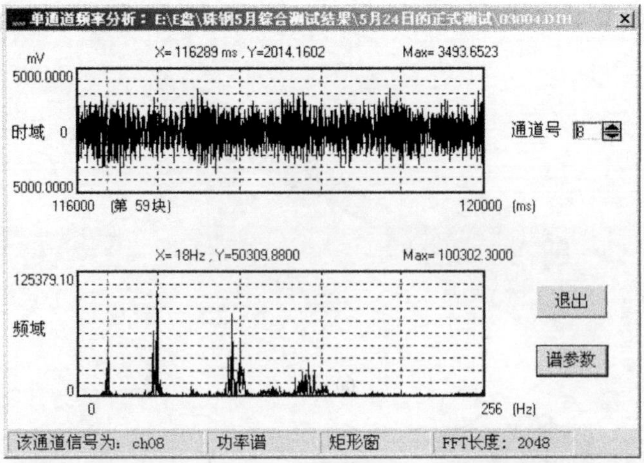

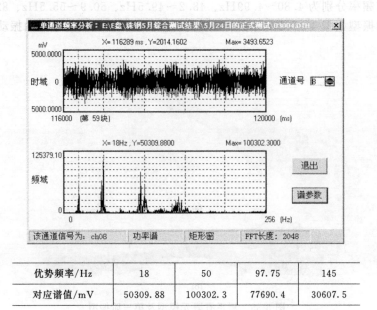

优势频率/Hz	18	50	97.75	145
对应谱值/mV	50309.88	100302.3	77690.4	30607.5

图 5-37 F2 上工作辊轴承座水平方向加速度时域频域曲线（03004）

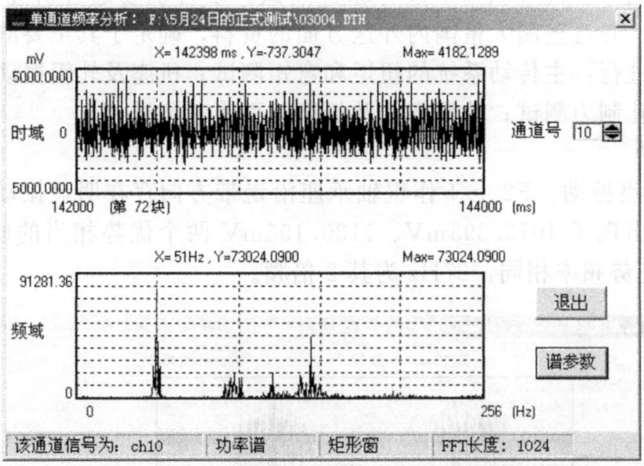

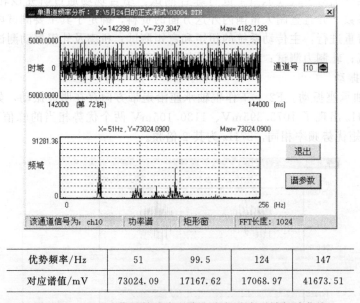

优势频率/Hz	51	99.5	124	147
对应谱值/mV	73024.09	17167.62	17068.97	41673.51

图 5-38 F2 上工作辊轴承座垂直方向加速度时域频域曲线

b. F2 齿轮座振动。齿轮座振动的优势频率如图 5-39 所示为 51Hz 和 19Hz，和工作辊轴承座振动相同。

c. F2 减速器振动。由 F2 减速器垂直方向加速度时域频域曲线如图 5-40 所示，其优势频率为 52Hz，对应的频谱为 1732.6mV。

② F3 轧机振动

a. 工作辊轴承座振动。由图 5-41 看出 F3 上工作辊轴承座沿走带方向存在明显振动，在 53Hz、58Hz 出现了 185863.3mV、157989.5mV 两个优势相当的峰值，对应着扭矩的第二个频率带。这是齿轮座啮合频率的 2 倍。下工作辊和支承辊的情况相似。

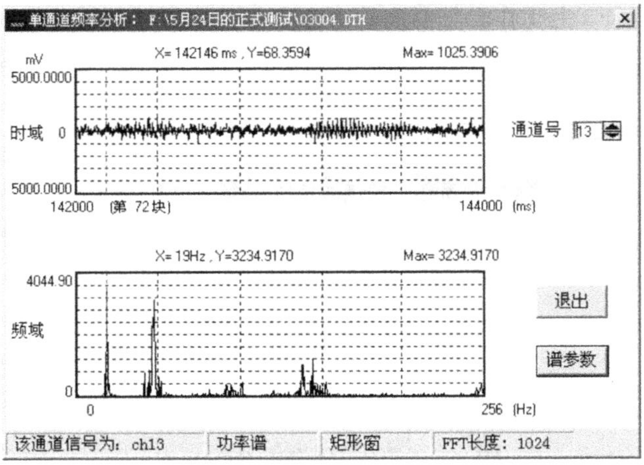

优势频率/Hz	19	49	104	142	147
对应谱值/mV	3234.917	2958.475	417.1632	949.3929	1133.495

图 5-39 F2 齿轮座轧制方向加速度时域频域曲线

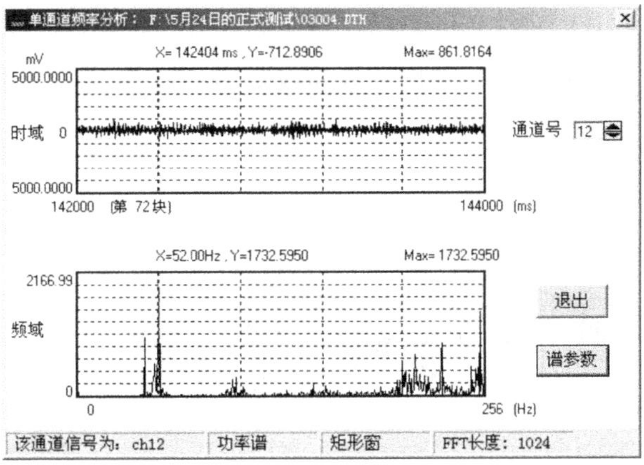

优势频率/Hz	42	52	228	252
对应谱值/mV	955.1617	1732.595	846.2555	1375.943

图 5-40 F2 减速器垂直方向加速度时域频域曲线

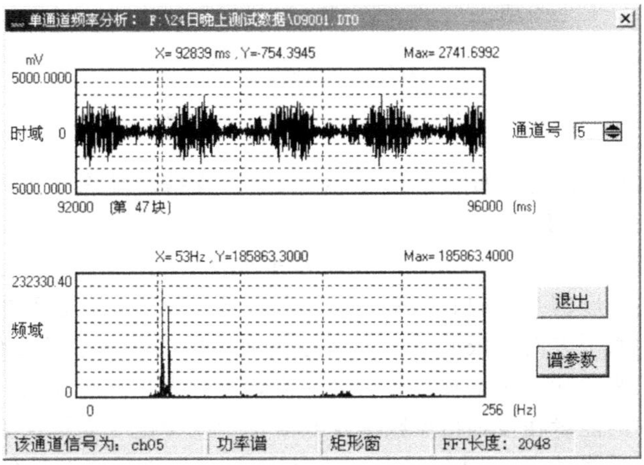

图 5-41 F3 上工作辊轴承座走带方向加速度时域频域曲线

如图 5-42 所示为 F3 上工作辊轴承座垂直方向加速度时域频域曲线。

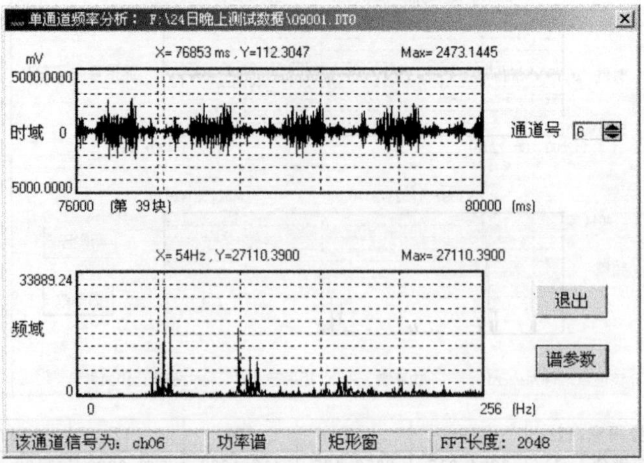

优势频率/Hz	54.5	58	101.5	109
对应谱值/mV	27110.39	17556.38	17108.3	9772.944

图 5-42 F3 上工作辊轴承座垂直方向加速度时域频域曲线

F3 下工作辊轴承座轧制方向加速度频域曲线如图 5-43 所示，分别在 51Hz、147Hz 有极大峰值 541795.6mV、282664.3mV。

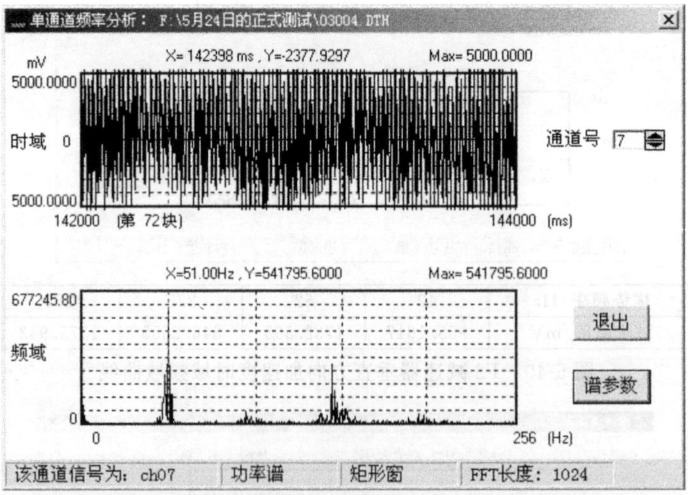

图 5-43 F3 下工作辊轴承座轧制方向加速度时域频域曲线

b. F3 支撑辊轴承座振动。如图 5-44 所示为 F3 上支撑辊轴承座轧制方向加速度时域频域曲线。其优势频率在 51Hz 之上。

③ 对比分析。在轧制厚板时，轧机的振动水平很低。轧机振动基本上是一种随机信号，其优势频率可认为是机座的某阶固有频率。当轧制较薄带钢时，轧机有可能发生振动。其振动主要发生在轧机的水平方向。振动频率主要是接轴扭振的频率或其 2 倍。当振动强烈时，振动频率集中在齿轮座的啮合频率及其 2 倍上。齿轮座也发生同步振动。

轴承座水平振动的能量在接轴扭振频率及其 2 倍上的分配主要取决于系统固有频率。一般来讲上述数值愈接近系统某一固有频率，能量愈大。水平振动主要在轴系横向振动频率(48.3Hz) 和机座整体摇摆等频率上发生。

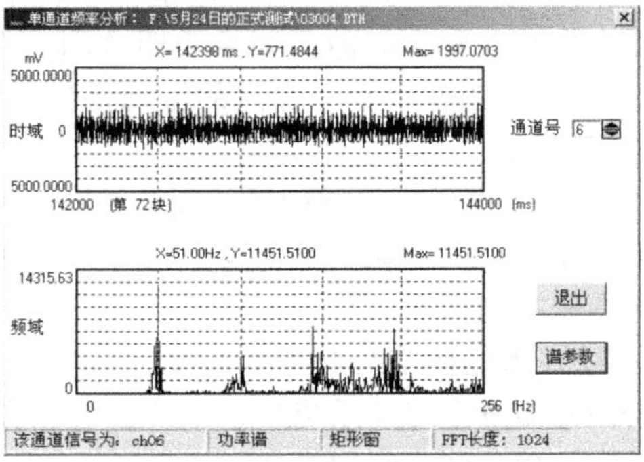

优势频率/Hz	51	104	147	198
对应谱值/mV	11451.51	4091.674	7291.35	7007.884

图 5-44　F3 上支撑辊轴承座轧制方向加速度时域频域曲线

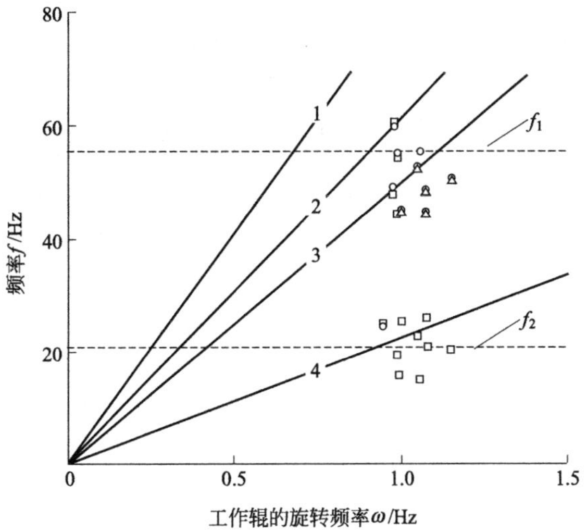

图 5-45　F3 轧机速度图谱

□—转矩优势频率；△—水平加速度优势频率；○—垂直加速度优势频率；

1—中间接手啮合频率；2—减速器啮合频率；3—弧形接手啮合频率；4—齿轮座啮合频率

轴承座垂直振动的能量又主要集中在水平振动频率及其 2 倍上，能量分配也和系统垂直振动的固有频率有关。支承辊水平振动和工作辊振动频率成分相同。各振动信号中均含有轧辊的转动频率成分。

(4) 振动特性及振源分析

为了确定该轧机振动的类型和激励来源，绘制了 F3 轧机传动系统齿轮啮合频率、接轴齿轮啮合频率、系统固有频率、振动测试优势频率的速度图谱，如图 5-45 所示。图中，垂振系统第一阶固有频率 $f_1=56$Hz，扭振系统第一阶固有频率 $f_2=21$Hz。可以得出如下结论。

① 工作辊垂直、水平方向振动强烈，两者优势频率分别集中在弧形接手齿轮啮合频率和垂直系统第一阶固有频率、水平系统第三阶固有频率附近，说明垂直、水平方向的这种振动可能是由于该啮合冲击激发垂振系统第一阶和含接轴辊系水平振动系统第三阶共振引起的；而带钢明暗条纹处无明显厚度差，是由于垂振系统在此阶频率上下工作辊振动同相；故需减小弧形齿的啮合间隙，以消除引起共振的外激励因素。

② 工作辊水平振动幅值远大于垂直振动幅值，这是由于辊系垂直方向上的刚性较大，而工作辊轴承座与牌坊水平方向存在较大间隙（测量表明该间隙平均达 2mm，远远超出原设计的过渡配合要求），这一间隙为工作辊水平方向的振动提供了空间，消除轴承座与牌坊间间隙对抑制轧机振动将会有益。

③ 时域波形“葫芦”出现的周期和工作辊的转动周期相同，所以它可能与轧辊的偏心、弧形接手轴在浮动状态下因自重而出现转动不稳定等因素有关。故可采取添加接手轴浮动支撑、仔细磨辊消除偏心等措施来抑制振动。

④ 转矩第一优势频率集中在齿轮座啮合频率和传动系统第一阶固频附近，这说明扭振可能是齿轮座齿轮啮合冲击激励激发主传动系统第一阶共振引起的，但一般情况下，此振动并不强烈，可采取减小齿轮座齿轮的啮合间隙来抑制扭振。

⑤ 工作辊水平（垂直）加速度和转矩在 51Hz 处均出现了峰值，这说明工作辊的水平振动与扭振可能有一定关系；而当该轧机仅存在扭振（无振感）时，其频谱中不含该频率成分。所以，认为该轧机振感强烈时，转矩中该频率成分是由工作辊的水平和垂直振动引起的，即轧辊的水平、垂直振动不是由扭振引起的。

(5) *振动抑制的措施*

从理论层面上讲，抑制振动可以从如下几个方面入手。

① 降低齿轮座和轧辊的初始冲击水平。通过改变齿轮座的齿形、螺旋角、间隙及结构等使其啮合平稳；降低轧制负荷。F3 轧机振动伴随有轻微的扭振，其优势频率为 15～20Hz，该频率与齿轮座齿轮的啮合频率和主传动系统第一阶固有频率吻合，即齿轮座齿轮啮合冲击激起了的主传动系统第一阶共振，可采取消除或减小齿轮座啮合间隙的措施来抑制扭振。

② 改变工艺参数，提高变形区阻尼。降低工艺润滑液的黏度；提高开轧温度，降低轧制力；适当降低轧辊表面的光洁度。

③ 降低或消除轧机轴承座和机架间以及其他配合的间隙，抑制滑动和冲击：加横向液压缸（垫）；加大工作辊偏移距；其他良好的配合状态。

④ 改变结构的频率关系。改变啮合频率、轧制速度、齿数等；改变各部分固有频率，如增大接轴直径、机座。

⑤ 改变上下轧辊负荷分配，上大下小，减小闭环力矩（啮合冲击力）：辊径上大下小。

⑥ 添加接轴平衡。

从技术可行性上讲，从如下几个方面进行：通过改变齿轮座的齿形、螺旋角、间隙及结构等使其啮合平稳；降低工艺润滑液的黏度；适当降低轧辊表面的光洁度；加横向液压缸（垫）消除轧机轴承座和机架间的间隙。

工作辊轴承座与牌坊水平方向存在较大间隙，这一间隙为工作辊水平方向的振动提供了空间，消除轴承座与牌坊间间隙对抑制轧机振动有益。因此，采取了通过在工作辊轴承座和衬板间添加铜垫片的简易措施来消除轴承座和牌坊间间隙，为了顺利换辊，平均垫片厚度为 1.7mm。该措施实施后轧机振动得到有效抑制。

5.3.5 热连轧机机电液耦合振动控制

我国引进 7 套 CSP 轧机和 4 套 FTSR 轧机。这些热连轧机在轧制薄规格带钢时都呈现不同程度的“幽灵式”振动并伴随着强烈的噪声，导致轧辊和带钢表面产生明暗条纹，特别是 F2～F4 轧机振动表现得更加明显。振动发生时不仅影响带材表面质量，同时也威胁设备的安全生产，甚至引发断带、堆钢、爆辊和零部件损坏等事故。一旦轧机发生异常振动，只能通过换辊或改变轧制厚规格产品等措施来缓解振动，成为困扰数十家大型热连轧生产线的一大难题，二十多年来一直未得到彻底解决。面对这种情况，数家企业被迫多增加一架连轧机和实施辊缝润滑系统，以减小轧制压力来缓解轧机振动。因此，抑制轧机振动、发挥轧机的效能成为企业迫切需要解决的问题。

在此利用自制的振动在线遥测系统获得振动的特征，对测试信号进行时域分析和频谱分析，确定了轧机振动的性质为机电液耦合振动，同时从理论研究和仿真分析确定轧机确实存在机电液耦合振动的现象并实施相应的措施，抑制了轧机强烈振动的现象。

(1) 现场综合测试分析

以某薄板坯连铸连轧 F3 轧机为研究对象，带钢和轧辊振纹如图 5-46 所示。利用自制的轧机振动在线遥测系统对轧机的工艺参数、力能参数、电参数和振动参数进行了全面的现场综合测试，如图 5-47 所示。

图 5-46　带钢和轧辊振纹照片

图 5-47　轧机振动在线遥测系统及扭振遥测装置

现场测试发现轧机主要存在以下 3 种振动。

① 传动系统咬钢时扭振。轧机咬钢时主传动电动机轴出现扭振，其典型波形如图 5-48 所示，然后衰减达到比较稳定的状态，通过频谱分析，扭振频率约为 18Hz。

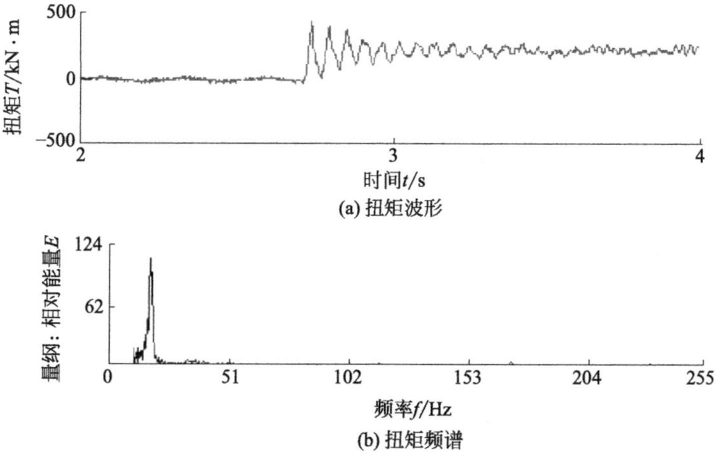

图 5-48　咬钢时主传动电动机轴扭振典型波形和频谱图

② 轧制过程中主传动系统持续拍振。轧制过程中主传动出现扭矩拍振典型波形如图 5-49 所示，一般伴随整个轧制过程，经过频谱分析，其主要频率约为 42Hz，同时在轧机垂直系统也出现 42Hz 的振动频率。

③ 轧制过程辊系持续振动。轧制薄规格产品时，辊系产生持续的振动，工作辊轴承座的振动加速度典型波形及频谱图如图 5-50 所示，振动中心频率一般为 45～80Hz 和倍频。

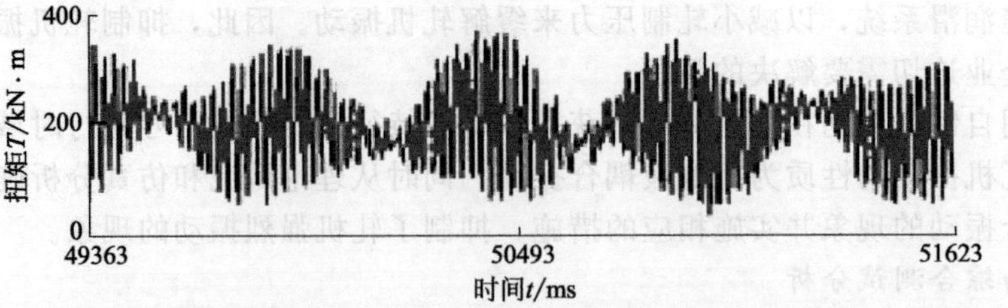

图 5-49 主传动电动机轴持续扭振信号典型波形图

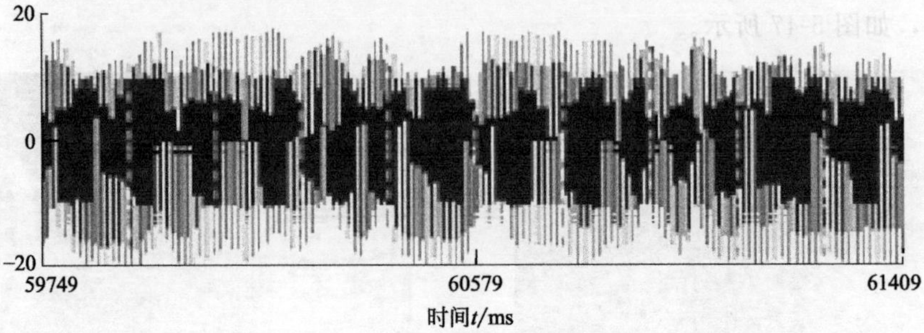

(a) 上工作辊垂直波形图

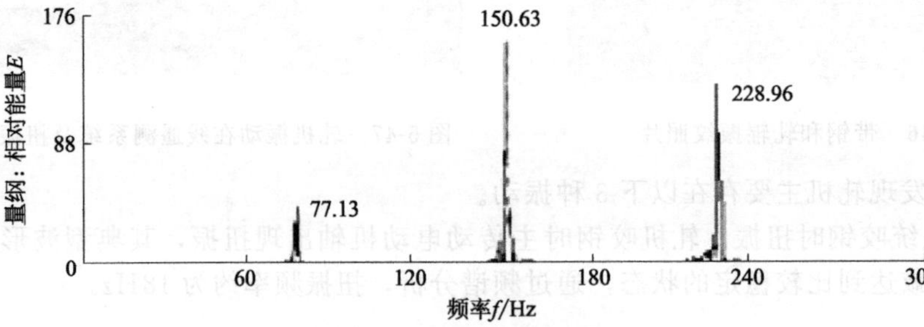

(b) 上工作辊垂直频谱图

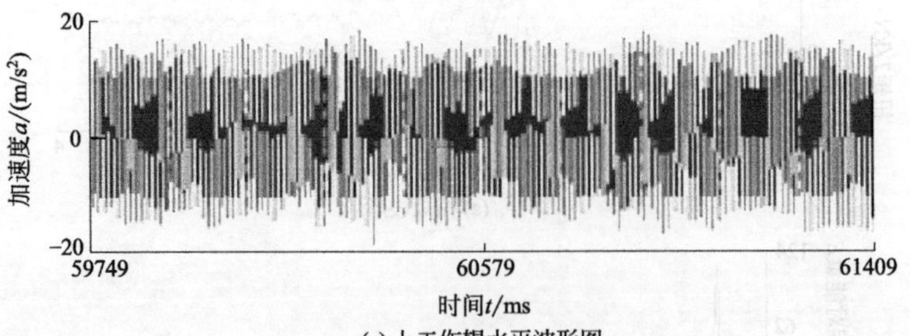

(c) 上工作辊水平波形图

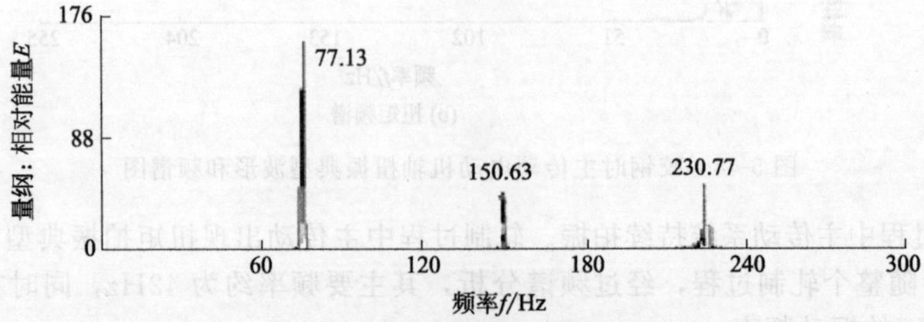

(d) 上工作辊水平频谱图

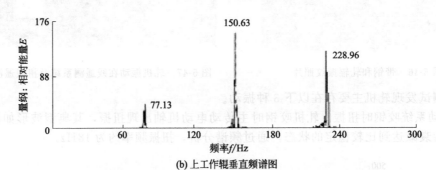

图 5-50 上工作辊水平和垂直振动加速度典型波形图及频谱图

通过对测试波形进行分析得出：轧机的第一种振动为主传动系统的一阶扭振，咬钢后迅速衰减，未引起带钢和轧辊持续振动，因此这里并不关心此种振动；轧机的第二种振动为主传动系统的第二阶扭振，似乎存在机电耦合振动现象；轧机的第三种振动为辊系的持续振动。上述振动需要从理论上进行更深入的研究，以揭示轧机振动的特征及规律。

(2) 扭垂耦合振动

过去轧机振动研究得出轧机传动系统扭振传不到垂直系统上的结论。而在该轧机振动测试中却发现垂振信号中包含了扭振频率，为了给出清晰的解释，需要通过理论研究来解释这种现象。利用 ANSYS 软件建立轧机的有限元模型，如图 5-51 所示。

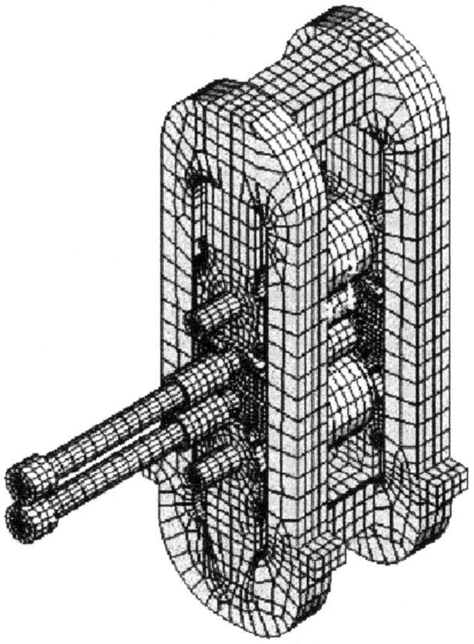

图 5-51 轧机有限元模型

为了确认扭振是否会传递到垂直系统，利用 ANSYS 中的谐响应分析模块进行分析。在轧机万向接轴人为施加激励扭振，依据对现场测试的扭矩波形进行回归，近似按如下规律变化。

$$T=\overline{T}+T_1\sin 2\pi ft \tag{5-3}$$

式中，$\overline{T}$ 为扭矩稳定值，T_1 为扭振的振幅，f 为振动频率。

在该激励扭振作用下研究辊系的响应，分别在 40.25～44.00Hz 范围内每隔 0.25Hz 共 16 个激励频率求解辊系发生的 x 方向（轧制水平方向）和 y 方向（垂直方向）的振动，如图 5-52 和图 5-53 所示，求得辊系的幅频特性曲线。

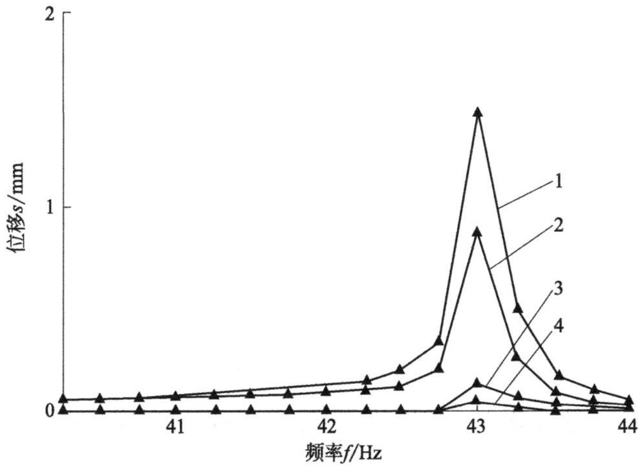

图 5-52 辊系 x 方向的频率-位移曲线

1—上工作辊；2—上支承辊；3—下工作辊；4—下支承辊

从图 5-52 和图 5-53 可以看出：辊系对不同频率的激励扭振产生了不同的幅值响应，在 43Hz 处出现位移峰值。因此，可以说，当电气传动系统激励扭振频率在这个值附近的时候就会激发起辊系水平振动和垂直振动，也就是该轧机二阶扭振可以引发垂振。

对比辊系在 x 方向和 y 向的位移值，发现上辊系比下辊系位移大，即上辊系振动厉害，下辊系振动相对较轻，这也和实际测试结果基本相吻合。

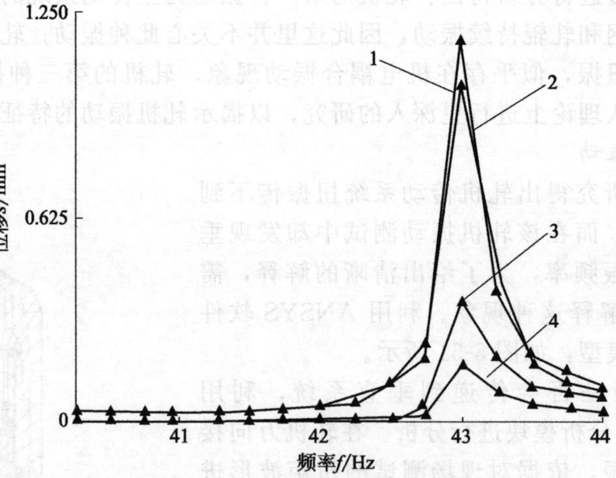

图 5-53 辊系 y 方向的频率-位移曲线

1—上支承辊；2—上工作辊；3—下工作辊；4—下支承辊

(3) 机电耦合振动

由于实测扭振频率为 42Hz，理论计算与传动系统的第二阶固有频率相吻合。因此，在电动机输出轴上施加频率不同的激励信号，其规律按实测值，函数关系如式(5-3) 所示。

当电动机激励扭振的频率分别为 38Hz、40Hz、42Hz 和 44Hz 时进行仿真研究，得到万向接轴在不同频率激励下的扭振响应，如图 5-54～图 5-57 所示。

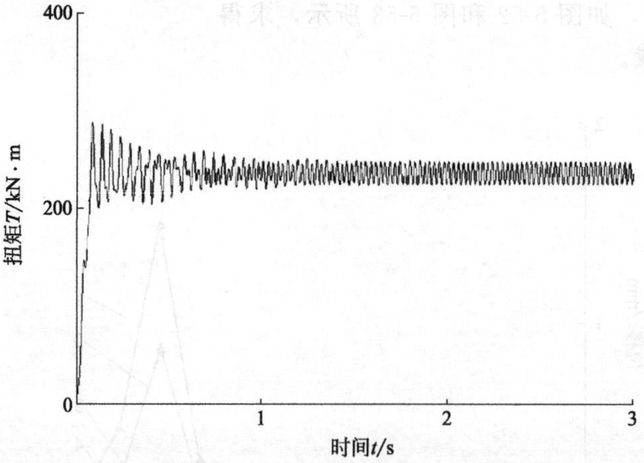

图 5-54 38Hz 正弦信号激励下扭矩响应

从图 5-54～图 5-57 可以看出：当激励信号的频率接近 42Hz 时，万向接轴的扭矩振幅迅速增大，信号幅值由小变大；当激励信号的频率离开 42Hz 时，万向接轴的扭矩振幅迅速减小，信号再次变小，这与实测结果相吻合。因此，可以判定电气控制系统调节频率或特征频率与主传动机械系统产生了机电耦合振动。

(4) 液机耦合振动

为了研究自动辊缝控制（automatic gage control，AGC）与辊系水平耦合振动的影响规律，采用 ANSYS 对如图 5-51 所示的模型进行谐响应仿真分析。在轧机上支承辊轴承座上施加载荷以模拟 AGC 垂直振动对辊系振动的影响。首先把 AGC 作用力（轧制力）简化为一个谐波载荷，载荷大小 F 根据实际轧制过程中轧制力的大小来施加

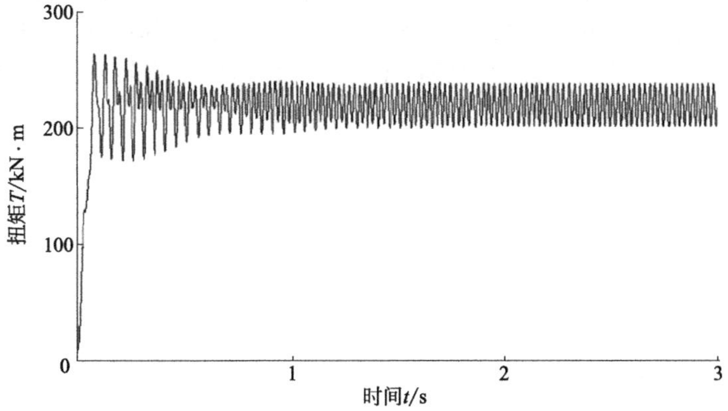

图 5-55　40Hz 正弦信号激励下扭矩响应

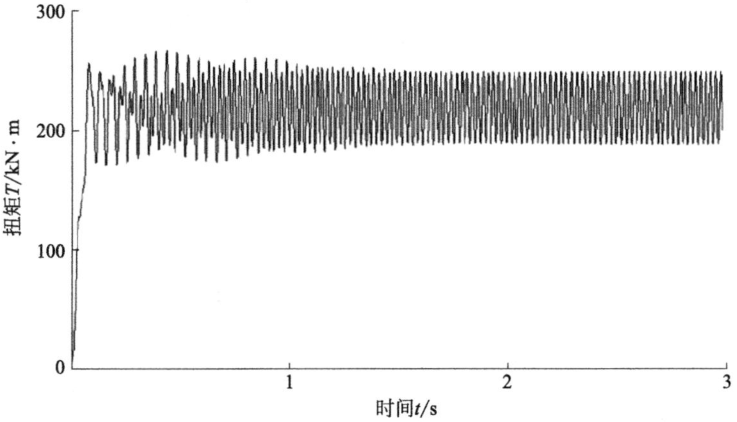

图 5-56　42Hz 正弦信号激励下扭矩响应

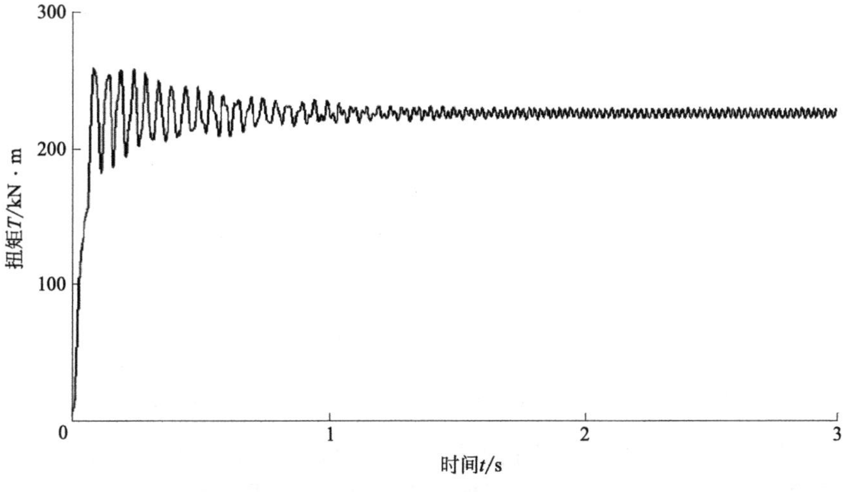

图 5-57　44Hz 正弦信号激励下扭矩响应

$$F=F_0+A_0\sin 2\pi ft \tag{5-4}$$

式中，F_0 代表轧制力的稳定值，$F_0=20\text{MN}$；A_0 代表轧机力振动幅值，$A_0=1100\text{kN}$。在频率为 50～72Hz 范围的激励下，仿真结果如图 5-58 所示，可以看到上下工作辊水平振动在 56Hz 和 67Hz 出现峰值，与现场实测数据比较接近。仿真结果表明：辊系水平振动与 AGC 垂直振动耦合在一起，形成了十分复杂的振动现象，其中在 56Hz 和 67Hz 存在水平振动的峰值。说明 AGC 产生振动能够将垂直振动传递给工作辊水平方向，因此 AGC 垂直振动与工作辊水平振动耦合在一起，即产生了液机耦合振动。

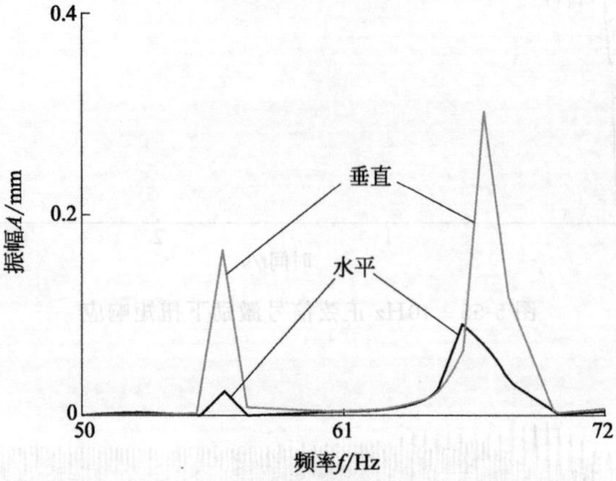

图 5-58 AGC 振动对工作辊振动的影响

(5) 振动抑制措施

经过现场综合测试和理论仿真研究，轧机振动出现机电液耦合振动现象。轧机的第二种振动为主传动系统的第二阶持续扭振，频率为 42Hz，因此为了对振动进行有效的控制，设计一种能够抑制第二阶扭振的抑制器并进行了仿真研究，将该二阶扭振抑制器加在主传动控制系统中，如图 5-59 所示。当传动系统产生第二阶扭振时，二阶扭振抑制器将由扰动量作用而产生与传动系统第二阶振动频率幅值相一致且相位相反的振荡去抵消传动系统的扭振，从而实现稳定运行。即通过观测电动机和轧辊之间的瞬时速度差来输出相对应的振荡信号对系统进行补偿。采用这种补偿方式，其作用的快速性主要是由补偿回路能产生与实际传动系统振荡反相同步的信号，作为前馈控制直接参与调节，其振动抑制效果典型波形如图 5-60 所示。

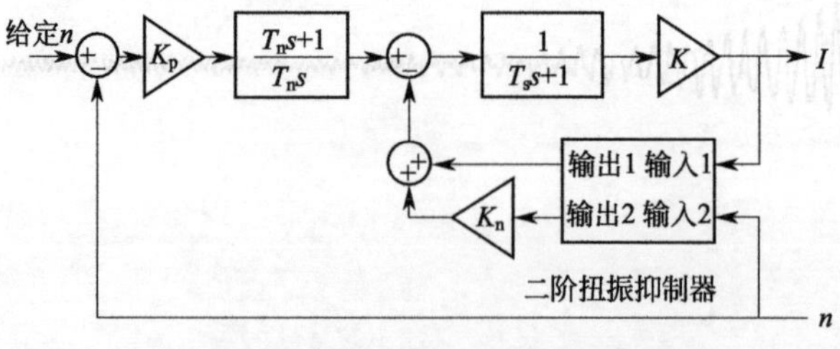

图 5-59 加入扭振抑制器控制模型

n—转速；K_p—速度调节器放大系数；T_n—速度调节器时间常数；s—时间；
T_s—电流调节器时间常数；K—电流调节器放大系数；I—电流；K_n—二阶扭振抑制器放大系数

从图 5-60 中可以看到，加入二阶扭振抑制器之后，二阶扭振振幅大幅度降低，即轧机主传动系统的第二阶扭转振动得到了很好的抑制，取得了明显的效果。

第三种振动为辊系振动，振动主要频率为 45～80Hz 及倍频。通过对液压 AGC 系统参数进行了优化，第三种振动得到了明显的抑制，如图 5-61 所示。

从图 5-61 中明显看出，措施实施前后振动能量明显降低，集中频率变得分散，取得了良好的抑制效果。

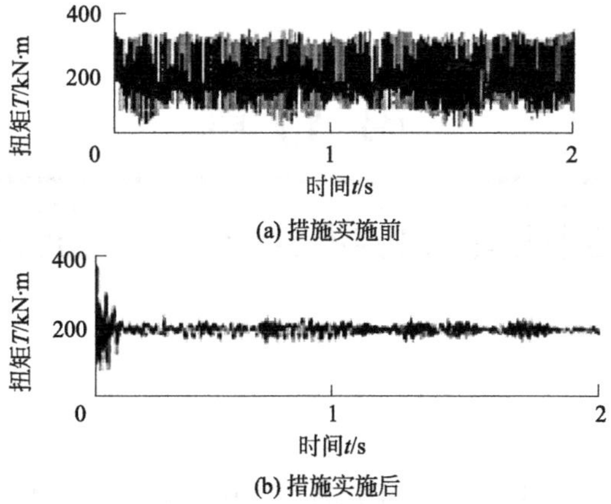

(a) 措施实施前

(b) 措施实施后

图 5-60 措施实施前后扭振大小对比

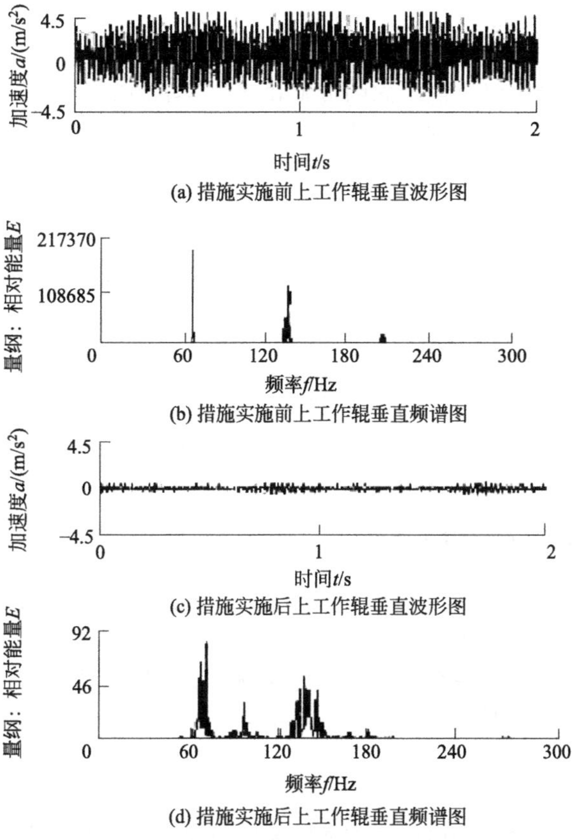

(a) 措施实施前上工作辊垂直波形图

(b) 措施实施前上工作辊垂直频谱图

(c) 措施实施后上工作辊垂直波形图

(d) 措施实施后上工作辊垂直频谱图

图 5-61 辊系振动能量措施前后变化

至此得出结论。

① 薄板坯连铸连轧机振动表现为强烈的机电液耦合振动现象。

② 理论仿真结果表明，轧机存在扭垂耦合振动、机电耦合振动和液机耦合振动，为振动抑制提供了理论依据。

③ 二阶扭振抑制器可有效地抑制主传动系统的二阶振动；通过优化 AGC 系统参数，辊系振动明显地降低，取得了满意的效果。

第6章 汽轮发电机组振动故障的监测与诊断

6.1 概述

处在高速旋转下的汽轮发电机组，在正常运行中总是存在着不同程度和方向的振动。对设备的危害不大，因而是允许的。这里所讲的振动，都是指对设备有危害，超出了允许范围的振动。

6.1.1 振动过大时引起的危害

汽轮发电机组振动过大时可能引起的危害和严重后果如下：

① 机组部件连接处松动，地脚螺栓松动、断裂；

② 机座（台板）二次浇灌体松动，基础产生裂缝：

③ 汽轮机叶片应力过高而疲劳折断；

④ 危机保安器发生误动作；

⑤ 通流部分的轴封装置发生摩擦或磨损，严重时可能因此引起主轴的弯曲；

⑥ 滑销磨损，滑销严重磨损时，还会影响机组的正常热膨胀，从而进一步引起更严重的事故；

⑦ 轴瓦乌金破裂，紧固螺钉松脱、断裂；

⑧ 发电机转子护环松弛磨损，芯环破损，电气绝缘磨破，以致造成接地或短路；

⑨ 励磁机整流子及其炭刷磨损加剧等。

6.1.2 查找振动原因的几种试验

从以上几点可以看出，振动直接威胁着机组的安全运行。因此，在机组一旦出现振动时，就应及时找出引起振动的原因，并予以消除，绝不允许在强烈振动的情况下让机组继续运行。汽轮发电机组的振动是一个比较复杂的问题。造成振动的原因很多，但是只要能抓住矛盾的特殊性，即抓住振动时表现出来的不同特点，加以分析判断，就有可能找出振动的内在原因并予以解决。

(1) *励磁电流试验*

试验目的在于判断振动是否由电气方面的原因引起的，以及是由电气方面的哪些原因引起的。

如加上励磁电流后机组发生振动，断开励磁电流振动消失。则可肯定振动是由电气方面的原因造成的，此时可继续进行励磁电流试验。通过励磁电流试验得出如下两种结果。

① 随着励磁电流的增加，振动数值跟着加大，此种情况表明，振动是由于磁场不平衡引起的。造成磁场不平衡的原因有：发电机转子线圈短路；发电机转子和静子间空气间隙不均匀等。

② 磁场电流增加时振动不立即增大，而是随着磁场电流增加在一定的时间内呈阶梯状的增大，在励磁电流增大时尤为显著。这表明振动和转子在热状态下的质量不均衡有关。

(2) 转速试验

试验目的在于判断振动和转子质量不平衡的关系，同时可找出转子的临界转速和工作转速接近的程度。

试验一般在启动（或停机）过程中进行。转速每升高 100～200r/min 记录振动值一次，试验的最高转速最好取为 105%工作转速，以便观察振动变化的趋向。本试验可在汽轮机与发电机断开情况下进行，也可在连接情况下进行。

通过本试验还应检查临界转速和工作转速是否过分接近。一般设计时应使二者相差 30%左右，但由于运行期间拆去了一些零件或在转子上加工等，就有可能十分精确而达到完全平衡，这样工作转速离临界转速过近，机组运行中必然要发生较大振动。

(3) 负荷试验

试验的目的在于判断振动与机组中心、热膨胀、转子质量不平衡的关系，判断传递力矩的部件（靠背轮、减速齿轮）是否有缺陷。

试验可以升负荷方式进行，也可以降负荷方式进行，一般可分为零负荷、1/4 负荷、1/2 负荷、3/4 负荷和满载负荷五个等级。每一级负荷测量振动两次，即负荷刚改变后立即测量一次。负荷稳定 30min 后再测量一次。做负荷试验时，在测量振动的同时必须测量机组的热膨胀情况。一般通过负荷试验可得出如下三种结果：

① 振动随负荷增加而减小（数值不大）。这表明振动的原因在于转体质量的不平衡，此时可参照“转速试验”进行分析。

② 振动随负荷增加而加大，且与热膨胀无关（即每一级负荷的两次所测振动值变化不大）。这表明振动和旋转力矩有关。其可能原因有：机组按靠背轮找中心时没有找准；活动或半活动式靠背轮本身有缺陷，如牙齿啮合不好或不均匀磨损等，此种振动情况，一般在机组并列或解列时振动值会有突变现象。

③ 在负荷改变后的一段时间，振动随时间的加长而加大（即在每一负荷下稳定一定时间后所测得的振动值与第一次所测得的振动值有较明显的变化）。这表明振动与汽轮机的热状态有关，其可能原因有：滑销系统不良、基础不均匀的下沉；主蒸汽管设置不当，在热膨胀时给汽缸施加了作用力；其他不正常的热变形引起机组中心线发生变化等。

(4) 轴承润滑油膜试验

试验目的在于判断振动是否是因为油膜不稳，油膜被破坏或轴瓦紧力不当所引起的。

试验是在保证轴承润滑油压和油量的条件下通过改变油温来进行的，油温变动范围一般是正常油温的±5℃，油温每变化 1℃测量振动一次，并在上、下限油温时稳定 30min 后各多测振动一次。

油温试验的结果，有以下两种可能情况。

① 振动随油温升高而加大。这表明振动大多是由于轴瓦间隙太大所引起的。这种情况比较多见，因为运行中往往会由于乌金磨损，多次修刮而使轴瓦内径加大，致使油膜不稳。

② 振动随油温升高而减少。此时，振动大多是由于轴瓦间隙太小所引起的。

此外应注意，由于润滑油温只是通过改变油的黏度间接影响油膜建立的，所以振动是否是由于油膜不稳或被破坏所造成，还应通过振动现象加以判断。油膜不稳或被破坏而引起振动的特点主要是：振动发生得比较突然和强烈，一般难于掌握其发生和消失的规律。振动波形紊乱，振动频率和转速不相适应；振动时机组声音异常，好像在抖动一样。

轴承紧力不够也会引起振动，此时振动值也很不稳定，且在振动部位可听到“咚咚”的响声。

除通过上述几种试验来寻找振动的原因外，尚可通过真空试验或机组外部特性试验来分析振动原因。真空试验的目的，是判断振动是否是由于真空变化后机组中心在垂直方向发生变化引起的。真空试验依据的原理是：真空变化时大气压力对排汽缸的作用力就要变化，使与排汽缸连成一体的后轴承座发生上下位移；真空变化时，排汽温度变化，使排汽缸热膨胀值变化，也会引起后轴承座上下位移，这些都能影响机组中心在垂直方向的变化，若处理不当时就可能引起振动。机组外部特性试验，实际上就是在振动值比较大的情况下测量机组振动的分布情况，根据振动分布情况分析判断不正常的部位。例如：紧固螺钉松动、轴承座和基座台板接触不良，机座和轴承座框架在基础上松动，机组基础局部松动，以及某些管道共振等缺陷，就可通过外特性试验查找出来。

汽轮发电机组振动异常是运行中最常见的故障之一，其产生的原因是多方面的，也是十分复杂的，它与制造、安装、检修和运行水平有直接关系。超过允许范围的振动往往是设备损坏的信号。振动过大将使汽轮机转动部件如叶片、叶轮等的应力超过允许值而损坏；振动严重时，可能导致危急保安器误动作而发生停机事故以及导致轴承座松动、基础甚至厂房建筑物的共振损坏等。因此，必须使机组的振动水平保持在规定的允许范围内。

值得注意的是，随着汽轮机功率的增大，在轴承座刚度相当大的情况下，转子的较大振动并不能在轴承座上反映出来。直接测量转子的振动数值作为振动标准才是合理的。在运行中，一旦发现振动异常，除应加强对有关参数的监视、仔细倾听汽轮机内部声音外，还应视具体情况立即减负荷乃至停机检查。必要时通过各种试验来分析机组振动异常的原因，采取相应的处理方法及消除措施。

6.2 210MW 汽轮发电机组振动分析与处理

6.2.1 概述

转子是汽轮发电机组的心脏，转子振动过大会直接危及机组的安全和运行。引起转子振动过大和不稳定的因素很多，如转子的质量不平衡、油膜失稳、气流激振、碰磨、转子内阻、转子线圈松动及转子不对中等，其中尤以转子不平衡引起的振动最为普遍。转子不平衡对轴系振动的影响有以下几个方面：

① 直接引起转子的强迫振动响应，它属于线性振动的范畴；

② 诱发其他激振因素引起的振动，如由于油膜失稳、密封失稳及内阻失稳导致的自激振动，这些都属于非线性振动的范畴；

③ 不平衡增大会导致转子运行稳定裕度的降低。

因此，轴系高速动平衡是治理转子振动故障的首要任务。

某公司 1# 汽轮发电机组最大功率 210MW，型号 N210/C177-13.24/535/535，是哈尔滨汽轮制造厂的超高压一次中间再热单轴三抽两排汽抽汽凝汽式汽轮机，发电机冷却方式是全空冷；该机组高压转子为整锻式，中压转子从第 20 级起及低压转子全部采用套装叶轮，高、低压转子间采用刚性联轴器连接，中、低压转子采用半挠性联轴器连接，低压转子与发电机转子采用刚性联轴器连接；共有 7 个轴承支撑，其中 2# 轴承为推力、支持联合轴承，其他均为支持轴承。轴系结构如图 6-1 所示，转子的临界转速见表 6-1。

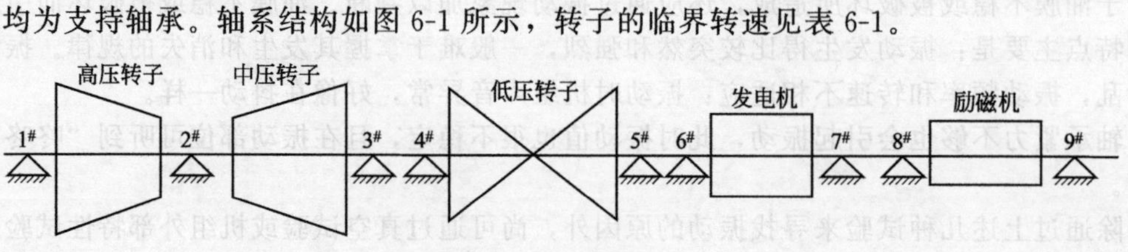

图 6-1 轴承结构

表 6-1　转子的临界转速　　单位：r/min

转　子	三支点	轴系	转　子	三支点	轴系
高压转子	1829	1834	低压转子	1533	1649
中压转子	1580	1626	发电机转子(1/2)大齿	860	2300

该机组在首次启动调试过程中，机组振动监测采用美国本特利公司 108 振动数据采集系统，配用美国 16699 型速度传感器。

机组首次冲动，转速 500r/min，机组振动正常，暖机 15min 后开始升速，当转速达到 1100r/min 时，3# 轴振保护动作，停机。当转速达到 600r/min 后，2#、3# 瓦轴振随转速升高增加很快。

在机组升速过程中，发现中压缸后汽封处有摩擦出火花现象，根据经验，新机组启动过程中容易产生摩擦。对于国产 210MW 汽轮机而言，摩擦的危害非常大，容易产生大轴永久弯曲。为了消除隐患，决定对中压缸后汽封的摩擦进行处理并检查间隙。

而从振动机理来分析，摩擦、质量不平衡和转子不同心产生的振动现象和频谱非常相似。作为现场相对容易实现的手段，首先解决摩擦引起的振动。同时也检查了机座和台板，没有发现问题。

在处理 3# 轴承前，中压缸后汽封处摩擦，机组第 2 次启动，转速 500r/min，机组振动正常，升速至 1100r/min、1200r/min、1300r/min 进行振动监测，由于 3# 轴振动保护动作停机。2# 轴承最大振动为 40μm，3# 轴承最大振动为 41μm。

6.2.2　振动原因分析

根据机组 2 次启动的振动监测数据分析，相位稳定和重复性都非常好，在转速稳定的情况下，振幅、相位比较稳定，频谱分析为工频分量占主要部分，并且都是在低速情况下发生的振动。初步分析认为，该振动是由于中压转子上存在较大的不平衡质量造成的。由于 2 次机组启动转速都很低，出现了振动大跳机，为了进一步查找原因，通过加平衡块减小振动的措施，从而使转速升高再观察振动情况。经过分析认为，根据中压缸结构特点，现场在中压转子上加平衡质量困难较大，时间较长，同时为了消除半挠性联轴器加工偏差产生的不平衡量，决定在中压转子外伸端的半挠性联轴器上的平衡槽内进行平衡质量调整，平衡质量为 1284g。再次启动后，2#、3# 轴承振动有所改善，同时 3x 轴振有所下降，转速升高至 1540r/min，3x 轴振仍然超标，保护动作，汽轮机跳闸。

根据动平衡试验后的振动频谱及波形图分析，各转子均没有通过临界转速，为了取得更多的数据，在研究机组各部分动静间隙和保证机组安全的条件下，采取哈尔滨汽轮机厂提出的放大 3x 轴振的保护定值到 350μm 的意见。同时为了验证 3x 轴振的真实性、可靠性，在中压缸后侧轴封处加装了一个 3x 测点同方向的轴振测点，固定在中压缸后汽封处，用以测量中压转子与中压缸的相对振动。为了保证机组的安全，按照厂家说明书、启动方案及相关规程的要求，调整了机组启动方式，采取了相应的措施。控制汽缸温升速度，调整汽缸各部分金属温度在合理范围之内，汽缸各部膨胀满足规定要求，通过临界转速的升速率调整为 400r/min，临界转速区调整为 1500～2000r/min。再次启动，机组转速达到了 1640r/min，3# 轴承轴振保护动作跳机。从振动频谱分析，中压转子、低压转子都已经通过了临界转速，2# 轴承最大振动为 31μm，3# 轴承最大振动为 33μm，4# 轴承最大振动 45μm，5# 轴承最大振动 51μm。对机组启动的振动进行频谱分析，发现 2#、3# 轴承的工频分量仍然占主要部分。

通过现场机组动平衡试验，基于以上的分析认为：在升速过程中汽轮机中压转子 3# 轴承处，Y 方向的确存在非常大的轴振；中压转子存在的很大不平衡质量而引起的转子强迫振动是造成轴振大的主要原因。

6.2.3 异常振动的处理

通过动平衡试验表明，受加重条件及转子振动响应的限制，在中压转子外跨即半挠性联轴器处进行平衡处理无法消除升速过程中轴振过大的情况。要彻底消除中压转子本身存在的质量不平衡，必须揭缸，在转子叶轮上加平衡块。揭缸后发现在末级叶轮上有厂家做高速动平衡时所加平衡块∠30°，首端∠218°，核对中压转子动平衡报告结果，发现电端实际应为1300g∠30°，首端为1612g∠38°，经咨询驻厂监造人员确认，厂家做动平衡时前后平衡块基本在同一方向，汽轮机厂家也返回了信息，在做完动平衡去掉试验平衡块装正式平衡块时，把首端方向看错了，于是把首端平衡块调整到38°。1#汽轮机组经上述处理后，顺利冲转至3000r/min定速，带额定负荷后，各瓦振幅值见表6-2，各轴振幅值见表6-3。

表6-2 现场实测各轴承振幅值

转速/(r/min)	方向	1#轴承/μm	2#轴承/μm	3#轴承/μm	4#轴承/μm	5#轴承/μm	6#轴承/μm	7#轴承/μm
3000	垂直	4	3	13	9	9	12	5
	水平	5	8	11	8	19	9	6
	轴向	4	2	7	9	8	45	49

表6-3 各轴承处轴振幅值

转速/(r/min)	方向	1#轴承/μm	2#轴承/μm	3#轴承/μm	4#轴承/μm	5#轴承/μm	6#轴承/μm	7#轴承/μm
3000	x	66	26	136	82	74	20	22
	y	57	17	78	32	74	44	25

通过对1#汽轮机组3#轴承方向轴振异常振动和机组在低速振动大的综合分析，诊断出振动严重超标的主要原因是汽轮机组中压转子存在较大不平衡量。经揭缸检查发现，厂家组装人员的粗心造成转子质量不平衡，使1#汽轮机组不能正常启动。敦促制造厂家要加强质量技术监督，避免给发电企业带来不必要的损失。经处理后空负荷和带负荷后轴系各瓦振动都达到了标准要求的优良等级。

6.3 360MW汽轮机组不平衡振动分析

6.3.1 360MW汽轮机组概况

汽轮发电机组的轴系振动，对机组的安全经济运行有很大的影响。某电厂1#机组汽轮机是由AISTOM生产的亚临界参数、一次中间再热、单轴、双缸（高中压合缸）、双排汽口、七级回热、冲动凝汽式机组。机组轴系由高中压转子、低压转子、发电机转子、励磁机转子构成，各转子之间用刚性联轴器连接，其轴系支撑系统及连接情况如图6-2所示。

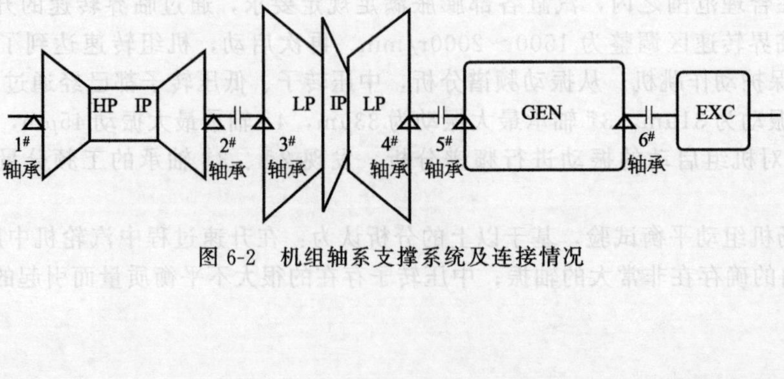

图6-2 机组轴系支撑系统及连接情况

前轴承箱位于机头，它除了装设高压缸前轴承（1# 轴承）外，还装设有汽轮机盘车装置，转速检测设备以及润滑油主油泵。中压缸与低压前半缸之间设有 2# 轴承箱和 3# 轴承箱。2# 轴承箱装有中压后轴承（2# 轴承），轴承箱位于中缸后端。3# 和 4# 低压缸轴承箱和低压缸是整体结构，分别布置在低压缸前后两端的低压下外缸凹窝内，各装有一个轴承（3、4# 轴承）。5、6# 轴承为发电机轴承，坐落在发电机大端盖上。汽轮机支持轴承形式均为三块可倾瓦轴承（也称为三斜垫轴颈轴承）。

6.3.2 机组振动故障问题

（1）试运行时 5# 轴振动异常

运行时 5# 轴振动异常，某电力试验研究所对发电机进行了一系列测试，包括润滑油温和密封油温的调整，改变定子冷却水温，发电机有功调整、无功调整等。在有功功率为 360MW，无功功率为 42.19MW 的情况下，测得各轴振动数据见表 6-4。当时现场对机组进行了精确的动平衡，使 5#、6# 轴振动恢复到了正常水平。

表 6-4 各轴振动数据 单位：μm/(°)

振动成分	5# 轴振		6# 轴振		5# 瓦振		6# 瓦振	
	垂直	水平	垂直	水平	垂直	水平	垂直	水平
通频	20.3	121	83.8	70.9	16.2	7.8	41.8	13.8
1 倍频	23.6/58	118.0/3	79.7/130	62.7/42	15.3/318	5.1/98	40.5/113	10.9/121
2 倍频	3.6/197	10.4/93	7.7/278	13.2/115	1.22/	1.6/	0	2.8/38

（2）机组振动情况介绍

第一次启动，5# 轴振动偏高。机组经过检修以后第一次启动，当转速为 3000r/min 时，5# 轴水平振动严重超标，一度达到 146.72μm，6# 轴垂直振动也比较大，机组随即停机。

检修时发现 5# 轴颈包括氢侧密封瓦处及支持轴承处有刮痕；5# 轴承空气侧密封瓦被异物刮伤，有径向穿透痕迹，氢侧密封瓦有局部摩擦痕迹。现场更换 CT 空气侧密封瓦，一共四块；清理励磁机内部，更换呼吸滤网；对 5# 轴颈用全相砂纸、1# 砂纸打磨；对其他密封瓦做碾刮处理，在轴上对比修整密封瓦间隙等一系列措施。

（3）机组大修振动情况

1# 机组按照正常大修程序检修、安装完成，机组开始重新启机。转速为 1200r/min 时，发电机转子轴振就开始增加，当转速为 2313r/min 时，5# 轴的振动达到 200μm 此时机组跳闸。

次年机组大修，目测发现 5# 轴承（密封环侧）有一个发光的部分，后来调查原因是在励磁机转子上的摩擦。这种摩擦可以被解释为在励磁机转子和后罩之间的间隙过小。这种现象可以被扩大为因为销没有充分压入发电机转子使轴不够稳定，导致轴和励磁机间的靠背轮连接不稳定。

6.3.3 机组振动常见原因分析

（1）汽轮机振动的危害

汽轮机一旦发生振动超标，应立即打闸停机，否则其危害很大。其危害性主要有：①机组振动过大，发生在机头部位，有可能引起危急保安器动作，而发生停机事故；②损坏机组的轴瓦、轴承座的紧固螺栓及机组的连接管道；③机组振动过大造成轴封及隔板汽封的磨损，严重时磨损造成转子弯曲；④振动过大如发生在发电机部位，则使滑环与电刷受到磨损，造成发电机励磁机事故。

(2) 汽轮机振动的种类

汽轮机振动方向分垂直、横向和轴向三种，在大多数的振动中，垂直方向的现象较常见，振动值也较大，有时横向振动值也大，而轴向振动不常见。

(3) 机组振动的常见原因

① 制造原因对振动的影响。一般来说，由制造原因引发的振动不是很多，有质量不平衡，汽封、油封与转子摩擦等。这些都可归为制造原因。

② 安装原因对振动的影响。原因有轴瓦本身的各部尺寸做的不符合要求、进汽不均匀、由连接在轴承箱上的油管道膨胀受阻等都可能引起振动。

③ 运行原因对振动的影响。原因有：汽缸膨胀不均匀引起振动；热态启动时，汽缸的上下温差过大，致使汽缸变形过大，使转子的中心发生变化能引起振动；凝汽器真空下降，排汽温度过高，汽缸中心线变化能引起机组振动；由于润滑油压低、油量不足、油压过高，使油膜难以形成或油膜失稳，由油膜振荡也会引起转子振动；小容积流量工况运行引起的汽流激振等。

6.3.4 振动问题分析

根据机组运行中出现的一些振动问题，简单的理论分析如下。

① 由临时测量值，1 倍频分量大于 0.7 倍的通频分量及 $|X_n| \geqslant \alpha |X_m|$ $(\alpha = 0.7)$，可见其主要原因是转子质量平衡性欠佳。

② 大修时轴系对中不良问题未有效解决，现在轴系对中不良问题仍然存在。

③ 辅助润滑油泵运行时，3#、4#、5# 轴瓦的振动都受其不同程度的影响，这说明机组的振动受润滑油系统的影响也很大，可能是油温、油压以及油中含杂质程度有关。

④ 由 4#、5#、6# 轴各向振动 1 倍频都比较明显，说明它们的振动都与转子的质量不平衡有关；另外高倍频也占有很大成分，说明振动可能存在动静碰磨或者对中不良故障及其他更复杂的原因。

⑤ 针对 3#、4# 轴振动不稳定问题，由其振动情况可以得知，4# 轴的径向振动随着时间的变化其振动趋势基本上不变，这说明影响它的因素中转子质量不平衡占主要地位；3# 轴的水平、径向振动和 4# 轴的水平振动有着比较接近的特征，在短时间内振动的重复性较差，说明此时影响它们的还有其他复杂的因素，比如运行不稳定等。

由于该电厂在夏季属于调峰机组，一年内需要启停机 90 次，这势必会使机组的运行条件复杂多变，给机组振动带来更多的可变因素。这需要时刻对机组的振动情况进行监测，并结合以前的振动情况进行对比，抓住有利时机对机组进行有效维护。

另外轴系振动往往不是由一个原因导致的，它是由于结构及安装偏差原因和复杂运行条件共同引起的，所以分析解决起来要考虑综合因素。这些分析和建议希望有助于实际问题的解决。

6.4 300MW 汽轮机组振动原因诊断和处理

某电厂 4 号汽轮发电机组是由哈尔滨汽轮机厂生产的 N300-16.7/537/537-2 型亚临界、一次中间再热、高中压合缸、双缸双排汽单轴反动凝汽式汽轮机。机组轴系如图 6-3 所示。

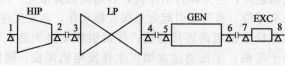

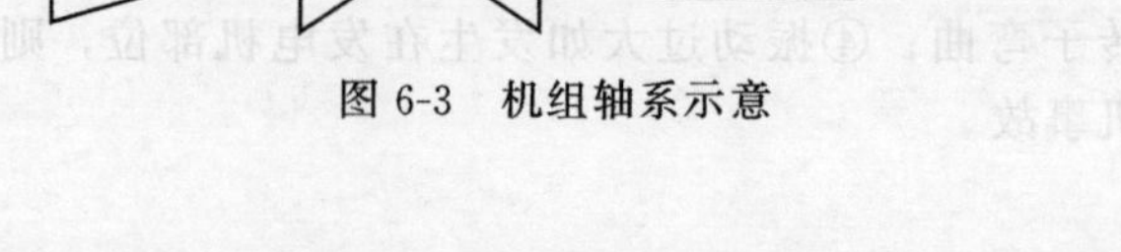

图 6-3 机组轴系示意

机组轴系由高中压转子、低压转子、发电机转子和励磁机转子及相应的支持轴承组成。其中高中压转子、低压转子为双支承结构，其中1～4号轴承为可倾瓦轴承，5号、6号轴承均为端盖式椭圆轴承。

轴系临界转速（计算值）：发电机转子一阶1313r/min；高中压转子一阶1711r/min；低压转子一阶1623r/min；低压转子二阶3654r/min。

6.4.1 机组冲转情况

该机组第一次启动到机组完成168试运，投入试生产，共经历5次启动，总计冲转（升速）15～18次。

（1）*第一次启动*

机组在500r/min和1280r/min时，轴振5*X*/5*Y*和1*X*/1*Y*分别达到235μm/240μm和171μm/256μm后，机组远方打闸停机。后通过调整，机组首次冲撞成功。

（2）*第二次启动*

机组充氢后冲转，机组在1443r/min至1495r/min之间，由于1*Y*轴振大（表6-5），四次打闸。机组停机后进行第一次翻瓦检查。机组第二次冲转失败。

表6-5 机组打闸时1*Y*振动值 单位：μm

转速/(r/min)	1456	1456	1495	1443
1Y	260	254	250	240

（3）*第三次启动*

机组翻瓦后一次启动和并网成功，但振动较大。机组在做调门阀严密性试验惰走过程中，由于振动大跳机，机组的1*Y*振动超过热工最大量程300μm。机组随后连续冲转两次，均由于1*Y*振动大，远方打闸。两次转速分别是1560r/min和1540r/min，振动值分别为255μm和250μm。机组进行第二次翻瓦检查。

（4）*第四次启动*

机组第二次翻瓦后冲转成功。转速2200r/min时，机组远方打闸，试验1*Y*在惰走过程中振动情况，结果1*Y*振动值超过热工量程300μm。机组重新挂闸后冲转，维持转速2300r/min暖机，由于4号瓦盖振达117μm，远方打闸停机。机组冲转后带负荷，机组解列，做调门阀严密性试验，在转速1608r/min时，由于1*Y*振动大（290μm）跳机。机组重新挂闸后，转速1183r/min时，3*X*轴振达到240μm，手动打闸、停机，投盘车。再次冲转，在1611r/min时，1Y振动达250μm，手动打闸停机。

检查机组冲转过程波德图（图6-4～图6-6），发现机组每次启动和停机过程波德图有很好的重复性，确认机组除了在翻瓦中解决的问题外，高中压转子存在质量不平衡，在征求多家单位意见后，机组做动平衡。

（5）*第五次启动*

动平衡后，机组冲转、带负荷一次成功，顺利完成168试运前的各项试验、机组50%和100%甩负荷试验。机组进入168试运后，各项振动指标在良好范围内，确保了168试运的一次成功。

6.4.2 机组的处理方案

① 机组第一次启动时，存在明显的碰磨现象。通过5号轴承BODE图（图6-7）和就地用听针听诊，确认机组在发电机密封瓦（5号轴承）和1号轴承处的油挡和高压缸前汽封处有碰磨声。虽然机组启动轴振较大，就地盖振并不大，确认此时机组碰磨不严重，机组可以

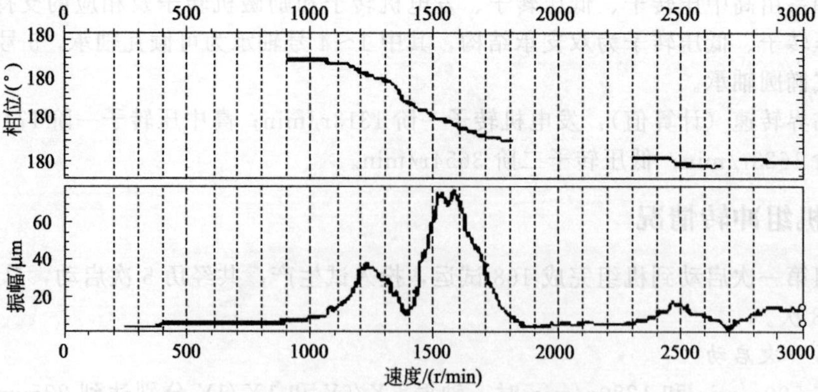

图 6-4 动平衡前 1 号轴承振动典型波德图

纵坐标相位 180°与 180°之间是一个周期即两者之间有 360°，

且 BODE 图中显示的振幅都是峰-峰值

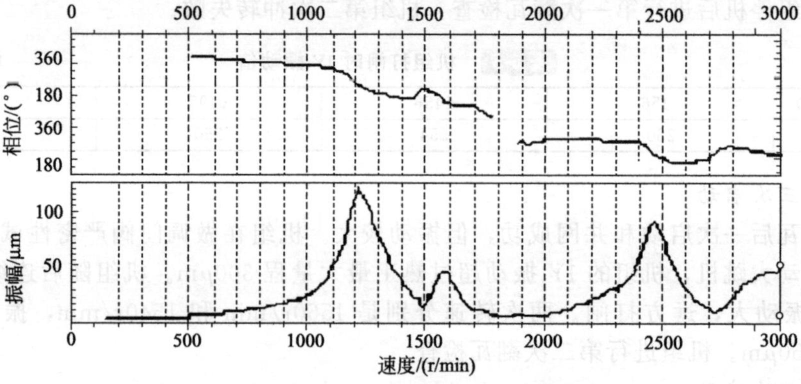

图 6-5 动平衡前 3 号轴承振动典型波德图

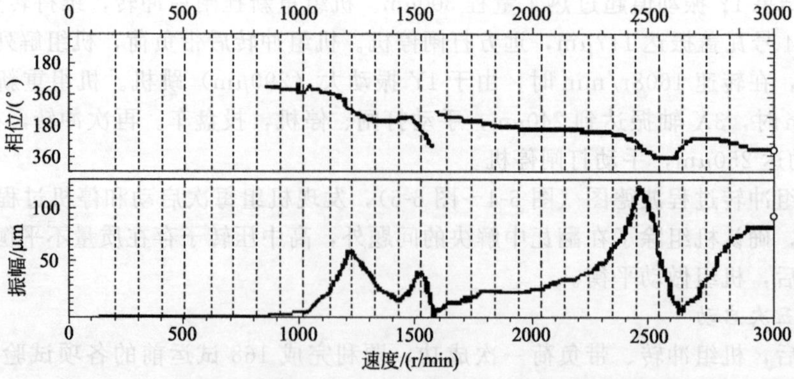

图 6-6 动平衡前 4 号轴承振动典型波德图

通过低速暖缸消除此部分碰磨的影响。最终机组在 300r/min 和 1000r/min 时定速暖缸，这部分碰磨消失后，机组首次冲转 3000r/min 成功。如图 6-7 所示为冲转 2200r/min 过程中发现有碰磨后，降速至 1000r/min 暖缸的过程 BODE 图。如图 6-8 所示是机组经过这两个低速暖缸过程后，机组冲转至 2200r/min 时的 BODE 图。通过 BODE 图显示这次运行调整效果很好。

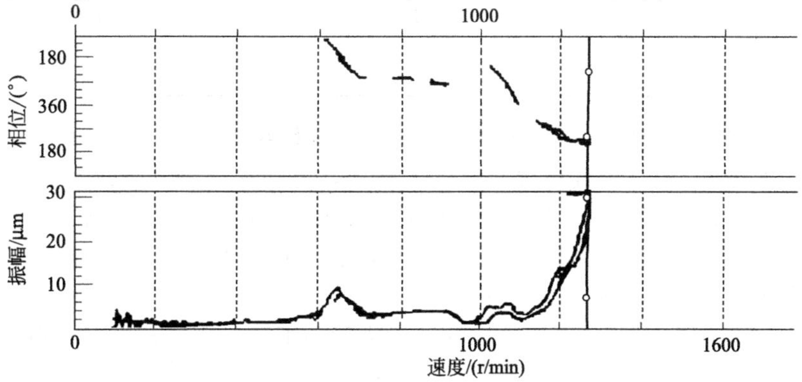

图 6-7 第一次启动 5 号轴承振动 BODE 图

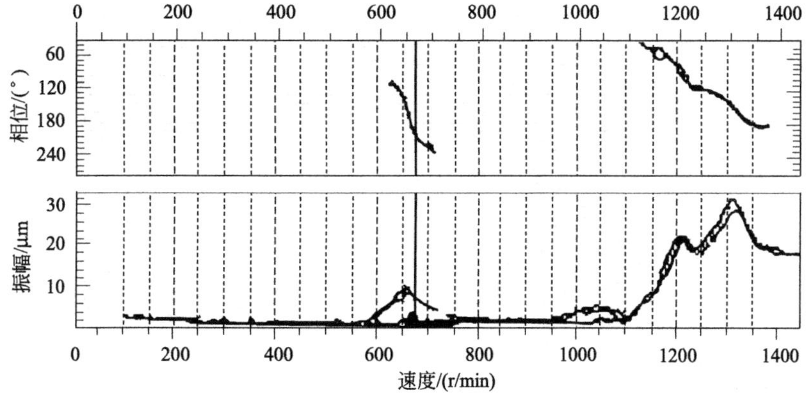

图 6-8 低速暖缸后 5 号轴承振动 BODE 图

② 第一次翻瓦发现 1 号轴承在水平有 10°旋转角后，其实际转子位置已经发生了变化，后经过转子平移，恢复轴承至原始值。同时，发现 1 号轴承上轴封齿磨损严重，处理后，调整轴封间隙以设计值上限为准。1 号轴承处理情况记录见表 6-6。机组在第一次翻瓦后，一次冲转成功，证明此次调整适当。

表 6-6 1 号轴承处理情况记录

检查项目	处理前/mm	处理后/mm
油挡间隙	左：0.60 右：0.50	左：0.30 右：0.45
轴瓦顶隙	左：0.60 右：0.50	左：0.54 右：0.60

③ 第二次翻瓦发现 1 号轴承处轴封有小的碰磨，就地确认此时高、中压缸下沉了50～60μm。由于转子冲转过程中，整个转子要上升。造成转子的上部间隙变小，下部间隙变大。安装单位发现问题后分别将高、中压缸靠近 1 号轴承左、右两侧缸抬升了 100μm。同时，通过检查内汽封间隙以及外汽封洼涡，发现高、中缸合缸水平方向发生位移，将高、中缸靠近中压缸侧向 B 列方向平移后 0.35mm 后，内汽封间隙及外汽封洼涡恢复至原始安装值，然后对高中压缸 H 梁进行点焊接处理。由于在冲转过程中 4 号轴承振动一直处于较高水平，对 4 号轴承也进行了调整，具体参数见表 6-7。

表 6-7 4号轴承处理情况记录

检查项目	处理前/mm	处理后/mm
轴瓦紧力	左:0.03 右:0.03	左:0.04 右:0.03
轴瓦顶隙	左:1.00 右:0.03	左:0.96 右:1.00

④ 机组在冲转和停机时，1X/1Y 过临界时均出现轴振大，且与缸温有一定联系，特别是在停机时（热态），其振动值每次均超过 250μm，但在两次翻瓦处理后，情况并没有改善，另外转速 1250r/min 时，3 号轴振并不大（54μm），但其轴承振动较大（112μm），其振动相位与 1、2 号轴承振动基本相同。通过启动和停机录波情况，发现 1、2 号轴承振动 BODE 图有很好的重复性。级联图（图 6-9～图 6-11）上显示振动的 1 倍频分量为主要成分，具备了做动平衡的条件。另外机组冲转时，4 号盖振和轴振接近，甚至大于轴振，致使在轴振未超标时轴承振动严重超标（表 6-8、表 6-9），这说明 4 号轴承座刚度明显偏低，在不大的转子激振力下可以激发轴承振动。由于现场无法提高轴承座刚度，只能对低压转子进行动平衡以减小其激振力。

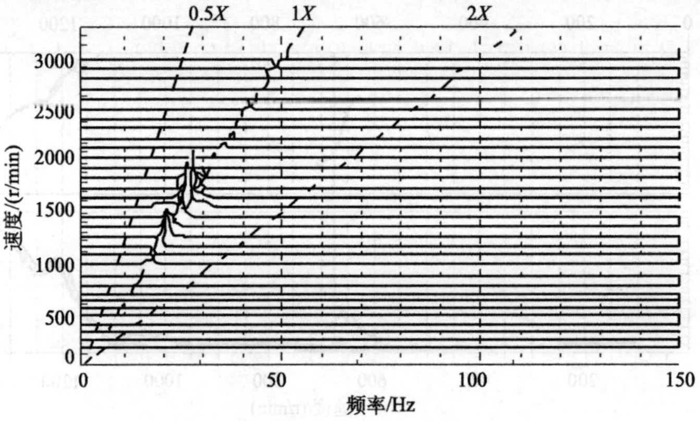

图 6-9 动平衡前 1 号轴承振动典型级联图

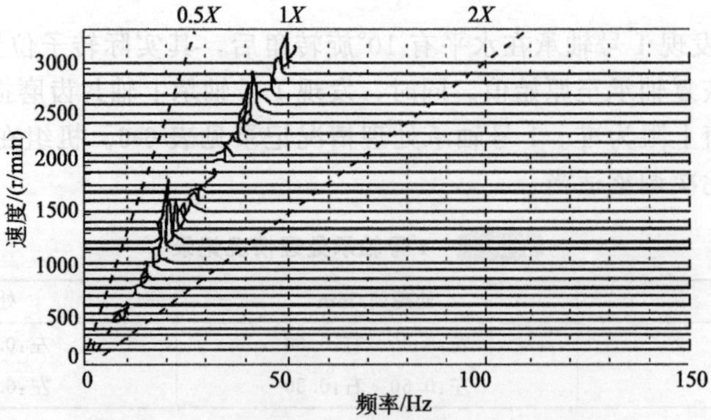

图 6-10 动平衡前 3 号轴承振动典型级联图

表 6-8 动平衡前轴承振幅及相位（基频） 单位：μm/(°)

转速/(r/min)	1号	2号	3号	4号
1209	36.3∠108	44.4∠91	119∠102	61.3∠109
1570	74.6∠209	25.8∠205	43∠196	2.87∠0
2460	13.8∠205	20.9∠328	89∠155	111∠323
3000	9.6∠216	6.0∠322	45.7∠167	91.8∠345

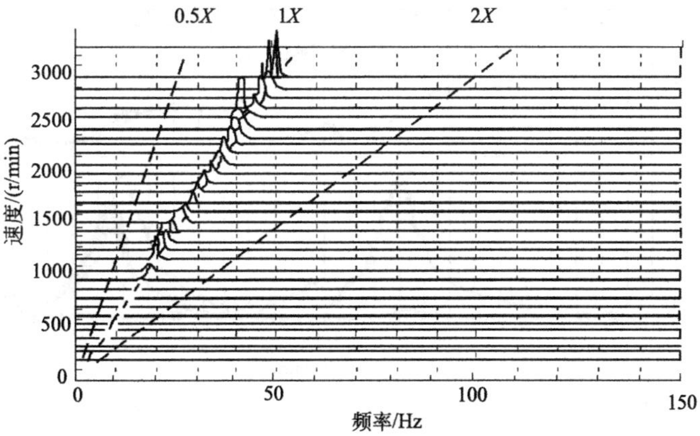

图 6-11 动平衡前 4 号轴承振动典型级联图

表 6-9 动平衡前机组带负荷时振动情况 单位：μm

轴振	1 号	2 号	3 号	4 号	5 号	6 号
X	71.8	90.1	43.3	91.1	52.4	32.9
Y	34.6	55.5	121	122	62.1	25.8
盖振	11.9	7.3	56.1	93.1	10.7	8.5

高、中压及低压转子动平衡方案见表 6-10。

表 6-10 动平衡加重重量及角度 单位：g/(°)

1 号轴承侧	2 号轴承侧	3 号轴承侧	4 号轴承侧
600∠115	600∠115	470∠240	470∠240

此次转子动平衡数据均是现场采集。

6.4.3 处理后的效果及振动分析

转子动平衡后，机组冲转、做各项汽机试验，到机组 168 试运前，机组经历了多次升降速过程，以及后来进入机组 168 后，机组振动大幅降低且稳定（图 6-12～图 6-14 和表 6-11、表 6-12），确保了机组 168 试运行的一次成功。处理的效果表现在以下几个方面。

① 高、中压转子在一阶临界转速下，其振动幅值大大改观。

② 3 号、4 号轴承振动在 1250r/min 时，两个峰值也大大降低。

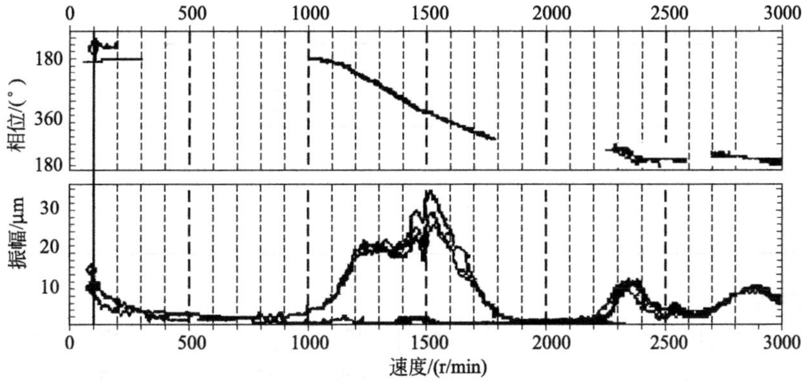

图 6-12 动平衡后 1 号轴承振动 BODE 图

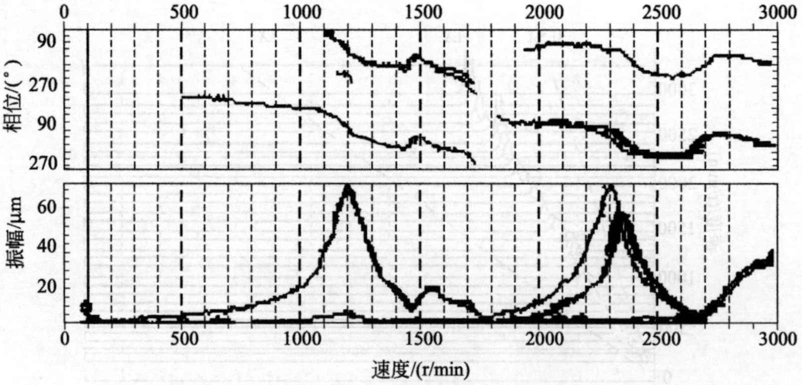

图 6-13 动平衡后 3 号轴承振动 BODE 图

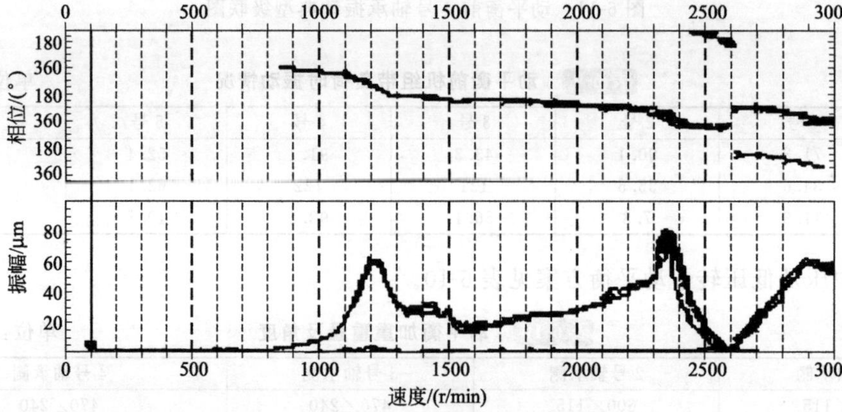

图 6-14 动平衡后 4 号轴承振动 BODE 图

③ 低压转子在 3000r/min 下也达到一定的效果，机组进入机组 168 后振动较动平衡前有大幅改善且表现稳定。

纵坐标相位 180°与 180°之间是一个周期即两者之间有 360°。

表 6-11 动平衡后轴承振幅及相位（基频） 单位：μm/(°)

速度/(r/min)	1号	2号	3号	4号
1209	18.8∠118	27.1∠91	74.6∠99	62.4∠107
1540	29∠154	9.9∠141	18∠161	18.8∠207
2360	10.2∠120	16.4∠263	49.8∠125	73.9∠293
3000	7.83∠222	1.83∠0	34.4∠183	62.1∠353

表 6-12 机组 168 期间振动情况 单位：μm

轴振	1号	2号	3号	4号	5号	6号
X	43.8	66.9	75.3	79.0	46.2	31
Y	51.9	85	68.5	82	52.1	56
盖振	12.2	4.8	29.5	52.3	15.5	11.6

至此得出结论：

① 汽轮机首次冲转时，由于振动大，打闸停机，其主要问题就是机组碰磨。

② 机组第二次和第三次启动后降速过程中振动大，打闸停机，主要原因是轴承座下沉和缸体发生偏移，产生碰磨，加大了机组过临界的振动。

③ 机组 4 号轴承振动大导致打闸停机，主要原因是轴承座本身动刚度偏低，处理时通过降低 3 号、4 号轴振（激振力），最终降低 4 号轴承振动。机组在机组 168 期间振动稳定，不代表此处振动问题已解决，最好的解决办法是加强轴振本身的动刚度。机组正常运行时要防止轴承振动的突发就必须严格控制运行参数，避免排汽真空的剧烈变化，严禁凝汽器单侧运行。同时保证检修中滑销系统正常、轴承箱与基础台板接触良好以及运行中蒸汽参数正常。

④ 本次振动问题还暴露了机组高、中压转子一阶临界转速时轴振过大问题。通过做动平衡降低了高、中压转子在一阶临界转速下的轴振。

6.5 600MW 机组 11 号瓦振动故障诊断和消除

某电厂 2 号机组由亚临界中间再热四缸四排汽凝汽式汽轮机与发电机组成，容量为 600MW。其中，汽轮机采用高、中压缸分缸结构，中压缸与低压缸一样为对称双流布置，高、中、低压转子均为双轴承支承，而发电机转子与集电环转子则采用三轴承支撑结构。除了 6 号、7 号、8 号三个轴承为圆筒瓦，其余轴承均采用可倾瓦。机组轴系结构见图 6-15。

该机组在调试期间，完成了冲转、并网和满负荷 168h 试运行以及甩负荷等各种试验的同时，还进行了两次轴系动平衡试验。在此期间，11 号轴承处的轴振反复爬升，在满负荷运行状态下最高达到了 240μm。

针对这个振动问题，进行了密封油温、氢温、发电机无功等参数的调整试验，调整发电机、集机电环靠背轮下张口（将 11 号轴承抬高 0.5mm），加大靠背轮连接螺栓预紧力矩至允许值上限等工作。工作完成后启动，11 号轴承处方向振动下降较为明显，但 Y 方向振动未见明显下降，同时 9 号、10 号轴承处振动均较之前明显增加。

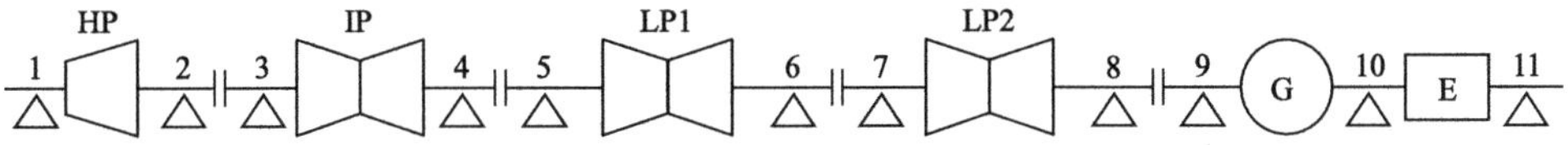

图 6-15 机组轴系示意

6.5.1 振动特征的描述和分析

(1) 升速过程的振动

某次启动升速过程的振动见表 6-13。

表 6-13 机组升速时各瓦的 Y 向相对轴振 单位：μm

瓦号	n=599.8r/min 时(14:25:54)①	n=2149r/min 时(14:41:50)①	n=3009r/min 时(18:12:43)①
1	13	14	24
2	21	38	53
3	57	66	68
4	102	120	128
5	42	43	18
6	14	30	38
7	20	13	33
8	11	43	50
9	16	36	44
10	30	61	73
11	21	47	60

① 表示运行时刻。

从表 6-13 中可以看出，3000r/min 定速后，9 号、10 号、11 号瓦的轴振值依次为 44μm、73μm、60μm（峰-峰值），远小于机组满负荷运行的振动（9 号、10 号、11 号瓦的轴振依次为 104μm、147μm、221μm、峰-峰值）。与密封油温调高前的数据进行比较，说明这三个轴瓦处，特别是 11 号轴瓦处的轴振热变量很大。热变量的产生原因一般有转子热弯曲、碰磨等多种。

(2) 并网带负荷过程的振动

从现场情况看，11 号瓦振动表现出明显与工况变化相关的特性。

① 初期的变化特征。加励磁并网后，9 号、10 号、11 号瓦各方向轴振振幅均开始爬升，且随励磁电流的增加而增大，增加速率以 11 号瓦最快，10 号瓦次之，9 号瓦最慢，但其 1 倍频相位的变化却以 9 号瓦为最大，达 90°，而其他两个相位无明显变化。

② 随励磁电流的增加（降低）而增大（减小）。9 号、10 号、11 号瓦各方向轴振振幅均随励磁电流的增加（降低）而增大（减小）。在提高密封油温前，11 号瓦轴振振幅在带高负荷时最高曾达 270μm。

在调高密封油温之前多个负荷下，各瓦轴振数据见表 6-14。

表 6-14　2 号机组带几种负荷时各瓦的相对轴振　　单位：μm

瓦号	带负荷 35.6MW 时(20051218T 204037)		带负荷 53.4MW 时(20051117T 193803)		带负荷 309MW 时(20051203 T124558)		带负荷 301MW 时(20051220T 014055)		带负荷 560MW 时(20051127T 175357)		带负荷 601MW 时(20051126 T225344)	
	X 方向	Y 方向	X 方向	Y 方向	X 方向	Y 方向	X 方向	Y 方向	X 方向	Y 方向	X 方向	Y 方向
1	22	25	24	24	22	21	22	24	27	28	28	28
2	48	52	21	24	35	35	38	43	34	38	38	46
3	53	67	62	66	60	64	58	63	57	64	59	61
4	131	118	96	88	128	105	116	103	123	106	100	84
5	43	23	56	35	47	49	56	52	53	48	48	43
6	38	41	40	42	21	19	17	15	20	14	19	14
7	34	30	32	37	37	63	20	46	30	56	37	59
8	36	60	42	49	34	49	41	50	29	43	31	44
9	29	40	36	47	85	94	53	64	60	84	69	88
10	32	55	35	57	56	113	60	98	58	129	62	135
11	35	50	59	57	213	200	92	114	222	194	241	209

注：2005 年 12 月 20 日 6 时 47 分 3 秒，处理集电环转子后开机并带负荷 601MW 时，测得 X 方向的轴振分别为 27μm，29μm，64μm，126μm，49μm，27μm，39μm，27μm，70μm，95μm，141μm；Y 方向的轴振分别为 30μm，38μm，65μm，105μm，49μm，18μm，60μm，46μm，104μm，147μm，221μm。

由于轴振存在着明显随励磁电流升高而增大的特征，所以不能排除发电机转子发生热弯曲（非碰磨引起）的可能。发电机转子发生热弯曲的主要原因如下。

a. 由转子材质引起的问题比较罕见，一般在新机上发生。

b. 由转子装配质量引起的问题在新机上比较多见。其机理是：当励磁电流通过发电机转子两极线圈时会产生热量，压在“封口压片”下的线圈被加热而膨胀；若转子两侧的“封口压片”的装配存在问题，如过紧或过松或两边松紧差别较大，就会造成转子弯曲。在制造厂高速动平衡台上对加热（接近转子实际工作温度）后的发电机转子进行振动检查是避免上述缺陷的最有效措施。

c. 由转子通风不畅或堵塞引起，一般应在制造厂按标准进行转子通风试验。

d. 由转子线圈绝缘破损引起的电气问题，在老机上较多见。

以上 4 种情况中，a 中的情形非常罕见，c 和 d 中的情形一般发生在老机或发生过较大事故的发电机上，因而可基本排除，最有可能发生的是 b 中的情形，这在新机上比较常见。因此，检查了 2 号发电机的监测报告，发现该发电机转子在动平衡台加热后，振动变化还是比较大的，整个过程有一个轴振测点的 1 倍频振幅最小为 32μm、最大为 64μm，相差一倍，且超出合同要求的 60μm，比制造厂内部控制指标 50μm 要多 14μm。转子的另一端振动也有超厂标的。

③ 提高密封油温度试验。由经验判断，发电机转子与密封瓦之间应存在着碰磨现象。为此，进行了提高发电机密封油温的试验。油温提升后，9 号、10 号、11 号瓦轴振明显下降。其中，当油温提高到接近 60℃时，11 号瓦轴振最低降到 150μm 以内，但振动值有波动（参见表 6-15）。

提高密封油温可降低振动，这一点也从另一面证实了存在着发电机氢密封瓦碰磨的问题。氢密封瓦由两个半圆的氢侧密封瓦和同样由两个半圆组成的空侧密封瓦与瓦座组成，在径向由外向内流过氢侧密封油和空侧密封油，另外还有一股“浮动油”作用在空侧密封瓦的侧面，将该瓦推向氢侧密封油。若“浮动油”的作用力过大，空侧密封瓦与氢侧密封瓦之间，氢侧密封瓦与瓦座之间的摩擦力就会过大，必将影响密封瓦沿径向活动的灵敏度。提高油温，使密封油的黏度降低。

表 6-15 2 号机组各瓦轴振的实测数据（提升密封油温度后）

瓦号	瓦温/℃	X 方向			Y 方向		
		峰-峰值/μm	1 倍频/μm	相位/(°)	峰-峰值/μm	1 倍频/μm	相位/(°)
1	74	24	17	90		20	2
2	52.5	46	28	292	50	34	196
3	44.9	67	37	279	67	39	193
4	76.6	116	89	289	98	74	198
5	49.8	39	32	201	2		
6	81	34	29	135	2		
7	82.8	14	9	107	24	21	26
8	79.4	26	20	79	24	15	251
9	64	64	59	94	91	81	17
10	58.7	67	55	209	114	91	116
11	53	139	130	353	174	161	210

注：机组此时的运行工况：带负荷 600.8MW：转速 3001r/min；密封油温：空侧 58℃，氢侧 57℃。

a. 降低油黏度，将使“浮动油”的流量增大，作用在空侧密封瓦侧面的推力降低；

b. 较低黏度的油将改善氢侧密封瓦与外壳之间的润滑状况；

c. 降低油黏度可增大氢侧密封油和空侧密封油的流量，较大的流量应能增强对转子摩擦面的冷却作用。

以上三点均可提高密封瓦的活动灵敏度，最终减轻摩擦。当然，提高油温还使密封瓦内径增大一些（据制造厂计算，可增大 40～50μm），这对减轻密封瓦摩擦也会有一定益处。

(3) 满负荷下轴承振动测试

用 Bentiy-208DAIU 对发电机各轴承进行测量，结果见表 6-16。

从表 6-16 中可见，9 号、10 号轴承的振动及其绝对轴振均较大，且轴振和瓦振的比例也较合理，而 11 号轴承附近的相对轴振较大，达 185μm，但瓦振很小，垂直方向还不到 10μm。显然，较大的轴振动根本就没有传到轴承上来，轴瓦对轴的约束力较小，这很可能是轴瓦的间隙，特别是顶隙偏大造成的。

表 6-16 发电机各轴承振动测量 单位：μm

轴承号	轴承振动		轴承相对振动	
	垂直方向	水平方向	垂直方向	水平方向
9	58	43		130
10	48	33		208
11	8	23		185

(4) 11 号轴承振动特征分析

1 号轴承的振动呈现出以下特征：相对轴振很大，瓦振很小，从该瓦处的轴心轨迹图也可以进一步确认该特征。该瓦处轴心轨迹的形状类似一个“香蕉”，在承载力的方向较扁，这表明有比较大的“预载荷”作用在轴颈上（或轴承内两个互为垂直的方向上的约束力相差很大），其方向应与下瓦油契支持力相同，这说明，11 号瓦抬高后其负载已达一定程度。但该轴承的瓦温并不高，仅 53℃。所以，可以推断该轴瓦的间隙比较大。

6.5.2 分析诊断结果

(1) 分析诊断结果

从以上振动特征及相应的试验结果可以认为：

① 9 号、10 号、11 号轴瓦振动大的原因，与发电机转子与密封瓦碰磨相关。

② 由于 9 号、10 号、11 号瓦轴振均有随励磁电流增加而增大的特征，所以无法排除该发电机并网后产生热弯曲的可能。转子热弯曲使轴振明显增大（11 号瓦对轴颈的约束力很小，将振动大的影响进一步放大），密封瓦无法及时退让，转子与密封瓦内侧发生较严重的碰磨，反过来进一步加重了转子的弯曲和振动。此时，发电机转子的振型应以二阶为主，而热弯曲一般为弓形。弓形弯曲与发电机转子二阶振型合成的典型结果就是一端振幅增大（接近同向合成），而另一端则是刚开始相位变化大，振幅变化小（接近反向合成）。实际测量结果支持该分析，加励磁电流并网后不久，10 号、11 号瓦振动增加较多，而 9 号瓦相位变化较大。

③ 从 11 号瓦相对轴振很大，但瓦振很小的振动特征可以断定，该瓦的间隙，特别是顶隙应该偏大，轴瓦对转轴的约束力相应偏小。11 号瓦处的轴心轨迹图也支持这个判断。

④ 发电机与基础的连接是比较牢固的，地脚螺栓、二次灌浆等的质量不需怀疑。发电机定子外壳振动较大主要是转子振动大引起的，长时间这样运行可能会对定子内部线棒等造成不利影响。

(2) 消振措施

从上面的分析可以看出，要消除发电机振动问题，应首先从降低 11 号瓦相对轴振和密封瓦碰磨着手，若仍然得不到满意的结果。再考虑降低发电机转子热弯曲的影响。

① 消除碰磨的原则措施

a. 解体检查密封瓦，安装数据应联系制造厂家商定，在可能情况下应取上限。

b. 解体检查 11 号轴瓦，特别注意轴瓦顶隙的检查和调整，应联系制造厂和有相同机组的电厂商定合理的顶隙调整值。

c. 检查集电环转子端部晃动，并复查发电机转子与集电环转子中心。

d. 进行现场高速动平衡试验，降低转子振动对消除密封瓦碰磨会有帮助。

e. 若以上措施还都不能获得满意的结果，建议提高密封环的径向活动能力。

② 降低发电机转子热弯曲影响的原则措施

a. 要求制造厂提供发电机转子在厂内高速动平衡台上振动检查和动平衡试验时至少两

个加热温度（如 45℃和 130℃）下的报告，以便确定 2 号机组的发电机转子可能的热弯曲程度。

b. 若热弯曲程度不是很大，可采取现场高速热态动平衡处理，这对消除密封瓦碰磨也有作用。

（3）消振结果

根据消振措施，利用停机检修机会，对发电机密封瓦和集电环等进行检查，发现并消除了一些缺陷。具体如下。

① 检查轴承座与台板的垂直度超标（上、下偏差 0.59mm，左、右偏差 0.92mm），调整至合格。

② 检查集电环转子与发电机对轮中心，发现对轮下张口为 0.05mm，低于标准0.08～0.10mm，回装对轮将下张口调整为 0.115mm。

③ 按检修工艺标准要求的力矩上紧对轮螺栓，将 11 号瓦处集电环转子轴颈晃度值调整为 0.03mm。

④ 检查 11 号瓦间隙为 0.37mm，按要求调整为 0.25mm。

⑤ 解体检查发电机前、后端密封瓦密封环均发现明显磨痕。测量各部件间隙测量均合格，但发现励端空侧密封环椭圆度不合格，修整后合格。发电机检修完毕，机组整组启动后进行了“热态”动平衡试验，具体数据如表 6-17 所示。

表 6-17　发电机热态动平衡试验前后各轴承振动测量　　单位：μm

轴承号	并网前，转速 $n=3000$r/min 时的轴振		带负荷 600MW 时的轴振		带负荷 598MW 时的轴振	
	X 方向	Y 方向	X 方向	Y 方向	X 方向	Y 方向
1	16	24	21	30	31	33
2	58	63	44	57	45	54
3	48	69	52	68	54	70
4	76	63	75	63	75	63
5	41	22	49	55	33	43
6	33	38	17	21	26	31
7	43	53	52	57	30	24
8	52	70	77	90	47	57
9	58	56	92	103	76	82
10	41	39	37	61	34	52
11	40	59	85	100	53	75

（4）小结

① 通过全面测量发电机振动和深入分析振动的变化规律，诊断出发电机集电环外端 11 号轴承振动大的原因是由发电机密封瓦碰磨、发电机转子热弯曲以及一些安装工艺不当等因素所致。

② 在检修中必须严格执行工艺标准，彻底消除发电机密封瓦碰磨，集电环转子轴颈晃度值超标以及 11 号瓦间隙超标等因素对 11 号轴承振动的影响。

③ 当发电机转子热弯曲较小时，可以通过“热态”动平衡试验，将热弯曲对振动的影响抑制在可接受的范围内。要彻底避免或消除这种热弯曲所引起的振动，必须从这种热弯曲的源头，即发电机转子装配质量入手做好设备监造工作。

6.6　600MW 机组轴系振动故障诊断及处理

某电厂 5 号机组是 600MW 汽轮发电机组。5 号机组投产后，振动逐渐增大，至第一次大修前有多根转子轴振偏大，检修对轴系振动未有改善，大修后对机组轴系进行了故障诊断和动平衡处理，使机组振动达到优良水平。

6.6.1 轴系振动故障诊断及处理方法

(1) 轴系结构及测点布置

5号机组汽轮机为哈尔滨汽轮机厂与日本三菱公司联合设计生产的超临界、一次中间再热、三缸四排汽、单轴、双背压凝汽式汽轮机，型号为CLN600-24.2/566/566，配套的发电机型号为QFSN-600-2YHG。整个轴系结构由高、中压转子，2个低压转子和发电机转子组成，其间均为刚性联轴器连接。轴系结构如图6-16(a) 所示，轴振测量探头与键相器的相对位置见图6-16(b)。

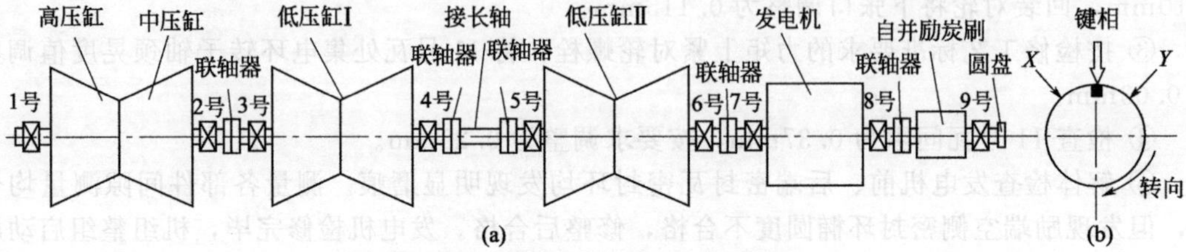

图6-16 轴系结构及测点布置简图

(2) 轴系振动故障诊断方法

轴系振动故障诊断是以机组特定部位检取的振动信号为分析对象，依据振动信号的结构、强度和变化方式，识别机组运行状态和故障模式从而提出相应的处理措施的一种技术。轴系振动故障诊断的主要方法如下。

① 幅相特性分析法：绘制机组启停波德图，辨识转子的共振频率及临界转速区。

② 频谱分析法：绘制频谱图、瀑布图或CAS-CADE图，从不同的振动频率找出对应的振动原因。

③ 相位分析法：通过相位分析可以判断轴系振动状态是否正常，确定转子不平衡质量的位置。

(3) 改进型影响系数法

针对最小二乘法有时会出现求解结果不合理且唯一的不足，对其进行了改进。在计算过程中运用了平衡面优化理论，最终可给出 M（平衡面数）个不同平衡面组合的加重结果，便于现场选择。最小二乘解的矩阵表示见式(6-1)。

$$\{q\}=\{[\bar{\alpha}]^T[\alpha]\}^{-1}[\bar{\alpha}]^T\{x\} \tag{6-1}$$

其中，$[\bar{\alpha}]$、$[\alpha]^T$、$[\alpha]^{-1}$分别为 $[\alpha]$ 的共轭矩阵、转置矩阵和逆矩阵。

则影响系数矩阵 $[\alpha]$、原始振动矩阵 $\{x\}$ 和平衡质量列阵 $\{q\}$ 可表示为

$$[\alpha]\begin{bmatrix}\alpha_{11} & \cdots & \alpha_{1n}\\ \cdots & \cdots & \cdots\\ \alpha_{m1} & \cdots & \alpha_{mn}\end{bmatrix}\{x\}=\begin{Bmatrix}x_1\\ x_2\\ \vdots\\ x_m\end{Bmatrix}\{q\}=\begin{Bmatrix}q_1\\ q_2\\ \vdots\\ q_n\end{Bmatrix}$$

令 $[\alpha]^H$ 为 $[\alpha]$ 的共轭转置矩阵，再令 $[B]=[\alpha]^H[\alpha]$，$\{F\}=-[\alpha]\{x\}$，则最小二乘解方程式(6-1) 变为

$$[B]\{q\}=\{F\} \tag{6-2}$$

习惯上人们称式(6-2) 为法方程。令 $\|B^{-1}\|\cdot\|B\|=\text{cond}(B)$ 为法方程的条件数，该方法适合于法方程的条件数比较小的情况。

由式(6-3) 得出的各加重平衡面对所有测点振动的影响贡献数 s 来进行平衡面的优化选择。根据平衡面的影响贡献数来判断各个平衡面对减少测点振动幅值的贡献大小，并在去除贡献最小的平衡面后，对 $n-1$ 个平衡面进行下一轮的最小二乘法计算求解，就这样可一直计算到只剩下一个平衡面为止。该准则的实质是在平衡面数目一定的情况下，采用测点剩余振动均方根最小的平衡面组合，见式(6-3)。

$$s[j]=\sqrt{\sum_{i=1}^{m}(|\alpha_{ij}||q_j|)^2/m} \tag{6-3}$$

式中，$i=1$，2…测点数 m；$j=1$，2…平面数 n；$|\alpha_{ij}|$ 为 j 平面对 i 测点的影响系数；q_j 为 j 平面上的校正质量。

6.6.2　轴系振动故障诊断及处理

(1) 轴系振动故障诊断

5 号机组首次大修后启动，进行了启动升速试验和定速 3000r/min 振动测试。从升速过程和 3000r/min 振动数据来看，轴系中 1 号、2 号低压转子和自并励炭刷转子振动偏大，其原因分述如下。

① 波德图分析。1 号低压转子 3、4 号轴承振动特点具有相似性，仅以 3X 轴振为例作说明。从 3X 轴振升速波德图（图 6-17）可以得到以下信息：1 号低压转子一阶临界转速为 1130r/min；在临界转速附近有偏大振动峰值 100μm，1 号低压转子存在一定量一阶不平衡；从 1400r/min 至 3000r/min 振动呈上升趋势，与转子离心力增大有关。

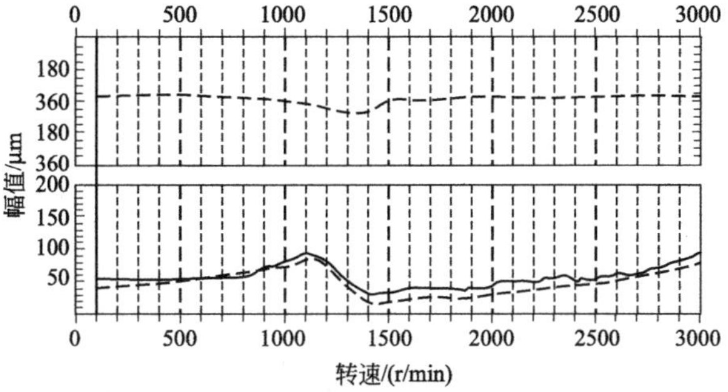

图 6-17　3X 轴振升速波德图

同样，2 号低压转子 5、6 号轴承振动特点具有相似性，仅以 5X 轴振为例作说明。2 号低压转子 5X 轴振升速波德图（图 6-18）指出：全转速范围无明显峰值，无以判定一阶临界转速值；2 号低压转子的一阶振型的平衡状态良好；高转速区振动呈单调上升趋势，是作用于转子上的离心力增大所致。

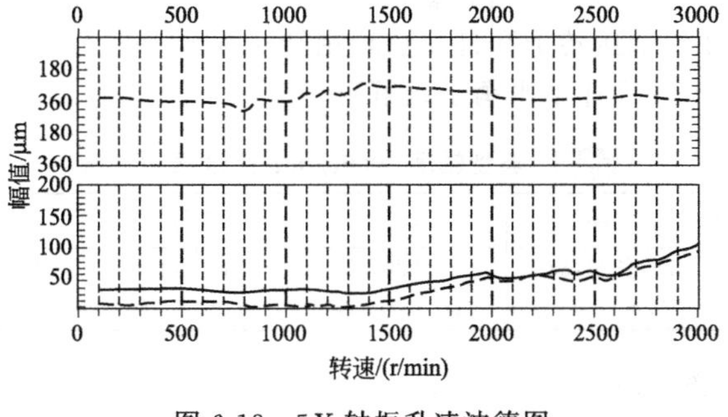

图 6-18　5X 轴振升速波德图

自并励炭刷转子 9 号轴承 Y 向轴振升速波德图（图 6-19）表明：随着转速的升高，9Y 轴振逐渐上升，至 3000r/min 达到最大，期间无峰值，不存在共振现象。

② 振动频谱图分析。从检取的轴系各轴承振动频谱图来看，其基本形态是相同的。此处仅以 2 号低压转子 5X 轴振频谱图（图 6-20）和自并励炭刷转子 9Y 轴振频谱图（图 6-21）作说明。由频谱图可知：轴承振动频率成分以转频分量为主，其他频率成分较小。因此，就振动性质而言 2 根低压转子和自并励炭刷转子振动应为不平衡引起的普通强迫振动，振动大小主要受转子不平衡量和轴承支撑刚度的影响。对 5 号机组来说，前者应为主要原因。

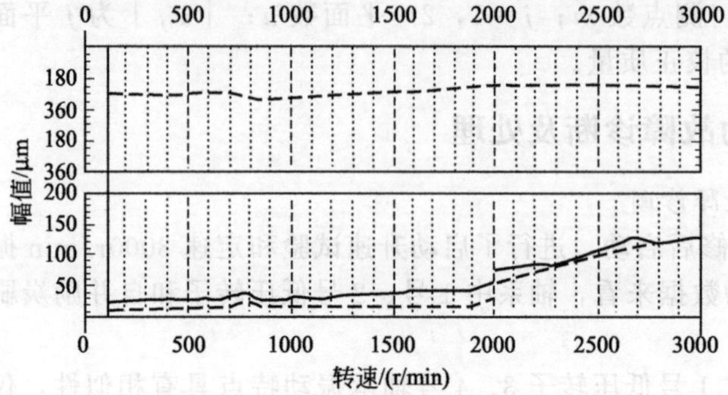

图 6-19　9Y 轴振升速波德图

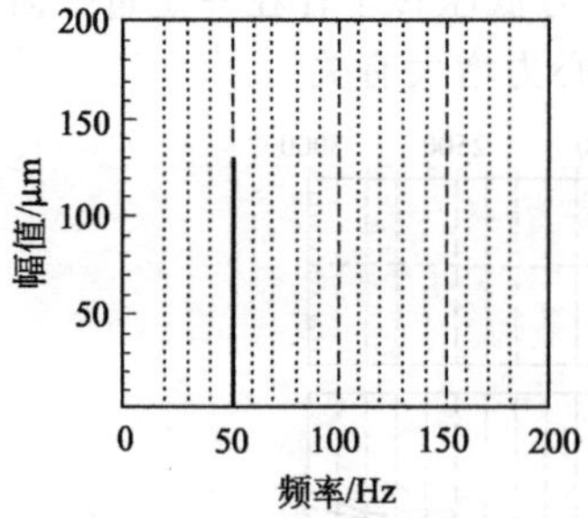

图 6-20　5X 轴振频谱图

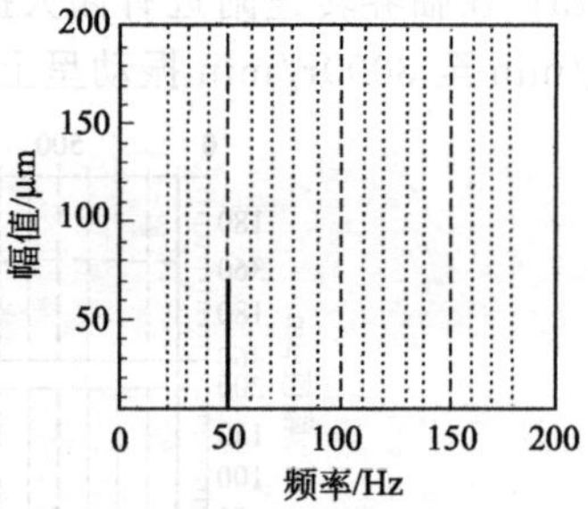

图 6-21　9Y 轴振频谱图

③ 3000r/min 振动数据分析。3～6 号、9 号轴承 3000r/min 空载振动数据如表 6-18 所示，由表可以看出：1 号低压转子的 3 号轴承 X 和 Y 向轴振均为 87μm，4 号轴承 X 向轴振为 82μm，Y 向轴振为 53μm，3、4 号轴振相位相差 40°，主要表现为同相振动。

2 号低压转子的 5 号轴承 X 和 Y 向轴振分别为 111μm 和 82μm，6 号轴承 X 和 Y 向轴振分别为 36μm 和 48μm。5、6 号轴振相位相差约 200°，主要表现为反相振动，说明在 3000r/min 下 2 号低压转子以二阶振型为主，转子存在二阶不平衡。自并励炭刷转子在 3000r/min 下 9Y 轴振达 130μm，超过报警值，属于不合格。

综上所述，1 号、2 号低压转子和自并励炭刷转子振动基本稳定，具有再现性，主要由不平衡引起，可以通过现场高速动平衡予以解决。

表 6-18　典型轴承 3000r/min 空载振动数据　　单位：μm/(°)

工况	测点	3 号	4 号	5 号	6 号	9 号
机组空载	X	76∠337,87	70∠20,82	98∠8,111	13∠217,36	82∠73,82
3000r/min	Y	77∠80,87	47∠111,53	66∠108,82	29∠339,48	130∠230,130

(2) 轴系现场动平衡处理

用改进型影响系数法计算，采用多平面同时加重。第一次平衡在 2 号低压转子两侧加反对称重量（P_5＝450g∠135°，P_6＝450g∠315°），以消除2号低压转子的二阶不平衡；在自并励炭刷转子外伸端平衡圆盘加重（P_9＝205g∠340°），以减小9Y轴振。

第一次加重效果明显，仅9X轴振增大。针对9X轴振增大，进行了第二次调整加重，即在自并励炭刷转子外伸端平衡圆盘9号瓦侧另加重P_9＝190g∠246°，加重后，在空载条件下轴系最大轴振为104μm（9Y轴）。第一阶段平衡前后轴系振动变化如表6-19所示。

表6-19　第一阶段动平衡前后振动数据对比　　单位：μm

序号	工况	测点	3号	4号	5号	6号	7号	8号	9号
1	第一阶段平衡前空载3000r/min	X	87	82	111	36	49	75	82
		Y	87	53	82	48	47	78	130
2	第一阶段平衡后空载3000r/min	X	76	81	63	68	63	95	65
		Y	78	62	78	44	75	86	104

机组并网带负荷后，汽轮机转子各轴承振动基本维持空载时的状况，发电机转子7Y、8Y轴振动稍有所增大，从第一阶段动平衡试验后带负荷数据可以看出，1号、2号低压转子振动得到有效降低，余下的振动问题集中在发电机一自并励炭刷转子段。

综合考虑发电机一自并励炭刷转子段的三支撑结构和振动状态，在自并励炭刷转子上加重1085g，在自并励炭刷转子外伸端平衡盘上加重350g，7-9X/Y轴振均降低至优良水平。具体数据见表6-20。

表6-20　第一、二阶段动平衡后带负荷振动数据对比　　单位：μm

序号	工况	测点	3号	4号	5号	6号	7号	8号	9号
1	第一阶段平衡后带负荷600MW	X	66	77	56	56	65	73	69
		Y	73	65	84	45	91	90	106
2	第二阶段平衡后带负荷600MW	X	57	78	53	52	63	40	63
		Y	69	68	79	47	66	79	77

600MW机组振动由轴系不平衡引起，用改进型影响系数法计算，采用多平面同时加重使机组振动问题得以有效解决，保证了机组运行安全性。

发电机一自并励炭刷转子段属三支撑结构，不平衡灵敏度高。9号轴承的安装状态是影响9号轴振的关键因素之一，检修安装时应引起足够的重视。

6.7　1000MW汽轮机组轴瓦振动保护误动的原因分析及对策

某1000MW超超临界机组汽轮机的安全监测保护装置（TSI）采用瑞士Vibro-Meter公司的VM600系统，汽轮机危急跳闸系统（ETS）和DEH功能用西门子T3000分散控制系统实现。由于TSI的状态信号2号、5号、8号瓦振动探头状态自检信号“NOT OK”误发导致保护误动停机，为此取消了此保护条件。为充分发挥该项保护功能的作用，在此从探头的安装与绝缘、电缆的接地、保护延时的设置等环节进行分析并提出可采取的改进措施。

6.7.1　汽轮机轴瓦振动保护

(1) 西门子引进型汽轮机轴瓦振动保护的机理

上海汽轮机厂的所有引进西门子机型的1000MW和660MW超超临界机组的轴瓦振动保护都有“NOT OK”的触发条件。根据对上海汽轮机厂供货的西门子汽轮机的共 21 个电厂的 29 台 1000MW 机组和 14 台 660MW 机组的调研情况，大多数电厂因为雷击、励磁机干扰、炭刷接地干扰等情况曾引起“NOT OK”信号误发，因此取消了此项保护条件。

西门子引进型 1000MW 汽轮发电机组 1～5 号瓦为汽轮机轴瓦，6～8 号瓦为发电机轴瓦，每个轴瓦上有 2 个振动探头，振动保护停机的定值设定如表 6-21 所示，轴瓦振动保护原理如图 6-22 所示。

表 6-21 西门子超超临界汽轮机轴瓦振动保护设定值

汽轮机轴瓦(1～5 号)	发电机侧轴瓦(6～8 号)
11.8mm/s	14.7mm/s

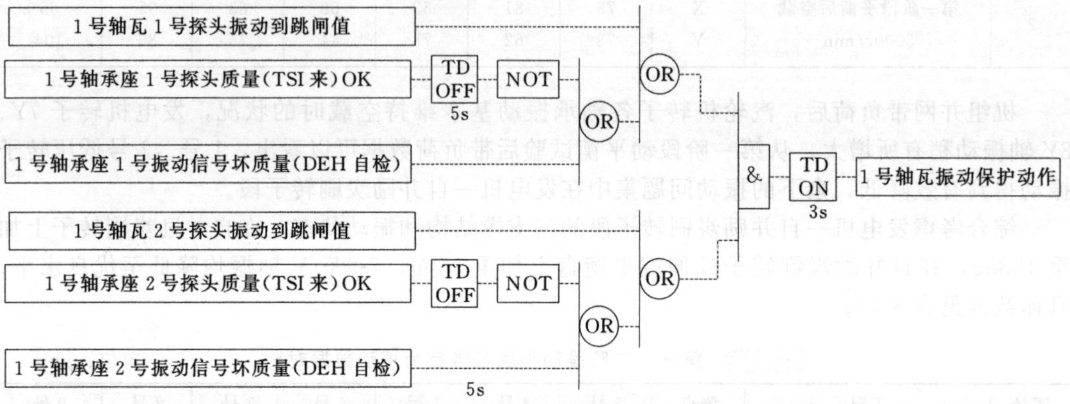

图 6-22 西门子引进型汽轮机轴瓦振动保护原理

当满足以下条件中的一种时，触发汽轮机保护跳闸：①同一轴瓦上的两路轴瓦振动信号均达到跳闸值；②两路 TSI 测量信号“OK”质量判断信号消失后延时 5s；③两路数字电液控制系统（DEH）通道自检值均不正常；④一路轴瓦振动到跳闸值与另一路 TSI 测量信号“OK”质量判断信号消失后延时 5s；⑤一路轴瓦振动到跳闸值与另一路 DEH 通道自检值不正常；⑥一路 TSI 测量信号“OK”质量判断信号消失后延时 5s 与另一路 DEH 通道自检故障。

以上保护共有 9 种组合方式，任一组合方式条件满足后延时 3s，然后跳机动作。

这种保护体现了充分保护汽轮机的思想：当测量信号不可靠时（TSI 的质量判断“OK”信号消失或者 DEH 通道自检故障），等同于“振动信号到跳闸值”。

(2) VM600 轴瓦探头及“OK”品质判断的标准

① VM600 轴瓦振动探头的测量原理。VM600 轴瓦振动传感器采用压电式加速度探头，将加速度信号转换为力，压电晶体将力转换为电荷输出。

② VM600 的“OK”检测系统。VM600 的 MPC 模件通过 2 个独立的分支对信号的 AC 和 DC 分量进行处理。DC 分量代表了探头间隙并用于检测同路的“OK”信号，而 AC 分量代表了测量值，例如轴振。

VM600 的“OK”系统所需的最大和最小工作电流如图 6-23 所示。VM600 检测输入信号的工作电流，正常值为 12mA DC，当低于 7mA DC（最小值）或者高于 17mA DC（最大值）时，“OK”信号消失。当工作电流超过最大值时，表示电压传感器连接短路或者电流传感器连接开路；当工作电流超过最小值时，表示电压传感器连接开路或电流传感器连接短路。

6.7.2 VM600 轴瓦振动保护误发的原因分析及预防措施

（1）对某 1000MW 机组轴瓦振动保护动作后的分析

某电厂的机组为引进西门子技术生产的 1000MW 机组，机组采用 VM600 轴瓦振动保护系统，机组跳闸时模拟量瓦振信号未发生明显异常，而 TSI 测量信号“OK”值发生反转，属于热工保护误动，对现场检查发现存在以下问题。

① 就地前置器到机柜框架间接线的问题

a. 信号的屏蔽电缆与信号线路不一一对应，并且轴振探头的信号电缆共用屏蔽电缆，而按照要求应该是每一路信号必须使用单独的屏蔽层，且屏蔽层须通过单点接地。

b. 2 台机组的大、小机及部分屏蔽电缆存在 2 点接地问题。由于 TSI 系统信号电缆屏蔽层两端接地，虽然对外部电磁场有很好的屏蔽作用，但是在地网电位差的作用下屏蔽层会产生电流，形成对信号电缆的干扰。其原理如图 6-24 所示。

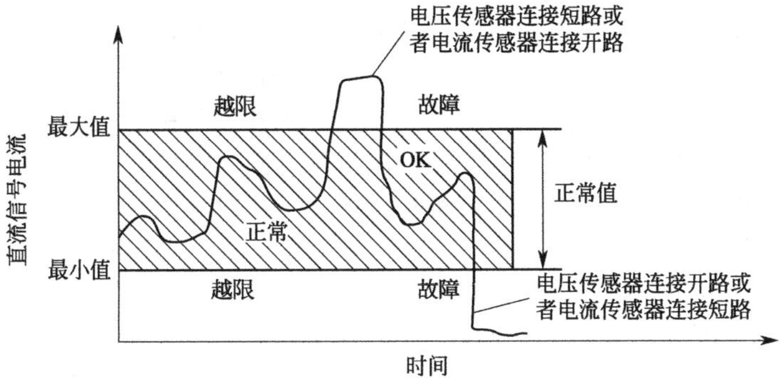

图 6-23 VM600“OK”系统所需的最大和最小工作电流

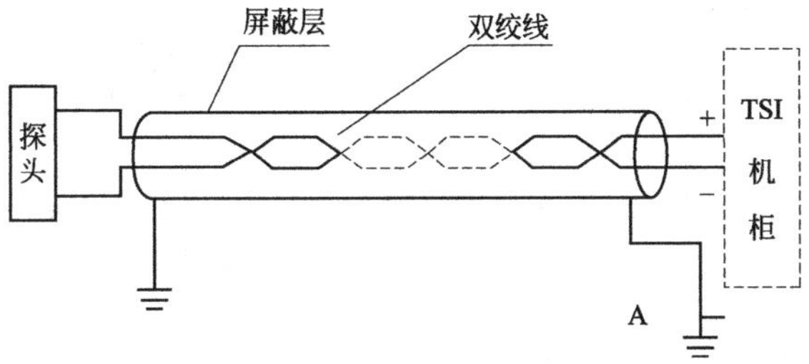

图 6-24 TSI 信号屏蔽层两端接地对系统产生的干扰电流

② VM600 框架瓦振通道接线的问题。每个通道的 LO 端子都应该不接线，但实际上都连了线，并且连接到柜内的端子排，虽然这根线没有连接到现场，且在柜内只有约 1m 的距离，但由于这根线起到了类似天线的作用，当电缆槽内其他电缆的屏蔽层有干扰信号流过时，有可能影响到相邻的导线，形成感应电压，当感应电压达到 20V 以上时，则会导致信号出现“NOT OK”现象，而模拟量几乎不变。

③ 施工时使用了不规范电缆的问题。在检查 2 号瓦时，发现探头的电缆由于长度不够，安装期间电建单位对电缆线进行了延长，但是通过焊接延长的电缆并没有探头电缆的电荷保护层，而且屏蔽效果也不好，这样可能导致 2 号瓦的信号更容易受到信号波动的干扰。

④ 8 号瓦瓦振探头安装不规范的问题。检查 8 号瓦时发现探头安装孔不规范，不能满足探头安装的要求，应装 4 个螺栓固定的探头，但只安装 3 个螺栓，这也对信号的稳定性产生了影响。

⑤ 软件组态的问题。上海汽轮机厂进行 ETS 组态时，“NOT OK”跳机的逻辑做了 8s 的跳机延时，以避免保护的误动。几年前对 VM600 系统进行了更新，所有通道出现“NOT OK”时都会保持 10s，这就使 ETS 的延时时间失效，导致跳机保护动作。

(2) 轴瓦振动与测量信号的常见影响因素及预防措施

① 接地不规范的影响。接地系统是确保机组安全、可靠运行的重要环节，是机组在设计、安装、调试和运行维护中不可忽视的重要系统。

控制系统不同的接地点存在不同的接地电阻，当有电流经接地点流入大地时，各接地点的电位就会有波动。一旦电位差过大，引起环路电流，就会影响系统的正常工作。

为消除接地不合理引入的干扰信号，通常应遵循“一点接地”的要求，即整个接地系统最终只有一点接入“电气地”。电缆屏蔽层在整个回路中应无中断并可靠接地，然而在实际工作中往往对接地系统没有给予足够的重视。工程中往往会出现不符合规定的情况，导致因为接地系统异常而引发的热控系统故障事件。

大多数 TSI 系统都有严格的接地要求，不正确的接地方式直接影响系统的抗干扰能力。如某电厂 1 号机组在脱硫增压风机停运时，其振动信号值一直跳变，最高甚至超过了振动保护值。检查测量回路，没有发现问题。在检查就地机柜的接地时，发现该机柜的接地虚焊，重新焊接机柜接地扁铁后，信号跳变现象消失，恢复正常。某机组在基建调试阶段，1 号机组的脱硫增压风机振动突然发生跳变，导致增压风机跳闸。经检查和仿真试验，其原因是机柜附近有电焊机工作，因电焊机接地点离机柜较近，焊接时导致机柜附近接地线上有电势差产生，并在屏蔽层产生环流，窜入信号电缆引起模拟量波动。如果延伸电缆的屏蔽层在安装敷设时未做好防护，电缆屏蔽层因振动等原因在运行过程中磨损，导致 2 点或多点接地，或者连接电缆屏蔽层未接地，也会引起信号跳变。如某电厂 1000MW 机组在负荷为 750MW 时，汽轮机 3 号瓦振动持续跳变，检查回路发现电缆的屏蔽线没有接地，正确接地后 3 号瓦振动信号恢复正常。

② 接线方式的影响

a. 电缆小直径弯曲对测量的影响。VM 的瓦振探头是电容式加速度传感器，其结构形式采用弹簧质量系统。当质量受加速度的作用而改变质量块与固定电极之间的间隙时，使电容值变化。电容式加速度计与其他类型的加速度传感器相比具有灵敏度高、零频响应、环境适应性好等特点，尤其是受温度的影响比较小；但不足之处表现在信号的输入与输出为非线性，量程有限，易受电缆电容的影响，以及电容传感器本身是高阻抗信号源，电容传感器的输出信号往往需通过后继电路给予改善。因此，在 Vibro-Metex 安装手册上专门有这样一段描述“电缆起到了电容的特性，要避免电缆的小直径弯曲”。对于这段话的描述可以理解为电缆的电容量是作为监测信号的一部分，电缆安装完成后机组在正常运行时不能再去改变；电缆安装时弯曲半径必须符合一定的要求，所以在正常运行期间不允许大幅度地移动电缆，否则会引起测量值的变化。这种情况也在现场的实际案例中得到了证实。

案例 1：2010 年某机组因 4 号瓦瓦振 2 点信号同时到达跳闸值，汽轮机跳闸。经检查其原因为电建公司在 4 号瓦轴承盖上涂刷油漆时，移动了测量 4 号瓦瓦振的延长电缆，导致信号突变，致使汽轮机跳闸。

案例 2：对某机组的例行检查过程中发现 2 号瓦和 5 号瓦信号产生跳变。由于此探头的电缆传输电荷信号，对电缆的弯曲度很敏感，端子盒内的电缆可用空间又很小，一旦移动，很容易造成电缆的小直径弯曲，导致电缆的电容发生变化，所以信号出现尖峰。

解决以上问题的方法是将测量瓦振所用电缆的一部分放到电缆槽内，在盒内只保留接线安全所需的长度，并且将测量瓦振的电缆和轴振的电缆分开放置，且单独固定。这样在对轴振测量系统等检查时就不会导致测量瓦振电缆的过度弯曲。

经现场重新布线，并进行敲击接线盒等检测，瓦振信号没有出现尖峰。

b. 电缆接头连接时对测量的影响。在检测中对探头前置放大器的电缆接头连接的瞬间会造成测量系统信号异常，具体表现为输出的测量信号值会迅速增大并达到最大值，持续几秒钟后再恢复至正常值，信号“OK”值随后会正常。在此过程中，该模拟量限值的开关量也会误动作。若该信号参与取大逻辑则会造成取大值也增大至最大值。这种现象会造成电缆连接瞬间信号失真甚至引起保护误动。

由于 AC 同路中没有信号的平滑处理以及噪声处理同路，这就有可能在信号同路接通的瞬间引起信号突变，并且在信号“OK”值恢复正常前信号一直为非正常值，如果在检修过程中需更换前置放大器，有可能会造成保护误动。

③ 发电机电磁干扰的影响。由于发电机炭刷接地，发电机的轴电压对 TSI 易产生干扰。例如：2006 年某日，某电厂机组运行人员发现大屏 TSI 异常报警，就地检查该主机振动未发现异常；热工人员检查 TSI 测量系统，发现 5 号轴承振动测量信号存在异常干扰，现场观察测量探头安装环境，认为 5 号轴承处炭刷存在接地不良问题，经检查得到了确认，炭刷接地点存在约 100V AC 电压，经电气人员对接地部位进行处理后振动信号基本恢复正常。

VM600 原设计的发电机侧瓦振探头的接线方式如图 6-25 所示。为了加强发电机侧瓦振探头测量的可靠性，有些公司更改了接线设计，改造后的 VM600 发电机侧瓦振探头的接线方式如图 6-26 所示。在探头侧加装了绝缘块，使探头脱离励磁的强干扰环境，同时在仪表侧将“信号地”与“屏蔽地”短接处理（图 6-26 中 VM600 框架的 2 端子和 4 端子），使原通过现场接地的模式改为仪表接地模式。

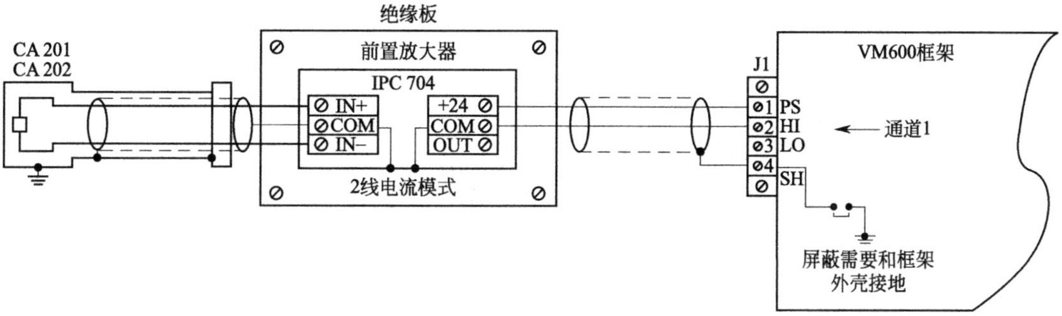

图 6-25　VM600 原设计的发电机侧瓦振探头的接线方式

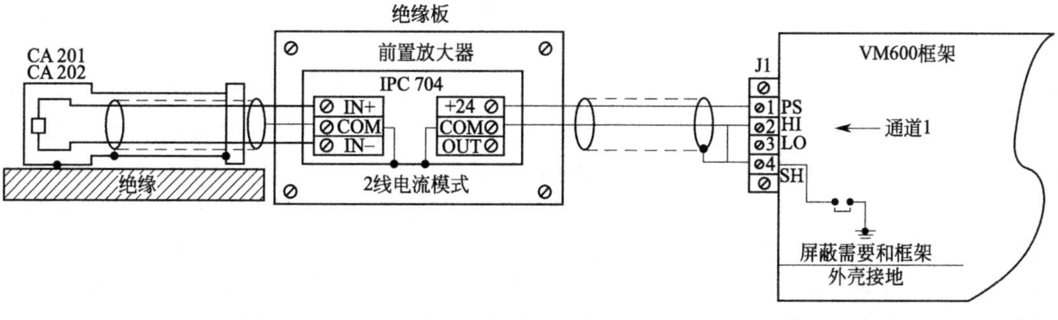

图 6-26　VM600 改进后的发电机侧瓦振探头的接线方式

④ 探头安装的影响。探头安装的位置对安装表面的平整度或弯曲度有一定的要求，不平整或弯曲的表面会直接导致干扰信号的产生，固定探头的螺栓一定要紧固，否则会产生共振的干扰。

⑤ VM600 参数设置的影响。VM600 的“NOT OK”状态发生后保持 10s 的时间太长，不能满足 ETS 保护的需要，因此需要进行进一步的调整与改进。

6.7.3 轴瓦振动保护逻辑的修改分析

目前国内超超临界机组的汽轮机轴瓦振动保护已经取消了“NOT OK”条件，将轴瓦振动保护的控制逻辑修改分为两类：振动信号由 DEH 通道进行品质判断，坏品质信号作为一个跳闸的条件，如图 6-27 所示；坏品质信号作为一个闭锁跳闸的条件，如图 6-28 所示。

如图 6-27 所示的方案充分体现了西门子公司的原设计思想，只是将 TSI 的“NOT OK”跳机信号取消，保留了 DEH 通道自检值品质判断。

如图 6-28 所示的方案将 DEH 的通道自检值不正常作为闭锁瓦振保护动作的条件，只有 2 个探头的信号质量都好并且 2 路轴瓦探头振动值都偏高时才会触发保护动作。虽然减少了保护误动的风险，但是却增加了保护拒动的风险。

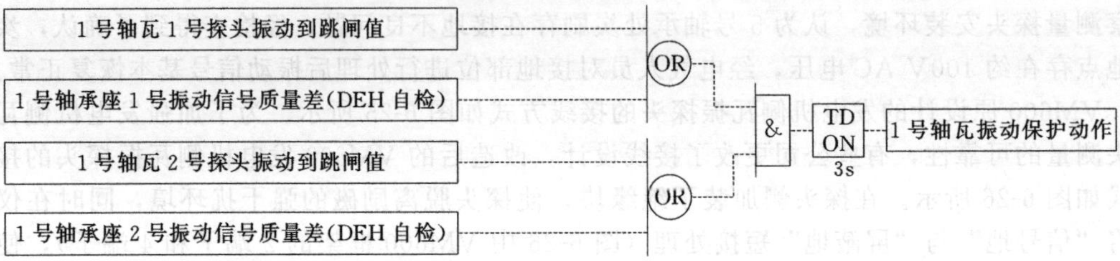

图 6-27 DEH 通道信号质量差时参与轴瓦振动保护的原理

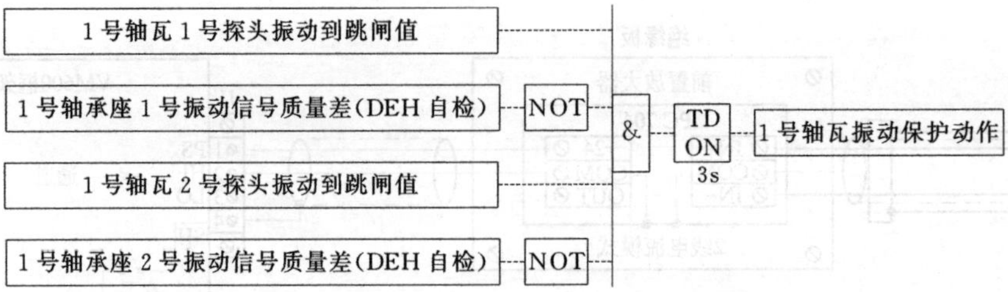

图 6-28 DEH 通道信号质量差时闭锁轴瓦振动保护的原理

6.8 凝汽器真空变化对机组振动的影响分析

某机组是上海汽轮机有限责任公司引进美国西屋公司技术生产的亚临界、四缸四排汽、一次中间再热、凝汽式 600MW 汽轮发电机组。机组轴由高压转子、中压转子、低压 1 号转子、低压 2 号转子、发电机和集电环转子组成，各转子之间采用刚性靠背轮连接，共有 11 个支撑轴承及 1 个推力轴承，其中 1～4 号轴承为 4 块可倾瓦轴承，5 号轴承上半部为圆柱形，下半部为 2 块可倾瓦，6～8 号轴承为径向圆柱形轴承。对机组的轴系振动采用在线监测的方式，由 TSI 仪表及 SYSTEM1 的后续分析系统组成。每个轴瓦均有 Z、Y 方向的位移式探头以及与 Y 方向一体安装的压电式速度探头，监视指标为转子的 Y 向振动值（相对值）和包含 Y 方向的复合振动值（绝对值），保护设定为“$\geqslant 125\mu m$ 报警及本瓦 $\geqslant 254\mu m$ 并相邻瓦达到报警值跳机”。

6.8.1 事件经过与分析

(1) 事件经过

某日凌晨，机组正常运行，负荷 350MW；2：45，机组接调令开始降负荷，2：53 降至

320MW，6 号轴承 Y 方向振动维持在 71μm，7 号轴承 Y 方向振动维持在 28μm 附近；之后继续降负荷至 302MW 时，6 号轴承 Y 方向振动同步下降至 63μm，7 号轴承 Y 方向振动爬升至 59μm；达到目标负荷 300MW 后，6 号轴承 Y 方向振动开始快速上升，至 3：11，迅速达到 256μm（跳机值为 254μm），由于同期 7 号轴承 Y 方向振动也上升为 164μm，符合保护动作条件，机组保护动作，跳闸停机。机组跳闸前、后的振动情况如图 6-29 所示。

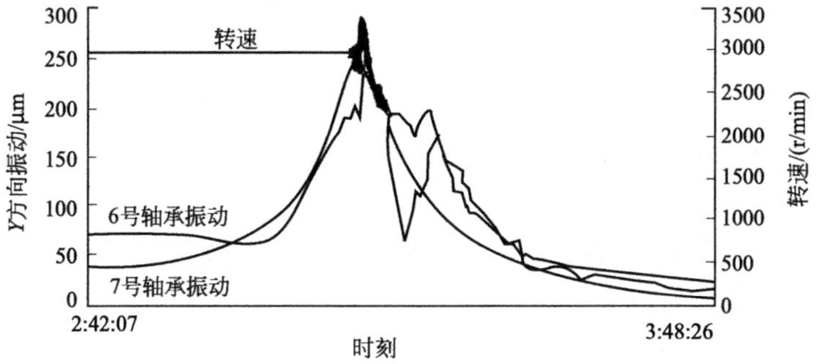

图 6-29　机组跳闸前、后振动情况

（2）现场检查

① 就地振动探头安装牢固，信号采集框架接线无松动迹象，保护组态逻辑及反馈正常。

② 机组惰走及盘车期间检查轴承、汽缸，无明显剐蹭和撞击异声。

③ 缸体及轴承座各接合面固定螺栓无松动迹象。

④ 各蒸汽管道和抽汽压力管道无明显撞管、晃动现象。

⑤ 打开汽缸入孔，进行外观检查，未发现有叶片脱落和叶片拉筋断裂，低压转子各配重块无松动。

⑥ 揭联轴器护罩，未发现挡风板、连接螺栓、加固铁丝有脱落问题，各轴瓦无异常现象，各轴封外观无明显异常现象。

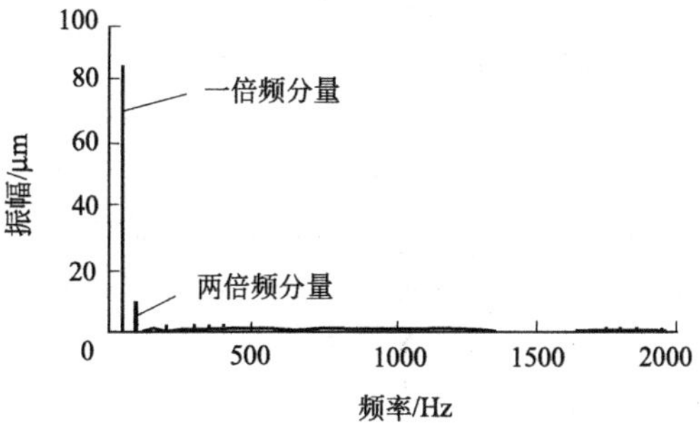

图 6-30　保护动作前 6 号轴承 Y 方向振动频谱

（3）参数分析

由于机组振动保护动作发生在运行期间，因此对保护动作前、动作发生时以及机组启动带负荷正常运行时的数据进行对比分析，发现除 2 个低压缸的排汽压力变化明显外，多数运行参数在振动发生时与机组正常运行时相比较，没有明显变化。机组正常运行时，两侧凝汽器排汽压力在 4kPa 以上，异常振动发生期间，其值均不足 2kPa，较正常状态明显偏低。由于排汽压力越高，真空状况越低，故在振动恶化及保护动作时刻，机组处于较高的真空状态。

（4）振动分析

机组保护动作前 6 号轴承 Y 方向振动频谱如图 6-30 所示。

由图 6-30 可以看出，6 号轴承 Y 方向的振幅中，一倍频分量幅值约为 86μm，两倍频分量幅值约为 10μm，在通频总量（幅值 91μm）中一倍频分量占 89%，即振动组成中主要为一倍频成分。6 号轴承 Y 方向轴振的发展过程如图 6-31 所示。

由图 6-31 可以看出，在振动的突变过程中，一倍频分量在通频总量中所占的比例始终

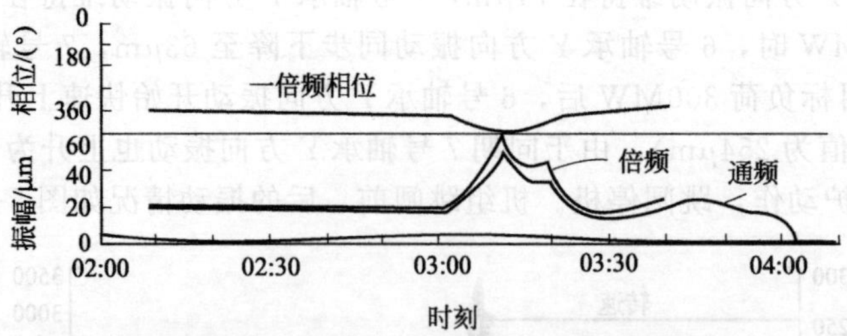

图 6-31 6 号轴承 Y 方向振动的发展过程

很大，并且倍频分量的相位变化明显：从 310°变化至 60°，说明发展过程中转子平衡状态发生了改变。

在该次故障之前，只对汽轮机进行了例行的轴瓦检查，未见明显异常，而该次故障又是在机组进行减负荷过程中发生的，结合以上检查结果及振动组成中各频率值及其发展变化分析认为，此次振动过大的直接原因是排汽压力低于正常值，使凝汽器中真空升高，低压缸缸体变形，导致动静部件发生碰磨。

6.8.2 振动机理

(1) 凝汽器真空变化对振动的影响

机组运行期间凝汽器保持一定的真空是汽轮机设计和工作的需要。低压缸外部处在大气压下，其内部由于排汽压力很低，具有较高的真空，内外压差使缸体变形，其变形程度与真空状况密切相关。现代大型机组随着额定功率的不断提高，焓降增大，低压转子叶片尺寸也在增加，从而低压缸体积变大，刚性偏弱，尤其是低压外缸多数由成形钢材焊接而成，虽强度满足要求，但刚性较差，低压缸整体形态很容易受外界因素变化的影响，对凝汽器真空的变化更为敏感，具体表现在自振频率低及安置在低压缸上的轴承标高容易变化等方面。

真空变化会使凝汽器排汽压力和排汽温度变化，从而直接影响到低压缸的状态和轴承的标高，对于轴承座在排汽缸上的机组来说，排汽缸温度的变化主要表现在对轴承坐标高的影响上。汽轮机和发电机转子的两端都是由轴承支撑，如果轴承标高发生变化，则所承担的负荷分配也会相应变化，使轴承内的油膜建立情况出现偏差，诱发机组的自激振，包括油膜振动和汽流激振等。因此，轴承标高在检修期间必须格外重视，认真调整，并在运行期间合理控制相关参数，以保证轴承标高的变化在允许范围内。

真空的较大变化还会导致刚性较弱的低压缸缸体变形过大，从而引发动静间隙的明显改变。汽轮机要求各转子与汽缸之间不能有大的泄漏，即有轴封存在，以保证轴系在旋转过程中不发生碰磨现象；同时还要求转子和汽缸等静止部件间有最小的径向和轴向间隙，过小的间隙容易使转子与汽缸或隔板发生动静碰磨，造成转子在碰磨部位的不均衡热变形，这种明显的热弯曲会产生附加的不平衡力，影响转子平衡状况，使振动变化，还会导致转子与汽缸或静子的同轴度出现偏差过大的现象，一定程度上引起汽流激振和加剧动静碰磨。

通过低压转子的轴承部位日常振动巡检可以看出，轴承振幅偏高，6 号轴承振幅在 0.05mm 以上，最大振幅为 0.09mm；7 号轴承振幅也保持在 0.04～0.06mm。这也反映出该机组低压转子的支撑系统刚性较弱，稳定性较差，在外界因素剧烈变化（如真空过高）时，振动响应更加灵敏。

(2) 振动对运行状态的影响

此次振动的发生是在机组工况变化时出现的，可以将其定性为转子在工作转速下发生的不稳定普通强迫振动，具体表现形式为动静碰磨。分析如下。

① 频谱显示，振动总量的增大主要源于其中一倍频分量的变大。转子的平衡状况在振动频率一倍频分量中会有直接反映，对汽轮机转子来讲，摩擦可以产生抖动、涡动等现象，但实际有影响的主要是转子热弯曲。动静摩擦时圆周上各点的摩擦程度是不同的，由于重摩擦侧温度高于轻摩擦侧，导致转子径向截面上温度不均匀，局部加热造成转子热弯曲，产生一个新的不平衡力，使转子的平衡被破坏，引起振动。

② 振幅变化时，相位也同步变化。由于摩擦实际为动静物体表面的接触，碰磨部位会因为磨损和热弯的交替发生而在转轴表面移动，使振动的高点发生漂移，表现为基频振动的相位变化。

③ 振动增大经历时间较短，呈现出“前倾”的趋势，即曲线上升阶段形状较陡，在短时间内振幅升高很多，而在回落时振幅下降缓慢，曲线平稳，如图 6-32 中一倍频分量的振幅变化曲线。出现这种现象的原因是碰磨使转轴表面出现不均衡的热量分布，并与振动形成恶性循环，在振动增大时表现剧烈，增幅较快，曲线的斜率大，趋势线较陡。振动下降持续时间较长，尤其是接近原始振动时，下降明显减缓，呈现出“后弯”的趋势。

④ 碰磨产生的热弯曲现象消失后，在通过低压转子临界转速时，6 号轴承 Y 方向、7 号轴承 Y 方向振动恢复正常，如图 6-32 所示为机组再次启动过程中 6 号轴承 Y 方向和 7 号轴承 Y 方向振动的变化曲线。

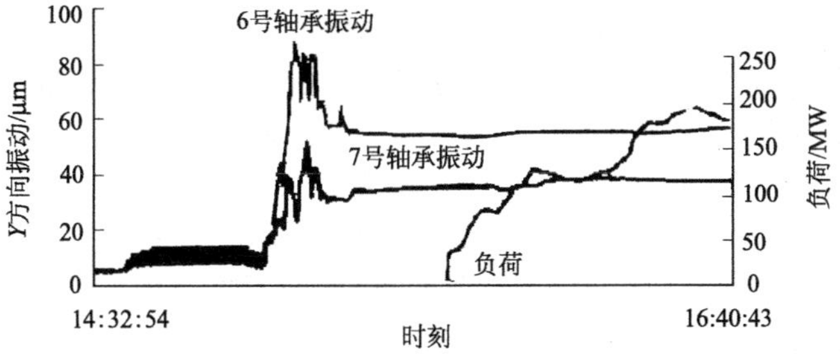

图 6-32　机组再次启动过程中 6 号、7 号轴承 Y 方向振动变化

由图 6-32 可以看出，在启动过程中，6 号、7 号轴承 Y 方向振动随转速缓慢上升，在通过临界转速时刻，6 号轴承 Y 方向振动在 100μm 以下，而 7 号轴承 Y 方向振动约 30μm，在带负荷前后振幅比较平稳，因此运行中的振动超标确实是由于转子的临时热弯曲过大，并发生了碰磨及其恶性循环而造成的。

6.8.3　小结

汽轮机必须在一定的真空状态下运行，真空过高或过低都会对其工作产生一定的影响：真空过高时，汽缸变形量及轴承标高变化大，动静间隙改变幅度明显，易发生碰磨故障；真空过低时，蒸汽膨胀不充分，汽轮机效率低，因此运行中相关参数一定要控制在规定范围内。运行中低压转子的振动异常现象极易发生，必须认真予以监测和判断，特别注意的是，不管是启动过程还是带负荷运行，振动保护都不能退出，以免振动迅速增加而导致机组损坏。

对于运行中出现的动静碰磨、低压转子轴振快速上升的现象，要考虑相关参数是否由于升、降负荷或其他操作而发生了明显的改变，如凝汽器真空、循环水流量、轴封和供汽温度等，并根据振动爬升速度及时进行调整。由于真空变化而产生的振动异常，如真空变高，应首先确认是否负荷降低速度太快，可通过排汽温度的降低程度予以验证，并及时通过提高排汽压力、控制真空泵运行台数和循环水量等手段进行调节；如真空降低过快，应及时启动备用真空泵、投入凝汽器喷水减温、启动备用循环泵增加循环水流量、检查凝结水和轴封系统等操作来调整真空状况，控制振动的发展。

6.9 核电机组高频振动故障诊断与处理

在此以某核电站两台新建 CPR1000 技术核电机组为对象，对其高频振动故障测试、分析、处理方法等进行总结，提出结构设计方面的建议。

6.9.1 设备概况及整组启动振动情况

按振动故障频谱特征，振动故障一般可分为低频振动、普通强迫振动（以工频为主）、高频振动。汽轮发电机组的高频振动故障一般来源于电磁激振、转子裂纹、齿轮故障、严重碰磨和不对中等。高频振动故障在大型发电机组上时有发生，除少部分是上述原因引起外，大多数故障源难以查明或消除。

某核电站采用中广核集团具有自主品牌的 CPR1000 技术，其 1 号、2 号机组汽轮机为上海汽轮机有限公司引进德国西门子技术生产的国产 HN1000-6.4 型核电半转速汽轮机。机组以瓦振信号作保护，以轴振信号为参考，瓦振信号由排布安装在轴承箱右 45°方向（从汽轮机往发电机看，提及的测点安装角度都是以汽轮机看发电机定义）的速度传感器采集。

1 号机组于 2013 年 12 月 28 日首次冲转到额定转速 1500r/min，冲转过程中，1～3 号瓦瓦振偏大，其中 1 号瓦的振动超过 10mm/s，接近保护动作值 10.5mm/s。技术人员进行了多次检查和处理，但收效甚微，在后续多次冲转、并网等过程中，机组 1～3 号瓦的振动在冲转过程及低负荷工况下仍然超标，甚至发生了几次汽轮机振动大跳闸事件。

测试结果显示，瓦振（如没有特别说明，均指 1～3 号瓦瓦振）偏大主要是频谱中含有较大比例的高频分量。因短时间内未能查明异常振动来源，为保证工程进度，将振动保护跳机时间由 0.1s 延至 1s，将振动信号频率采集范围由 10～500Hz 缩小为 10～300Hz，机组方可开展下一步调试工作。

随后，2 号机组在调试阶段也出现了相同的振动故障，采用 CPR1000 技术的 2 台机组都遇到瓦振因高频振动超标问题，严重影响了设备的安全性及工程进度。由于设备厂家没有可供参考的案例及解决方案，出版文献中也鲜见核电或火电机组相关高频振动故障的报道，给问题的解决增加了难度。

6.9.2 振动试验分析

核电机组对安全性的要求极为苛刻，滤波只能是一种临时手段，高频振动故障必须彻底解决。为了分析高频振动来源，保障机组安全稳定运行，利用机组检修的机会，对机组的振动特性进行了全面测试，包括启停机、升降负荷过程振动测试，轴承箱振动特性试验，轴承箱盖固有频率测试，汽轮机平台激振力传递路径识别等试验。

(1) 启停机和升降负荷过程振动测试

针对机组瓦振大，且主要发生在冲转及低负荷功率平台的特点，对机组大小修的启停机和升降负荷过程中振动变化情况进行全面的测试。从测试结果来看，机组振动故障特征具有较好的重复性；现场检查发现，缺陷处理前后仅振动幅值略有变化；在测试过程中还发现，轴承箱盖 45°方向与轴承箱中分面振动差别较大，在轴承箱盖上附加质量后可明显降低前者的振动，但对后者的影响不明显。

(2) 轴承箱振动特性试验

在机组启停机和升降负荷过程中，对瓦振异常的 1～3 号瓦对应的轴承箱进行了振动特性试验。采用便携式振动测试仪表测量轴承箱不同位置的振动，具体测点布置及 1 号轴承箱各测点在 370MW 负荷状态下的振动如图 6-33 所示。

从图 6-33 可以看到，轴承箱上测点的振动较小，基本都小于 1.5mm/s，而轴承箱盖上测点的振动较大，其中以左 45°和右 45°方向两个测点的振动最大。频谱分析显示，轴承箱盖上测点的振动工频分量很小，高频分量占比很大，高频分量中以 470Hz 左右的分量为主；而轴承箱上其他测点的振动较小，主要是工频分量。

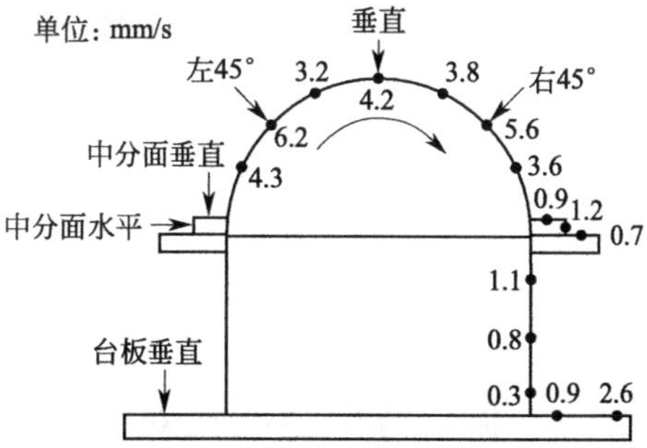

图 6-33　轴承箱振动特性试验结果

(3) 轴承箱盖固有频率测试

利用机组小修的机会，对存在振动故障的 1～3 号瓦所在轴承箱进行试验模态分析，并对 4～6 号瓦所在轴承箱也进行测试，以方便比较。

试验采用锤激法，单点激励，多点响应，由力锤敲击轴承箱产生激励信号，加速度传感器拾取响应信号，经数据采集分析系统处理得到频响函数，从而识别出轴承箱的固有频率。测试是在盘车状态下进行的，测得各轴承箱盖频响函数的峰值对应频率基本相同，1 号、4 号瓦轴承箱盖的测试结果如图 6-34 所示。

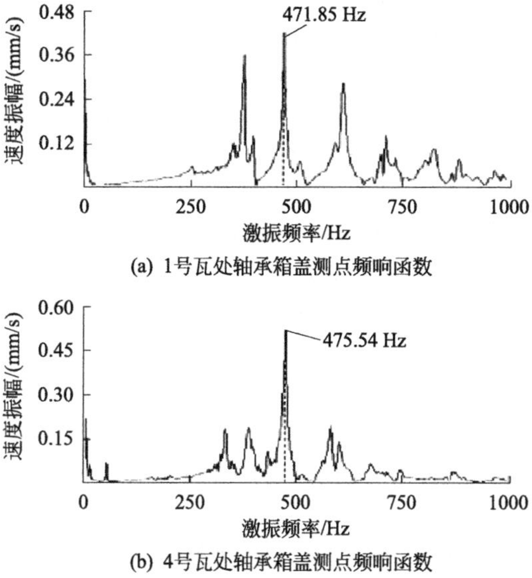

图 6-34　锤击法测试得到的轴承箱盖频响函数

从测试结果可知，轴承箱盖的频响函数最大值对应的频率约 470Hz，与高频振动主频率一致。

(4) 激振力传递路径识别试验

通过对上述试验数据的分析，基本排除了高频振动激振力来源于转子的可能。利用机组大小修的启停机机会，在轴承座台板、猫爪、进汽管支吊架横梁及进汽管道等高频激振力可能传递的路径上布置传感器后进行激振力传递路径识别试验，以追踪瓦振的高频分量激振力来源。

识别试验结果表明：3 号、4 号进汽管道及支吊架振动与轴承箱振动趋势具有同步性，并网后都随着负荷升高而增大，负荷超过 80MW 后随负荷增加而减小，负荷超过 500MW 以后振动趋于稳定，并最终保持在良好范围；3 号进汽管道振动较大，测得的振动峰值超过 80mm/s。大修后启动过程中 3 号进汽管道的振动趋势及其频谱曲线如图 6-35 和图 6-36 所示（因管道振动过大将传感器振落，振动趋势图中出现间断）。并网升负荷过程中各测点工频分量基本保持稳定，振动变化主要是由高频分量波动引起，高频分量具有波动性，如图 6-36 所示。

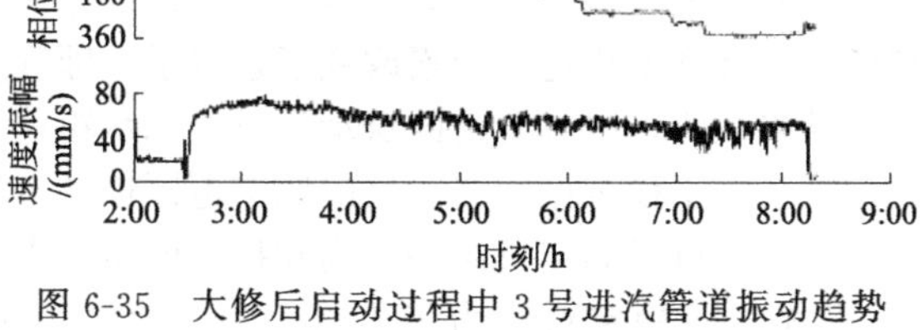

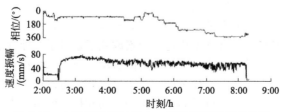

图 6-35　大修后启动过程中 3 号进汽管道振动趋势

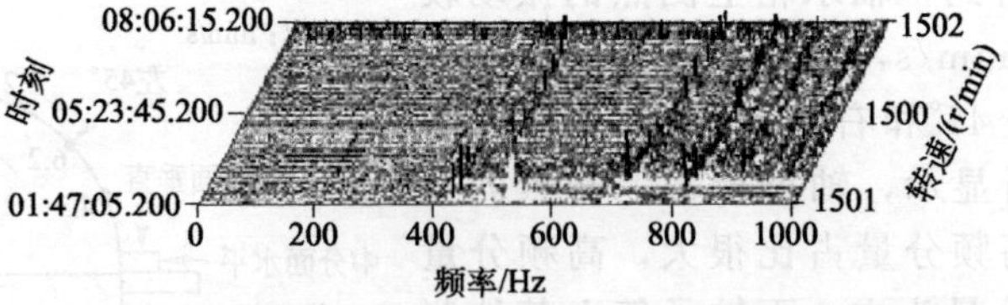

图 6-36　大修后启动过程中 3 号进汽管道振动频谱曲线

6.9.3　振动故障诊断及处理

(1) 振动特征

综合历次测试和各项试验可知，1～3 号瓦的振动具有一系列特征。

① 瓦振与负荷表现相关性。在低负荷区间，振动随负荷升高而增大，且伴随着一定的波动，在负荷为 80MW 时达到峰值；负荷进一步增加时，振动随负荷增加而减小，振动波动量也随负荷的增加而减小；负荷超过 500MW 以后振动趋于稳定，并最终保持在良好范围内。瓦振的频谱特征、波动特性以及与负荷的相关性都表现出良好的重复性。

② 机组轴承箱不同位置的振动特性差异明显。低负荷工况下，瓦振测点振动超标时，轴承箱中分面振动保持在优良范围内，前者以高频分量为主，且随高频分量的变化而波动，而后者以工频为主，受高频分量影响较小。

③ 振动幅值和振动主频率波动不定。瓦振及汽轮机平台各测点在不等的频带宽度范围内存在连续谱，振动幅值和振动主频率波动不定。轴承箱盖 45°振动存在连续谱的频段为 425～525Hz，振动主频率约为 470Hz。

④ 振动趋势具有同步性。进汽管道和支吊架振动与轴承箱、汽轮机平台及猫爪振动趋势具有同步性，其中 3 号进汽管道在并网升负荷过程中的振动峰值超过 80mm/s；频谱分析显示 3 号、4 号进汽管道的振动在 425～550Hz 和 750～1000Hz 内存在连续谱，振动主频率及幅值不稳定。

(2) 故障诊断

① 振动性质。通过现场加装测点比对，可以确定机组瓦振测点在低负荷状态下振动偏大是真实的，异常振动具有振动幅值和振动主频率波动不定及连续谱两大特征，从振动性质来说属于随机振动。

② 支撑刚度分析。引起机组振动大的故障原因有两个，一是动刚度不足；二是激振力过大。支撑动刚度由结构刚度、共振、连接刚度三个要素组成。在 1500r/min 空载状态和高负荷状态下，机组 1～3 号瓦测点振动良好，可以排除结构刚度不足和工作转速下共振的可能。现场检测轴承箱连接刚度发现各点差别振动均正常，由此可以排除连接刚度异常造成振动增大。即机组 1～3 号瓦测点振动在低负荷下振动偏大是激振力增大所致。

③ 激振力分析。在并网升负荷过程中，机组轴振始终稳定且维持在优良水平，轴振频谱中未出现约 470Hz 的高频振动分量，可排除轴承箱高频激振力来源于转子的可能，即高频激振力是由外界传递至汽轮机本体的。

在低负荷状态下，振动随负荷变化而变化，打闸停机后，调门全部关闭，轴瓦振动迅速下降，从运行上来看，只有各调门开度变化这一因素改变了进气量，即管道气流力是一个重要的相关变量；另外，现场测试结果表明，进汽管道的振动与机组轴承箱盖的振动趋势具有一致性和同步性，且都存在不稳定振动，不稳定振动连续谱的频谱范围也基本相同，说明进汽管道和轴承箱盖的高频激振力来源相同，可以确定机组轴瓦高频振动的激振力来源于不稳定汽流力。

④ 激振力及传递路径分析。不稳定汽流力经进汽管道、汽缸传递至轴承箱盖。在低负

荷状态下，不稳定汽流力高频分量主要分布在425～550Hz和750～1000Hz两个频段范围，其中的470Hz成分引发轴承箱盖不稳定共振；由模态测试结果可知，轴承箱盖在470Hz附近存在固有频率，对频率为470Hz的激振力非常敏感，且轴承座截面左45°和右45°位置对应该阶模态振型的反节点，进一步放大了频率为470Hz激振力作用时的瓦振测点位置的振动。这就较好地解释了轴承箱分面在机组瓦振超标时，振动依然保持在优良水平，以及试验人员站立在轴承箱盖上可显著降低瓦振的原因。负荷高于500MW时，不稳定汽流力很小且高频分量基本观察不到，瓦振降低至优良范围，高频分量也随之消失不见。

(3) 处理建议

根据以上故障诊断分析结果，提出以下建议。

① 降低激振源是最根本的措施。测试结果表明，3号进汽管道在低负荷状态下的振动偏大，明显高于其他进汽管道，是机组瓦振超标的直接激振力来源。

流体管道的激振力通常来源于两个方面，一是动力机械；二是流体压力脉动。机组3号进汽管道振动与负荷有关，即与进汽量有关。因此，可以确定振动超标是不稳定汽流脉动引起的，可考虑的解决方案包括改善管道内的汽流状态参数及改变蒸汽管道的几何配置情况。

从现场可操作性方面考虑，建议通过优化改变调节汽门的开启程序和方式，改变管道内汽流的物理参数，以降低进汽管道不稳定汽流力。对比振动测试结果及阀门开度曲线可知，机组1～3号瓦振动及3号进汽管道在负荷为80MW时达到最大，此时调门GV1～GV4的开度分别为0.80%、0.75%、6.56%、0.61%。经多方论证与核算，决定对西门子给定的阀门开度曲线进行适度修改，将低负荷状态下GV1、GV2、GV4的开度增大为1.76%、1.65%、1.72%，同时将GV3的开度减小至4.46%，以使各蒸汽管道进汽更加均匀。

此外，从设计方面考虑，在管路中设置集箱、空腔缓冲器、滤波缓冲器或蓄压缓冲器等，也能降低不稳定汽流力，但难度较大，成本较高，建议在优化配汽方式效果不明显之后再行实施。

② 降低传递至轴承箱上的激振力。由于汽流激振力难以彻底消除，建议降低管道振动，减小由进汽管道传递至轴承箱上的力。根据蒸汽管道振动分析及现场实际情况，采取在确保管道热膨胀正常和管道系统应力合格的前提下，在管道适当位置设置刚性约束的方式，如固定支架、导向支架、滑动支架或限位装置，必要时设置阻振器或阻尼器；另外，在蒸汽管道与基础之间设立隔振装置，可从传递路径上阻隔汽流激振力的传递，降低低负荷下的瓦振。因检修工期紧张，建议在下次大修中实施。

③ 开展瓦振安全性评估。机组瓦振测点反映的是轴承箱盖的振动，不能代表轴承座的真实振动，尤其是在低负荷状态下的振动超标，仅是测点位置及附近的局部小范围超标。建议将瓦振测点安装到轴承座上，以了解其真实振动。从测试结果分析，机组可在额定工况长期安全稳定运行，但3号进汽管道在低负荷工况下振动已超标，应尽快解决，具体可参考前述所列措施。

(4) 处理效果

根据振动故障诊断结果制定了解决方案，因检修工期紧张且厂家技术人员未能及时到位，方案未能在1号机组上实施。2号机组正处于调试阶段，冲转过程也遇到与1号机组相同的振动故障，实施了方案中提出的优化配汽后，2号机组进汽管道和瓦振测点的振动明显好转，机组不采取滤波的方式即可成功冲转升速、并网带负荷；3号进汽管道优化前、优化后的振动分别为76mm/s、32mm/s；1号瓦优化前、优化后的瓦振分别为11.5mm/s、4.3mm/s。

(5) 小结

通过测试和分析，确定了CPR1000技术半转速核电机组瓦振超标的原因，是不稳定汽流激振力传递至轴承箱引发轴承箱盖不稳定共振所致，可通过优化配汽方式对其进行有效抑制。从现场实际情况来看，机组瓦振测点并不能真实反映轴承的真实振动，从安全性角度考虑，应对测点位置选择进行优化。由于该核电厂的1号、2号机组为该型号的首批机组，且先后出现相同振动故障，不排除该型机组存在家族性设计缺陷。

6.10 水电站机组振动问题分析及处理

某水电站位于云南省普渡河下游干流河段，为普渡河下游河段规划7个梯级电站的最末一级，上游与鲁基厂水电站相衔接。电站为引水开发方式，地面厂房，装设3台单机容量为80MW的混流式水轮发电机组，电站总装机容量为240MW。引水方式为1管3机，设有调压井，每台机组设置进水主阀，进水主阀采用液压操作。

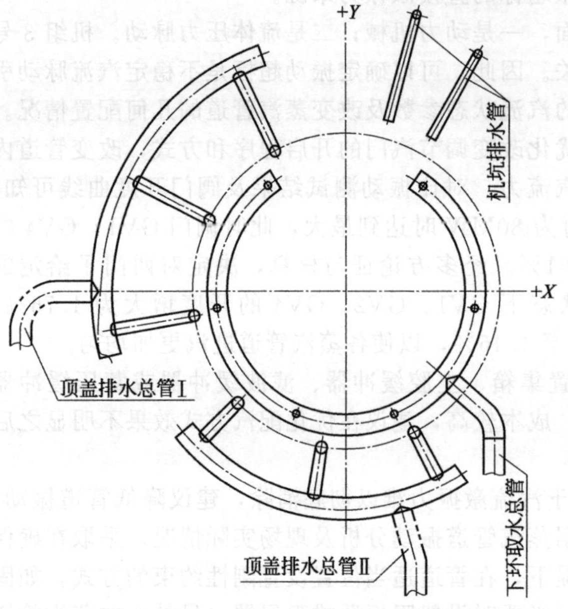

图6-37 顶盖排水、下环取水示意图

6.10.1 水轮发电机组特性

（1）水轮机特性

水电站水轮机为立轴混流式，最大水头为169.5m，额定水头为150m，最小水头为128.1m，额定转速为300r/min。技术供水系统主方案为自流减压供水方式，同时设置顶盖取水方式为试验方案，水轮机设有顶盖排水及取水管路，顶盖排水管为6根，均匀分布于$-Y$、$-X$方向（图6-37），由于在$+Y$、$+X$方向未设置排水管，此方位的顶盖漏水必须经过顶盖隔板孔及顶盖与座环间的通道才能排出（图6-38）。若顶盖取水方案水量和水压满足技术供水系统的要求，则使用顶盖供水方式为主供水方式；若顶盖取水方案水量和水压不能满足技术供水系统的要求，则设置在水轮机下环两道密封之间的取水管可作为顶盖取水的补充（图6-38）；若电站技术供水系统不采用顶盖供水及下环取水方案，则顶盖腔和下环取水腔内的水直接排至尾水管内。

水轮机转轮上的密封为梳齿密封方式，原设计方案为两道梳齿密封（图6-39），后来在项目实施阶段调整为1道梳齿密封（图6-40）。

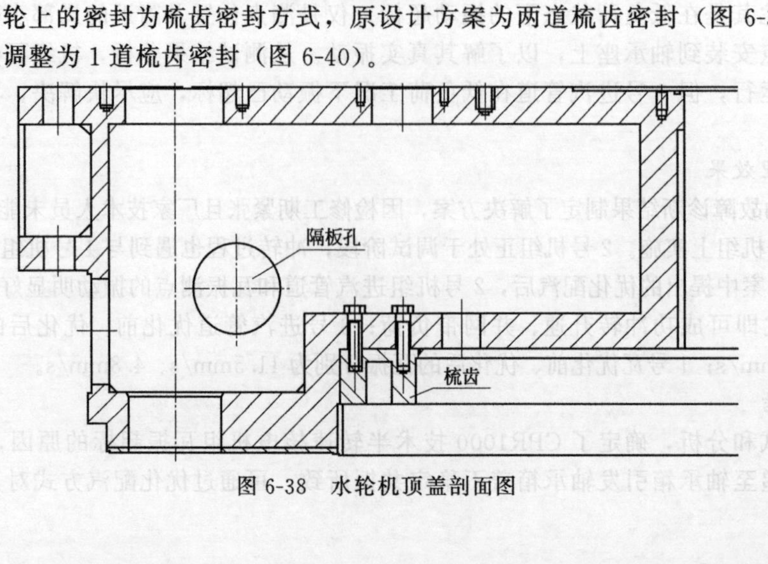

图6-38 水轮机顶盖剖面图

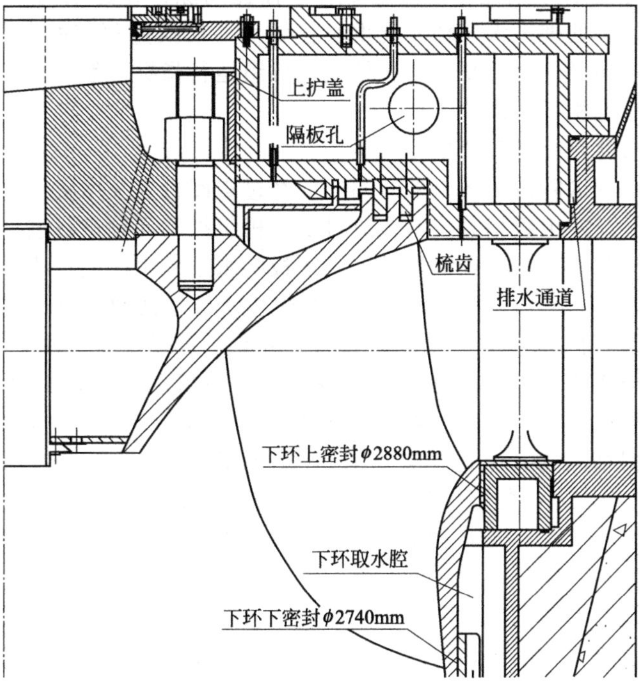

图 6-39　水轮机结构图（梳齿改变前）

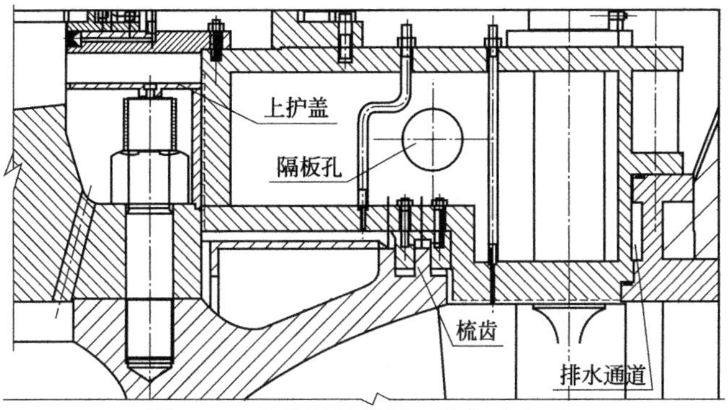

图 6-40　水轮机结构图（梳齿改变后）

（2）水轮发电机特性

发电机为立轴悬式密闭循环空气冷却的水轮发电机，额定转速为 300r/min，设置有组合式推力、上导轴承和下导轴承，发电机推力轴承，发电机轴与水轮机轴采用法兰连接方式。

（3）水轮发电机组运行工况

水电站在建设阶段，水库蓄水位稍低，水轮发电机组运行水头约为 137m，出力约为 70MW，推力负荷约为 530t。

6.10.2　水轮发电机组振动问题及处理过程

（1）机组正常动水调试阶段发现问题

水电站 2 号机组完成安装工作，顺利进入动水调试阶段，由于水导轴承振动值超标，先后调整了 2 次机组中心，调整了 2 次水轮发电机上导、下导轴瓦间隙，动平衡试验后 2 次加配重共80kg，3次更换水导轴瓦，5次调整水导轴瓦间隙；在此期间，恢复过大轴中心补气，调整过水导油位，处理过水导轴瓦抗重块接触面，切换过顶盖取水作为机组技术供水，对水导轴承座进行过加固。经反复调整和处理，机组运行指标虽然得到了一定的改善，但水导振动值始终未能满足相关规范的要求。

(2) 机组振动问题的分析与处理

针对水电站动水调试阶段暴露出来的问题，经过查阅机组技术资料、现场施工技术资料和相关过程记录文件，并组织相关技术人员对2号机组振动问题进行进一步分析研究，决定对机组进行全面的拆卸检查。检查结果显示：镜板的水平发生改变，水平向$+Y$、$-X$方向倾斜，最大倾斜值为0.09mm；发电机上导及水轮机水导轴瓦间隙有不同程度的改变；水轮机联轴螺栓护盖外圆有擦碰痕迹。接下来，机组装复及调试工作结束，并增加了对上机架$+Y$、$-Y$、$+X$、$-X$方向的下沉量的监测装置。重新启动机组，机组各部振动、摆度没有实质性的改变，当机组转速到95%额定转速左右时，水导水平振动值超过0.2mm；发电机上机架下沉量监测结果为：$+Y$方向0.15mm、$-Y$方向0.25mm、$+X$方向0.18mm、$-X$方向0.15mm，$-Y$方向的下沉量比$+Y$方向多0.1mm，$+X$方向的下沉量比$-X$方向多0.03mm。由此可见，上机架下沉与机组拆卸检查中发现的镜板水平方向的倾斜方向、倾斜值基本一致。

经分析，认为发电机上机架的不均衡变形，导致调整好的镜板水平倾斜、大轴垂直度改变，水导处主轴旋转中心与水导轴承的中心不一致，从而使水导振动值增大。于是，决定对水导轴承间隙进行检查，经检查发现水导轴承间隙均有不同程度的变化，其中$+Y$方向增加值约为0.2mm，间接证明了大轴的垂直度确实发生了改变。之后对水导轴承间隙进行调整，适当增大$+Y$方向间隙后，重新启动机组，机组各部振动及摆度依然没有实质性的改变，只是水导轴瓦的温度均匀了一些。为进一步排查机组转速、接力器行程、水力因素与上机架变形、机组振动的关联度，决定继续做以下试验。

① 将顶盖取水系统由排水状态切换至技术供水状态，改变轴向水推力。

② 将顶盖排水系统管路上的排水阀关闭，平衡轴向水推力。

③ 将机组升速至110%额定转速后，快速关闭水轮机导叶，排查转速、水推力与机组振动的关联情况。

试验过程中，机组在额定转速下运行，水导的振动未见明显改善，而且顶盖取水系统工作在技术供水状态时，发电机下导摆度及水轮机水导振动明显增大。在切换下环取水管路的工作状态，关闭下环取水管路排水阀的过程中，水导振动突然变化，大幅下降至0.02mm，同时上机架的下沉量的监测结果也改变为：$+Y$方向0.15mm、$-Y$方向0.20mm、$+X$方向0.17mm、$-X$方向0.15mm，$-Y$方向的下沉量减少了0.05mm，只比$+Y$方向多0.05mm，上机架各方向的下沉量趋于平衡。由此，2号机组水导振动超标的情况得到控制。

6.10.3 水轮发电机组振动问题分析

通过对水电站机组振动问题处理过程的分析，机组振动超标的原因可以归纳为以下三个方面。

(1) 上机架的不均衡变形是水导振动的直接原因

由于发电机上机架不均衡变形，导致已调整好的镜板水平倾斜，大轴垂直度改变，水导轴承处主轴的旋转中心与水导轴承中心不一致，大轴偏靠一侧，水导轴承处的振动值增大。根据本工程机组参数资料，发电机镜板直径为1770mm，镜板到水导的垂直距离为8800mm；而根据现场的实际情况，镜板的最大水平倾斜值为0.09mm；通过计算，水导轴承处主轴旋转中心的偏移值约为0.4mm（图6-41），已远超水导轴承间隙。

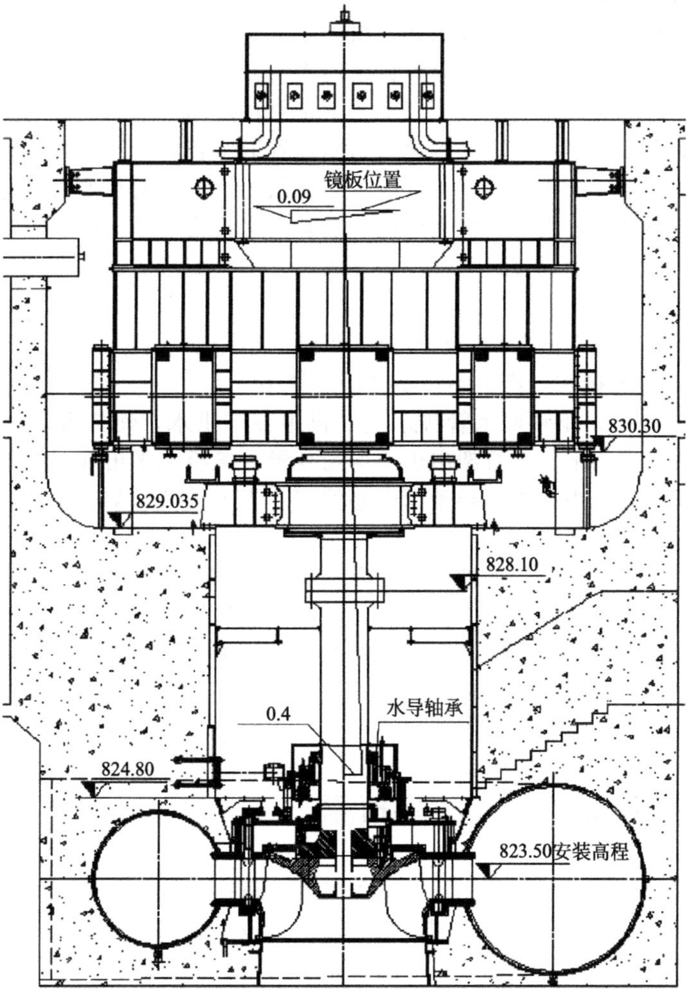

图 6-41　镜板水平与大轴旋转中心示意图（单位：mm）

机组调试及试验过程中发现的一些现象同样支持上述结论：①调试过程中，曾使用 6 个千斤顶对 2 号机组水导轴承座进行加固，加固后水导振动值增大，机组运行状况更差；②振动分析过程中，通过调整机组水导轴承间隙，将 $+Y$ 方向的间隙增加 0.06mm 后，机组各部分振动摆度虽然没有实质性的变化，但其 $+Y$ 方向的 7 号水导轴瓦温度下降，水导瓦温趋于均匀。这些均从另一个侧面反映出水导轴承处主轴旋转中心与水导轴承中心不一致。

(2) 水轮机顶盖不均衡排水导致发电机上机架不均衡变形

由于水轮机顶盖的 6 根排水管分布于 $-Y$、$-X$ 方向（图 6-37），所以其 $+Y$、$+X$ 方向的漏水必须经过顶盖隔板孔或顶盖与座环间的狭小通道才能排出（图 6-39），最远的排水点要经过 4 个隔板孔才能将水排出。靠近排水管进口处的水压相对较低，而远离排水管进口处的水压相对较高，因此水轮机顶盖的单侧排水设计，产生了不均衡的轴向水推力，最终导致发电机上机架的不均衡变形。

2 号机组技术供水采用顶盖取水为主供水方式时，发电机下导摆度及水轮机水导振动明显突变并超标，就是因为顶盖取水作为机组技术供水时的不均衡轴向水推力较直接将顶盖取水排至尾水的作用更大。

(3) 水轮机上密封改变加剧了上机架不均衡变形

水轮机上密封改变，下环设置取水管，增加了轴向水推力，加剧了上机架不均衡变形。水轮机上密封梳齿由两道改为一道，导致机组向下的轴向水推力增加。下环两道密封之间设置取水管供机组冷却水或排至尾水，下环上、下密封环之间空腔内压力的高低，影响着转轮受到的向上轴向水推力大小。在下环两道密封间设置取水管后，不论是供机组冷却水还是排至尾水，都降低了该腔内的水压力，不仅减少了机组向上的轴向水推力，还会降低水轮机效率。根据上面的分析可知，在水轮机受到向下的轴向水推力增加、向上的轴向水推力减少两种因素的作用下，发电机上机架荷载增加，导致其不均衡变形加剧。

(4) 结论及建议

通过对水电站机组振动问题的分析研究，得到的结论如下。

① 水轮机顶盖单侧排水，产生不平衡轴向水推力。

② 转轮上密封改变，下环取水管排水或者机组冷却供水，使机组受到的向下轴向水推力增加。在两者共同作用下，上机架出现不均衡变形，镜板水平出现明显倾斜，大轴垂直度改变，最终导致机组旋转中心与水导轴承中心偏离，当大轴偏靠某一侧轴瓦，油膜难以形成时，水导轴承处振动急剧增加。

通过水电站机组振动问题的处理，可以发现水轮机顶盖排水管不对称布置时，将会导致不平衡轴向水推力，从而影响机组的稳定性，因此水轮机设计中应予以避免或提前采取措施应对这种不平衡轴向水推力的影响；减少水轮机上部梳齿密封的数量，在水轮机下环两道密封间设置取水管或者排水管，这些使水轮发电机组承受的向下轴向水推力增加，对机组的结构强度提出了更高的要求，增加机组造价，因此不建议水轮机设计采用此种结构形式。

6.11 风电机组振动监测与故障预测

作为一种清洁能源，风能的利用逐渐成为国家可持续发展的重要战略组成。受限于风能的分布，风电场大多分布在自然环境相对较恶劣的区域，加之风电机组复杂的机械结构等因素，各个部件极易被损坏。如果能够在故障发生的初始阶段检测到异常情况，并及时进行维修，可大大降低严重故障发生的概率，进而减少风电机组运行维护成本，提高风电场运行的经济效益。因此，风电机组状态监测和故障预测系统的研发是非常必要的。

风电机组状态监测技术主要涵盖振动分析、油液监测、热成像技术和过程参数监视等。由于风电机组振动故障发生概率最高，振动信号所包含的信息量最大且实时性较好，因此，该系统采用振动分析法监测风电机组运行状态，并预测各部件的故障趋势。

6.11.1 振动监测与故障预测系统组成

(1) 基本思想

风电机组振动监测与故障预测系统主要由振动信号采集模块、风电场监控中心及远程监控诊断中心 3 部分组成。每台风电机组安装若干振动信号采集模块，单个振动信号采集模块采集 4 路振动信号，经由网线或 WIFI 发送到网络中，光纤交换机将电信号转换为光信号，经由光纤将原始振动信号传输到风电场监控中心；风电场监控中心实时显示测得的振动信号，并存储分析；远程监控诊断中心通过 VPN 服务器与风电场监控中心建立联系，并调用振动信号数据，对存在异常的风电机组进行故障诊断分析。整个监测系统通过以太网建立连接，其中风电机组振动信号采集系统的网络拓扑结构如图 6-42 所示。

(2) 振动信号采集模块

作为风力发电机组振动监测系统中的核心智能单元，振动信号采集模块主要用于振动信

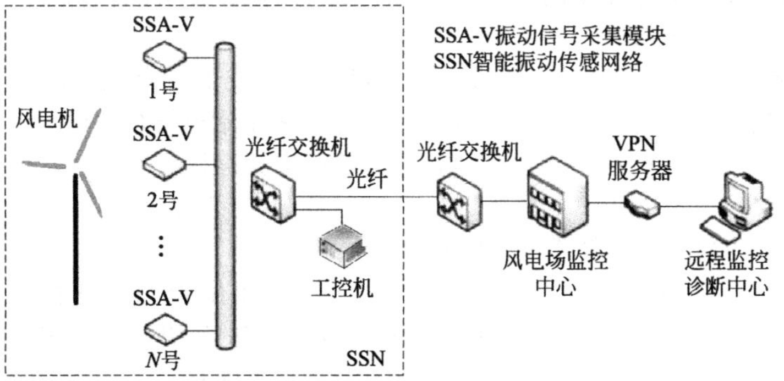

图 6-42　风电机组振动信号采集系统的网络拓扑结构

号的采集、硬件滤波和信号传输控制等。振动信号采集模块具有 4 路信号采集通道，每个通道包含有信号调理电路和信号采集电路，并通过内部总线传送采集到的数据。其中，信号调理电路为振动传感器提供硬件滤波，去掉偏置电压，抗混叠，并将振动信号调制成差分信号，便于 ADC 芯片处理。信号采集电路主要包括 ADC 信号采样电路和测温电路，ADC 芯片选用 Σ-△型 ADC，满足对机械系统振动测量的要求；测温电路对 AD、电源、协处理器等部位的温度进行监测，当温度到达极限值时，电路板停止工作，直到温度恢复正常，电路重新工作。电源电路保证整个系统的稳定运行，同时为 IPC 传感器提供 4mA 的恒定电流。协处理器由 MCU 和 DSP 组成，负责对数据进行预处理，其中 MCU 负责采集数据，DSP 负责处理数据。PHY 代表 10/100 M 以太网模块及 WIFI 模块，负责网络数据的传输工作。具体设计构架如图 6-43 所示。

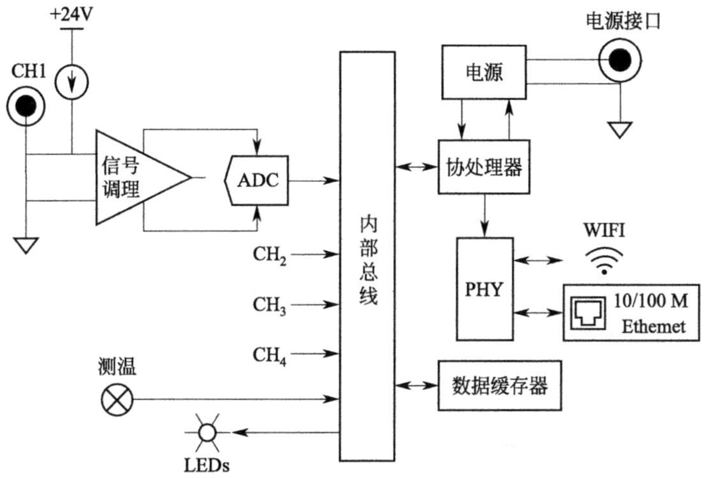

图 6-43　振动信号采集模块结构

（3）风电场监控中心

根据风电机组振动监测与故障预测系统的需求分析，采用 C＃号开发本系统，主要包含设备管理、信号监测设置与显示、数据存储与分析和故障预测 4 个模块。

① 设备管理。对于不同型号的风电机组，输入相关部件的参数后，系统可以自动计算出对应的特征频率等参数，并将相关信息进行存储。

② 信号监测设置与显示。登录系统后不仅可以对上位机监测参数等进行设置，还可以分别调节远端振动信号采集模块各个通道的采样频率等。在监测过程中，通过振动信号时域

波形图、频谱图、瀑布图等显示测量信号状态，如果出现异常情况，系统发出预警信号，并根据需求打印相应的分析报告。

③ 数据存储与分析。考虑到 1 个风电场中存在几十或上百台风机，直接存储未经处理的振动信号并不现实。因此，系统采用定期存储与异常存储相结合的模式，在未检测到风电机组异常的情况下实施定期存储，检测到异常时进行实时存储。对于测量数据，实时计算其时域特征参数（峰值、有效值、峰值因数、峭度系数等），并进行包络解调分析、幅值谱分析、倒频谱分析和 EMD 分解等详细的信号分析。

④ 故障预测。系统采用基于数据和模型的方法对风电机组存在的故障进行预测，主要包括自学习、随机子空间和粒子滤波等方法。自学习方法通过分析存储的历史数据，获取风电机固有的振动特征参数，作为故障预测的阈值指标，当实时监测指标值偏离固有指标值一定范围时，发出预警信号。随机子空间方法通过定义参考特征值及均方根误差（root mean square error，RMSE）对风电机组的运行状况进行评价，根据曲线走势及阈值便可得知风电机组相关部件的运行状况，大大降低系统对使用人员的要求，方便风电场运行人员对各个机组进行监控。

(4) 远程监控诊断中心

远程监控中心通过 VPN 服务器接入风电场监控中心，根据需求可以直接使用风电机组振动监测与故障预测系统，获取风电机组不同部位的实时振动信号数据、分析与诊断结论等。风电场监控中心也可以通过 Web 服务器定时向远程监控诊断中心发送数据、图形等。该系统不仅可以方便总公司级的设备管理技术人员及时了解风电场设备运行状况，针对异常风电机组数据进行深入分析，还可以方便各个高校或科研单位获取实际风电机组振动数据，开展深层次的研究。

此外，风电机组是一个复杂的机械系统，准确分析判断一些异常状况，需要通过多种分析手段综合分析。结合以往经验及当前情况，这些工作只能由远程的专家来完成。专家通过远程监控诊断中心可随时获取机组振动数据，分析设备运行状态，定期或有异常状况发生时提交分析报告，指导风电机组的维护工作。

6.11.2 风电机组振动信号测试与分析

(1) 振动信号分析

振动信号采集模块采集到的是以时间为序列的振动信号，通过提取信号中包含的特征信息，评估风电机组的运行状态。

系统使用峰值、有效值、峰值因数和峭度系数等时域参数对模拟的齿轮箱振动信号进行分析。分别计算齿轮箱正常运行、断齿故障和齿面磨损故障时，振动信号 4 个时域指标的结果，如表 6-22 所示。

表 6-22 不同运行状态下的时域指标

时域指标	正常运行	断齿故障	齿面磨损
峰值/(m/s^2)	0.3848	0.8871	0.4545
有效值/(m/s^2)	0.0817	0.1480	0.1230
峰值因数	4.7099	5.9939	3.6951
峭度系数	2.9919	7.8075	3.7032

由表 6-22 可知，发生故障时 4 个指标的计算结果都大于正常运行数据计算结果。比较峰值计算结果可以发现，断齿故障信号对应的结果远大于齿面磨损信号，可知断齿所造成的振动冲击非常显著；对于峭度系数，断齿故障信号的计算结果也远大于正常信号和齿面磨损信号的计算结果；而对于有效值和峰值因数，计算结果区分度较小，不易判断是否存在故障。通过对表 6-22 的分析，验证了部分时域参数能区分不同的故障类型，时域分析法可以

初步判定风电机组是否存在异常状况。

(2) 故障预测

利用随机子空间方法分析采集到的振动信号，预测风电机组齿轮箱故障。其基本思路如下。

① 建立齿轮箱随机状态空间模型。

② 利用测量到的稳态振动数据计算线性模型参数矩阵 A 的特征值，作为齿轮箱线性动态系统的参考特征值。

当齿轮箱稳态运行时，计算得到的实时特征值稳定在系统参考特征值附近；当齿轮箱异常运行时，计算得到的实时特征值会偏离参考特征值，从而识别出齿轮箱的异常状态。为避免对多个特征值进行比较，系统将均方根误差（RMSE）作为总体评价指标，利用统计过程控制原理划定阈值，进而从数值上直观识别出齿轮箱的故障状态。经计算分析，确定出 RMSE 指标的阈值为 0.0282。

为验证该方法的有效性，模拟齿轮箱断齿故障，并从故障前一段时间开始计算 RMSE 的变化趋势。如图 6-44 所示，初始阶段 RMSE 值在阈值以下波动不大，但随着特征值点的发散，RMSE 值越来越大。第 679 个点以后，曲线上升到 0.0282 附近，并出现不同于正常状况的波动；第 804 个点以后，曲线完全越过阈值，由此可以初步判定齿轮箱存在故障风险。随后，曲线上升速度骤增，表明齿轮箱运行状态恶化。故在第 679 个点附近应发出预警信号，提醒运行人员采取措施，实现风电机组的早期故障预警。

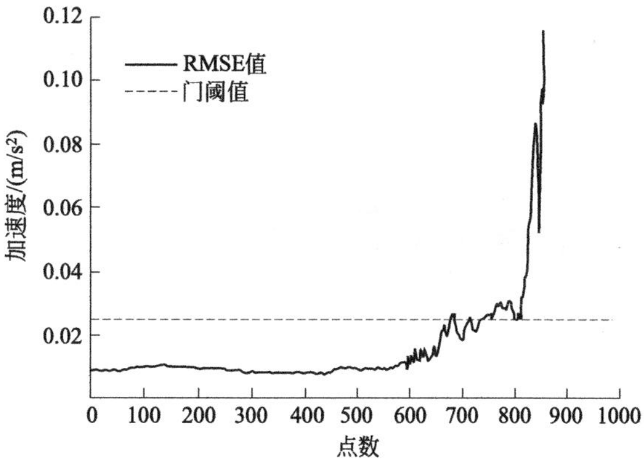

图 6-44　齿轮箱故障过程中的均方根误差变化曲线

(3) 实测风电机组轴承异常信号分析

在某风电场实际安装了所研发的风电机组振动监测与故障预测系统，并将数据传输到风电场控制中心。在运行过程中，监测到某风电机组低速轴存在周期性的异常冲击信号，随后经过现场实际检查确认了检测信号的准确性。如图 6-45 所示为现场振动传感器安装示意图。

图 6-45　现场振动传感器安装示意图

设置振动信号采集模块的采样频率为46.5kHz，取冲击信号相同时间间隔的振动信号进行分析，其时域波形如图6-46所示。由图6-46可知，风电机组低速轴正常运行时，振动信号幅值较小且基本是平稳的随机波形。与正常振动信号不同，发生异常后时域波形具有明显的冲击信号。正常振动信号对应的峭度指标值为2.62，发生异常后对应的峭度指标值为18.05，从时域参数方面也能很明显发现异常状况。

图6-46中，对2段振动信号进行傅里叶变换分析，得到其频谱图，如图6-47所示。由图6-47可知，发生异常后，振动信号频谱幅值整体变大，并未出现某一频率成分幅值突然变大，不存在轴承缺陷等相关特征频率，因此该异常信号并不是轴承缺陷等故障引起的冲击信号。经过分析相关结构及询问设备厂家，最终确定该异常是由于低速轴上对应的套皮管松动引起的。

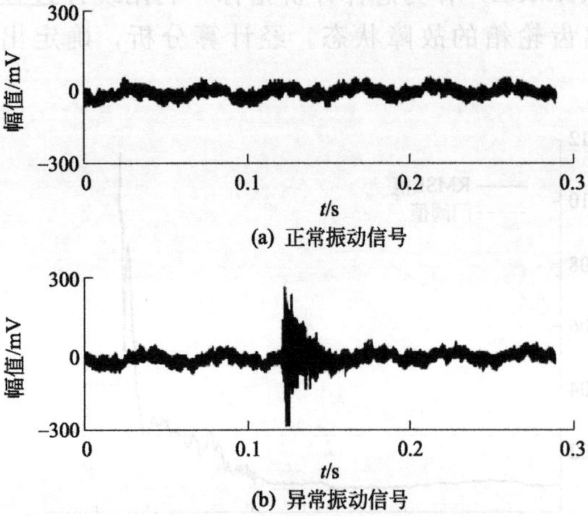

图6-46 振动信号时域波形

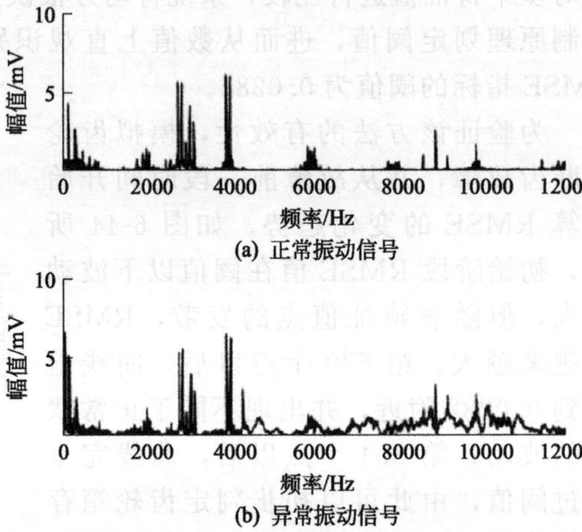

图6-47 振动信号频谱图

取异常振动信号和正常振动信号对应频谱成分作差（图6-48中曲线1），以及相同时间间隔正常振动信号频谱成分作差（图6-48中曲线2），也可以发现频谱成分幅值是整体增大的，进一步验证了分析结果的正确性。

（4）小结

风电机组在线振动监测与故障预测管理系统通过实时监测风电机组振动信号，分析计算振动特征参数，从而实现了对风电机组主要部件的远程状态评估。该管理系统对于风电场实现风电机组的状态检修，提高机组在线运行时长，缩短排除故障时间，降低风电场运行损失具有重要意义。

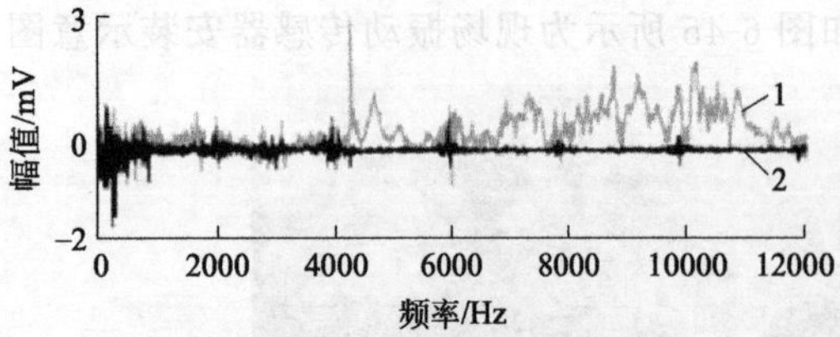

图6-48 振动信号差值谱

风电场管理未来的发展趋势是无人化管理。运行管理人员对风电机组进行远程监控，一旦出现异常，可在线发放检修单，检修人员接单开展工作。无人化管理既能改善风电场工作人员的工作环境，又能提高故障维修的效率，实现故障维修责任制。通过实际安装应用所研发的监测系统，验证了该系统振动信号采集、传输及分析的准确性。

第 7 章 发动机振动故障监测与诊断

7.1 简介

利用振动信号对发动机进行故障诊断时，由于结构异常复杂，且兼有往复与旋转振动，振动激励较多，某零件产生故障时，其振动信号常常被其他零部件中的振动信号和大量的随机噪声所淹没。通常为了提高信号的信噪比、提取信号的有效特征信息，常采用的方法有滤波技术、时域平均、谱分析等方法。

7.2 基于振动的柴油机转速测量

转速是柴油机的一个重要参数，是柴油机运行状况的一个综合体现，是气体力矩、惯性力矩和负载力矩等共同作用的结果。常用的柴油机转速检测方法已经十分成熟，如机械式、光电式、霍尔式、频闪法、高压油管应变法等，然而在实际使用时都需要在柴油机的连接部件或内部的旋转部件上安装传感器，操作比较复杂，增加检测难度。在对不同车辆进行测量时，须采用不同的检测手段，不具有通用性。为此，要寻求操作简单、测量精度较高的基于振动的柴油机转速测量方法。

7.2.1 基础研究

柴油机运转时的汽缸爆发压力、活塞往复惯性力、旋转惯性力及其转矩是曲轴转角的周期性函数，是造成柴油机运转不平衡的主要原因，即柴油机工作时振动激励信号的频率与曲轴转速成一定的比例关系。

(1) 振动分析

周期性的燃烧冲击压力是柴油机振动的根源，其主要表现为汽缸的内燃气压力以及曲轴连杆机构的惯性力所产生的切向扭矩。

把周期变化的切向扭矩曲线分解成一个不变的平均力矩和无数个正弦波扭矩曲线称为简谐分析。曲轴的切向扭矩曲线由大量的变振幅、变频率简谐波组成，谐波次数是曲轴每循环简谐波完成的循环数，这样，对于四冲程柴油机，1/2 谐波为最基本的简谐波。燃气压力等所引起的切向扭矩如式(7-1) 所示

$$M_g = M_0 + \sum_{v}^{\infty} M_v \sin(v\omega t + \varphi_v) \tag{7-1}$$

式中，M_0 为燃气压力所形成的平均扭矩；M_v 为 v 次简谐力矩的振幅；φ_v 为 v 次简谐扭矩的初相位；ω 为曲轴角速度；v 为数学简谐次数，对于二冲程柴油机 $v=1,2,3,\cdots$对于四冲程柴油机 $v=1/2,1,3/2,\cdots$

柴油机曲柄连杆机构的惯性力可分为离心惯性力和往复惯性力。离心惯性力其作用线通过曲轴的回转中心，故其作用扭矩为零。

又因为往复惯性力与燃气压力一样，作用在活塞销的中心，通过连杆传到连杆轴颈，对曲轴产生周期性变化的切向扭矩，所以往复惯性扭矩可表示为

$$M_j = -m_j R^2 \omega^2 (\cos\alpha + \lambda \cos 2\alpha)(\sin\alpha + \lambda/2 \sin 2\alpha) \tag{7-2}$$

式中，m_j 为往复运动部件的质量；α 为曲柄转角；R 为曲柄半径；λ 为曲柄半径与连杆长度之比。

由式(7-2) 可以看出：往复惯性力是由许多简谐扭矩组成的，振幅随谐次增大而迅速减少。

考虑燃气压力与往复惯性力二者所形成的合成扭矩，进行简谐分析，可以得出柴油机缸数 i，振动基频信号频率 f，柴油机冲程数 τ 与柴油机转速 n 之间的关系为

$$n = 60 \times (\tau/2) \times f_0 / i \tag{7-3}$$

(2) 试验分析

试验所用的仪器主要有：25PC/P3-13 型振动传感器；六通道 BC9810 电荷放大器；DEWE2010 数据采集系统，以及用于数据处理的软件 Flexpro6.0。

对某三缸四冲程柴油机进行转速测量试验，在柴油机某一方便位置安装振动传感器，传感器采集振动信号，该电荷信号经电荷放大器放大处理后传输到数据采集系统，数据采集系统时时记录柴油机的振动情况。在数据采集系统中，振动的强弱以电压高低的形式表示出来。如图 7-1 和图 7-2 所示是某柴油机转速为 1000r/min 时，在时域和频率域内的振动曲线。频率域曲线采用软件 Flexpro6.0 处理。

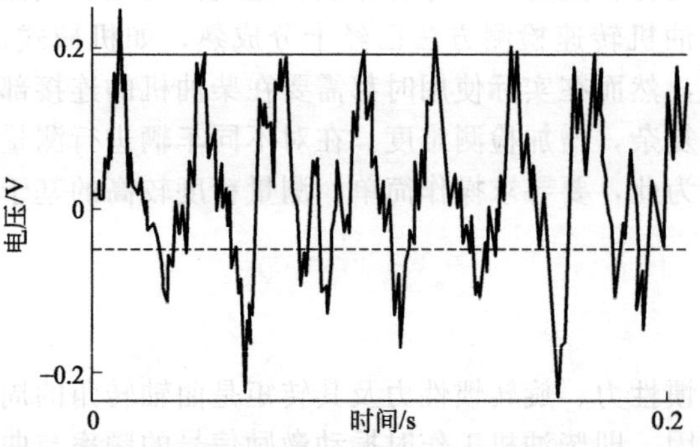

图 7-1 转速为 1000r/min 时振动时域

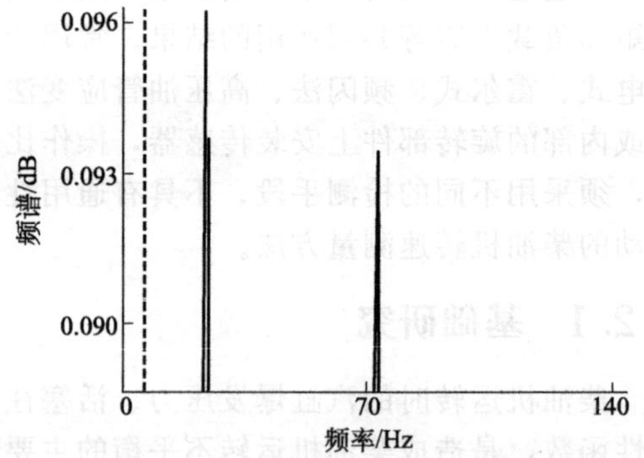

图 7-2 转速为 1000r/min 时振动频域

选取柴油机在不同转速下进行试验，试验数据和误差情况如表 7-1 所示，标准的柴油机转速由柴油机测功机提供。

表 7-1 柴油机转速台架试验转速对比

理论转速/(r/min)	700	1000	1200	1400	1700
基频/Hz	18.310	24.414	30.517	36.621	42.725
分析转速/(r/min)	732.42	976.56	1220.7	1462.84	1709.00
误差分析/%	4.6317	2.344	1.725	4.4886	0.5294

注：分析转速=40×基频。

试验表明，利用该方法测量所得的柴油机转速和柴油机测功机提供的转速误差在 5%之内，精度较高，满足一般试验分析对柴油机转速的要求。

7.2.2 系统开发

采用上述的数据处理方法，并不能实时地检测发动机的转速，为此，根据柴油机的振动

和转速之间的关系，开发了发动机转速测量系统。

（1）硬件设计

测量仪硬件结构如图 7-3 所示，主要包括信号采集模块、信号处理与变换模块、微控制器模块、EL 屏显示控制模块、按键处理模块、串行接口模块和电源模块 7 部分。微控制器模块是测量仪的核心部分，其完成的主要功能有：①整个测量仪的工作流程控制；②完成信号的采集、处理、变换和分析；③通过串行接口实现程序下载或数据上传；④EL屏显示控制和按键处理；⑤原始测试数据的联机保存。

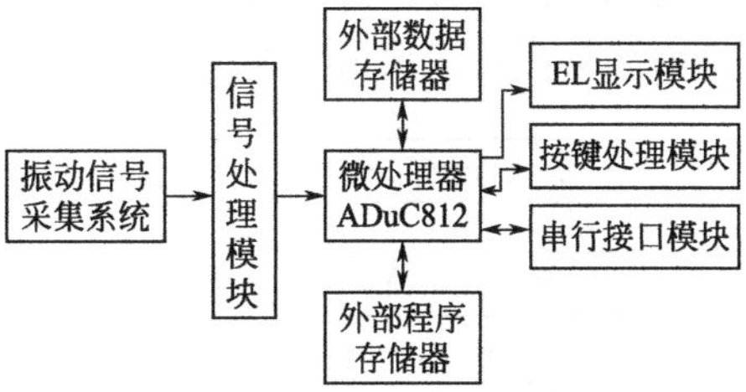

图 7-3　测量仪硬件电路示意

微控制器采用 AD 公司的 ADuG812，对采集到的信号进行变换、分析和故障诊断，通过 EL 屏输出测试结果。通过串行口可以实现微控制器和上位计算机的通信。

按键处理模块主要用于修改测试参数和控制测量仪的测试流程。测量仪扩展了外部程序存储器和外部数据存储器。

（2）EL 屏显示控制模块设计

EL 屏显示控制模块如图 7-4 所示，通过液晶显示控制芯片 SED1330 实现微控制器对 EL 屏的显示控制。SEDI330 可迅速解释微控制器发来的指令代码，将参数置入相应的寄存器内，并触发相应的逻辑功能电路运行，自动完成文本、图形或波形的显示。SEDI330 可以管理 64KB 的显示 RAM，该显示 RAM 选用 Winbond 公司的 24257AS 芯片。

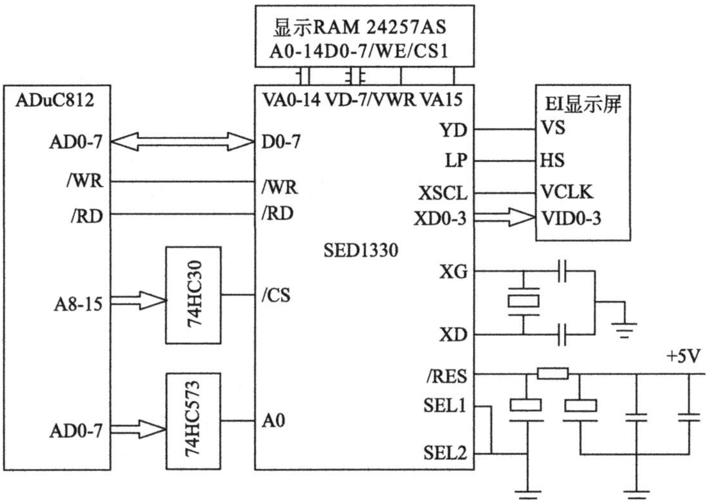

图 7-4　EL 屏显示模块示意图

（3）软件开发

在系统上电或复位以后，进入测试主界面。在测试主界面下，通过按键进行参数设置，按键处理完毕，主程序检查是否出现命令代码，否则继续进行按键处理。主程序工作流程如图 7-5 所示。

7.2.3　应用实例

对某三缸柴油机的转速变化进行检测。在柴油机上安装振动传感器，信号经数据放大器后连接到开发的转速测量仪，实际测量所得的柴油机转速随时间变化曲线，如图 7-6 所示。

记录时刻 0、2s 和 4s 等的柴油机测量转速，与同时刻的柴油机理论转速相比较，分析测量转速与理论转速的误差值来验证速度测量仪的测量精度，转速对比如表 7-2 所示。柴油机同时刻的理论转速由柴油机测功机提供。

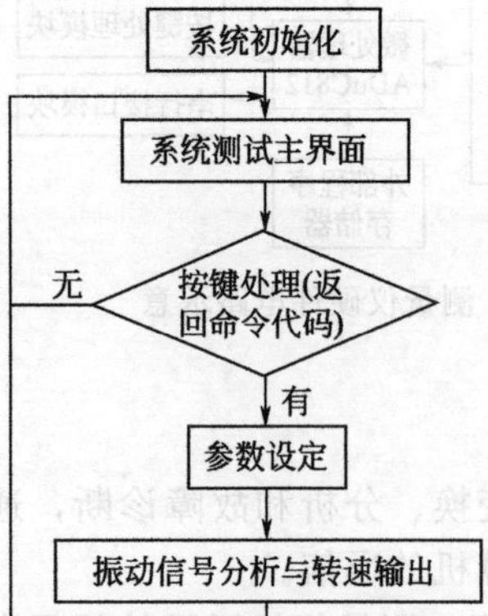

图 7-5　主程序工作流程

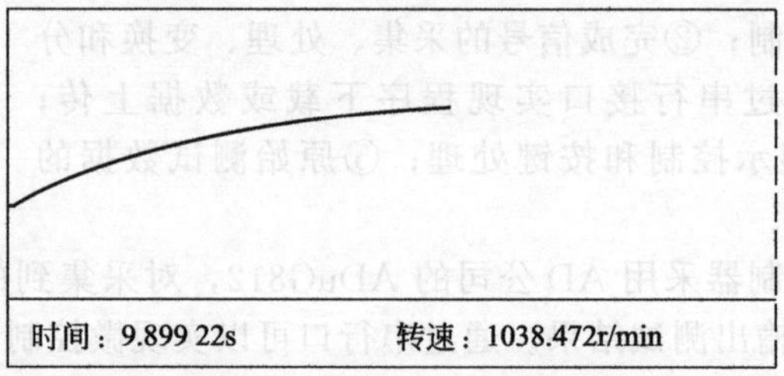

图 7-6　柴油机时间转速曲线

表 7-2　柴油机的测量转速和理论转速对比

时间/s	测量转速/(r/min)	理论转速/(r/min)	误差分析/%	时间/s	测量转速/(r/min)	理论转速/(r/min)	误差分析/%
0	565.9099	584.7022	3.214	6	934.5822	980.1699	4.651
2	698.7154	686.0105	1.852	8	1000.1646	966.7349	3.458
4	843.1641	857.8767	1.715	10	1042.4484	1029.9347	1.215

试验数据表明开发的柴油机转速测量仪转速测量误差在 5%以内，能够满足柴油机的转速测量与在线状态监测及故障诊断要求。

利用振动信号测量柴油机转速，精度较高，操作简单，不需要在旋转部件处安装传感器，在此基础上开发的转速测量仪能够满足柴油机的转速测量要求，具有实际的应用价值。

7.3 车用柴油机振动信号的去噪声处理

车用柴油机振动存在着不确定性因素和非线性作用机制，引起机体振动的振源众多，振源信息直接或间接地体现在柴油机机体表面的振动上。对于柴油机实测振动信号，振源信息常常被其他零部件运行中的振动信号和大量的随机噪声所淹没。为提高信号的信噪比、提取信号的有效特征信息，通常采用的方法有滤波技术、时域分析技术、谱分析等方法。由于无法准确确定信号滤波频率，不易严格按周期采样，信号频谱分布又很宽，上述常规方法无法使用或难以发挥作用，而经验模态分解（empirical mode decomposition，EMD）方法是由 Huang 等发展的一种新的数据分析方法，能有效去除高斯白噪声对采集信号的干扰，不删除采集信号中的有用信息，不引入无关信息，消噪效果好。

7.3.1　柴油机实测振动信号 EMD 法

Huang N.E.提出了一种全新的非线性非平稳信号分析方法，称为 Hilbert-Huang 变换(简称 HHT)，既能对线性、平稳信号进行分析，又能对非线性、非平稳信号进行分析。EMD 把一个复杂的非平稳信号分解为有限个本征模函数（intrinsic mode function，IMF）之和，IMF 需满足两个条件，分解出的各个基函数可突出数据的局部特征；每一项 IMF 都可进行 Hilbert 变换，由此计算出瞬时频率与瞬时振幅。

(1) 非平稳信号的 EMD 条件

通过特征时间尺度获得 IMF，再由 IMF 来分解时间序列数据，在 HHT 中描述信号的基本量是瞬时频率（instantaneous frequency，IF），瞬时频率对每一个 IMF 都有实际意义。

IMF 分量要满足条件：①整个数据序列的极大极小值数目与过零点数目相等或最多相差一个；②数据序列的任意一点由极大值所确定的包络与由极小值所确定的包络均值始终为零。这两个条件使分解得到的所有 IMF 分量是窄带信号，而且这种分解应满足假设：①信号至少有一个极大值和一个极小值；②特征时间尺度是由极值间的时间间隔所确定；③如果数据中没有极值点，而只有拐点，可通过一阶或多阶微分得到极值点，再通过分解、积分的方法获得 IMF 分量。

(2) EMD 方法的端点问题处理

EMD 中的关键一步就是采用三次样条曲线求上下包络的平均值，三次样条曲线具有光滑的一次微分和连续的一次微分特点．由于所分析信号的长度有限，信号的两端点不能确定是极值，因此，在进行三次样条插值时，必然使得信号的上下包络在信号的两端附近严重扭曲，严重影响 EMD 的质量，使得分解出的 IMF 分量无实际物理意义。

基于三次样条插值的特点，当原始信号的两端点不是极值点时，根据端点以内极值点序列的规律得到该序列在端点处的近似值。为防止极值点进行样条插值得到的包络线出现极大的摆动，取出原极值点序列最左端 1/3 的极值点，根据该数据的间距均值和左端点的幅值，定出左端点需增加的极值点位置和幅值。同理，定出右端点需增加的极值点位置和幅值。以近似的左端点处增加的极值点为起始点，向左进行数据对称延拓；以近似的右端点处增加的极值点为起始点，向右进行数据对称延拓。延拓的目的不是为了给出准确的原序列以外的数据，而是提供一种条件，使得包络完全由端点以内的数据确定。将得到的新的数据作为一个整体进行经验模态分解。

(3) 柴油机实测振动信号数据 EMD 过程

① 找出信号所有的局部极值点，用三次样条线将所有的局部极大值点和局部极小值点连接起来形成上下包络线。两条包络线的平均值记为，数据 X 与 m_1 之差为 h_1。

$$h_1(t)=X(t)-m_1(t) \tag{7-4}$$

如果 $h_1(t)$ 满足 IMF 的定义，那么 $h_1(t)$ 是一个 IMF，$h_1(t)$ 就是 $X(t)$ 的第一个分量。

② 如果 h_1 不满足 IMF 的定义，就把 $h_1(t)$ 作为原始数据，重复以上步骤，得到

$$h_{11}(t)=h_1(t)-m_{11}(t) \tag{7-5}$$

式中，$h_{11}(t)$ 为 $h_1(t)$ 的上下包络线的平均值，然后判断 $h(t)$ 是否满足 IMF 的定义，若不满足，则重新循环 k 次，得到 $h_{1k}(t)=h_{1(k-1)}(t)-m_{1k}(t)$，使 $m_{1k}(t)$ 满足 IMF 的定义，记 $c_1=h_{1k}$。

③ 将 c_1 从数据 X 中分离出来得到

$$r_1(t)=X(t)-c_1(t) \tag{7-6}$$

再把 $r_1(t)$ 作为新的原始数据，重复以上步骤，就得到第二满足 IMF 的分量 c_2，重复循环下去得到

$$r_{j-1}(t)-c_j(t)=r_j(t) \quad j=2,3,4,\cdots,n \tag{7-7}$$

为了判断所处理信号不再含有 IMF 分量，一般采取 IMF 分量结束循环条件。IMF 分量满足条件②过于苛刻，会删除掉具有物理意义的幅度波动，因此，为了保证每一个 IMF 具有幅度和频率调制的物理意义，把条件②转化为比较容易实现的数量标准。该标准由公式

(7-8) 给出。

$$SD=\sum_{k=0}^{T}\frac{[m_{1k}(t)-m_{1(k-1)}(t)]^2}{m_{1(k-1)}^2(t)} \tag{7-8}$$

式中，$m_{1k}(t)$ 是 IMF 分量提取模块中本次循环过程中求得的平均包络；$m_{1(k-1)}(t)$ 是上次循环过程中求得的平均包络；$0,\cdots,T$ 是平均包络线所包含的所有时间，理想的 SD 值应该在 0.2～0.3 之间，满足上述两个条件的 IMF 分量，既是进一步进行 Hilbert 变换的基础，又保证了每个分量蕴含必要的物理意义。

直到 $r_n(t)$ 成为一个单调函数不能从中提取满足 IMF 的分量，这样原始数据可以由 IMF 分量和最后残量之和表示为

$$X(t)=\sum_{i=1}^{n}c_j(t)+r_n(t) \tag{7-9}$$

所以柴油发动机振动信号 $x(t)$ 可以分解为一个 IMF 和一个残量 r_n 之和，其中分量 c_1，$c_2,\cdots,c_n$ 分别包含了信号从高到低不同频率段的成分，且带宽不等，EMD 方法是一个自适应的信号分解方法。

7.3.2 柴油机振动信号 EMD 处理实例

在 2135G 型柴油机上进行实验，在转速 900r/min、负荷 75%时以 15kHz 采样频率测取 500 个如图 7-7 所示的含噪声的柴油机机身振动混合信号数据，通过 EMD 处理得到如图 7-8 所示的 IMF1～IMF4 分量，所得到的 IMF1～IMF4 分量是信号直接和真实的反映。

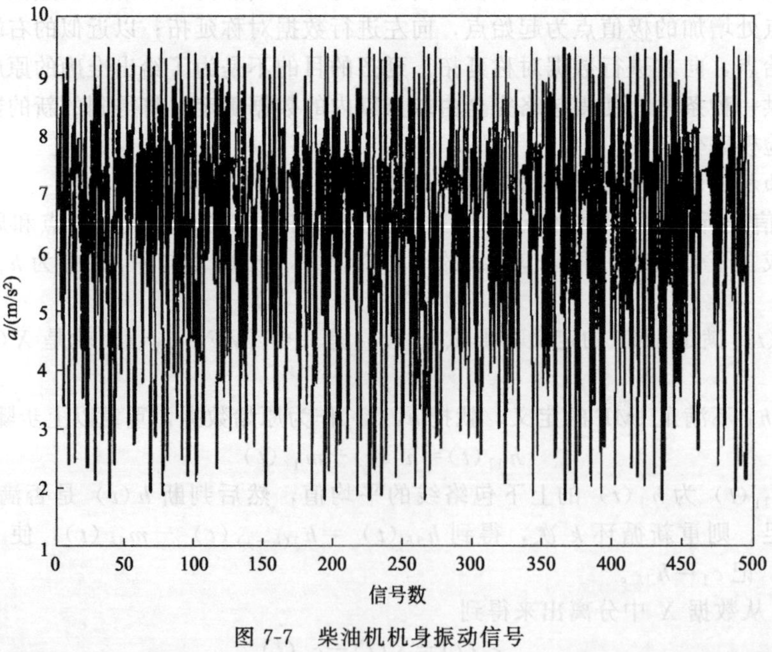

图 7-7　柴油机机身振动信号

实际测试结果表明，柴油机汽缸压力在进气、供油以及燃烧等过程中的随机波动性是引起柴油机机身振动信号无规则波动的主要原因，其噪声信号一般为低频信号，故先将含噪声柴油机机身振动信号进行 EMD 分解，再去掉 IMF3 和 IMF4 相关成分所对应的干扰因素，对 IMF1 和 IMF2 信号进行重构，得到如图 7-9 所示的真实柴油机机身振动信号。对柴油机机身振动过程的真实位移测试表明，重构后的信号能反映柴油机机身振动的真实趋势。

EMD 方法基于信号时间特征尺度分析原信号，克服了傅里叶变换用高次谐波频率分量

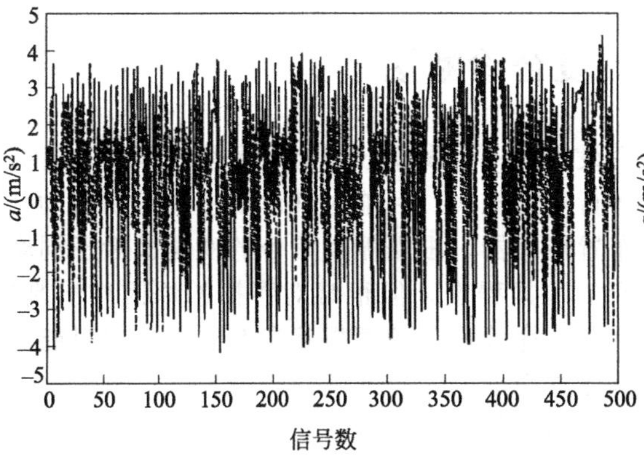

(a) IMF1分量

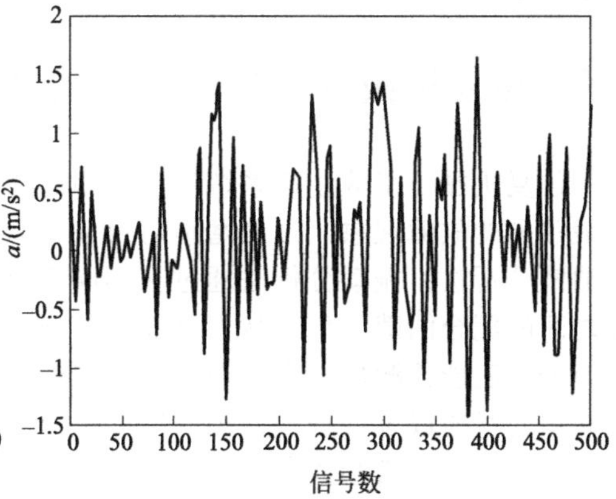

(b) IMF2分量

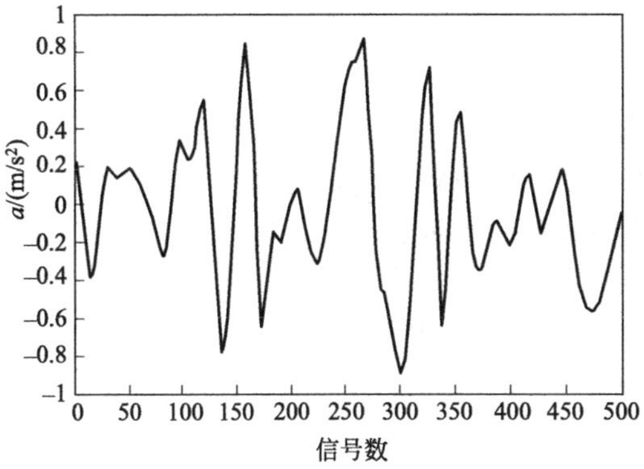

(c) IMF3分量

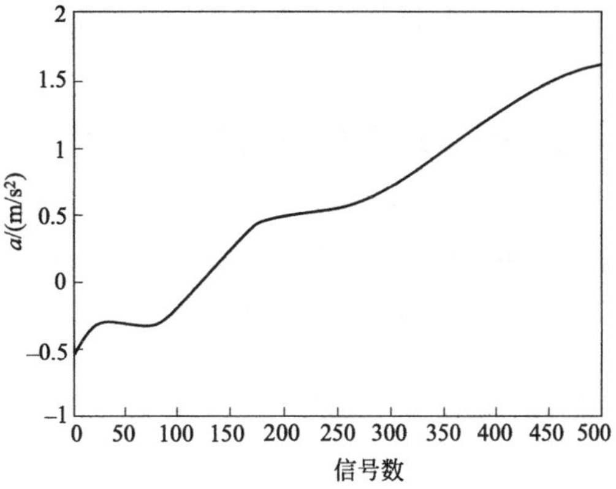

(d) 余量R_5

图 7-8　机身振动信号 IMF 分量

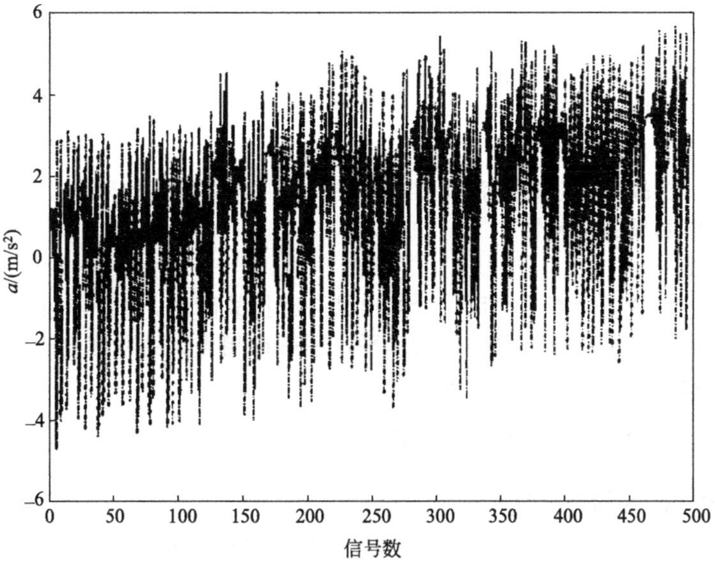

图 7-9　柴油机机身振动信号 IMF 分量重构

拟合非线性、非平稳信号的缺点，为更有效、更快捷地提取柴油机振动信号的故障特征信息奠定了基础。

7.4 往复机械磨损故障的振动油液复合诊断法

往复机械是工业生产系统广泛采用的动力设备，一旦发生故障会导致系统停产，而磨损是最常见的故障现象，过度磨损对设备安全运行危害较大。目前对其诊断主要采用振动分析和油液分析法。振动分析法通过在不同部位布置传感器，根据振动信号的变化推断不同摩擦副之间的配合间隙变化，从而判断摩擦副之间的磨损程度，但很难对磨损的原因作出判断；油液分析法能检测出油样中金属磨损颗粒的状况，评价设备的磨损状态及原因，但只能对磨粒来源的材质或零件种类做出判别，难以对具体磨损部位做出准确的判断。

由于振动分析和油液分析是从不同的角度对磨损故障进行诊断，因此仅用某一种方法难以得出准确的结论，将两者结合起来会起到取长补短的效果。

采用振动分析与油液分析相结合的复合诊断方法，对往复机械磨损故障进行诊断，取得了较好的应用效果。

7.4.1 振动分析与油液分析复合的层次

往复机械磨损过程导致摩擦表面的材料损失，并以磨损颗粒的形式为润滑油所携带，通过在润滑系统中取样可收集到这些磨损颗粒，这些磨粒在数量、尺寸、成分及类型上反映了摩擦副状态的变化，同时，磨损使相对运动的摩擦副之间的间隙和冲击力增大，产生的冲击振动响应也会相应增加。因此，振动信息与油液信息是相互关联的，这决定了振动分析与油液分析复合的可行性。

(1) 深化复合

将油液分析确定的不同部位同类摩擦副的磨损机理与振动分析确定的故障部位信息复合，可明确认识具体部位的故障机理。在用振动法检测出振动异常部位并同时存在不同材质摩擦组件的情况下，进一步依据油液分析提供的数据可明确判断具体的损伤组件，得到更精确的诊断结果。

(2) 互补复合

单独采用油液分析和振动分析对复杂机械系统故障进行诊断时，都不同程度地存在着“盲点”，两者的结合则可以消除一些盲点，使采用单一技术无法诊断出的故障“白化”，从而扩大了诊断故障的范围。

如在诊断发动机故障时，振动法很难对曲轴-主轴承的磨损故障做出诊断，而利用油液分析法，则表现出明显的优越性。

(3) 冗余复合

若在技术上 2 种故障诊断法都可以诊断出某一磨损故障时，2 种信息的复合可以起到相互印证的效果，从而提高诊断结果的置信水平，还可在相当大的程度上避免单一方法由于某种原因而导致的漏诊，提高系统诊断的可靠性。

7.4.2 振动与油液信息复合的原理

如用 T 表示摩擦副的磨损故障集合，则

$$T=\{P_1(d_1,M_1),P_2(d_2,M_2),\cdots,P_n(d_n,M_n)\} \tag{7-10}$$

式中，$P_i(d_i, M_i)$ 为处于部位的摩擦副磨损故障，由关联对 (d_i, M_i) 表示，d_i、M_i 分别为对应的磨损严重度指标和磨损形式。

一般地，如能够建立起磨损间隙与振动指标之间的对应关系，则关联对中的磨损严重度

指标可表示为

$$d_{iv} \leftarrow v_i$$

式中，v_i 为在对应部位测取的振动指标。

如果能够建立起磨损间隙与油液分析指标之间的对应关系，则关联对中的磨损严重度指标还可表示为

$$d_{io} \leftarrow v_o$$

式中，v_o 为油液分析指标。

于是，摩擦副的实际磨损情况可用 d_{iv} 和 d_{io} 复合而得到。这里，振动指标有平均振值、峰值、方差、有效值、峭度值、脉冲指标、裕度指标等；油液指标有理化指标：黏度、闪点、水分、碱值，光谱元素：Na、Al、Cu、Fe、Pb 和铁谱指标：磨损烈度指数、大磨粒比例等。

上述分别用振动分析和油液分析得到的磨损严重度 d_{iv} 和 d_{io} 由于存在着重叠，不能直接相加，可以采用式(7-11) 和式(7-12) 进行复合。

① 极大-极小复合。设 R_1 和 R_2 分别为定义在 $X \times Y$ 和 $Y \times Z$ 上的 2 个模糊关系，R_1 和 R_2 的极大-极小复合是一个模糊集合，有

$$\begin{aligned}\mu_{R_1 \cdot R_2}(x,z) &= \max_y \min[\mu_{R_1}(x,y),\mu_{R_2}(y,z)] \\ &= \vee_y[\mu_{R_1}(x,y) \wedge \mu_{R_2}(y,z)]\end{aligned} \tag{7-11}$$

② 极大-乘积复合

$$\mu_{R_1 \cdot R_2}(x,z) = \max_y[\mu_{R_1}(x,y)\mu_{R_2}(y,z)] \tag{7-12}$$

应用式(7-11) 和式(7-12) 时，可根据实际情况选择其中一种方法。由于摩擦副属于哪种磨损状态（正常磨损、异常磨损还是剧烈磨损）是一个模糊的概念，因此可采用模糊推理来进行复合。

① 依据各测点振动监测指标，确定相关部位对严重磨损的模糊隶属度。

② 依据油液分析指标，确定各摩擦组件对严重磨损的模糊隶属度。

③ 依据式(7-11) 或式(7-12)，对 2 种隶属度合成，推断某一部位中各摩擦组件的磨损状态。

7.4.3 应用实例

如图 7-10 所示是某油田钻井用 12V190 型柴油机从第 1 年 8 月到第 2 年 7 月间的在用润滑油光谱分析仪监测到的 Cu、Fe、Pb 元素浓度变化曲线。

由图 7-10 可见，Cu 元素浓度自第 8 次（第 2 年 4 月）开始出现了显著的异常变化，而 Fe 和 Pb 未见异常。由于表现为 Cu 元素的单纯性异常，认为磨损不太可能产生于柴油机主轴承，而可能产生于柴油机上部的某些铜套。为了确定磨损来源于哪一个缸，在各缸缸盖上检测振动信号，得到各缸振动信号幅值，如图 7-11 所示。

由图 7-11 看出，第 5 缸振动幅值出现了异常，比其他各缸大很多。为将图 7-10 油液分析信息和图 7-11 振动信息复合，首先根据振动幅值确定各缸对严重磨损的模糊隶属度为

$$\mu_{R_1} = \{0.56, 0.40, 0.48, 0.36, 0.86, 0.08, 0.34, 0.15, 0.49, 0.35, 0.58, 0.23\}$$

它是由各缸的振动幅值除以柴油机严重磨损时的平均幅值得到的。

然后依据油液分析指标，确定第 1 缸各摩擦组件（Fe、Cu、Pb）对严重磨损的模糊隶属度为

$$\mu_{R_{21}} = \{0.26, 0.99, 0.39\}$$

它是由各元素的含量除以严重磨损时相应元素的含量得到的。

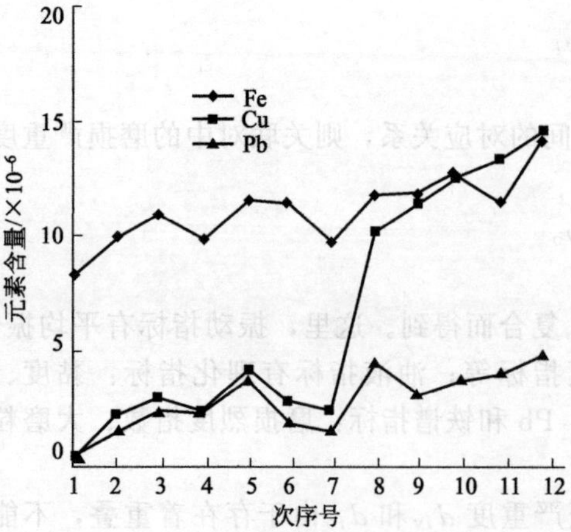

图 7-10　柴油机润滑油光谱分析结果

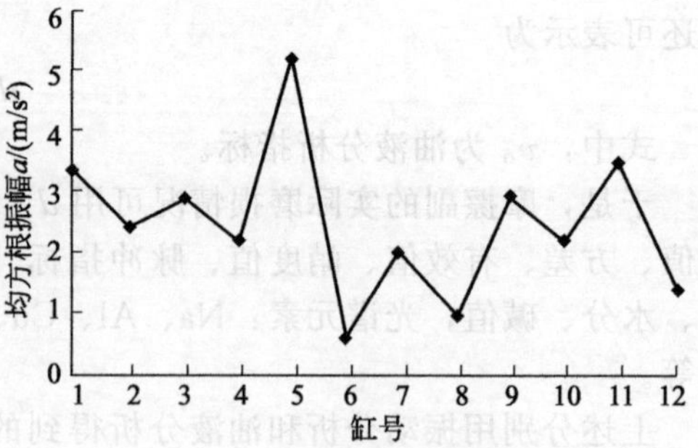

图 7-11　各缸振动幅值

由于油液分析对各缸磨损程度的判断是等权重的，故柴油机各缸摩擦组件的模糊隶属度为

$$R_2=\{0.26,0.99,0.39;0.26,0.99,0.39;\\0.26,0.99,0.39;0.26,0.99,0.39;\\0.26,0.99,0.39;0.26,0.99,0.39;\\0.26,0.99,0.39;0.26,0.99,0.39;\\0.26,0.99,0.39;0.26,0.99,0.39;\\0.26,0.99,0.39;0.26,0.99,0.39\}$$

选择极大-极小公式进行复合，得到复合结果为

$$\mu_{R_1\cdot R_2}=\max\min[\mu_{R_1},\mu_{R_2}]=\{0.26,0.86,0.39\}$$

复合结果表明，第 5 缸含 Cu 元素的摩擦组件发生了严重磨损。为进一步分析，绘出该缸振动信号时域图和频域图，如图 7-12 所示。

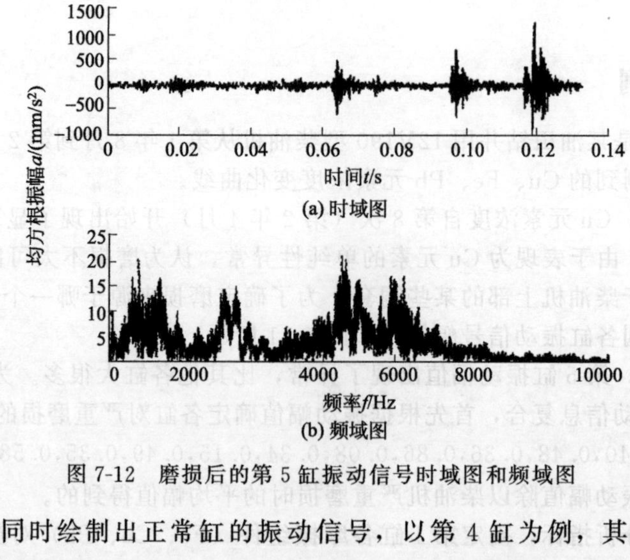

图 7-12　磨损后的第 5 缸振动信号时域图和频域图

为便于对比，同时绘制出正常缸的振动信号，以第 4 缸为例，其时域图和频域图如图 7-13所示。

对比图 7-12 和图 7-13 可以看出，在时域图中，第 5 缸振动最大幅值远大于第 4 缸；在频域图中，500Hz 和 5000Hz 处的幅值第 5 缸较第 4 缸大很多。经分析认为，这是由于摩擦

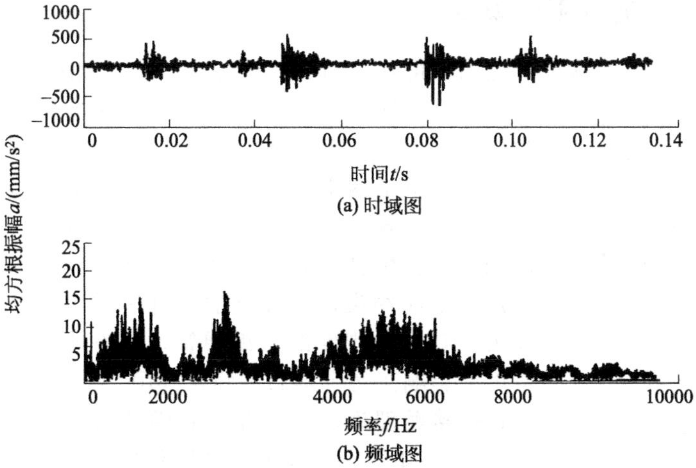

图 7-13　未磨损的第 4 缸振动信号时域图和频域图

副磨损严重，间隙增大，导致振动信号能量增加。停机检查发现，该缸活塞销出现明显的裂纹，活塞销与活塞连接处的铜套已严重磨损。及时修理后避免了一起由活塞销断裂引起的重大事故。

7.5　旋转冲压发动机冲压转子振动模态分析

旋转冲压发动机的关键部件是一个内置有燃烧汽缸的高速转子，转子轮缘开有进排气口，进气口迎着转动方向开设，以实现气流的冲压压缩；排气口则反方向设计，靠高速燃气产生的推力驱动转子旋转，如图 7-14 所示为其结构示意图。

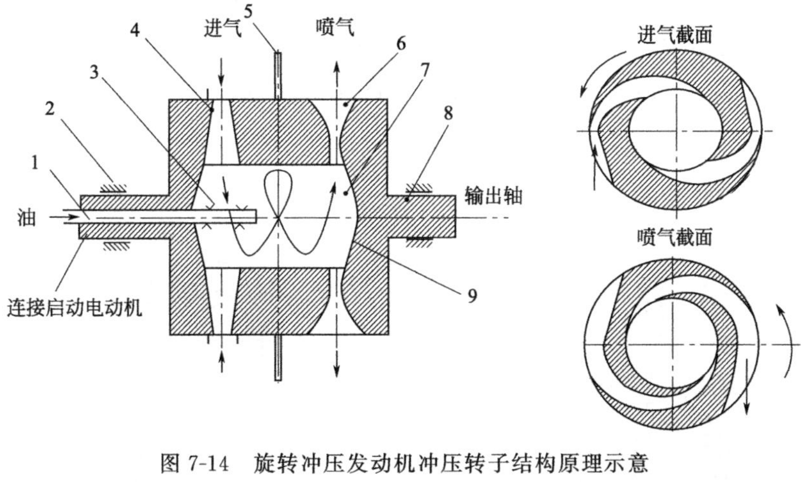

图 7-14　旋转冲压发动机冲压转子结构原理示意
1—油管；2—轴承；3—喷嘴；4—超音进气道；5—分隔板；6—超音喷管；
7—旋流燃烧室；8—输出轴；9—陶瓷材料

随着现代航空发动机高温、高速、高性能、高可靠性、长寿命发展要求，对作为发动机核心部件的冲压转子的要求也越来越高。冲压转子工作在高温、高转速下，承受着较大的气动力以及随机载荷，较容易引起多种形式的振动。运用 ANSYS 软件对冲压转子进行模态分析，仿真计算出其固有频率和振型，为转子的进一步分析研究奠定了良好的基础。

7.5.1 冲压转子的有限元模型

通常在计算转子固有频率，进而求得转子临界转速的近似计算方法时，都假定支座是绝对刚性的。而实际上，轴承座、地基和滑动轴承中的油膜均为弹性体，都具有一定的刚度，形成弹性支承。

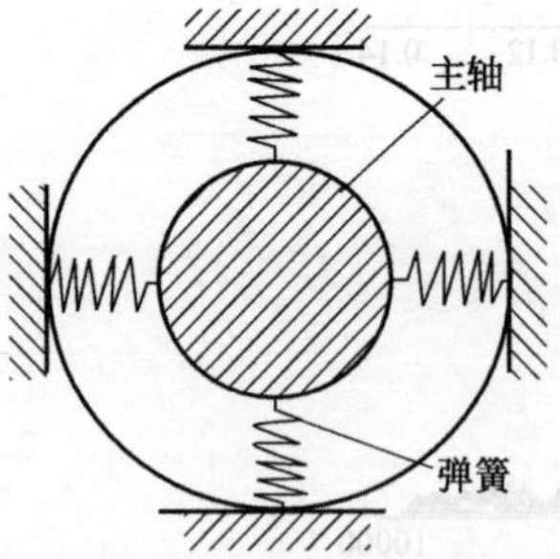

图 7-15 转子简化的支承模型

在发动机结构中冲压转子两端由两个角接触球轴承支承旋转，假设每个轴承均由四个均布的弹簧组成，如图 7-15 所示。为限制转子发生轴向移动，在与弹簧相连接的 4 个转子轴上的节点加上轴向约束，在弹簧的另外一端为完全固接。前后轴承简化为具有径向刚度的压缩弹簧，忽略球轴承负荷及转速对轴承刚度的影响。每个均布的弹簧都用一个弹簧-阻尼单元来模拟。

根据接触理论，求得球与套圈的接触应力和变形，利用公式(7-13) 可知静态条件下预紧后角接触球轴承的径向刚度 K_r，用于模拟弹簧-阻尼单元。

$$K_r=17.7236\times(Z^2D_b)^{1/3}\times\frac{\cos^2\alpha}{\sin^{1/3}\alpha}\times(F_{\alpha0})^{1/3}(\text{N}/\mu\text{m}) \quad (7\text{-}13)$$

7.5.2 冲压转子有限元模型的建立

依据等效原理，对冲压转子进油孔、螺栓孔等影响较小的局部结构进行简化。为了达到模型的尽可能准确，采用有限元分析软件 ANSYS 的建模功能直接对其进行三维建模。其中转子部分与转轴采用过盈方式连接，在保证精度的前提下，采用了一体化建模的处理方法，并在划分网格前根据设计情况，分别指定各个零件的材料属性。选取 LY12 作为冲压转子材料，转轴为 40Cr。LY12 密度为 $2.7\times10^3\text{kg/m}^3$。弹性模量为 0.7×10^{11} Pa，泊松比为 0.33；40Cr 密度为 $7.8\times10\text{kg/m}^3$，弹性模量为 1.95×10^{11} Pa，泊松比为 0.28；轴承刚度为 1.82×10^{11} N/m。由于冲压转子的进排气道结构较为复杂，故采用高精度的 solid95 实体单元对转子进行自由网格划分，网格划分后冲压转子共有单元数 12929，节点数 22507。简化后的几何模型如图 7-16 所示，弹性支承的有限元模型如图 7-17所示。

图 7-16 转子的三维几何模型

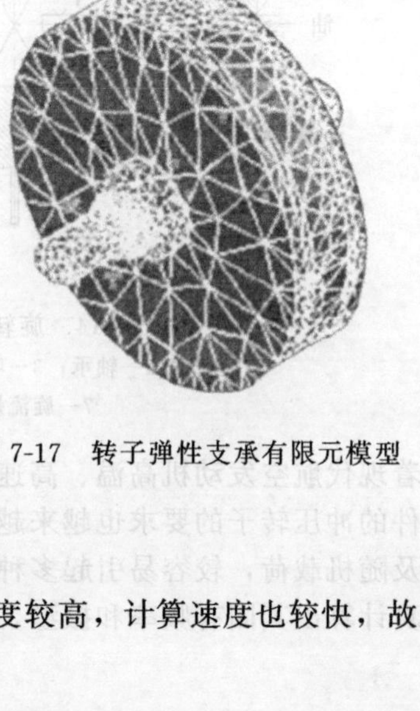

图 7-17 转子弹性支承有限元模型

7.5.3 模态计算结果分析

在模态提取的众多方法中，分块兰索斯法的求解精度较高，计算速度也较快，故对转子采用分块兰索斯法进行模态分析。

结构的振动可以表达为各阶固有振型的线性组合，而低阶固有振型较高阶对结构振动影响较大，对结构的动态特性起决定作用。因此，分别考虑刚性支承和弹性支承情况下，计算转子的前 10 阶固有频率和振型，如表 7-3 所示。

表 7-3　不同支承下转子的固有频率和振型

刚性支承转子			弹性支承转子	
阶数	频率/Hz	振　型	频率/Hz	振　型
1	373.47	轮盘在 *XOY* 面内扭转振动	0.6058×10^{-1}	整体转动
2	704.58	轮盘轴向平动	30.18	整体在 *XOY* 面内平动
3	768.95	轮盘在 *XOY* 面内摆动	30.196	整体在 *XOY* 面内平动
4	802.32	轮盘在 *YOZ* 面内摆动	197.64	轮盘与轴在 *XOY* 面内摆动
5	1333.3	轮盘在 *XOY* 面内一阶弯曲	230.10	轮盘与轴在 *YOZ* 面内摆动
6	1360.7	轮盘在 *XOZ* 面内一阶弯曲	649.96	轮盘与轴在 *XOY* 面内一阶弯曲
7	2287.6	轮盘在 *XOZ* 面内摆动	1784.6	轮盘与轴在 *XOZ* 面内一阶弯曲
8	2320.8	轮盘在 *XOY* 面内二阶弯曲	1863.5	轴在 *XOZ* 面内摆动
9	3239.4	轮盘在 *YOZ* 面内摆动	1995.2	轮盘与轴在 *YOZ* 面内一阶弯曲
10	3280.8	轮盘在 *XOZ* 面内摆动	2070.7	轴在 *YOZ* 面内摆动

从表 7-3 可看出，考虑轴承为弹性时的频率明显比视为刚性时的频率低，得到的振型也更为齐全，计算得到的临界转速也相应较小。这说明在转动类机件中支承弹性对临界转速影响较大，弹性大则临界转速减小，弹性小则临界转速增大。因此当临界转速接近或处于工作区域时，可通过改变支承的弹性来降低刚性提高共振点的转速，使共振点避开工作区。

研究表明：当运动激波马赫数约为 2 时冲压转子的压缩效果和压缩性能均较好，即设计冲压转子工作转速应在 $3.0\times10^4\sim3.5\times10^4$r/min，而对应的激励频率为 500～580Hz。故根据表 6-3 在刚性支承下模拟得到的固有频率计算转子一阶临界转速：$n=1333.3\times60=$ 79998r/min，而在弹性支承下转子的一阶临界转速：$n=649.96\times60=38997.6$ r/min，综合两种支承下模拟分析结果看出该冲压转子设计工作转速低于其一阶临界转速，能有效地避开共振区，使发动机稳定工作。

至此得出结论：

① 在有限元分析软件 ANSYS 中建立冲压转子的三维有限元模型，采用 solid95 实体单元对转子进行自由网格划分，并用弹簧-阻尼单元模拟轴承，此两种单元结合的方法对冲压转子进行更准确地模态分析提供了有力保证。

② 模拟出冲压转子在刚性与弹性支承下各自的模态频率与振型，并获得在弹性支承下转子的固有频率明显低于刚性支承下的固有频率，得到的模态振型也较为齐全。拟定的转子工作转速也均低于两种支承下的一阶临界转速，这样发动机能有效地避开共振区，使其能稳定工作。

7.6　基于小波消噪的柴油机缸盖振动信号分析

柴油机信号一般为非平稳信号，采用传统的傅里叶分析，显得无能为力，因为它不能给出信号在某个时间点上的变化情况。而小波分析属于时频分析的一种，能够同时在时频域中对信号进行分析，所以它能有效地区分信号中的突变部分和噪声，从而实现信号的降噪，小波分析对非平稳信号消噪有着傅里叶分析不可比拟的优点。基于小波分析时频局域化特性，无论是降噪处理还是特征信号的提取应用，小波变换都非常适合。

将信号进行小波分解后，可得到信号在各个频段上的分量，这样就实现了信号特征的分离，然后对每一分量进行处理，针对不同频段的信号特点，提取特征量来表征该分量信号的特征。

7.6.1 小波消噪的基本原理及方法

(1) 小波消噪的基本原理

小波变换是一种信号的时间-尺度分析方法，它具有多分辨率分析的特点，而且在时频两域都具有表征信号局部特性的能力，即在低频部分具有较高的频率分辨率和较低的时间分辨率，在高频部分具有较低的频率分辨率和较高的时间分辨率，很适合于探测正常信号中夹带的瞬态反映现象并展示其成分。

(2) 运用小波分析进行消噪处理的方法

一般情况下有用信号通常表现为低频信号或是一些比较平稳的信号，而噪声信号则通常表现为高频信号。一维信号的降噪过程主要进行以下处理：首先对原有信号进行小波分解，噪声部分通常包含在高频系统中，然后对小波分解的高频系数进行阈值量化处理，最后再对信号重构即可达到降噪目的。

由此可见，阈值的选取对于小波消噪来说极其重要。一般情况下阈值的选取规则主要有四种：自适应无偏似然选择、固定阈值选择、启发式阈值选择和极大极小阈值选择，需要根据不同的信号特征作具体的选取。自适应无偏似然估计是一种基于史坦（Stein）无偏估计，其做法是首先给定一个固定的阈值 t，得到它的似然估计，再将非似然的 t 最小化，即得到所选的阈值。固定阈值选择的阈值产生的大小是 sqrt{2[length （α）]}，其中为 α 含噪信号。启发式阈值选择是前两种阈值的综合，是最优预测变量阈值选择。极大极小阈值选择也是一种固定阈值的选择，它产生最小均方误差的极值，而不是无误差，因为被降噪信号可看成与未知回归函数的估计式相似，这种极值估计器可以在一个给定的函数实现集中与最大均方误差最小化。

7.6.2 柴油机振动信号的降噪分析

柴油机由于其结构复杂，出现的故障种类比较多。进排气门落座冲击和燃烧所引起的气体力等上述提及的振动激振源都直接作用在缸盖上，引起振动并传播到缸盖外表面上，这是振动的主要传播途径。缸盖振动信号中含有丰富的柴油机内部零部件的状态信息，对其进行分析，提取的特征向量能反映出各振动激振源的工作情况，有利于诊断工作的进行。因此，对其实施故障诊断引起人们的广泛关注，大多数的研究是针对发动机某一问题进行诊断和分析的，例如借助缸盖的振动信号来识别缸内的气体压力和点火的正时性等，准确分析汽缸缸盖的振动信号是对其实施故障诊断的基础。

在高温实验室中对装甲车大功率柴油机进行台架试验，其振动测试原理如图 7-18 所示。加速度传感器安装于柴油机的缸盖上，传感器的电荷经过电荷放大器放大，然后用东方振动和噪声技术研究所的 DASP 系统进行数据的采集。对采集到的柴油发动机某缸盖的信号进行测试分析，柴油机转速 2200r/min；扭矩为 4950N·m；采样频率为 6250Hz，取分析的数据长度为 8192 个点，采用小波软、硬阈值消噪法以及改进的阈值消噪方法三种小波阈值去噪方法进行对比分析，寻找一种比较理想的用于柴油机缸盖振动信号阈值去噪方法。

试验中小波函数采用 db3 小波进行 3 层分解。对于某缸盖的振动信号进行分析，原始信号和降噪后的信号时域曲线如图 7-19 所示。汽缸缸盖的振动信号的规律性比较差，含噪声成分比较多，分别对图 7-19 所示的信号进行频谱分析，对应的分析结果如图 7-20 所示。原始信号频带较宽，据此结果无法识别发动机的状态，利用小波降噪以后，信号的频带变窄，在一定程度上实现了滤波降噪，有利于识别汽缸的实际工作状态。

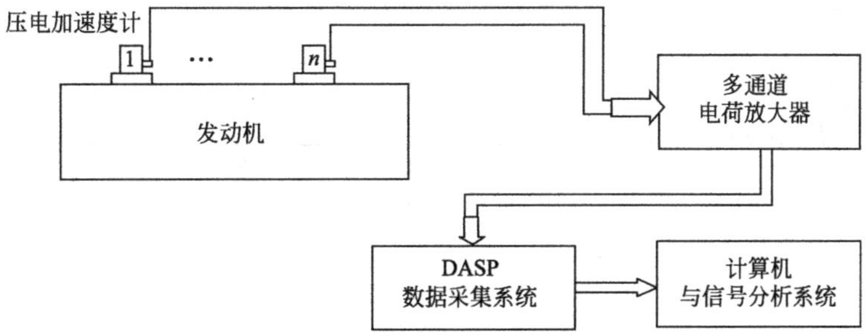

图 7-18 测试系统框图

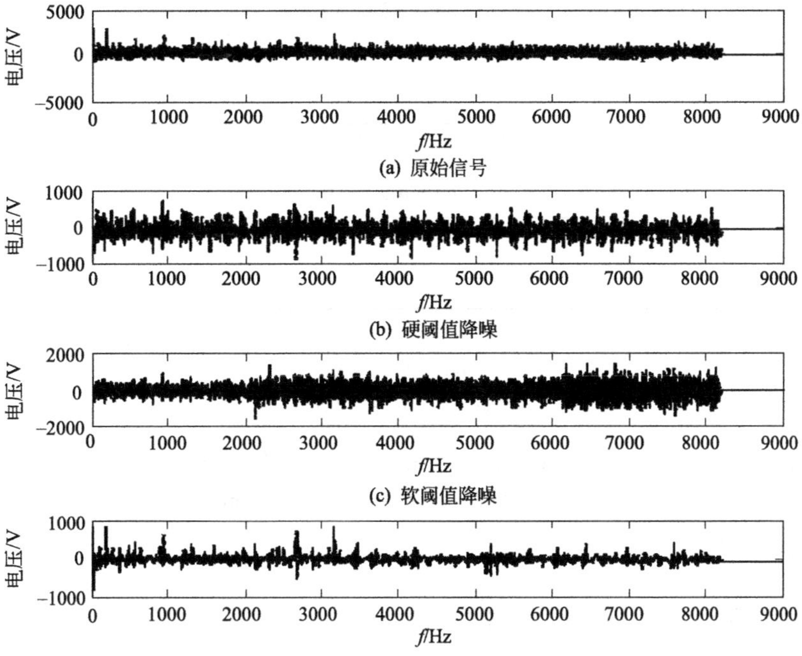

图 7-19 某缸盖振动信号的小波消噪分析对比

为了比较不同阈值消噪方法的消噪效果，将原始信号作为标准信号 $x(n)$，则经小波消噪后的信号为 $\hat{x}(n)$，信噪比 SNR 和均方根误差 RMSE 公式定义为

$$\mathrm{SNR}=10\log\left[\frac{\sum_n x^2(n)}{\sum_n[x(n)-\hat{x}(n)]^2}\right] \tag{7-14}$$

$$\mathrm{RMSE}=\sqrt{\frac{1}{N}\sum[x(n)-\hat{x}(n)]^2} \tag{7-15}$$

其中，N 为离散信号的长度。

信号的信噪比 SNR 越高，均方根误差 RMSE 越小，则估计信号就越接近于原始信号，消噪效果越好。硬阈值和软阈值消噪效果都没有改进的小波阈值方法理想。采用改进的小波阈值方法实现信号的消噪，其信噪比最高，而且均方根误差最小。

柴油机缸盖振动呈现的非平稳性及波动性，采用小波对缸盖信号进行降噪重构，小波降噪能够准确地对柴油机汽缸的振动信号进行滤波降噪，能提高信噪比，信号无失真现象。

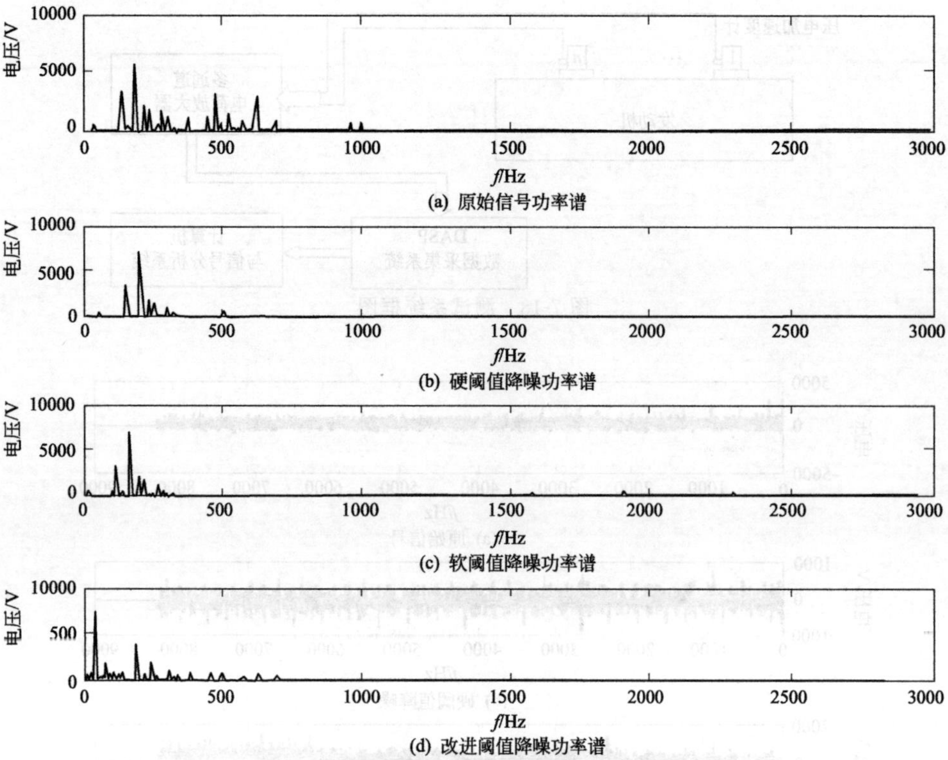

图 7-20　某缸盖振动信号的欧尼功率谱分析

小波降噪理论适宜对具有强烈冲击的坦克发动机汽缸缸盖的振动信号进行降噪处理，能够从被噪声污染的振动信号中提取出反映系统真实性的振动成分，这一研究对为柴油发动机汽缸进行故障诊断提供了可靠的技术支持。

7.7 船舶柴油机拉缸故障振动诊断

柴油机是目前占主导地位的船舶动力装置之一，在船舶运行中故障率也是最高的。对柴油机故障及时准确地检测和诊断，是防止故障发生并把故障排除在萌芽状态的关键。常见故障中"拉缸"出现最为频繁。据某公司统计，其属下船舶发生的54起主机故障中，拉缸出现8起，占14.8%。例如某船是第5代集装箱船，主机型号为MAN. B&W-10L90MC，由于活塞环与缸套材料不匹配，运转12000h内出现多次拉缸现象导致活塞环断裂甚至缸套裂纹。柴油机拉缸现象引起柴油机制造厂家和广大航运界柴油机用户的高度重视。如何在拉缸故障初期就对柴油机检测并加以诊断，及时采取有效的措施减少损失，避免更大的事故发生，已经成为业内人士广泛关注的柴油机故障诊断课题之一。

7.7.1 柴油机拉缸故障的表现和传统诊断方法

"拉缸"是柴油机运行中常见的严重故障之一，是活塞、活塞环或活塞销在缸套中运动时，因某种原因造成部分零件损坏形成干摩擦，使缸套表面或者活塞因相互作用被拉伤、拉毛或划出沟纹而影响柴油机正常运转的严重磨损损伤现象。

船舶柴油机的拉缸一般出现在新船出厂后的磨合初期和船舶大修以后的磨合试运行期间，在成熟产品的使用中也常发生，特别是高速强化柴油机在试车、磨合、试航、大风浪航行、登陆等不正常工况条件下工作时发生拉缸的可能性更大。柴油机出现拉缸现象时，轻者柴油机尚能运转，但启动困难、功率下降、排出大量黑烟、振动加剧、机体内发出敲击声，有可能会从加机油口处看到青烟冒出；重者活塞卡死在缸套里，发生胀缸或咬缸事故，柴油机熄火，曲轴无法转动，活塞、活塞环、缸套等零部件严重损坏。低速柴油机拉缸破坏的过程比较长，而中高速柴油机拉缸破坏过程一般仅有几十分钟，甚至几分钟内发生巨大破坏。理论上可造成拉缸的原因主要有以下几方面：汽缸润滑；冷却和排气；活塞环或活塞销卡环故障；活塞和缸套；柴油机设计方面；运行维护。

根据柴油机拉缸的表现来进行故障诊断的传统方法主要依靠操作人员听觉、视觉、触觉等方面的实际经验来进行判断，这需要操作人员有较高的素质和负责的工作态度，主观性很强，而且拉缸事故发生到可以被轮机员觉察的程度，柴油机的缸套和活塞等部件的摩擦拉伤已经非常严重。

对柴油机的滑油进行金属含量分析是进行柴油机磨损状态检测的有效手段，但由于目前分析方法的限制，还只能做离线判断而不能进行拉缸发生之初的实时诊断。

缸套水和滑油温度及压力的检测比较简便，而且检测数据可靠，可以作为参考依据；然而，温度升高和压力变化是一个受多种因素影响且相对拉缸滞后的过程，对其检测也同样不能用于实时诊断。

在曲轴箱内安装油雾浓度传感器可以有效识别燃气下窜情况下的拉缸故障并提前进行报警，但适用范围仅限于活塞环破坏导致燃烧室密封失效的情况，不能做到完全可靠。拉缸故障发生时，因缸套和活塞等部件的摩擦力剧增，柴油机为克服其摩擦力做功使油耗大大增加，实时测量油耗可以检测到这种异常并进行报警，但由于其检测费用很高使得此方法可行性不高。表 7-4 列举一些传统诊断方法的优缺点。

表 7-4　船舶柴油机拉缸故障传统诊断方法比较

检测方法	优　点	缺　点	检测方法	优　点	缺　点
人工经验	简单、方便	主观性强、无法预报	油雾检测	提前准确报警	仅适用于燃气下窜的拉缸
油液分析	分析磨损状态准确可靠	离线分析、仅作参考	油耗测量	可实时检测	成本较高
温度或压力	数据可靠、方法简单	干扰因素较多、相对滞后			

7.7.2　拉缸故障的振动诊断技术

柴油机工作时激振力源十分复杂，是一种多激励、多振型的复杂振动系统，基于振动信号分析与处理的柴油机故障诊断技术，具有分析设备完善、诊断结果准确和便于实时诊断等优点。在柴油机运行状态下，可以利用柴油机表面或内部的各种振动信号诊断柴油机是否产生拉缸现象，主要振动诊断方法有 3 种：机体振动信号、声发射信号和扭振信号。

(1) 利用机体振动信号诊断拉缸

机体表面的振动信号由各种激励综合作用产生，是反映柴油机不同的工作过程或故障内在关系极其有效的敏感参数。柴油机发生拉缸故障时，缸套与活塞、活塞环或活塞销之间的润滑油膜被破坏，两者直接构成干摩擦，在燃烧室爆发压力的推动下互相撞击挤压，使得机体表面振动加剧，振动特征发生变化。因此，可用机体的振动信号来诊断柴油机的运行状态，方法简单准确，可行性较好。使用机体振动信号诊断时，可以采用时域信号或者频域信号两种方法进行。

利用机体振动的时域信号进行检测时，可以在每缸缸套外表面各选一个测点，测取正常工作状况下的振动幅值与时间的相互关系曲线作为标准信号。柴油机的实际运行中，测点位置不改变，测取实时的振动信号，同时与标准信号比较。若发现实际信号中振动的幅值有较大幅度的加强，则表明柴油机内部可能产生引发剧烈振动的信号源。此时检测装置发出报警，轮机员或操作人员可以进行停机检查，以确认是否发生拉缸故障，时域信号检测方法简单，成本较低，传感器的安装方便。但是，船舶机舱本身就是一个大型的复杂振动体，柴油机机体的振动幅值信号受到来自船体和机舱内其他工作机器的影响，同时，柴油机在启动、停车、加减速等不同的工况下本身的振动也会发生较大变化，所以时域的幅度信号变化关系复杂，导致检测准确度低，会引起误报警等问题。

利用机体振动的频域信号进行检测时，同样在每缸缸套外表面各选一个测点，测取正常工作状况下各缸的振动信号及其功率谱作为标准信号。柴油机发生拉缸故障时，活塞克服缸套巨大的干摩擦阻力做功，使得其功率谱图发生显著差异，峰值增大并向高频带方向移动，将被检工作状况下各缸的振动信号功率谱与标准信号进行比较，便可判断出柴油机的工作状态是否正常。利用功率谱对机械故障进行诊断在工程上已获广泛应用，准确度高，能够迅速判断出柴油机的功率谱变化的引发原因，区别拉缸和其他形式的柴油机故障，但是，频谱分析仪的设备比较复杂、昂贵，在机舱这种恶劣环境下工作稳定性有待提高。

利用机体振动信号来诊断拉缸故障是简单可行的方法。由于柴油机的机型不一样，从振动信号分析得到的结论可能会有所不同。此外，这种方法还受以下客观条件限制：首先，缸壁温度通常在70～90℃之间，这种高温环境不利于加速度传感器长期工作；其次，各个汽缸振动耦合严重，对信号处理带来不便；最后，引起柴油机振动的激振源十分复杂，除拉缸会引起振动加强外，各部装配间隙、喷油压力及角度等的变化均会对机体振动产生影响。

(2) 利用汽缸套声发射信号诊断拉缸

存在内部缺陷的固体受到力作用时，会产生应力集中，使塑性变形加大或形成裂纹与扩展而释放弹性波，形成声发射信号，这种现象称为声发射。柴油机发生拉缸故障时，摩擦副之间发生强烈的干摩擦引起塑性变形，相互配合表面冲击作用的微过程、摩擦带的破坏、相互作用表面层之间不断扩展的微裂纹及其磨损颗粒的迁移等作用下，产生声发射现象。

船舶柴油机运行过程中，活塞在缸套内往复运动受到侧推力的作用，沿连杆摆动方向上的磨损程度比较严重，导致声发射信号主要发生在沿连杆摆动方向上，其结果是缸套横截面产生椭圆形，影响柴油机的正常工作。声发射装置的换能器安装测点选择时，应放置在连杆摆动方向的外表面处，减少传播距离对AE信号强度的影响，取得最好的检测效果。

实验研究表明，柴油机运行过程磨损产生的声发射信号强度与转速、活塞与缸套间隙及气体爆发压力有关。在正常磨损情况下，活塞处于上、下止点附近时声发射现象比较频繁，声发射总计数及总能量明显较高，而在中间附近时声发射现象相对较少。柴油机发生拉缸故障时，活塞或活塞环与缸套的磨损加剧，这时的声发射信号比正常摩擦时强烈，当柴油机发生拉缸故障时，柴油机油耗增加以发生更多的功来推动活塞部件运行，而活塞部件与缸套发生强烈干摩擦，引起构件的塑性变形，此时的声发射信号强度增加。通过检测声发射信号的强度变化，就可以了解汽缸内部的摩擦状况，准确及时地对柴油机的拉缸故障做出诊断。

利用声发射信号进行拉缸现象的故障诊断具有准确迅速的优点，可对柴油机拉缸故障进行诊断报警。不过，由于船舶柴油机处于一个噪声干扰比较强烈的环境中，船体和其他正在运行的机器设备会产生非常强烈的振动干扰，所以，受背景噪声的影响，声发射诊断拉缸故障的准确率下降。同时，声发射装置成本很高，换能器和检测仪器对使用环境要求较高，这使其在实船上安装运行的可行性受到限制。

(3) 利用扭振信号诊断柴油机拉缸故障

船舶柴油机扭振信号的测量大致可以分为两类：一类为轴系扭应力的测量，另一类为轴系扭角的测量。前者的测点往往选择节点处，后者的测点选择在轴系的自由端。一般采用应变片方法测量轴系的扭应力，这种方法在动力装置扭振测量中得到较广泛的应用。柴油机扭振信号通常在时域、频域和幅值域中进行分析，其中，采用幅值域方法进行诊断时，峭度对于脉冲类冲击故障比较敏感并且稳定。

船舶柴油机发生拉缸故障时，由于活塞部件与缸套之间摩擦阻力增大，柴油机喷油量增加直至最大以发出更多的功，同时，做功冲程的气体压力增大，摩擦阻力的大幅度增加超过气体压力增大的作用效果，导致柴油机扭振信号的峭度下降、扭振低谐次幅值增加、主简谐幅值比正常情况增加。

实验和研究表明，拉缸初期阶段活塞或活塞环刮伤部分缸套表面或在缸套表层运动不畅，摩擦力增大，此时柴油机多喷油以克服摩擦力，转速维持不变但出现抖动，扭振峰峰值有较大增大，峭度比正常情况略有减小，低简谐振幅增加，主简谐幅值比正常情况略大，转速抖动；拉缸严重阶段活塞或活塞环严重拉伤缸套表面，活塞运动摩擦阻力巨大，柴油机供油达到极限，转速抖动并下降，扭振峰峰值有巨大增大，峭度比正常情况有很大降低，低简谐振幅有巨大增加，主简谐幅值也有较大增加，同时转速下降。

利用扭振信号检测柴油机拉缸具有传感器简单、安装方便且不影响发动机本来的结构、价格便宜、使用寿命长、适合实时测量等优点。在现代船舶柴油机装置中，比较先进的船舶一般安装了主轴的扭应力检测装置，例如大连造船厂建造的 12300t 滚装船在主轴上安装了扭应力检测设备，对轴扭应力超限进行报警。目前，扭振信号的测量和数据分析方法是先将信号记录到磁带机上，然后再通过频谱分析仪进行分析，最后将频谱整理得到缸压谐次和平均有效压力关系系数、扭振谐次。这种测量方式存在成本高、计数能力低、携带不便、时间长、不能进行实时监测等缺点。集美大学轮机工程学院对船用智能扭振监测和诊断系统进行研究，研制了计数脉冲频率高达 40MHz 的扭振诊断系统，而且诊断系统成本降低，体积重量减小，解决了扭振信号传统测量方法不能实时检测的缺点。利用船用智能扭振诊断系统对柴油机的扭振信号进行检测，可以及时发现柴油机拉缸的重大故障并给予报警，避免拉缸故障的加重。表 7-5 列举 3 种振动信号诊断方法的优缺点。

表 7-5 船舶柴油机拉缸故障振动信号诊断方法比较

信号	机体振动信号		声发射信号	扭振信号
	时域法	频域法		
优点	简单、成本低、传感器安装方便	比较准确	迅速准确	传感器简单便宜、安装方便、实时检测
缺点	准确度低、会发生误报警	设备昂贵复杂、稳定性较差	易受干扰、成本高、对环境要求高	数据处理方式较落后

(4) 小结

与传统的故障诊断方法相比，利用振动信号进行柴油机的拉缸故障诊断，具有简单准确、报警迅速及时的优点，可以用于实船在线拉缸故障诊断。比较机体振动信号、声发射信号和扭振信号 3 种诊断拉缸故障的振动信号技术，时域的机体振动信号传感器简单便宜、安装方便，能够用于实时报警。而扭振信号具有传感器简单、安装方便、使用寿命长、适合实时测量的优点，同时又能够较为及时准确地诊断船舶柴油机的拉缸故障，弥补机体时域信号准确度低的缺点。如果能采用扭振信号结合机体振动时域信号，能够取长补短，及时诊断拉缸故障，避免故障进一步加重，降低机损事故的危险性。同时，两种信号结合诊断的成本相对不高，开发可以利用这两种信号结合诊断拉缸故障的监测系统，具有市场前景。

7.8 基于 LabVIEW 的船舶柴油机机身振动信号分析

柴油机机身振动信号能较直接地反映柴油机运行状况，是柴油机运行状况和故障征兆信息的载体。

7.8.1 机身振动信号的特征参数与性能指标

机械振动的频谱在其正常运行时是一定的，当系统中某零部件发生故障时，就会导致振动的变化，使原有频率成分发生改变，因此通过对振动信号中各频率成分的分析，与机械正常运行时的频率分布进行对比，就可判断是否存在故障。

在监测与诊断中，常用的时间和幅值域参数主要有平均值、均方值和有效值等，常用到的示性指标主要有峰值、偏斜度指标（简称偏度）和峭度指标等。在多信号源情况下，还可利用波形参数、峰值因数、脉冲因数、裕度因数等无量纲示性指标进行故障诊断或趋势分析。

故障诊断和故障趋势分析的准确性取决于所选分析参数的性能指标的敏感性及稳定性，如峭度指标是指信号峭度与其均方根值的四次方的比值，是概率密度分布陡峭程度的度量，它的敏感性好则稳定性差。而脉冲指标的敏感性较好，稳定性一般。幅域参数的敏感性和稳定性如表 7-6 所示。

表 7-6 幅域参数的敏感性和稳定性

幅域参数	敏感性	稳定性	幅域参数	敏感性	稳定性
波形指标	差	好	裕度参数	好	一般
峰值指标	一般	一般	峭度指标	好	差
脉冲指标	较好	一般	均方根值	较差	较好

7.8.2 试验

振动信号的采集和分析是试验的主要部分，采集的硬件部分由柴油机、传感器、电荷放大器、控制柜、工控机等几部分组成，而软件部分主要利用 LabVIEW 进行编程分析。

(1) 软硬件的选择

测试系统由测试前端、硬件部分、软件部分组成。采用如图 7-21 所示的硬件平台，在虚拟仪器技术环境中对数据采集和信号处理进行设计，可以实现柴油机机身振动信号的实时数据采集、历史数据回放和暂态数据显示的功能，从而可以对采集的信号进行时域和频域的各类特征分析。

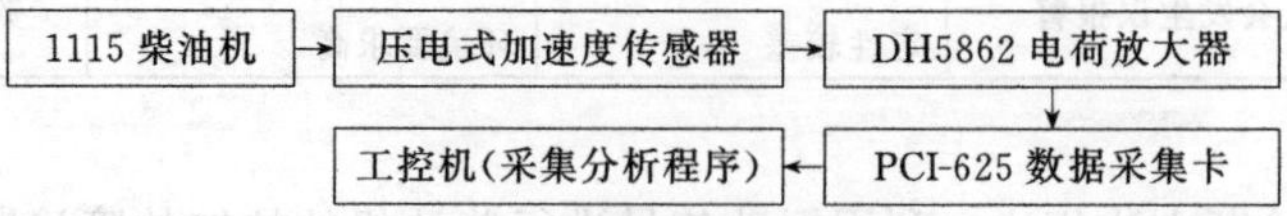

图 7-21 测试系统示意图

(2) 数据采集的软件设计

振动信号的采集程序能够真实模拟机械设备工作时的情况，可以同时实现对多路振动信号的实时采集，并对非平稳信号进行多样分析，试验中软件的设计总体上采用队列状态机结构。采集与分析软件是基于 LabVIEW 设计的分析测试手段，虚拟仪器技术不仅可省却硬件设备的购置，还可实现功能的快速化、形象化。

(3) 传感器安装位置

柴油机机身振动的激励源众多，选定合适的位置安装振动传感器能够有效减小其他激励对信号采集造成的影响。因机身振动的主要激励源为活塞与缸套主、副推力面的横向撞击，故将传感器固定在机身上，传感器轴线与机身的横向振动的方向平行，与主推力面的母线垂直且相交。传感器的安装位置如图 7-22 所示。

(4) 试验对象

试验柴油机型号为 1115 柴油机，缸径 115mm，冲程 105 mm，采用电动机倒拖的方式运转。轴瓦轴承的选择：润滑不良、超载、非有效的密封、过小的配合间隙等皆可导致轴瓦、轴承的损坏，这些因素皆有其特殊的损坏形式且会留下特殊的损坏痕迹。本次试验选用磨损的轴瓦作为试验对象一。此轴瓦因润滑不良表面被磨伤，且有凹凸不平的表面合金从中间向两侧移位。而试验对象二则选用因安装不良造成偏磨的轴承。

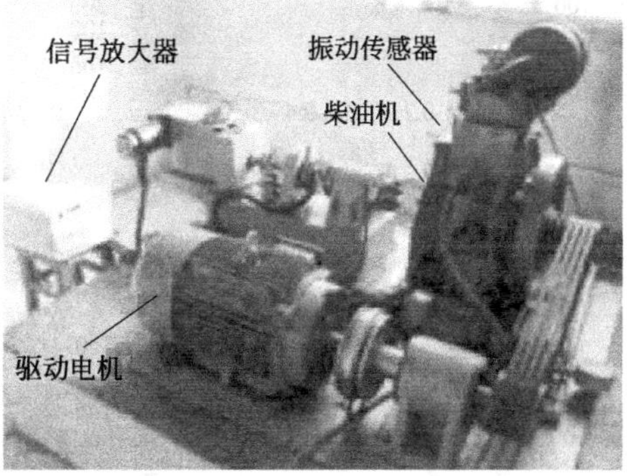

图 7-22　传感器的安装位置

(5) 试验内容

工况分别设定为正常工况、轴瓦故障和轴承故障 3 种模式，对于每一种工况，分别在 200r/min、400r/min 和 800r/min 转速下运行，运行时间均为 2h，实验采用 20kHz 的采样频率，为了保持采样频率固定，在不同转速条件下需要每周期的采样点数不同，以达到频率分析一致性的目的，见表 7-7。

表 7-7　柴油机故障工况设计表

工况设置	故障模式	采样时间/h	采样点数/个
工况一	正常工况	2	13
工况二	轴瓦故障	2	25
工况三	轴承故障	2	49

7.8.3　试验分析

(1) 时域分析

试验采用的是加速度传感器，在时域分析中电荷传感器的输出幅值与机身振动的加速度大小成正比关系，而数据采集卡显示的电压大小也直接与机身振动的加速度大小成正比，在采集过程中体现在波形显示框中，因此通过时域信号可以直接明了地观察到振动强度随时间的变化关系。

从图 7-23～图 7-25 时域波形中可以清晰地看到柴油机运行的每周期中不同飞轮转角下的机身振动强度，进而可以很直观地进行在不同转速或缸套类型工况下的对比分析。由图 7-23～图 7-25 比较可知，随着转速的增加，机身振动的幅值均会明显的增加。且在 1 个周期内信号峰值主要集中在 6 个时刻点，说明在这 6 个时刻点活塞缸套的撞击比较强烈，这与人们所知道的 4 冲程单缸内燃机在 1 个循环周期内活塞与缸套有 6 次撞击相符合。从图中还可以看出这 6 个时刻点是大致均匀分布在 1 个周期内，也即表明峰值的出现有规律地分布在 4 个冲程内。而在转速一定的条件下，在图中能定性地比较出轴瓦磨损和轴承故障下的峰值均要比正常运行工况下的峰值要高，且轴承故障情况下的振动强度相对较高，随着转速的增加，表现得更为强烈。说明柴油机在转速一定时，轴承故障对柴油机振动信号的影响较强且有增大的趋势。

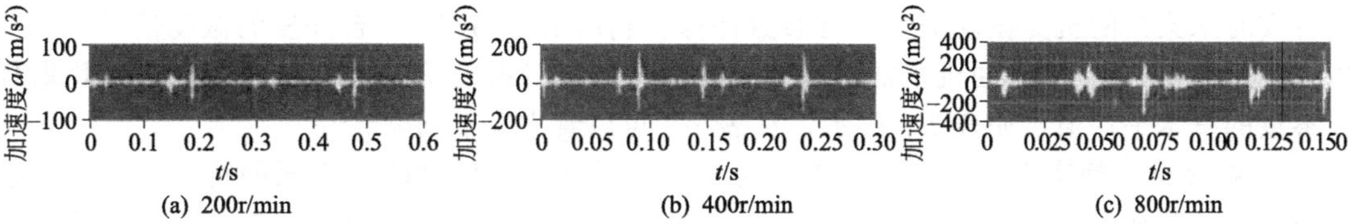

图 7-23　正常工况时机身振动信号时域图

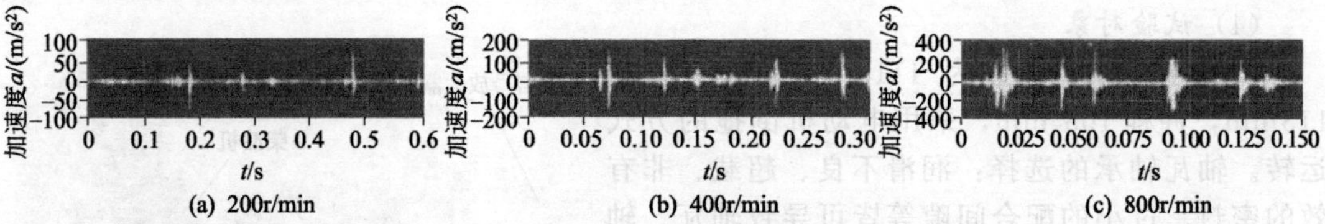

图 7-24 轴瓦磨损时机身振动信号时域图

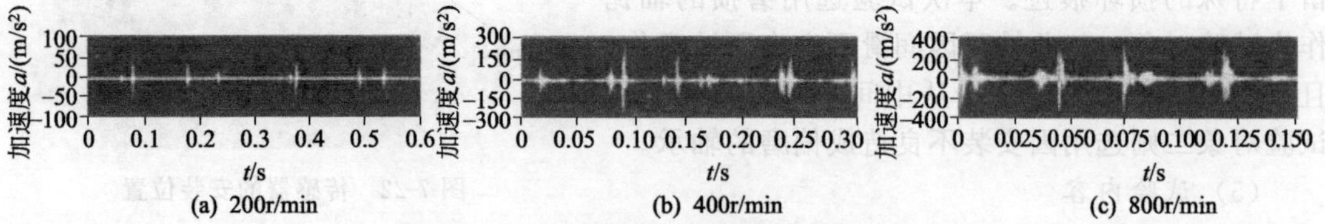

图 7-25 轴承故障时机身振动信号时域图

时域分析具有形象直观的特点，观察时域信号虽然可以得到各个相位在幅值上的变化，但这种分析方法会失去振动频率等相关信息。

（2）频域分析

工程上所测得的信号数据较为常见的是时域信号，然而机械故障的发生往往伴随着信号频率结构的变化，为了了解和分析运行机械系统的特性及状态，往往需要所测得信号的频域信息。频域分析是把采集的时域信号通过傅里叶的变换转换成以频率为横坐标，原始时域信号的频率成分幅值或相位信息为纵坐标的一种分析方法。它将信号从时域变换到频域，在频率域上研究机械系统的性能与结构参数的关系，从而帮助人们从另一个角度来了解信号的特征。它能够得到从原始时域信号无法得到的信号特征，提供比时域信号波形更为丰富和直观的信号信息，判断某些信号是否为故障信号，以此来识别和分析故障。机身振动信号的激励源较多，且信号随机、激励不稳定。因此可以对振动信号进行变化，求取功率谱密度，以此来减小随机性对分析结果的影响。然后再进行对功率谱密度对比分析，比较信号在频域范围内特征参量的变化。图 7-26～图 7-28 分别为 3 种工况下的机身振动信号的功率谱图。这种功率谱分析能够描述实时采集的复杂工程信号的频率结构，实现对设备系统的“透视”，从而了解机器设备各部分的工作状况。

从图 7-26 正常工况下的功率谱图可以看出，内燃机的能量主要集中在 3000～5000Hz 频段，且能量分布较为集中。对比图 7-26～图 7-28 可以发现，随着转速的增加，机身振动的能量分布越来越扩散，且能量的幅值也越来越大。正常工况下的运行比较均衡平稳，因为其能够形成较为完整的油膜。而轴瓦磨损和轴承故障使机身的振动多了一定数量的能量峰值点，产生这种变化的原因可能是由于轴瓦间隙或轴承故障原因使活塞上下运动时在某一个或某几个固定点产生了周期性的冲击等。

（3）幅值域的特征参数分析

信号幅值上进行的各种处理称作幅域分析。一般来说，船舶柴油机的结构较为复杂，采集获得的信号信息在大多数情况下随机性较强，因此为了得到柴油机振动信号的分析指标，可将实时采集到的机身振动信号进行参数计算。利用 LabVIEW 平台开发的振动信号采集分析系统采集得到 1115 柴油机正常状态和故障状态的机身振动信号，各参数的计算值均取样本参量的算术平均值，如表 7-8 所示，从表 7-8 可以看出以下问题。

① 峰度又称峰态系数，表征概率密度分布曲线在平均值处峰值高低的特征数。从上述振动信号的特征值可以看出，随着转速的增加，3 种工况下的峰度整体趋势均降低，峰度越大表明加速度的变化范围越大，振动越不平稳。在 200 r/min 转速下，峰度值最大，柴油机

运行最不平稳，随着转速的增加，各工况下的峰度值均减小，运行越来越趋于平稳。而在同一转速下，轴承故障下的峰度值最大，可见轴承故障对柴油机运行的稳定性影响较大。

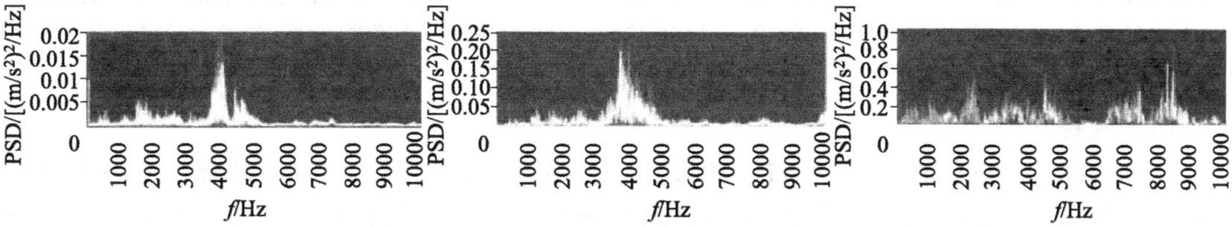

(a) 200r/min　(b) 400r/min　(c) 800r/min

图 7-26　正常工况时机身振动信号功率谱图

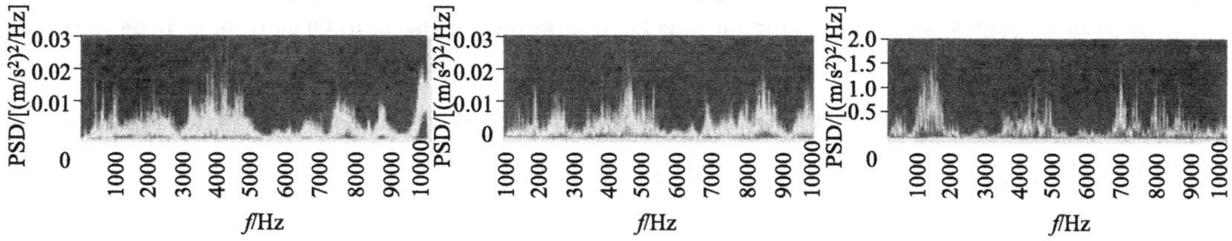

(a) 200r/min　(b) 400r/min　(c) 800r/min

图 7-27　轴瓦磨损时机身振动信号功率谱图

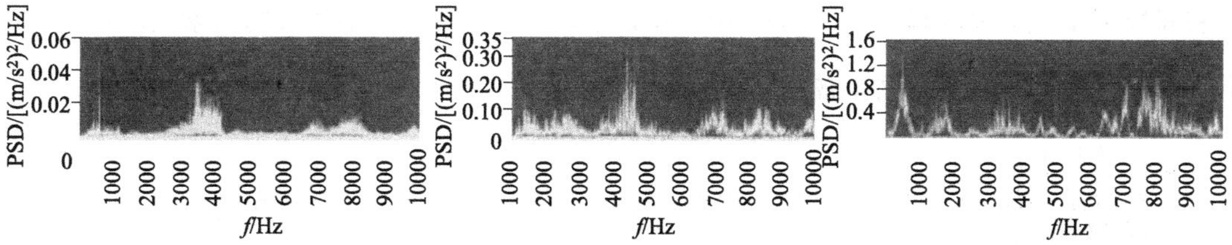

(a) 200r/min　(b) 400r/min　(c) 800r/min

图 7-28　轴承故障时机身振动信号功率谱图

表 7-8　幅值域各参数值

工况/(r/min)	参量	峰度	均方根	最大值	最小值	峰值	脉冲因数
200	正常工况	8.617	0.852	5.756	−6.268	6.268	7.356
	轴瓦磨损	9.467	2.229	21.328	−21.641	21.641	9.709
	轴承故障	17.085	2.544	28.863	−26.492	28.863	11.356
400	正常工况	4.515	1.936	9.057	−12.247	12.247	6.325
	轴瓦磨损	6.517	5.140	39.451	−37.442	39.451	7.675
	轴承故障	9.750	4.410	30.292	−29.984	30.292	6.869
800	正常工况	3.865	2.709	11.232	−10.742	11.232	4.146
	轴瓦磨损	4.586	20.257	84.391	−85.317	85.317	4.211
	轴承故障	5.581	28.225	99.655	−108.74	108.748	3.852

② 周期内加速度的均方根值，可作为反映整个周期内能量大小的参量。从数据可以看出，轴瓦磨损和轴承故障情况下的均方根值要比正常工况下的值大得多，这与理论上存在故障的柴油机振动能量较大的分析相一致。

③ 最大值与最小值，该参数表示每周期振动信号加速度的极值。随着转速的增加，极值也在不断地上升，此种现象的原因是随着转速的提高，活塞对机体的横向撞击加强。在同一转速下，机身振动信号的最大值、最小值以及峰值的显著增大反映出轴承或轴瓦存在故

障，这与试验设计结果相吻合。

④ 脉冲因数对冲击脉冲类故障比较敏感，在转速 200 r/min 的时候，故障模式下的脉冲因数和正常工况下有明显增加，但 400 r/min、800r/min 时，数值反而降低，表明随着采集时间的增加，故障柴油机逐渐磨合，趋于稳定，脉冲因数对早期故障有较高的敏感性，但稳定性不好。

(4) 结论

① 柴油机机身振动信号的时域、频域和幅值域参数，甚至包括统计参数以及无量纲参数在一定程度上能够反映出信号的波动情况和变化程度，正确选择可以进行故障的识别与预防。

② 柴油机振动信号激励源众多，信号的重复性较差，同一工作段的某些参数变化较大。选定机身振动信号作为研究对象，利用所设计的信号采集与分析软件进行特征值的分析可为故障识别提供可用的参数，在一定程度上验证了该软件在诊断与识别轴瓦磨损和轴承故障时的有效性。

③ 把虚拟仪器技术应用于柴油机的故障诊断中，实现对柴油机在不解体的情况下进行故障的智能监测与识别，是智能故障诊断的一个发展方向。

7.9 航空发动机整机振动分析

整机振动是影响航空发动机寿命和飞行安全的决定性因素。现代的航空发动机追求高性能和高推重比，结构日趋复杂，工作条件越发苛刻，导致整机振动过大的因素逐步增多。

7.9.1 发动机转子异常振动的频谱特征

(1) 转子不平衡

由于材质不均匀，结构不对称、加工误差以及装配误差致使转子质量偏心较大。转子静弯曲、转子热弯曲、转子对中不良等情况，均会产生较大的不平衡振动。发动机不平衡振动具有以下特征。

① 在亚临界区运转的刚性转子，其振动幅值随转速增高而增加，随转速降低而减小。

② 在频谱图上基频峰值显著高于其分频和倍频峰值。

(2) 转子不对中

转子在装配过程中经常出现不对中偏差。轴不对中偏差是由于相邻轴承座不同心而导致轴中心线偏斜所引起的。轴不对中偏差可能出现种情况：平行度偏差、角度偏差和同时存在平行度、角度偏差。对中不良的转子运行将导致轴承负荷不均衡，使发动机振动加剧，关键件过早失效。发动机转子不对中振动具有以下特征。

① 转子轴向振动增大，并大于 0.5 倍径向振动值。

② 从振动信号的频谱图上可以观察到转速二倍频或三倍频峰值高于基频峰值的典型现象。

(3) 转动件与静止件碰磨

在发动机运转过程中，由于转子不平衡、转动件与静止件的径向间隙小、轴承座同轴度不良等，均能发生转动件与静止件碰磨，并导致振动剧增。

发动机转子、静止部件碰磨的振动具有以下特征。

① 机匣振动响应会出现转子旋转频率的次谐波、高次谐波和组合谐波成分；

② 振动随时间而变化，当碰磨接触面积增大或接触位置增加时，机匣振动响应幅值剧增；

③ 双转子发动机，其转子、静止件发生碰磨时，系统发生次谐波和组合谐波频率的振动。

7.9.2 发动机整机振动数据与故障识别

(1) 发动机整机振动测点分布

被测发动机为某型双转子、双涵道混合加力式涡轮风扇发动机，该发动机试车中测点分布的6个截面，如图7-29所示，各截面含义如下。

1-1截面：穿过风扇前支点。

2-2截面：穿过中介机匣。

3-3截面：穿过低压涡轮支点。

4-4截面：外置附件机匣。

5-5截面：减速器（只测一个水平方向）。

6-6截面：涡轮启动机。

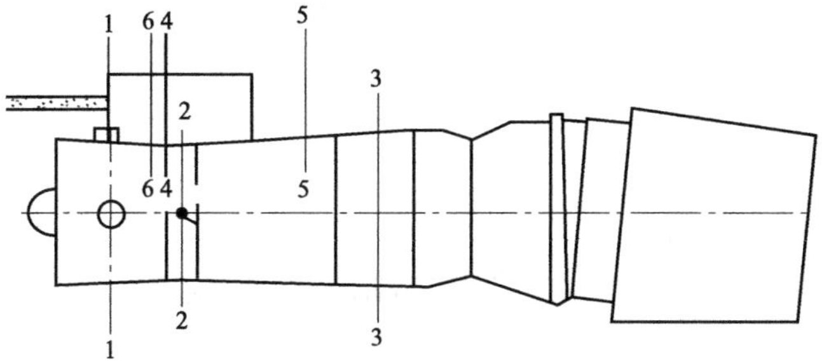

图7-29 试车时典型截面的选择

各测点对应位置如下：

测点1——低压转子转速N1；

测点2——高压转子转速N2；

测点3——前机匣水平测点（前水）；

测点4——前机匣垂直测点（前垂）；

测点5——中机匣水平测点（中水）；

测点6——中机匣垂直测点（中垂）；

测点7——后机匣水平测点（后水）；

测点8——后机匣垂直测点（后垂）。

(2) 整机振动故障识别

发动机在最大转速状态试车时，各测点的振动幅值没有超过试车标准，但是出现了振动异常频率，以前水测点为例。如图7-30所示，前水测点的振动波形为正弦波形，有削波现象发生，振动幅值不是很大。从图7-31可以看出，在169.6Hz和219.5Hz处，振动明显，这是发动机在最大转速状态低压和高压转子的转频，在低压轴转频处，振动均方根幅值最大，具有突出的峰值，表7-9给出了振动均方根幅值大小。这说明，前水测点振动主要是由低压转子不平衡引起的，图7-31中还出现了389Hz的频率，这是低压和高压转子的组合频率，怀疑发动机还存在转动件与静止件碰磨故障。

表7-9 发动机最大转速状态前水测点部分振动数据

序号	频率/Hz	均方根幅值/(mm/s^2)
1	169.6	15.04
2	219.5	6.388
3	389.0	4.673

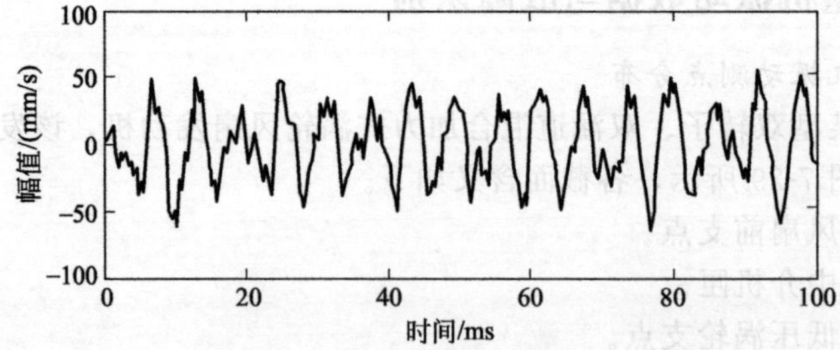

图 7-30　发动机最大转速状态前水测点振动时域波形

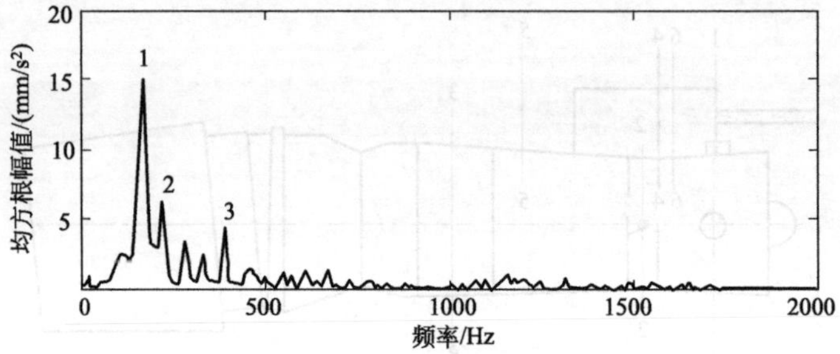

图 7-31　发动机最大转速状态前水测点振动频谱图

发动机在慢车到最大状态试车时，前水、前垂、中垂、后水和后垂测点振动有异常现象发生，而后水测点振动时域信号更加明显。如图 7-32 所示，可以看到后水测点振动信号幅值随时间的变化趋势，在开始加速时（图中 7900ms 附近）有明显的突变，随后振动趋于稳定。加速到最大状态时，保持在一定范围内振动。在图 7-33 中，出现了异常振动频率(380Hz)，发动机在慢车状态，低压转子和高压转子的振频分别为 60Hz 和 160Hz，由此推断，该异常频率是 2 倍高压转子转频与低压转子转频的组合频率。出现这种现象可能是由于发动机转子的转动频率增加，激起的不平衡振动加剧，导致发动机局部碰磨。

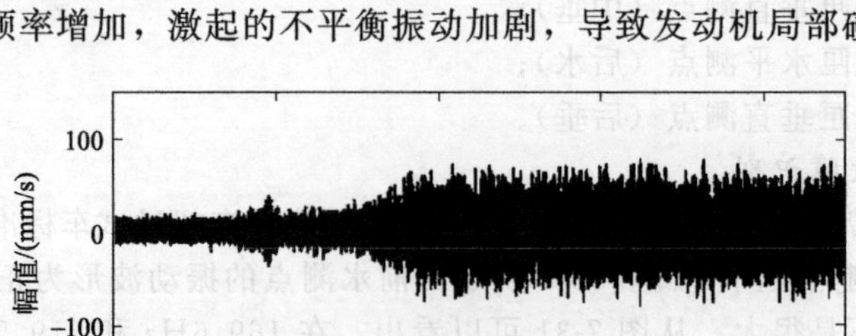

图 7-32　发动机慢车到最大加速状态后水测点振动时域波形

发动机全加力状态时，前垂测点振动强烈，振动的时域波形不稳定，在图 7-34 前垂测点振动频谱图中可以看出，在 169.6Hz 和 229.4Hz 处，振动明显，这是发动机在全加力状态低压和高压转子的转频，在低压轴转频处，具有突出的峰值，这说明该状态前垂测点振动过大主要是由低压转子不平衡引起的，表 7-10 给出了振动的均方根幅值，其值的大小表明了转子的不平衡度。图中还出现了 19.95Hz 的低频成分和 109.7Hz 的频率成分，109.7Hz 刚好是 2 倍低压转子转频和高压转子转频的差频率，根据发动机转子异常振动频谱特征推断

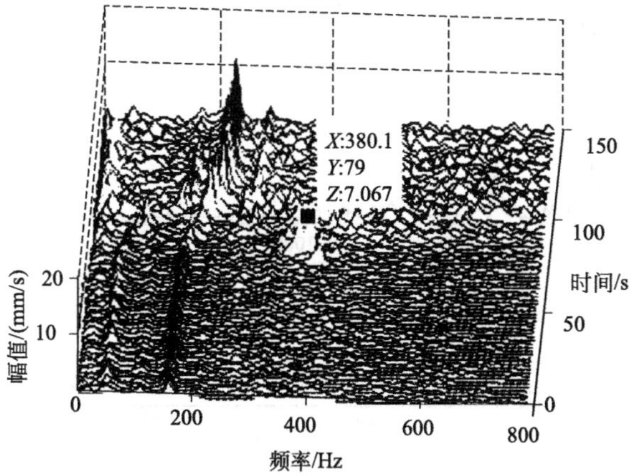

图 7-33　发动机慢车到最大加速状态后水测点振动三维谱阵图

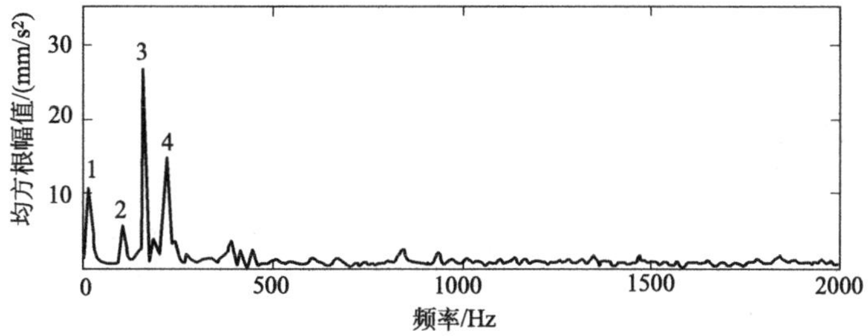

图 7-34　发动机全加力状态前垂测点振动频谱图

发动机可能还存在碰磨故障。

表 7-10　发动机全加力状态前垂测点部分振动数据

序　号	频率/Hz	均方根幅值/(mm/s^2)	序　号	频率/Hz	均方根幅值/(mm/s^2)
1	19.95	11.32	3	169.6	26.61
2	109.7	6.285	4	229.4	14.97

发动机全加力状态时，中垂测点振动十分强烈，如图 7-35 所示，振动的时域波形严重畸变，在图 7-36 的振动频谱图中发现，19.95Hz 频率处具有突出的峰值，这可能是由于发动机转子转速高，连接高、低压转子的滚动轴承发生故障，这是造成中垂测点振动过大的主要原因。同时伴随有 339.2Hz 的频率成分，339Hz 刚好是 2 倍低压转子转频（169.6Hz），说明发动机低压转子存在不对中现象，而表 7-11 中给出的振动均方根幅值不大，说明低压转子不对中程度小。

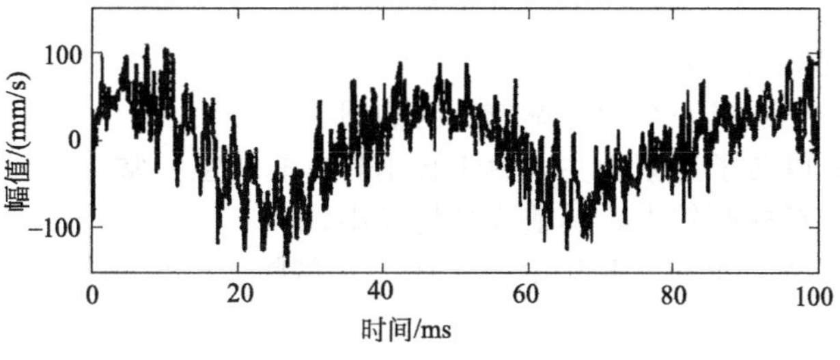

图 7-35　发动机全加力状态中垂测点振动时域波形

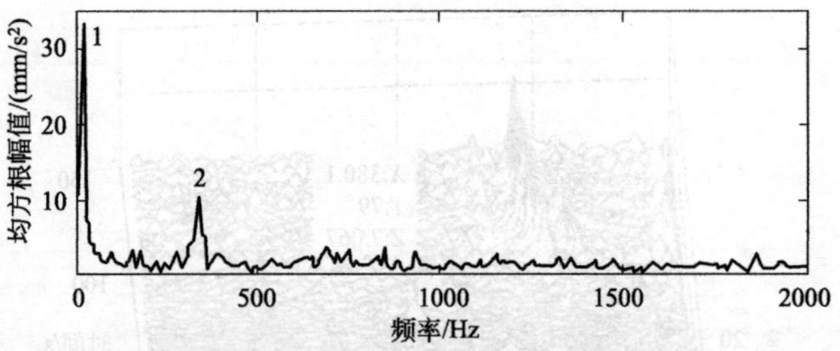

图 7-36　发动机全加力状态中垂测点振动频谱图

表 7-11　发动机全加力状态中垂测点部分振动数据

序　号	频率/Hz	均方根幅值/(mm/s^2)
1	19.95	33.44
2	339.2	10.08

通过对发动机全加力状态后水、后垂测点振动频谱图分析，高压转子有不平衡现象发生，不平衡度小，同时有高次谐波和组合谐波。

7.10　烟气轮机转子不平衡故障的诊断

烟气轮机转子不平衡是指其运行时转子各微元质量的离心惯性力系不平衡，即沿转子轴向各横截面的重心不都在回转中心线上，简称为烟气轮机回转质量偏心。由于烟气轮机工作时高速旋转，即使质量偏心很小，也会产生很大离心激振力。如当烟气轮机转速为 3000r/min 时，质心偏离旋转中心线 0.1mm 所产生的离心力近似等于转子重量，此离心力将会激起很大振动。烟气轮机机组 1/3 以上的故障是由转子不平衡引起的，对机组运行或周围环境造成不良后果主要为：

① 引起转子挠曲变形增大内应力，严重时甚至引起转子断裂；

② 引起振动，加速轴承等零件磨损，降低机组寿命、效率；

③ 转子振动通过轴承、基座传递到建筑物，同时伴随大的噪声，恶化工作环境。

7.10.1　烟气轮机转子不平衡故障征兆与分析

① 转子振动大，严重时甚至导致振动超标，引起振动报警系统报警，并伴随大的噪声；

② 振动频率与工频相同。

从故障分析可知，转子不平衡故障振动频率与工频相同，轴心轨迹常为椭圆，相位稳定，频谱图中工频成分占优，有时也会出现幅值小的高次谐波分量。

烟气轮机出现转子不平衡故障运行时测得的工程振动信号特征主要表现在以下几个方面。

(1) 信号特征

① 时域波形为近似的正弦波。

② 轴心轨迹为一个圆或一个偏心率较小的椭圆。

③ 在频谱图中，以转子工频为主，由于转子具有非线性，常伴有部分谐波成分。

④ 全息谱上，工频椭圆较大，其他成分均较小。

⑤ 在功率谱中，谐波能量主要集中于工频，两倍频、三倍频能量较小，这是与基础松动的重要区别。

(2) 方向性

不平衡振动是由离心惯性力引起的振动，径向振动较大。工作转速一定时，相位稳定，转子两侧轴承的相位基本一致或相差 180°，同一轴承水平方向和垂直方向的相位相差 90°。

（3）敏感参数

① 在小于临界转速下运行时，振动随转速明显变化。

② 转子部件缺损，振幅突然变化。

（4）幅值特征

随着烟气轮机运行时间不断延长，叶片不均匀磨损不断加大，转子不平衡量逐渐增加，振动也逐渐增加。

7.10.2 烟气轮机转子不平衡故障诊断实例

（1）烟气轮机转子不平衡故障运行征兆

某炼化公司 1# 烟气轮机机组运行仅一个多月后停机检修发现转子叶片存在明显冲蚀且有较多催化剂块状物黏附，热态下烟气轮机轴心线高出风机轴心线 0.73mm，存在明显不对中现象。检修时，清除转子上的灰垢后进行了低速动平衡校验，去重 40 多克，并适当调整了对中曲线。重新开机，烟气轮机振动在 50μm 以下，风机振动更低，但烟气轮机稳定运行一个月左右后，又出现故障。第二次停机检修时发现转子上积附较多催化剂粉尘，但未出现粉尘结块现象，清理转子后，进行了低速动平衡校验，去重 4g，重新调整了对中曲线。第二次开机前进行盘车（盘车转速 75r/min），烟气轮机振动约 40μm，过临界转速临近区域（约 3600r/min）时，烟气轮机振动达到 90μm，之后振动缓慢下降，当转速升到 5400r/min 时，振动为 45μm，启动电动机，将烟气轮机转速升至额定转速，此时烟气轮机振动突然上升至 85μm（此时烟气蝶阀开度为 20°），运行约半小时后，停止电动机，转速降至 3600r/min 时，烟气轮机振动明显上升。

（2）烟气轮机前后轴承振动测试

烟气轮机前后轴承振动测点布置，如图 7-37 所示。

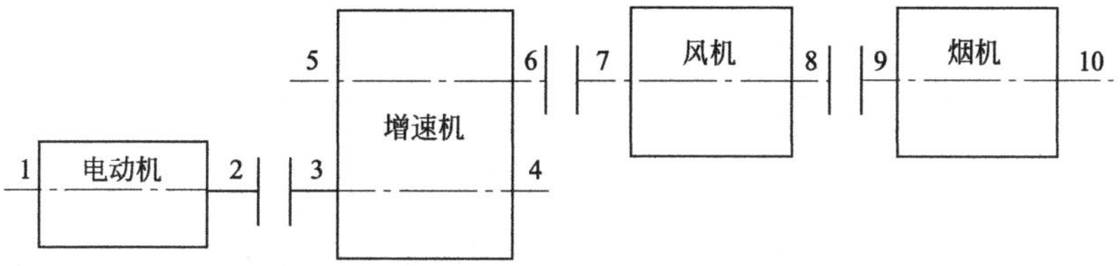

图 7-37　烟气轮机机组组成及测点布置图

使用加速度传感器测量烟气轮机运行时前后轴承振动，不同日期测得的数据，见表 7-12。

表 7-12　烟气轮机前后轴承振动加速度测量值　　单位：mm/s²

日　期		9H(水平方向)	9V(垂直方向)	9A(轴向)	10H	10V	10A
烟气轮机正常时	1 月 8 日	1.7	0.3	1.6	0.8	0.9	1.8
油浆系统不正常时							
1 月 29 日		4.0	0.4	1.6	1.8	1.3	2.0
2 月 10 日		3.6	0.6	1.3	2.0	1.1	1.5
检修后	2 月 18 日	2.3	1.5	0.8	5.5	3.8	—

从表 7-12 可以看出，检修后烟气轮机后轴承（对应图 7-37 的测点 9）轴向（9A）振动降低，但水平方向和垂直方向振动则反之；烟气轮机前轴承（对应图 7-37 的测点 10）不论水平方向（10H），还是垂直方向（10V）振动均明显上升。这是烟气轮机故障运行征兆。

(3) 振动分析

为了提取烟气轮机故障运行振动特征信息，及时准确识别烟气轮机故障发生类型，将CSI2115 在线采集系统采集的烟气轮机在停机、升速及工作过程前后轴承振动时域信号作如下分析。

① 瀑布图分析。如图 7-38 所示是烟气轮机停机过程前轴承振动瀑布图，它表示烟气轮机停机过程前轴承振动随转速的变化。烟气轮机停机过程是该图从下往上速度逐渐降低，过程中烟气轮机转速先以工频转速保持一段时间，然后逐渐降低，最后直至烟气轮机停止。由图可发现，烟气轮机在减速过程中前轴承振动频率及其幅值随转速降低而减小。这是由于烟气轮机转子不平衡激振力幅值与转速对应的频率的平方成正比，因此烟气轮机在停机过程中前轴承振动幅值随转速降低而减小。

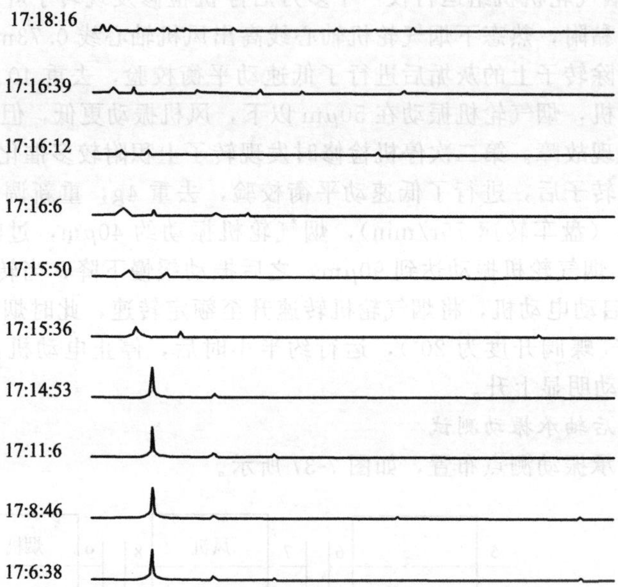

图 7-38 烟气轮机停机过程前轴承振动瀑布图

如图 7-39 所示是烟气轮机停机过程后轴承振动瀑布图，它表示烟气轮机停机过程后轴承振动随转速的变化。该图也是从下往上速度逐渐降低，过程中烟气轮机转速先以工频转速保持一段时间，然后逐渐降低，最后直至烟气轮机停止。由图可看出，烟气轮机在停机过程中后轴承振动先增大后减少。

由以上烟气轮机减速过程或停机过程前后轴承振动瀑布图分析可知，烟气轮机在减速或停机过程前后轴承振动变化明显。因此，可初步诊断烟气轮机故障可能是由转子不平衡引起的。

② 轴心轨迹分析。如图 7-40 所示是烟气轮机在停机过程后轴承轴心轨迹变化图。不难发现，烟气轮机在工作转速下后轴承轴心轨迹不规则，但重复性较好；烟气轮机在停机过程随着转速逐渐下降，后轴承轴心轨迹形状、大小变化都很明显，每一转速所对应的轴心轨迹不规则、不光滑、较凌乱，而且出现明显尖角和凹陷，尤其当烟气轮机转速越过转子一阶临界转速附近区域时，烟气轮机发生共振，此时轴心轨迹突然变大，烟气轮机振动显著增加。

如图 7-41 所示是烟气轮机停机过程前轴承轴心轨迹变化图。由图可知，烟气轮机在工作转速下前轴承轴心轨迹呈椭圆形，重复性较好，但存在明显凹陷和尖角；烟气轮机在停机过程前轴承轴心轨迹形状、大小变化不明显。

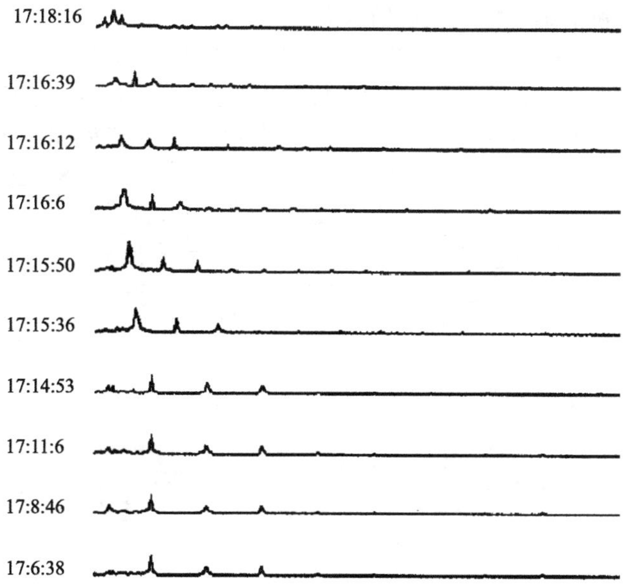

图 7-39　烟气轮机停机过程后轴承振动瀑布图

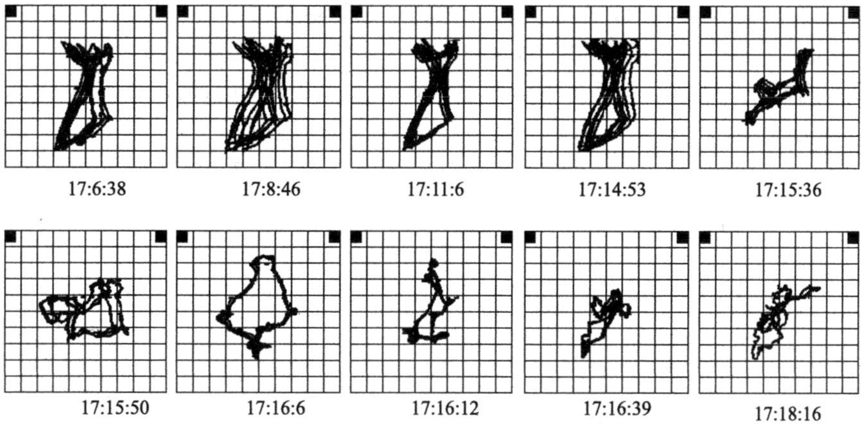

图 7-40　烟气轮机停机过程后轴承轴心轨迹变化

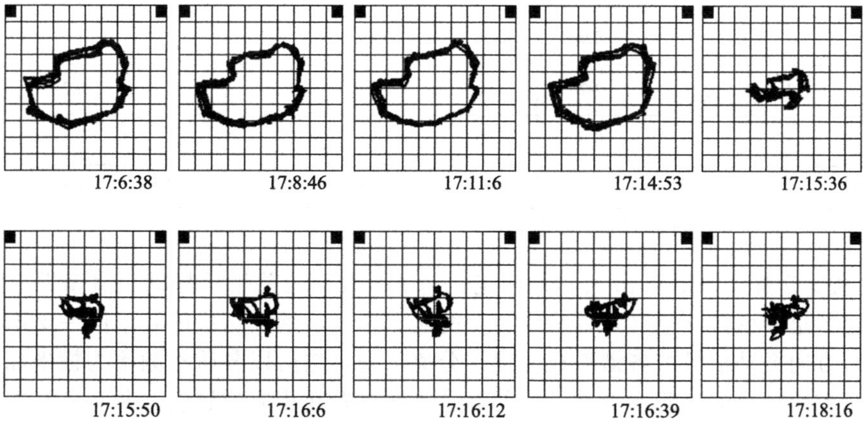

图 7-41　烟气轮机停机过程前轴承轴心轨迹变化

对比图 7-40 与图 7-41 可进一步得知，烟气轮机在工作转速下前轴承轴心轨迹形状比后轴承大，因此烟气轮机前轴承振动比后轴承大。

如图 7-42 所示是烟气轮机升速过程前轴承轴心轨迹变化图。不难发现，低转速下烟气轮机前轴承轴心轨迹十分凌乱、形状小，振动小；烟气轮机在升速过程中随着转速逐渐升高，前轴承轴心轨迹形状、大小变化明显，轴心轨迹变大，振动增加；当转速升至工作转速时，轨迹重复性好。

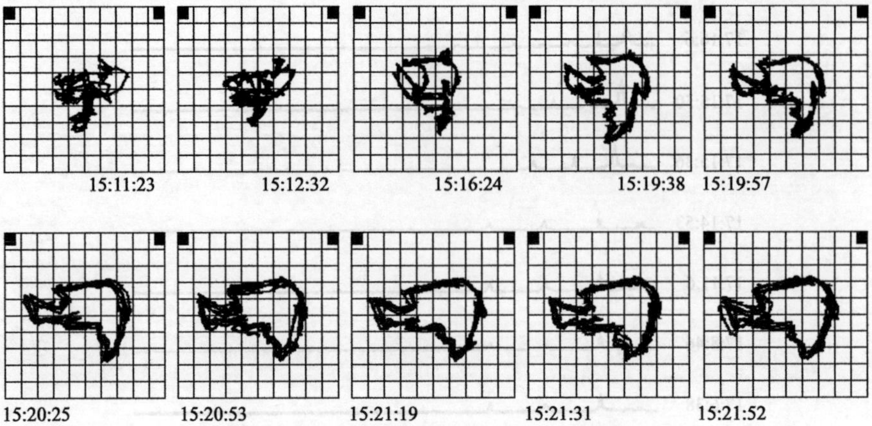

图 7-42　烟气轮机升速过程前轴承轴心轨迹变化

由以上轴心轨迹分析可知，烟气轮机在停机过程后轴承轴心轨迹形状、大小变化非常明显，但前轴承则反之；在升速过程前轴承轴心轨迹形状、大小变化也非常明显。即烟气轮机在减速过程后轴承振动随转速变化非常明显，在升速过程前轴承振动随转速变化也非常明显。因此，可进一步诊断烟气轮机故障是由转子不平衡引起的。

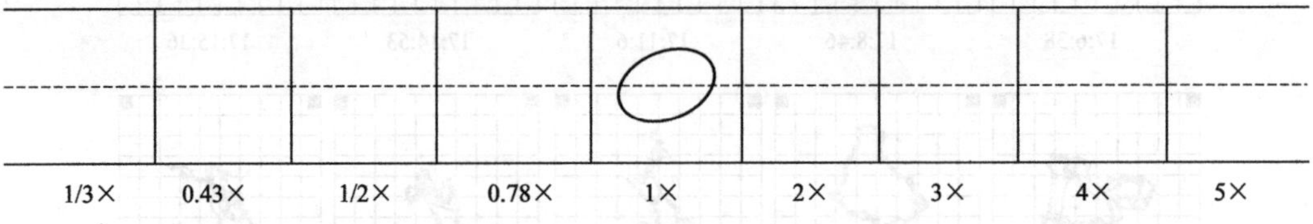

N_x	1/3×	0.43×	1/2×	0.78×	1×	2×	3×	4×	5×
频率/Hz	30.2	42.2	48.3	75.4	96.6	193.1	289.7	386.2	482.8
长轴/μm	0.5	1.2	1.0	2.5	66.6	1.4	0.4	0.2	2.6
短轴/μm	1.0	0.9	0.9	0.8	0.8	1.0	1.0	1.0	0.6
离心率	0.8	2.3	2.7	0.1	2.8	0.5	0.4	0.7	0.2
倾角/(°)	0.5	0.7	0.9	1.7	1.9	0.2	2.8	0.2	1.7
相位/(°)	1.9	3.1	2.8	4.2	104.5	16.1	3.4	2.3	3.4

图 7-43　额定转速下烟气轮机前轴承振动全息谱图

③ 全息谱分析。如图 7-43 所示是额定转速下烟气轮机前轴承振动全息谱图，它是采用改进的快速傅里叶变换（FFT）方法将测得的额定转速下烟气轮机前轴承同一支承面内水平方向和垂直方向振动信号的各谐波成分逐个分离出来，然后以各阶次频率为横坐标，将水平方向、垂直方向分解的各阶次谐波合成的轨迹依次放置在相应位置上，并将各阶次谐波合成的轨迹的长轴、短轴、离心率的计算值及振动相位也依次放置在相应位置上，这样就构成了额定转速下烟气轮机前轴承振动全息谱图。它不仅提供了分频如 1/3×、0.43×、1/2×、0.78×与倍频如 2×、3×、4×、5×振动轴心轨迹、相位等信息，而且还包含工频振动轴

心轨迹、相位等信息。由图可知，烟气轮机前轴承分频和倍频振动很小，不明显，但工频振动大，十分明显，轴心轨迹呈椭圆形，长轴长，离心率大。

如图 7-44 所示是烟气轮机额定转速下后轴承振动全息谱图，它的构成方法同图 7-43，它不仅提供了分频、倍频振动轴心轨迹、相位等信息，而且提供了工频振动轴心轨迹、相位等信息。由图可知，烟气轮机后轴承分频和倍频振动很小，不明显，但工频振动大，很明显，轴心轨迹也呈椭圆形，与前轴承工频振动轴心轨迹相比，长轴相对短，离心率小。

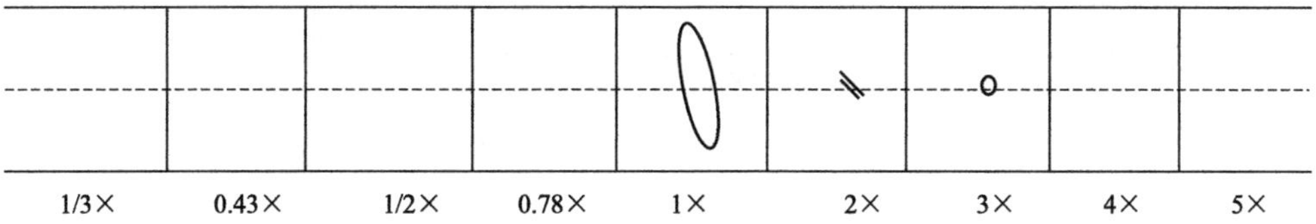

N_x	1/3×	0.43×	1/2×	0.78×	1×	2×	3×	4×	5×
频率/Hz	30.2	42.2	48.3	75.4	96.6	193.1	289.7	386.2	482.8
长轴/μm	2.8	2.7	0.1	1.0	35.8	4.1	17.4	0.8	2.8
短轴/μm	1.0	0.9	1.0	1.0	1.0	1.0	0.6	1.0	0.8
离心率	2.6	2.9	0.2	1.8	1.4	2.2	2.1	2.3	2.6
倾角/(°)	0.6	1.1	0.1	0.7	0.9	0.2	1.4	0.4	1.2
相位/(°)	9.9	8.3	5.1	5.2	164.5	39.7	21.1	4.2	4.4

图 7-44 额定转速下烟气轮机后轴承振动全息谱图

对比图 7-43 与图 7-44 不难发现，额定转速下烟气轮机前轴承振动比后轴承大。这是由烟气轮机本身结构特点所决定的。由于烟气轮机转子两级涡轮盘靠近前轴承，离后轴承远，如图 7-45 所示，烟气轮机工作时涡轮盘的重量及作用于涡轮盘动叶上的气动载荷径向分量主要依靠前轴承悬臂支承，即烟气轮机前轴承受到的径向力比后轴承大，且前后支撑的刚度差别不大，因此烟气轮机工作时前轴承振动比后轴承大。

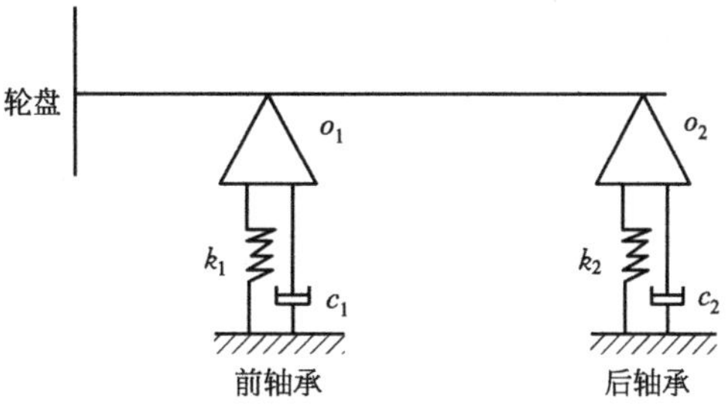

图 7-45 烟气轮机转子结构简图

由以上全息谱图分析可知，额定转速下烟气轮机前后轴承振动都以工频振动为主。因此，可明确诊断出烟气轮机故障是由转子不平衡引起的。烟气轮机在进行维修时检查发现，一、二级涡轮盘间及动叶片表面存在大量催化剂粉尘黏附结垢。

7.11 油膜涡动引起烟气轮机振动的分析

烟气轮机是催化装置重要的能量回收设备，它利用催化剂再生过程中残炭燃烧产生的高温烟气膨胀做功，将烟气中的热能和动能转变为机械能，带动轴流风机做功，剩余能量带动电动/发电机发电，在烟机功率不足时则由电动/发电机消耗电能给主风机补充能量。由于烟气轮机结构特殊，工艺环境苛刻，导致运行状况不佳，甚至被迫低负荷运转、停机检修的事件常有发生，使其节能效果大为降低。

7.11.1 机组概况

某公司催化装置三机组采用烟气轮机-轴流风机-齿轮箱-电动/发电机串联的形式。烟气轮机型号 YLII-12000B，额定功率 11500kW，双级悬臂梁结构，轴流风机型号 AV56-12，额定功率 11350kW，电动/发电机型号 YCH710-4，额定功率 6300kW。机组的布置见图 7-46。

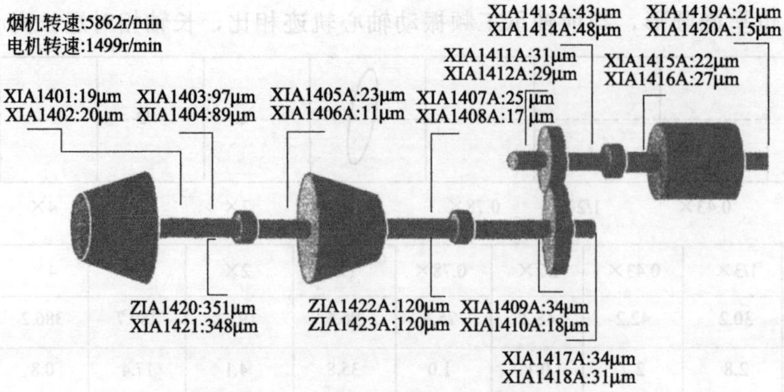

图 7-46 三机组布置及轴系监测图

该机组技术参数：体积流量 2600m³/min（标准体积），入口绝压 0.3MPa，出口绝压 0.108MPa，入口温度 670℃，出口温度 503℃，转速 5800r/min，一阶临界转速 8015r/min。

7.11.2 机组振动情况及分析

烟气轮机机组经检修正常开机后，烟气轮机北轴承的 2 个振动测点值均超标，最高值达 97μm。当时机组各轴承振动情况见图 7-46 中主要工艺参数：主风体积流量 $15\times10^4 m^3/h$（标准体积），烟机入口蝶阀开度 28%，主电机补充功率 4400kW，主风机出口压力 0.284MPa，再生器压力 0.240MPa，润滑油入机温度 34℃，烟机入口压力 0.158MPa，烟机入口温度 671℃。

再次停机检修需付出较高的代价，因此，当时试图通过状态监测系统分析寻找振动的原因，以期在不停机的状态下找到解决方法。

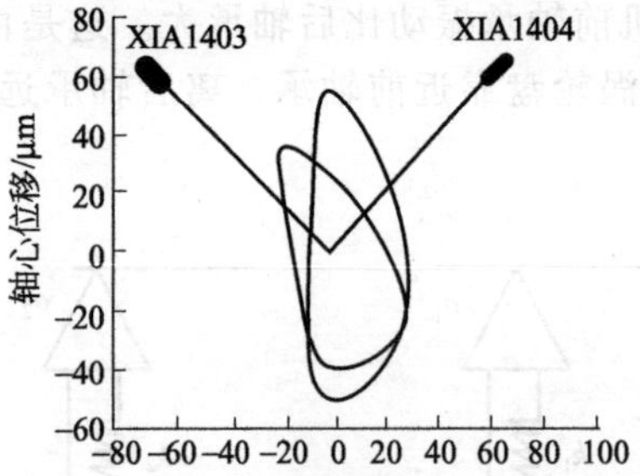

图 7-47 烟机联轴器侧轴承处轴心轨迹

分析烟气轮机振动值较大的联轴器侧轴承两测点 XIA1403 和 XIA1404 振动频谱发现，主要的频率分量是 1 倍频（96Hz）分量，同时存在明显的 0.5 倍频和较小的杂频分量。

轴心轨迹能表示转子的轴心相对于轴承座的运动轨迹，根据其变化特征可以判断设备的典型故障。烟机联轴器侧轴承轴心轨迹见图 7-47。图 7-47 表明，烟机联轴器侧轴承轴心轨迹明显有两圈不重合的现象。

在启机过程中捕捉到转速在 3050r/min 左右时，烟机联轴器侧轴承两测点振动值均发生相变，见图 7-48 和图 7-49。从以上监测图表可以初步认为：①烟机转子存在不平衡现象，但此因素在机组运行中难以解决；②烟机联轴器侧轴承油膜状态不稳定。此轴承 XIA1403、XIA1404 的振动频谱中仅次于 1 倍频的成分集中在 0.42～0.49 倍频区域，轴心轨迹为不重合的 2 个圈，升速过程中振动值发生相变，符合油膜涡动的基本特征，应予解决。

油膜涡动是一种流体动力失稳现象，它是由润滑油集结在转子的一侧形成油团，以近转速的一半在轴承内绕转子回转形成的，由于其平均线速度近似于转子表面线速度的一半，故又称为半速涡动。

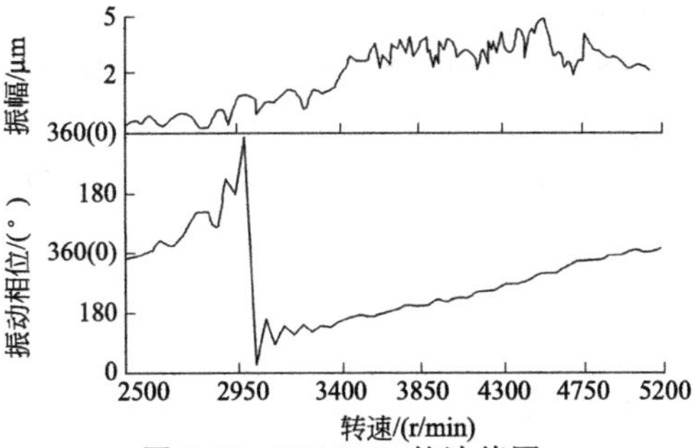

图 7-48　XIA1403 的波德图

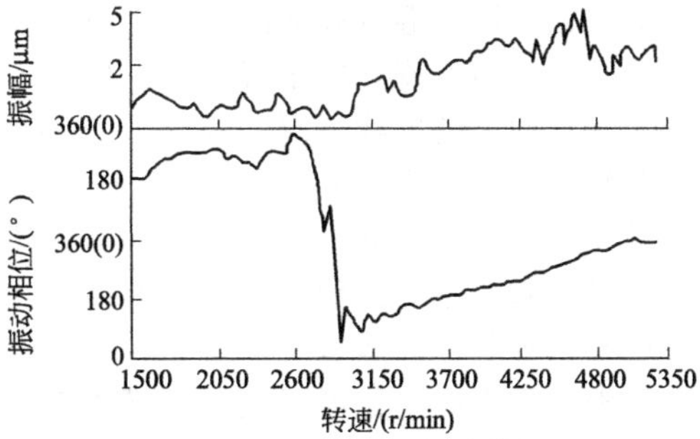

图 7-49　XIA1404 的波德图

在实际情况中，油膜涡动的频率总是小于转子工频的 1/2，常出现在 0.42～0.48 倍工频范围内。在轻载轴承中，油膜涡动在低于一阶临界转速的转速下发生，振动幅值基本稳定，在跨越一阶临界转速时幅值突涨，随后仍回到一个较低的范围内，此时油膜涡动的能量较小，一般不会破坏轴承。当转速升至两倍临界转速后，轴系涡动频率非常接近转子临界频率，因而发生共振而引起剧烈的振动，以致使油膜失去支撑作用而产生油膜振荡，见图 7-50。

油膜振荡危害极大，能在非常短的时间内就毁掉轴承和转子。对于运行中的机组而言，当其转速较高并足以形成动压油膜时，即处于共振状态。该特有的自然频率与通常的轴系临界转速所对应的固有频率相比，并非一个定值，为轴系回转频率的 38%～49%，随着轴系转速的变化而变化。该共振状态的特点是其能否像通常的临界转速共振一样表现出来，完全取决于轴系-支撑系统的稳定性。由于气流力等因素的作用，轴系始终承受一定量的随机激励，该激励具有宽频带特性，其中会有对应油膜涡动频率的激励成分，将激发起轴系的涡动。当系统具有足够的稳定性时，该固有频率所对应的振动会迅速衰减，不在轴系的振动响应中表现出来。如果由于油温、转速、油压、对中以及轴振等因素发生变化，产生的影响超过轴系的稳定性临界时，油膜涡动将以共振的形式保持下去而不再衰减，以略低于转子回转频率一半的频率保持振动。

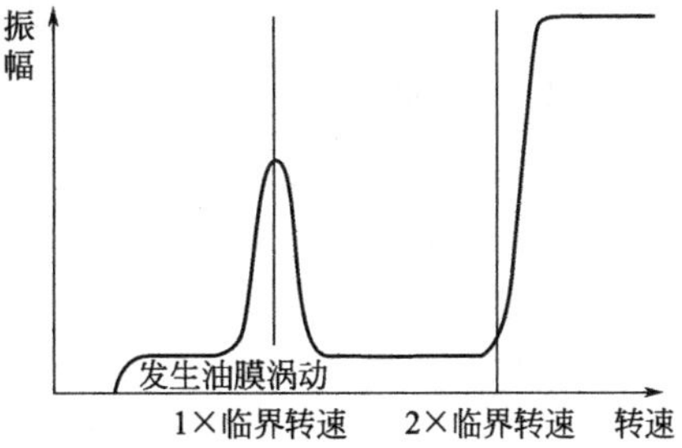

图 7-50　轻载轴承中油膜涡动与振幅关系

轴承的刚度和阻尼参数是相互作用的，改变阻尼时必然引起刚度的变化。一般来说，寻找适宜的轴承刚度和阻尼比例，减少油膜失稳可采取的措施有：①改变润滑油的黏度；②改变轴承和轴颈之间的径向间隙；③调节润滑油压力以提高轴承油膜的径向刚度；④采用适宜的不平衡量或增大轴承载荷，提高转子在轴承中的偏心率以增加轴承/油膜径向刚度；有数据表明，当偏心率大于 0.8 时，轴承油膜的安定性将显著提高；⑤改变轴承结构，如轴承形式、轴承长度及单个轴向封油面长度等。

7.11.3　临时措施及结果

（1）调节轴承进油黏度

润滑油黏度决定了油膜的厚度，使轴承的工作点、油膜刚度和阻尼系数等发生变化。通过调节润滑油温度可以很容易地实现润滑油的黏度变化，提高油温，润滑油黏度减小，油膜厚度减小、刚性增加，轴径在轴瓦中的偏心率及承载能力系数都得到了增加，有利于轴径的稳定。但对于已经发生了不稳定的转子，降低油温提高了油的黏度，等于增加了油膜对转子涡动的阻尼作用，往往会使振动值有所下降。

油温的调节方向与轴瓦间隙的大小有关，如果振动随油温升高而增大，说明是间隙过大；如果振动随油温升高而降低，则说明轴瓦间隙偏小。

观察本机组发现，由于昼夜温差导致的油温变化使得夜间振动略有增加。考虑到大修中减小了轴瓦间隙的实际情况，决定升高油温。油温调节前，润滑油入机温度34℃，烟机的轮盘侧轴承振动值为50μm，联轴器侧轴承振动值为90μm。在逐步升高润滑油入机温度至50℃后，振动值明显减小，轮盘侧轴承振动值降至28μm，联轴器侧轴承振动值降至68μm，证明调节有效。但考虑到轴承运行温度的升高，难以进一步升高油温。

(2) 调节轴承进油压力

润滑油压力的变化可以改变油膜的工作状态。根据油膜涡动发生的情况不同，产生的结果不同，一般油压越小，油膜越薄，轴颈在轴瓦中的偏心率及承载能力越有利于轴颈的稳定。进一步的调节措施是降低轴承进油压力。此烟机的轴瓦进油压力要求控制在0.15～0.17MPa，通过改变运行条件，逐渐将油压降至0.08MPa，振动值明显下降。

调节后轴承的振动值幅值降为45μm，0.5倍频分量已经非常小。轴心轨迹虽仍未能完全重合，但两圆间距已大为缩小，满足了机组运行振动值不大于50μm的安全要求。

必须注意的是，调整油温、油压应格外谨慎、缓慢，以控制机组运行状态的稳定。密切注意轴瓦温度的变化趋势，避免因油的流量过小、油膜太薄使摩擦热量来不及带走造成轴瓦温度超高而烧毁，或由于干摩擦而造成损坏。

7.11.4 其他措施

(1) 换用稳定性较好的轴瓦

可倾瓦轴承由多个独立的瓦块构成，这些瓦块可以绕支座做微小的摆动。除了具有多油叶轴承的优点外，每个瓦块均有一个使瓦自由摆动的支点，可以通过摆动适应自身的工作位置，使每个瓦块都能形成收敛的油楔，使每个瓦块分力都通过支点和轴颈中心，保持与外载荷交于一点，这样就避免了产生引起轴颈涡动的切向分力。从理论上来说，忽略瓦块的惯性和瓦块支点的摩擦力，可倾瓦是不会产生轴瓦自激振动的。即使在外界激励因素的扰动下，轴颈暂时离开平衡位置后，各瓦块仍可按轴颈偏移后的载荷方向产生偏转，自动调整到与外载荷相平衡，这样就不存在加剧转子涡动的切向油膜力，从根本上消除了产生油膜涡动的可能性，优于现用的四油楔滑动轴承。可倾瓦优点突出，已经在大型机组中普遍使用，但在大型烟机上使用不多，从大庆炼油厂的使用经验来看，完全可以满足使用要求。

(2) 调节轴瓦间隙

不论是圆筒形瓦、椭圆瓦还是四油楔瓦，减少轴瓦顶隙都能显著提轴瓦稳定性，它比提高轴瓦比压和减少长径比等措施更为有效。在现场减少轴瓦顶隙，一般都采用修刮轴瓦中分面的方法，使圆筒形瓦变成椭圆瓦、椭圆瓦的椭圆度进一步增大、四油楔瓦变成四油楔和椭圆混合型瓦，这样就加大了上瓦的油膜力，使轴颈上浮高度降低，从而提高轴瓦的稳定性。

(3) 小结

长期以来，人们经常混淆油膜涡动与油膜振荡之间的区别，将油膜振荡形成的必要条件(转速位于2倍临界转速以上) 误认为是油膜涡动的前提条件，影响了对振动原因的分析，从而造成判断失误。油膜涡动产生的振动能量较小，一般不会成为主要振动原因，因而对其重视不够。对于轻载轴承，一旦出现0.5×的振动分量，就应考虑油膜涡动所造成的影响。所以机组运行中一旦发生油膜涡动，调节润滑油温度和压力以减轻涡动的方法是应优先考虑的。

7.12 合成气压缩机汽轮机故障分析及改造

某公司合成气压缩机 (103-J) 驱动机为杭州汽轮机股份有限公司设计制造的T6749汽

轮机，是杭汽生产的第一台用于驱动合成气压缩机的汽轮机。汽轮机安装开车后出现振动高联锁，后经过多次分析，确定为原始设计问题，经过制造厂家努力，重新设计制造了一台汽轮机，才使问题得到彻底解决。

7.12.1 机组振动问题

新机组安装后第一次试车，空负荷时机组运行情况良好，汽轮机各项指标正常，振动稳定。后通过压缩机打内循环加负荷，使汽轮机输出功率逐渐增大，当汽轮机转速为 8000r/min，汽轮机内功率约为 10000kW 时，汽轮机出现 0.4 倍频较大振动，该倍频振动随机出现，振动幅值大，但一般能在瞬间消失，能量不能集聚，机组在这一负荷作较长时间运行时，一阶谐波振动值稳定在 10μm 上下，二阶谐波振动值更小，且稳定不变，0.4 倍频振动无规律可循，幅值有大有小，变化范围为 2～20μm，此时汽轮机轴心轨迹图多圈发散，呈不稳定状态。但机组在此工况下可维持长期运行，0.4 倍频振动值在一个有限的可控范围内，不影响使用，机组其余各项指标也都符合要求，汽轮机认为是合格的。

继续增加负荷，从频谱图上观察到，汽轮机的一、二阶倍频振动没有变化，但 0.4 倍频振动出现频率加大，振幅也越来越大，当汽轮机转速到 9000r/min 时，汽轮机前轴径处振动峰值瞬间超过 100μm，且进汽参数的一点微小波动，都会加大振幅，汽轮机呈极不稳定状态，随时可能跳闸。再稍增加进汽量，汽轮机因振动过大跳闸停车。

调换汽轮机前后轴瓦，并调整控制了轴瓦的间隙和拧紧力，重新开车，情况和上述情况相似，没有改善。

采取以下三条措施：①把汽轮机的前后支撑径向轴瓦的下半宽径比由 0.5 改为 0.3，上瓦宽度不变，以提高轴承比压，增加轴承稳定性；②修改阀序，使进汽产生的气流干扰力最小，符合轴承转向稳定性要求；③补加工内高压持环，使内汽道通顺，减小内通道气流干扰力。汽轮机再次试车，结果仍不明显。

试车过程中，尝试过各种加负荷方式，试图通过改变升速率等通过振动发生区，但各种方式均告失败。

从美国预定一副大阻尼非标轴承，希望能提高一些汽轮机的动力，轴承到货换上后，汽轮机运转情况也未改善。

从现象看，虽然存在一些汽轮机的管道安装不太合理，机组膨胀不均匀等问题，这些现象可能会对汽轮机的动力有一点影响，但从后期的处理情况看，这些不应是影响汽轮机动力不足的根本原因。

当时因生产需要，汽轮机只能最高维持 9300r/min 的转速，生产负荷大约为 75%。

7.12.2 机组振动问题原因分析

问题出现后，公司和制造厂家经过多次分析讨论，并邀请业内专家共同诊断，最终确定为汽轮机出现了亚异步振动引起的转子失稳。

这是一种因为汽轮机内部气流激振力和转子系统相互作用下出现的转子失稳现象。本汽轮机为高温、高压进汽机组，采用的又是反动式结构，为提高效率，汽轮机间、动静之间的间隙很小，不均匀的流场会产生较大的气流干扰力，汽轮机前后汽封，各压力机组在其密封处都类似于气体轴承，对转子本身产生各种不定常的气流干扰力，大小和方向目前无法准确计算和确定。

同时因为本机用于驱动合成气压缩机，大量的蒸汽在高压缸做功后从 4.0MPa(a) 的口子抽走了，低压排往凝汽器的量只占总进汽量的 10%左右，整个低压段的流量很小，转速又高，转子细长，转子的刚性一临界转速 n_{cr} 低，只有 4200r/min，相应一临界转速 n_{ycr} 更低，只有 3200r/min，而汽轮机的工作转速 n 为 10600r/min。

$n_{crl}/n=0.396$

$n_{ycrl}/n=0.301$

比值很小，是敏感性的挠性转子，稳定性校核计算结果只表明了转子系统有较大的阻尼，激振力的大小目前却无法详细计算。但气流激振力的大小是随着汽轮机负荷的增大而增大的，所以有可能在负荷达到某一值时，气流激振力超过转子系统的阻尼值，转子系统产生了自激振动，随着能量的集聚，转子系统的振动加大，使汽轮机无法继续加载，汽轮机只能在部分负荷下工作。

从国内外旋转透平运行经验看，当机组的工作转速远大于转子的临界转速时，如果透平在高功率密度下工作，敏感性的挠性转子系统在气流激振力的作用下，转子极易产生失稳现象。转子一旦失稳，则外部条件的改善不能解决问题，处理起来非常困难。目前这种转子无法计算失稳负荷临界点，在低负荷或临界负荷点以内工作稳定，运行负荷一般无法超越临界负荷点。

改变汽轮机的基础或轴承座及轴承的支撑刚度，可以提高汽轮机转子的相应一临界值，从而提高汽轮机机组失稳负荷临界点，但这种提高量有限，特别是当汽轮机支撑或轴承支撑刚度足够大时，这种改变不会有什么作用。

本汽轮机转速高，汽轮机转子轻（1384kg），最大功率超过20000kW，功率密度大，具有转子亚异步振动发生的外部条件，振动频率为0.4倍频，由此基本可判断汽轮机振动是典型的亚异步振动引起的汽轮机转子失稳。

亚异步振动在大型旋转机械中的诊断和转子动力学方面的研究目前仍是一个十分困难的问题，虽然可以通过计算机模拟，预测出机器的一般特性，然而在许多方面，因为给不出引起转子失稳的激振力大小，转子不稳定的激励机制还不完全清楚，因此很难预测到机器在何种工作状态下失稳。和同步振动特性不同，同步振动的特性数据可以在机器静止状态下，通过对转子的激振或敲击进行模态分析以获得需要的数据，亚异步振动特性数据只能在工作状态下才能测得。

7.12.3 解决方法

通过分析和总结，发现汽轮机转子发生亚异步振动现象存在一个门槛转速，只要汽轮机不超过该门槛转速，一般不出现亚异步振动，对于一个具体转子系统，有一个确定的门槛转速，不同的转子系统有不同的门槛转速值，虽然在设计初期无法确定该系统的门槛转速值，但对于一些较柔的转子，在工作转速不变的情况下，尽量提高转子的临界转速，也就提高了门槛转速值。一旦转子出现亚异步振动产生的失稳，有效的解决办法也只有改变其工作转速和临界转速之比值。

根据此思路，制造厂提出重新无偿提供一台全新设计制造的汽轮机。新机组的设计采用以下方案。

① 采用H40蒸汽室进汽方式，提高调节级叶片的根径，取消原来EB1的三级叶片，可缩短转子的轴承跨距约200mm。

② 提高转子直径，中间汽封前转子直径由$\phi270$增加到$\phi360$，中间汽封后转子直径提高到SK36允许的最大值$\phi325$。EB2因直径增大，在效率基本不变的情况下，级组级数由原来的12级减至7级，可使转子缩短200mm。

以上两项，使轴承跨距总的缩短400mm，整个转子轴承跨距由原来2485mm缩短到2085mm。

③ 汽封体采用非标设计，汽封挡直径由原来的$\phi220$增大到$\phi250$。

转子长度的缩短和直径的增大，使转子的刚性大大增加，刚性一临界转速由4200r/min提高到6900r/min，相应一界临界转速由3200r/min提高到4680r/min。

103-JT新机到厂安装开车，状况较好，转速最高到10057r/min，振动基本稳定在30μm左右，装置负荷最高可到90%。至此，困扰公司将近2年的难题基本得到解决。

第8章

风机振动故障监测与诊断

8.1 风机故障基本原因分类

风机与电动机之间由联轴器连接，传递运动和转矩。不对中是风机最常见的故障，风机的故障60%与不对中有关。风机的不对中故障是指风机、电动机两转子的轴心线与轴承中心线的倾斜或偏移程度。风机转子的不对中可以分为联轴器不对中和轴承不对中。风机转子系统产生不对中故障后，在旋转过程中会产生一系列对设备运行不利的动态效应，引起联轴器的偏转、轴承的磨损、油膜失稳和轴的挠曲变形等，不仅使转子的轴颈与轴承的相互位置和轴承的工作状态发生了变化，同时也降低了轴系的固有频率，使转子受力及轴承所受的附加力导致风机的异常振动和轴承的早期损坏，危害极大。

总结风机故障现象及原因，有其规律可循，风机故障按其原因分类，如表8-1和表8-2所示。

表8-1 风机机械故障原因分类

故障分类	主要原因
设计原因	①设计不当，动态特性不良，运行时发生强迫振动或自激振动 ②结构不合理，应力集中 ③设计工作转速接近或落入临界转速区 ④热膨胀量计算不准，导致热态对中不良
制造原因	①零部件加工制造不良，精度不够 ②零件材质不良，强度不够，制造缺陷 ③转子动平衡不符合技术要求
安装、维修	①机械安装不当，零部件错位，预负荷大 ②轴系对中不良 ③机器几何参数（如配合间隙、过盈量及相对位置）调整不当 ④管道应力大，机器在工作状态下改变了动态特性和安装精度 ⑤转子长期放置不当，改变了动平衡精度 ⑥未按规程检修，破坏了机器原有的配合性质和精度
操作运行	①工艺参数（如介质的温度、压力、流量、负荷等）偏离设计值，机器运行工况不正常 ②机器在超转速、超负荷下运行，改变了机器的工作特性 ③运行点接近或落入临界转速区 ④润滑或冷却不良 ⑤转子局部损坏或结垢 ⑥启停机或升降速过程操作不当，暖机不够，热膨胀不均匀或在临界区停留时间过久
机器劣化	①长期运行，转子挠度增大或动平衡劣化 ②转子局部损坏、脱落或产生裂纹 ③零部件磨损、点蚀或腐蚀等 ④配合面受力劣化，产生过盈不足或松动等，破坏了配合性质和精度 ⑤机器基础沉降不均匀，机器壳体变形

表 8-2 转子系统的异常振动类型及其特征

频带区域	主要异常振动原因	异常振动的特征
低频	不平衡	由于旋转体轴心周围的质量分布不均，振动频率一般与旋转频率相同
	不对中	当两根旋转轴用联轴器连接有偏移时，振动频率一般为旋转频率或高频
	轴弯曲	因旋转轴自身的弯曲变形而引起的振动，一般发生旋转频率的高次成分
	松动	因基础螺栓松动或轴承磨损而引起的振动，一般发生旋转频率的高次成分
	油膜振荡	在滑动轴承做强制润滑的旋转体中产生，振动频率为旋转频率的 1/2 倍左右
中频	压力脉动	发生在水泵、风机叶轮中，每当流体通过涡旋壳体时发生压力变动，如压力发生机构产生异常时，则压力脉动发生变化
	干扰振动	多发生在轴流式或离心式压缩机上，运行时在动静叶片间因叶轮和扩压器、喷嘴等干扰而发生的振动
高频	空穴作用	在流体机械中，由于局部压力下降而产生气泡，到达高压部分时气泡破裂，通常会发生随机的高频振动和噪声
	流体振动	在流体机械中，由于压力发生机构和密封件的异常而发生的一种涡流，也会产生随机的高频振动和噪声

8.2 引风机振动故障的诊断与分析

8.2.1 引风机振动概述

某风机为双吸、双支撑离心式通风机，齿式联轴器传动，结构简图及测点布置如图 8-1 所示，其工作介质为锅炉燃烧所产生的带有灰粒等杂质的高温烟气，工作转速为 740r/min。

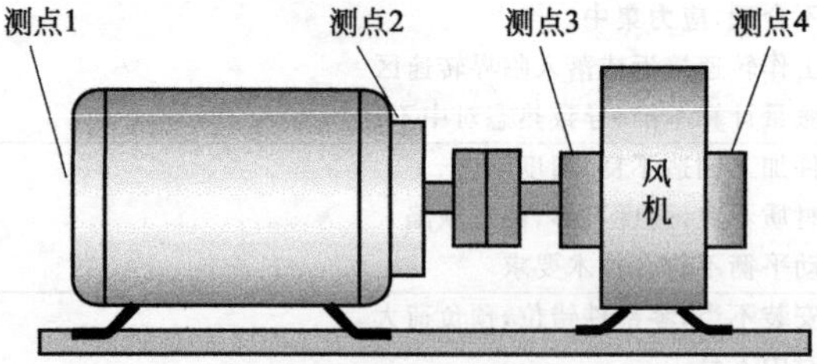

图 8-1 风机的结构简图

该风机按计划进行检修，由于自由端轴颈变细，在检修期间利用可赛新技术实施了修复，并更换了自由端轴承及轴承座。在试运时，风机振动严重超标，其振动值如表 8-3、表 8-4 所示，振动谱图如图 8-2 所示。

表 8-3 风机处理前数据

单位：μm

测点	水平	垂直	轴向
电机自由端 1	28	20	24
电机驱动端 2	29	25	30
风机驱动端 3	26	9	178
风机自由端 4	29.8	19	204

表 8-4 风机处理后数据

单位：μm

测点	水平	垂直	轴向
电机自由端 1	21	9	16
电机驱动端 2	28	12	21
风机驱动端 3	25	10	14
风机自由端 4	28	14	20

风机的振动呈现以下特征。

① 测点 1、测点 2 在水平、垂直、轴向 3 个方向的振动均在 30μm 以下。

② 测点 3、测点 4 在水平、垂直两个方向的振动均不足 30μm，但轴向振动严重超标，最大振动为测点 4，高达 204μm。

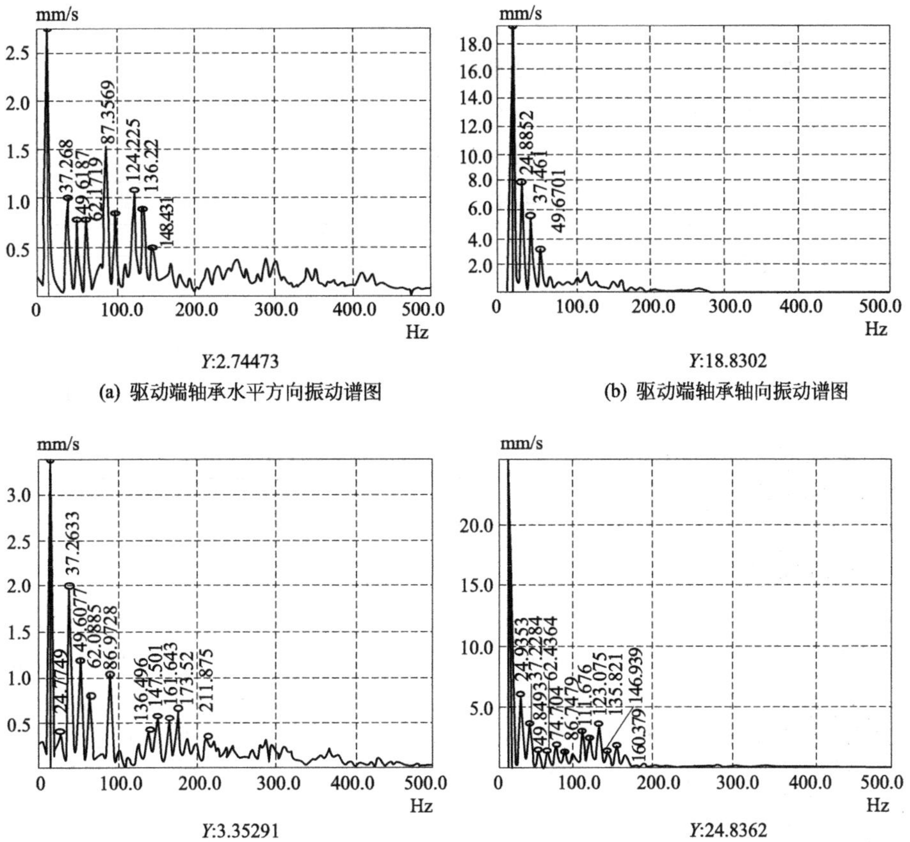

(a) 驱动端轴承水平方向振动谱图　(b) 驱动端轴承轴向振动谱图

(c) 自由端轴承水平方向振动谱图　(d) 自由端轴承轴向振动谱图

图 8-2　引风机振动谱图

③ 振动数据再现性差，往往不同时间测到的同一工况的振动也有明显差别。

④ 振动不断波动，瞬间的变化范围可达几十微米。

⑤ 该风机在检修以前，水平、垂直方向的振动很小，轴向振动偏大（134μm），但振值稳定，长时间变化不大。

8.2.2　故障的前期诊断

（1）故障诊断的思路

随着故障诊断工作的深入，此次对风机的故障诊断彻底摆脱了传统观念，避免了解体检查直观寻找故障的现象，同时也抛弃了目前人们常用的反向推理方法，而是采用正向推理方法，避免诊断结果不肯定、产生漏诊和误诊的现象。

使用正向推理诊断故障必须明确诊断故障范围，在能够引起风机振动故障的全部原因中与风机实际存在的振动特征、故障历史，进行搜索、比较、分析，采取逐个排除的方法，剩下不能排除的故障即为诊断结果。这一诊断结果包括两个方面：

① 当只有一个故障不能排除时，它是引起振动故障的原因；

② 当还剩下两个以上故障不能排除时，这些故障都是振动的可能原因，需要进一步试验，排除其中无关的故障。

(2) 风机振动的类型

从振动诊断的角度来看，风机具有以下特点：①风机是一种旋转机械因而有不平衡、不对中之类的故障；②风机是一种流体机械，有旋转失速、喘振存在的可能性；③风机受工作环境的影响，经常造成叶片的磨损，输入的介质还可能黏附在转子上形成随机变化的不平衡；④风机由电动机驱动，可能存在电磁振动。

基于上述特点，风机的振动可归结为 8 种类型，见表 8-5。

表 8-5 风机的振动类型

序号	故障类型	特征频率/Hz	振　源
1	基础不牢	$f=n/60$	支承动刚度不足
2	风机转速接近临界转速	$f=n/60$	共振
3	喘振	$f=n/60$ 或 $f=zn/60$	气流不稳定力
4	电磁振动	$f=nP/60$，P 为转子磁极个数	电磁力
5	转子不平衡	$f=n/60$	不平衡量产生的离心力
6	不对中	$f=Kn/60(K=1,2,3\cdots)$	联轴器故障；转子不同心、不平直和轴径本身不圆
7	部件松动(或配合不良)	$f=Kn/60(K=1,2,3\cdots)$	部件引起的冲击力
8	轴承故障	轴承各部件的特征频率	轴承各部件的冲击力

注：n 为风机的转速；z 为风机的叶片数。

8.2.3 振动试验与分析

(1) 轴承座动刚度的检测

影响轴承座动刚度的因素有连接刚度、共振和结构刚度。通过检测可知：连接部件的差别振动仅为 2～3μm，认为动态下连接部件之间的紧密程度良好；风机的工作转速为 740r/min，远远低于共振转速，风机的振动不属于共振；风机为运行多年的老设备，结构刚度不存在什么问题。因此，风机轴承座动刚度没问题，可以排除风机转速接近临界转速和基础不牢的故障。

(2) 气流激振试验

利用调节门开度对风机进行气流激振试验，在调节门开度为 0、25%、50%、75%和 100%的工况下，对各轴承的水平、垂直、轴向振动进行测试，目的是判别风机振动是否是由喘振引起的。但测量结果表明：风机振动与调节门的开度无关，喘振引起的振动是高频的，振动方向为径向。从频谱上未发现高频振动，且风机的振动主要表现在轴向。因此，风机的振动不是由喘振引起的。

(3) 电动机的启停试验

将简易测振表的传感器置于电动机地脚，若在启动电动机的瞬间，测振表的数值即刻上升到最大值，或在电动机断电后，数值迅速下降到零，则属于电磁振动。通过测试得知，振动随转速的升高而逐渐增大，随转速的降低而逐渐下降。因此，风机的振动不属于电磁振动。

(4) 不平衡振动

风机不平衡振动最明显的特征：一是径向振动大；二是谐波能量集中于基频。而该风机的径向振动均在 30μm 以下，在图 8-2 所示的径向频谱中，基频振动最大只有3.35mm/s，因此，风机的振动并非由不平衡引起。

(5) 不对中故障

由不对中引起的振动主要有 3 个特点：①表现在轴向振动较大；②与联轴器靠近的轴承

振动增大；③不对中故障的特征频率为 2 倍频，同时常伴有基频和 3 倍频。

该风机振动最明显的特征是轴向振动较大。由表 8-3 可知，靠近联轴器的轴承轴向振动为 178μm，自由端轴承轴向振动为 204μm；由图 8-2(b) 和图 8-2(d) 可知，轴向振动的频谱中除基频外，有明显的 2 倍频和 3 倍频，且 2 倍频的幅值高达基频的 44%。尽管检修人员一再强调对中没有问题，但是，如果联轴器本身有问题，检修水平再高也无法排除不对中故障。

(6) 部件松动或配合不良

由图 8-2(a) 和图 8-2(c) 可知，在测点 3 的水平方向，3 倍频的分量占基频的 37%；而在测点 4 的水平方向，3 倍频的分量达到基频的 60%，且存在 4、5 等高次谐波。显然，自由端轴承与轴配合不良，所以，也不能排除自由端轴承的松动故障。

(7) 轴承故障

进一步分析谱图，未发现轴承的故障频率，说明轴承本身没问题。

综上所述，引起风机轴向振动故障的原因有两个：①自由端轴承与轴配合不良或者轴承松动；②联轴器本身的故障。其中轴承与轴配合不良是振动的根本原因，联轴器本身的故障属于次要原因，对轴承与轴配合不良产生的振动起到了加剧作用。在 7 月 20～22 日的抢修期间，经检查发现，自由端轴承偏转，联轴器部分齿面有凹坑和麻点。

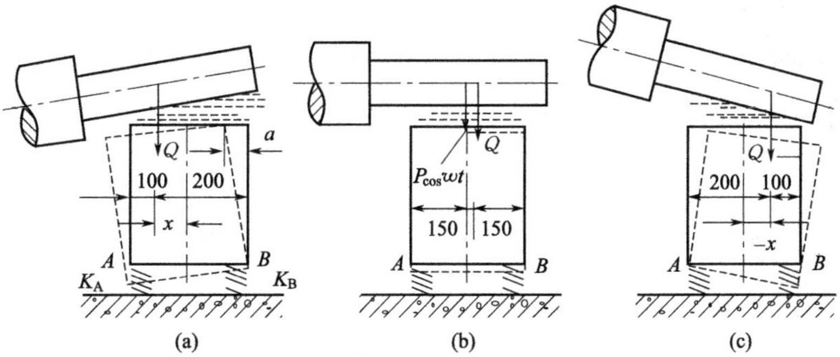

图 8-3　轴径承力中心变化引起的轴向振动

8.2.4　振动机理

由于轴承座偏转，在旋转状态下，轴承对轴径的承力中心点将随转速周期性地沿轴向变化。图 8-3(a) 表示转子在某一位置时，轴承承力中心点偏于 *A* 侧；图 8-3(c) 表示转子转过 180°后，轴承承力中心点偏于 *B* 侧。若轴承座和基础没有弹性，则轴承承力中心点的变化始终在轴承座底边 AB 范围内，不会引起轴承座的轴向振动。实际上，轴承座和基础组成的支承系统具有一定的弹性，在轴承承力中心点周期性变化的作用下，轴承座将沿某一底边发生周期性的轴向振动，且振值忽大忽小，极不稳定。即使轴承座固定螺栓很紧，这种现象也难以避免。

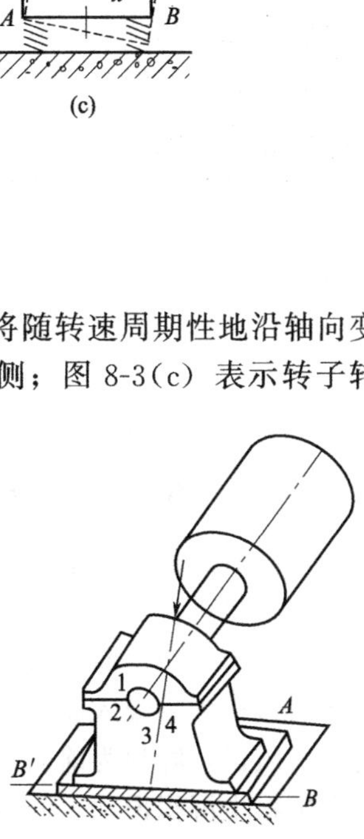

图 8-4　风机自由端轴承座示意图

振动的 3 个要素是振动幅值、圆频率和相位。因此，振动是一个具有大小和方向的矢量，相位与频率一样，也含有丰富的振动信息，该风机轴承偏转和不对中的故障也可以从相位的变化来判断。

对于风机自由端轴承来讲，可以对比图 8-4 所示的 4 个测点的相位来识别轴向振动的故障源。如果 4 个测点的相位明显不同，说明轴承在扭振，是由于轴承在轴上或者在轴承座中翘起造成的。联轴器两侧（图 8-1 中测点 2、3）径向振动的相位差如果基本上为 180°，说明齿式联轴器属于平行不对中；两侧轴向振动相位差如果接近 180°，说明齿式联轴器属于偏角不对中。但遗憾的是当时没有意识到这一点，只注重振动的幅频特性，否则，利用幅、频、相进行综合诊断，会大大增强诊断的信心，提高诊断的准确性。

该风机更换了自由端轴承和齿式联轴器后，振动值如表 8-4 所示，频谱如图 8-5 所示，振动状况良好。

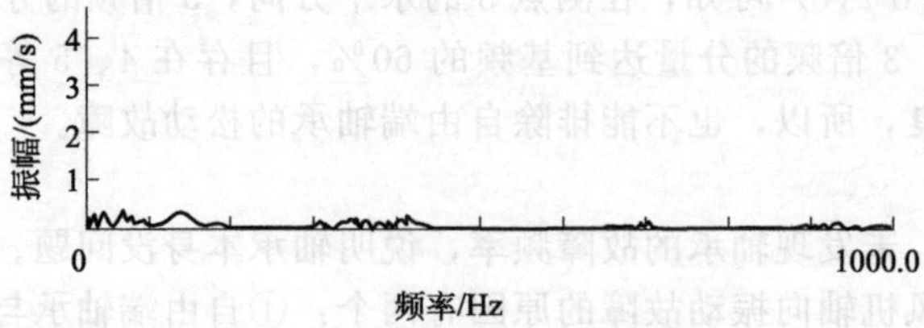

图 8-5 处理后的风机振动谱图

8.3 引风机积灰振动影响因素及吹灰装置应用

在我国一些火力发电厂中锅炉引风机积灰振动问题时有发生，为此运行中需经常进行风机停运清灰，不但限制和影响机组出力，有时甚至因风机频繁振动超标而酿成事故。造成引风机积灰振动的因素较多，通常与风机类型、风机前在装除尘器形式、煤种及运行方式等有直接关系。某公司一期 3 台机组引风机积灰振动问题相对突出，年停运清灰均在 20 次以上。为此该公司在保持原有设备现状和运行方式的前提下，通过应用喷嘴气流吹扫技术，对一期机组引风机进行技术改造，改造后有效缓解了风机积灰振动问题。

公司现有 6 台 200MW 发电动机组，分一、二期工程各 3 台。其中一期工程 3 台机组配套锅炉为哈尔滨锅炉厂制造生产的 HG-670/140-7 型超高压中间再热自然循环燃煤锅炉，同时采用 ϕ5100mm 文丘里水膜式除尘器。锅炉配用沈阳鼓风机（集团）有限公司制造的 Y4-73No31（29.5）D 型离心式引风机，风机进口装有调节风量的进口挡板，挡板与叶轮间装有导流装置。自机组投产以来引风机叶片积灰振动问题时有发生，引风机积灰振动问题已成为制约公司安全经济生产的重要隐患之一。一期机组引风机积灰振动相对频繁，据统计某年前 3 个月仅一期 2# 炉因引风机停运清灰就达 20 次，影响发电量约为 76.73×10^4kW·h，给公司造成较大的经济损失。

8.3.1 引风机叶片积灰振动的影响因素

(1) 引风机结构形式

通常风机在运行时叶片非工作面由于气体涡流、叶片表面粗糙、尘粒的布朗运动等原因易造成粉尘沉积，而试验表明：风机叶片型线对其积灰程度有一定影响。公司一期 3 台机组在装引风机为单吸入离心式风机，其叶片为后向机翼型空心叶片；二期机组引风机为双吸入离心式风机，叶片为前向平板式结构。实际运行中一期机翼型叶片风机结构形式相对二期容易发生粉尘沉积振动。而对于同类型不同叶轮直径的风机，大直径叶轮发生积灰更易失衡产生振动，如该公司一期 1#、2# 机大直径叶轮引风机与同类型的 3# 机小直径叶轮风机相比，在同等煤种和运行工况下，发生积灰振动相对更为频繁。

另外，对于机翼型空心叶片风机，运行中一旦叶片磨穿会造成灰粒进入叶片空腔内，在短时间内破坏风机转子的动平衡产生振动。如果这种情况发生即使叶片上无积灰，风机振动现象也仍然无法消除。

(2) 风机前除尘器结构形式

粉尘在风机叶片非工作面的沉积数量和黏附强度，与风机前所采用的除尘器形式和除尘效率有密切关系。采用干式除尘器叶片上一般会黏附些强度较低的松散积灰，而采用湿式除尘器风机叶片非工作面上会黏附些水泥状坚硬积灰；采用高效率的除尘器（如电除尘器、布袋式除尘器等）会大大降低风机叶片的积灰程度。

该公司一期机组在装除尘器为文丘里水膜除尘器，这类湿式除尘器会造成风机进口烟气存在较严重的带水问题。因为水膜除尘器在其工作过程中，一部分微小水滴会同粉尘一起被烟气带入风机中，同时如果环境气温较低时，随烟气进入吸风机的水蒸气也会发生凝结与粉尘混合形成灰浆附着在叶片上，这些灰浆大多黏结在风机叶片非工作面及叶轮前、后盘上，风机运行过程中灰浆所含水分会逐渐蒸发，而形成比较坚硬的灰壳并逐渐沉积增厚。当风机叶片上的积灰达到一定质量时，部分灰块在自重和旋转离心力共同作用下脱落时，风机转子平衡即被破坏产生振动。当运行中除尘水量过大或频繁发生除尘器堵塞以及环境气温突变和潮湿季节，会加剧水膜除尘器内烟气带水量。

另外，一期机组在装的文丘里水膜除尘器设计除尘效率仅为 85%，投产后又取消了文丘里喷管雾化及扫地喷嘴除尘功能，失去了原有的捕滴除尘作用，进一步降低了除尘器除尘效率，运行中相当一部分飞灰经引风机后从烟囱排放，除尘器除尘效率低，一方面增加了风机叶片非工作面积灰程度，同时也会加剧风机叶片工作面的磨损。

(3) 煤质下降及烟气流通阻力增加

煤质的变化会对引风机叶片积灰程度带来一定影响。该公司燃用煤质灰分比例较大(30%以上)，而且热值偏低。通常燃用高灰分、低热值劣质煤，锅炉达到同等出力时，需要燃煤量及产生的灰量必然增加，而现有除尘器除尘效率不高，这样除了对锅炉燃烧及受热面积造成影响外，还会导致制粉系统（如磨煤机、引风机等）及除尘设备出力不足、电耗增加、磨损加剧、烟道积灰等。从近年每次机组大小修检查发现，除尘器内及其出进口烟道均存在大量的积灰，说明由于烟气中飞灰含量的大幅度增加，原设计水膜除尘器除尘效率下降、风机出力不足。

烟气系统流通阻力的增加也是造成风机叶片积灰的重要因素之一。由于烟道及受热面积会造成烟气侧流通阻力增加，会带来烟速降低、飞灰浓度升高、积灰烟道出口烟温下降等问题。另外一些新增设备对烟气流通阻力存在影响，如 2# 炉后增设的管式空气预热器相对同类型的 1#、3# 机组，对烟气阻力的影响也是客观存在的。

(4) 运行方式

合理调整和控制除尘器的除尘水量，是防止引风机积灰振动的主要手段之一。在运行中既要控制和减少风机进口烟气带水量，更要兼顾除尘器除尘效果。原则上保证风机不发生积灰振动的前提下，尽量加大除尘水量，以提高除尘器除尘效率。提高风机进口烟气温度，减少锅炉尾部烟道漏风，使烟温高于水蒸气的露点，也是防止风机叶片积灰的重要手段。

该公司锅炉在装引风机有高、低速两个挡位，通常运行时一台高速运行，另一台低速运行，原则上两台风机应定期高、低速切换运行。因为风机低负荷运行时，风机进口速度发生偏离与叶轮通道的进口安装角产生一个差角，叶片非工作面上会形成流体低速区域，在该区域内气流携带粉尘的能力下降，粉尘更容易沉积叶面上，单吸入风机长时间低速运行，还会带来烟道积灰不均衡现象。

另外，加强除尘设备的巡检和维护，及时有效地消除除尘设备缺陷，杜绝和减少烟气通道积灰及除尘器堵灰现象发生，也是防止引风机积灰振动的有效手段。

8.3.2 引风机积灰振动的处理

(1) 解决引风机积灰振动的途径

针对上述引风机叶片积灰振动的各类影响因素，为了解决引风机积灰振动问题，可以采取除尘器、引风机改型，以及提高燃煤质量、加强运行控制等手段。其中提高除尘器的除尘效率，减少粉尘进入引风机的机会，可以从根本上解决积灰振动问题。例如采用电除尘等高效型除尘器的引风机，只要除尘器运行正常，就不会或很少发生风机积灰问题。但是受资金、工程量等客观条件限制，全部改变除尘器的形式，对于一些企业短期内是难以实现的；同样风机改型的资金、工程量也是相当大的，而且效果也并非理想。另外，受外部煤炭市场形势的制约以及成本核算，燃煤现状也不会有大的改观；而现有除尘器及风机运行调整手段有限。

面对设备改型解决风机积灰振动存在的实际困难，能不能在允许一定量的粉尘及水分进入引风机的条件下，采取一些简便措施防止飞灰在转子上沉积，从而减缓或避免引风机振动。根据机翼型叶片风机积灰主要发生在非工作面这一特点，过去一些专家和科研院所在这方面曾进行过多次实践和改进，据了解设计的一种喷嘴气流连续吹扫装置，经现场试验应用效果较好。该装置结构简单安装方便，对引风机改动量极小，通过与院方专家探讨，认为在保持原有设备现状和运行方式的前提下，采用这种气流吹扫技术，解决公司一期机组引风机积灰振动问题是经济可行的。

(2) 气流吹扫装置在引风机上的具体应用

该公司首先在1#机组两台引风机上安装试验了吹扫装置，又先后在2#、3#机组引风机上进行安装和改进。吹扫装置的原理是改变风机叶片非工作面上涡流区的流场，通过高速气流的动量将刚黏附到叶片上的松软积灰吹掉。该装置是将一组或两组喷嘴安装在风机叶片近非工作面处，利用引风机本身的压头将一部分空气（或烟气）吸入喷嘴组进口，并以较高的速度连续喷射到叶片非工作面，叶轮每转一周，叶片被依次吹扫一遍，通过气流连续吹扫达到防止粉尘沉积的效果。

风机吹扫装置是采用风机压头吸取室外空气吹扫方式，每套装置由两组渐缩形喷嘴组成，布置在风机转子两侧下方，两组喷嘴间与叶轮中心约成80°夹角。喷嘴流量的大小直接影响引风机的出力和吹扫效果，过大则风机出力下降且风机电动机电流增大，过小则吹扫效果欠佳，院方根据风机参数设计选取喷嘴尺寸及流量。其中一组装有内径ϕ50mm喷嘴8个，进风母管直径为ϕ159mm；另一组装有内径ϕ25mm喷嘴12个，进风母管直径为ϕ133mm。考虑风机叶轮高速旋转时相对速度的影响，安装喷嘴时其中心线与叶片最高点垂直并偏向叶片尾端5°～10°；为保证动静间隙及吹扫效果，喷嘴端部距叶片最近点设定为15mm。

采用这种吸取风机外空气吹扫形式的吹扫装置，当运行中发现引风机有积灰时（表现为轴瓦振动值增加），可以在喷嘴组母管进口加入适量细砂，人为造成一种磨损的状态，通过高速细砂撞击叶片上的积灰，以达到清灰、防振的目的。加入细砂最好在风机高速运行状态下均匀连续进行，但如果连续加砂无效时，应及时停运进行人工清灰。

(3) 应用效果及存在问题

该公司1#机组安装吹扫装置前后相比每年可减少引风机停运清灰近20余次，节约燃油40余吨，避免少发电近80×10^4kW·h。

从使用后机组停运时对风机检查情况，叶片非工作面仍有积灰，但积灰量相对安装喷嘴前大幅度减少（叶片积灰厚度不足10mm）。加装吹扫装置后风机电流略有上升，但对引风机性能无影响。由于吹扫装置进风口在风机室内，存在因负压气流所产生的低频噪声，为降低噪声可在吹扫装置进风母管入口端部管壁开设消声孔。另外，由于吹扫装置处于风机烟尘通风区域，粉尘气流对吹扫装置存在一定量的磨损，应定期检查做好防磨处理。

总之，通过应用喷嘴吹扫技术，解决引风机叶片积灰振动问题，效果明显、经济效益可观。该方法设备结构简单、方便实用、投资费用小，也可为解决其他湿式除尘方式机组引风机积灰问题所借鉴。

8.4　动叶可调轴流通风机机械故障原因分析

8.4.1　存在的问题

（1）设备状况

某发电厂总装机容量为 2540MW，一期、二期工程 4×300MW 机组是我国最早自行设计制造（经改造后 4 台机组实际出力均为 335MW）的国产机组，4 台锅炉全部为亚临界压力中间再热自然循环单炉膛燃煤汽包炉。每台锅炉配置两台轴流式引风机和送风机。

1#、2#、4# 炉投产时配套设计安装的 SAF28-18-16-1 型引风机，均为上海鼓风机厂采用德国 TLT 技术生产的轴流式动叶可调风机（参数见表 8-6）。3# 炉投产时设计安装两台山东电力修造厂与英国詹姆斯豪登公司联合制造的 AF1600/2992 轴流式动叶可调风机。

1#、2# 炉投产时配套设计安装的送风机，均为上海鼓风机厂采用德国 TLT 技术生产的轴流式动叶可调送风机（参数见表 8-6）。3#、4# 炉投产时配套设计安装的送风机为山东电力修造厂与英国詹姆斯豪登公司联合制造的轴流式动叶可调送风机。

表 8-6　TLT 风机特性参数

序号	项　目	引风机	送风机	备　注
1	风机风量/(m^3/h)	969645	489423	—
2	风机风压/kPa	3.29	3.15	送风机不含消声器阻力
3	风机叶片调节范围/(°)	−30～15	−20～20	—
4	液压缸行程与直径/mm	336/100	336/100	—
5	风机轮毂内径/mm	1584	1334	—
6	风机内径/mm	2818	2372	—
7	风机叶顶间隙/mm	2.8+1.4	2.4+0.6	叶片在关闭位置
8	风机叶片数/个	16	16	—
9	风机功率/kW	1050	750	—
10	风机效率/%	84	85	—
11	电机功率/kW	1800	1000	—
12	电机转速/(r/min)	985	993	—
13	额定电压/V	6000	6000	—
14	额定电流/A	205	113	—

4# 锅炉技改性大修时，将 4# 炉两台豪登送风机拆除更换为上海鼓风机厂制造的轴流式动叶可调送风机。3# 锅炉技改性大修时，将 3# 炉两台豪登送、引风机拆除，全部更换为上海鼓风机厂制造的轴流式动叶可调送、引风机。所有改造的风机配用原有电动机，同其他

$1^{\#}$、$2^{\#}$锅炉送、引风机电机相同。

(2) 故障规律及主要问题

① 故障规律。随着发电机组容量的不断提高，也相应地提高了锅炉对送、引风机的要求，轴流式动叶可调风机效率高、耗电量低，而且具有良好的调节性能，已经在大型锅炉上广泛被采用。风机主要由进气室、机壳、轴承箱、转子、风量调节机构、扩压器等主要部件组成。

4 台锅炉的送、引风机投产初期运行比较正常，经过近 20 年的运行，所发生的机械故障基本上都遵循浴盆曲线故障的规律（图 8-6）。

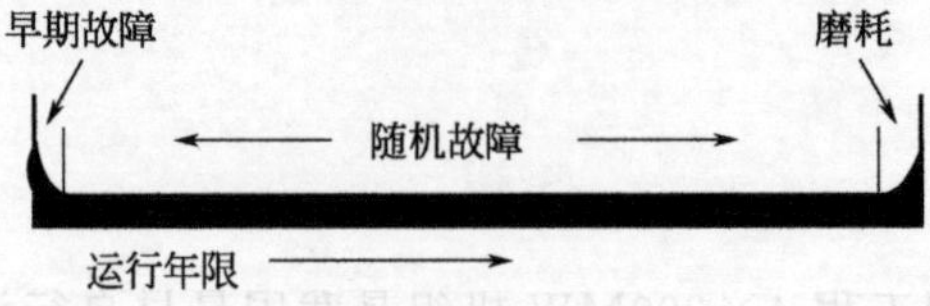

图 8-6 浴盆曲线

② 风机转子的故障。风机的转子属于风机核心部件，主要是轴承箱组件、轮毂组件和液压缸控制头组件的统称。不论是风机的工质、润滑油出现问题还是机械方面发生故障，最后都将体现在转子上，被迫停止风机运行进行抢修，为了缩短抢修时间，减少锅炉单侧风机运行带来的不经济和不安全。一般是直接将故障转子拆下来更换一台新转子。风机的转子解体检修工作量大，费用高，工艺复杂。通过图 8-7 的曲线可以看出，从投产以来转子的更换数量在不断增加，自从开展状态检修以来，没有更换一台转子。转子比较常见的故障体现在以下方面。

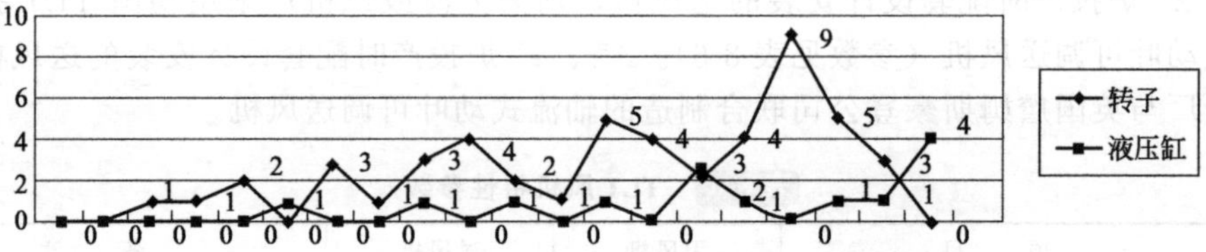

图 8-7 投产以来 $1^{\#}$～$4^{\#}$炉更换转子及液压缸数量

a. 风机漏油。主要是液压缸、控制头和轴承箱密封件或润滑油系统漏油，通过图 8-7 看出，从投产以来总共更换的 50 台转子（液压缸），根据笔者统计有 40％转子（液压缸）属于密封漏油而更换解体的。由于受到技术、试验等方面的限制，风机的转子解体大修工作只能返制造厂，往往返厂解体大修一次费用 20 多万元。为了节约费用和抢修工期，只要转子内部没有问题，就只更换液压缸、控制头，从投产以来共更换液压缸 18 台。

b. 风机振动。由于受当时技术条件限制，风机投产没有装设振动自动测量装置，对于风机振动参数的采集主要靠人工利用仪器现场对机壳进行实际测量。引风机的振动一般分为突发振动和逐渐增大两种。前者多是在风机负荷变化频繁且幅度较大时，主要属于转子轮毂表面积灰突然脱落造成转子不平衡或锅炉高负荷（近年来由于煤质差锅炉经常用 4 套制粉系统）运行情况下；后者则主要属于机械方面的异常引起的振动大，同时还会伴有脉动异音出现。

c. 风机轴承温度高。引风机的轴承箱内驱动端装有两套轴承，即 7340BMPUA 向心推力轴承和 NJ340EmiC3 滚柱轴承，在非驱动端有一套 NU340EmiC3 滚柱轴承。运行规程规定引风机的轴承温度≥80℃报警，≥110℃跳闸。由于排烟温度偏高以及润滑油温度高等原因，导致引风机轴承温度时常在 78～86℃之间运行。从投产以来引风机有 5 次是轴承温度高和异音问题更换转子。液压缸、控制头内轴承一般采用的是国产轴承，从投产以来更换 82 台液压缸，解体后发现液压缸主轴的 6209 轴承和控制头内调节杆的 3200 轴承破碎导致调节套卡涩不动的问题占 50％以上。

d. 引风机叶片磨损。为了保证风机效率，引风机叶片顶部间隙设计在（2.8+1.4)mm范围内，投产初期阶段电除尘器运行工况不稳定效率偏低，加重了引风机叶片的磨损。由于烟气含尘量高导致引风机叶片磨损，严重时沿叶片宽度磨掉 1/2，致使引风机叶片叶顶间隙达到 6.2mm 以上。一套新叶片只用一年甚至更短时间（表 8-7)，特别是 2# 炉甲引风机更换次数比其他风机高一倍以上。

表 8-7　投产以来 1#、2#、4# 炉引风机叶片更换统计表

类别	引风机叶片更换时间					
1# 炉甲	87.4.28	89.4.23	90.10.27	94.5.8	98.5.15	—	—
1# 炉乙	87.4.28	90.9.29	94.5.8	98.5.15	—	—	—
2# 炉甲	88.5.13	89.5.14	90.5.31	90.9.22	91.12.16	92.12.17	94.6.23
	98.5.20	99.11.23	—	—	—	—	—
2# 炉乙	88.5.13	90.5.31	91.5.19	94.6.23	—	—	—
4# 炉甲	92.5.15	96.6.10	02.9.24	—	—	—	—
4# 炉乙	92.5.15	95.1.6	01.2.19	—	—	—	—

③ 风机叶片漂移。以前很少发生叶片漂移现象，有时停炉检修时发现叶片角度不一致，3# 炉甲引风机检修过程中，进行内部检查发现 13#、14# 叶片漂移（与其他叶片角度不一致)。3# 锅炉检查性大修时甲引风机解体检查，进行叶片内外角度校对发现 7 个叶片调节不动。运行中经常发生叶片漂移现象，夜间停 3# 炉甲引风机，内部检查发现叶片漂移，其中有 3 个叶片关闭。3# 锅炉小修，检查发现 3# 炉甲引风机有 8 个叶片角度差 5°关不到底，乙引风机也有 6 个叶片漂移。

④ 引风机支撑环裂纹。风机转子轴承箱与风机机壳的固定由轴承箱两端的法兰用 8 个螺栓与机壳的壳体板固定。1#、2#、4# 炉 TLT 引风机投产初期运行比较正常，后来发现 1# 炉乙引风机，2# 炉甲引风机机壳振动大并且接近超过规程规定值，发展比较快，吊开引风机上盖，检查发现轴承箱与下部机壳相固定的支撑环焊口出现裂纹，支撑环下部的支撑板和筋板均存在不同程度的开裂。4# 炉乙引风机振动振幅 132μm，停炉后解体发现，该引风机上机壳内推力侧上支撑环与轴承箱口环有明显的摩擦痕迹，承力侧上支撑环与轴承箱口环间隙大，由于振动大下壳体筋板开裂，加强筋板也裂开，壳体筋板虽然多次经过临时挖补焊接，但是不久又多次开裂导致机壳严重变形。2# 炉甲引风机就因为支撑大环、下壳体筋板多次开裂焊补，长期振动大，最后将 2# 炉甲引风机整套机壳全部更换。

8.4.2　常见故障原因分析

(1) 液压缸、控制头和轴承箱漏油

① TLT 轴流式引、送风机因其采用动叶可调结构，无形中增加了密封点。转子漏油主要分为长期运行中漏油和新更换的转子漏油两个方面，更换转子往往因为风机漏油，但风机轴承还比较完好。通过图 8-7 可看出投产以来更换的风机转子数量。投产初期漏油现象较轻，转子更换出现的第一次高峰（图 8-7)，与锅炉负荷高、排烟温度高加剧了密封件的老化有关。锅炉排烟温度高、经常在 170℃运行，最高时达 220℃以上（虽然有密封、冷却风机)，仍然会对密封件的使用寿命有影响，就容易出现漏油，还曾经发生过引风机控制头运行中漏油着火的事故，当然也与设备本身密封件的质量有关。以后的第二次更换高峰（图 8-7)，就是小修时也因时间、技术条件限制，无法对整个转子解体，运行中不能检修，所以返厂解体，并要求厂家对轴承骨架油封以及各动静结合部位的密封，全部选用进口件，厂家

利用国产密封替代进口密封件，后来在监造时发现此问题。第三次高峰，主要体现在$3^{\#}$、$4^{\#}$炉技改更换新引、送风机转子的质量差有关。$3^{\#}$炉技改性大修更换安装了新引、送风机后，试运中发现$3^{\#}$炉甲送风机机壳中分面向外大量漏油（不到2h向油箱内补充约240kg机油），被迫又更换新转子。技改性大修新风机投运4年来，$3^{\#}$炉甲引风机共更换两次转子，还更换过两次液压缸，而乙吸风机也更换过一台转子和一台液压缸。$3^{\#}$炉4年来更换的9台转子（液压缸）有5台属于漏油原因。虽然当时监造因为种种原因没有及时跟上，风机改造中润滑油系统管路全部更换，而油站的油管道采取灌砂加热方式弯制，在油系统安装完后，没有用高温蒸汽冲洗管路中杂质，油系统管路检修施工过程中，工作人员未用割刀而是用钢锯把管子锯开，管道焊接后一些杂质也会被携带进入油系统损伤密封件。

② 轴承箱漏油：密封件质量差和老化引起漏油。风机润滑油质不合格或恶化，轴承杂质进入油室损伤磨坏密封件，轴承箱骨架油封的压环外有锁紧螺母，由于锁紧螺母没有止退装置，运行中长期振动，锁紧螺母松动，导致骨架油封的压环松动引起漏油。

③ 液压缸和控制头漏油：主要分为内漏和外漏。内漏主要是活塞及滑阀密封件故障造成动调卡涩与失灵。外漏则主要是密封件老化引起输出轴、输入轴透盖等密封漏油。油管道接头漏油一是质量问题；二是磨损造成。对$3^{\#}$炉乙引风机吊开上盖，检查发现，控制头拉筋松开，磨坏泄油管接头漏油。停用$3^{\#}$炉甲引风机，控制头拉筋松开，磨坏泄油管接头漏油。以上漏油严重无法消除则只得更换液压缸和控制头。

（2）烟气的含尘量及叶片的磨损

引风机叶片磨损轻重除了与叶片制造工艺、耐磨涂层以及叶型等问题有密切的关系外，还与烟气中灰尘的含量过高以及烟气量偏大对叶片的磨损都有极大的影响。$2^{\#}$炉乙引风机进口烟气挡板未完全开启运行3个月，烟气流量偏向甲侧造成叶片严重磨损（表8-7）。除了以上原因影响叶片的寿命外，通过对三期（6000MW机组）$5^{\#}$、$6^{\#}$锅炉引风机叶片磨损情况长期观察，发现该引风机叶片表面没有防磨涂层，已经运行了10年以上，叶片磨损轻微，经过仔细研究分析，不但与叶型及电除尘器效率高有关，主要与风机转速有关。三期引风机与一、二期引风机属于同一种形式，同为16个叶片，三期引风机转速只有750r/min，比一、二期引风机转速低了近1/5。从图8-8看出，自从推行点检制，特别是开展状态检修以来，检修、运行质量和检修工艺有了明显的提高，引风机叶片寿命更长。

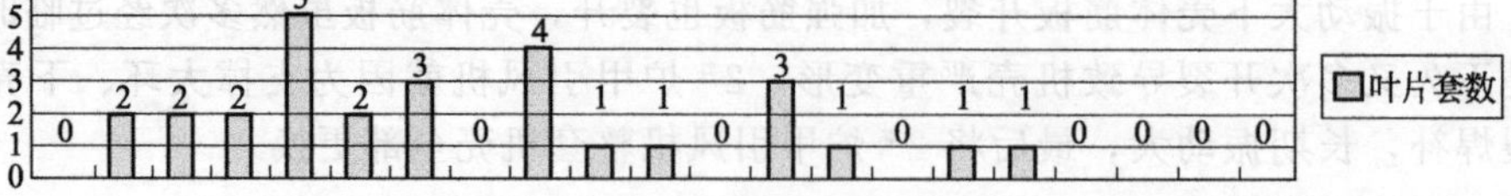

图8-8 投产以来$1^{\#}$、$2^{\#}$、$4^{\#}$炉引风机叶片（套）数量统计

（3）风机振动

引风机运行中时常出现振动超出规程规定值，被迫更换备用转子，一般更换一台引风机转子约需要72h，如果突击加班抢修也得48h，特别是工作环境恶劣。由于更换过程中只能单侧风机运行，既影响了发电量，还威胁着锅炉的安全运行。转子（轴承箱）振动主要分为以下几个方面。

① 一般情况下风机校对完控制头同轴度后将各调节螺栓紧固，为了防止控制头自身质量下垂而引起抖动，就利用一根支撑拉筋将控制头与支机固定，支撑拉筋的固定螺栓由于振动松脱，造成控制头同轴度超出规定范围。控制头输入（输出）轴联结柱销和弹簧钢片磨损间隙过大或断裂，控制头同轴度调节螺栓松动等。引风机转子与机壳的固定，由轴承箱两端的法兰用8个螺栓与机壳的壳体板固定，螺栓松动加剧了风机的振动。

② 除了风机轴承故障引起振动以外，主要是由于液压缸和控制头漏油导致轮毂表面不均匀积灰加剧，如果控制头不漏油，则轮毂表面积灰到一定厚度就会局部脱落同样造成引风机轮毂不平衡振动。轮毂表面积灰主要是控制头室空间的密封风量不能正常维持导致，引风机的密封风机至控制头室的通道（即引风机的出口空心静叶），在该风道内布置有 3 条进、回、泄油管道，在该风道出口用来固定 3 条油管道的一角钢支架（特别是 2# 炉甲引风机），该支架遮挡密封风机通道出口 1/3 面积，影响出风，加上角钢支架、油管道及固定卡子等容易堆积油灰，又减少了通风量，由于常年磨损引风机的出口（空心）静叶磨穿空气漏入烟气中，以上问题都会加剧轮毂表面积灰造成风机轮毂不平衡振动。

③ 引风机转子轮毂上装有 16 个叶片，叶片的制作安装有着严格的工艺要求，叶片必须全面检查配对编号，导致风机叶片漂移的主要原因：一是制造和复装质量的影响，主要是叶柄与调节杆（曲臂）以及曲臂与滑块的锁紧螺母改型后紧力不足松动，叶柄 7211 轴承和曲臂滑块磨损间隙过大等导致叶片漂移；二是运行工况的影响，由于排烟温度偏高，致使转子内的润滑脂软化流淌或干结，加上叶柄密封不严积灰造成叶片卡涩等都会导致叶片漂移。

(4) 轴承温度高

一是润滑油中有杂质等润滑不良；二是轴承游隙大保持架磨损等导致轴承温度升高或传动机构齿轮卡涩。4 台锅炉引风机的油站原设计安装的油冷却器，在当地使用换热量本身余量不大，加上引风机冷却水管道太细，又处在厂工业水系统的末端，由于长年运行，油冷却器以及冷却水管道结垢和淤泥等杂质堵塞，换热效率下降，每次停炉后都必须进行人工清洗。先后改进了冷却水系统，包括南北向母管 ϕ57mm×4mm 无缝管及油站进回水 ϕ25mm 支管，将油站冷却水管道加粗并更换。并且增加了一组油冷却器，原风机油站两台冷油器共用一套冷却水管，改为分别独立的两套冷却水管。还在油站的检修中将过滤器的清洗列为质量监督点进行验收。通过改进使油站油箱润滑油温度从 52℃降至 38℃，引风机轴承温度一般能保持在 68℃以下。

(5) 锅炉排烟温度升高

引风机下机壳支撑环开裂一般不应经常发生，除了一般人们所了解的正常原因以外，分析主要是锅炉排烟温度升高：锅炉设计排烟温度 134℃，由于种种原因，排烟温度逐年升高，锅炉负荷高时，时常在 170℃运行，最高时达 220℃以上，与环境温差大，特别是冬季。1# 炉投产初期引风机机壳外设计安装有一保护罩（车衣），主要起到隔音、保温作用，所以对引风机机壳未采取保温措施，后来在检修工作中将保护罩（车衣）拆除，但是又没有对引风机机壳采取保温措施，至今一直使机壳裸露在外（3# 炉原豪登引风机和三期 TLT 引风机外壳均有保温层）。冷却风机吹进转子箱体内的低温空气，同样会加大机壳支撑板内外侧温差，也是导致机壳严重变形的一个原因。

8.4.3 预防措施

① 对于轴流通风机的常见机械故障，特别是引风机，在日常维护和检修中，应确保转动机械的良好润滑。解体后发现润滑油中杂质最容易沉积在控制头内输入、输出轴传动齿轮处造成卡涩，消除振动是防止漏油的一项先决条件。严格执行给油脂标准，定期进行油脂化验，可以通过化验油中机械杂质含量判断劣化趋势，特别是润滑油系统检修中严格按照工艺标准执行。

② 控制头输入（输出）轴联结柱销和弹簧钢片定期更换。对控制头采取有效的固定措施，确保控制头的同轴度在规定范围内。定期检查控制头各密封，保持油压减少泄漏。液压缸或控制头内部油封不严密漏油，不仅影响伺服阀行程导致动叶开度失真，会造成动叶开关受限，内外角度不同。控制头下部有 3 条油管路接口，一条接进油管，一条接

回油管，另一条接泄油管。3 条管路不要接反，否则伺服机与输入轴不动还损伤密封件。

③ 提高检修工艺质量，防止叶片漂移，保证风机轴系中心在规程规定范围以内。润滑不良则会引起轴承故障导致振动加剧，根据笔者多年对风机振动的观察，发现通过分解风机垂直、轴向、水平 3 个方向的振动，就可以确定导致风机振动的部件和原因。

④ 利用每次停炉机会，及时清理轮毂表面积灰，也可以在风机上加装一套吹灰装置，运行中利用压缩空气进行不停机清灰。及时修复、改进引风机密封、冷却风机通道，确保畅通无阻。

⑤ 改善燃烧状况，降低排烟温度，改善引风机内部工作环境，在不恢复车衣的情况下，引风机机壳外部加上一层保温材料，减少内外部温差，在保温层外加上防雨铝皮。

8.5 动叶可调轴流通风机的失速与喘振分析及改进措施

动叶可调轴流通风机具有体积小、质量轻、低负荷区域效率较高、调节范围宽广、反应速度快等优点，近十年来，国内大型火力发电厂已普遍采用动叶可调轴流通风机。因为轴流通风机具有驼峰形性能曲线这一特点，理论上决定了风机存在不稳定区。风机并不是在任何工作点都能稳定运行，当风机工作点移至不稳定区时，就有可能引发风机失速及喘振等现象的发生。

针对某公司二期扩建工程 2×600MW 机组一次风机在安装、调试期间发生的失速问题，对失速与喘振的原理进行了分析，并提出了相应的检查和整改措施，以及风机在正常运行过程中如何避免失速与喘振的发生。

8.5.1 轴流通风机失速与喘振的关系

(1) 失速

目前，一般轴流通风机通常采用高效的扭曲机翼型叶片，当气流沿叶片进口端流入时，气流就沿着叶片两端分成上下两股，处于正常工况时，冲角为零或很小（气流方向与叶片叶弦的夹角 α 即为冲角），气流则绕过机翼型叶片而保持流线平稳的状态，如图 8-9(a) 所示。当气流与叶片进口形成正冲角时，即 $\alpha>0$，且此正冲角超过某一临界值时，叶片背面流动工况则开始恶化，边界层受到破坏，在叶片背面尾端出现涡流区，即所谓“失速”现象，如图 8-9(b) 所示。冲角 α 大于临界值越多，失速现象就越严重，流体的流动阻力也就越大，严重时还会阻塞叶道，同时风机风压也会随之迅速降低。

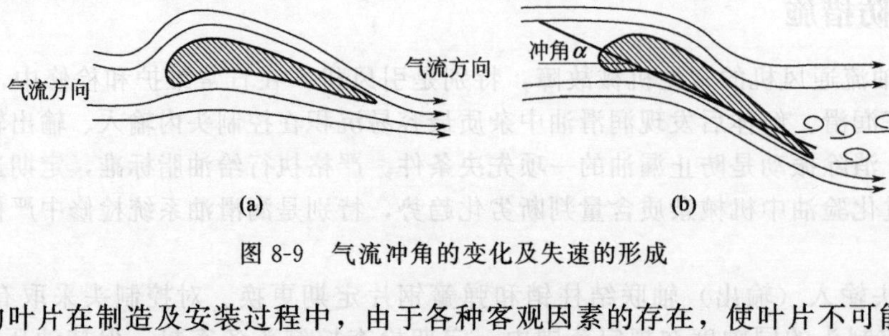

图 8-9 气流冲角的变化及失速的形成

风机的叶片在制造及安装过程中，由于各种客观因素的存在，使叶片不可能有完全相同的形状和安装角，因此当运行工况变化而使流动方向发生偏离时，在各个叶片进口的冲角就不可能完全相同。当某一叶片进口处的冲角 α 达到临界值时，就可能首先在该叶片上发生失速，并非是所有叶片都会同时发生失速，失速可能会发生在一个或几个区域，该区域内也可能包括一个或多个叶片。由于失速区不是静止的，它会从一个叶片向另一个叶片或一组叶片扩散，如图 8-10 所示。假定产生的流动阻塞首先从叶道 23 开始，其部分气流只能分别流进叶道 12 和 34，使叶道 12 的气流冲角减小，叶道 34 的冲角增大，以至于叶道 34 也发生阻塞，并逐个向叶道 45、56…传播，如图 8-10 所示。试验表明：脱流的传播速度 ω' 小于叶片运转的角速度 ω；因此，在绝对运动中，脱流区以 $\Delta\omega=\omega'-\omega$ 速度旋转，方向与叶轮旋转方向相同，这种现象称为旋转脱流或旋转失速。风机进入到不稳定工况区运行时，叶轮内将会产生一个或数个旋转失速区。叶片每经过一次失速区就会受到一次激振力的作用，从而会使叶片产生共振；此时，叶片的动应力增加，严重时还会导致风机叶片断裂，造成设备重大损毁事故。

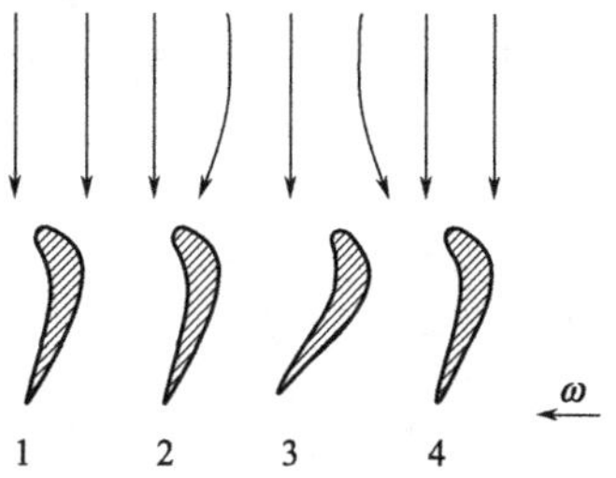

图 8-10　旋转脱流工况

（2）影响冲角大小的因素

通常风机是定转速运行的，即叶片周向线速度可以看作是一定值，这样影响叶片冲角大小的因素就是气流速度与叶片的安装角。

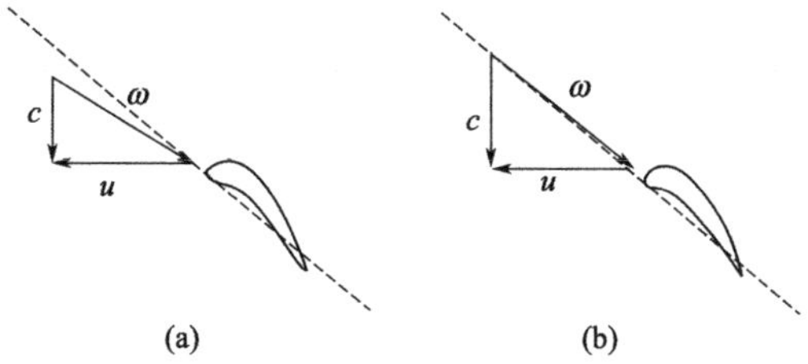

图 8-11　进气速度及叶片角度对冲角的影响

由图 8-11 可看出，当叶片安装角 β（图中虚线代表的角度）一定时，如果气流速度 c 越小，则冲角 α（图中虚线与相对速度 w 的夹角）就越大，产生失速的可能性也就越大。

当气流速度 c 一定时，如果叶片安装角 β 减小，则冲角 α 也减小；当气流速度 c 很小时，只要叶片安装角 β 很小，气流冲角 α 也很小。因此，当风机刚刚启动或低负荷运行时（前提是管道的进、出口风门此时应处于全开状态），风机失速的可能性将会减小甚至消失。同样，对于动叶可调风机，当风机发生失速时，关小失速风机的动叶角度，可以减小气流的冲角，从而使风机逐步摆脱失速状态。当然，还可以明显地看出，对于叶片高度方向而言，线速度 u 是沿叶片高度方向逐渐增大的，在气流速度 c 一定的情况下，冲角 α 会随着叶片高度方向逐渐增大，以至于在叶顶区域形成旋转脱流；因此，随着叶片高度的方向逐渐减小，叶片安装角 β 可以避免因叶高引起的旋转脱流。目前，动叶可调轴流风机常用的扭曲叶片就是基于这个道理（图 8-12）。

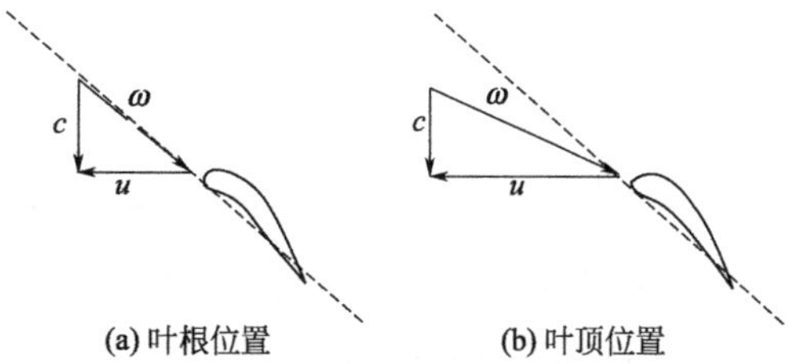

图 8-12　叶顶与叶根的速度三角形

（3）喘振

一般轴流通风机性能曲线的左半部，都存在一个马鞍形的区域（这是风机的固有特性，但轴流通风机相对比较敏感），在此区段运行时有时会出现风机的流量、压头（反映在风机驱动电动机的电流）的大幅度脉动，风机及系统风道都会产生强烈的振动、噪声显著增高等不正常工况，一般称为“喘振”，这一不稳定工作区称为喘振区。实际上，喘振仅仅是不稳定工作区内可能遇到的现象，而在该区域内必然要出现的则是旋转脱流或称旋转失速现象。风机喘振的主要表现为风量、出口风压（电机电流）出现大幅度波动，剧烈振动和异常噪声。

(4) 失速与喘振的区别及联系

风机的失速与喘振的发生都是在 p-Q 性能曲线左侧的不稳定区域，所以它们是密切相关的。但是失速与喘振有着本质的区别：失速发生在图 8-13 所示 p-Q 性能曲线峰值 K 以左的整个不稳定区域；而喘振只发生在 p-Q 性能曲线向右上方的倾斜部分，其压力降低是失速造成的，可以说失速是喘振发生的根本诱因。

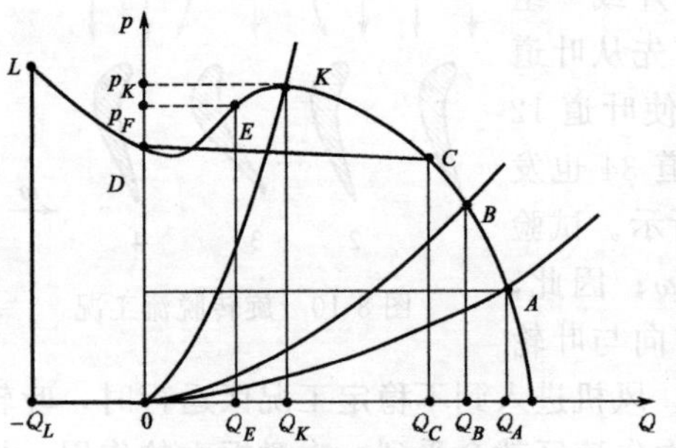

图 8-13 风机的 p-Q 性能曲线与风道特性曲线

旋转脱流的发生只取决于叶轮本身、叶片结构、进入叶轮的气流情况等因素，与风道系统的容量、形状等无关，但却与风道系统的布置形式有关。失速发生时，尽管叶轮附近的工况有波动，但风机的流量、压力和功率是基本稳定的，风机可以继续运行。

当风机发生喘振时，风机的流量、压力（和功率）产生脉动或大幅度的脉动，同时伴有非常明显的噪声，喘振时的振动有时是很剧烈的，能损坏风机与管道系统。所以喘振发生时，风机无法正常运行。

风机在喘振区工作时，流量急剧波动，其气流产生的撞击，使风机发生强烈的振动，噪声增大，而且风压不断变化，风机的容量与压头越大，则喘振的危害性越大，故风机产生喘振应具备下述条件：

① 风机的工作点落在具有驼峰形 p-Q 性能曲线的不稳定区域内；

② 风道系统具有足够大的容积，它与风机组成一个弹性的空气动力系统；

③ 整个循环的频率与系统的气流振荡频率合拍时，产生共振。

8.5.2 风机调试及运行情况

(1) 一次风机主要结构参数

该公司二期工程一次风机由沈阳鼓风机（集团）有限公司设计制造，其主要参数见表 8-8。

表 8-8 一次风机主要性能参数

型　号	AST-1792/1120	型　号	AST-1792/1120
形式	双级动调轴流风机	转速	1490r/min
TB工况流量	118.06m³/s	轴功率	1835kW
TB工况全压升	13532Pa		

(2) 一次风机发生的两次失速情况

① 一次风机 3B 发生的失速。3# 机组负荷 150MW，一次风机 3A、3B 处于自动调节状态。运行过程中，发现两台一次风机动叶开度逐渐开足，而一次风母管压力变化不大，同时一次风机 3B 振动上升，经就地检查，发现一次风机 3B 有异声，同时一次风机外壳温度也较高，判断一次风机 3B 发生失速，经手动将一次风机动叶关小至 60% 后，一次风压又明显上升，振动值也回落，一次风机 3B 恢复正常。

② 一次风机 3A 发生的失速。3# 机组负荷 600MW，运行中给煤机 3A 突然跳闸，手动停运磨煤机 3A 后，关闭磨煤机出口关断阀，一次风流量下降约 10^5 kg/h，导致一次风机出口压力上升（从 8.84kPa 上升至 9.25kPa），一次风机 3A 电流从 66A 下降至

61A，振动从 52μm 上升至 86μm，出口温度从 30℃上升至 35℃，并仍有上升的趋势，就地检查，一次风机 3A 伴有异常声响。判断一次风机 3A 发生失速后，手动关小一次风机 3A 的动叶开度，一次风机出口压力又缓慢回升，此时逐步关小正常运行的一次风机 3B 动叶开度，降低背压，以有助于发生失速的一次风机 3A 尽快脱离失速区。最终，一次风机 3A 恢复正常。

(3) 一次风机性能试验

为避免一次风机发生失速及喘振，该公司进行了一次风机失速性能试验，试验数据见表 8-9。

表 8-9　一次风机失速性能试验数据

3A 一次风机	工况 1	工况 2	工况 3
动叶开度/%	51.53	65	85
风机电流/A	56.44	66.72	88.39
出口风压/kPa	8.5	9.6	11.7
3B 一次风机	工况 4	工况 5	工况 6
动叶开度/%	54.7	64.84	85.57
风机电流/A	71.09	83.13	113.24
出口风压/kPa	9.9	11.3	13.0

(4) 一次风机失速问题的检查与整改

① 一次风机 3A 与 3B 叶片的真实角度偏差调整。从表 8-9 可明显看出，两台风机在执行机构同样的开度之下，电流存在较大的偏差，可以推断出两台风机的叶片真实开度与叶片角度盘的显示存在的误差较大。这导致两台风机的真实工作点偏离了设计工作点，其中 3A 的工作点向左偏移，3B 向右偏移，因而 3A 更易失速。从失速时的出口风压也可以看出，3A 确实更容易失速。

② 一次风机前、后两级叶片角度的偏差调整。一次风机的前、后两级叶片的角度存在一定的偏差，经现场实地检查发现，由于安装问题，其角度偏差值在 2°～3°之间；叶片角度的偏差过大，将导致前、后两级叶轮之间出现“抢风”现象，其结果是导致风机实际失速线的下移。因此，需控制其偏差在 1°以内。

③ 一次风机同级叶片的偏差调整。一次风机同级叶片存在的角度偏差，是旋转脱流现象的主要诱发因素。当同级叶片存在较大的角度偏差时，风机实际失速线将会有较大幅度下移，从而导致风机在“理论稳定区”内发生失速，因此，需控制其偏差在 2°以内。

④ 一次风机叶顶动静间隙偏差调整。一次风机叶顶的动静间隙设计标准较高。但在检查中发现，实际风机叶顶的动静间隙在 5～6.5mm 之间（这主要是风筒在运输及吊装过程中变形所致），而设计标准要求为 3～4.6mm。过大的动静间隙将导致风机背压的降低，从而使实际工作点上移，易引发失速。因此，需将叶顶的动静间隙控制在技术要求的范围之内。

(5) 整改结果

通过精细调整两台风机叶片真实角度的偏差、前后级叶片的角度偏差、同级叶片的角度偏差，以及通过风筒内衬钢板减小动静间隙，一次风机的抗失速性能得以明显提高，经再次进行风机失速性能试验，证明一次风机基本上已达到理论性能曲线的要求，风机运行平稳、性能良好，结果见表 8-10。

表 8-10 一次风机整改后的性能试验数据

3A一次风机	工况1	工况2
动叶开度/%	56	65
风机电流/A	70	78
出口风压/kPa	10.9	12.01
3B一次风机	工况3	工况4
动叶开度/%	55	65
风机电流/A	71	81.5
出口风压/kPa	10.98	12.03

(6) 结论

一次风机失速问题，通过上述处理办法得以彻底解决。但一般来说，风机失速和喘振不仅与制造、安装有关，还涉及风机选型、风道设计、调试、运行等各个方面，要严格保证各个环节的工作质量，才能有效地防治并消除。

① 风机选型及风道系统的设计。先天的不足是难以通过后天弥补的，这一点尤为重要。简单地说，风机的选型应考虑足够的流量及压头裕量，这可以根据相关设计规程来选取，适当增加一点压头裕量可以提高风机的抗失速性能；另外，风道的设计应与风机匹配，一般来说，风机出口风道截面积不得大于风机进口截面积的112.5%，但不得小于进口截面积的92.5%。

② 制造质量与安装偏差。制造质量与安装偏差所引发的结果，就是真实失速线下移或者是工作点的偏移，诱发风机失速及喘振的发生。制造时应严格控制叶片形状、长度、强度、动静间隙等参数。安装时应特别注意叶片的窜动值、叶片角度的偏差、执行机构开度与风机动叶实际开度的对应关系等方面。

③ 调试与运行。风机的实际失速线受风道设计、风机制造、风机安装等诸多方面的影响，并不等同于理论失速线。因此，经过风机的常规调试，必须根据现场实际情况对理论失速线进行修正，进而标定真实的理论失速线以及风机的实际操控曲线。另外，系统计算误差、控制逻辑的设置不当、系统调节机构动作失灵及启动、并联风机的操作不当等诸多原因，也有可能导致风机进入失速区。故风机在投运前，应编制出具体的风机运行规程，作为风机运行、维护和检修的依据。

8.6 发电厂一次风机异常振动故障诊断及处理

一次风机是火电厂的主要辅助设备，其运行情况的好坏直接关系到锅炉能否安全稳定运行，而振动是影响风机正常运行的重要因素，克服和解决风机振动问题将有助于锅炉长期安全稳定运行。在此介绍一起由于外伸端风机机械侧的不平衡所引起的一次风机电动机侧振动超标的故障问题，经过对故障的分析、诊断及处理，最终消除了振动故障，保证了一次风机的安全稳定运行。

8.6.1 一次风机振动

(1) 振动情况

某发电厂300MW汽轮发电机组一次风机为上海鼓风机有限责任公司生产的离心式风机，其驱动电动机为YKK560-4型电动机，额定功率为1400kW，额定电压为6000V，额定转速为 1495r/min，驱动电动机与一次风机机械侧通过对轮及半挠性联轴器进行连接，驱动电动机两支撑轴承为端盖轴承（1、2），一次风机机械侧两支撑轴承为斯坦福滚柱轴承（3、4），其轴系示意图如图 8-14 所示。

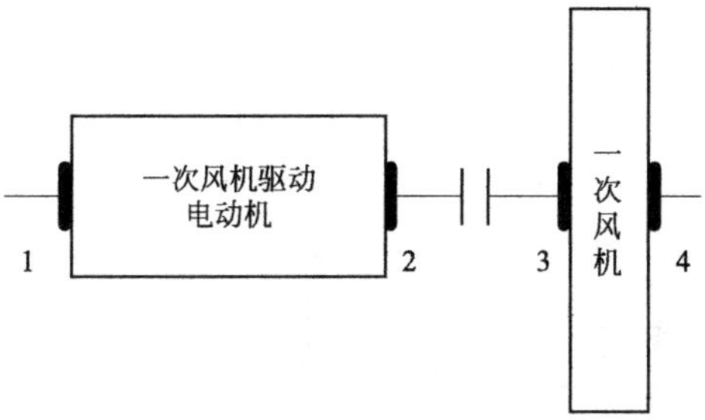

图 8-14　一次风机轴系示意图

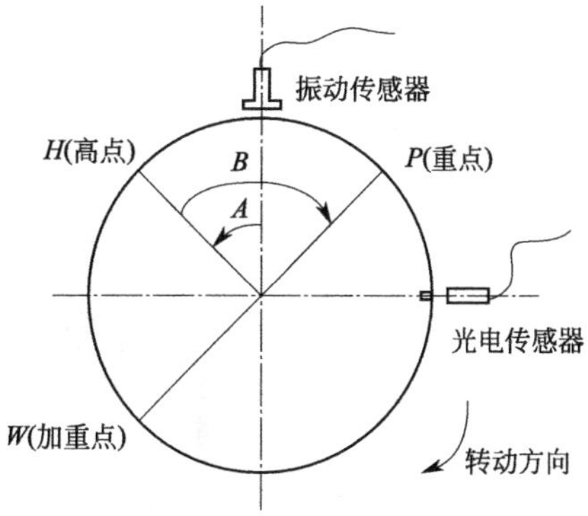

图 8-15　振动测量相位角及滞后角

A 为测得的相位角；B 为滞后角

对一次风机设备巡检发现，该一次风机驱动电动机 1 号、2 号两支撑轴承水平振动处于超标状态，振动最大峰-峰值振幅达到 150μm，且电动机壳体的振动比轴承振动大，但是一次风机机械侧 3 号、4 号两支撑轴承振动处于优良水平状态，振动最大峰-峰值振幅仅为 30μm。

（2）振动测试

一次风机系统振动测试采用美国 Bently 公司生产的 Bently208-DAIU 振动数据采集系统和 ADRE FOR WINDOWS 分析软件。该类一次风机轴承振动均是水平振动大于垂直振动，因该类风机的垂直方向上的刚度大于水平方向的刚度，在对此类风机进行现场动平衡测试时应注重水平方向的振动水平，如果水平方向上的振动合格，垂直方向的振动一般也合格，所以在振动测量过程中应重点对各轴承水平方向的振动进行测量。

振动测量准备过程中，应该在转子裸露处粘贴好反光带，转子转动时，振动传感器会测得周期变化的振动信号，类似于正弦曲线，而安装光电传感器会在转子每转动一周就被贴在转子上的反光带触发一次，从而形成随时间变化的脉冲信号，测得的振动相位就是振动信号的高点与脉冲信号之间的角度。振动测量相位角及滞后角见图 8-15，一次风机各测点现场测振布置见图 8-16。

启动一次风机测得相关测点的最大振动数据见表 8-11，其他位置的振动数据见图 8-17。

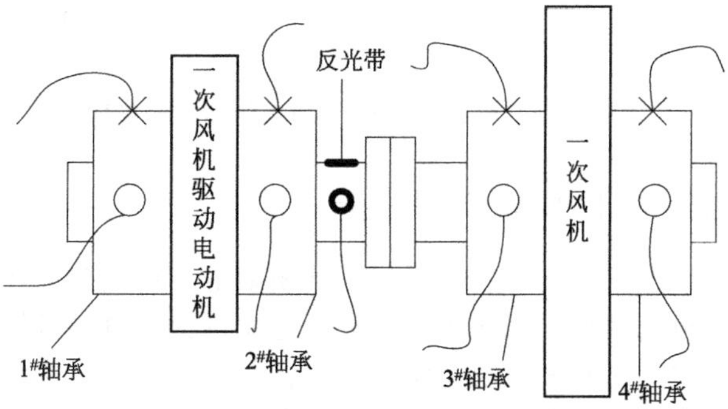

图 8-16　一次风机各测点现场测振布置

○水平安装的振动传感器；**O**水平安装的光电传感器；×垂直安装的振动传感器

表 8-11　一次风机各测点原始振动数据表

转速/(r/min)	挡板开度/%	振动测量	振幅值/μm				
			1# 轴承	2# 轴承	3# 轴承	4# 轴承	电动机壳体
1495	80	D(—)	145	124	28	25	156
		1×(—)	143∠83°	118∠81°	20∠40°	19∠10°	143
		D(⊥)	23	20	20	23	
		1×(⊥)	15∠170°	14∠79°	16∠190°	18∠252°	

注："—"表示水平振动；"⊥"表示垂直振动；"D"表示通频振动；"1×"表示基频振动。

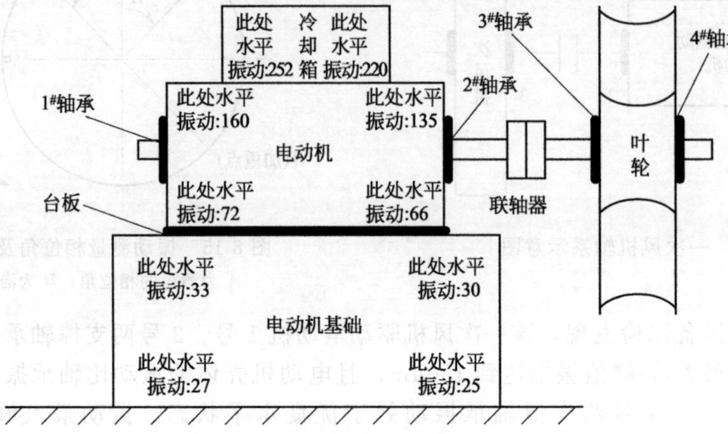

图 8-17　一次风机系统振动详细数据图（峰-峰值，单位：μm）

在对一次风机系统振动情况的测试过程中，着重测量了驱动电动机侧，电动机的壳体、轴承振动均处于严重超标状态，其主要测点的水平振动频率以基频振动为主，其振动频谱图如图 8-18 和图 8-19 所示。

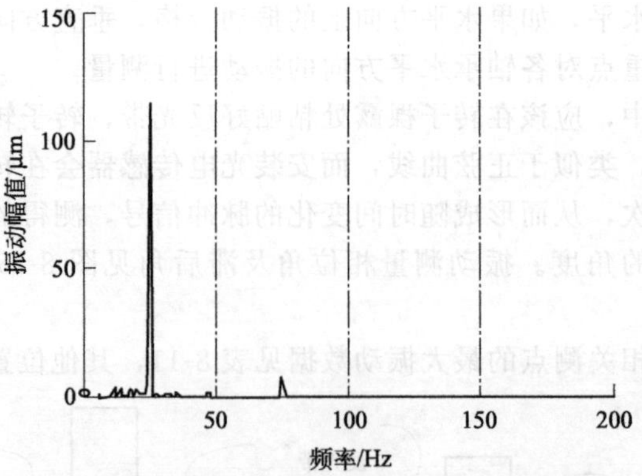

图 8-18　额定转速下 1# 轴承水平振动频谱图

8.6.2　一次风机电动机侧振动原因分析

从上述的振动测量情况中可知，一次风机系统驱动电动机侧振动严重超标，而风机机械侧振动良好，且振动从电动机侧向风机侧呈现逐渐递减现象；电动机侧振动从基础至冷却箱呈现逐渐增加的趋势，这与常规的风机系统振动存在很大的差异。通常导致电动机振动大的原因有：电动机转子本身存在一定的重量不平衡；电动机转子和定子的同心度不好；电动机支撑轴承存在问题；电动机基础连接刚度弱；电动机与基础之间存在共振等。

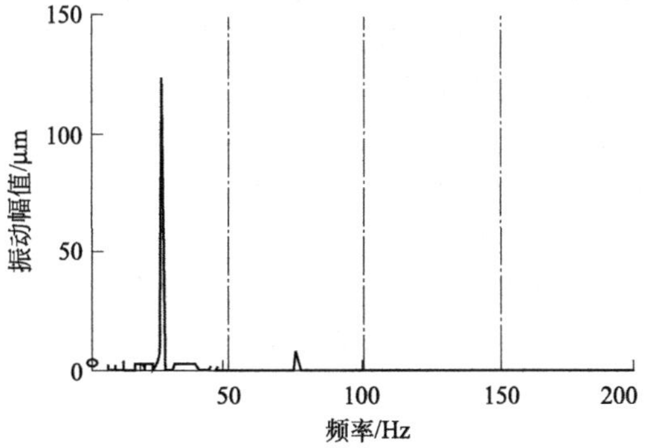

图 8-19 额定转速下电动机壳体水平振动频谱图

（1）相关试验

为了查明风机侧振动超标的原因，并从中寻找解决振动的途径，针对此异常振动故障，对该一次风机系统进行如下试验。

① 电动机空转试验。将电动机与风机连接的对轮解开，拿掉联轴器，对电动机进行空转试验，并测量电动机各测点的振动情况。试验表明：电动机空转各测点的振动水平均处于合格范围内，1#、2# 支撑轴承的振动处于较好状态。

② 固有频率测量试验。对一次风机系统电动机侧基础进行固有频率测量，并与一次风机额定转速下频率进行比较，试验结果表明：电动机侧基础的固有频率与风机系统额定转速下的频率有足够的避开率（分别为 16Hz 和 24.5Hz）。

③ 差别振动测量试验。在对风机系统进行原始振动数据测量时，也着重对风机电动机侧的各结合面进行了差别振动测量，试验结果表明：电动机侧基础与台板之间、台板与电机座之间的差别振动均大于 20μm，而风机机械侧各结合面的差别振动均小于 5μm。

通过对一次风机系统进行试验的结果可以得到如下结论。

① 一次风机电动机侧转子平衡良好，不存在转子定子同心度不良问题，且电动机自身工作状态良好。

② 一次风机系统额定转速下的激振力不能激起或放大电动机侧基础的振动，即电动机与其连接的基础不存在共振问题。

③ 一次风机系统电动机侧各结合面的差别振动较大，表明存在各结合面的连接刚度弱问题。

（2）振动原因分析

该一次风机系统的振动问题集中体现在电动机侧轴承与电动机壳体上，且振动表现以工频振动为主，虽然存在其他频率的振动成分，但均很小。通过对风机的启停试验，发现各测点的振幅与相位重合较好，说明此系统在此支撑刚度上存在较为稳定的激振力。

对于这种相对稳定的周期性振动可以简化为单自由度强迫振动的响应。

$$y=(P/k)\sin wt(1-w^2/p^2) \tag{8-1}$$

式中，P 为周期激振力幅值；k 为系统刚度；p 为系统的固有频率。

由此可见，对一定激振频率系统的振幅响应，与激振力幅值大小成正比，与系统的刚度成反比。因此，要解决该一次风机电动机侧振动，应从减小系统激振力与增加系统支持刚度两方面入手。

8.6.3 一次风机电动机侧振动处理

通过对一次风机系统振动情况的测量、试验与分析，现场决定采用减小系统激振力与增加系统支持刚度同时进行的方法对该风机电动机侧振动超标进行治理。

① 对风机电动机侧各结合面的连接刚度进行加固，对各连接螺栓进行拧紧，进一步提升支持系统的连接刚度，空转电动机试验，各测点振动水平均有下降，连接风机后电动机各测点振动仍然处于超标状态。

② 通过现场动平衡手段降低系统的激振力。通过电动机空转试验，可以排除电动机自身的重量不平衡，系统的激振力应该来自电动机的外伸端。振动反应在电动机轴承和壳体上，最直接的办法就是直接在电动机轴承跨内进行配重来降低激振力，但电动机空转表明不存在不平衡，因此决定在电动机与风机连接的对轮上或风机叶轮上进行配重来消除存在的不平衡力。

(1) 对轮处配重

根据测量的原始振动数据，在对轮处靠近电动机一侧进行配重，在现场对旋转机械进行动平衡时，对于首次试加重的重量，应该将转子的重量、转子的转动速度、加重半径、加重响应以及原始振动的大小均考虑在内，因为平衡的目标是风机电动机侧的振动，由测得的电动机两支撑轴承的振动相位来看，是同相振动，而非力偶不平衡，不需要进行力偶配重。因此首次试加重 700g，启动后电动机侧各测点的振动数据见表 8-12。

表 8-12 一次风机对轮加重 700g 后各测点振动数据表

转速 /(r/min)	挡板 开度/%	振动 测量	振幅值/μm				
			1# 轴承	2# 轴承	3# 轴承	4# 轴承	电动机壳体
1495	80	D(—)	139	120	38	35	154
		1×(—)	133	114	27	26	145

经过在对轮上的配重和响应计算，在对轮上配重对电动机侧各测点的振动情况改善很小，并导致风机机械侧振动增加，且影响系数与同类型风机对轮加重相差甚远，决定放弃进一步在对轮上配重。

(2) 风机叶轮处配重

对该一次风机系统异常振动进一步分析，风机机械侧的重量和刚度都比电动机侧高很多，不能排除因风机侧的重量失衡导致刚度较弱的电动机侧振动超标故障，而风机侧由于自身的刚度较好，其振动响应并不明显。由于风机侧的加重半径较大，且原始振动较小，因此决定在风机叶轮上尝试加重 150g，启动后，电动机侧与风机侧各测点的振动均有所下降，尤其是电动机侧振动下降明显。根据加重后对各振动测点的响应，经过准确计算，决定在风机叶轮处共计加重 350g，启动风机后，一次风机系统所有测点的振动均下降至合格水平。具体数据见表 8-13。

表 8-13 一次风机叶轮加重 350g 后各测点振动数据表

转速 /(r/min)	挡板 开度/%	振动 测量	振幅值/μm				
			1# 轴承	2# 轴承	3# 轴承	4# 轴承	电动机壳体
1495	80	D(—)	55	48	15	14	65
		1×(—)	51	35	11	11	59
		D(⊥)	10	22	10	9	—
		1×(⊥)	6	17	6	4	—

(3) 结论

① 引起该一次风机电动机侧异常振动的根本原因为电动机外伸端存在不平衡，且电动机侧自身的连接刚度较弱。

② 在解决振动问题时，不应局限于常规处理振动故障方法，应该在关注故障设备自身

问题的同时更应关注其连接设备。

③ 在旋转机械工程应用中，要充分关注相连两设备重量与刚度差异较大所引起的异常振动故障。

④ 对于此一次风机电动机侧异常振动故障，通过对其外伸端进行配重最终消除了电动机侧的异常振动。但是，一旦风机侧再次出现明显失衡，仅仅局限于此风机，则电动机侧的振动应明显大于风机侧，因为电动机侧对激振力的响应高于风机侧。

8.7 轴流通风机喘振现象分析及预防措施

某煤矿炭厂坡井主通风机使用的是某设计院生产的 FBCDZ No 18/2×132kW 煤矿地面用防爆抽出式对旋轴流通风机，在使用过程中出现了风量、风压和电流大幅度波动，风机的振动增大，噪声增高的喘振现象，风机已经无法正常工作。为了减小对生产的影响，采取了一些临时性措施（如降低二级电机运行频率，或者分别调大一级、调小二级叶片安装角度），消除了喘振现象，但却降低了通风系统效率。

8.7.1 风机喘振现象及原因分析

风机发生喘振的现象及特点如下。

① 风机抽出的风量时大时小，产生的风压时高时低，系统内气体的压力和流量也发生很大的波动。

② 风机二级电动机电流波动很大，最大波动值有 50A 左右。

③ 风机机体产生强烈的振动，风机房地面、墙壁以及房内空气都有明显的抖动。

④ 风机发出“呼噜、呼噜”的声音，使噪声剧增。

⑤ 风量、风压、电流、振动、噪声均发生周期性的明显变化，持续一个周期时间在 8s 左右。

根据对轴流式通风机做的大量性能试验来看，轴流式通风机的 p-Q 性能曲线是一组带有驼峰形状的曲线(这是风机的固有特性，只是轴流式通风机相对比较敏感)，如图 8-20 所示。当工况点处于 B 点（临界点），左侧 B、C 之间工作时，将会发生喘振，将这个区域划为非稳定区域。炭厂坡井主通风机发生喘振，说明其工况已落到 B、C 之间。

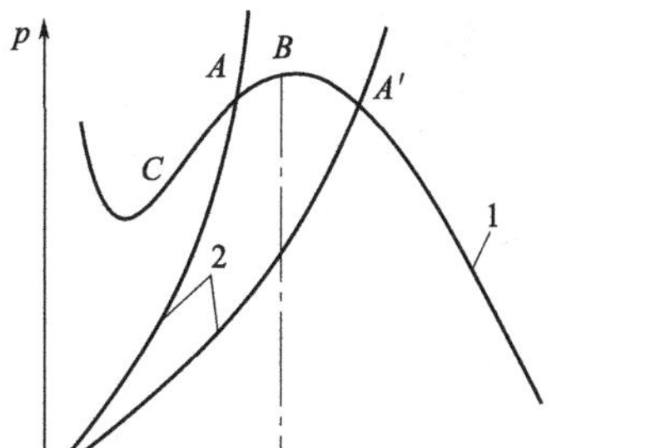

图 8-20　风机特性

1—风机性能曲线；2—管网性能曲线

通过对该煤矿实地调查分析得知：该矿矿井的通风方式采用的是两翼对角式抽风，如图 8-21 所示，该矿有一个进风口，两个回风口。两个回风口分别负责东、西两个大的采区工作面的通风，东面（二重岩）采用离心式抽风机抽风，西面（炭厂坡）采用该设计院生产的轴流式通风机抽风。显然公用风路上的风量是两台风机共同作用的结果，而每台风机又都单独承担了克服公用风路和其专用风路上的阻力，所以在公用风路上每台风机均多承担了一部分风压。若公用风路上的风阻越大，所通过的风量越多，则所消耗的风压亦越大，故每台风机所多承担的风压也增多。再加上该矿在风量分流处的管网布置错综复杂，矿井通风的正常状况也就很难得到保障，所以使安全生产受到严重的影响。而且随着通风管网的扩展，采区在增加，阻力也会增大，综合分析，得出这样的结论：炭厂坡井通风机喘振是由于系统阻力太大所致。

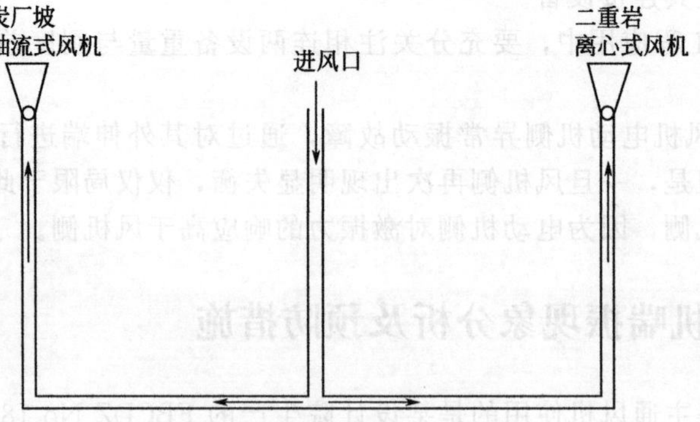

图 8-21　该煤矿两翼通风形式

8.7.2　喘振的判断与消除措施

一般来说，影响通风机喘振的因素很多，很难用理论计算方法准确地求出喘振点，风机厂家给出的风机说明书上的喘振点，是根据通风机性能试验的试验数据来确定的。在煤矿实际生产中，由于受到环境的影响，同时管网布置错综复杂，新巷道的不断扩展，旧巷道的不断废弃，导致巷道阻力经常发生变化，因此，出现喘振的可能性时时存在。这就要求时时提高警惕，做好预防和消除喘振的措施。

在生产过程中，可从 5 个方面判断通风机是否在喘振点附近运行。

① 根据通风机运行声音来判断：通风机在稳定工况工作时，其噪声是平稳连续的；当接近喘振工况工作时，由于气体在通风机和管网之间发生周期性的气体脉动，而产生周期性“呼噜，呼噜”的声音，这时的噪声也明显增大。

② 根据通风机进口压力来判断：通风机在稳定工况工作时，其通风机进口压力是稳定的；当接近喘振工况工作时，由于气流脉动，通风机进口压力会产生剧烈波动。

③ 根据通风机出口风量来判断：通风机在稳定工况工作时，其通风机出口风量是稳定的；当接近喘振工况工作时，由于气流脉动，通风机出口风量会产生剧烈波动。

④ 根据通风机电动机电流来判断：通风机在稳定工况工作时，电动机电流变化平稳，波动幅度很小；当接近喘振点工况工作时，电动机二级电流会产生剧烈波动，且波动幅度随着喘振强度增大而逐渐增加，但一级电流变化不是很明显。

⑤ 通过观察通风机的振动：通风机在稳定工况工作时，一般振动都在许可范围内；当接近喘振点工况工作时，由于气流脉动，整个机组和管网都会出现强烈振动，且振动强度随着喘振强度增大而逐渐增大。

因此，在生产过程中，当观察到上述现象之一时，就不要再增加管网阻力，以免加剧喘振，应立即查找原因，采取相应措施，及时消除隐患。

当通风机发生喘振时，说明工况点已经落在了非稳定区域，应积极采取有效措施消除喘振，减小对通风机的损伤和对生产的影响。若想消除喘振，就得把工况点移到稳定区域。

根据实际解决的情况以及大量的经验，总结了 7 条消除喘振的措施。

① 打开一部分靠近通风机集流器前段的水平风门或者防爆门，使外界空气能够少量溢入通风机，此时，外界风路与原网路并联工作，工况点由原来的非稳定区域移到稳定区域，喘振即可消除，但是这种方法能量损失比较大，只能作为临时性措施。

② 可以通过适当调小通风机二级叶片的安装角度，如果有使用变频器启动的，可以通过调低通风机二级电动机的运行频率，这样也可以消除喘振，但是这种方法实际上是降低了

通风机的使用能力，也只能作为临时性措施。

③ 风流经过巷道的某些区域，由于风流速度的大小或方向发生急剧变化，引起空气微团剧烈碰撞，也有可能形成局部紊流，造成风流的能量损失，因此，可以通过改变巷道局部阻力的方法降低巷道阻力，这样就可以消除喘振。降低巷道局部阻力，不但工程量小，而且可以取得良好效果，在现代生产中，一般都采用这种方法。降低巷道局部阻力主要方法：改突然扩大断面为逐渐扩大断面；改突然缩小断面为逐渐缩小断面；转弯处采用合理的曲率半径；采用合理的风桥结构。

④ 扩大阻力较大的巷道断面积。

⑤ 清理巷道内的废弃物料，修整巷道断面光整度，使通风网络流畅。

⑥ 根据实际情况，改变井下通风管网布置，如并联井下局部巷道可以改善系统阻力。

⑦ 更换使用更大功率、低转速的通风机，当然这种方法对财力、人力、物力都需要很大的投入。

由此得出结论如下。

① 在通风系统改造之前，应当正确估算工况点位置，适当调整，使其工况处在稳定区域，并与最高风压点有一定的剩余量，避免喘振现象出现，为以后矿井的扩建做好准备。

② 需要在日常生活中时常注意主通风机的运行情况，做好时时监测工作，有问题及时报告，防止喘振事故发生。

③ 若产生喘振，应首先采取临时性措施消除喘振，以保护风机，然后再根据实际情况采取相应措施消除隐患，减少对生产的影响。

④ 喘振的危害比较大，当发生喘振时应及时处理，否则可能会出现折断通风机叶片等事故的发生，给生产和矿井带来无法估量的损失。

8.8　炼铁厂风机振动测试分析

某特钢炼铁厂对风机车间的几台风机进行了测试与分析，及时发现了故障隐患，保证了设备稳定运行。

8.8.1　1# 风机振动测试分析

1# 风机振动测试结果见图 8-22 和图 8-23。

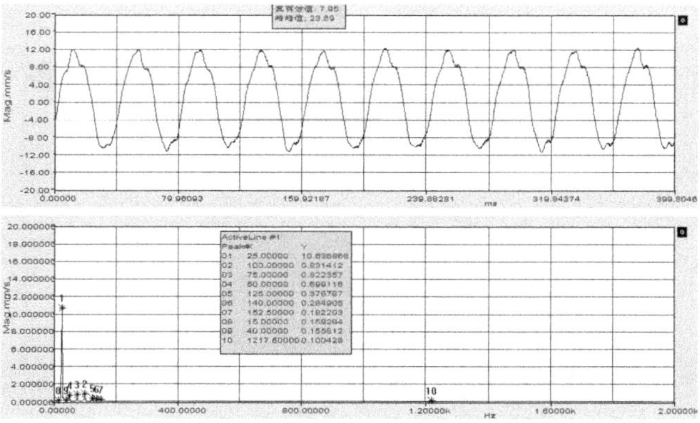

图 8-22　电动机侧振动时域、频域图

电动机侧振动明显高于风机侧振动，电动机侧振动频率以转速频率为主，说明电动机转

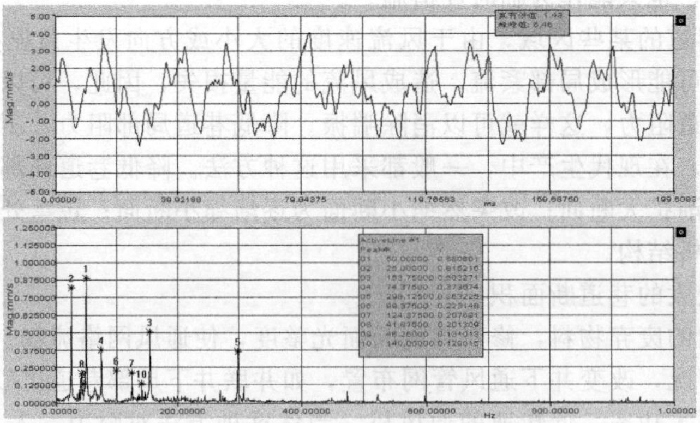

图 8-23 风机侧振动时域、频域图

子平衡可能存在问题，需要对电动机转子（包括冷却叶轮）进行动平衡处理。

8.8.2 2# 风机振动测试分析

2# 风机振动测试结果见图 8-24 和图 8-25。

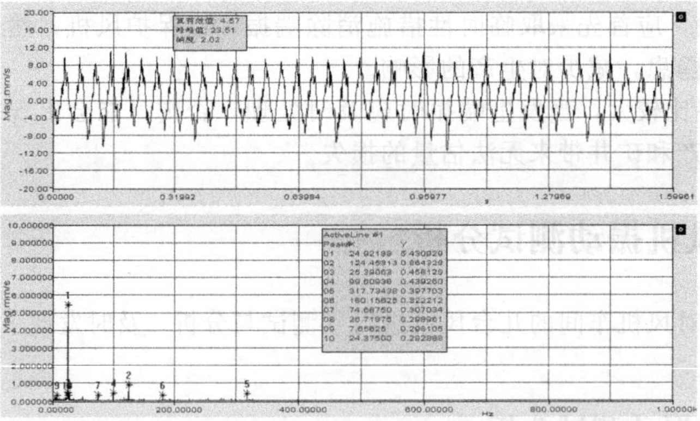

图 8-24 2# 风机电动机侧振动时域和频域图

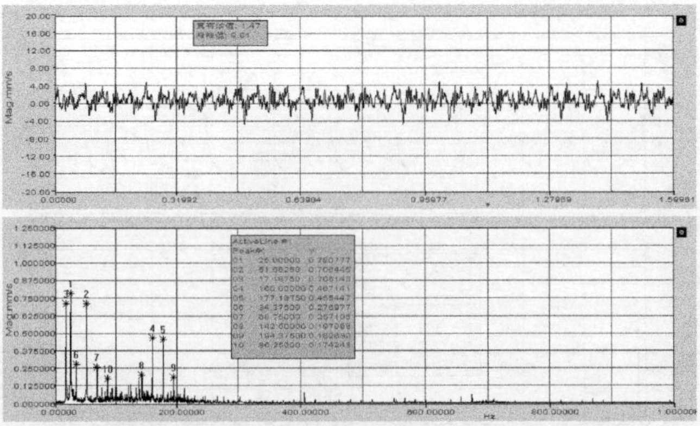

图 8-25 2# 风机风机侧振动时域和频域图

电动机和风机之间通过液力耦合器相连，电动机转子和风机转子间存在转速差，测试数据表明电动机侧振动明显高于风机侧振动。

电动机侧振动频率以电动机转速频率为主，说明电动机转子平衡存在问题，需要对电动机转子（包括冷却叶轮）进行动平衡处理，风机侧振动除与风机转子转动频率有关的成分外，电动机转子转动频率成分的振动在风机侧十分明显，甚至幅值高于风机转子转动频率的振动，说明风机振动主要由电动机振动引起。

8.8.3 2# 烧结风机振动测试分析

2# 烧结风机测试结果见图 8-26 和图 8-27。

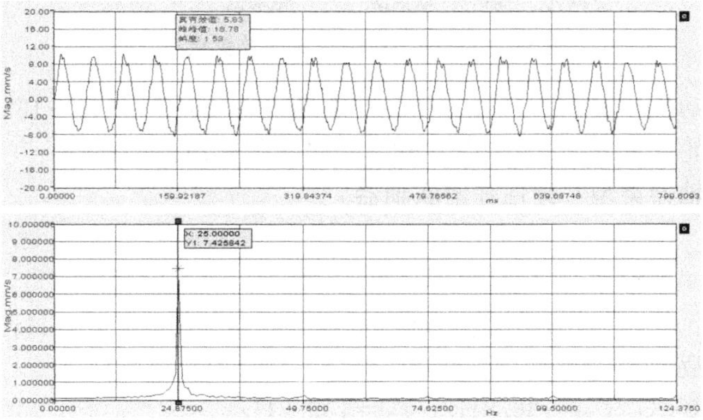

图 8-26 2# 烧结风机电动机侧振动时域和频域图

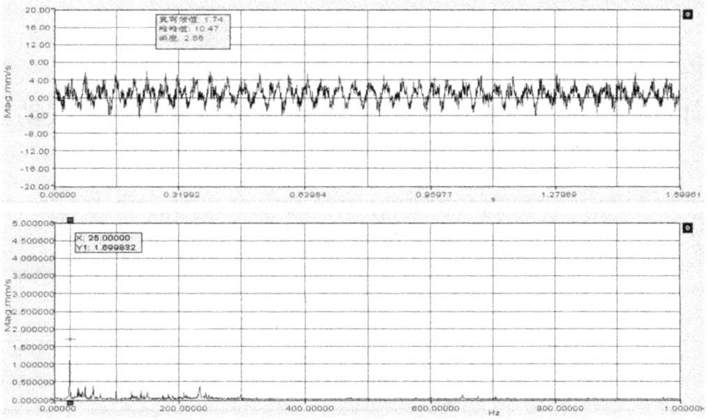

图 8-27 2# 烧结风机风机侧振动时域和频域图

电动机侧振动明显高于风机侧振动，电动机侧振动频率以转速频率为主，说明电动机转子平衡可能存在问题，要对电动机转子（包括冷却叶轮）进行动平衡处理。

8.9 高炉助燃风机振动故障测试诊断

某钢铁公司炼铁厂 6 号高炉 1# 助燃风机在一段时间里振动较大。点检员在日常点检维护中采取了一些措施，但都见效不大。为了查出助燃风机振动较大的原因，及早发现故障隐患和提前做好维修准备，对 1# 助燃风机进行了振动测试，查明了造成风机振动异常的原因。

8.9.1 高炉助燃风机的结构、参数及计算

(1) 结构和主要参数

助燃风机结构简图见图 8-28。

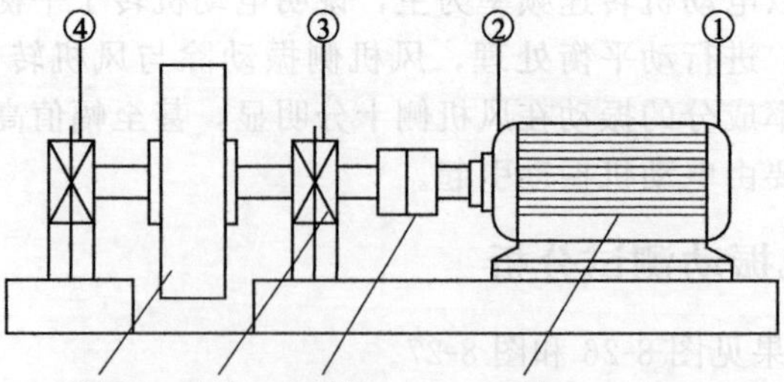

图 8-28 助燃风机结构简图及测点布置

主要参数：电动机转速：$n=1450$r/min；电动机功率：$P=110\sim135$kW；
叶轮叶片数：8～10 个；轴承型号：③3624，④324；
联轴器类型：弹性柱销联轴器。

(2) 频率计算

轴的转频：$f_r=n/60=1450/60=24.2$Hz

叶片通过频率：$f=$叶片数$\times f_r=(8\sim10)\times24.2=193.6\sim242$Hz

滚动轴承内圈故障特征频率：$f_3=225.8$Hz　$f_4=217.8$Hz

外圈故障特征频率：$f_3=136.8$Hz　$f_4=145.2$Hz

滚动体故障特征频率：$f_3=46.2$Hz　$f_4=47.6$Hz

保持架故障特征频率：$f_3=9.26$Hz　$f_4=9.69$Hz

(3) 现场测试

测点布置见图 8-28。本次测试分析，取 3 个测点（图中的②、③、④），并分别在水平、垂直、轴向 3 个方向测量了速度和加速度，共 18 个测量值。各测点振动幅值见表 8-14。

表 8-14 各测点振动幅值

日期	测点	2-1H 水平	2-2V 垂直	2-3A 轴向	3-1H 水平	3-2V 垂直	3-3A 轴向	4-1H 水平	4-2V 垂直	4-3A 轴向
4.27	速度/(mm/s)	10.4	8.9	19.8	21.9	21.1	28.1	13.6	10.8	11.5
	加速度/(mm/s²)	184.4	132.5	237.4	138.4	113.2	57.7	29.7	40.5	14.4

如图 8-29 所示为测点 3 轴向速度时域波形，如图 8-30 所示为测点 2 水平速度时域波形，如图 8-31 所示为测点 3 轴向速度幅值谱图，如图 8-32 所示为测点 2 水平速度幅值谱图。测点 3 轴向速度频域峰值见表 8-15，测点 2 水平速度频域峰值见表 8-16。

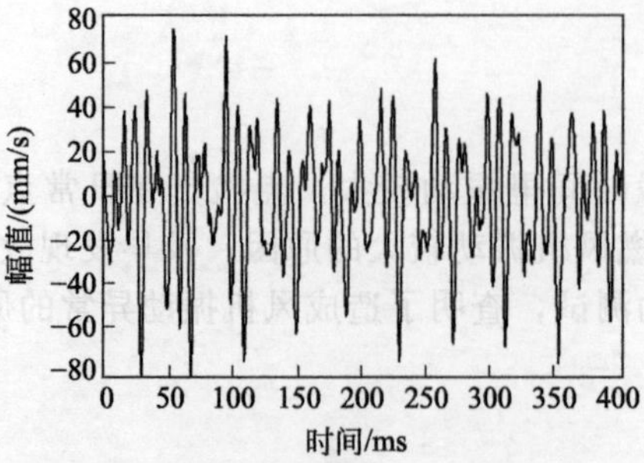

图 8-29 测点 3 轴向速度时域波形

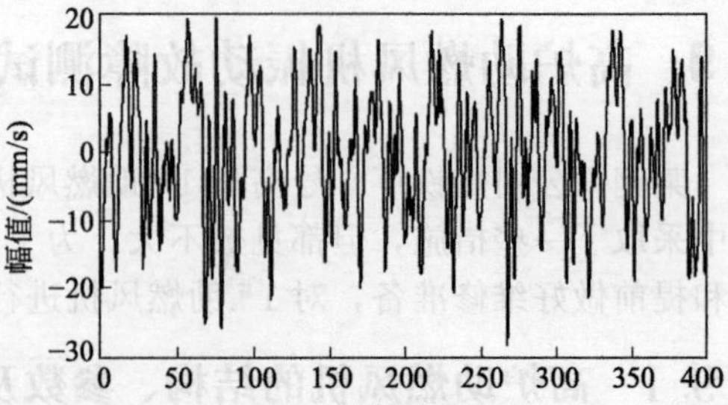

图 8-30 测点 2 水平速度时域波形

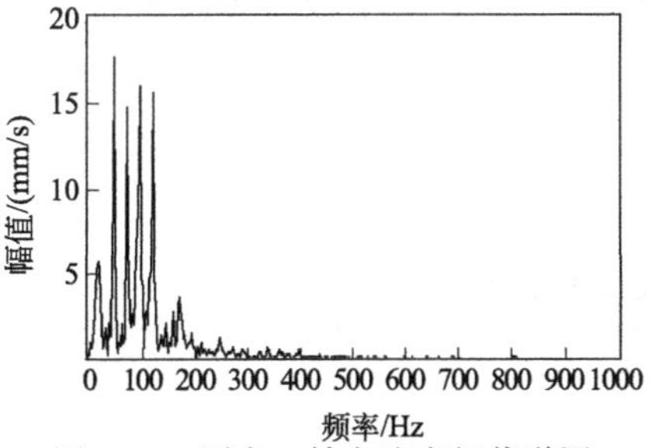

图 8-31　测点 3 轴向速度幅值谱图

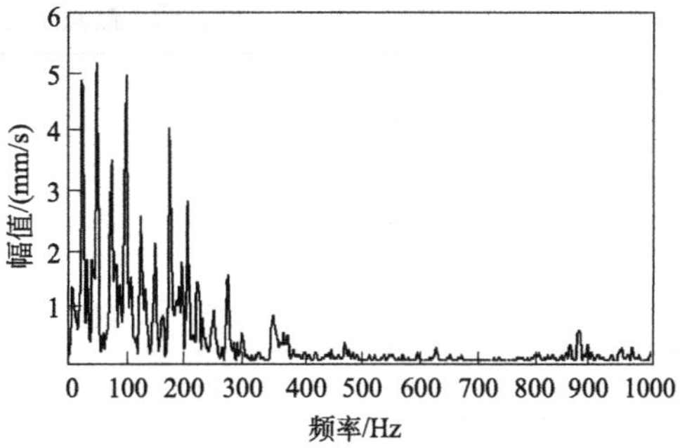

图 8-32　测点 2 水平速度幅值谱图

表 8-15　测点 3 轴向速度频域峰值

峰值序号	1	2	3	4	5	6	7	8
频率/Hz	50.0	100.0	125.0	75.0	22.5	175.0	162.5	112.5
幅值/(mm/s)	17.70	16.04	15.63	14.71	5.64	3.61	2.82	2.71

表 8-16　测点 2 水平速度频域峰值

峰值序号	1	2	3	4	5	6	7	8
频率/Hz	50.0	100.0	25.0	175.0	75.0	205.0	125.0	150.0
幅值/(mm/s)	5.13	4.92	4.84	4.02	3.48	2.76	2.53	2.07

如图 8-33 所示为测点 3 水平加速度时域波形，如图 8-34 所示为测点 3 垂直加速度时域波形，如图 8-35 所示为测点 3 水平加速度幅值谱图，如图 8-36 所示为测点 3 垂直加速度幅值谱图。测点 3 水平加速度频域峰值见表 8-17，测点 3 垂直加速度频域峰值见表 8-18。

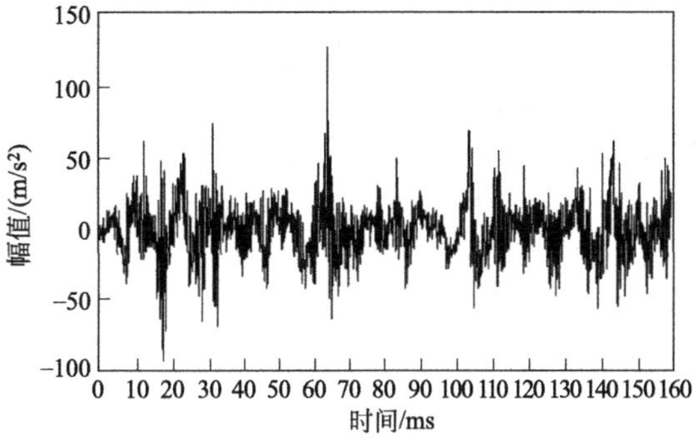

图 8-33　测点 3 水平方向加速度时域波形

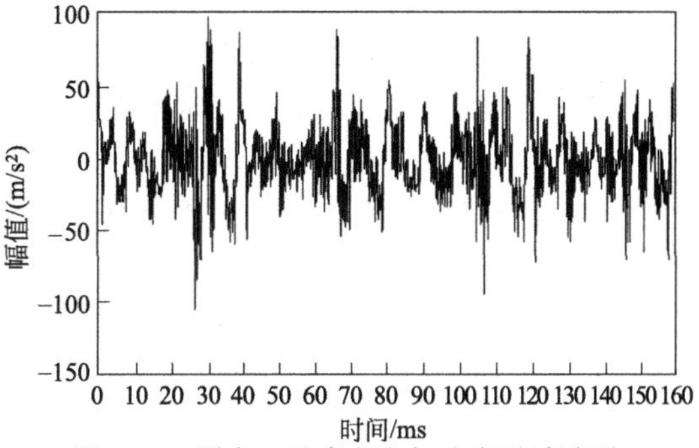

图 8-34　测点 3 垂直方向加速度时域波形

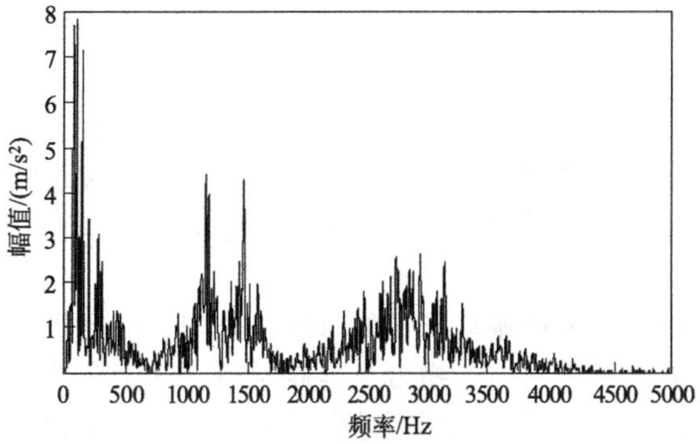

图 8-35　测点 3 水平方向加速度幅值谱图

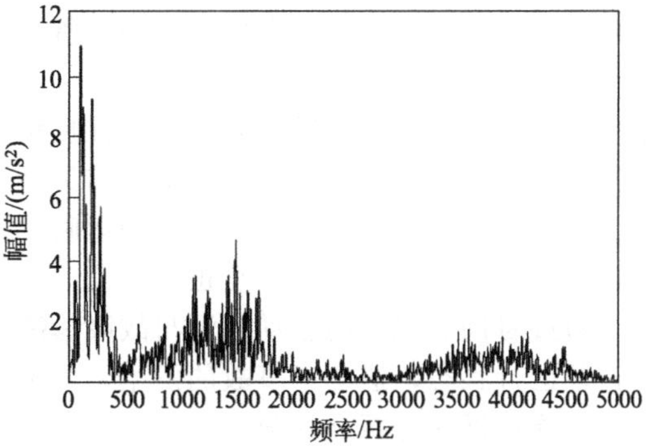

图 8-36　测点 3 垂直方向加速度幅值谱图

表 8-17 测点 3 水平方向加速度频域峰值

峰值序号	1	2	3	4	5	6	7	8
频率/Hz	100.0	75.0	150.0	1156.2	1468.8	1181.2	200.0	275.0
幅值/(m/s^2)	7.99	7.84	7.30	4.54	4.43	4.11	3.51	3.21

表 8-18 测点 3 垂直方向加速度频域峰值

峰值序号	1	2	3	4	5	6	7	8
频率/Hz	100.0	200.0	125.0	112.5	212.5	225.0	150.0	275.0
幅值/(m/s^2)	10.97	9.30	9.03	8.39	7.08	6.43	5.84	5.80

8.9.2 故障诊断分析及结果验证

(1) 速度分析

通过对表 8-14 各测点振动值的比较，可看出振动的方向性很明显。振动烈度（有效值）的方向基本上是轴向＞水平＞垂直。并且根据国际 ISO 2372 振动标准，各测点振动烈度几乎都超标。尤其是测点 3 的振动烈度已严重超标，处于危险状态。从测点 3 轴向（图 8-31）及测点 2 水平方向（图 8-32）的速度幅值谱可看出，出现了转轴旋转频率 25Hz(1450/60) 及其倍频。最高峰值为 50Hz，正好为转频的 2 倍频，并且基本上高次谐波的幅值大于转频。从振动的幅值大小、方向性及频率特征来看，这是典型的转轴平行不对中的故障特征。

(2) 加速度分析

从振动加速度的幅值，可看出测点 2 和 3 的加速度幅值较大。特别是测点 2 的加速度幅值更大。其峭度值达 7 左右（正常值在 3 左右)。测点 2 轴向加速度幅值达237.4mm/s^2。测点 3 水平方向加速度幅值达 138.4mm/s^2，从它的幅值谱（图 8-35）可看到，在高频段有能量堆积，尽管峰值普遍不高，但频带较宽。由于受仪器及软件的限制，从频谱图上看不出轴承各故障频率，但峭度指标为 5.4，初步诊断，风机靠近联轴器侧的滚动轴承可能存在着故障。建议严密注意故障劣化趋势，并及早做好维修准备。

(3) 结论

经过以上分析，认为风机振动异常的原因主要是由于转轴存在的不对中故障造成的。由于滚动轴承是在低速、变速和重载工况下，受所测试仪器和分析软件的影响，从频谱图上看不出轴承各故障频率，因此不易确定滚动轴承故障的部位，但可以初步确定滚动轴承也很可能存在着故障。应该提早做好维修的准备。

(4) 验证

半个月拆机检修后发现联轴器弹性柱销磨损很严重，大多数已呈圆锥形，完全失去了补偿两轴间相对位移的能力，实际结果与诊断的相符，是典型的不对中的现象。测点 3 滚动轴承的保持架已经损坏了，属于滚动轴承晚期故障。维修时更换了滚动轴承、电动机及联轴器的柱销后，运行状态马上恢复正常。

通过对助燃风机的振动监测与故障诊断，查明了风机振动异常的原因，处理后的风机恢复正常运行状态，避免了事故的发生，并节约了大量的人力、物力及维修时间。这个实例说明，当受仪器和分析软件限制，查找不出滚动轴承故障时，可利用峭度指标来初步判断轴承是否存在故障。尤其是在低速、变速和重载等复杂工况下，频率较低并且变化，频谱分析方法不太适用的情况下，显得尤为突出。

8.10 脱硫风机轴承故障的诊断

某炼钢厂离心式脱硫风机运行几个月以来，现场反映风机工作一直不正常，轴向振动较大（轴向振动比径向大很多），而且振动劣化趋势发展很快。为了提早做好维修准备，并为确定维修决策提供依据，对该风机连续进行了跟踪监测，同时对测试数据进行分析、趋势预测及故障诊断。

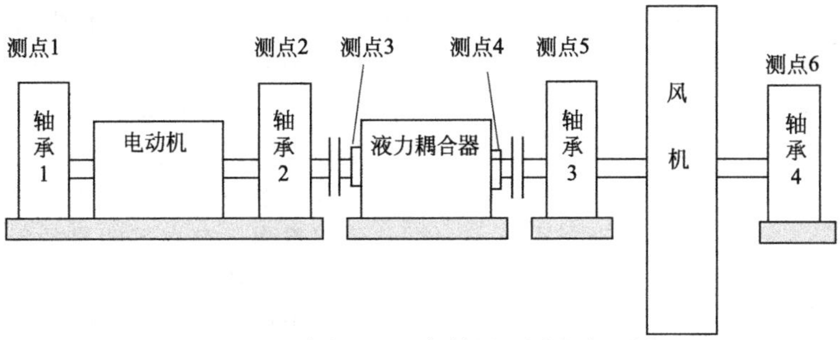

图 8-37　脱硫风机设备简图及测点布置图

8.10.1 设备概况

（1）风机设备简图（图 8-37）

（2）风机主要参数

① 电动机。转速 742r/min，容量 1200kW。

② 液力耦合器。输入轴转速 742r/min，输出轴转速 582r/min。

③ 液力耦合器滚动轴承型号。输入端 32234，输出端 176234。

④ 风机两侧的滚动轴承型号。22344CA。

⑤ 联轴器形式。弹性柱销联轴器，尼龙棒数量 16 个。

（3）风机叶片数为 10。

风机主轴的回转频率和滚动轴承的故障特征频率计算见表 8-19。

表 8-19　风机主轴的回转频率和滚动轴承的故障特征频率计算　单位：Hz

计 算 量	公 式	计算结果
输入轴的回转频率	$f_{r1}=n_1/60$	12.3
输出轴的回转频率	$f_{r2}=n_2/60$	—
叶片的工作频率	$f=f_{r2}\times$叶片数	—
内圈故障特征频率	$f_i=\frac{1}{2}\left(1+\frac{d}{D}\cos\alpha\right)f_r z$	$f_{r2}\times10.83$
外圈故障特征频率	$f_o=\frac{1}{2}\left(1-\frac{d}{D}\cos\alpha\right)f_r z$	$f_{r2}\times8.17$
滚动体故障特征频率	$f_b=\frac{D}{2d}\left[1-\left(\frac{d}{D}\right)^2\cos^2\alpha\right]f_r$	$f_{r2}\times3.46$
保持架故障特征频率	$f_c=\frac{1}{2}\left(1-\frac{d}{D}\cos\alpha\right)f_r$	$f_{r2}\times0.43$

注：f_{r2} 为液力耦合器输出轴的回转频率。

8.10.2 振动测试

（1）测试参数选择和测点的布置

根据现场反映的情况，对风机进行连续跟踪测试，重点对风机输入端轴承（测点 5）进行监测，采用加速度传感器分别测量垂直、水平和轴向 3 个方向的振动数值，测点布置见图 8-37。

(2) 测试结果及分析

对测试数值进行分析比较后，发现风机输入端轴承（测点 5）的轴向振动最大，与现场反映的情况基本相符。对测点 5 轴向振动测试数据进行了分析，频谱图及时域波形图见图 8-38。

8.10.3 分析诊断

从频谱图（图 8-38）中发现，最高峰值所对应的频率恰好为轴承外圈故障特征频率（此时液力耦合器输出轴的转速 $n_2=443\mathrm{r/min}$），轴承外圈特征频率成分为 60.31Hz（第一次测量时 $n_2=442.8\mathrm{r/min}$）及 63.91Hz（4 个月后第二次测量时 $n_2=469\mathrm{r/min}$），而且高次谐波能量也很大，从时域波形图也可以看出，存在着明显的时域冲击。风机输入轴和输出轴回转频率及倍频对应的峰值都很低。因此初步断定：风机轴向振动大，主要是由于风机输入端轴承外圈出现故障造成的。从以后的连续跟踪测试还发现，其振动劣化趋势发展很快，尤其是第二次测试的结果显示，振动能量是 4 个月前的 2 倍，可能已达到损坏的程度，而轴承运行的时间却远远没有达到轴承的使用寿命。因此，初步判定该滚动轴承（风机输入端轴承）的安装存在问题。综合考虑各种因素后得出结论，其主要原因是轴承安装精度不够，外圈出现变形，造成轴承间隙在圆周方向上大小不均，使得轴承部分接触面润滑不好，而引起碰磨，从而造成轴承的损坏。根据测试的结果，建议使用单位立即更换此轴承。

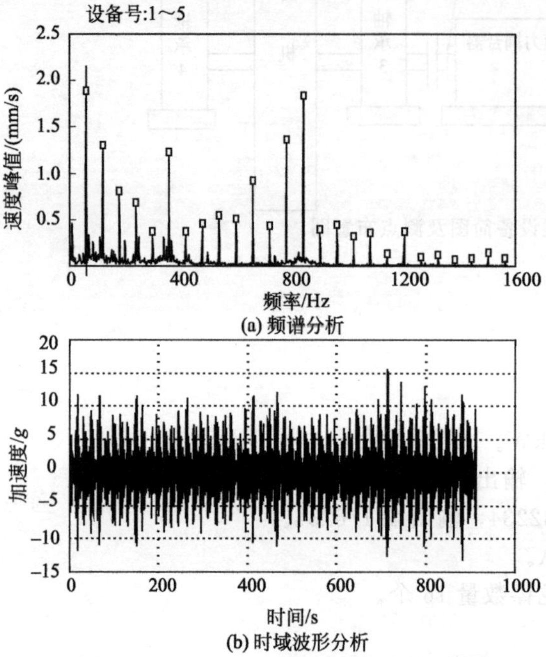

图 8-38 测点 5 轴向振动频谱图及时域波形图

8.10.4 轴承损坏的分析

该厂检修时，在风机轴承组解体后，发现轴承外圈两处大面积剥落（图 8-39），其损伤程度已达到非常危险的程度，如果再继续运行，将可能导致大的运行事故。

根据上面轴承损伤实物的照片可以看出：

① 该轴承是双列调心滚子轴承，双列滚子只有一列损坏，另一列完好，这说明轴承工作时处于严重的偏载状态；

② 轴承的两处损伤，对称于轴承理论载荷的最大区域，以载荷区和非载荷区两端为长轴呈椭圆形，这说明轴承外圈有变形的情况存在。

经诊断和分析得出结论：造成风机轴向振动增大，状态劣化处于故障状态的直接原因是轴承外圈的变形及损坏，而使轴承损坏的根本原因，却是轴承的安装精度问题，诊断结论与实际情况基本相符。

从这个例子及现场设备故障原因的统计来看，设备的安装精度不够往往也是造成设备过早损坏的非常主要的原因之一。由设备安装精度不够所引起的设备故障，是人为造成的，但也是可以避免的。因此，提高安装工人队伍的综合素质，是刻不容缓的。

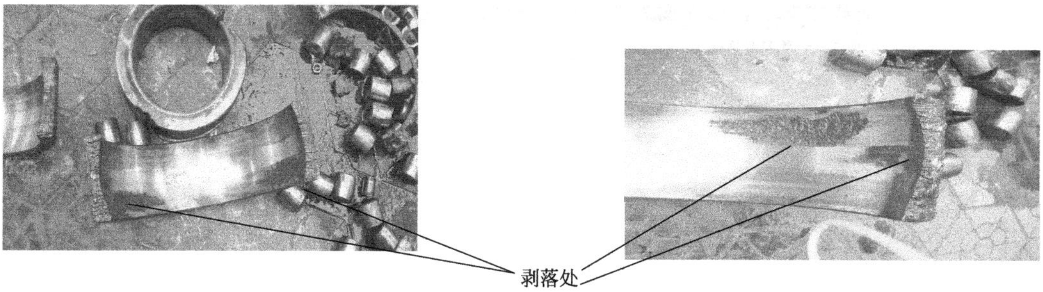

图 8-39 轴承损伤照片

8.11 冶炼厂动氧车间氧增压机振动测试与分析

某公司对动氧车间氧增压机进行测试，测试仪器使用上海东昊测试技术有限公司生产的 DH5910B 数字信号分析仪，信号取自增压机三级转子上预埋的电涡流位移传感器。

8.11.1 第一级转子振动分析

对第一级转子轴位移时域波形和频谱（图 8-40～图 8-42）进行分析，具体分析如下。从图 8-40 中可以看到一个高频的振动加载到了一个 20ms(50Hz) 的周期振动上，该 50Hz 的振动应该由电动机转子振动引起，而高频的振动应来自第一级转子轴振动，忽略电动机转子的振动，将该时域波形在时间轴上展开，得到如图 8-41 所示的时域波形。从图 8-41 可以看到明显的 1.553ms(643.8Hz) 的周期振动，该周期即为第一级转子的转动周期，而图中加载到周期 1.553ms 上更高频的振动则来自转子上齿轮啮合时每个齿的啮合振动，由于采样频率只能达到 102.4kHz，不能在一个周期 1.553ms 内精确地数出齿轮的齿数。

对轴位移振动进行频谱分析，见图 8-42，从图中可以清楚地看到 643.8Hz 的振动及其倍频成分，另外 50Hz 的成分也出现在频谱当中，但幅值都很低，结合时域波形统计值，第

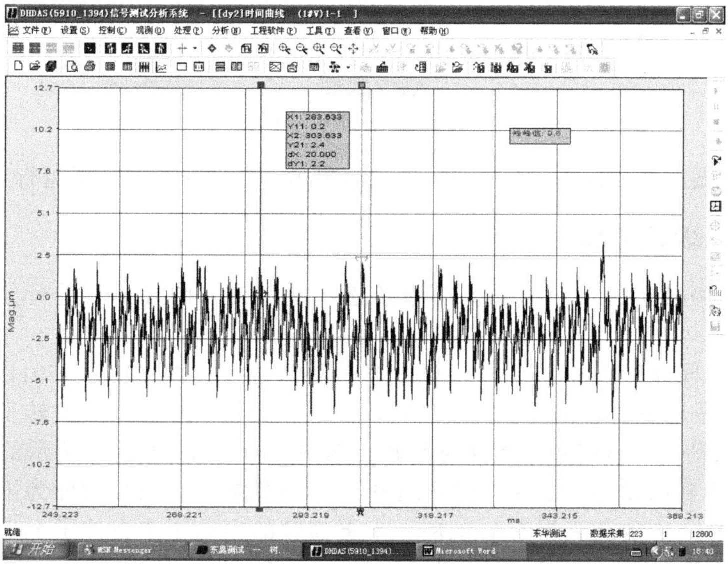

图 8-40 第一级转子轴位移振动时域波形图

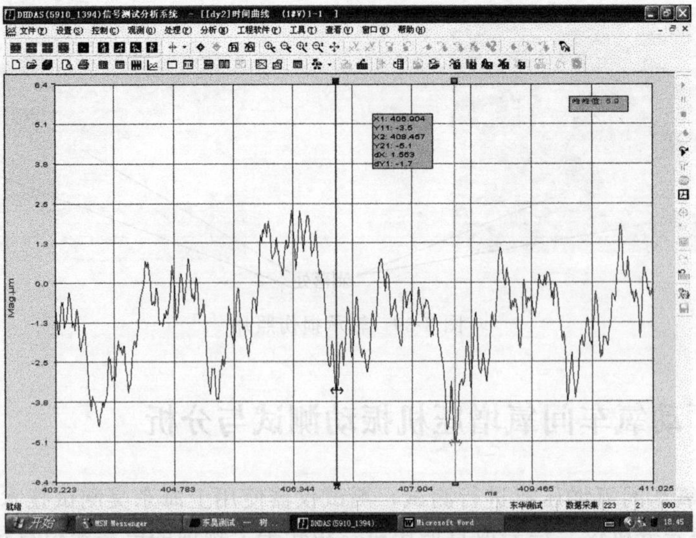

图 8-41 第一级转子轴位移振动时域展开波形图

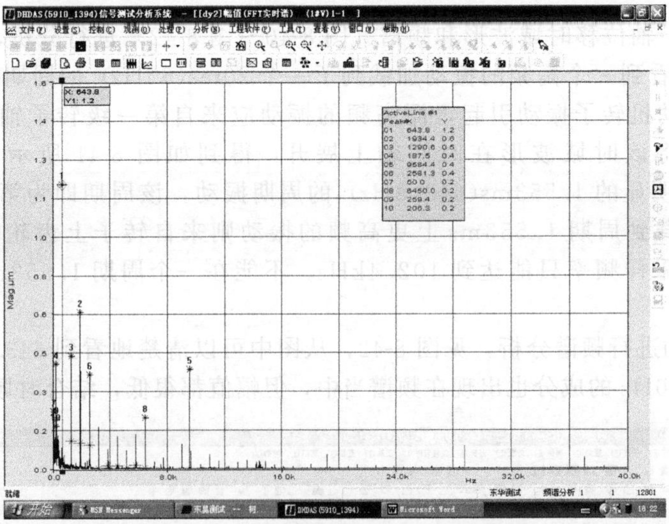

图 8-42 第一级转子轴位移振动频谱图

一级转子轴位移振动 9.8μm，远低于 22μm 的报警值，说明第一级转子运行正常。

8.11.2 第二级转子振动分析

分别对第二级转子轴位移时域波形和频谱（图 8-43～图 8-45）进行分析，具体分析如下。

从图 8-43 中同样可以看到一个高频的振动加载到了一个 20ms（50Hz）的周期振动上，该 50Hz 的振动由电动机转子振动引起，而高频的振动来自第二级转子轴振动，忽略电动机转子的振动，将该时域波形在时间轴上展开，得到如图 8-44 所示的时域波形。从图 8-44 上可以看到明显的 1.318ms(759.4Hz) 的周期振动，该周期即为第二级转子的转动周期，而图 8-44 中加载到周期 1.318ms 上更高频的振动则来自转子上齿轮啮合时每个齿的啮合振动。

对第二级转子轴位移振动进行频谱分析，见图 8-45，从图 8-45 中可以清楚地看到

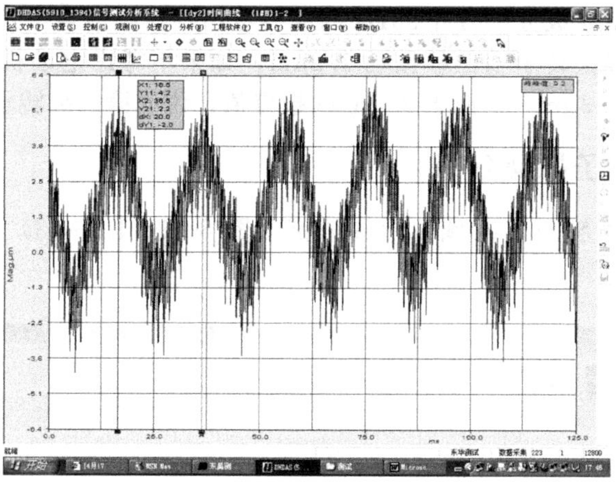

图 8-43 第二级转子轴位移振动时域波形图

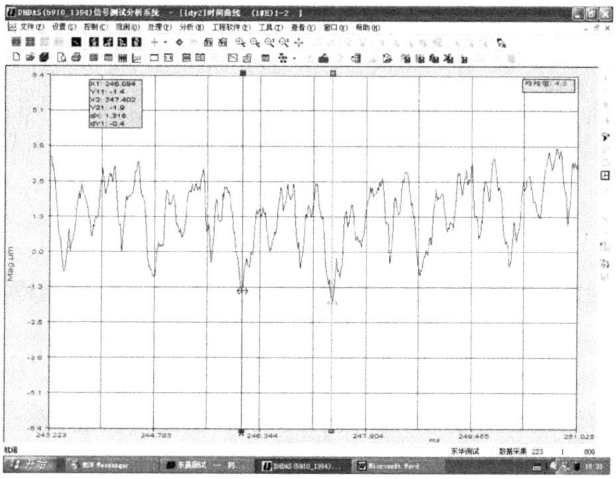

图 8-44 第二级转子轴位移振动时域展开波形图

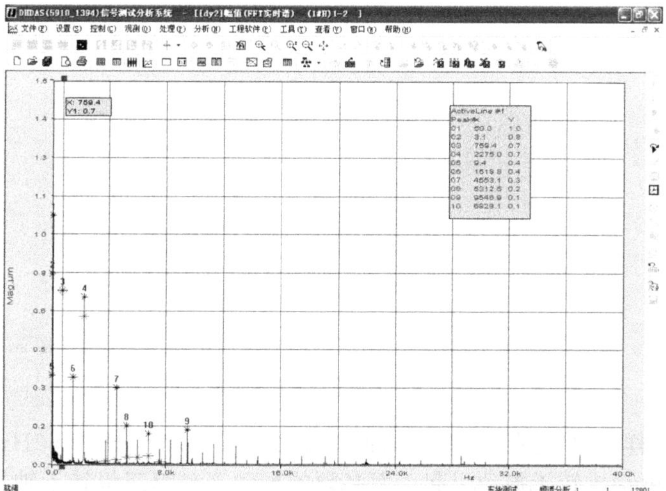

图 8-45 第二级转子轴位移振动频谱图

759.4Hz 的振动及其倍频成分，另外 50Hz 的成分也出现在频谱当中，但幅值都很低，结合时域波形统计值，第二级转子轴位移振动 9.2μm，如果不考虑电动机转子的振动，第二级转子轴振动位移只有 4.3μm，远低于 22μm 的报警值，说明第二级转子运行正常。

8.11.3 第三级转子振动分析

分别对第三级转子轴位移时域波形和频谱（图 8-46～图 8-48）进行分析，具体分析如下。

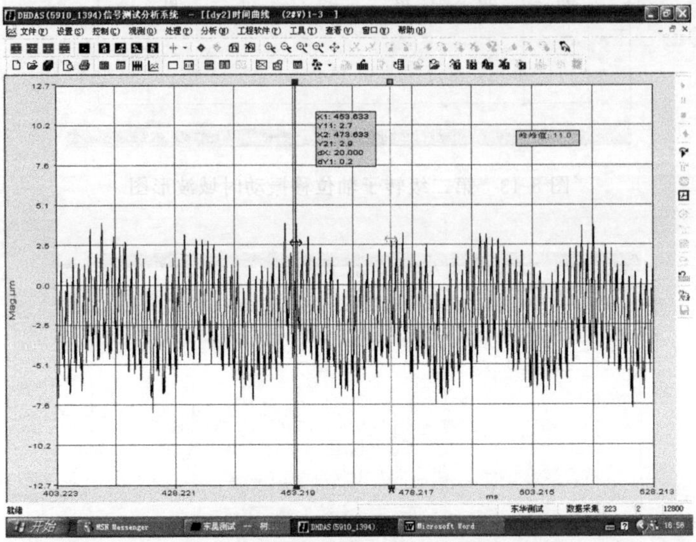

图 8-46　第三级转子轴位移振动时域波形图

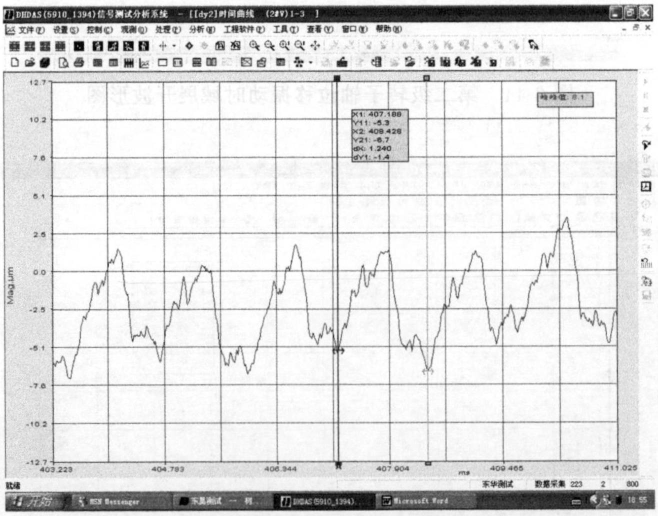

图 8-47　第三级转子轴位移振动时域展开波形图

从图 8-46 中同样可以看到一个高频的振动加载到了一个 20ms（50Hz）的周期振动上，该 50Hz 的振动由电动机转子振动引起，而高频的振动来自第三级转子轴振动，忽略电动机转子的振动，将该时域波形在时间轴上展开，得到如图 8-47 的时域波形，从该图上可以看到明显的 1.24ms(806.3Hz) 的周期振动，该周期即为第三级转子的转动周期，而图 8-47 中

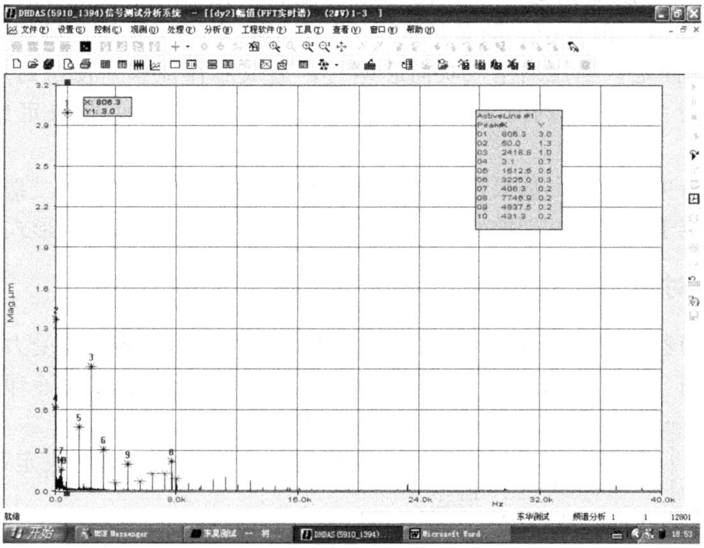

图 8-48　第三级转子轴位移振动频谱图

加载到周期 1.24ms 上更高频的振动则来自转子上齿轮啮合时每个齿的啮合振动。

对第三级转子轴位移振动进行频谱分析，见图 8-48，从图中可以清楚看到 806.3Hz 的振动及其倍频成分，另外 50Hz 的成分也出现在频谱当中，但幅值都很低，结合时域波形统计值，第三级转子轴位移振动 11μm，如果不考虑电动机转子的振动，第三级转子轴振动位移只有 8.1μm，远低于 22μm 的报警值，说明第三级转子运行正常。

结合各测点时域分析和频谱分析可得各转子通频振动和各频率下的振动幅值都很低，由此可以说明目前氧增压机运行状态良好。

8.12　离心式压缩机喘振问题研究及解决方案

HR9-040-5 空压机为美国 Atlas 公司制造的带中间冷却器的二级离心式空气压缩机。该机组经一级压缩后，通过中间冷却器冷却，由二级吸入压缩，再经后冷却器冷却后送到用气部位。投入使用 7 年后该机组先后出现了送气温度高、机组效率下降、喘振等现象。

8.12.1　问题的提出及分析

产生喘振的原因主要有以下几点。

① 机组流道缩小，造成效率降低。停机检查，叶轮及流道内污垢较多，对蜗壳及叶轮进行清洗后开机试车运行仍未见好转。

② 机组出气口堵塞。检查雾滴捕集器内的丝网，未见异常。

③ 机组内部通道发生堵塞。将空气冷却器拆出检查，发现铝翅片间布满灰尘，空气冷却器堵塞严重。但是此类型翅片强度极低，在清洗时容易造成翅片倒伏，影响换热效果及清洗效果。必须更换冷却器芯体。

同时经过对机组拆检发现，由于空气冷却器芯体密封胶条老化脆断造成热空气短路致使送气温度升高；由于空气冷却器芯体被尘埃堵塞提高了吸、排气阻力使机组效率下降；而中冷器的尘埃灰垢被压缩空气带入二级叶轮并附着在上面使流道状况恶劣引起压缩空气旋转脱离，严重时便出现了喘振。由此可见，机组出现异常的主要原因是空气冷却器故障。

在空气冷却器出现短路时，曾试图用聚四氟板（耐高温、不易老化）来代替胶条，但实际效果不太理想。因为密封胶条呈倒“V”字形扣在冷却器的挡风板上，而冷却器芯体长3.6m，一端固定。当压缩空气吹向芯体时，造成芯体漂移，使密封用聚四氟板移至出气口，挡住部分出气口，同时造成密封垫被破坏，引起短路。故决定更新空气冷却器芯体。

由于此设备为进口设备，如果进口空气冷却器，一是生产周期长，二是造价较高，为了生产急需，同时鉴于上述冷却器的缺点，最终提出了改变冷却器的结构形式且由自己制造。

8.12.2 处理对策

对原有的冷却器形式进行分析，当空压机工作时，造成冷却器芯体受力。按材料力学公式建立模型，见图 8-49。可以计算出芯体的漂移距离为 20mm。而实际冷却器芯体密封垫与排气口的距离为 15mm。

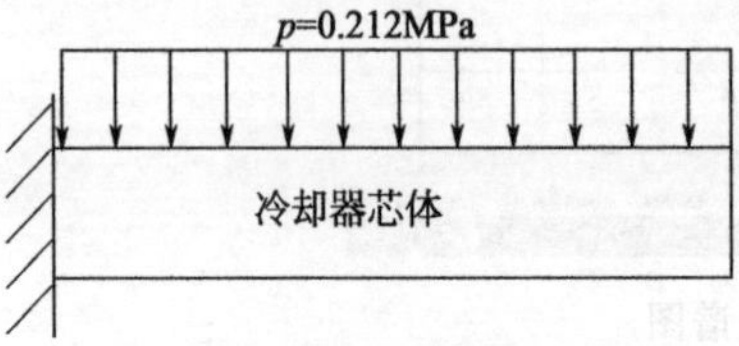

图 8-49 计算模型

经过借鉴其他冷却器的形式，决定采用如下的结构形式。

① 将整体铝翅片串片式的结构改为铜翅片缠绕式结构，提高翅片强度便于今后清洗。增加传热系数。加强制冷效果。

② 在有效的空间内增加换热管数量，保证并提高冷却效果。

③ 改变原来的密封形式。在壳体上焊接挡风板，并将不锈钢弹簧板固定在挡风板上，利用空气的压力将密封片紧紧压在冷却器的上下支撑板上。

④ 在壳体上焊接轨道，在芯体上安装滚轮方便拆装。

⑤ 在冷却器进出口安装压力表，便于随时检查冷却器的情况，以确保机组正常运行。

在确定上述方案后，先在后冷却器芯体上试验。经过对壳体及原冷却器芯体的精确测量，设计出图纸，再经过认真核对尺寸，将图纸上未反映出的设计思路重新进行了修正。后冷却器芯体首先制作完成。结构见图 8-50。安装完成后经开机检验，进出冷却器压差降为 0.0025MPa，比原来低 0.015MPa。同时解决了后冷却器芯体串气的问题。在筒体上焊接完后，由于此设备属于压力容器，对所有焊缝进行了无损探伤，合格后投入使用。

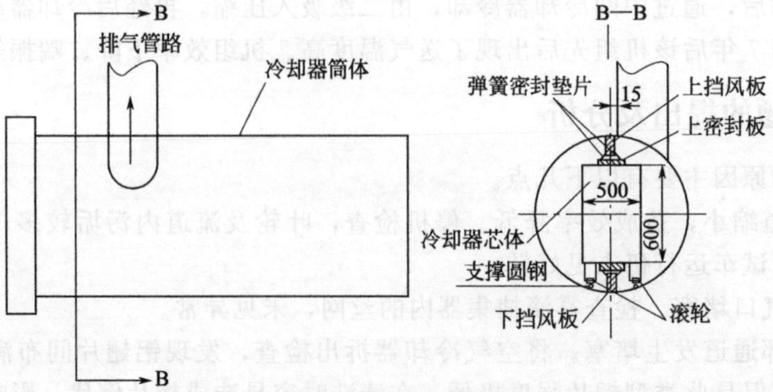

图 8-50 冷却器结构

在更新后冷却器芯体后，经实际运行，机组的喘振周期延长，但还有喘振现象。经过对中间冷却器芯体检查发现，堵塞现象严重，经过加前后压力表观察，发现前后压差达到 0.04MPa。而二级的吸入压力较低，这很可能是造成喘振的重要原因。经过对中间冷却器芯体认真测量绘制图纸并制作完成后，安装试车，压降为 0.003MPa，比原来低 0.037MPa。

效果明显。而且整体单耗降低。机组运行至今再未产生喘振现象。

8.12.3 防范措施及成效

(1) 主要措施

在上述改造完成后，为了避免上述现象的再次发生，认真检查了吸风系统。该吸风系统为设备厂家提出的三级过滤系统，而同类型机组使用四级过滤，且过滤精度也比此机组高。用尘埃粒子计数器检测空气洁净度与同类型的机组相比效果较差（表 8-20）。根据检测的结果，发现主要是一级过滤效果不理想（尤其在小粒子方面），决定在吸风室一级与二级过滤介质间再增加一层粗效过滤器（DV3）作为改造后的一级过滤，以便提高过滤能力，从而提高了空气洁净度。改造后，检测的空气净化度达到同类型机组的水平。同时在操作规程中制定了详细的措施，每半年监测一次洁净度，如发现变化，及时更换介质，从而确保洁净度。避免上述现象的再次发生。

表 8-20 改造前、后此机组与相同类型机组过滤效果比较

位置	粒径/μm	改造前						改造后		
		本机组			同类型机组			本机组		
		粒子数粒/$10^{-1}ft^3$	级过滤效率/%	累计过滤效率/%	粒子数粒/$10^{-1}ft^3$	级过滤效率/%	累计过滤效率/%	粒子数粒/$10^{-1}ft^3$	级过滤效率/%	累计过滤效率/%
过滤前大气	0.3	335255	—	—	335255	—	—	335255	—	—
	0.7	49435	—	—	49435	—	—	49435	—	—
	1.0	8121	—	—	8121	—	—	8121	—	—
	2.0	3000	—	—	3000	—	—	3000	—	—
一级过滤后	0.3	333226	0.6	0.6	187251	44.1	44.1	184390	45	45
	0.7	45774	7.4	7.4	6152	87.6	87.6	5438	89	89
	1.0	2799	65.5	65.5	252	96.9	96.9	252	96.9	96.9
	2.0	558	81.4	81.4	93	96.9	96.9	93	96.9	96.9
二级过滤后	0.3	332610	0.2	0.8	160548	14.3	52.1	156732	15	53.2
	0.7	45539	0.5	7.9	4636	24.6	90.6	4024	26	91.9
	1.0	2730	2.5	66.4	177	30	97.8	171	32	97.9
	2.0	500	10.4	83.3	69	25.8	97.7	68	27	97.7
三级过滤后	0.3	297453	10.6	11.3	163419	—	51.3	140118	10.6	58.2
	0.7	35191	22.7	28.8	4383	5.5	91.1	3742	7	92.4
	1.0	2301	15.7	71.7	110	37.9	98.6	103	40	98.7
	2.0	410	18	88.7	56	18.8	98.1	54	20	98.2

注：1ft=0.3048m。

(2) 工作成效

① 送气温度达到要求，由更新前的 45℃降低到 28℃。

② 机组运行状态良好，再没有发生喘振现象，并且改造了吸风系统，保证了系统稳定运行。

③ 机组效率提高，电单耗由更新前的 59kW·h/km^3 降低到 57kW·h/km^3。更新后运行了 7500h，节电 (59－57)×27×7500＝405000kW·h，按每千瓦·时 0.45 元计算合 18.23 万元。

④ 由于冷却器垢阻减小传热系数增加使冷却效果提高，冬季原两冷却器的用水由并联使用改为串联使用。供水管直径 ϕ159mm，循环水流速 3m/s，因串联使用减少的一组供水管的流量为 $3.14\times0.15^2\div4\times3\times3600=190.8$(t/h)，实际使用 90 天，节约循环水 $190.8\times24\times90=412128$(t)，按每吨 0.2 元计算，合 82425.6 元。

⑤ 国产冷却器芯体每台在 17 万元左右，而进口冷却器芯体在 36 万元左右。节省进口设备费用 19 万元，2 台共计节省 38 万元。

经过上述的改进后节省设备费 38 万元，电耗降低 18.23 万元，节水 8.24 万元。三项合计 64.47 万元。

8.13 大型离心压缩机的喘振试验

某公司产氧量 60000m³/h（标准状态下）的空分装置采用德国 MANTURBO 公司制造的汽轮机驱动一拖二压缩机组，汽轮机的工作转速为 3990r/min，一端驱动气量为 300000m³/h、出口压力为 620kPa(绝压）的离心式、单轴 4 级空气压缩机；另一端为驱动空气增压机。机组安装完成，经过汽轮机单体调试、汽轮机驱动空气压缩机调试和三大机组联合调试后，10 月中旬空分系统开车成功。

8.13.1 试验过程与方法

大型压缩机组为 60000m³/h 空分装置配套使用，完成机组本体及电气、仪表安装调试后，进行了水循环、油循环和辅助设备的调试。汽轮机单体试车后，与空气压缩机对中连接，为保证机组在负荷试车中的安全，并为今后的生产运行提供依据，一次启动成功后，进行了压缩机的喘振试验。

喘振试验就其本身来说，对机组或多或少是有伤害的，但为确保机组安全和在生产过程中尽量发挥机组应有能力，MANTURBO 公司在安装现场进行了喘振试验。

控制室和现场各一名专业人员，控制室人员负责机组开停和负荷调整，并监控 DCS 各点参数的变化。现场人员负责监控机组现场运行状况，出现异常时，现场和控制室均可以通过快速开关迅速打开放空阀，亦可通过紧急停车按钮进行机组紧急停车。试验时，控制室启动机组后，首先将进口导叶打开至一定开度，并检查是否与现场开度一致，然后逐渐缓慢调节放空阀来提高出口压力，同时与现场保持联系，共同监控机组状况。进入喘振区时，机组发生异常振动，伴随刺耳的气流哨叫声，出口止回阀时开时关，现场立即与控制室联系，同时控制室可看到流量及出口压力波动，轴振动升高，立即打开放空阀以保护机组，完成了 1 个点的试验。

试验共做了 3 个点，分别为进口导叶开至 13%、20%、25%，并记录喘振点数据（表 8-21），根据公式计算出安全的工作区并绘制曲线（图 8-51）。另外，在运行过程中对机组的工作点进行实时跟踪，并可在图中显示出来，作为运行的控制依据，一旦超出控制线，机组自动卸载，维持启动状态以达到自我保护。

表 8-21 喘振点实际数据

进口导叶开度/%	出口压力/kPa	进口温度/℃	进口真空度/kPa	流量(标准状态下)/(m³/h)
13	521.1	30.72	2.16	170777
20	607.5	29.85	3.138	205767
25	668.2	30.0	3.59	220451

表 8-21 所列是实际喘振数据，在同等出口压力下，按照安全裕度的要求，保护线的流

量高于实际喘振流量的 3%，控制线流量高于实际喘振流量的 10%，计算得到另外两组数据（表 8-22），在操作中，要求机组运行工作点在控制线内。

表 8-22　喘振保护线及控制线数据

出口压力/kPa	保护线流量(标准状态下)/(m^3/h)	控制线流量(标准状态下)/(m^3/h)
521.1	175900.31	187854.7
607.5	211940.01	226343.7
668.2	227064.53	242496.1

根据线性计算公式，取第一、二两点计算。

$$175900=521.1a_1+b_1 \qquad 187854.7=521.1a_2+b_2$$

$$211940=607.5a_1+b_1 \qquad 226343.7=607.5a_2+b_2$$

计算得到：$a_1=417.3$；$b_1=-41466.44$；$a_2=445.5$；$b_2=-44282$。

依据以上数据，参考性能曲线，以（56250，0）为起点，以出口压力 320kPa 为终点得到另一组曲线；再以出口压力 320kPa 为起点，出口压力 700kPa 为终点得到一组曲线。

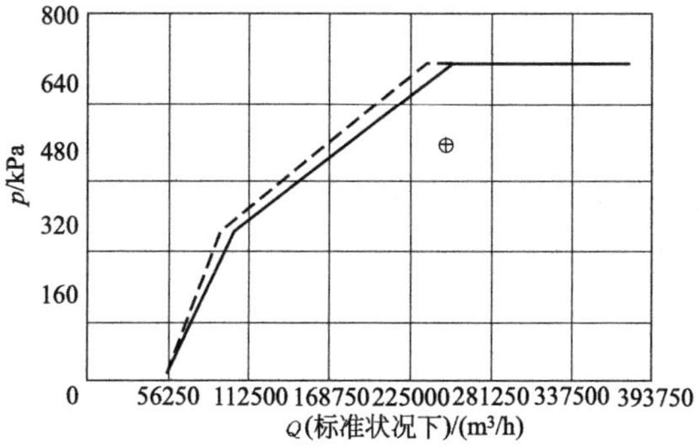

图 8-51　喘振保护线及控制线

图中实线为控制线；虚线为保护线；“+”字号为机组实际工作点

8.13.2　试验结果

以上只是多种喘振线计算方法中的一种，由于该压缩机没有回流，靠放空阀调节压力和防喘振，所以在进行防喘振试验时，取进口流量和出口压力作为参数。本试验在压力变化过程中不考虑介质分子量的变化，流量为经过温压补偿后的流量。

通过对机组进行喘振试验，得到了在生产过程中的操作依据，机组已运行近一年的时间，由于系统原因，有时整个空分装置需低负荷（70%左右）运行，又由于空分装置自身的特点，在需要减少空气量的同时，却要求空气压力仍为正常负荷时的压力，这就给操作增加了难度。但有了喘振控制线，既可在变负荷和运行时看到工作点距离喘振控制线的远近以保护机组，又可避免因没有依据而无谓地加大放空量以防止喘振的发生，因此可达到节能降耗的目的。

8.14　离心式空压机电机振动原因分析

8.14.1　设备概况

某厂丙烯腈装置改扩建中，为满足生产需要新增加了 MCL454-3 型空压机。空压机在试运过程中发现振动超标，通过对各点的监测，发现振动是由电动机引起的，空压机由电动机驱动，其电动机为 YBS560-2 型，功率 950kW，转速为 2980r/min。中间由增速机变速，机组结构示意图见图 8-52。

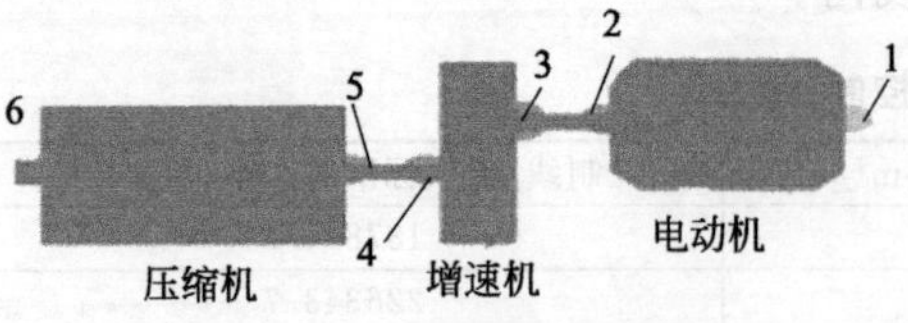

图 8-52 机组结构示意图

新空压机试车，状态监测站利用北京京航 HG8902C 采集器对机组进行了运行状态监测及数据采集。监测结果：电动机轴承振动速度偏高，后垂直方向峰值达 3.64mm/s；随着装置开工负荷增大，电动机后轴承垂直方向峰值达 6.98mm/s，前轴承水平方向峰值由 2.22mm/s 增长到 6.97mm/s，垂直方向峰值由 2.21mm/s 上升到 6.61mm/s，而且还有不断上升趋势（表 8-23）。随基础剧烈振动，劣化趋势进一步扩大，不能继续运行。

为确保机组安全运行，对空压机组监测数据及频谱进行了精密分析，采取了相应的措施。

表 8-23 实测值 单位：mm/s

时间	测点	1	2	3	4	5	6
		有效值	有效值	有效值	有效值	有效值	有效值
10 月 10 日	水平	2.52	2.22	1.61	0.68	1.35	1.26
	垂直	3.64	2.21	0.66	0.86	0.48	0.58
10 月 23 日	水平	4.80	6.97	3.71	1.03	0.48	0.71
	垂直	6.98	6.61	1.25	1.04	0.65	0.44

8.14.2 状态监测数据分析

（1）联机运行状态监测结果分析

为详细了解机组运行状态，将机组分低负荷、高负荷和电动机单机进行试车，并分别采集了频谱。如图 8-53 所示为所采集的频谱图。从图中看出，电动机后轴承水平以 1 倍频占主导地位，达 1.32mm/s，伴有 2 倍频、3 倍频、4 倍频分量，其值较小；垂直方向以 1 倍频为主要分量，达 4.53mm/s，其他分量较小，出现的频率与水平相近。而在前轴承水平方向上 2 倍频占主要分量，达 2.68mm/s，1 倍频、3 倍频占次要地位；垂直方向以 1 倍频为

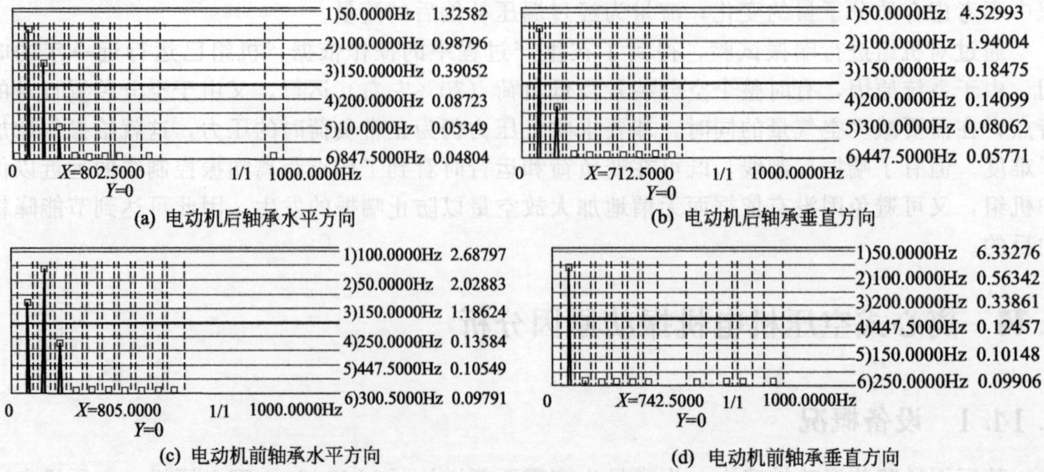

(a) 电动机后轴承水平方向 (b) 电动机后轴承垂直方向

(c) 电动机前轴承水平方向 (d) 电动机前轴承垂直方向

图 8-53 机组联机试运电机频谱图

主要分量，达 6.33mm/s，其他分量很小。电动机的这些频率特征，正好与频谱分析中的不平衡、不对中故障特征相吻合，说明电动机存在不平衡及不对中故障。

（2）电动机单机运行状态监测结果分析

为消除基础和增速机、压缩机对电动机振动的影响，将电动机与增速机断开，对电动机进行单机试运行，并对采集频谱进行了分析，频谱图见图 8-54。

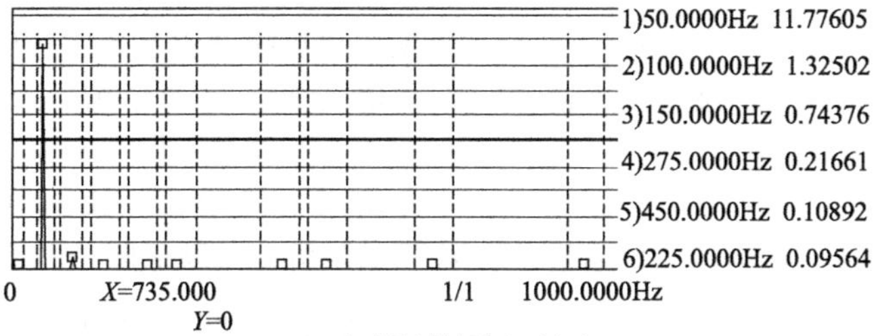

(a) 电动机后轴承水平方向

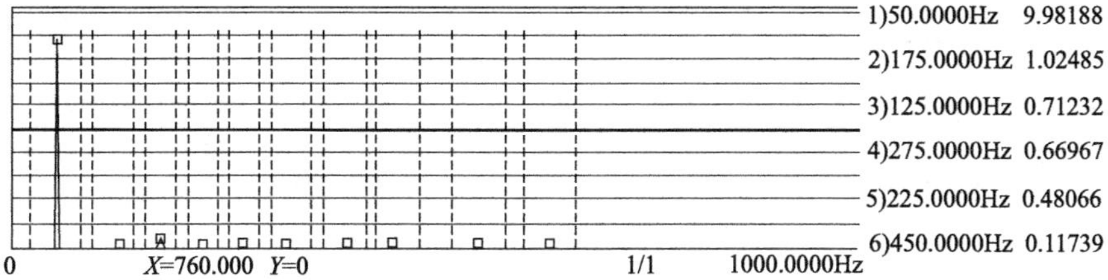

(b) 电动机后轴承垂直方向

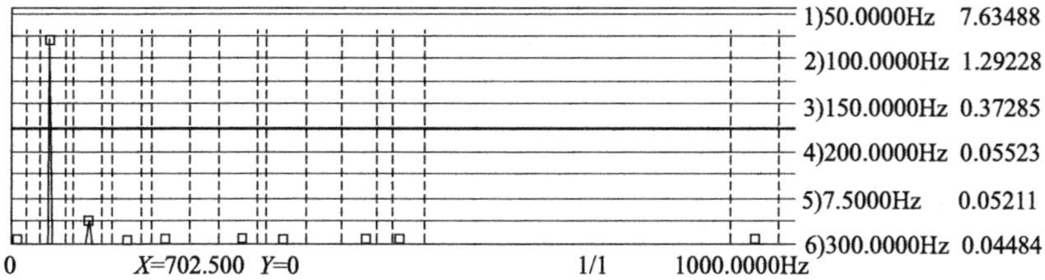

(c) 电动机前轴承水平方向

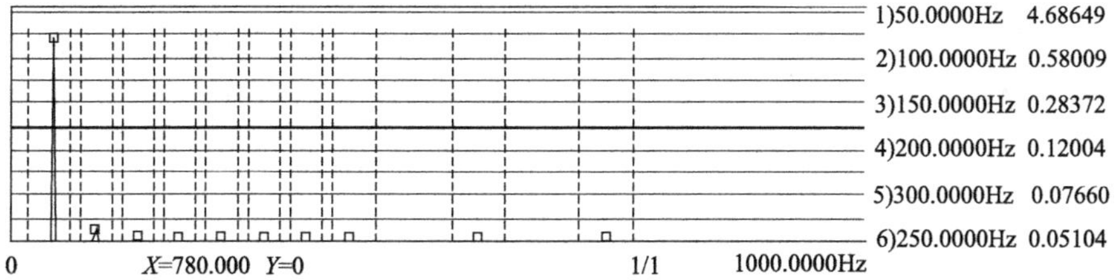

(d) 电动机前轴承垂直方向

图 8-54　电动机单机试运行频谱图

从单机运行的频谱分析图中看出，振动主要以 1 倍频为主，同时还有较小的 2 倍频、3 倍频、4 倍频，频谱的幅值比联机时大得多，2 倍频分量基本消失，其转子的轴心轨迹呈椭圆形。完全符合不平衡故障特征。由此认定，振动偏大的主要原因是电动机转子存在不平衡。

8.14.3　检修结果分析

在电动机与增速机断开之前，对联轴器找正误差进行了复查，发现上下误差达 0.83mm，而厂家要求是 0.11mm（按找到零对零状态再加允许误差 0.05mm），这与联机状态出现的 2 倍频为主的现象相吻合，不对中故障也被证实，说明振动由这两种原因引起，属

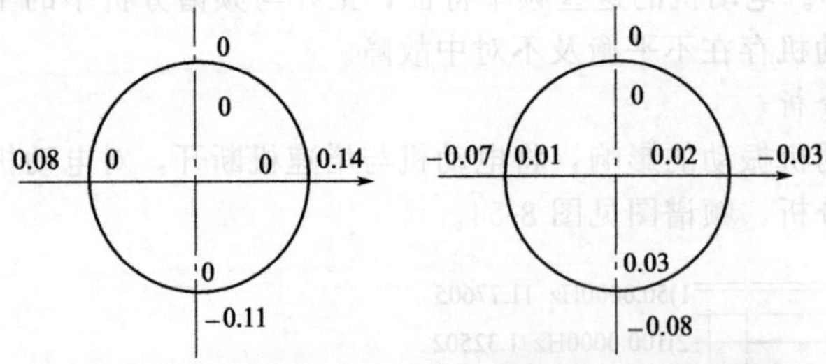

(a) 对中公差标准值　(b) 检修后实际找正误差值

图 8-55　对中对照图

于综合故障。为从根本上解决问题，将电动机运回厂家进行全面检查，并按技术要求对电动机转子做动平衡，达到G1级标准，在转子做动平衡时，发现在离轴心200mm处存在85g不平衡质量，去掉不平衡质量，并在动平衡现场单机振动值达到优良后运回。

电动机经过动平衡后，进行回装和找正，其误差见图8-55。

由图8-55看出，找正误差已符合标准要求。待具备试车条件后，联机试运压缩机，并采集了频谱，其频谱图见图8-56。

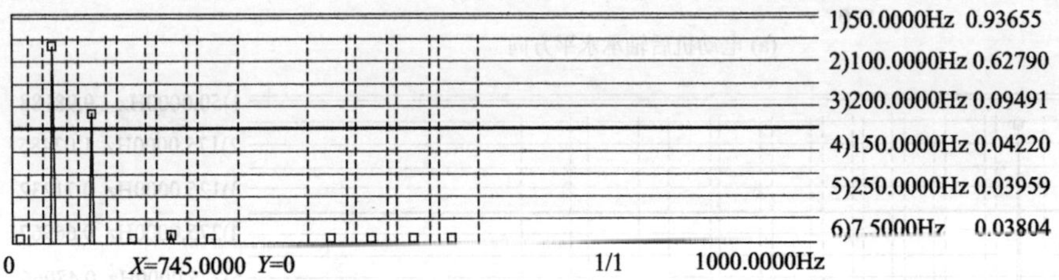

(a) 电动机后轴承水平方向

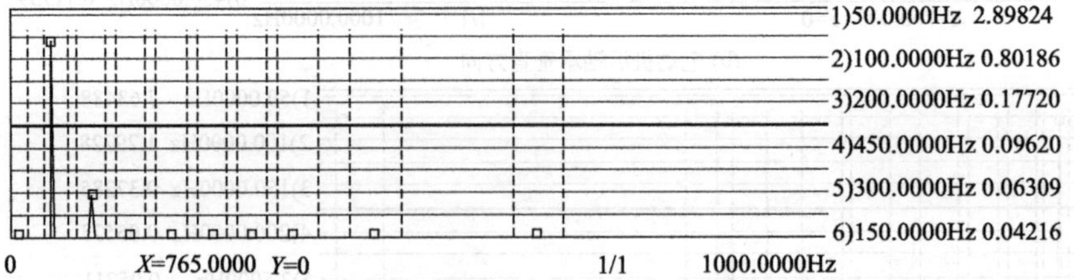

(b) 电动机后轴承垂直方向

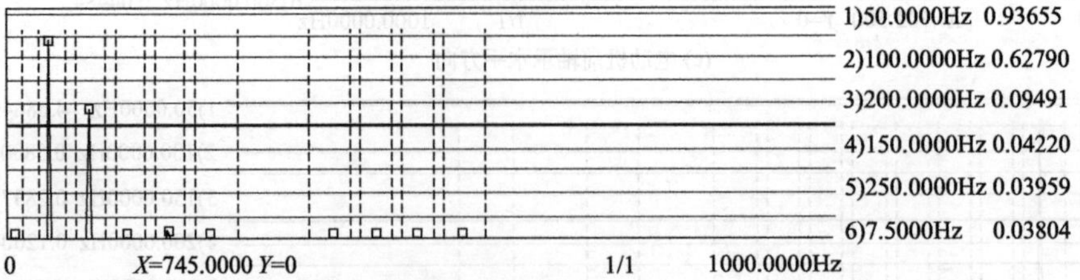

(c) 电动机前轴承水平方向

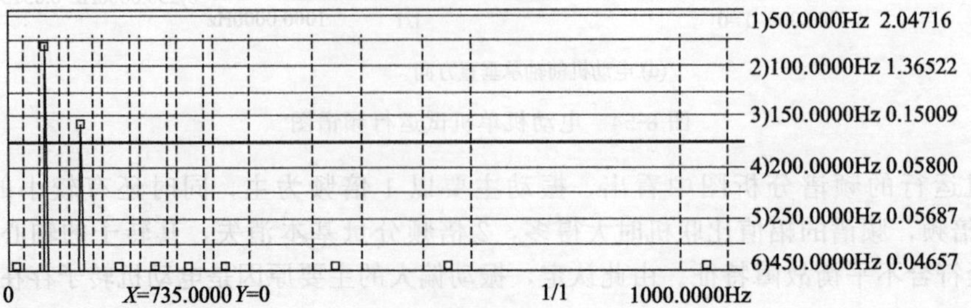

(d) 电动机前轴承垂直方向

图 8-56　动平衡后的频谱图

从采集的频谱图中看出，1倍频、2倍频幅值明显下降，已达到优良运行状态，证明已经从根本上解决了振动故障。

电动机振动超标原因是电动机转子不平衡量超标和联轴器找正误差超标引起的。

经过重新进行转子动平衡和找正之后运行良好。

8.15　离心式空压机振动故障的诊断与检修

3GR350/600 型空压机，主机转速 9700r/min，排气量 30000m^3/h，排气压力 0.35MPa（绝压），是某公司进行技术改造时由德国引进的二手设备。安装运行至今一直比较平稳。此后发现止推端轴承振动较大。通过频谱分析技术进行故障诊断，对转子做动平衡，修复轴瓦后，机组振动恢复正常。

8.15.1　振动故障的发现与诊断

在日常运行中用 VM63 型便携式测振仪离线监测。机组各点振动速度测试值如表 8-24 所示。止推端轴承径向垂直振动速度有效值为 18.1mm/s，超过了 ISO 2372《旋转机械的振动烈度标准》规定的 18mm/s 的合格标准，机组不能再正常运行。为确定引起振动的原因，采用 BZ-4200 型机械故障诊断仪监测机组振动信号。获得的频域谱如图 8-57 所示，转子以工频振动为主。时域信号为近似的正弦波曲线。经分析认为，引起转子振动的原因主要是不平衡或弯曲。

表 8-24　机组各点振动速度测试值　　单位：mm/s

测量位置	止推端轴承				支撑端轴承		
	径向垂直	径向水平东	径向水平西	轴向	径向垂直	径向水平东	径向水平西
测量数值	18.1	3.7	3.5	2.8	2.4	2.1	2.1

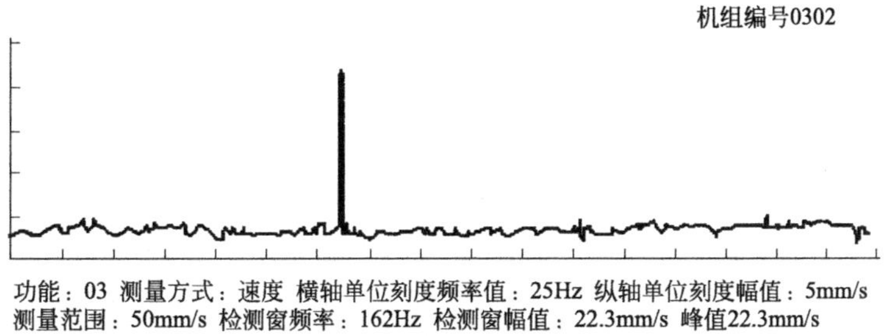

图 8-57　机组振动信号频域谱

8.15.2　故障检修

（1）转子外观检查

为了确定故障原因，首先对转子进行了外观检查。初步确定转子并无零部件脱落。对转子着色探伤也未发现裂纹。为进一步检测转子变形的情况，在车床上对转子的圆跳动进行了测量，测量位置、数据及标准分别见图 8-58 和表 8-25。从检测结果看出，转子的形位误差在标准要求范围内，可以排除弯曲变形的原因。

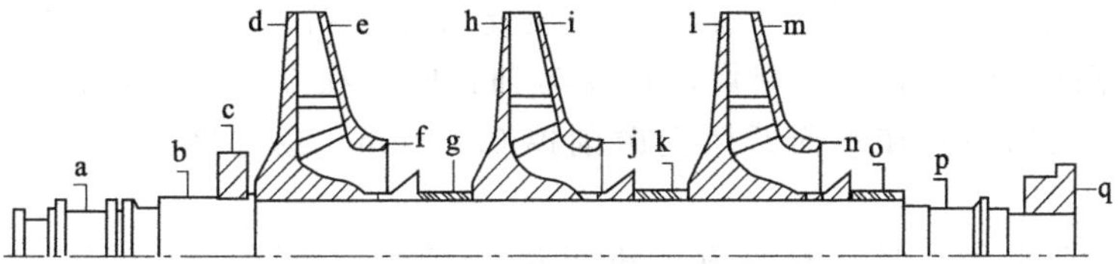

图 8-58　测量圆跳动数据

表 8-25 转子圆跳动数据 单位：mm

项目	径向圆跳动							轴向圆跳动									
部位	轴径		轴封		叶轮气封		平衡盘	叶轮外缘									联轴器
标准	≤0.01		≤0.01		≤0.06		≤0.04	≤0.10									≤0.02
代号	a	p	d	o	g	k	c	d	e	f	h	i	j	l	m	n	q
测值	0.01	0.01	0.01	0.01	0.02	0.01	0.02	0.03	0.05	0.02	0.02	0.03	0.05	0.02	0.03	0.05	0.01

(2) 转子做动平衡

在排除弯曲因素后，可确定不平衡是引起振动的主要原因。由于该空压机的主轴是挠性轴，转速较高，用普通的低速动平衡机很难保证动平衡的质量。因此，将转子送至沈阳透平机械股份有限公司，用高速动平衡机做动平衡。为保证动平衡质量首先检测转子轴颈圆度和圆柱度误差不大于 0.01mm，然后又在喷砂罐内做内外喷砂除锈处理，再做低速（700r/min）动平衡。残余不平衡力矩初值：支撑端 15.9g·mm，止推端 10.6g·mm。经过去重，残余不平衡力矩值：支撑端 0.677g·mm，止推端 0.463g·mm。做高速（9700r/min）动平衡。振动速度初值：支撑 0.4mm/s，止推 1.8mm/s。经过去重，振动速度值：支撑 0.8mm/s，止推 1.04mm/s，达到了 API 617 标准的要求。

(3) 止推端轴承修复

① 轴瓦间隙检测。转子做动平衡后，采用压铅法检测止推轴瓦间隙。测量时用直径为 2 倍顶隙、长度为 35mm 的软铅丝分别放入轴颈和轴瓦的结合面上，软铅丝用润滑油粘住，避免从轴颈表面滑落，然后盖上轴承盖，均匀地拧紧螺母，再用塞尺检查轴瓦结合面的间隙，要求均匀相等；打开轴承盖，用千分尺测出被压扁铅丝的厚度，计算顶隙的平均值。经检测发现，顶隙为 0.27mm。侧隙：一侧为 0.05mm，另一侧为 0mm。为保证形成润滑油膜的强度，限制转子振动和良好的散热，轴瓦间隙一般应为轴径的 1.5‰～2‰，侧隙为顶隙的 1/2。该机组主轴直径为 90mm，那么顶隙应为 0.13～0.18mm，侧隙为 0.65～0.90mm。可见应对轴瓦进行修理。

② 轴瓦的修理。由于轴瓦间隙超差不大，采用了组合调整法进行修理。在标准平台上放上研磨砂，上轴瓦的瓦口在标准平台上研磨，用千分表置于瓦背顶检测磨削量。当磨削量沿半径方向达到 0.09mm 后，停止研磨。为消除瓦几何形状变化的影响，保证轴瓦与轴承体、轴瓦之间的均匀接触，刮研轴瓦。轴瓦与轴颈之间的接触表面所对圆心角为接触角。接触角过大会影响油膜的形成，从而破坏润滑效果，使轴瓦磨损加快；此角过小则会增加轴瓦的压强，也会导致轴瓦磨损加剧。一般接触角为 60°～90°。空压机精度高、转速高，轴瓦与轴径之间的接触点应大于 3～4 点/cm^2。在轴颈上涂上一层薄红铅油，反、正方向各转动一圈，对轴瓦内表面的色斑刮去，逐渐增加接触。如此反复数次，直至达到上述要求。经过轴瓦刮研，顶间隙调整到 0.18mm，侧间隙调整到 0.12～0.10mm。

③ 轴瓦压紧力的调整。为了防止轴瓦在工作时可能发生转动和轴向移动，轴瓦在轴承座内必须是过盈配合，轴瓦的过盈量应保持在 0.03～0.08mm 之间。装配后，过盈量会产生一个预压力，以使转子转动时轴承不会发生颤动。因此需要测量轴瓦预紧力，测量方法与测量顶隙的方法相同，用压铅法。但此时把软铅丝分别放在轴瓦的瓦背表面、轴承盖与轴承座的结合面上。经测量，瓦盖与轴瓦间存在 0.03mm 间隙。因此，将轴承盖与轴承座结合面的垫片在平面磨床上磨削掉 0.10mm。经过再一次检测，达到了过盈要求。

经过做转子动平衡，修复止推瓦，机组运行平稳。轴瓦温度正常，振动值最大处 5.0mm/s，低于 7.1mm/s 的要求，检修效果良好。

8.16 大型空分装置离心式压缩机振动故障分析及处理

某化肥厂 48000m³/h（标准状态下）空分装置安装了 DMCL1204 + 2MCL1203 + 3BCL608 离心式压缩机，该压缩机组由汽轮机、空压机低压缸及中压缸、增速机、氮气增压机组成，如图 8-59 所示，图中只绘出了两段进气的法兰，其余进出气法兰没有绘出。由于是生产初期，本机组没有安装振动测试分析仪。本机组汽轮机功率为 39299kW，空压机流量为 246700m³/h，空压机出口压力为 0.64MPa(绝压)，空压机工作转速为 4405r/min，氮气增压机的流量为 164407m³/h，氮气增压机出口压力为 8.31MPa(绝压)，氮气增压机工作转速为 9168r/min。

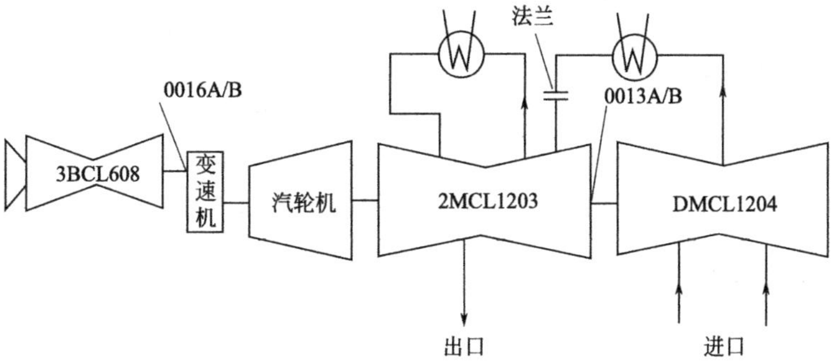

图 8-59 气路系统示意图

8.16.1 振动故障及分析

(1) 故障特征 1

该空压机组安装完毕，并已通过机械运转，机组各轴瓦振动测点数值在正常范围之内。机组测振元件采用美国本特利测振探头，通过计算机实时跟踪记忆监测。

该空压机机组再次试运，投入空分装置，运行至大约 10h，空压机组中压缸测点 0013A/B（图 8-59）出现振动，振动值突然上升到了 100μm，即振动值超过了联锁值，致使空压机机组停机。

(2) 故障特征 2

由于是试运阶段，该压缩机组经多次启动运行，并多次拆装检修。又一次启动运行 8h 后，如图 8-59 变速机输出端 0016A/B 出现振动，振动值突然超过了联锁值，达到了满量程 150μm，压缩机组再次停机。停机后，在微机实时记忆监测画面上显示该测点数值始终为 150μm，没有归零。

该离心压缩机组的正常振动值、出现振动的位置及联锁值列于表 8-26 中。

表 8-26 空压机+氮气增压机机组振动值及联锁值

位　置	位　号	振动值/μm	联锁值/μm
增速机输出侧	0016A/B	10.2/9.2	91
中压缸推力侧	0013A/B	18.5/19.2	90

(3) 故障分析

离心式压缩机振动现象主要包括转子不平衡、对中不良、联轴器故障、轴承缺陷等。

由于转子制造误差、装配误差以及材质不均匀等原因造成的转子不平衡，这种原因引起的振动在试运之初，便会产生振动；由于转子上不均匀结垢、介质中粉尘的不均匀沉积、介质中颗粒对叶片及叶轮的不均匀磨损等原因引起的转子不平衡，表现为振动值随着运行时间的延长而逐渐增大；由于转子上零部件脱落或叶轮流道有异物附着、卡塞造成的转子不平衡，表现为振动值突然升高。

各转子之间用联轴器连接传递运动和转矩，由于机组的安装误差、工作状态下热膨胀、承载后的变形以及机组基础的不均匀沉降等，有可能会造成机组工作时各转子轴线之间产生不对中。不对中将导致轴向、径向交变力，引起轴向振动和径向振动，而且振动会随不对中严重程度的增加而增大。

联轴器安装有误、联轴器制造不平衡、联轴器端面偏差过大、弹性联轴器制造精度不够、销钉不等重等原因会造成联轴器故障。轴瓦间隙偏大、油膜涡动等原因是造成轴承缺陷的主要原因。

该离心压缩机组安装后，已经过多次试车，并且在试车后经过多次拆装、对中检查，运行一直平稳，见表8-26中的振动值。根据前述振动故障特征1，在中压缸推力侧振动值突然升高，可能由于转子上零部件脱落或叶轮流道有异物附着、卡塞造成的转子不平衡，进而引起振动。根据前述振动故障特征2，在增速机输出侧振动值突然升高，停机后，微机实时记录的振动数据仍没有归零，引起故障的原因比较复杂，有可能是工作状态下热膨胀引起的对中不良，或者是在拆检过程中安装不当等原因引起的联轴器故障，也可能是测量仪表失灵。

8.16.2 故障处理与结论

根据上述的故障特征分析，转子不平衡引起的振动，需拆缸检查。对中不良、或者联轴器故障引起的振动则需要拆检联轴器。

(1) 拆缸检查

将中压缸上壳打开，发现一、二级叶轮流道有细铁丝，再拆检二段冷却器后，发现冷却器里有大量细铁丝，从而判断是中压缸二段进口法兰缠绕垫片被吸进压缩机叶轮流道里，这是由于安装时垫片偏斜，导致气流冲击垫片破损，不锈钢丝被吸进压缩机叶轮里，压缩机转子瞬时间失去平衡，振动过大，造成压缩机组联锁停机。表明振动故障特征1是由于吸入异物造成转子不平衡而引起的振动。进行清理压缩机流道及冷却器，再次开机运行正常。

(2) 拆检增速机与增压机联轴器

拆检联轴器发现，增速机侧拆装膜片联轴器中间套安装螺栓没有拆下，导致增速机振动过大，使压缩机组联锁停机。

膜片联轴器借助膜片弹性变形，补偿安装误差、运行过程中产生的热膨胀、利用膜片的挠性（弹性变形）来补偿两轴间的相对位移。由于膜片安装螺栓没有拆下，安装螺栓将膜片压死，致使增速机侧膜片不能轴向、径向和角向相对位移。最后导致振动过大，造成压缩机联锁停机。

将联轴器中间套拆下，进行重新对中找正，重新安装联轴器，再次试机机组运行正常。

(3) 结论

由于异物铁丝的吸入，使叶轮产生了附加的离心力，进而造成转子不平衡而引起振动。当铁丝处于叶轮内径边缘处时，由此而产生的离心力可经下面公式算出。

该机组叶轮的内径为 $D_1=0.85\text{m}$，转速为 $n=4405\text{r/min}$，吸入的铁丝质量约为 $G=0.5\text{kg}$。叶轮的角速度 ω 与叶轮转速的关系为

$$\omega=\frac{2\pi n}{60} \tag{8-2}$$

离心力 F 的计算公式为

$$F=Gr\omega^2/g \tag{8-3}$$

式中，$r=D_1/2$。

根据式(8-2) 和式(8-3) 计算可得离心力的大小约为 $F=1.28\text{kg}$，这一附加离心力是造成故障特征 1 振动过大的主要原因。

至此得到如下结论：①在中压缸推力侧振动值突然升高，是由于转子不平衡引起的振动；②在增速机输出侧振动值突然升高，是由于联轴器故障引起的。

8.17 DH63 型空压机振动故障分析及处理

空分装置作为炼化企业的主要装置，承担为下游生产装置提供合格的氧气、氮气和其他相关气体的重要任务，是保证下游装置长周期安全运行的基础。空压机作为空分装置中的关键设备，对其进行振动状态监测及故障诊断，确保其正常工作显得至关重要。

某厂生产的空压机是 4 级 4 段离心式压缩机，其型号为 DH63-17，同步电动机功率为 3700kW，转速为 1480r/min，电动机通过联轴器与压缩机变速箱输入轴相连，再通过齿轮变速箱大齿轮带动两边小齿轮输出轴，其中低速轴转速为 9800r/min，高速轴转速为 12000r/min，3 根轴的前后轴承均为径向-推力混合轴承，径向轴承为五瓣瓦式自动调心滑动轴承，推力轴承为滑动推力轴承，前后轴封均为迷宫密封。

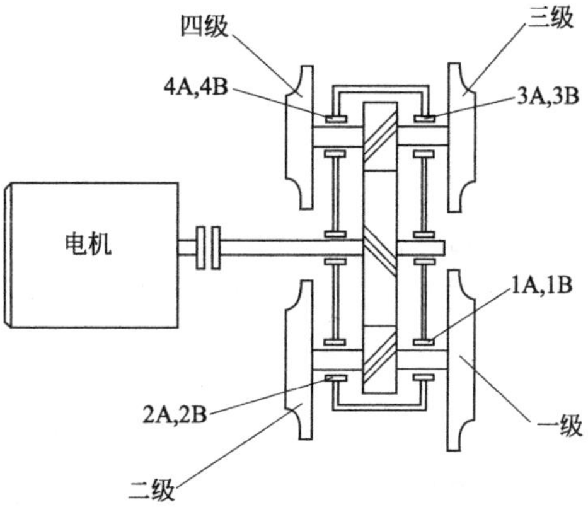

图 8-60　机组结构简图及测点分布图

8.17.1 振动故障分析

机组结构简图及测点分布如图 8-60 所示。空压机采用美国 ENTEK-IRD 公司的 ENTRX 网络化高速在线监测系统进行实时跟踪监测，通过监测发现空压机 3、4 级轴测点振动开始缓慢上升，其中 3B 测点从 11μm 上升到 14μm，4B 测点从 31μm 上升到 38μm，振动趋势如图 8-61 所示。机组的振动虽然远未达到报警值（机组振动报警值为 70μm），但由于机组振动波动越来越频繁，严重影响了装置的安全生产。为了更好地掌握空压机的运行状态，对导致空压机产生振动的原因进行了分析。

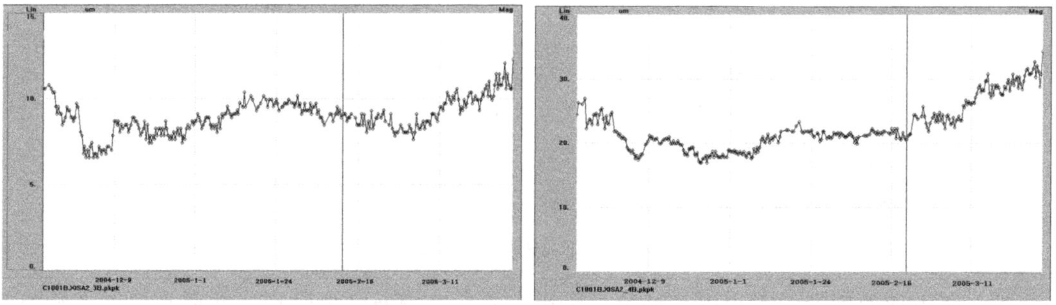

图 8-61　3B/4B 测点振动趋势

(1) 频谱分析

从所记录的机组 3B、4B 点频谱趋势（图 8-62）看出，3B、4B 的频谱幅值一直在不断加大，振动频率主要表现在 200Hz，而此频率正好是工作转速相对应的工频成分（$f_r=$

$n/60=12000/60=200$Hz，n 为高速轴转速），其他频率成分振动变化较小。从振动频谱来看，如果是旋转失速，振动主要发生在频率为0.8倍和0.2倍的分频工频上；如果是由于轴承油膜振荡引起的，油膜的振动频率约为工频的1/2倍，那么在1/2倍工频处的振幅应比较大，但频谱图上1/2倍工频处的振幅值基本没有，因此可以排除旋转失速和轴承油膜失稳等故障。根据典型故障的振动特征，振动频谱中主振频率主要表现在200Hz，可以初步判断故障原因很可能是转子不平衡或者是轴瓦磨损。

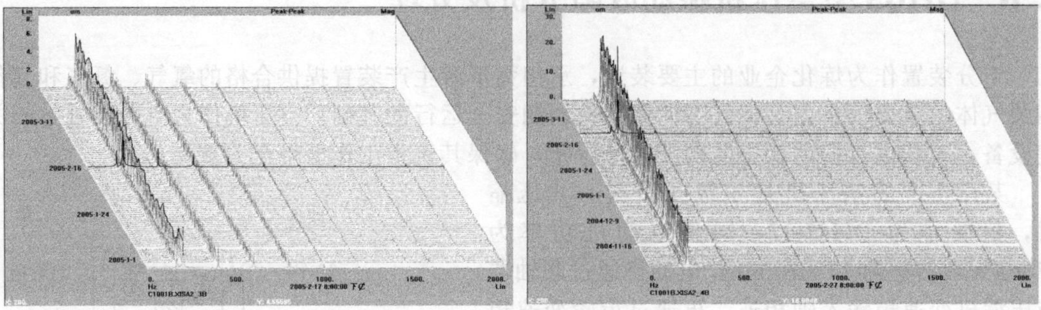

图 8-62　3B/4B 测点频谱趋势

（2）轴心轨迹分析

为了进一步确定故障原因，对在两个相互垂直的径向安装测振传感器测得合成的轴心轨迹（图 8-63）进行了分析。从图中看出，轴心轨迹的形状是椭圆形，椭圆形状比振动正常时有所增大，且轨迹集中，不紊乱，进一步说明振动是由转子不平衡引起的；而且由于旋转方向与转轴的旋转方向相同，这说明振动是由于转子上产生了与不平衡力相类似的新激振力引起的。因为如果是由于动、静部件碰撞时引起的振动轴心轨迹的运动方向与转轴的旋转方向相反，另外，轴心轨迹形状比振动正常时有所增大，说明随着不平衡的加剧，轴瓦进一步磨损，从而导致3级、4级振动逐步增大。

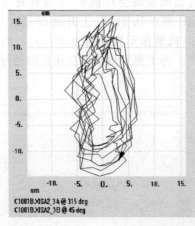

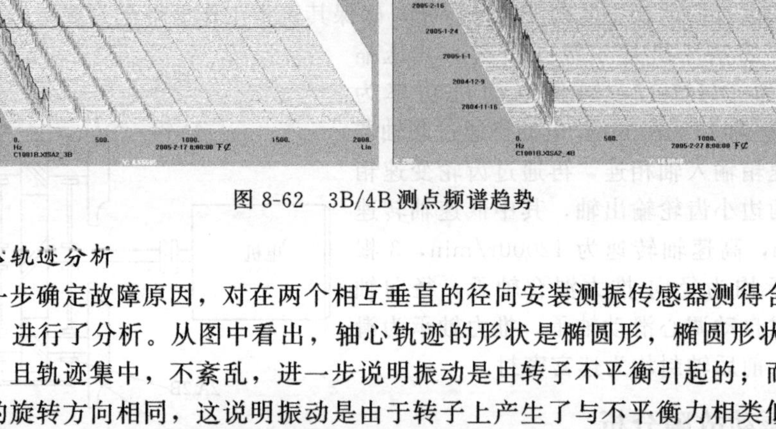

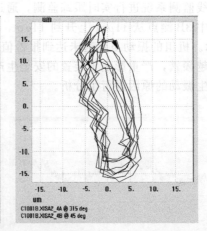

图 8-63　3B/4B 测点轴心轨迹

综合各方面的因素，得出以下结论：①由于介质冲刷及叶轮结垢，造成高速转子叶轮不平衡；②高速轴瓦逐渐出现磨损，轴瓦间隙变大。

（3）叶轮不平衡原因分析

引起转子积灰或叶轮损伤的主要原因有机组进口过滤器的过滤效果差、空压机级间管道和冷却器内壁积灰、锈蚀、结垢等。

① 空气过滤效果差　空气过滤器作为压缩机的保护装置，在保证压缩机平衡运行方面起着很重要的作用。如果空气过滤器效果不好，空气中的杂质就会较多地进入压缩机，混入压缩空气中，造成叶轮积灰严重，压缩机在运转中，积在叶轮上的灰尘或其他氧化物会不均匀脱落，致使转子平衡被破坏，造成机组振动增大，这是引起振动的主要原因。

② 中间冷却器及级间管锈蚀　空气中间冷却器及级间管材质为普通碳钢，空气中带腐蚀性成分的冷凝水对冷却器外壳内壁及管道腐蚀严重，若腐蚀生成的物质冲刷叶轮或附着在叶轮上，就可能造成转子平衡被破坏，振动加剧。

③ 中间冷却器析出的冷凝水　中间冷却器的排水方式不当或排水不及时，将会造成冷凝水积聚，积水在冷却器内增多后容易被气流夹带而对叶轮产生冲刷。

8.17.2 处理措施

(1) 空气过滤器改造

提高过滤后空气的质量，减少空气含尘量，就会大大减少压缩机转子叶轮在运行过程中的结垢或机械杂质对叶轮的冲刷，从而减轻转子在运行过程中因结垢而产生的不平衡或者机械杂质对叶轮冲刷造成的叶轮损伤。可将原喷吹滤袋过滤器整体更换为框式过滤器，其采用两级过滤元件，第一级为板式过滤棉；第二级为高效过滤器，滤材为高效玻纤滤纸，由于采用两级过滤，过滤精度得到提高，不仅改善了空气过滤效果，而且可以在机组运转的情况下短时间内更换滤芯，操作维护方便。通过提高进入压缩机的空气质量，减少了空气中的含尘量，减轻了转子叶轮在运行中的灰尘结垢现象，大大延长了空压机的安全运行周期。

(2) 管道及冷却器防腐处理

对机组级间换热器进行抽芯检修，发现大量的铁锈和泥砂，内壁腐蚀严重，级间管线同样腐蚀严重。对进气管道、级间管道和冷却器外壳及内部进行彻底除锈，并进行防腐处理，可避免产生氧化物对叶轮冲击，减少叶轮的结垢程度。对级间换热器内壁和级间管线内壁进行特殊防腐处理，可采用碳钢表面喷镀不锈钢的处理方法，喷镀工序全部完成后会在级间换热器内壁和级间管线内壁的内表面形成一层不锈钢镀膜，既耐腐蚀又抗冲刷。同时，检修中把机组级间换热器的排凝口加大，排凝管线改为不锈钢管线，确保级间换热器不会因排凝管线堵塞造成液击。通过采取上述改造措施后，叶轮的冲刷现象从根本上得到了解决。

通过对 DH63 空压机振动原因进行分析，采取了上述有效的对策与处理措施，3 级、4 级振动已明显好转，机组振动故障问题得到了有效的解决。目前机组完全有能力做到安、稳、满、优运行 8000h 以上不停车，改造效果良好，提高了企业的经济效益。

第9章 泵类设备振动故障监测与诊断

9.1 泵类设备故障概况

各种水泵在运行过程中，有时会出现打不出水、流量不足、扬程不够，轴承及轴封发热功率消耗过大、振动、零部件损坏等故障。

泵的故障分析和排除，对于连续生产的工厂甚为重要。如电厂、炼油厂、化工厂等，一旦由于泵的故障而发生重大事故，对生产会带来很大影响，造成重大损失。所以在做好水泵运行及维护保养的同时，还必须以预防为主，及时发现故障的苗子，准确分析故障原因，并针对性地根据故障原因去修理，严防乱拆乱修，避免造成不必要的人力浪费和损坏机件，及时排除故障，使水泵正常运行。

泵在运行中出现的常见故障如下。

① 性能故障。泵输液的工作性能变坏，如扬程太低、流量不足、汽蚀等均是水泵工作性能上的故障。

② 机械故障。这类故障主要是泵的零部件损坏所引起，如轴承烧坏、抱轴、叶片和轴断裂等均是机械上的问题。

③ 电气故障。如配套电机功率太小，电动机烧坏，对于输送易燃、易爆的介质未采取防爆电机等。这些故障均是电气上的问题。

④ 其他综合因素。

9.2 离心泵振动的原因及其防范措施

大多数离心泵都因产生振动未充分发挥其效果，还直接缩短了运行寿命。

9.2.1 离心泵振动原因及主要防范措施

(1) 离心泵产生振动的原因

① 设计欠佳所引起的振动。离心泵设计上刚性不够、叶轮水力设计考虑不周全、叶轮的静平衡未作严格要求、轴承座结构不佳、基础板不够结实牢靠，是泵产生振动的原因。

② 制造质量不高所引起的振动。离心泵制造中所有回转部件的同轴度超差、叶轮和泵轴制造质量粗糙，是泵产生振动的原因。

③ 安装问题所引起的振动。离心泵安装时基础板未找平找正、泵轴和电动机轴未达到同轴度要求、管道配置不合理、管道产生应力变形、基础螺栓不够牢固，是泵引起振动的原因。

④ 使用运行不当所引起的振动。选用中采用了过高转速的离心泵、操作不当产生小流量运转、泵的密封状态不良、泵的运行状态检查不严，是泵引起振动的原因。

(2) 离心泵防治振动的措施

① 从设计上防治泵振动

a. 提高泵的刚性 刚性对防治振动和提高泵的运转稳定性非常重要。其中很重要的一点是适当增大泵轴直径和提高泵座刚性。提高泵的刚性是要求泵在长期的运转过程中保持最小的转子挠度，而增大泵轴刚性有助于减少转子挠度，提高运转稳定性。运转过程中发生轴的晃动，破坏密封，磨损口环，振型轴承等诸多故障均与轴的刚性不够有关。泵轴除强度计算外，其刚度计算不能缺。

b. 周全考虑叶轮的水力设计 泵的叶轮在运转过程中应尽量少发生汽蚀和脱流现象。为了减少脉动压力，宜于将叶片设计成倾斜的形式。

c. 严格要求叶轮的静平衡数据 离心泵叶轮的静平衡允许偏差数值一般为叶轮外径乘0.025g/mm，对于高转速叶轮（2970r/min以上），其静平衡偏差还应降低一半。

d. 设计上采用较佳的轴承结构 轴承座的设计，应以托架式结构为佳。目前使用的悬臂式轴承架，看起来结构紧凑，体积小，但刚性不足，抗振性差，运转中故障率高。而采用托架式泵座不仅可以提高支承的刚性，而且可以节约泵壳所使用的耐腐蚀贵重金属材料，即省略了泵壳支座又可减薄壁厚，达到两全其美。

e. 结实可靠的基础板设计 一些移动使用的泵对基础板并没有很严格的要求，这是因为泵的进出口管都为胶皮软管，泵在运转过程中处于自由状态。而在工艺流程中的固定使用的泵往往跟复杂而强劲的钢制管道联系在一起，管道的装配应力、热胀冷缩所产生的应力与变形最终都作用在泵的基础上，因此基础板的设计应有足够的强度和尺寸要求，对于以电动机直联形式的低速泵，应为机械重量的3倍以上，高速泵则为5倍以上。

② 从制造质量上防治

a. 同轴度应达到要求 有不少泵的振动或故障是由于同轴度失调所引起的，同轴度包括泵的所有回转部件，如泵轴、轴承座、联轴器、叶轮、泵壳及轴承精度等，这些都需要按设计图纸上标注的精度加工检测来保证。

b. 精细的制造叶轮和泵轴 泵轴的表面光洁度要高，尤其是密封和油封部位。泵轴的热处理质量应达到要求，高转速泵更应严格要求。叶轮的过流面应可能光洁，材质分布应均匀，形线应准确。

③ 安装上防治泵振动的主要措施

a. 基础板找平找正 垫铁应选好着力点，最好设置于基础附近并对称布置，同一处垫铁数量不能多于3块。垫铁放置不适当时，预紧螺栓可能造成基础板变形。

b. 泵轴和电动机轴要保证同轴度 校联轴器同轴度时，应从上下和左右方向分别校正。两联轴器之间应留有所要求的间隙以保证两轴在运转过程中做限定的轴向移动。

c. 管道配置应合理 泵的进口管段应避免突弯和积存空气，进口处最好配置一段锥形渐缩管，使其流体吸入时逐渐收缩增速，以便流体均匀地进入叶轮。

d. 应设计避免管道应力对泵的影响 管道配置时应当尽可能避免装配应力、变形应力和管道阀门的重力作用到泵体上，对温差变化较大的管系，应设置金属弹簧软管以消除管道热应力的影响。

e. 检查基础螺栓是否牢固可靠 新泵安装好后，一定要预紧地脚螺栓后再行试机。如果这一关键事被忽略，往往造成基础板下的斜垫铁被振动而退位，再紧就容易破坏基础板的水平，这将对泵的运转造成长期的不良影响。

9.2.2 在运转维修环节防治泵振动

① 尽可能地选用低转速泵。尽管高转速泵可以减小泵的体积和提高效率，但有些高转

速泵由于设计制造问题难适应高速运转的要求，运转稳定性差，其使用寿命较短，故从运行方面考虑，为了减少停机损失和延长运行寿命，还是选用低转速泵较为有利。

② 防止小流量运转或开空泵。操作上不允许使用进口阀门调节流量，运行情况下进口阀门一般要全开，控制流量只能调节出口阀门，如果运转过程中阀门长期关得过小，说明泵的容量过大，运行不经济且影响寿命，应当改选泵型或降低转速运行。

③ 保持泵良好的密封状态。密封不好的泵除了造成跑冒滴漏损失以外，最严重的问题是流体进入轴承内部，加剧磨损，引起振动，缩短寿命。施加填料函（盘根）时，除了需遵照通常的操作要求外，最容易被忽视的问题是将填料函弄脏。轴套上显现的道道沟槽往往是由于装入了粘有泥土和砂粒的脏填料函所致。如果是采用机械密封，需要注意的问题是动、静环的材质选择要恰当，材料不能抵抗工作介质的腐蚀作用，是机械密封故障多发的重要因素之一。

④ 严格检查泵的运转状态并及时处理

a. 检查润滑油的油温及温升。

b. 检查填料函部位的温度及渗漏情况。

c. 检查振动情况和异响噪声等。

d. 要注意排出口、吸入口的压力变化及流量变化情况，排出压力变化剧烈或下降时，往往是由于吸入侧有异物堵塞或者是吸入了空气，要及时停泵处理。

e. 检查电动机的运转情况并经常注意观察电流表指针的波动情况，日常检查情况的内容最好是记入运行档案，发现异常情况应及时停机处理，不可延误。

9.3 大型锅炉给水泵振动原因分析及处理

9.3.1 水泵振动现象

某厂汽动给水泵是上海电力修造厂与英国韦尔（WEIR）泵公司合作生产配套 300MW 机组 50%容量主给水泵，型号为 DG600-240 Ⅱ（FK5D32）。如图 9-1 所示，泵为 5 级叶轮。刚性转子。

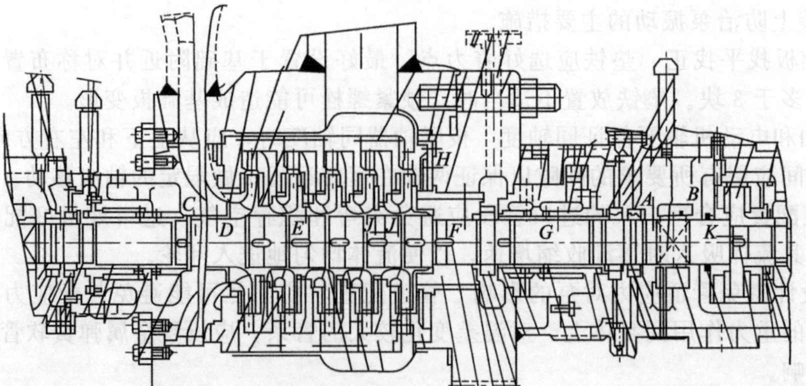

单位：mm

A	径向间隙	0.41/0.35	*E*	径向间隙	0.49/0.41	*H*	轴向间隙	1.23/2.27
B	径向间隙	0.22/0.14	*F*	径向间隙	0.49/0.41	*J*	轴向间隙	4
C	径向间隙	0.49/0.41	*G*	径向间隙	0.49/0.41	*K*	推力轴承总轴向间隙	0.4
D	径向间隙	0.49/0.41						

图 9-1 FK5D32 型给水泵动静间隙示意

该泵随炉改造进行大修，解体后发现第二、四两级叶轮叶柄（轮毂）与导叶套间隙超标（标准间隙 0.49/0.41mm），即更换该两级导叶套，更换后的导叶套在机床上修整，转子做动平衡。泵大修后投运发现，泵吐出侧轴承振动大，振幅 0.03mm 左右，且振动随转速上升而上升，在 5600r/min 时高达 0.06mm，当时为确保发电，该泵勉强运行。在一次主机因故跳闸后，该泵随又启动运行，发现泵吐出侧轴承在 5600r/min 时，振动高达 0.22mm，同时测得振动频率 2 倍、3 倍等高次谐波，周期性较突出，低次谐波相对较少，停泵进行解体检查。

9.3.2 检查及原因分析

解体发现此碰磨之处仍是二、四级叶轮叶柄与导叶套碰磨，其中第四级较严重，其余部位未发现明显碰磨痕迹。根据上述两次碰磨部位的情况，对该两级叶轮的中段在机床上检查同轴度及止口配合尺寸，结果发现 2# 、4# 中段配合止口松动，有 0.20mm 左右。

两次解体检查发现问题产生的症结，基本是一致的，不同的是碰磨程度带来的后果有些差异。

由于第一次发现 2# 、4# 导叶套磨损间隙超标后，深入分析不够，所以才产生第二次。锅炉给水泵静止部分与转子之间在装配与运转时所需保持的同轴度要求很高，它主要依靠以下四方面来保证最终的同轴度。

① 各配合部件在加工过程中的工艺、工装及配合尺寸公差要求。

② 装配时对转子位置的准确调整。

③ 给水泵在冷态或备用态的暖泵效果与转子两侧密封水的水温、流量的控制。

④ 管道对泵的连接附加应力。

以上四个方面只要有一个不行，就会造成泵动静件间碰磨的后果，所以必须一一分析。

暖泵方面：由于暖泵不妥善，高温水在泵内形成上下分层，造成泵体变形，使叶轮密封环间隙变小或等于 0。尽管各国对暖泵方式、泵体结构上做了很多改进，但由于泵内流道结构较复杂，仍无法做到完全消除暖泵带来的影响。给水泵虽称无需暖泵，但它的结构形式决定了即使不暖泵，也有影响，仍无法彻底消除启动前泵内水温分层，泵体变形的困扰。

轴封密封水方面：由于该泵两侧轴封采用了不接触的间隙密封，所以在泵备用与运转时必须注入一定压力与流量的密封水。在此选择了最恶劣的工况（泵在备用状态）进行分析。泵在备用状态或启动前内部已注满有一定压力的高温水，其本身就有水温分层的影响，为防止高温水外泄（如果外泄，轴承室即进水，同时轴颈温度升高），就必须在密封中部的孔注入比泵内压力高的凝水（一般为凝泵出口来水）。这些水通过密封下部的孔返回凝水收集箱，但是总有一定量的水沿着间隙进入平衡腔室及吸入到泵内，极易使泵内水温进一步分层，状态恶化，进一步使泵体变形。同时，即使对密封水压进行控制，泄漏进入泵内的量不大，但间隙密封的长度远大于接触式机械密封，所以即使水压不高，较低的水温也足以使泵轴两侧密封段轴颈变形。

转子位置的调整方面：作为装配中的一个极重要环节就是转子位置的最终调整与确定。这里须强调指出，主轴跳动、转子跳动，泵体、密封环、导叶套的同轴度及轴上各配合零件与主轴的配合状态一定要合格。间隙配合一般控制在 H7，过盈配合为 S6 较适合（叶轮配合过盈较小，它在离心力的作用下有发生松动的危险）。只有上述工作合格，对转子位子进行精确的调整才显得有意义。

同时，有一个问题要引起注意，即由于叶轮与轴是过盈配合，叶轮内孔由于开制了键槽后，它对轴表面的压应力在周向是不等的，容易造成叶轮与轴线的垂直度发生变化。实践表明：过盈量越大，问题越突出。由于它的影响，也占去了有效密封间隙中的一部分。一般可在叶轮密封环部位测得径向跳动0.04～0.07mm，也曾测得0.25～0.30mm，但进行火焰局部加热是可以得到纠正的。问题是在组装时无法检测，所以要对叶轮内孔的圆柱度，轴与叶轮配合部位的表面进行细致的检查，不允许有凸点存在，尽管是微小的凸点也应修正。这也是透平式芯包得以推广的原因之一。

综上所述，不难得出一个结论：仅仅依靠抬轴数据加上转子在抬轴调整后盘动的灵活性作为质量控制标准是不够的。应全面综合分析，特别要注意抬轴这项工作由人工把握，出入较大。

如果上述环节中有一处存在问题，它对轴试验与盘动的灵活性的影响在有限的情况下(动静部分间只要有0.01mm的间隙)是不会影响盘动转子灵活性的，但是一旦泵投入备用，问题即会显现。

在检修实践中，有时往往对中段处的配合情况不作测量，依据是：从制造厂出来的不会有问题，虽则有些松动但使用中确实未发生过由于配合松动而造成后果，因而重视不够。

实际上在装配方式上是采用立装，各中段配合的同轴度的随机性很大，有时就产生极端状况，而不易被察觉。

尤其在2#、4#中段位置，此处离轴承端较远，如想利用最后的抬轴来发现问题的可能性较小，所以最终是叶轮与密封环同轴度偏差；再加上暖泵的影响，那么碰磨的产生就不难解释了。但从当时轴承的振幅看，碰磨只是轻度的。第二次泵紧急联动投入运行后振动大幅上升，原因初步分析是：在备用状态时，由于暖泵、密封水的原因导致泵转子在启动初期在原有的基础上再次发生碰磨。应该说，碰磨点上的正压力是大于前次的，同时因材质的关系，碰磨部位的间隙在短时间内不是增大，而是更小了。这种碰磨现象是动静部分接触弹开的过程，同时它将改变转子的动态刚度，反过来再进一步加剧碰磨，其量的大小取决于动静接触时正压力的大小。所以外部现象表现为振动是加剧的。

尽管给水泵转子有足够高的阻尼系数，但仍属于高速轻载型转子。一旦有局部碰磨产生，碰磨点的摩擦力作用在转子回转的反方向上，从而迫使转子振摆旋转，属于自激振动类型。振摆的大小与接触点的压应力成正比，振动频率一般为工频，它不与负荷的大小有关，仅与转速有关。同时，转子在高速回转时总会产生一定的动挠度，其大小与转速成正比，特别是碰磨产生的切向摩擦力会使转子陷入涡动，摩擦使动挠度增大，此时碰磨点的压应力就再增大，由此相互循环，不断加剧转子的涡动。就本次情况看，碰磨发生在2#、4#级叶轮处，且4#叶轮处较严重，反映出在吐出侧振动偏大。从解体情况看，磨损弧度较大，正是碰磨后期较大弧度的接触使接触部分起了一个支承作用的原因。由此随转速变化的现象也就不难理解。

9.3.3 处理对策

(1) 电弧喷涂

① 在机床上校验各级中段，特别是2#、4#中段的同轴度（应在机床上一次性将中段上四个内外径、两个平面找正），对已发现的2#、4#中段进行喷涂处理，保证其配合间隙为0.04～0.05mm。

② 控制转子径向跳动量：仔细清理、检查轴与叶轮配合，配合面上不能存在凸出部分，以免导致配合面压应力不均。

③ 中段的处理：在机床上测量中段上的四个内外径配合处及两个平面的同轴度、垂直度，对于配合超标的间隙应采取措施加以修复。

④ 处理措施。

a. 中段凹止口内侧（图9-2）左侧的虚线表示的加工面，以车去氧化层，加工时应考虑涂层的厚度，应控制在 0.25～0.30mm。

b. 涂方式：采用电弧喷涂。

c. 喷涂材质：2Cr13。

d. 喷涂质量：表面涂层不疏松，无气孔、裂纹。结合力≥50MPa。硬度：3035HRC。

e. 机加工：必须将中段在机床上精确找正后再加工内孔，保证配合间隙为 0.04～0.05mm。

f. 内孔边缘加工成 15°倒角，其余配合面在喷涂时加以保护，以防损伤。

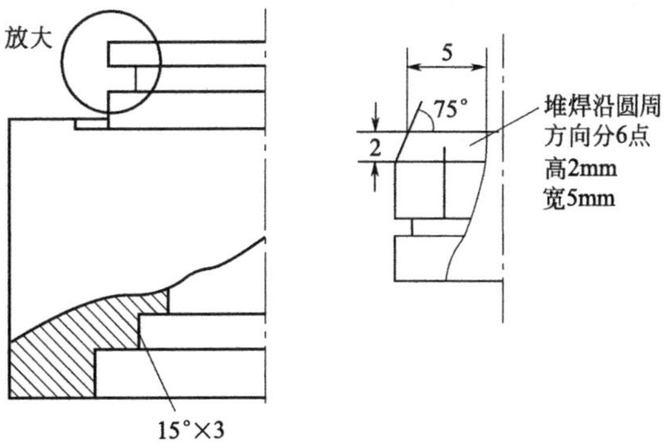

图 9-2　中段凹止口

(2) 止口局部氩弧堆焊

在不破坏放置“O”形环槽为准，在配合柱面上用 2Cr13 焊丝，沿轴向堆出高 1.5～2mm，宽 4～5mm，然后再加工至有效尺寸。

(3) 转子动平衡

泵转子小装后，必须做动平衡。但一般情况下，转子在水中部分，即使有不大的平衡，反映出的振动不会太明显。这正是泵与其他旋转机械的一个重要差别。

(4) 轴封水的问题

将轴封水源由目前的低温（43℃）凝水，改为取自轴加或 1# 低加旁路门后，作为轴封水源点，以适当提高轴封水温。这样有利于泵在启动初期控制转子两侧的变形量。即使轴封水沿密封渗入泵体内（低温水在下部）的部分将缓解泵体的变形量，同时给泵停运后，应即进行有效暖泵，这将有利于泵的快速启动。

(5) 泵的大端盖与筒体配合问题

由于备用芯包可互换用于各泵的筒体，考虑到给泵配合尺寸要求较高，建议对芯包作永久性钢字编号。同时测量大端盖止口尺寸，做好记录，更换芯包时，再对筒体内止口测量，防止此处配合松动，造成转子位置确定时带来的问题。

(6) 小结

高压给水泵的振动诱因颇多，尤其是现代高速给水泵。它的动静间隙较小，并且密封环材质已与传统给水泵有较大变化。一旦碰磨发生后，想依靠短时间使间隙磨大的可能性较小，这种可能性就伴随着振动。这是一较危险的过程，所以应注意以下工作。

检修方面：应对泵的动静部分的同轴度作严格的控制，做到应测量检查的项目不漏项。只有在这个基础上做好转子位置的确定，才是有意义的。

运行方面：给泵在启动的暂态过程中，对泵转子应是最恶劣的状态，所以应进行有效的暖泵，一般将泵上下端盖温差控制在 15℃内，泵入口与除氧器水温差值在 20～25℃内，以及轴密封水流量、温度作合适的调整。同时建议，轴封水源用机组轴加或 2# 加热器出口水源，以适当提高水温，减少转子在备用期间的变形。

9.4 调速给水泵振动故障诊断及处理

9.4.1 故障概述

某公司 2 台 200WM 机组共配有 4 台给水泵，其中每台机组配装有一台 FK6F32 型电调给水泵为主泵和一台 YG-01 型电调给水泵为备用泵。在运行中发现一台 FK6F32 型电调给水泵1号、2号瓦水平振动超标，严重影响该设备的安全运行，为此必须查找振动原因，消除振动。

FK6F32型电调给水泵组是由前置泵和电动机、耦合器、给水泵组成，前置泵由电动机的一端直接驱动，而主泵由电动机的另一端通过液力偶合器来驱动。各设备之间通过叠片式挠性联轴器来传递动力。给水泵轴系连接见图9-3。

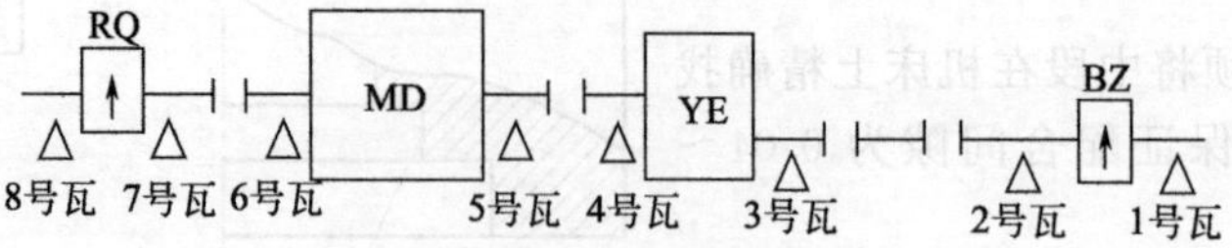

图 9-3　给水泵轴系连接示意

主给水泵为6级卧式芯包式结构，该结构可使泵在不影响进行出口管道和主泵与偶合器对中的情况下，将主泵芯包整体从筒体内拆下，泵的外筒体为锻造的筒型壳体，带有进水管、出水管和支承脚。水泵的外壳体在轴心高度上由底座支撑，其热膨胀是借助于安装在外壳与底座间的横向和纵向导向键，以保证中心基本不变。该泵外壳体上的“猫爪”支座之间，可用调整垫片进行中心位置的调整，底座靠地脚螺栓牢靠地固定在混凝土地基上。给水泵、电动机和耦合器都在独立的底板，底板都固定在一个共同的混凝土基础上。

9.4.2　给水泵在启动及运行中的异常现象

该台给水泵振动的主要表现为，给水泵在启动及运行中转速接近4100r/min时，1号、2号瓦水平振动迅速增大。转速在4300r/min时，1号、2号瓦水平振动最大达100μm。给水泵出水管、中间抽头及冷却水管严重颤动，一旦离开4100～4500r/min区域，振动又迅速下降。4100～4500r/min区域是给水泵长期运行区域。为了寻找振动原因，及时消除振动缺陷，对泵组其他轴承进行了振动测量，泵组其他轴承在4100～4500r/min区域内，振动均不超过30μm。给水泵1号、2号瓦振动频率主要表现为基频分量，对水泵的基础进行了差别振动检测均正常，给水泵1号、2号瓦振动测量数据见表9-1。

表 9-1　给水泵1号、2号瓦振动测量数据　　单位：μm/(°)

工况/(r/min)	1号瓦			2号瓦		
	垂直	水平	轴向	垂直	水平	轴向
3000	15∠150 18	23∠279 27	7∠316 9	11∠220 13	21∠313 22	5∠350 8
4080	24∠90 27	42∠183 46	18∠82 19	21∠173 24	29∠23 33	8∠106 13
4300	35∠230 40	98∠153 105	18∠300 22	23∠13 27	76∠329 82	13∠348 17
4529	18∠242 21	64∠110 68	11∠310 13	17∠112 19	53∠290 55	4∠359 7
4738	10∠197 12	38∠178 41	7∠52 9	5∠86 7	32∠350 35	2∠106 5

表9-1中每一栏内有两个振幅值，凡带相位的是基频振幅，不带相位是通频振幅。

9.4.3　振动故障诊断

给水泵转子在水中的第一临界转速为8126r/min。给水泵的转速根据机组负荷由电动调速液力耦合器控制调节锅炉给水流量，该给水泵长期运行在4100～4500r/min的区域。根据测量数据分析：该台给水泵振动故障基本可以排除转子不平衡；初步判断该设备的振动是系统工况变化引起。对于给水泵 1 号、2 号瓦水平振动征象分析有 2 种看法：①给水泵进、出口管路支吊架下沉引起；②泵体及部件膨胀不畅或某部位受阻引起。

首先分析给水泵进、出水管路支吊架下沉问题。根据检修安装工艺及该设备安装方法：泵体（壳）坐落后，粗调水管支架紧力，紧设备底脚螺栓，调节水管支架紧力，再松开设备底脚螺栓，测量设备四角底脚与设备台板间隙，再次细调进、出水管支架螺栓，然后拧紧设备底脚螺栓，确保四角底板平整受力均匀。参照给水泵进、出水管支架连接图（图 9-4），在给水泵进、出口管道 3m 处均有 90°的弯头，从理论上来分析给水泵进、出水管支吊架下沉的可能性很小，原因是给水泵严禁空泵运行，故给水泵启动及运行中对进水管道形成瞬间水冲击力的可能性较小。对于给水泵出水管道来说，给水泵中介质（水）在给水泵离心率的作用下，是应该将出水管道抬起，也就是说水泵在正常运行中，支吊架承受的重力比停运时要小。真正对给水泵具有破坏性的是启动给水泵时，瞬间水冲击力对水管道支吊架的顶端固定点影响，如果是支吊架的顶端固定点损坏，则该台给水泵根本无法正常运行。

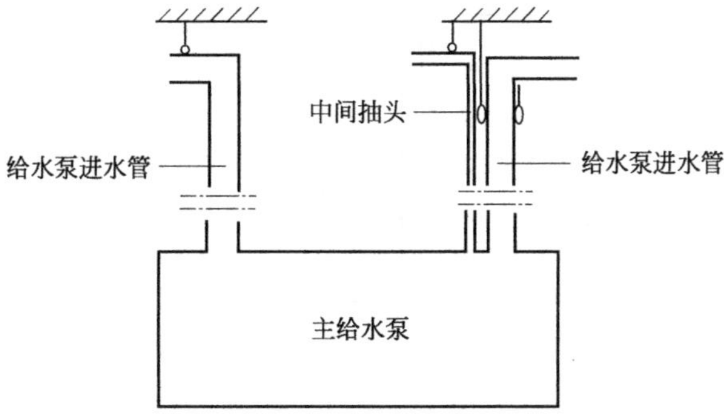

图 9-4　给水泵进出水管支架连接示意

再来分析膨胀问题：如果是膨胀引起振动，为什么在 4100～4500r/min 区域 1 号、2 号瓦水平振动超标，而远离该区域振动就小下来，在 4100～4500r/min 区域，对泵体基础进行测量振动均小于 30μm，这里可排除基础共振。从表面上来看，似乎也不像是膨胀引起。

为了寻找出振动故障源，对给水泵的外围、泵体（壳）及所有连接管道进行了详细检查。经全面检查发现几点情况：①该泵泵体（壳）与泵座的连接螺栓处缺少螺栓套管；②在检查泵体底座横销、纵销时，发现纵销、南侧横销均能轻松拨出，而北侧横销则严重卡煞，如果要强行拨出该销会带动整个泵体向北偏移；③将泵与液力耦合器连接靠背轮脱开，发现泵冷态无约束情况下，泵体（壳）向北偏移，泵壳已变形，四底脚与给水泵台板间隙发生一程度上的变化。泵体与泵座间的膨胀销布置见图 9-5。

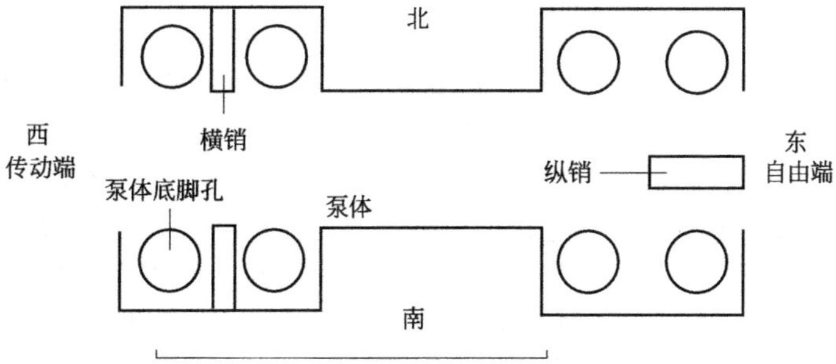

图 9-5　给水泵泵体（壳）底部膨胀销示意

为彻底消除振动，查阅了安装图纸，重点是泵体（壳）与泵座连接部分，泵体（壳）与泵座螺栓连接见图 9-6 和图 9-7。由图可以看出，泵体与泵座连接螺栓放有套管，而且套管略高于泵体（壳）底脚孔，套管上放有板，这样安装能确保泵体在运行中能沿横、纵向在一定范围内膨胀不受阻碍而该台给水泵泵体与泵座连接螺栓因缺少螺栓套管，则压板就直接压

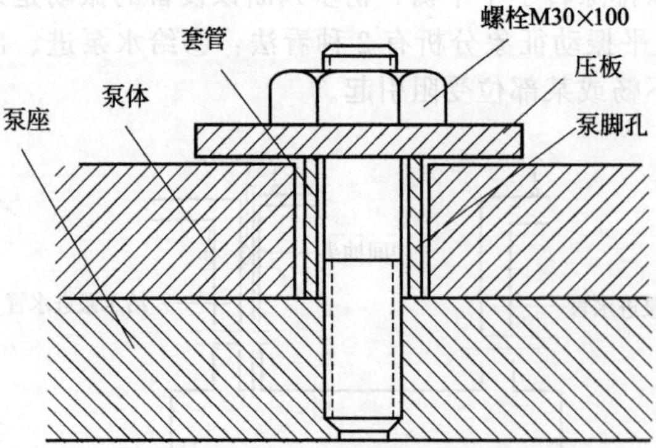

图 9-6 泵体（壳）与泵座螺栓连接示意

在泵体（壳）底脚上，当整台给水泵体（壳）底座八个螺栓拧紧后就会造成泵体（壳）在运行中膨胀受阻，使泵原设计的横、纵销不能得到控制及引导泵体（壳）在一定范围内膨胀，这种情况下。泵体在运行中不能向预计方向膨胀，就只能使泵体（壳）凸起。这一结论在泵冷态无约束情况下，西南侧泵壳翘，泵壳变形已得到证明。

再分析为什么给水泵在启动及运行中，转速接近4100r/min时，1号、2号瓦水平振动迅速增大，转速在4300r/min时，1号、2号瓦水平振动最大达100μm，一旦离开4100～4500r/min区域，振动迅速减少的振动机理。电厂在小、中修中一般都不会对电调给水泵进行解体大修，即使发现振动或者其他异常情况也仅对芯包进行检查或者更换，或对靠背轮对中进行复测。这里必须指出泵组发生振动，尤其是基频振动就应当全面检测，当排除以上原因后，仍不能降低振动，就应对泵体、泵基础、连接及管道支架等情况进行检查，必要时应进行解体检查。从上例可以看出，高压给水泵由于水温在160℃下运行，水温不是太高，只要靠背轮连接符合要求，短时间运行振动是不会马上增大的。但随着机组长期变工况运行，给水压力、流量也在不断变化，如果泵体（壳）底与泵座连接时，螺栓没有套管，由图9-6中可以看出，压板就直接压在泵体（壳）。造成给水泵长期运行中，没有任何膨胀，使长期运行中的热膨胀及变化调节时。管道热应力均由泵体（壳）来承受，这样必然造成泵壳变形；而泵壳变形，使与泵壳连接的管道错位产生力偶，随着运行时间的推移．会使泵壳变形愈来愈大，与泵壳连接的管道产生力偶也愈来愈大，造成给水泵和水管道力过大，而给水泵水管道力，又造成泵转轴支承系统刚度发生变化，改变泵转轴支承系统的固有频率。对于给水泵设备来说，能影响轴承产生振动的主要部件有与轴承相连的基础或与泵相连的较大直径的管路等部件。对于支承系统、相邻部件的共振，振动能量传给了轴承座，所以轴承振动会增大。在这里设给水泵转速频率为 f_1 转轴支承系统的固有频率为 f_2；给水泵出水管出力随着给水泵转速变化而变化，当给水泵转速低于4100r/min时，$f_1 < f_2$。出水管出力不是很大，故振动不很明显。随着转速的上升。振动开始敏感起来，振动迅速增大，当转速升到4300r/min时，$f_1 = f_2$，给水泵的1号、2号轴承水平振动最大达100μm，这时转轴支承系统与出水管发生共振，由于转轴支承系统刚度降低，1号、2号轴承水平振动增大；当转速继续升高越过4300r/min时，$f_1 > f_2$，转速离开共振区域。振动幅值开始明显减少。由此可见给水泵1号、2号轴承振动与转速有关，也就是说与给水泵出力有密切联系。该台给水泵因缺少螺栓套管引起的振动，检修后启动泵组运行往往在短期内不易发现，且 f 随着运行时间及泵壳变形程度发展，振动会逐渐增大，由于泵壳变形造成管道位置变化引起的振动。仅靠更换芯包、调整靠背轮中心都不能彻底解决振

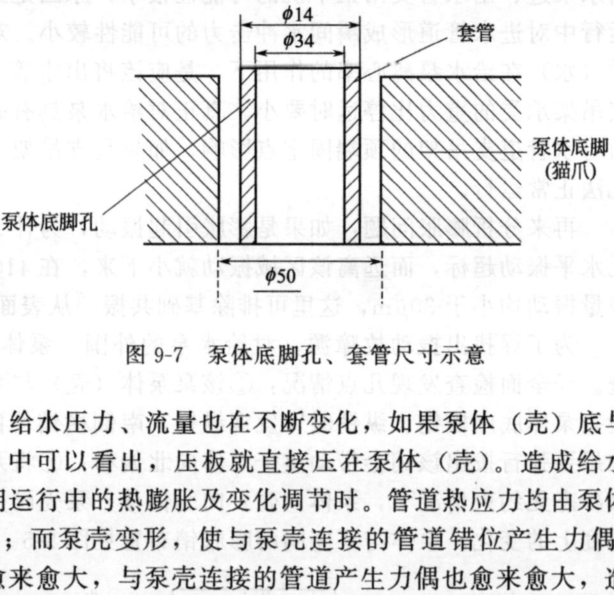

图 9-7 泵体底脚孔、套管尺寸示意

动，仅能维持短暂的运行。泵的设计者在设计时，考虑了泵组长期运行的热膨胀及管道应力等方面的情况，在泵体与泵座连接处设有 1 个纵销和 2 个横销，在泵体（壳）与泵座连接螺栓上设有螺栓套管，这样设计有利于给水泵长期变工况情况运行时，能随时调节释放应力，同时也确保泵体与泵座连接刚度均匀，确保了给水泵组的安全正常可靠运行。以上情况还应视各个电厂现场、设备、管道布置及运行工况不同而不同，需按实际情况进行鉴别。

9.4.4 振动故障的处理

鉴于上述给水泵振动故障原因分析，决定恢复给水泵泵体与泵座连接螺栓套管（8 个），考虑到泵体（壳）的变形，调整给水泵与液偶靠背轮中心后，泵体底脚孔深度存在一定差异，故需重新测量每一个泵脚深度，然后加工套管。给水泵泵脚孔深度尺寸详细数据见图 9-8。

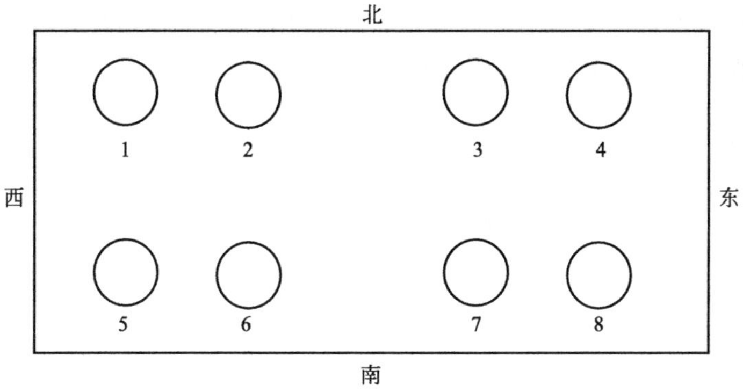

图 9-8 泵脚孔深度测量尺寸示意

1—55.48mm；2—54.3mm；3—55.0mm；4—54.3mm；5—56.95mm；6—56.58mm；7—57.4mm；8—57.2mm

在测量每一个泵脚深度的基础上，并依据泵脚深度实际尺寸，加高 0.1～0.2mm 加工螺栓套管，泵脚垫片全部改成 3 片，中心调整至泵高 0.25mm，泵偏南 0.2mm。经过以上处理后，给水泵的振动有了明显好转，在 4100～4500r/min 区域内 1、2 号轴承水平振动为 50μm 左右，其他轴承振动均不超过 30μm。给水泵经过处理后的 1 号、2 号瓦振动数据见表 9-2。

表 9-2 给水泵 1 号、2 号瓦振动测量数据 单位：μm/(°)

工况/(r/min)	1 号瓦			2 号瓦		
	垂直	水平	轴向	垂直	水平	轴向
4180	21∠110 23	26∠211 29	15∠213 17	17∠7 19	25∠63 26	12∠247 14
4368	38∠157 40	46∠93 50	10∠278 12	22∠29 27	42∠270 45	14∠320 17
4508	36∠148 38	45∠242 47	9∠52 11	24∠200 25	39∠62 41	18∠102 21
4537	22∠217 25	38∠125 41	11∠141 13	17∠350 19	27∠290 28	19∠211 20
4751	12∠290 13	30∠101 33	6∠152 8	12∠350 15	24∠264 26	6∠204 7

注：表 9-2 中每一栏内有两个振幅值，凡带相位的是基频振幅，不带相位的是通频振幅。

该台给水泵因振动，曾重新调整靠背轮中心，对给水泵轴承及转子几何中心进行全面检查，启动后振动有所好转，但运行时间不长，振动很快增大。这次处理后，进行了长期监测，发现振动幅值有所下降。

经一年多运行后，测量给水泵1号、2号瓦振动数据见表9-3。

表 9-3 给水泵1号、2号瓦振动测量数据 单位：μm

工况/(r/min)	1号瓦			2号瓦		
	垂直	水平	轴向	垂直	水平	轴向
4249	8	17	10	9	18	14
4368	21	26	15	17	25	12
4560	12	15	8	10	15	6
4779	7	16	12	8	10	16

注：由于长期运行，原有转速光标油污无法测量。故本表数据为通频振幅。

上例电调给水泵振动是由于泵壳变形造成，原因是泵体（壳）与泵座连接螺栓缺少套管引起的。当旋转机械设备发生振动时，应采用振动特征分析和逻辑推理的方法进行诊断，寻找出引起振动的振源，处理时方可事半功倍。

该台给水泵经过一年多长期运行后1号、2号瓦水平振动幅值在4100～4500r/min区域内由修后50m下降至26m，说明该给水泵泵体（壳）形变（可塑变形）部分已得到改善。

9.5 干式螺杆真空泵振动监测与故障诊断

振动是监测干式螺杆真空泵运行是否正常的重要指标之一，通常为了达到1Pa左右的极限真空，两转子以及转子与泵体间的间隙值在0.1～0.4mm之间，转子转速在3000r/min左右；中国台湾的立式螺旋泵样机转速高达6000r/min以上。由于干式螺杆真空泵主要应用于半导体、液晶生产，蚀刻和镀膜等行业中，所抽气体大都含有反应生成物的颗粒，这些反应生成物会积聚于转子表面，易造成转子卡死、划膛等故障，严重影响设备的正常运转。

9.5.1 常见故障的振动监测和诊断方法

(1) 振动测试点、测量信号类型的选择

干式螺杆泵中易发生故障的部位为转子与腔体，除此之外，滚动轴承和齿轮的磨损也易引发故障，要在这些部件上布置测试点。对于轴承测点应选在与轴承座连接刚度较高的地方，要以尽可能多地获得轴承外圈本身的振动信号为原则。在抽气泵腔上布置转子和腔体的振动测点，应尽量靠近吸气口或排气口，以尽可能反映出气体脉动诱发的振动。对于旋转机械而言，以轴向和径向的振动为主，在条件允许的情况下，应在此两方向上都布置测点。测量信号类型包括：位移、速度和加速度。螺杆泵中的转子不平衡、不对中频率、轴弯曲频率、轴承中滚珠通过频率、齿轮啮合频率等成分分布在10Hz～10kHz范围内，要全面反映出这些特征频率，就要选择速度参量。

(2) 振动故障的诊断方法

在进行故障信号测量时，直接得到的是时域信号，然后通过傅里叶变换得到频谱图。干式螺杆真空泵的时域波形呈现出明显的周期特性，反映出振动量的大小和相位，用峰值来标示，而频谱图采用有效值来度量。对于某些故障其特征频率相同，例如转子弓形弯曲、缺损和不平衡都是以一倍频（旋转频率）为主，不易区分，这时就需要从相位上进行区分。故障诊断最重要的就是频谱分析法，频谱图能反映出各种故障所对应的特征频率和振动量的大小，据此可判断故障发生的位置、发展程度和趋势等，为诊断工作提供依据。表9-4中列出了常见故障的特征。

表 9-4　干式螺杆真空泵常见的故障特征

故障类型	振动特征频率	振动方向	注　释
转子不平衡	$1\times R$	径向	振动超标经常遇到的原因；R 为转子旋转频率
转子不对中，转子弯曲，转子的磨损或腐蚀，转子上异物附着	一般为 $1\times R$，常出现 $2\times R$，有时为 $3\times R$ 和 $4\times R$	径向和轴向	属于常见故障，相位比较稳定地变化，相位发生突变，然后保持稳定
滚动轴承磨损 表面损伤，包括外环、内环、滚珠、保持架等	同正常轴承的特征频率相同，只是幅值明显高，不易检测。可以从转速和轴承的几何尺寸求得，同时常发生与轴承共振频率相关的高频(2kHz～60kHz)振动	径向和轴向	详见图 9-9，图中：α—接触角；D—节径，d—球径
轴颈轴承松动	轴转频 R 的次谐波，为 $R/2$ 或 $R/3$	主要为径向	可能在运行时发生，或在高温时发生
齿轮安装误差，齿损伤或磨损	$1\times R$ 为主，有时出现 $2\times R$、$3\times R$ 齿啮合频率($R\times$齿数)及谐波	轴向和径向	发生在齿啮合频率前后的边频带，说明有调制发生，变频间距对应于调制频率，需用窄带分析才能发现
部件松动	$2\times R$		对应轴颈轴承松动，也是次谐波和中间谐波
流体振动，转速过大，泵的吸入口偏流	频率与旋转频率无关，一般为高频，范围为 600～25000Hz	轴向和径向	发出特有的噪声

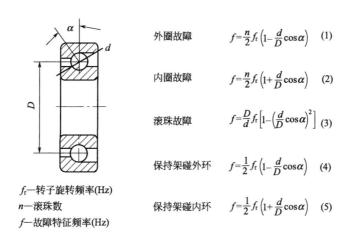

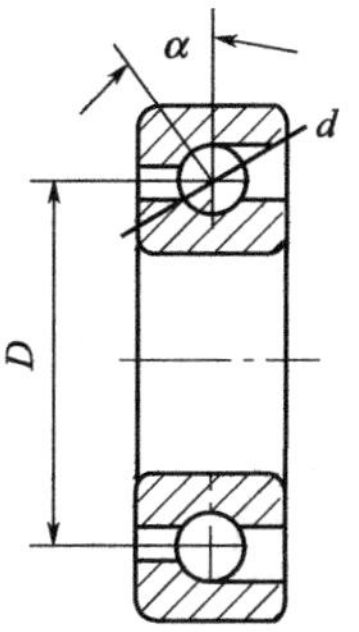

f_r—转子旋转频率(Hz)

n—滚珠数

f—故障特征频率(Hz)

外圈故障　$f=\frac{n}{2}f_r\left(1-\frac{d}{D}\cos\alpha\right)$　(1)

内圈故障　$f=\frac{n}{2}f_r\left(1+\frac{d}{D}\cos\alpha\right)$　(2)

滚珠故障　$f=\frac{D}{d}f_r\left[1-\left(\frac{d}{D}\cos\alpha\right)^2\right]$　(3)

保持架碰外环　$f=\frac{1}{2}f_r\left(1-\frac{d}{D}\cos\alpha\right)$　(4)

保持架碰内环　$f=\frac{1}{2}f_r\left(1+\frac{d}{D}\cos\alpha\right)$　(5)

图 9-9　滚动轴承表面损伤故障的特征频率计算

9.5.2　干式螺杆真空泵振动故障诊断实例

测试对象为德国普旭（Pusch）公司生产的型号为 AC04OOF 的干式螺杆真空泵，如图 9-10 所示是其简略结构，转速 3600r/min，频率 60Hz，测点 I 处为 SKF 公司生产的单列滚柱轴承，型号 NU207ECJ；测点Ⅲ处为双列角接触球轴承，型号 3308ATN9，轴承几何尺寸及各表面损伤故障特征频率列于表 9-5。各测点都有径向 x 和轴向 y 两方向的监测，测试参量为速度的有效值，所选仪器为 EMT220 系列测振仪和振通 911 汉显数据采集器及其配套软件。

表 9-5　表面损伤故障特征频率

滚动轴承型号	几何尺寸				故障特征频率/Hz				
	节径/mm	球径/mm	接触角/(°)	滚珠数/个	外圈	内圈	滚珠	保持架碰外环	保持架碰内环
NU207ECJ	54.5	10.5	0	10	242	358	300	24	36
3308ATN9	65.5	15	30.5	16	385	576	292	24	36

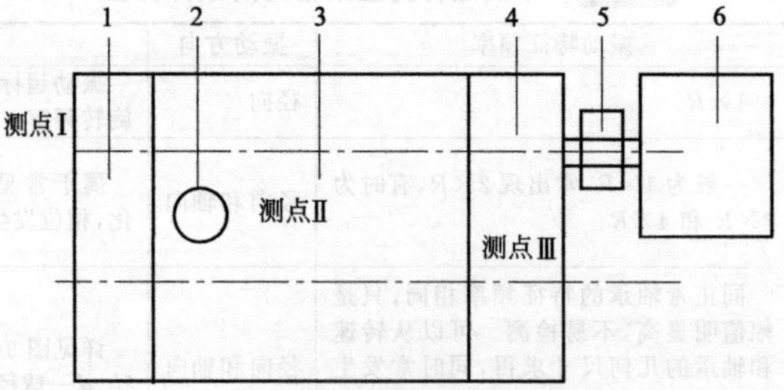

图 9-10　结构及测点分布简图

1—自由端；2—吸气口；3—螺杆泵腔；4—齿轮腔；5—联轴器；6—电动机

对于功率小于15kW的电动机（本例电动机功率11kW），频率小于60Hz的真空泵，规定其振动速度的最大有效值：测点Ⅰ处为0.5mm/s，Ⅱ、Ⅲ处为0.8mm/s，才能保证长期稳定运转。图9-11是泵正常运转时测点Ⅰ振动的时域波形和频谱图。时域波形振动表现出周期性，测点Ⅰ周期为17ms，对应频率为59Hz，与转子旋转频率60Hz相近。从频谱图也可看出振动集中在旋转频率（即表9-5轴承几何尺寸故障特征频率1倍频），幅值为0.35mm/s。由此得出结论：振动以转子旋转频率为主，且小于规定幅值，是泵正常运行的标志。

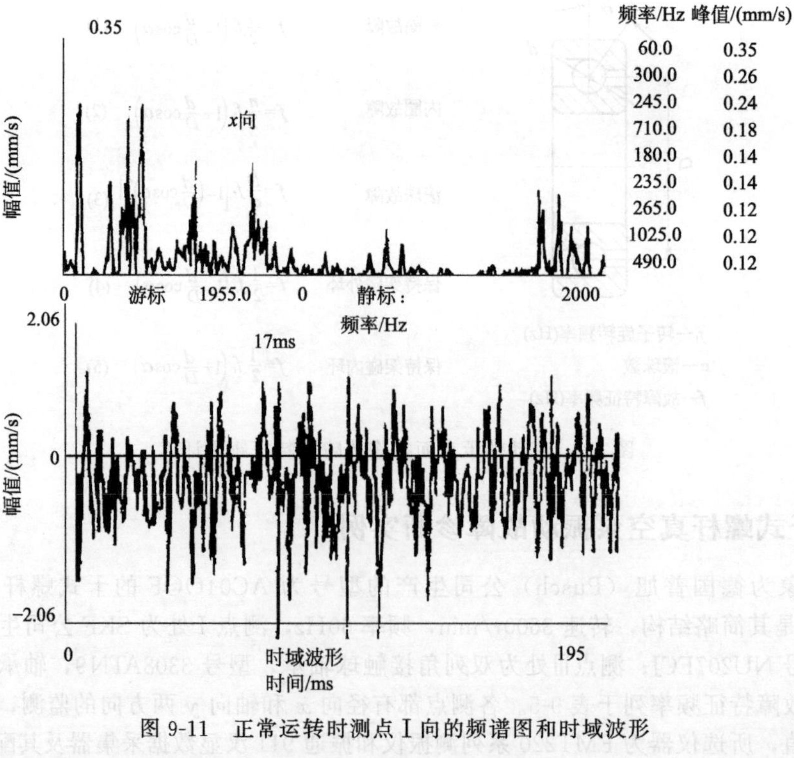

图 9-11　正常运转时测点Ⅰ向的频谱图和时域波形

故障发生时各测点的振动幅值超标并伴有刺耳的噪声，测点Ⅰ时域波形和频谱如图9-12所示（上两图为x方向，下两图为y方向）；测点Ⅱ、Ⅲ的频谱如图9-13和图9-14所示。可以看出时域波形除幅值增大之外，波形与正常时区别不大，要判断故障原因和位置主要依据频谱。

测点Ⅰ频谱图9-12中大于0.5mm/s的振动量为5倍频（295Hz）、2倍频（120Hz）和

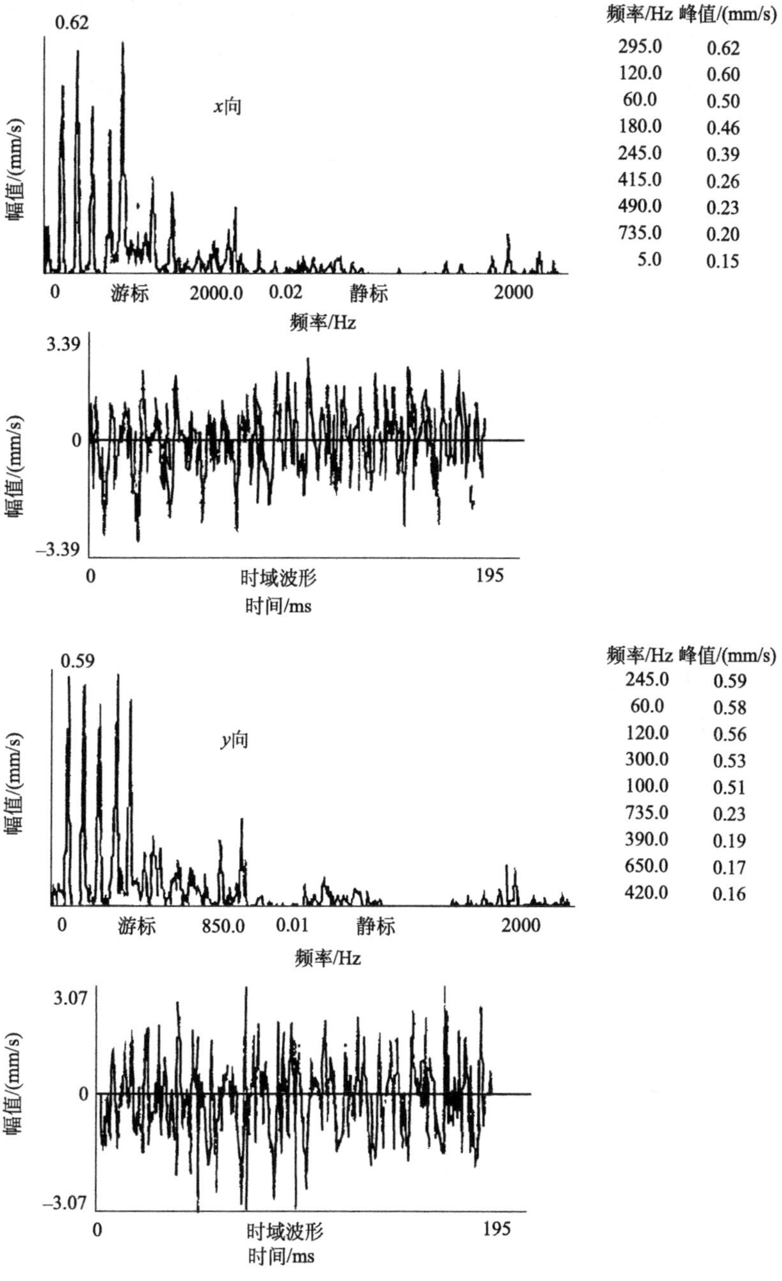

图 9-12　测点Ⅰ时域波形与频谱

4 倍频（245Hz），故障原因可能为轴弯曲变形、转子磨损或转子安装不对中，由于该泵并未拆卸，据此可以排除转子安装不对中故障。x 向、y 向振动最大量对应的频率 295Hz、245Hz 同时也是该处滚动轴承的滚珠和外圈的故障特征频率，无法排除轴承故障的可能性。图 9-13 测点Ⅱ大于 0.8mm/s 的振动量为 2 倍频（120Hz）、1 倍频（60Hz），且 2 倍频、1 倍频振动量明显大于其他频率，故障原因可能为轴弯曲变形、转子磨损。295Hz、245Hz 对应的振动量小于 0.8mm/s，由此可以排除自由端轴承故障的可能性。测点Ⅲ的频谱图 9-14，未发现齿轮的啮合故障频率 2640Hz（齿轮齿数 44），3275Hz、2737Hz、2800Hz 等高频振动信号幅值都在 0.5mm/s 以下，表明齿轮本身没有缺陷。也未发现此处轴承的各故障特征频率。大于0.8mm/s的振动量是3倍频（175Hz）、2倍频（112.5Hz）和5倍频（300Hz），且3倍频、2倍频幅值明显大于其他频率，故障原因可能为轴弯曲变形或转子磨损。由于发生故障时伴随刺耳的噪声，综合以上的分析，诊断结果是转子弯曲变形引起的转子与泵体的碰撞。

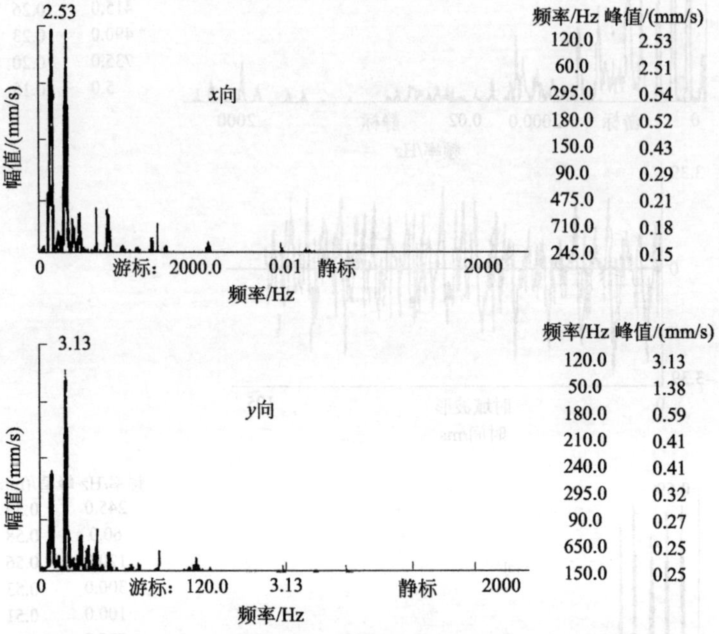

图9-13 测点Ⅱ的频谱图

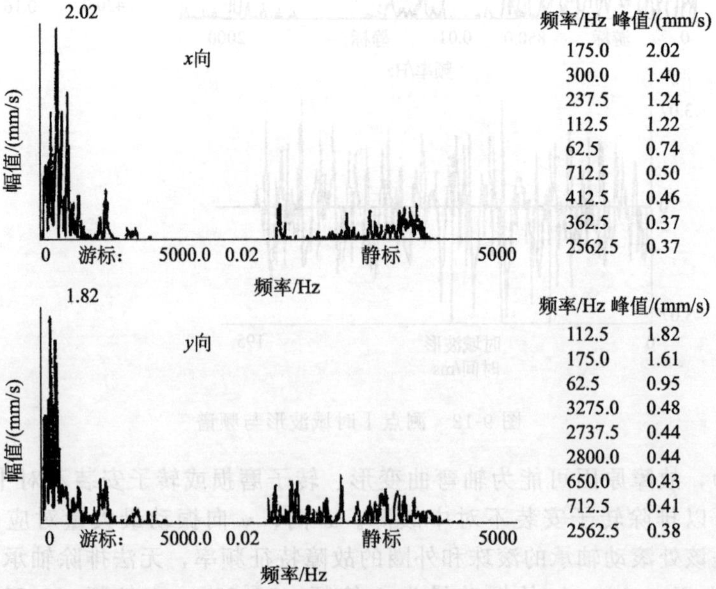

图9-14 测点Ⅲ的频谱图

停机后将泵的自由端拆卸，将两螺杆从泵腔中拉出，发现在一、二级螺杆啮合表面有大面积的划痕和表面剥落，在泵腔的相应位置上也有划痕，经检查是连接管道内未清理干净的焊渣落入泵腔内引起的划膛和噪声，证明了诊断的正确性。将转子和泵腔划磨表面打磨，重新进行螺杆的动平衡校正，完成装配后联入系统中进行测试，测点Ⅱ、Ⅲ两处振动幅值略大，但在允许范围之内，测点工振动正常。

对干式螺杆真空泵各种常见的故障进行了振动分析，结合工程实例，得出如下结论。

① 采用振动监测能够及时确定故障部位和原因，为泵的预测性维修提供条件，这样既避免了定期维修造成的不必要停机损失，又避免了产生灾难性事故。

② 选择速度参量作为测试信号，利用时域波形与频谱分析技术，可以诊断出诸如转子不平衡、不对中、轴弯曲、转子与泵体碰磨、部件松动等2000Hz以下的低频段故障。

③ 对于轴承、齿轮，故障点多，频率分布范围广，既有如内圈、外圈和滚珠等低频段频率故障，也有损伤冲击作用而诱发的高频振动成分，所以在诊断轴承、齿轮故障时最好选用加速度参量和共振解调等更为有效的方法。

9.6 抽水站立式泵机组振动故障分析及消除

64LKXA-24.5型立式单级单吸、转子可抽出式大型斜流泵是长沙水泵厂生产，适用于作电厂冷却系统循环泵和工矿、城市、农田给排水工程大型水泵。泵出口直径1.6m，设计扬程24.5m。

9.6.1 故障现象及检修过程

(1) 故障概况

某电厂技术供水系统安装了4台该型水泵，供2台30万千瓦汽轮发电机组冷却用水，兼供该厂消防、生活、环保等用水。该泵配用YKKL1800-12/1703-1型1800kW立式异步电动机，转速495r/min。该厂循环水泵（以下简称“循泵”）自安装投运以来，因振动过大一直不能正常运行。厂方曾多次请制造厂和原安装检修单位人员等来厂研讨振动问题，结果均不理想。

64LKXA-24.5型泵采用立式单基础层安装，吐出口在基础层之下，泵外筒体除吸入喇叭口为铸件外，其余壳体为钢板焊接结构，转子提升高度3.5mm，由轴端调整螺母调节。泵和电动机采用直联传动方式，如图9-15所示。该机组电动机定子采用强迫风冷方式，冷却风扇装于电动机轴顶部，电动机转动时带动风扇转动，经风道至电动机定子冷却器。

(2) 检查

该厂7#循泵机组因振动严重超标无法继续运行，该电动机底座水平振动值达0.06～0.08mm，垂直振动值达0.05～0.06mm；电动机顶部水平振动最大达0.25mm，垂直振动达0.08mm，运行时可见油水管路有明显抖动现象，其他3台振动也偏大，且有增大的趋势。

机组解体后，发现水泵的三道轴颈磨损严重，水泵下导轴颈最大磨损量5mm，橡胶轴承也有相应的磨损，电动机结构基本正常。

(3) 修理

机组检修时，同轴度、摆度等技术参数的误差都很大，通过常规的检修手段，根据规范要求，调整了相应的技术参数。检修后，电动机进行了单独试运行，即电动机和水泵联轴器脱开启动电动机，效果良好，机组底座部振动仅0.012mm左右，机组顶部振动最大值为0.05mm，符合规范要求，基本排除了电动机电磁方面对振动的影响。连接电动机与水泵联轴器后，运行时电动机顶部最大振动为0.15mm，虽然振动值下降近0.10mm，但仍不符合标准要求。为确保发电机冷却水系统的正常运行，不得不采用在电动机顶部的风扇上加平衡块的方式减小机组振动。增加平衡块后，机组最大振动降为0.08mm，但这并不是解决振动

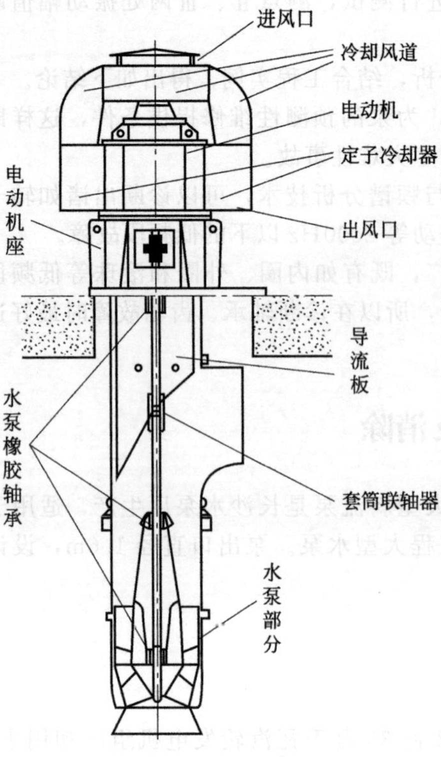

图 9-15 结构简图

的根本方法。运行了约 5 个月，机组振动又逐渐增大到检修前的状态。因此本次检修没有根本解决机组振动问题。

对 7# 循泵机组进行了第 2 次检修。根据以往检修类似机组的经验，检修方法不会存在问题。通过对该机组检修前后情况的分析以及与其他机组的比较，基本排除了水流等其他因素产生振动的可能。再从整体上分析该机组与以往检修过的机组，总体结构基本一样，仅仅是电动机的冷却方式不同：即以前检修过的机组电动机定子是“水-空”（以下简称“水冷”）冷却方式，现在电动机定子冷却方式为强迫风冷。通过对冷却装置的分析，认为机组的振动极有可能是风冷装置引起的。经研究，基本确定了拆除电动机顶部的冷却风扇，进行试运行的方案。因当时正处于冬季，室温低，短时间无风冷运行对电动机基本没有损害，厂方也同意了此方案。

采用以往检修方案，机组检修后，电动机顶部的冷却风扇未安装，直接进行了整机试运行。试运行效果很好，电动机底座部位振动最大仅 0.015mm，电动机顶部振动最大值为 0.06mm。机组一直正常运行，机组振动仍维持在试运行时的数值，检修取得了预期效果。

（4）机组的改造

该机组的改造方案有两种：①拆除电动机原冷却风扇，改造风机的风道，在电动机冷却器上方增加 2 台轴流风机，电动机启动时同时启动冷却风机，达到电动机定子冷却的目的；②将风冷装置改为水冷装置。第一种方案需要增加 2 台风机和相应的控制及保护回路，而且冷却风机运行时对主机组也会产生一定的影响。第二种方案因水冷却器和风冷却器在密封要求上相差很大，因此需要对冷却器进行大幅度改造，但因该电动机上油缸采用的是风冷方式，改水冷后，水源方便，而且水冷却器在类似机组上已有成功使用，效果良好。通过对两种方案可行性和效果比较，决定采用第二种方案。

首先，做两只尺寸和现有电动机定子冷却器相同的水冷却器代替原空气冷却器。

其次，改造该机组冷却水系统，将冷却水引至水冷却器进口，冷却器出水与回水管路相连。

最后，做一个密封盖，以密封上油缸盖因装冷却风扇的需要而预留的圆孔，确保上油缸的密封良好。拆除原风冷装置的辅助部件，确保电动机外表的整洁。

9.6.2 机组振动原因分析

大型立式泵机组振动的原因主要有：①机械原因引起的振动，因不平衡、连接不良、接触不良、内部摩擦、轴承因素及基础因素等；②液体原因引起的振动，因液体脉动、汽蚀、叶片数、叶片形状不同等因素；③电气原因引起的振动，因负荷不平衡、磁通量不平衡、电源高次谐波、倍频振动、转差率等因素。针对电厂循泵的实际情况，因检修后进行了单电动机试运行，效果很好，因此基本可以排除电气原因引起的振动。因该型机组有 4 台套，每两台机组共用一个进水流道，水流状态基本相同，而且该厂 4 台循泵机组为同一批产品，其中

7# 机组振动最大，虽然其他机组振动较正常偏大，但都能维持运行，如果是液体原因引起的振动，那么其他机组的振动必然接近 7# 机组，但实际上其他机组振动与 7# 机相差很大，因此液体因素引起的振动也可以排除，引起机组振动的原因基本可以确定为机械原因。

对于故障机组的检修，从检修工艺上可以说是格外细心谨慎，不存在连接不良、接触不良、基础或内部摩擦等安装方面的因素。从两次检修解体的结果看，该机组电动机的轴承磨损情况均较好，无异常现象。因此，该机组振动是转动部分原因造成的，转动部分引起振动的部件主要有叶轮头、电动机转子和电动机定子的冷却风扇。叶轮头和电动机转子出厂时对平衡要求很高，叶轮头在检修时重新做了平衡试验，符合规范要求。电动机转子通过单电动机试转时也可以证明平衡是符合要求的。但因为电动机冷却风扇是电动机的辅助部件，极易被忽视。

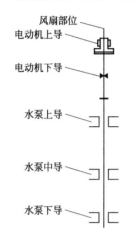

图 9-16　电动机转动部分示意图

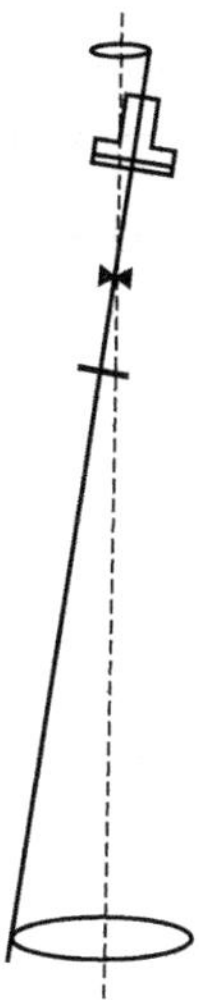

图 9-17　移动部分在不平衡位移的作用下旋转的情况

① 检修过程中检查发现，该机组的冷却风扇为焊接件，不是铸件，制作过程中，极有可能造成整个风扇形状和重量等存在不均匀现象。虽然通过静平衡试验并处理使静平衡符合要求，但动平衡很难保证。如果风扇形状不均匀，会形成风力不平衡现象。

② 单电动机试转时振动很小，似乎可以排除风扇的影响，但从机组整体分析，风扇的影响就显而易见了：从机组的结构上看，转动部分是通过电动机上导、电动机下导以及水泵的三道橡胶轴承限位的（图 9-16），电动机下导为径向滚柱轴承，属于间隙轴承；电动机上导，水泵上、中、下导轴承的间隙分别为 0.20mm、0.60mm、0.70mm、0.80mm（双边间隙）。由图 9-16 可知，如果风扇有不平衡现象，即产生一个不平衡位移，运行时整个转动部分就会形成以电动机下导为支点的回旋摆动（图 9-17）。因支点到风扇的距离比到水泵下导轴承的距离小得多，因此，在风扇上一个很小的不平衡位移，反映到水泵导轴承上位移就很大。当机组检修后，因水泵导轴承的限制，开始振动较小（因不平衡位移的影响，振动仍较正常机组大得多），但因该不平衡位移的存在，大大加剧了轴颈和轴承的磨损。当水泵导轴承间隙因磨损增大到一定程度，极易出现叶轮碰壳现象，叶轮碰壳后，巨大的冲击力通过水泵固定部分反映到电动机上就形成明显的振动，该现象越向电动机顶部越明显。

③ 单电动机试转时，因电动机轴短，无其他因素影响，此现象不明显。因此，风扇因素引起的机组振动不是由风扇本身反映出来的，而是通过对水泵的影响，造成水泵运行状况恶化，再反映到电动机上造成机组振动加剧，抖动明显的现象。从检修后的机组振动随时间变化的情况看，也符合这一规律。

引起大型立式机组振动的因素很多，该厂循泵的振动原因应该算是一个特例。因电动机和水泵是由不同生产厂家生产，无论是水泵单试还是电动机单试，都反映不出此类问题，因此，该现象在设备生产直至出厂过程中都不易发现。

电动机单试时效果很好，极易造成电动机没有问题的假象，这就是第一次检修后没有发现机组振动原因的根本原因。如果不从整个机组结构、与其他机组的比较以及与相同状态下运行的机组的比较，该问题是很难发现的。

9.7 HMD-G-32-0250型隔膜泵故障检修及分析

某公司从德国帕沙湾公司引进了全套板框污泥脱水系统设备，该设备由西门子 S7-300 中型 PLC 全自动化控制，其中，德国 ABEL 公司的 HMD-G-32-0250 型隔膜泵是板框机压滤的关键设备。泵主要参数如下：流量 $Q=30\text{m}^3/\text{h}$，工作压力 0～1.5MPa。由外方专家调试完成后开始连续不间断运行。运行半年时间，设备的故障率较高，四台隔膜泵频繁损坏，损坏的配件主要是隔膜 15 只、隔膜连杆 5 根、活塞 4 只、活塞杆总成 6 套、缸套 4 只，加上液压油 3 桶，配件费用很高，由此而引起的间接损失更大。

9.7.1 工作原理及故障分析

(1) 隔膜泵及系统的工作原理

ABEL 隔膜泵的管道进口安装有缓冲卸压装置，出口管路上安装有减振压力罐，两处通过压缩空气小压力进气，以减少泵在运行时的振动，通过活塞的往复运动，在液压腔内由隔膜连杆控制隔膜的行程，从而完成污泥的输送。板框污泥脱水系统的工艺是，污泥（含固率 8%）通过加药后，用隔膜泵把污泥压入板框，当板框内部压力达到 1.4MPa 时则一个运行过程完成；隔膜泵是整个系统的关键设备。隔膜泵控制示意见图 9-18。

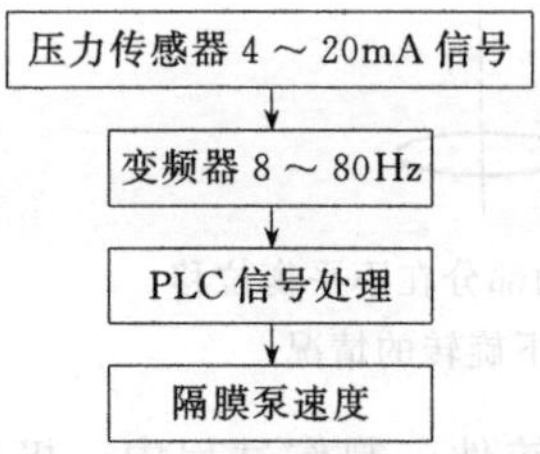

图 9-18　隔膜泵控制示意图

(2) 泵运行时产生故障的检查

通过仔细观察隔膜泵的工作过程发现，当工作压力到 0.9MPa 以上时泵的振动很大，输出管道抖动的幅度大。此时调节管道进口缓冲卸压装置和出口管路上的减振压力罐的进气压力也无法消除振动，时间一长造成泵的基础和固定管道的支架也全部松动，到一定时间泵也随着振动而损坏。经对泵解体检查，隔膜损坏，其原因是隔膜被隔膜连杆顶出极限位置，造成隔膜中心与隔膜连杆连接处破损，隔膜连杆也因此变形无法再使用；活塞杆总成由于活塞杆的丝口损坏造成两只固定螺母脱落，活塞杆也报废；缸套和活塞主要是磨损太多造成压力上不去。

(3) 隔膜泵损坏原因分析

根据对隔膜泵的检修结果看，主要是厂家在对泵编程时未按泵的最佳工况进行设计。隔膜泵故障原因见表 9-6。

表 9-6　隔膜泵故障原因一览表

起　因	故障原因	产生后果
编程时没有按泵的要求设计	在高压时负荷大	①活塞和缸套磨损过快 ②活塞杆丝口磨损
	高压时隔膜行程频率过快	①隔膜被连杆顶破 ②隔膜连杆超过行程变形
	泵的振动大	泵基础及管道支架松动

从以上分析可以看出，故障的发生均是由于泵在高压运行时转速太快所致，因此须从泵的控制方面查找原因。

隔膜泵的电气控制原理如下：通过板框进口管道处的压力传感器获取压力信号送入西门子 S7-300PLC，经 PLC 运算后给变频器一个 4～20mA 的模拟电流信号来控制隔膜泵的运行速度（频率在 4～80Hz 之间）。从泵运行的表面上看没什么问题，随着压力的上升隔膜泵的转速也在慢慢下降。通过西门子的 STEP7V5.2 编程软件，调出控制泵的程序块检查，在线检测隔膜泵运行的整个过程。当压力在 0～0.7MPa 时，变频器的输出频率为 80Hz；压力从 0.7MPa 上升到 1.0MPa 时，变频器的输出频率从 80Hz 下降到 40Hz；当压力在 1.0～1.3MPa 时，变频器的输出频率一直维持在 40Hz，此时观察隔膜泵的振动也开始增大，输出压力瞬间在 0.9～1.4MPa 范围之间来回波动，此时泵出口的管道和软接管抖动幅度较大，压力从 1.3MPa 上升到 1.4MPa 时，变频器的输出频率从 40Hz 下降到 8Hz，此压力为正常使用压力，此时隔膜泵的振动及泵出口的管道和软接管抖动基本没有。直至隔膜泵停止工作，完成一个循环。工作特性曲线见图 9-19。

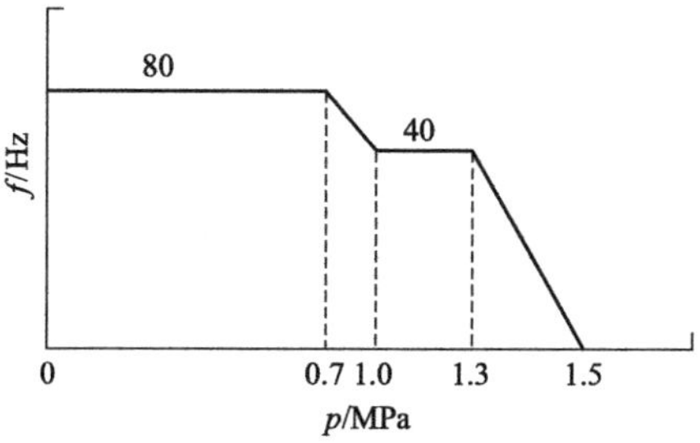

图 9-19　工作特性曲线

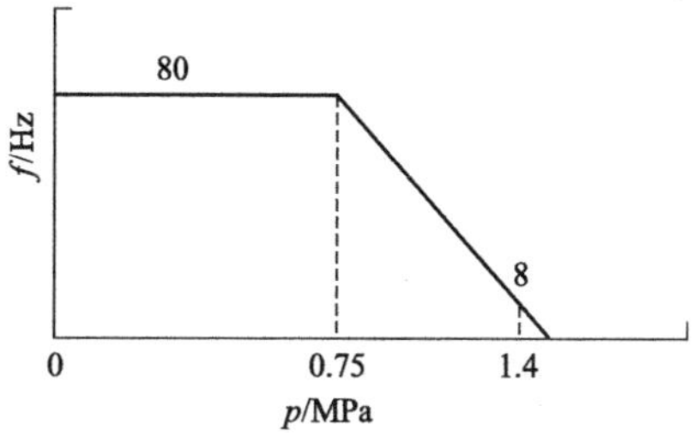

图 9-20　修改后泵的特性曲线

从以上检测清楚地看到，当工作压力在 1.0～1.3MPa 时，隔膜泵运转速度过快，也就是泵的活塞来回行程的频率过快，导致两侧隔膜在高压状态下受力超过极限，整个泵体振动加大，使隔膜泵产生较多故障，配件受到非正常损坏。

9.7.2　保证隔膜泵正常运行的措施

要使隔膜泵工作在最佳工况，对工作压力在 1.0～1.3MPa 时变频器输出频率保持在 40Hz 的这一工况必须更改，才能保证隔膜泵的正常运行。因此必须对隔膜泵的控制程序模块进行改动，即改变隔膜泵在高压力下的工作状态。用西门子的编程软件 STEP7V5.2 对泵的程序块作出修改。修改后，当压力在 0.75MPa 以下时，变频器的输出频率一直维持在 80Hz，压力在 0.75MPa 以上至 1.4MPa 的区间内，变频器的输出频率从 80Hz 线性下降到 8Hz 直至停止。修改后泵的特性曲线理论上如图 9-20 所示。修改后调试运行，避开了高压工作时变频器输出频率维持在 40Hz 的阶段，再用 STEP7V5.2 编程软件在线检测整个过程。和理论上特性曲线完全相吻合，观察隔膜泵的工作状态也很平稳，隔膜泵及管道的振动已没有了，泵的输出压力也平稳升至设定值，以前存在的问题都解决了。

经过程序的修改，4 台隔膜泵运行一直很正常，隔膜泵没有出现故障，从而大大延长了这一关键设备的运行寿命，减少了很大一笔维护费用，提高了生产和经济效益。实践证明修改程序效果良好。

9.8　多级给水泵转子不平衡引起振动原因分析

多级给水泵在火力发电厂中担负着输送介质的重要任务，是发电厂的心脏。一般设计

3台50%容量泵，两用一备，定期切换运行。给水泵故障包括泄漏、振动、发热、出力下降等，而以振动现象最多。振动产生的原因复杂，往往经过多次处理才能得到解决，不仅造成了人力物力的浪费，而且长时间影响机组的安全。

9.8.1 振动标准与监测

水泵振动幅值标准见表9-7，简谐振动位移、速度及加速度对应值见表9-8。

表9-7 水泵在一定转速下的振动幅值标准

转速/(r/min)	3000	1500	750
振动幅值/mm	≤0.05	≤0.08	≤0.10

表9-8 理想状况下不同转速简谐振动位移、速度和加速度的对应值

转速/(r/min)	位移/μm	速度/(mm/s)	加速度/(m/s²)
500	54	1	0.148
750	36	1	0.222
1000	27	1	0.296
1500	18	1	0.444
3000	9	1	0.888

为了保证多级给水泵在隐患发生初期得到及时处理，维护工程师必须定期对其进行监测，把握运行状态，再根据日常监测数据及时提出处理办法。随着科学技术水平的发展，频谱分析仪、超声波分析仪、振动波形采集器、成套振动分析软件系统正在振动分析中得以推广。由于有些设备系统复杂，费用昂贵，用起来也不方便，只有在像汽轮机等大型设备进行专家分析时才用到。一般日常监测中，机械振动分析仪如日本进口VM-63、VM-70等测振仪等以其简单实用而被广泛使用。

根据振动信号识别设备故障是一件难度较大的工作。因为同一故障可以有多种表现形式，而同一表现形式又可以由不同故障引起。在现场实际测量中，点检工程师一般根据测量振动位移、振动速度和振动加速度配合温度、压力等参量进行检测。生产实际中，绝大多数设备故障识别振动信号适于振动速度，因为振幅对低频振动敏感，振动加速度参量对高频敏感，而速度参量对频率的敏感程度则是介于位移和加速度二参量之间。在进行低频故障及低速设备的监测和诊断时，应选取位移参数量；在进行高频、高速类设备的诊断时，应选择加速度参量；而进行宽频带内设备的总体监测时，选取速度参量较为真实可靠。对生产中出现振动故障的设备，可以从振幅、速度、加速度全方位监测比较，以期得到较为准确的结论。

一般而言，点检工程师对水泵各轴瓦进行水平、垂直、轴向3个方位测量，取振动位移或速度1个参量即可，监测中如果发现测量数据异常时，再加入其他参量进行对比测量。

9.8.2 振动原因及分析

多级给水泵振动因素分为外因和内因两大部分。管路振动、中心不正、基础松动、轴瓦磨损、电气故障等都属于外部因素，而转子本身部件磨损、脱落、摩擦是引起振动的内因。从引起振动的机理来说，又可分为电气、机械、水力和其他原因等。

(1) 电气方面原因

电动机是水泵运行的原动机，电动机好坏直接关系到水泵运行的稳定。电动机轴承损坏，电动机内部磁力不平衡和其他电气系统的失调，造成电动机故障，间接引起水泵的振动。又如电动机在运行中，定、转子磁力中心不一致或转子偏心等，都可能引起电动机周期性振动进而影响水泵。许多情况下，电动机故障却表现为水泵振动大于电动机的情况，往往

误导检修。对于出现靠近电动机侧振动增加的情况，必须认真监测电动机，有时脱开电动机进行空试也是必要的。对水泵监测过程中也应当加强对电动机的监测。

(2) 机械方面原因

电动机和水泵转动部件质量不平衡、安装质量不良、中心不正、零部件的机械强度和刚度不够、轴承和密封部件磨损破坏，以及水泵临界转速出现与机组固有频率一致引起的共振等，都可能产生强烈的振动和噪声。另外，如基础松动、轴瓦磨损、动静摩擦等也都是机械故障引起的泵组振动。给水泵滑销卡涩、猫爪松动等是容易被忽视和漏查的振动原因。

(3) 系统原因

由于管路系统安装不良，水流不顺畅而引起压力波动，水泵进口流速和压力分布不均匀，负荷变化以及各种原因引起的水泵汽蚀等，都是常见的引起泵机组振动的原因。水泵启动和停机、阀门启闭、工况改变以及事故紧急停机等动态过渡过程造成的输水管道内压力急剧变化和水锤作用等，也常常导致泵房和机组产生振动。这些因素往往要通过改变运行方式和修正系统布置来完成。在设备安装试运初期系统问题应当特别注意，对于已经过长期运行的设备则优先其他因素考虑。

(4) 其他原因

有时发生的情况，往往一时找不到答案。例如选型不正确，制造设计缺陷等是在经过多次检修摸索中才能发现。在设备试运期间就频繁出现的故障，检修工程师应当大胆质疑，多方分析，从系统原理上提出改进或对设备提出改型方案。通过液压联轴器拖动的给水泵，必须注意分析液压联轴器的振动情况，许多液压联轴器故障也是引起水泵故障的原因之一。

多级给水泵振动原因复杂，单独一次测量往往难于对故障判断有较大把握，根据对设备的历史检测结果进行分析能使诊断更接近于真实情况。

对当前机器的振动信号进行各种观察和分析时，应与正常运行状态下的振动进行比较，注意参数的变化及变化程度。在采用机械测振仪一时不能判断振动原因时，也可以引进频谱仪等高级设备。从频谱分析来说，基频分量变化不大，而2倍频幅值明显增大可能说明中心不正加剧；基频有稳定的高峰，谐波能量集中于基频，其他倍频振幅较小时可判断为转子不平衡故障。喘振使轴向振动变化明显，而不平衡增大使水平和垂直方向振动同步增长。趋势分析也是有效的办法，振动偏大是稳定不变的，还是逐步增大的，是时升时降，还是迅速增大等信息是做出结论的有效依据。例如：不平衡加大使振动缓慢而稳定上升，转子部件断落则出现振动幅值突然加大。

依据经验，不平衡量增大会引起水平、垂直等径向振幅同时增长，而轴向振幅变化不大；不对中时径向振幅增大，且同时还可引起轴向振动也加大；转子部件松动时，其幅值不稳定；由于油膜振荡产生的振动以径向为主，振幅不稳；转子裂纹存在时，其水平方向和垂直方向的振幅值大小基本相等。

9.8.3 故障分析实例

某电厂苏制210MW配ПЭ380-200-3筒袋式多级给水泵，通过液压联轴器由电动机拖动，两运一备。投入使用后一直运行良好，两年多时出现1#、2#瓦水平振动幅值分别为0.06mm、0.07mm，超过3000r/min转速下振动要求0.05mm的标准水平。进一步监测振动速度发现，随着负荷变化转速升高其振动烈度明显增加，振动速度达到19mm/s。分析此泵在两年期间有过几次小修，对轴瓦等做过简单检查处理，处理后的效果不错。根据监测数据判断可能转子内部有问题列入紧急备用状态。机组停运大修时，解体检修，发现转子部件有一叶轮磨损严重，同时测量其他部件，对不合格部分全部予以更换。整个检修过程严格按照规程标准执行，回装后试运却发现振动并不理想，水平振动幅值高负荷时仍然超过标准要求。虽然多次采取找中心，研瓦，详细检查基础、滑销等技术手段进行处理，效果不明显，最后决定再次大修。此次大修除对各部件进行检查测量外，对转子进行动平衡试验。试验中发现整个转子的动不平衡量远大于标准值，经过反复处理合格后，回装试运，各瓦振动最大幅值仅 0.03mm，效果较佳。为了彻底处理所有转动设备故障，该厂购置动平衡机，在大修转动设备时全部进行动平衡试验，均取得了良好的效果。

电厂除灰系统分段式给水泵出现 1[#]、2[#] 轴承振动大现象，测量水平振动达到 0.11mm、0.09mm，同时垂直振动也大于标准值，但轴向振动却很小，用听针判断轴承声音偏重，由于运行时间不长，判断为轴承故障，拆解发现轴承晃动明显，更换恢复后运行正常。

1 台给水泵电动机额定转速为 2985r/min，在一次检修更换轴承后振动比原来还大，怀疑是动平衡不良。检修人员在做动平衡试验时，却发现不平衡量很小，经过认真检查检修记录发现中心数据与标准要求差别较大。通过振动测量发现联轴器两边轴瓦振动都偏大，且随负荷变化振动变化敏感，判断为中心不正导致振动加大。反复检查发现检修中因疏忽少加 1 片垫片，使电动机轴低于水泵轴 0.3mm，同时存在一定张口，通过调整，试运振动明显减小，完全符合标准。

多级给水泵故障，特别是振动大，原因复杂、难于找到真正导致振动的根源，给检修工作带来一定的困难。出现振动故障后，要根据日常监测记录中分析，找出可能引起振动的原因，再辅以其他技术手段决定最后检修方案。一般情况下，像地脚螺栓松动、轴瓦瓦盖螺栓松动等可以在设备运行中做检查，有时一经复紧，即可消除故障。大多情形都要进行轴瓦检查，中心复测，其他方面可能的原因也进行相应检查处理，振动故障也就能解决。对于有些刚检修结束或是运行中突然出现较大振动故障时，就应该对水泵内部部件进行检查，而转子部件一经拆解更换，做转子动平衡就是必不可少的步骤。多级给水泵属于高速运转设备，少量的不平衡量就可能引起较大的振动量，且通过强制办法如轴瓦紧力、地脚紧力往往不能达到减少振动的目的，即使暂时能勉强达到标准要求，也不能实现长周期运行，最终还得通过动平衡解决。当然，在转子内部平衡没问题的情况下轴瓦间隙、紧力，中心偏差大小、其他相关设备的高标准要求也是保证水泵长期稳定运行的必要条件。

9.9 交流润滑油泵振动故障原因分析及处理

大部分汽轮机组正常运行时，各轴承润滑油由主油泵提供，而对燃气轮机机组来说，由于大轴上无主油泵，机组运行的全过程均利用交流润滑油泵供油，因此交流润滑油泵的安全稳定对于保证机组的安全至关重要。

某燃气轮机电厂 1[#] 机组运行中发现 B 交流润滑油泵在运行中电动机非驱动端振动很高，在 330～500μm 间波动，严重影响了机组的安全运行。为此，针对该油泵的振动进行了分析检测，并通过动平衡处理，使泵组的振动得到了较好的解决，满足长期运行的要求。

9.9.1 振动情况及原因分析

某燃气轮机 1 号机组共配置 3 台润滑油泵，2 台为交流润滑油泵，1 台为直流润滑油泵，均立式布置在主油箱上，采用螺栓固定在主油箱上盖，泵和主油箱内相关油管的布置如图 9-21 所示。

为了充分了解 B 泵振动超标的原因，需要对 B 泵电动机顶部的振动进行测量分析。对于立式泵，振动最大点一般在顶部，因此重点监视了电动机非驱动端轴承水平方向的振动情

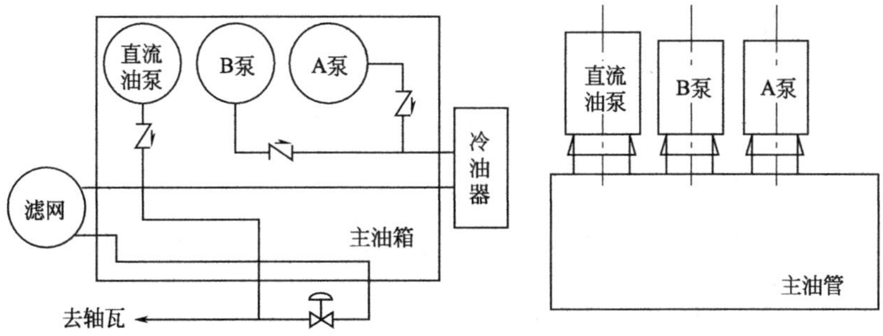

(a) 俯视图　　(b) 平视图

图 9-21　主油箱及其主要设备布置图

况，测量时在泵电动机非驱动端轴承的垂直方向上安装两个本特利 9200 型速度传感器，分别设定为测点 1 和测点 2。采用本特利 208DAIU 型数据采集器进行数据采集，用 ADRE for Windows 软件进行后续分析。

(1) B 润滑油泵停运时的振动情况

当 B 泵停运，A 泵运行时，能明显感到 B 泵电动机顶部振动较大。为此，首先测量了此种情况下的振动情况，如图 9-22 所示。从图 9-22 中可以看到，在 B 润滑油泵停运时电动机顶部的振动幅值较大，而且存在明显的波动，振动的通频振动幅值为 50～100μm；从频谱图上看，各个时刻的频谱图的波动也较大，但是比较一致的是除了泵运行的 25Hz 频率的分量外，还存在 16Hz、19Hz、28Hz 等多个频率的分量，频谱较为复杂。

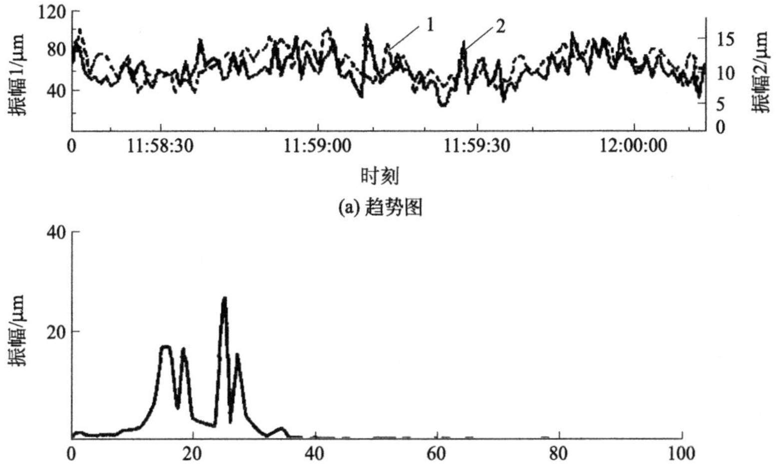

(a) 趋势图

(b) 频谱图

图 9-22　B 润滑油泵停运时的振动情况

1—通频振幅；2—工频振幅（以下各图同）

(2) B 润滑油泵运行时的振动情况

启动 B 润滑油泵运行后，测得如图 9-23 所示的趋势图和图 9-24 所示的频谱图，可以看到两个测点的振动幅值均在 300～500/μm 之间，波动较大。频谱图上显示，工频振动占了较大的部分，但也包含其他频率成分。

根据泵组启动和停运时的振动情况可知，泵组的工频振动成分大，说明存在较明显的不平衡分量，可通过现场高速动平衡方法降低不平衡激振力，从而达到降低振动的目的。而振

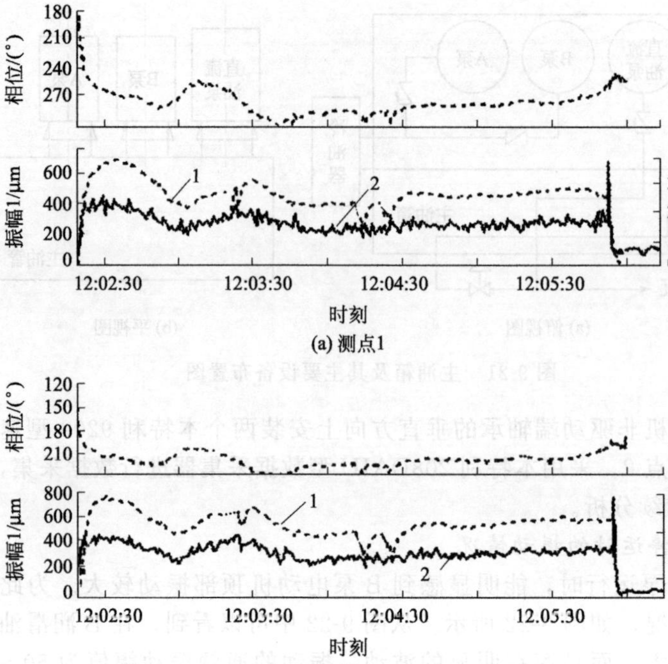

(a) 测点1

(b) 测点2

图 9-23 B 润滑油泵平衡前振动趋势图

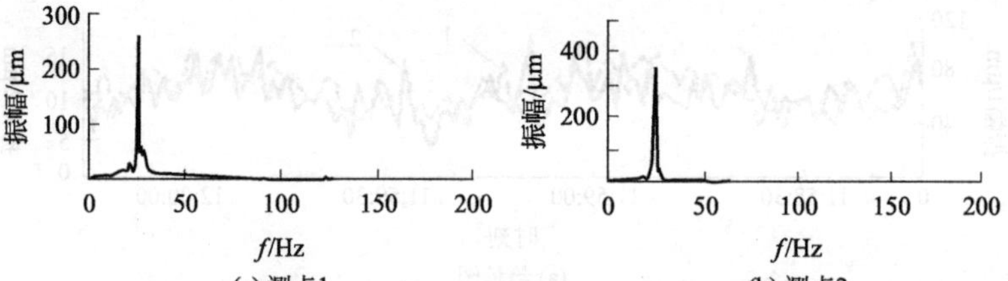

(a) 测点1 (b) 测点2

图 9-24 B 润滑油泵平衡前振动频谱图

动中包含的其他非工频和非倍频成分，应与泵及其管道的结构设计、泵电动机结构刚度不足等有关。针对目前工频分量很大的情况，决定首先进行高速动平衡处理。

9.9.2 故障处理

经过分析计算，决定在电动机非驱动端风扇处进行配重，方案为在风扇处取掉18g∠40°并添加 26g∠280°。平衡后，恢复 B 润滑油泵单泵运行，测点 1、测点 2 的振动趋势和频谱图如图 9-25 及图 9-26 所示。

在趋势图中，按照 2 台润滑油泵运行的情况，可以分为 4 个时段，分别为：时段 1，启动 B 润滑油泵，A，B 泵同时运行；时段 2，停运 A 润滑油泵，B 泵单独运行；时段 3，启动 A 润滑油泵，A，B 泵同时运行；时段 4，停运 B 润滑油泵，A 泵运行。通过趋势图可以看到，在各个时段下，测点 1 和测点 2 的工频振动较为稳定，且均为较小值而两个测点的通频振动则相差较大，其中，A、B 泵同时运行时，两个测点的通频振动均大幅波动，波动的范围达到 300～800μm，而在 B 泵单独运行时，通频振动较小，在50～100μm 之间波动。

从频谱图上看，两个测点的工频振动在平衡之后，均在 30μm 左右，不过除了工频的振

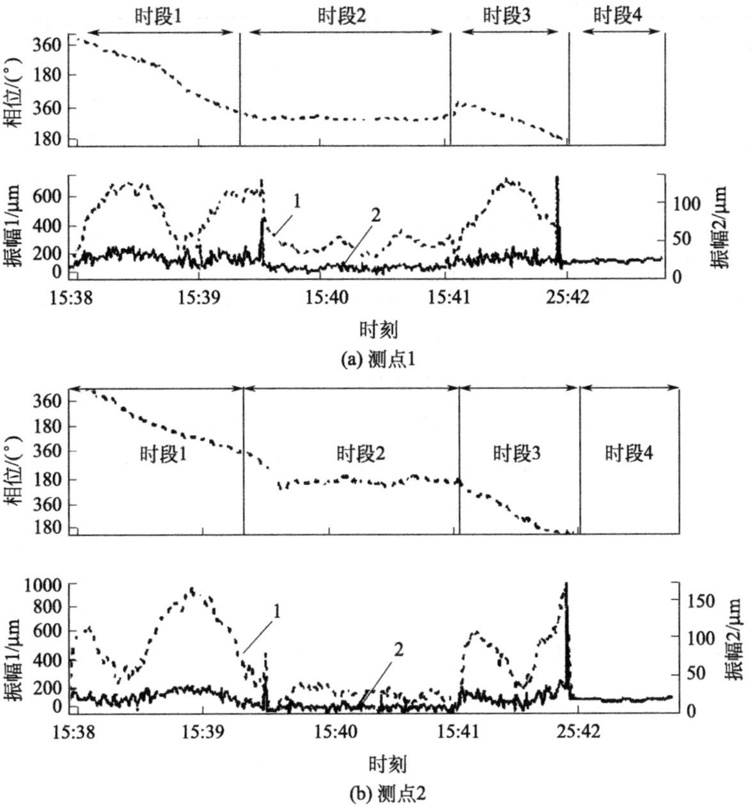

图 9-25　B 润滑油泵平衡后振动趋势图

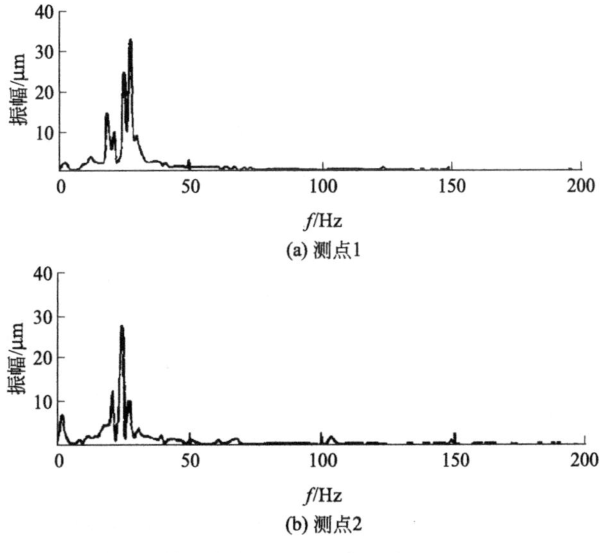

图 9-26　B 润滑油泵平衡后工频振动频谱图

动外，依然存在 16Hz、19Hz、28Hz 等其他频率的振动分量，从而使其通频振动在50～100μm 之间波动，其情况与 B 泵停运但 A 泵运行时的振动情况基本一致。B 润滑油泵动平衡处理前后振动数据见表 9-9。

表 9-9 处理前后 B 润滑油泵振动数据（峰-峰值） 单位：μm

测试时间	测点 1 的振幅		测点 2 的振幅	
	通频	工频	通频	工频
平衡前	315	283	457	414
平衡后	76.5	31.8	48.2	32.3

分析平衡结果，可以看到，通过动平衡，在 B 泵单独运行时，其工频振动大幅降低，两个测点的工频分量均在 30μm 左右，达到了优良的水平。但是，由于存在着其他频率的分量，通频振动依然在 50～100μm 之间波动。另外，在备用泵启动的瞬间，由于泵出口压力的波动，造成 B 泵的振动会有一个短时间的较大幅值。针对这些情况，综合分析认为：

① 造成 B 泵振动超标的原因是多方面的，一方面是泵组存在一定的不平衡量，另一方面 A 泵运行时，油压、油流的变化均对 B 泵有较大影响。

② 通过对润滑油泵电动机端进行高速动平衡，有效降低了不平衡激振力，将油泵的振动控制在合格范围内，其工频分量达到优秀水平，使得泵组具备长期安全运行的条件。

③ B 泵停运，A 泵运行时，电动机非驱动端的振动已经有 50～100μm，其振动的频谱图和平衡后 B 泵运行、A 泵停运时的频谱图类似，说明导致平衡后 B 润滑油泵振动幅值依然较大的原因与泵及相关管道的连接及其固定方式有关。

④ 对油箱内管道结构进行了解可知，A 润滑油泵和 B 润滑油泵出口经过各自逆止阀后汇入大管，其逆止阀段的管道较短，同时，在安装时由于存在垫片偏差，造成油泵出口管与管道连接处存在一定的预应力，因此分析认为该应力对泵的振动影响较大，管道中的油流压力变化较快的状况由电动机顶部的振动变化表现出来，从而产生了非倍频的振动分量。

⑤ 由于机组运行时油箱内的管道结构修改较为困难，建议在停机时对润滑油泵电动机的基础进行加固，通过增强泵的结构刚度，来改善电动机顶部的振动情况。例如，可以增厚电动机的筋板，采用梯形的筋板加强电动机的刚度，或者改变泵与主油箱固定的螺栓尺寸，增强连接的刚度等。

9.10 循环水泵振动原因分析与处理

某电厂循环水系统为 6 台循环水泵组成的开式系统。循环水泵采用长沙工业泵总厂生产的 1000HIB-16 型立式斜流泵。泵为立式，双基础支座式，驱动电动机与泵体分别固定于上下不同的基础上。

驱动电动机与泵采用弹性连接，上导瓦对泵轴起径向支承作用，水泵轴向力及转子部件重量由推力轴承承受，上导瓦及推力轴承安装于电动机与泵联轴器的下方的冷油器内。泵轴由上轴和下轴组成，泵轴由上、中、下三个橡胶导轴承起径向支承作用。1# ～5# 循环驱动电动机底座基础是一体的，6# 循环水泵与 5# 循环驱动电机底座基础断开。

9.10.1 存在的问题及检查与分析

（1）*存在问题*

5# 循环水泵历次大修后，都存在振动偏大的问题，驱动电动机轴承东西方向水平振动达到 0.10mm，南北方向水平振动及轴向振动都在合格范围而且振动值较小。大修后这台循环水泵振动仍旧偏大。测得电动机上轴承水平振动值为：东西 0.058～0.115mm，南北 0.016mm；垂直振动 0.007mm。泵体（油箱处）水平振动值为：东西 0.035mm，南北 0.03mm；垂直 0.004mm。5# 循环水泵停运状态下，测得电动机上轴承振动值为：东西 0.04～0.06mm，南北 0.006mm；泵体（油箱）水平振动值为：东西 0.002mm，南北

0.002mm。电动机试空车水平东西方向振动值为 0.047mm。

(2) 可能原因

①扬度过高或过低；②转向不对；③产生汽蚀；④轴承损坏；⑤轴弯曲；⑥联轴器螺栓或销松动或损坏；⑦电动机故障；⑧基础不坚固。

(3) 主要检修数据记录

① 导轴瓦（共六块）间隙标准要求：0.08～0.12mm。检修数据见表 9-10。

表 9-10　导轴瓦间隙　　单位：mm

泵号	1#	2#	3#	4#	5#	6#
修前	0.15	0.12	0.05	0.15	0.20	0.20
修后	0.10	0.10	0.10	0.10	0.10	0.10

② 推力瓦镜板水平。推力瓦镜板门如图 9-27 所示。

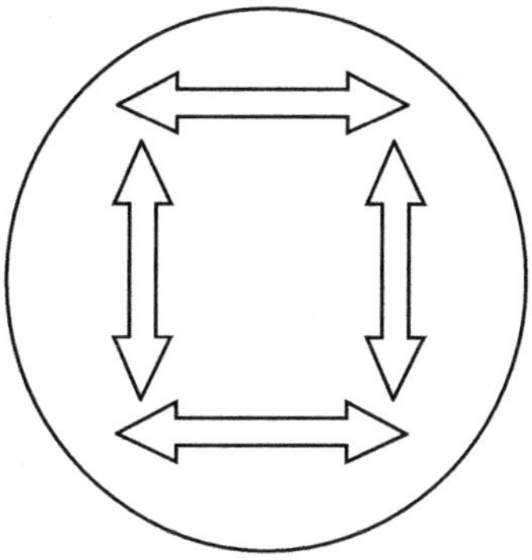

图 9-27　推力瓦镜板门示意

要求：各个方向的扬度值不大于 0.03mm/m，修后实际数据分别为：0.025mm/m，0.03mm/m，0.03mm/m，0.0125mm/m，镜板水平满足要求。

③ 对轮中心。要求：圆周差 ≤ 0.16mm，端面差 40.10mm。

修后实测数据：北圆周差 0.03mm，东圆周差 0.04mm，南端面差 0.01mm，东端面差 0.02mm。

对轮中心满足要求，且中心状况良好。

从各项主要检修数据以及检修过程看，各项主要检修指标均满足工艺要求，对照其他泵按照同样的标准进行检修，驱动电动机轴承处的振动值远远低于 5# 循环水泵驱动电动机处的振动值，由此分析振动主要原因非检修工艺问题。

(4) 检查情况

① 拆开联轴器，检查电动机轴承，上轴承更换了润滑油，复测中心满足要求，重新装复。将 5# 循环水泵投入运行，测得振动值上轴承东西方向水平振动 0.105～0.116mm，下轴承东西方向水平振动 0.63～0.068mm。处理效果不明显，振动仍然偏大。

② 循环水系统在不同的运行工况下对泵的振动值进行测量对比。

a. 1#、2#、3#、6# 循环水泵运行，4#、5# 循环水泵备用状态，各台泵的振动值见表 9-11。

表 9-11　六台循环水泵轴承振动记录（一）　　单位：mm

泵　号	东西方向水平		南北方向水平		轴　向
	上轴承	下轴承	上轴承	下轴承	
1#	0.02	0.01	0.01	0.01	0.01
2#	0.01	0.01	0.01	0.01	0.01
3#	0.01	0.01	0.01	0.01	0.01
4#	0.01	0	0	0	0
5#	0.01	0.01	0.01	0.01	0
6#	0.01	0.01	0.01	0.01	0.01

b. 2#、3#、5#、6# 循环水泵运行，1#、4# 循环水泵备用状态，各台泵的振动值见表 9-12。

表 9-12 六台循环水泵轴承振动记录（二） 单位：mm

泵 号	东西方向水平		南北方向水平		轴 向
	上轴承	下轴承	上轴承	下轴承	
1#	0.02	0.02	0.01	0.01	0.01
2#	0.02	0.01	0.01	0.01	0.01
3#	0.02	0.01	0.01	0.01	0.01
4#	0.05	0.03	0.01	0.01	0
5#	0.06～0.12	0.07	0.01	0.02	0.01
6#	0.03	0.01	0.01	0.01	0.01

c. 4#、6#循环水泵运行，5#循环水泵备用状态各台泵的振动值见表 9-13。

表 9-13 三台循环水泵轴承振动记录 单位：mm

泵 号	东西方向水平		南北方向水平		轴 向
	上轴承	下轴承	上轴承	下轴承	
4#	0.03	0.02	0.02	0.01	0.01
5#	0.04～0.06	0.03	0.01	0	0
6#	0.01	0.01	0.01	0.01	0.01

从振动数据分析，5 循环水泵振动有以下特征。

(a) 水平振动以电动机上轴承东西方向为最大（0.06～0.12mm），振动值呈现一定周期性，周期大约为 5min，南北和垂直方向较小。

(b) 5#循环水泵停运状态下，电动机上轴承振动值为：东西方向水平 0.04～0.06mm，南北方向水平 0.006mm。

(c) 进行数据测量过程中发现 4#、5#循环水泵同时运行时，5#循环水泵电动机上轴承处振动值增大 0.01mm 左右。

(5) 分析 5 循环水泵振动大的可能原因

① 泵体有三个橡胶轴承，分别安装在三段泵壳上，橡胶轴承安装后中心与转子的垂直中心可能不一致。装上导瓦后，泵运行时转子自动找正，由于垂直中心存在偏差，泵轴出现摆动，撞击橡胶轴承及导瓦，产生振动，这是泵产生振动的主要原因，通过第二次停泵检查导瓦出现的情况可以说明这一点。

② 泵房基础传递振动的影响。

a. 5#循环水泵停运状态下，测得电动机上轴承振动值为：东西方向水平 0.04～0.06mm，比其他泵在开泵状态时的振动值还要大，并与开泵时振动方向相同，对泵的运行有一定的影响。

b. 2#电动机空载（解开泵与驱动电动机联轴器）振动值为 0.047mm，比其他泵大（其他泵电动机空载振动值小于 0.02mm）。

c. 4#、5#循环水泵同时运行时，5#循环水泵电动机上轴承处振动值比 5#循环水泵单独运行时增大 0.01mm 左右，4#循环水泵的运行通过泵房基础对 5#循环水泵的振动产生了一定程度的影响。

通过以上几点分析，可以判断泵房基础的振动对 5#循环水泵的振动产生了一定程度的影响，导致 5#循环水泵的振动值进一步加大。

9.10.2 问题的处理与解决

再次停泵处理，打开油箱盖后，检查泵导向瓦，发现东面一块导瓦与推力头间隙为 0，对面 180°另一块导瓦松弛与推力头间隙有 1.4mm，两块导瓦的方向与泵振动偏大的方向相同。将 6 块导瓦间隙放大至 0.20mm（标准：0.08～0.12mm），重新装回，将泵中心调好（东圆周 0.03mm，南北圆周 0；南张口 0.04mm，东张口 0.05mm），开泵测得电动机上轴承振动值为：东西水平方向 0.026～0.069mm，南北水平方向 0.01mm，轴向 0.01mm；下轴承：东西方向水平 0.041～0.051mm，南北方向水平 0.01～0.015mm。这次处理取得了较为明显的效果，经过几个月的运行没有再次出现振动偏大的问题。

循环水泵的振动处理过程可以反映出处理疑难问题的一些思路。

① 同类型设备，要多进行比较，通过仪表反映或结构相比较，寻找问题所在。

② 为了证实怀疑可能的原因，可通过小型或模拟试验证实自己的判断是否正确。

③ 具体问题要具体分析，一般情况下同型号的设备的标准要求是相同的，但是在检修工作中要根据设备的特性进行区别对待，这样有时会取得更好的效果。并不是同类型的设备按照同样的标准进行检修就可以得到同样的效果，相同设备由于加工误差、安装误差都会对设备造成一定程度的影响，不同的设备要区别对待，同一问题对不同设备也会有不同的影响，只有具体问题具体分析才能更好地解决问题。

9.11 输油泵运行振动监测与故障诊断

输油泵机组是成品油输送系统的主要设备，是保证顺利完成成品油输送任务的关键设备。目前，国内对输油泵机组运行状态进行监控和故障诊断尚处于起步阶段，多数泵站无监控设备，致使油泵抽空，电动机及泵轴损坏，轴承、轴瓦过热烧损和泵振动过大等事故时有发生，严重影响正常生产。因此，做好输油泵的故障诊断工作具有重大意义。输油泵的转子组件与电动机之间采用联轴器直接连接，结构简单紧凑。

对于多级离心泵，转子跨距较长，要求同轴度及各部分配合间隙的精度较高，否则，容易引起异常振动或轴承发热。对于多级离心泵，如果平衡处理不好，转子容易产生轴向振动，影响轴承寿命；输油泵会产生汽蚀现象，导致泵流量减少，扬程降低，效率下降，并产生振动和噪声，严重时导致叶轮破坏。一台旋转机械是否能可靠工作，主要取决于转子的转动是否正常，旋转机械的大多数故障与转子直接有关，不论哪一种振动故障都会在机器的最敏感部分即转子上体现出来。因而，通过测量转子振动状态的变化情况就可以获得有关故障的信息。

9.11.1 输油泵运行状态监测的意义

(1) 定期计划检修的缺陷

随着技术的进步和经验积累，人们认识到，固定的“大修标准项目”和“检修周期”会导致出现以下几种情况：

① 过检（维修过剩）。对状态较好的设备，进行了不必要的检修，由此既造成设备性能下降，又造成设备有效运转周期的损失和人力、物力、财力的浪费，甚至引发维修故障。

② 失检（维修不足）。设备在计划检修期未到时或计划检修后不久产生局部故障，但受到检修计划制约，不得不带病运行，有时故障继续恶化造成运行代价和维修费用增大，甚至严重事故。

③ 临时性维修频繁。缺陷较多的设备不能适应计划检修安排，运行不到下一检修周期就可能被迫停运，进行事故性检修，导致生产计划经常被打乱，并由此产生非计划抢修，打乱了正常的生产节奏。

④ 盲目维修。按计划检修并不一定能做到对症下药，有无故障、故障部位、故障类型、故障程度难以事先准确把握，由此导致不该修的修了，该修的未修或没有足够重视，带来“修未修好”等问题。

以前业界普遍认为，随着设备使用时间的延续，其故障发生频率相应增加。根据目前有关研究结果表明，这种说法并不很准确，如图 9-28 所示：A 线，即“浴盘曲线”，起始段设备故障率较高，其后故障率恒定，寿期末故障率增加；B 线，故障率恒定，寿期末故障率增加；C 线，故障率缓慢增加，没有明显的寿期；D 线，当部件是新的时故障率较低，而后迅速增加到一个稳定的水平；E 线，在寿期内故障率恒定不变，故障随机发生；F 线，早期故障率较高，而后逐渐下降到一个稳定或缓慢增加的水平。

从新故障模式曲线可以看出：

① 设备的可靠性与运行时间（部件寿期）之间的联系并没有想象的那么密切。并非对设备维修得越频繁，设备就越可靠。除非有一种支配性部件与运行时间相关（如密封垫等），否则设备大修对提高设备可靠性贡献不大。

② 89%的设备故障与时间无关，并不能通过对设备定期解体维修来避免设备失效。

③ 由于设备早期失效率达到 72%，如果对设备过分维修，就会将原本运行在稳定期的设备重新返回到早期失效状态，因此，定期解体大修，不但不能提高设备的可靠性，反而增加了故障率（定期易损件更换除外）。

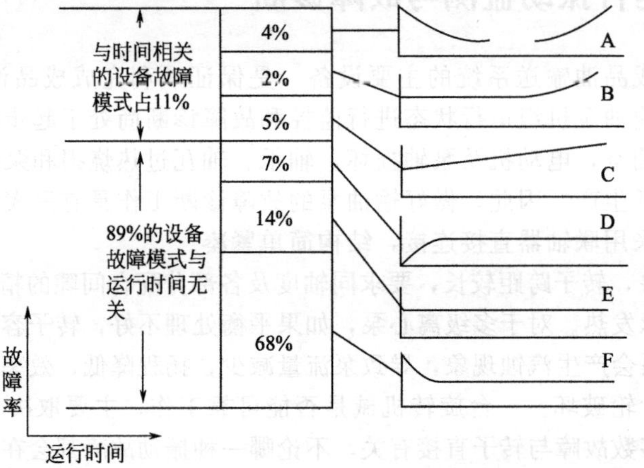

图 9-28　设备故障率与运行时间关系

目前的设备管理模式，既没有关注经济性又没有实现可靠性的目的。只有开展状态监测、预知维修、设备寿命管理才能保障设备安全、可靠、经济地运行。

(2) 诊断预测输油泵的故障

通过诊断预测输油泵的故障，可以实现以下目标。

① 按输油泵的实际状态延长大修周期和不必要的定期更换密封和轴承等易损件，延长使用寿命，减少维修量，既节约维修费用，又提高了设备利用率。

② 可早期发现输油泵的故障征兆，避免突发性意外事故的发生，保证输油安全。

③ 避免输油泵的过分维修和维修不足，消除续发件损坏，避免人为隐患等不必要的失误。

④ 采用预测技术可为输油泵的维修工作提前做好准备，进行针对性维修，减少维修时间，避免盲目更换零部件，节约维修费用。

9.11.2　离心泵的振动监测与故障诊断

离心泵在动态时是一定会存在振动的，并且当泵发生异常或故障时，振动将会发生变化，一般表现为振幅加大。这一特点使从振动信号中获取诊断信息成为可能，因此对输油泵的振动监测是有效的。另外，由不同类型、性质、原因和部位产生的故障所激发的振动将具有不同的特征。这些特征可表示为频率成分、振幅大小、相位差别、波形形状、能量分布状况等。这一特点使人们从振动信号中识别故障成为可能。因此，输油泵的振动是可识别的。

(1) 数学模型

根据离心泵振动的以上特点，从工程控制论的观点，可以把离心泵转子系统、转子振动和故障的关系用图 9-29 所示框图来描述：其中故障相当于系统的输入或激励，振动则相当于系统的输出或相应，而系统的特性则可通过系统的输入和输出求出。

设系统为定常线性系统，其输入为 $x(t)$，输出为 $y(t)$。其拉氏变换为（s）及 $Y(s)$，即

$$X(s)=\int_0^{\infty} x(t)\mathrm{e}^{-st}\mathrm{d}t$$

$$Y(s)=\int_0^{\infty} y(t)\mathrm{e}^{-st}\mathrm{d}t \tag{9-1}$$

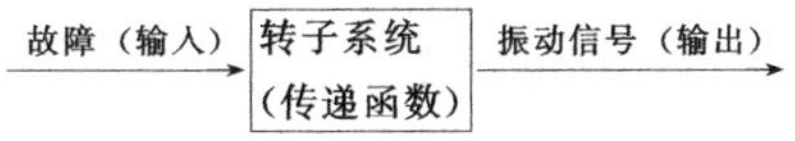

图 9-29　离心泵转子系统、振动与故障间的关系

其中，$s=\sigma+i\omega$ 为复变量。则可定义 $H(s)=Y(s)/X(s)$ 为系统的传递函数，用以描述系统的特征。由于傅氏变换只是拉氏变换的一种特殊情况（$\sigma=0$ 时，$s=i\omega$），这时 $H(s)=H(i\omega)$ 称为系统的频响系数。又由于 FFT 运算很方便，因此实际上传递函数 $H(s)$ 常用频响函数 $H(i\omega)$ 来代替。这时系统特征可表示为 $H(i\omega)=Y(i\omega)/X(i\omega)$

由此可得

$$Y(i\omega)=H(i\omega)X(i\omega) \tag{9-2}$$

式(9-2) 即为图 9-29 的具体数学表达式。它表明了离心泵的振动是由故障激励和系统特性所共同决定的。

由于故障类型、性质、部位和原因的复杂性，以及系统特性随传递通道的不同、系统参数的不同而导致的多变性，因而其振动响应的表现将是十分复杂的。

(2) 振动监测与故障诊断系统的实现

从离心泵转子振动信号中全面地提取诊断信息并以直观和清晰的形式表达出来是信号处理的基本任务和追求的目标。应用测振仪对离心泵进行状态检测，虽不能作为泵大修周期确定的唯一依据，但作为参考条件却是非常必要的。应用测振仪检测，作为泵大修后的验收手段同样是非常必要的。需要指出的是，由于设备的新旧程度不一，故对其验收的检测值也不做统一规定，应以被验收泵组大修前的检测值为依据，修后值验收的检测值也不做统一规定，应以被验收泵组大修前的检测值为依据，修后值应低于修前值。

另外，应用测振仪还可以发现泵组安装问题（包括对中不好、地脚螺栓长期运行松动），以及机泵气穴现象等。

① 机组参数及系统组成。机组参数。某成品油长输管线首站主输泵机组，电动机功率 $P=1000\mathrm{kW}$，转速 $n=2980\mathrm{r/min}$，电压 $U=6000\mathrm{V}$，电流 $I=110\mathrm{A}$；泵使用德国 Ruhr-pumpen 公司生产的 ZMIP375/03X2 型二级双入口离心泵，扬程 $H=320\mathrm{m}$，流量 $p=1025\mathrm{m^3/h}$，叶轮级数 2 级；联轴器为金属叠片挠性联轴器。

振动监测仪器的选择与安装。该监测系统示意如图 9-30 所示，在每一个轴承座上尽可能靠近轴承本身处安装北京京航公司生产的 HG-3518 型测振仪（有数据采集故障诊断系统，测量参数为加速度、速度、位移、温度、转速）以测量其加速度。考虑到该型号的泵存在压差，如果内部间隙失去，推力便会发展到相当大的数量，因此在止推轴承处安装测振仪用作

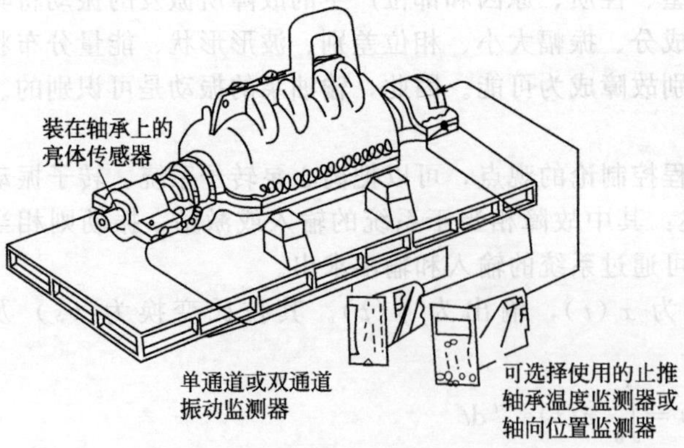

图 9-30 离心泵振动监测系统示意

温度指示器和报警器，以预告故障。

a. 测点布置（图 9-31）。利用测振仪，对主要设备的轴承及轴向端点进行测试，并配有现场检测记录表，每次的测点必须相互对应。卧式机泵振动监测点可选在四个轴承座上，对准轴心从垂直径向和水平径向拾取信息值。实践证实这八个测定拾取的峰值/地毯值与振动速度值和的止推测器或测器加速度值汇集综合，能较容易找到故障主因，而且水平径向拾取的峰值/地毯值与在轴承承载区下半部拾取的值基本相同。由于电动机后轴承壳外有风扇护罩，为确保监测数值准确，需要在护罩上开一小孔，以使传感器探头直接接触到轴承壳。监测过程中需要监测人员结合直接观察法作出判断，如怀疑数据的准确性，则需做二次检测对比，这样获取的数据会更可靠。

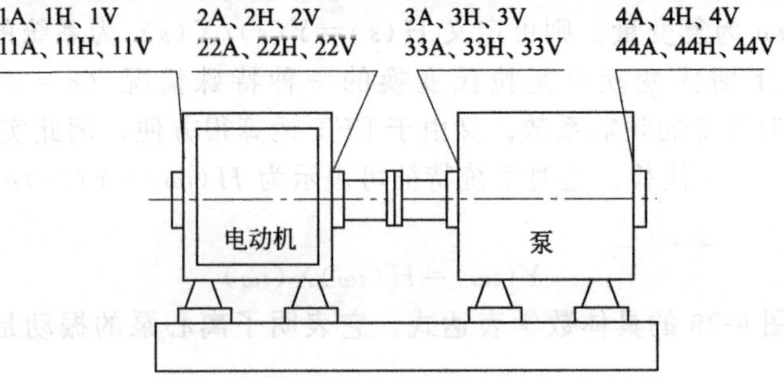

图 9-31 测点布置示意

b. 测量周期。在设备刚刚大修后或接近大修时，需两周测一次；正常运行时一个月测一次；如遇所测值与上一次测值有明显变化时，应加强测试密度，以防突发事故而造成故障停机。

c. 测量值判定依据。参照国际标准 ISO2372。转速为 600～1200r/min；振动测量范围为 10～1000Hz。通常在设备正常运行时，其检测速度值在 4.5～11.2mm/s（75kW 以上机组）范围为监控使用，超过 7.1mm/s 以上就要考虑安排大修理。这个数值的确定除考虑设备电动机容量外，还要考虑工作连续性强、安全可靠性高等方面。

② 频谱分析（FFT 分析）。频谱分析是在计算机上用快速傅氏变换（FFr）来实现的，因此又称为 FFr 分析法。频谱图是用频谱分析法提取诊断信息的一种表达方式，本系统采用的频谱图是幅值谱。

设 $X(f)$ 为振动信号 $x(t)$ 的傅氏变换，即

$$X(f)=J[x(t)]=\int_{-\infty}^{+\infty} x(t)\mathrm{e}^{-i2\pi ft}\,\mathrm{d}t$$

一般情况下 $X(f)$ 为复变函数，令

$$X(f)=U(f)+V(f)=|X(f)|\mathrm{e}^{-i\Phi(f)}$$

则

$$|X(f)|=\sqrt{U^2(f)+V^2(f)} \tag{9-3}$$

式(9-3) 中 $|X(f)|$ 称为幅值谱或 FFT 谱，它表示信号中各频率成分的幅值大小沿频率轴的

分布状况。幅值谱可以提供两点诊断信息：

a. 振动信号中主要由哪些频率成分及谐波分量所组成；

b. 组成的谐波分量中哪些成分的幅值最为突出，这提示着和故障的某种联系。

(3) 小结

系统采用测振仪在泵轴支撑断面上布置垂直和水平两个方向上拾取振动信号，同时对两个方向上的幅谱图进行对比分析，遇高振值要先评估泵运行状态，再用测振表识别振源以及结合泵运转正常时的频谱图，参照 ISO2372 标准，由监测趋势图中判断各个测点的振动数据，以判别是否存在故障。

今后的发展方向是收集典型故障的振动特征，并进行整理分类，数据存入数据库。然后用诊断信息所提供的振动特征与典型故障的振动特征相互联系起来进行分类比较（即模式识别），对故障的类型、性质和产生部位与原因等进行识别，为计算机辅助诊断提供决策依据。进一步开发能达到信息采集全息化、状态监测连续化、数据处理实时化以及故障诊断精确化要求的多微机在线监测系统，以便减轻输油泵故障诊断的劳动强度，并针对具体的故障提出解决方案。

9.12 大功率高速泵的振动监测

随着国内石化行业飞速发展，装置规模日趋大型化，大功率高速泵的应用越来越多。北京航天石化技术装备工程公司 2009 年研制成功的 GSB-W7 型高速泵是目前国内功率最大的高速泵，设计轴功率为 630kW。由于泵转速高、功率大，机组的振动是影响其安全运行的重要因素，也直接反映了设备安全稳定运行状况。因此，建立合适的振动监测系统，可以持续监测泵的振动状态，有效地保护高速泵机组及整个工艺流程的安全和稳定运行，是泵机组设计中需要解决的重要问题。在此介绍 GSB-W7 高速泵的振动监测系统，并对振动数据进行分析，为故障诊断提供依据。

9.12.1 GSB-W7 的振动监测方案

GSB-W7 高速泵为单级、单吸、齿轮增速卧式离心泵，其结构如图 9-32 所示。

该振动监测方案通过传感器把振动信号转换成电压信号，将电压信号输入到数据采集处理系统或监测系统，然后输出 4～20mA 信号或开关量到用户分布式控制系统（DCS），参与控制联锁。测量高速轴振动幅值和相位的传感器为电涡流传感器，测量齿轮箱体振动的传感器为速度或加速度型传感器（根据用户要求选择），根据用户要求选择 Bently 3300 系列产品。

(1) 高速轴径向振动的测量

在高速轴前径向滑动轴承处沿径向成 90°安装两个电涡流传感器，如图 9-33 所示，用于监测前径向轴承处高速轴的水平、垂直径向振动位移，对诸如转子的不平衡、不对中、轴承碰磨等机械问题的判定，可提供关键的信息。其中 X 代表水平方向，Y 代表垂直方向，从电动机端看 Y 位于 X 逆时针旋转 90°的位置。

(2) 高速轴轴向振动的测量

在高速轴驱动端安装一个电涡流传感器，用于监测轴向窜动量，得到轴向受力运行中的变化情况、推力轴承轴向磨损等重要信息，为状态监测和机组保护提供依据。

泵在启动、运转、停车过程中，高速轴连同止推盘等转子系统组件会沿轴向窜动。轴向位移的测量需要设定基准值（即零点值），基准值应位于轴向窜动的中间位置，此时轴端与探头的间距为基准间距，对应的电压为基准电压（为定值）。安装时，自由状态下高速轴往

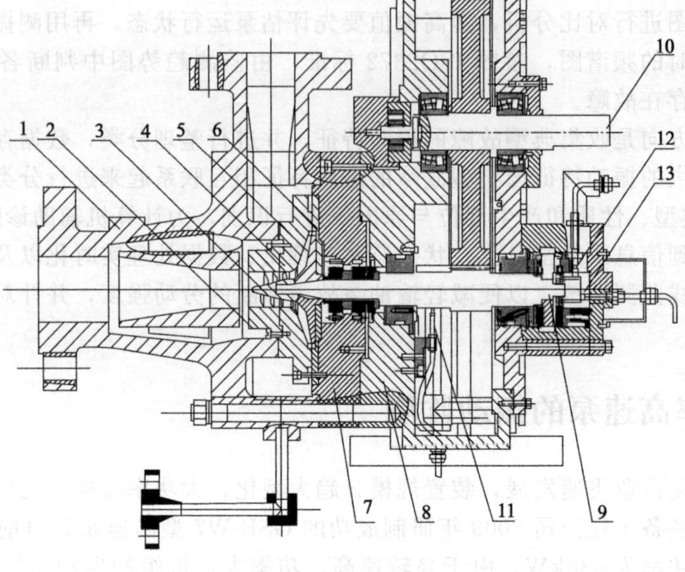

图 9-32 高速泵 GSB-W7 的结构

1—泵壳；2—诱导轮外套；3—诱导轮；4—扩压器；5—叶轮；6—后隔板；7—泵盖；
8—齿轮箱；9—高速轴；10—低速轴；11—径向传感器；12—键相位传感器；13—轴向传感器

往并不处于轴向窜动的中间位置，按照此状态确定传感器与轴端初始间距容易造成由于初始间距不合适导致测量值超过设定的停车值而致使联锁停车。

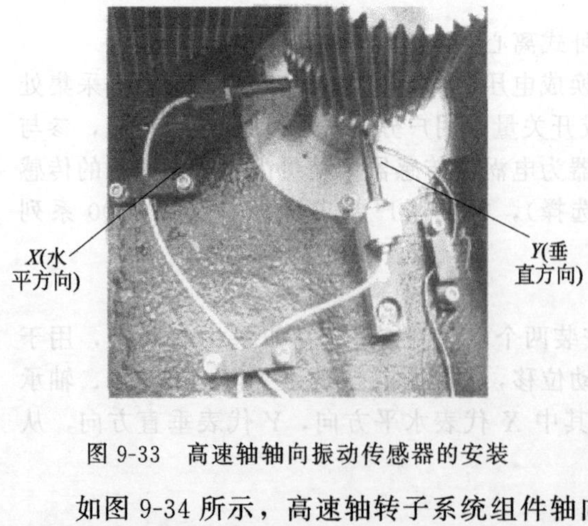

图 9-33 高速轴轴向振动传感器的安装

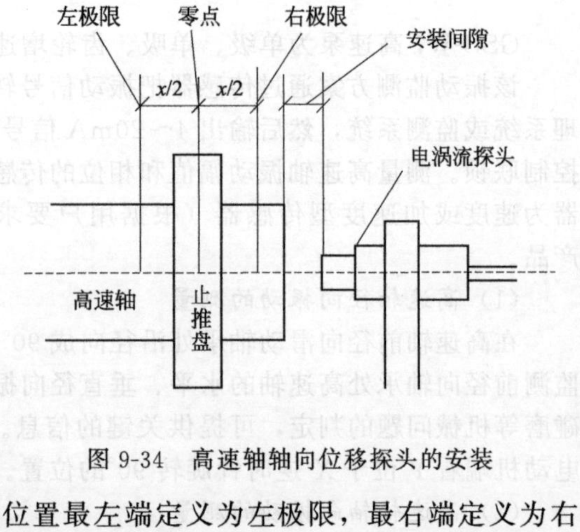

图 9-34 高速轴轴向位移探头的安装

如图 9-34 所示，高速轴转子系统组件轴向位置最左端定义为左极限，最右端定义为右极限，此距离即为两个推力轴承之间的轴向间隙，也叫轴的窜动量 x，将这一距离的中点定义为轴向位移的零点位置。安装轴向位移传感器时，必须以该零点位置为基准，在此基础测得的轴向位移值和设定的停车值（如±0.22 mm）才有意义。具体操作方法如下。

① 调整传感器与轴端间距，使间隙电压值近似处于传感器特性曲线的线性范围的中部，如图 9-35 所示。

② 采用专用工具分别将高速轴转子系统推到左极限和右极限位置，并记录间隙电压值，间隙电压的差值对应的间距即为轴的窜动量 x。

③ 将高速轴转子系统重新推到左极限位置，调整传感器与轴端间距，使间隙电压值对应的间距为基准间距与 $x/2$ 之和，即可以保证零点值位于轴向窜动的中间位置。

(3) 振动相位的测量

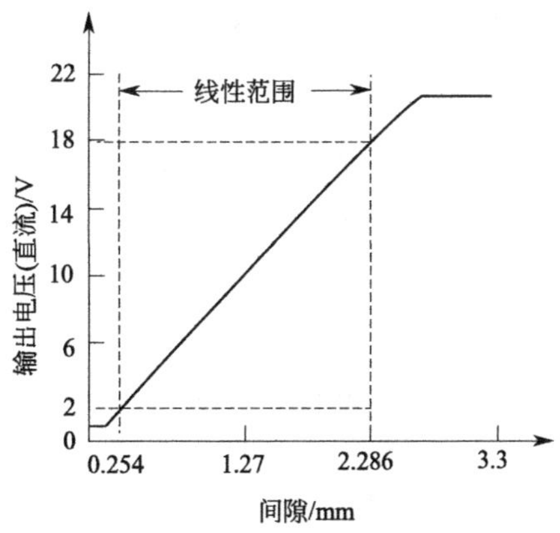

图 9-35　涡流传感器特性曲线

在旋转机械振动分析中，相位是不可缺少的参数之一，指振动信号与转轴上某一标记之间的相位差。相位的变化直接反映了转轴上不平衡力角度的变化。键相位测量方法之一是在转轴上开一个键槽，安装键相传感器，每当键槽转动到键相传感器处时，就会产生一个脉冲信号。通过将键相位脉冲信号与轴的振动信号比较，可以确定振动的相位角，用于轴的动平衡分析及设备的故障分析与诊断等。另外通过对脉冲计数，可以测量轴的转速。

由于 W7 的高速轴轴颈小，在转轴上仅开一个键槽，给后续的动平衡工作带来非常大的困难。如果在转轴上对称地开两个键槽，数据采集时会以其中一个键槽作为基准，这样就不能准确定位不平衡力的角度，但仍然可以为径向位移信号提供相位基准，得到相位的变化情况及转速信息，并且大大减少了动平衡的工作。具体方法为，在推力轴承处高速轴上沿轴向对称开设两个键槽，径向安装一个电涡流传感器，用于键相位的测量。需要注意的一点是，由于轴向位移传感器和键相位传感器的距离较近，为避免产生交叉干扰，将轴向位移探头下移，如图 9-36 所示。

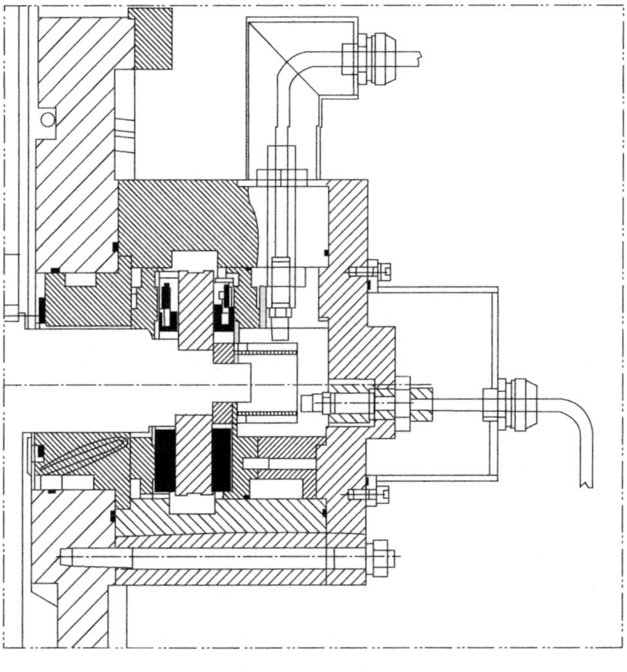

图 9-36　相位和轴向振动传感器的安装

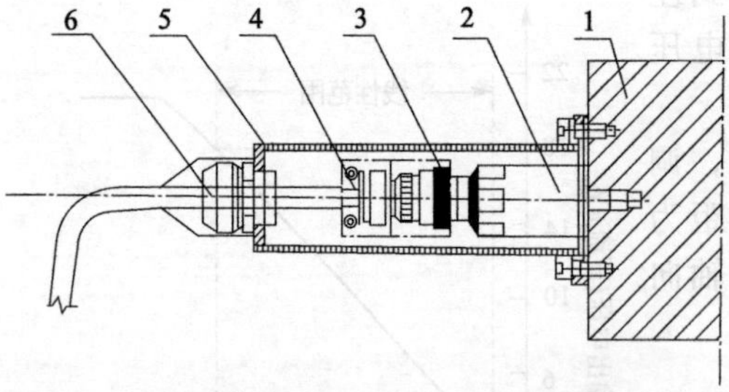

图 9-37 齿轮箱体振动速度传感器的安装
1—齿轮箱体；2—速度计；3—速度计接头；
4—接头保护器；5—速度计保护盒；6—电缆填料函

(4) 齿轮箱体振动的测量

在齿轮体上安装一个速度或加速度传感器（根据用户要求），用来监测齿轮箱体的振动情况，如图 9-37 所示。

9.12.2 振动数据分析应用

高速泵运行时，上述电涡流传感器和速度或加速度传感器的振动信号输入 Bently 3500 监测系统，对振动数据进行采集和处理，然后输出 4～20mA 信号或开关量到 DCS，参与控制联锁，实现对高速泵的状态监测和保护。同时，可以将采集的振动数据输入到专业的数据处理系统（如 Bently System 1 软件），进行振动波形和频谱、轴心轨迹、波德图等图形绘制，为分析振动特征和故障诊断提供依据。

下面结合某台 W7 高速泵的振动情况进行分析，探讨振动数据在 W7 故障诊断上的应用。工作转速为 12773 r/min，高速轴的工频为 213Hz。

W7 泵设计工况振动位移数据和各项的要求值见表 9-14，可以看到壳体的振动速度和高速轴的轴向位移均能满足运行要求，高速轴的径向振动位移相对偏大。

表 9-14 W7 泵设计工况振动数据和各项的要求值

项 目	试验值	要求值	项 目	试验值	要求值
径向 x 位移(pp)/μm	34	≤18	轴向位移/mm	0.060	−0.22～0.22
径向 y 位移(pp)/μm	30	≤18	壳体振动速度(RMS)/(mm/s)	1.55	≤4.5

(1) 振动波形和频谱

波形可反映振动量随时间的变化情况，即信号的时域特征。频谱可反映复杂信号所含的频率分量，即振动信号的频域特征。不同故障具有不同的频率特征，根据频率特征可以对故障性质做初步判断，如不平衡、共振、摩擦等故障的频率为工频，轴承油膜振荡故障的频率为低频，电磁激振故障的频率为高频等。图 9-38 显示高速轴径向振动的时域和频域特性，水平和竖直方向的振动波形均为正弦波，呈周期性变化，毛刺特征并不明显；振动频率主要为高速轴的工频及少量的 2 倍工频，工频幅值分别为 25μm 和 22μm。

(2) 轴心轨迹

如果忽略沿轴向的振动，认为转轴是在径向平面内振动，通过在转轴径向安装的互相垂直的两个涡流传感器（X 和 Y），可以确定转子在轴承中的位置。将不同时刻转子在轴承中位置的变化连为一条曲线，得到转子在轴承内的振动轨迹，即轴心轨迹。不同的故障具有不同形状的轴心轨迹，如不平衡故障的典型轨迹为稳定的椭圆，动静摩擦故障的轨迹上可能出现不稳定的毛刺点等。

图 9-39 为轴心轨迹图，可以看到轴心轨迹相对比较规则，为一个椭圆，可以初步确定轴振动位移偏大的原因主要是由动不平衡引起的。

(3) 波德图

将机组启停过程中振动幅值和相位随转速的变化情况以图形方式表达出来，即可得到波德图。通过波德图，可以判定系统临界转速和不平衡量，分析机组启停过程中的振动差别，如不平衡力随转速升高而增大，部件在固有频率所对应的转速附近会产生共振。

图 9-40 给出了高速泵停机过程中轴向和径向振动波德图，典型特征为振动幅值随着转速的升高不断增大。因为高速泵的工作转速远低于 1 阶临界转速，可以排除共振故障的可能性。

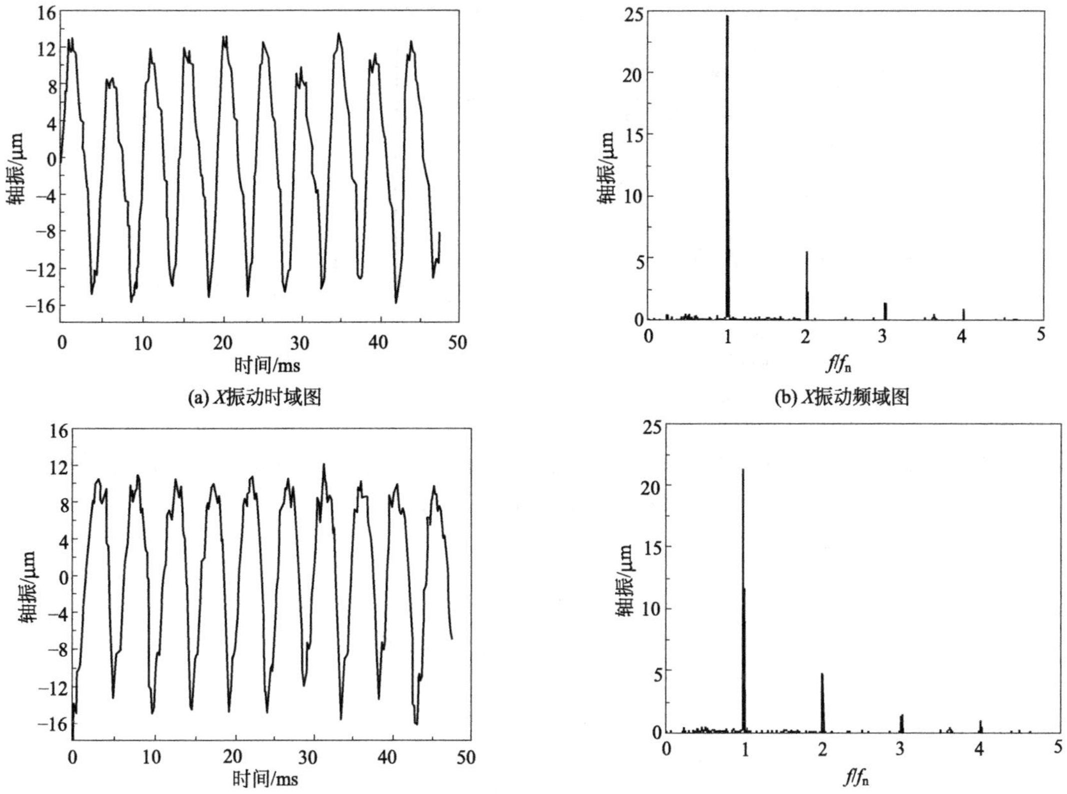

(a) X振动时域图　(b) X振动频域图

(c) Y振动时域图　(d) Y振动频域图

图 9-38　高速轴径向振动时域和频域图

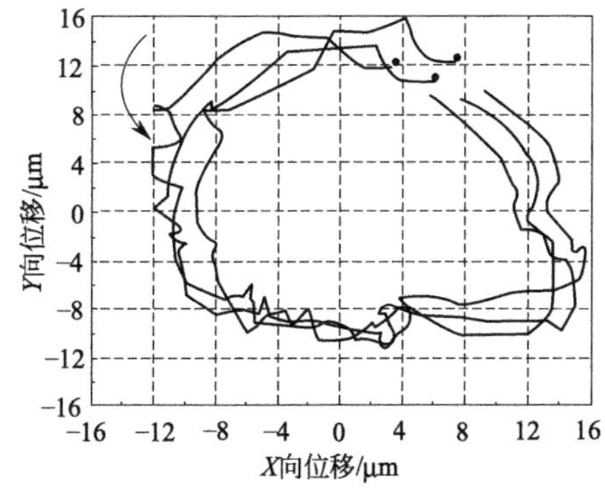

图 9-39　轴心轨迹图

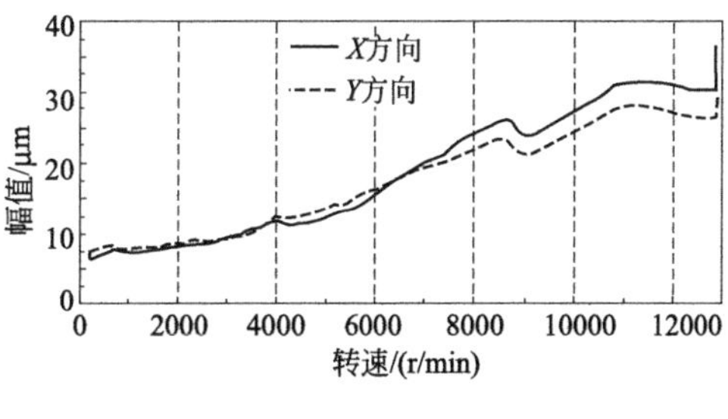

图 9-40　高速泵停机过程轴向和径向振动波德图

综合上述分析，可以认为该高速泵轴振动位移偏大的原因主要是由动不平衡引起的。

由于高速轴转子系统各组件的重量轻，且转子工作转速与动平衡转速（900r/min）相差很大，动平衡机的标定误差可能会对动平衡精度产生影响。因此采用 API 610 中确定残余不平衡量的方法，对该泵的高速轴转子系统组件进行动平衡后，重新进行整机试验，得到动平衡后的振动数据，高速轴的 X 方向和 Y 方向的振动位移峰峰值均降为 17μm，X 方向的振动波形和振动频域见图 9-41。

由图 9-41 可见，振动幅值大，幅度降低。停机过程中轴向和径向振动波德图如图 9-42

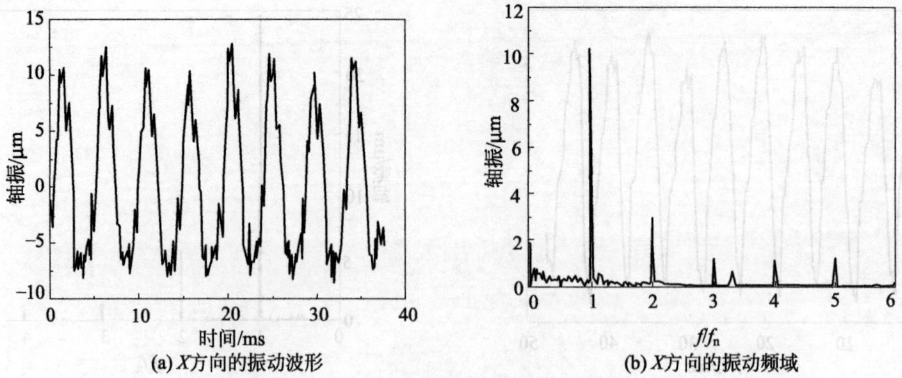

图 9-41 X 方向的振动波形和频域特征

所示，停机瞬间振动幅值突然增大，转速低于 8000r/min 后幅值随转速的变化趋势平缓。因此，经过动不平衡处理后，该高速泵振动特性得到明显改善。

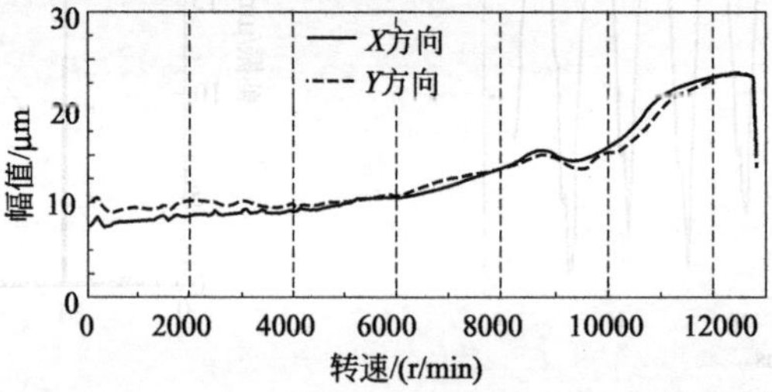

图 9-42 停机过程中轴向和径向振动波德图

第 10 章

电动机振动故障的监测与诊断

电动机是各种设备的动力源，其连续、稳定运行对生产起着非常重要的作用。因为在连续生产系统中，如果某台关键设备因故障停机，则会影响全厂的生产及销售计划，发生恶性连锁反应，从而造成严重的经济损失。因此，对公司内大量处于关键部位且位置分散的电动机进行状态监测与故障诊断工作是非常必要的。而要及时、准确判断电动机是否发生故障、故障部位以及故障程度，则需要故障分析人员在充分熟悉被监测设备的基础上掌握扎实的振动理论知识和一定的频谱分析能力。

10.1 基于振动频谱分析的电动机故障诊断

10.1.1 电动机振动频谱的特点

振动信号是由一系列简谐振动分量、其他分量和随机噪声叠加而成。频谱分析的目的，是将信号中所有这些成分都分解开来，变成各种振幅、频率和相位的简谐振动，振动信号中原有的简谐振动分量，经过分解自然还是简谐振动，振动信号中的其他成分，也可以分解为简谐振动分量的组合。

常用的频谱是幅值谱，幅值谱表示对应于各频率的简谐振动分量所具有的振幅。对于转子来说，振动信号中的很多频率分量都与转子转速关系密切，往往是转速频率的整数或分数倍，所以，应用振幅谱更直观。振幅谱上谱线的高度就是转子振动中该频率分量的幅值大小。

在转子振动频谱上，不同的频率分布往往对应着不同的振动原因。如果知道了振动信号中包含的频率分量，就比较容易找到引起振动的原因。例如，转子不平衡会产生转速频率的振动分量，对中不良易导致 2 倍频的振动分量等。一般来说，频率分量与振动原因之间的关系是很复杂的，仅靠振幅谱有时还难以确诊，还要综合考虑其他因素，如机器负载变化情况、历史故障情况等，不能机械地套用别人的试验或现场结论。但将幅值谱分析清楚却是对故障进行诊断的必要条件。

10.1.2 现场应用频谱分析法的诊断实例

(1) 电动机轴承故障

查看巡检数据时发现某线材三厂粗轧 4 电动机（型号：Z560-2B）负载侧轴承幅频谱异常，存有如下故障特征。

① 负载侧轴承水平速度的时域波形图中有表面损伤的特征波形，说明内、外滚道或者滚柱的滚动面有损伤，负载侧时域波形如图 10-1 所示。

② 负载侧轴承水平径向速度的频谱图中低频段中 45～150Hz 范围内“新生”了很多谱线，如图 10-2 所示。

该机负载侧轴承型号为：FAGNU240E/M C3，电动机当时的运行速度为660r/min。利用滚动轴承故障特征频率计算公式得出：轴承外圈的故障特征频率为85Hz；内圈的故障特征频率为113Hz；滚柱的故障特征频率为38Hz。

频谱中110Hz处峰值最大，且接近内圈的故障特征频率，说明轴承内圈存在故障。

③ 峭度指标由原来的2.2上升为4.6。

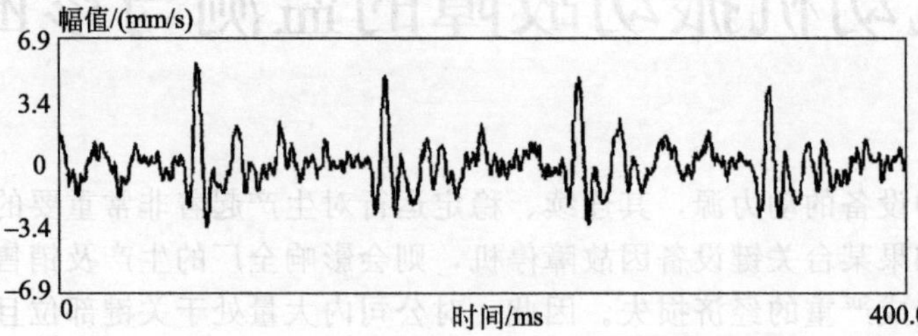

图10-1 负载侧水平径向速度的时域波形图

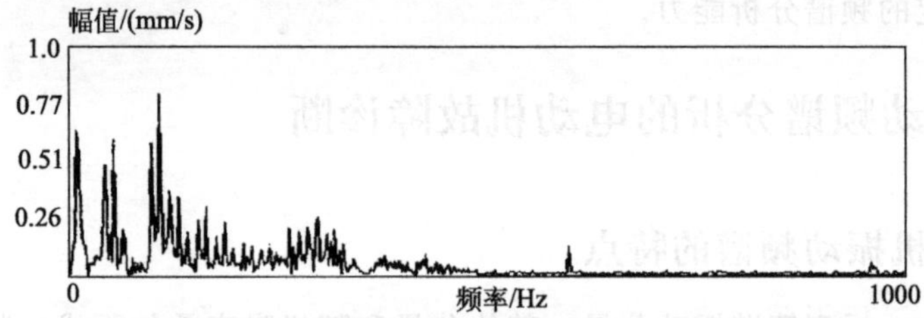

图10-2 负载侧水平径向速度的频谱图

根据以上情况诊断结论为：负载侧轴承异常频谱的出现是由于滚动体及内圈故障引起，应立即停机。

将该机下线解体检查，发现负载侧轴承三颗圆柱滚子卡死，内滚道出现剥落。

因处理果断及时，避免了故障进一步恶化导致电动机扫膛事故的发生。

(2) 不对中故障

某球团厂两润磨电动机负载侧轴向振动达10.6mm/s，严重超标。于是使用HY106B和PMS设备巡检系统对电动机和减速器进行数据采集和振动频谱分析，测点布置见图10-3。

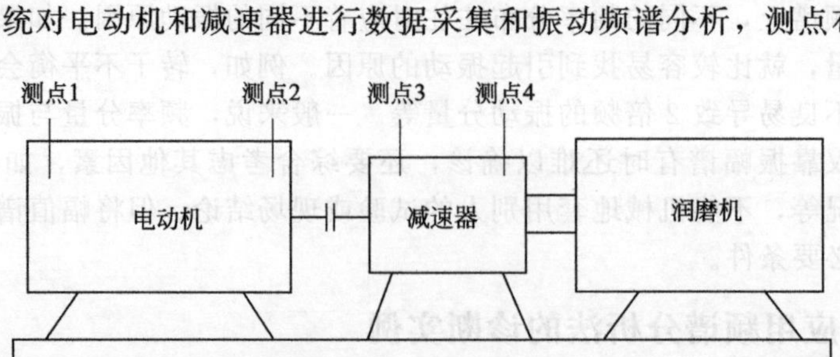

图10-3 振动测点布置图

该轴系各测点轴向振动速度值见表10-1。

表10-1 该轴系各测点轴向振动速度值

测点	振动速度/(mm/s)	测点	振动速度/(mm/s)
1	2.9	3	4.5
2	10.6	3	5.5

从以上振动数据可以看出电动机负载侧轴向振动远大于其他测点，频谱图中存在较大的 2 倍频分量（图 10-4），且达到基频的 3.2 倍，说明联轴器存在严重的不对中故障。

停机检测发现该柱销联轴器轴心径向位移达 0.4mm，远远超过标准规定的 0.05mm。重新调整同轴度后电动机轴向振动降至 4.9mms，运行恢复正常。

因处理及时，避免了长期严重不对中产生的剪应力导致电动机轴断事故的发生。

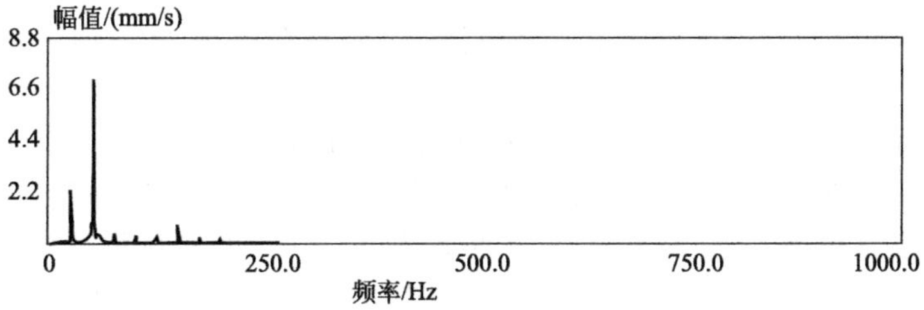

图 10-4 测点 2 振动速度频谱图

实施设备状态监测和故障诊断技术，提高了对设备状态、劣化趋势的认知和控制能力，可针对故障原因使抢修做到有的放矢，有效避免了重大故障的发生，提高了设备的作业率，延长了设备的使用寿命，降低了设备全寿命周期费用。

10.2 引风电动机轴承损坏分析及处理

某公司 2×330MW 机组的引风电动机型号为 YFKK800-8W，额定功率 2000kW，额定电压 6000V，额定电流 238A，转速 743r/min，系沈阳电机股份有限公司产品。配用作引风机的 2 台轴流式通风机型号为 AN28E6，静叶可调单台流量 10.49608×10m^3/h，全压 4940Pa，由成都电力机械厂生产。锅炉风烟系统设计为平衡通风，风烟系统内布置 2 台动叶可调式轴流风机作送风机，并列运行，2 台静叶可调轴流引风机并列运行，当其中 1 台跳闸，则按机组 RB 工况处理。锅炉风烟系统示意如图 10-5 所示。

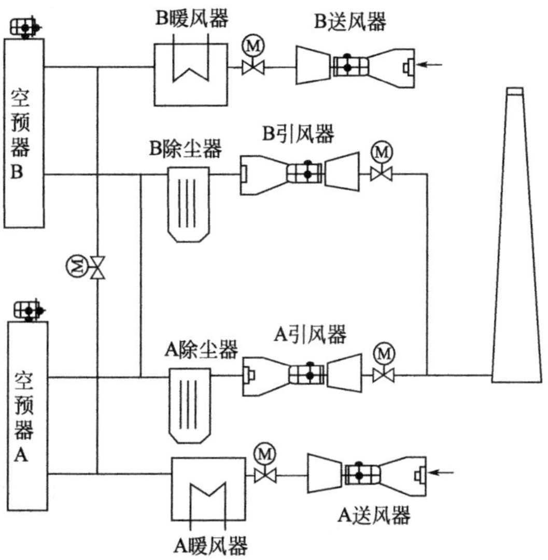

图 10-5 锅炉风烟系统示意

10.2.1 故障现象

投产以来，电动机轴承寿命均不到 1 年，4 台引风机电动机多次更换轴承，原因一直未能查明。

以 1 号 B 引风电动机为例，某年 2 月 26 日更换，至同年的 5 月 14 日，前端振动 70μm，5 月 20 日振动增大，在 60～90μm 之间摆动，中午 10 点后继续增大，最高超过 150μm，被迫申请降负荷运行并更换轴承。更换的轴承型号 FAG-NU248，电动机解体后发现轴承内滑道有 2 处完全断裂，表面金属多处严重脱落剥离，并卡塞在圆柱滚子内，轴承内套也碎裂，轴承过热变黑，油室内有铁屑，内套轨道呈现麻点，磨出多道划痕，仔细观察发现这些麻点是电弧灼伤的痕迹。

10.2.2 故障原因分析

① 轴承质量问题。由于轴承使用了伪劣产品，运行中轴承保持架散开磨出铜粉，最终导致轴承损坏。

② 润滑脂。使用了钼超（红色）和美国 Omega57。这两种润滑脂黏度过大，更为错误的是运行中混合加脂使用。

③ 前端内油盖缓冲弹簧丢失，电动机后端轴承没有使用 NU248，使轴向窜动空间过小。

④ 轴承被电弧灼伤原因为：生产厂家在制造电动机时，定子、转子沿铁芯圆周方向的磁阻不均，产生与转轴交链的磁通，或转轴本身带磁，从而感应出电动势，虽然电动机因各种原因产生的轴电压很低，只有 0.5～2V，但因轴承、机座与基础形成的电流回路阻抗很小，所以将有很大轴电流产生，使轴承内套产生麻点，导致电动机振动，由于磨损严重，电动机转子出现位移，轴承径向受力不均，轴承滚柱与内套磨出划痕。

⑤ 电动机装配不当，轴承内径与轴径、轴承外径与轴承座的公差配合不合要求；回装靠背轮时加热温度不够，用铜棒冲击靠背轮导致轴承损伤。

⑥ 轴系中心偏差。查阅 1 号 B 引风机（AN28FA 通风机）原始施工记录为电动机安装预拉开 2.5mm；联轴器找正时径向偏差 0.04mm，张口偏差 0.18mm（电动机预抬高，上张口），如图 10-6 所示。

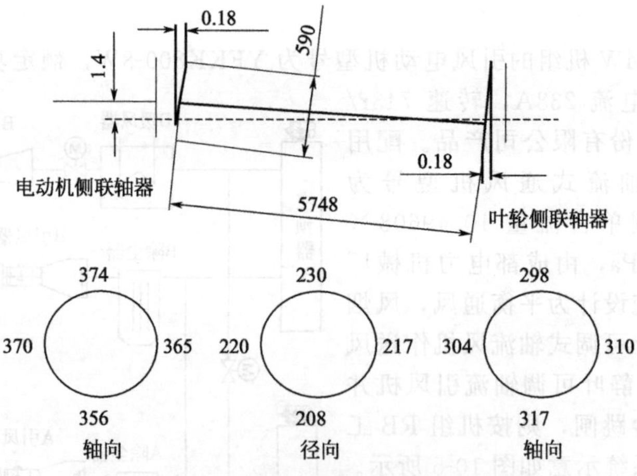

图 10-6 联轴器原始找中示意

测量工具为百分表（0.01mm），所示数值单位为 mm

根据此记录计算出的电动机侧及叶轮侧的张口偏差均小于标准 1 倍左右，这说明电动机安装时中心找正是错误的。

10.2.3 对策措施

① 选用法国生产的 SKF6248M/C3 和德国生产的 Nu248ECMA/C3 轴承。SKF6248 深沟球轴承的径向游隙最小 87μm，最大 152μm；SKFNU248 圆柱孔圆柱滚子轴承的径向游隙最小 170μm，最大 235μm。

② 选用日本生产的 SKFLG HP2 润滑脂。该润滑脂具有防水防锈性能，适合重载荷、非常低速或摇摆运动，温度范围：－40～150℃，基础油运动黏度在 40℃时为 96mm^2/s。

③ 完善补齐前端内油盖的缓冲弹簧，电动机后端轴承改用 NU248，满足电动机轴向窜

动空间±2.0mm 的要求。

④ 原电动机后端轴承座对地绝缘为 0，为防止轴电流产生，更换电动机后轴承座与端盖之间绝缘垫圈，同时将固定轴承套的螺杆加包绝缘。回装时还发现电动机后端轴承座装不到位，上车床车掉轴承座的台阶 1.4mm，结果摇测轴承座对地绝缘为 50MΩ。

⑤ 为防止电动机装配不当，更换轴承时用外径千分尺和内径千分尺精确测量轴颈与轴承内套孔的配合公差（过盈配合），过盈量为 0.02～0.05mm。测量轴承外套与轴承座的膨胀间隙应为 0.08～0.15mm。回装靠背轮加热时用红外线测温仪测量，加热温度至 250℃左右。轴承的加热温度为 110℃，不得超过 120℃。轴承端面与轴肩端面贴紧不留间隙。

⑥ 联轴器找中心按以下质量标准。

a. 叶轮侧和电动机侧联轴器预拉开 2～2.5mm，电动机侧预留上张口 0.20mm，叶轮侧预留下张口 0.20mm，径向误差不大于 0.15mm，轴向误差不大于 0.20mm。电动机地脚垫片不超过 3 片。

b. 调节挡板开关灵活，指示与实际位置相符。

c. 风机试运行时间为 4～8h。轴承垂直振动不大于 0.03mm，水平振动一般为 0.05mm，最大不超过 0.10mm。温度不超过 70℃。

d. 大修时发现轴系中心找正偏差远超出给定标准，电动机基础台板前低后高，把原有垫块取出，前端台板垫 1mm，后端不垫。对中后电动机原 4 个地脚螺孔、前后定位销全部不对位。调整后检修记录如图 10-7 所示。

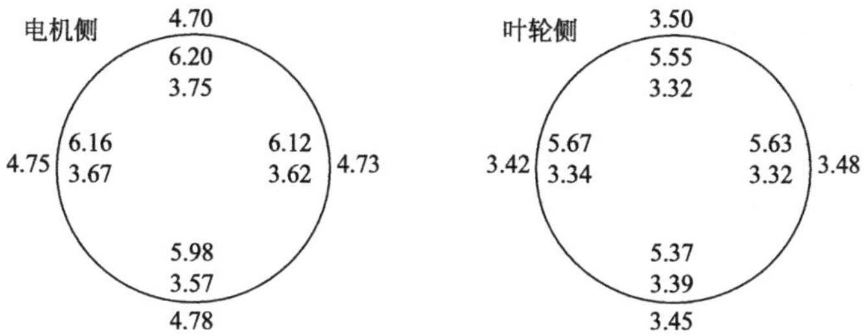

图 10-7　调整后轴系中心示意

记录数值单位为 mm

e. 大修结束，1 号 B 引风电动机投入运行时测量：前端径向振动 0.017mm，轴向振动 0.007mm，后端径向振动 0.01mm，轴向振动 0.007mm。通过以上技术改进，提高了机组可靠性、经济性，确保了机组长周期经济稳定运行。

经过对 330MW 机组锅炉引风电动机轴承的故障分析，采取了更换优质轴承的办法，并进行了重新调校。更换后轴承运行安全情况良好，此更换调校过程可供有关人员参考。

10.3 舰用异步电动机振动故障诊断

10.3.1 舰用异步电动机振动检测

舰用异步电动机以其结构简单、价格低廉、坚固耐用等优点，在舰船动力装置中得到了广泛应用。它是电力系统的关键辅机设备，供电系统 90%的电能是通过电动机消耗的，其运行状况对于电力系统的安全运行具有很大的影响。因此，对异步电动机进行安全可靠的在线监测和故障诊断具有重要意义。感应电动机虽然只由定子、转子、气隙以及轴承等几个部分组成，结构比较简单，但实际工作中电动机是一个复杂的机电设备，具有复杂的机、电、磁等物理的甚至化学的演变过程。

一直以来，振动检测都是发电机和感应电动机状态检测的主要手段，通过分析转子的振动信号来获取设备的诊断信息。引起电动机振动的原因很多，产生振动的部位和振动的特征又各不相同。如果能够把电动机各种故障原因引起的振动特征和有关因素加以研究分析，将有助于电动机振动异常的识别和诊断。

10.3.2 舰用异步电动机典型故障分析

(1) 转子条断裂或松动等故障

转子条或端环断裂、转子条与端环接触不良以及转子铁芯短路均产生 1 倍转速频率的振动及其两侧的极通过频率边带。此外，这些故障常产生转频的二阶、三阶、四阶、五阶谐波两侧的极通过频率边带。转子条通过频率及其谐波频率两侧的 2FL 边带说明转子条存在松动或脱开的情况。转子条松动与端环间引起的电弧常显示出很高幅值的 2RBPF 且伴随 2FL 边带，但是 1RBPF 频率的振动幅值不增大。

转子热弯曲可能导致转子与定子碰磨，产生愈来愈大的电磁力和不平衡力，生成更多的热量，促使转子更加弯曲。

转子热弯曲时，转速频率的振值随时间延长而增大，振幅值受定子电流的影响较明显，振动特征类似于转子不平衡。热弯曲故障明显时，同一转子的两侧轴承轴向 1× 相位差约为 180°。同侧轴承轴向的上与下、左与右的相位差为 180°。

(2) 定子绕组故障

定子偏心、铁芯短路或松动等故障均产生 2FL(FL 为电源频率) 下的振动，若切断电动机电源，2FL 频率下的振动立即消失。

定子铁芯和定子线圈松动，将使定子电磁振动和电磁噪声加大，在这种情况下，振动频谱图中，电磁振动除了 2FL 的基本成分之外，还可能出现 4FL、6FL、8FL 的谐波成分。

电动机座底螺钉松动，其结果相当于机座刚度降低，使电动机在接近 2FL 的频率的范围发生共振，因而使定子振动增大，结果产生异常振动。

定子电磁振动的特征：①振动频率为电源频率的 2 倍；②切断电源，电磁振荡立即消失；③振动与机座刚度和电动机的负载有关。

(3) 轴承故障诊断频谱

轴承故障主要是由于负载过重、润滑不良、加工装配质量不佳、轴电流、异物进入等原因，引起轴承磨损、表面剥落、腐蚀、碎裂、锈蚀、胶合等现象。轴承出现故障后，将会引起电动机的异常振动。此外，当电动机转子质量分布不均匀或与拖动负载装置轴心不对中时，转子重心将产生偏移，该重心偏移在转子旋转时会产生单边离心力以及不对称电磁拉力，从而引起转子支撑力的变化，这种变化将导致机械振动，使轴承系统疲劳直至产生各种轴承故障。

轴承故障有一组独特的故障频率，据此可识别轴承问题。在电流频谱中这些故障频率峰值的存在指示轴承故障（内圈、外圈、滚动体或保持架），劣化的程度根据这些峰的幅值大小评估。

外圈故障频率：
$$f_{\mathrm{OD}}=\frac{n}{2}f_{\mathrm{rm}}\left(1-\frac{BD}{PD}\cos\phi\right)$$

内圈故障频率：
$$f_{\mathrm{ID}}=\frac{n}{2}f_{\mathrm{rm}}\left(1+\frac{BD}{PD}\cos\phi\right)$$

滚动体故障频率：
$$f_{\mathrm{BD}}=\frac{PD}{2BD}f_{\mathrm{rm}}\left[1-\left(\frac{BD}{PD}\right)^2\cos^2\phi\right]$$

保持架故障频率：
$$f_{\mathrm{CD}}=\frac{1}{2}f_{\mathrm{rm}}\left(1-\frac{BD}{PD}\cos\phi\right)$$

其中，f_{rm}为电动机转频，n 为滚动体数目，DB 和 PD 为滚动体直径和轴承节径，ϕ 为滚动体的接触角。

(4) 转子偏心故障诊断方法

偏心的转子产生旋转可变气隙，从而引起脉冲振动（通常在 2FL 与转速的谐波频率之间），需从细化谱分离出 2FL 与转速的谐波频率以及 2FL 两侧的 FP（极通过频率边带），FP 值的范围在 0.3Hz 到 2Hz 内。软地脚或不对中造成的壳体变形也会引起可变气隙。FL 为电源频率。

静态气隙偏心产生的电磁振动特征是：①电磁振动频率是电源频率 FL 的 2 倍：②振动随偏心值的增大而增加，与电动机负荷关系也是如此；③气隙偏心产生的电磁振动与定子异常产生的电磁振动较难区别。

气隙动态偏心产生电磁振动的特征是：①转子旋转频率和旋转磁场同步转速频率的电磁振动都可能出现：②电磁振动周期脉动，在电动机负载增大时，其脉动节拍加快；③电动机往往发生与脉动节拍相一致的电磁噪声。

(5) 转子不平衡

电动机转子质量分布不均匀时，将产生重心偏移，不平衡重量在电动机旋转时产生单边离心力，引起变化的支承力，产生机械振动。电动机转子失衡原因有下列几种：转子零部件脱落和移位，绝缘收缩造成转子线圈移位、松动，冷却风扇与转子表面不均匀积垢等，以上因素对高速电动机尤为敏感。

转子不平衡造成的机械振动具有如下的特征：①振动频率和转速频率相等；②振动值随着转速增高而加大，但与电动机负载无关：③振动值以径向为最大，轴向很小。

(6) 其他故障

接头松动或断裂可产生 2FL 频率的振动，且 2FL 两侧伴有 1/3FL 的边带。若存在偶尔接触的故障接头，问题尤为严重，必须及时处理。

10.4 永磁直流电动机振动和噪声分析

电动机振动和噪声是一个比较老的但又是一个仍然存在和难以解决的问题。引起电动机振动和噪声的原因很多，大致可归结为两个方面。

① 电磁因素。如电路中电参数不平衡、磁拉力不平衡等。

② 机械因素。如转子动平衡不好而引起的噪声等。永磁电动机与普通电动机相比有许多优点，磁钢代替普通电动机中的励磁，提高了电动机效率，节省了材料并减小了电动机体积。但在永磁材料应用中还存在一些问题，如电动机噪声、振动增大等，因此，解决这些关键问题尤为重要。

首先要判别电动机的振动由何原因引起的，即电磁和机械原因判定。区分是电磁原因还是机械原因产生的方法是将电动机运转至最高转速，突然切断电源，若振动随之突然减小，振动则是电磁原因引起的；若振动变化不大，则主要是机械原因引起的。根据电动机振动噪声源的强弱程度，应首先治理电动机中最突出的振动噪声源，找出相应的减振降噪的具体措施，才能起到事半功倍效果。

10.4.1 电磁因素

(1) 引起振动的电磁原因

① 电磁力。这种电磁力主要是由极靴下磁通的纵振荡产生的，通常具有齿频率。由于直流电动机固定在机座上的主极是集中质量，在交变磁拉力和主极集中力的作用下，使机座

产生挠曲和横向振动。设计上采用非均匀气隙、电枢斜槽等，都是减少磁通振荡和振动电磁力的有效措施。

② 气隙的不均匀。由于装配气隙不均匀，电动机运行时产生单边磁拉力，其作用相当于电动机转轴挠度增加。因此保证气隙装配均匀是防止振动的必要措施。

③ 转子线圈损坏。由于转子线圈损坏使电动机运行时转子径向受力不均匀，其结果与转子不平衡类似。不过，转子线圈损坏可用电枢检验仪测出。

(2) 抑制振动的对策

① 合理的工艺结构和严格的工艺偏差。在普通直流电动机中，负载时电枢反应使气隙磁场畸变，磁极下一边的磁密比另一边的磁密大，造成气隙磁密不均、换向恶化。因此在主磁极间加装换向极，使换向极产生的磁场与交轴电枢反应磁场抵消，以改善换向条件，并可适当降低由换向不利引起的噪声。但在永磁电动机中，却因为永磁材料的使用而带来问题。作为磁极，磁钢是产生恒定不变的磁通的源，但它本身的磁阻却很大。在永磁电动机中，一般作为换向极的磁钢，其产生的磁势大小基本恒定，难以对空载、负载时不同的电枢反应作出相应的有效补偿，因此起不到降低由换向不利引起的噪声的作用。

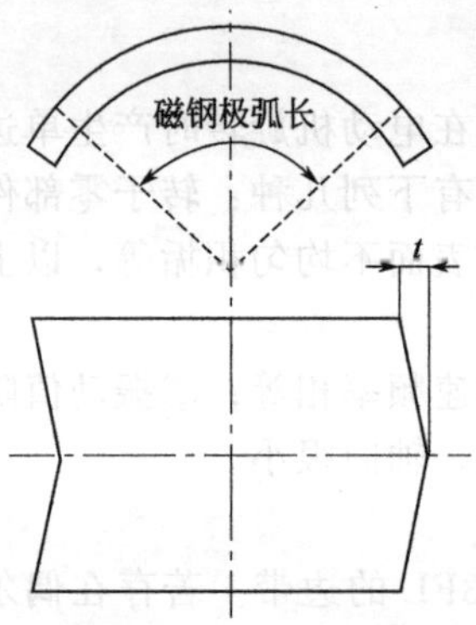

图 10-8 人字形磁钢

在永磁电动机中，不论是以磁钢作定子或作转子，磁钢对铁芯的齿槽效应不仅影响力学性能指标，而且也影响到噪声和振动。针对齿槽效应有两个办法：采用偏心气隙和人字形磁钢。

偏心气隙既是削弱电枢反应磁场的办法，也能削弱由齿槽效应产生的交变力引起的噪声和振动。它使气隙磁密发生变化，使本来很快进入磁极的齿槽变成逐渐进入，减少了磁钢对齿槽间气隙磁密的突变，试验证明，效果比较明显，尤其是在高速时。人字形磁钢的目的也是为了使齿或槽逐渐地进入磁钢，过渡部分一般为一个齿距 f（图 10-8），对降低磁噪声也有较明显的效果。通过试验发现，在永磁电动机中采用不均匀气隙对降低噪声比较有利。均匀气隙和两种不均匀气隙在空、负载时的电枢反应情况如图 10-9 所示。如图 10-9(b) 所示是偏心气隙，气隙长度从磁钢中心线至极尖连续光滑增大，这样可有效抑制电枢反应引起的气隙磁场畸变，改善换向，也改善了磁钢因受电枢反应而产生的不可逆去磁现象。如图 10-9(c) 所示是磁钢尖端削角而其余部分气隙均匀的情况，圆弧两端各约 1/6 长变成直线，实践证明两种情况都有效地抑制了电枢反应，偏心气隙有利于调速，但平均气隙磁密较低，而削角气隙比较好。

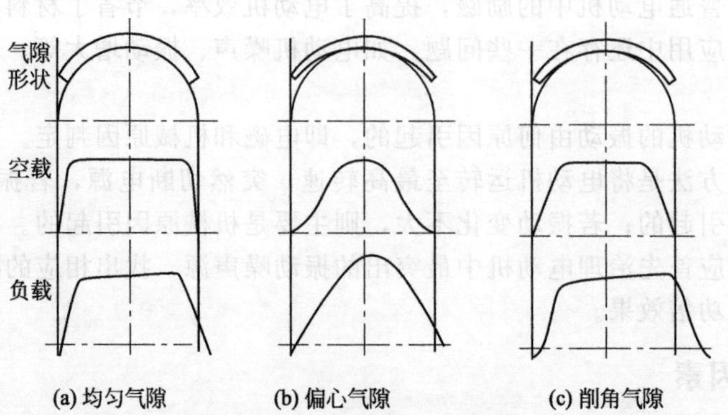

图 10-9 气隙磁密分布图

② 使电动机结构件的固有频率与旋转齿频偏离。许多以磁振动噪声为主的电动机往往

存在共振现象，避免共振效应可以大大降低电动机的磁振动噪声。要避免共振，除改变定子结构参数以改变固有频率外，还可以改变电枢齿数 z。值得注意的是，发生共振现象的可能是定子的共振，也可能是端盖、转子的共振，甚至是整机的共振。电动机的固有频率十分丰富，要完全避免共振是不可能的，主要是避免旋转齿频与固有频率的接近和吻合。一般至少应使机壳、端盖的固有频率偏离齿频 120％以上，转轴的临界转速应高于额定转速 30％以上。

③ 多槽小齿距设计和斜槽。在电枢直径 D 一定的条件下，槽数的选择主要受到绕组形式、绕组对称条件及电动机效率的约束。

电枢槽数增加一槽，换向片数增多，换向片距减小，换向区宽度变窄，减小了主磁场对换向元件的干扰；降低了片间电压；齿谐波磁密减小，则磁振动噪声、换向元件中的合成电势都减小；每极磁通减小，电枢铁芯长度缩短。在满足电动机效率的前提下，采用多槽设计在降低磁振动噪声的同时会带来较多益处。斜槽式电枢使电动机气隙磁导变得均匀，削弱了齿谐波的有害影响，降低了齿槽效应引起的磁通脉动，既降低了磁振动噪声，也改善了电动机低速下的蠕动。通过实验表明电枢斜一个齿距降噪效果明显，约 10dB。

在磁钢的实际使用中，每块磁钢对铁芯都存在磁拉力，若在整个圆周内磁拉力分布不均，则会使电动机产生噪声、振动，因此应该使同极性下气隙磁密尽可能接近，这就要求在磁钢装配前能被准确地测量。一般用普通特斯拉计仅能逐点测量一块磁钢上的各点磁密。为准确地测量每块磁钢的平均磁密可在专用测试工装上，设置几个测量元件，同时测量几个关键点的磁密并通过计算自动数显其平均值。用这个方法既提高了测量准确度，也提高了大批生产的效率。

10.4.2 机械因素

电动机的机械噪声主要从电动机结构设计、制造工艺和装配质量上进行控制。引起机械振动和噪声的原因很多，主要有三个方面：①转子不平衡；②零部件的加工工艺；③轴承因素。

(1) 转子不平衡

由于结构不对称（如键槽等）、材料质量不均匀（如厚薄不均或有砂眼）或制造加工的误差（如孔钻偏或其他）等原因，而造成转子的动不平衡，转动时由于偏心的惯性作用，将产生不平衡的离心力或离心力偶，在其作用下，引起电动机振动，从而产生噪声。转子铁芯的直径与长度之比越大，轴承和各支撑部件的刚性差，转子转速高，对平衡精度要求较高些。

在转子生产过程中出现不平衡的主要因素可归纳为：①铁芯厚度不一致；②压铁芯时轴被压弯；③排线不良；④线的张力不够；⑤线的质量问题；⑥转子浸漆、烘干时，有时需要卧置，上下两部分的涂漆不匀，造成不平衡。

根据以上不良的主要因素，可采用以下对策：①冲压时注意冲片各个尺寸是否合格；②冲片是否有落料变形问题，特别是尖角部分，是否有很大毛刺；③材料厚度是否均匀，压后铁芯厚度是否一致，这一点还将影响绕线时线圈的大小，造成不对称。通常，整张硅钢片一般中间厚、两边薄，所以在下料时，同一张硅钢片所下条料，应该顺次地叠放在一起，如不注意则容易产生两端面不平行；④漆包线是否光滑，线径是否一致，线的软硬程度是否合适；⑤绕线机是否正常，张力器的压头是否平行压线，滑轮转动是否灵活等；⑥操作人员是否合格；⑦平衡胶泥干后，转子的动平衡精度是否下降很多。先用去除铁芯的方法做一次粗动平衡，然后用加重法做动平衡，这样不仅可以降低平衡胶泥用量，而且可以使其精度变化不大。

(2) 零部件的加工工艺

零部件制造工艺要根据各自厂家的材料性质和加工设备等来确定本厂的加工工艺方案，作业守则。它对电动机的振动噪声也有很大的影响，主要体现在以下四个方面。

① 转轴轴承挡、端盖轴承室的加工精度和表面粗糙度也影响定、转子之间的同轴度，从而导致气隙不均匀，产生单边磁拉力，电磁振动增大，附加噪声也随之增大。因此对转轴轴承挡、端盖轴承室的精加工工序设立质量控制点，实施重点控制。严格控制转轴轴承挡和轴承室精加工的质量，对于降低电动机的振动和噪声是有效的。

② 转轴弯曲造成不平衡的重量，其结果和转子不平衡相同。轴颈椭圆或转轴弯曲可用百分表在偏摆仪上测得，轴颈椭圆必须进行焊修或刷镀后磨圆处理，转轴弯曲时必须校直处理。

③ 机座、端盖重要支撑件制造误差或变形。由于机座、端盖等转子重要支撑件的配合面形位公差超差，特别是大、中型电动机运行较长时间后，机座、端盖等重要支撑件变形，使电动机在运行时轴承产生干扰力，造成电动机振动。这些配件的超差或变形可采用回转打百分表等方式测得，发现情况后，应对配件进行焊修等工艺方式处理，或更换配件。

④ 换向器表面的加工质量对电动机噪声的影响。常规换向器表面加工指标为：粗糙度 $R_a=1.6\sim0.8\mu m$；全跳动≤0.008mm。影响它的主要因素有：轴的圆度和直线度（轴应该有良好的圆度，但经过磨削加工的轴，与理想的圆度只能接近，而无法达到。轴在V形架上转动时，其轴心也随之变动，加工出的换向器也形成一个基本相似的不圆面）；换向器精切机的性能；合理的加工工艺参数；转子先进行有效的动平衡后再进行车削；换向器材质的好坏；点焊给换向器带来的影响。点焊过程实际上是退火过程，当点焊参数调节不当时，过量电流会引起换向器片的大范围发热。发热越多，退火程度和面积都越大。车削这种换向器时，运离点焊处会得到较好的车削效果，接近处精度将明显下降。不规则的换向器将引起炭刷的不规则磨损，降低电动机使用寿命。

(3) 轴承因素

在机械振动方面，轴承的影响是不可忽视的因素。轴承本身的问题（内外圈的粗糙度、圆度，滚珠的圆度、粗糙度、硬度，保持架的结构及材料等）及轴承游隙等都会对振动产生影响。尤其是滚动轴承，它产生一种固定频率的振动，由于它的油膜很薄，转子轴和轴承座之间的相对移动很小，除固定频率外，还可能存在着由于滚动轴承本身的弹性变形所引起的频率更高的振动，以及因轴承磨损而发生的不规则振动。对于磨损轴承，在电动机运转时其振动噪声频率较高，较易判断，应及时更换轴承。

电动机装配后，轴承出现异常响声有时是连续的、有时是断续周期性的。通常的处理办法是换一套轴承，然而实践证明更换轴承并非都有效，尤其对出现周期性异常声响的电动机根本不起作用。一批ZYT110型电动机，装配后进行出厂检查，在振动测试过程中，出现周期断续异常响声。振动检查结果如表10-2所示。原以为是轴承问题，更换轴承后仍无效果；再将电动机进行拆检分析，有关部位尺寸均符合图纸要求；后发现是电动机采用的全封闭球轴承润滑脂时间过长造成的。更换后，异常响声立即消失，重新检测振动值，符合标准（换脂后试验结果如表10-2所示）。

表10-2 电动机振动测量值

项　目	电动机编号				
	1	2	3	4	5
换脂前/(mm/s)	1.2	1.3	1.3	1.2	1.4
换脂后/(mm/s)	0.6	0.7	0.7	0.7	0.6

如图 10-10 所示，轴承受径向载荷时，由于存在径向游隙，仅有部分钢球承受负荷(图 10-10 中 ABC)，称为承载区，其他称为非承载区。在钢球从非承载区的 D 运动到 D'的过程中，钢球自重与离心力的合力的大小及方向不断发生变化，钢球交替与内外圈滚道碰撞，从而轴承内部产生异音。这种异音可以通过对轴承的预紧加以消除。因此，ZYT 系列电动机设计中要求前端轴承外圈必须有波形垫圈，其作用是给轴承外圈一定的预紧力。通常这个预紧力（从试验中测得）如表 10-3 所示，若预紧力过小，轴承轴向窜动量得不到控制；若预紧力过大，使轴承摩擦增大，温度上升，轴承寿命降低，甚至影响机械损耗。合适的压力是根据波形垫圈的软硬度确定，严格控制电动机的轴向间隙，以保证轴向预紧力在规定的范围，可以取得降低噪声 3～5dB(A) 的好效果。

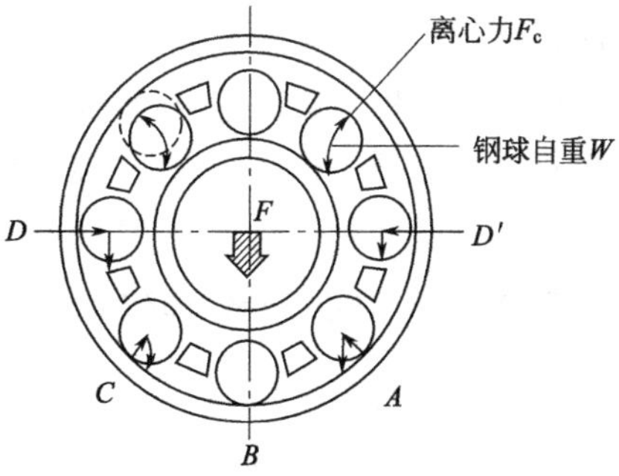

图 10-10 轴承工作示意图

表 10-3 轴承的推荐预紧力

轴承型号	608	6200	6201	6202	6203
预紧力/N	30	40	40	40	50

有了合适的轴向预紧力，并不能完全使电动机噪声不超标，轴承的径向工作游隙也是轴承噪声增大的主要原因。尤其是轴承径向工作游隙偏小或无间隙运行，噪声超标更为突出。从实验得知：轴承径向装配间隙（轴承室孔与轴承之间）保证在 0.012～0.017mm 的范围内，就可基本消除无间隙或间隙偏小运行，轴承噪声显著降低。经过多年的运行证明，轴向预紧力选定和轴承室径向公差的改进是合理的，修改后的轴承噪声合格率较修改前提高了 80%，电动机质量得到了保证。

通过上述实例分析可知，电动机轴承异常声响产生的主要原因是：①轴承本身质量问题（如发出高频振动声“哒哒……”，且频率随轴承转速而变化）；②轴承位置的尺寸链公差超差造成的轴向窜动（电动机空载运转时发出类似蜂鸣一样的声音，且轴向异常振动，开或关机时有“嗡”的声音）；③轴承径向工作游隙偏小或无间隙。为了消除这种现象，电动机制造厂首先要保证尺寸的加工精度，按中间公差生产，避免出现公差极端现象，加强轴承进厂检查，装配前应清洗并涂上干净的润滑脂，这样可最大限度地避免产生轴承异常响声。

10.5 振动检测仪在电动机状态监测和润滑管理中的应用

电动机的状态监测和故障诊断技术是设备维修及预防设备故障的前提。有效地监控电动机的运行状况，避免电动机的过修与失修，降低检修费用，减少检修时间，保障生产的安稳运行，不断提高电动机完好率及使用效益率。目前，大中型电动机的检修仍然实行计划检修，其检修周期是根据设备实际运行小时数（电动机累计运行时间）来确定的，当日常维护巡检中发现设备运行状况变差时，根据设备管理人员的经验对设备安排检修，无论是按电动机累计运行时间还是按设备运行状况确定电动机大修的方法都过于陈旧，无法避免电动机的过修与失修，大力开展状态监测，提高故障诊断及状态预测的准确性，推行状态维修，不仅是现代化企业生产的客观要求，也是设备管理维修工作的必然发展趋势。

以往在工业现场通常通过日常维护和值班人员对电动机的状态进行监测，监测项目除温度、电动机功率、电流等常规项目外，按规定振动、噪声通常也是需监测的项目，但往往没有检测手段或判断标准，只能靠维护人员手摸或耳听来判断电动机的运行状况，由于缺乏可靠的科学依据，对其状态评价也往往是不准确的，因而电动机轴承烧毁、转子损伤等故障时有发生，因停机维修而造成的经济损失往往是很惊人的。近几年，振动检测仪较广泛地应用于设备状态检测，在设备预知维修中起到了重要的作用，通过将振动检测仪应用于电动机的状态监测和故障诊断，在电动机的管理工作中取得了一定的效果。

10.5.1 运用振动检测仪诊断与监测电动机故障

(1) 人员的要求

掌握基本的理论知识，了解振动位移、速度、加速度、冲击脉冲值、转速、频率温度等意义，在理论知识上要更进一步精通，而且懂得运行、检修机器结构，具备综合的专业知识，了解设备的设计制造、运行、安装、检修记录对故障诊断结果的准确性有很大影响；仪器专人专用，保持完好。

(2) 测振仪测点选择

利用测振仪，对主要设备的轴承及轴向端点进行测试，测点要固定，做好标记，测点选择要尽可能避免信号衰减，同时安全易测量并配有现场检测记录表，每次的测点必须相互对应。测振仪测量周期：在设备刚刚大修后或接近大修时，需两周测一次；正常运行时一个月测一次；如遇所测值与上一次测值有明显变化时，应加强测试密度，以防突发事故而造成故障停机。

(3) 测振仪测量值判定依据

对不同的设备、轴承选择合适的判断标准，参照国际标准 ISO 2372。转速为 600～1200r/min，振动测量范围为 10～1000Hz。通常在设备正常运行时，其检测速度在 4.5～11.2mm/s(75kW 以上机组) 范围为监控使用，超过 7.1mm/s 以上就要考虑安排大修。这个数值的确定除考虑设备电机容量外，还要考虑工作连续性、安全可靠性高等方面。

10.5.2 运用电动机振动加速度高频值指导电动机润滑的管理

振动加速度主要反映机械振动的高频响应，对滚动轴承来说，反映润滑及滚子滚道的损坏情况。

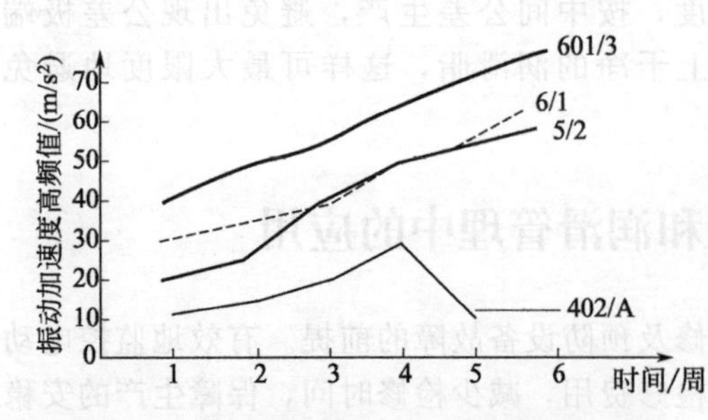

图 10-11 电动机振动加速度高频值趋势图

当轴承严重缺油或轴承内部存在疲劳剥落等缺陷时，在旋转时由滚子或损坏点的冲击引起的振动的频率较高。通过对电动机振动加速度高频值进行对比分析，指导确定电动机补充、更换润滑脂的时间，对保证电动机的润滑，延长电动机检修周期，取得了显著的效果。

A 装置 (6/3) 及 B 装置 (5/15/26/16/2) 电动机都是生产装置的原料泵或重要机组，这些电动机经常发生后轴承损坏等故障，对安全生产的威胁极大，前后用 9 个月时间对每台电动机检修了 3～4 次，平均检修间隔时间为 78.5 天，检修原因都是因为后轴承损坏。通过对这些电动机的状态监测数据进行统计分析，发现电动机的高频值能有效地反映电动机轴承润滑的情况。

如图 10-11、表 10-4、表 10-5 所示是从检修完的第一周开始对电动机振动加速度高频值进行的对比分析。

表 10-4 电动机振动加速度高频值统计

序号	工艺编号	振动加速度高频值/(m/s^2)					
		第一周	第二周	第三周	第四周	第五周	第六周
1	5/2	20.7	25.2	38.2	47.6	52.7	56.8
2	6/1	28.6	32.4	40.7	48.6	52.2	58.2
3	402/A	10.2	12.3	18.4	28.9	12.8	13.6
4	601/3	40.1	45.3	56.9	62.5	70.0	80.2

表 10-5 高频值升高即添加润滑脂对比（斜体为加脂后数值）

序号	工艺编号	振动加速度高频值/(m/s^2)					
		第一周	第二周	第三周	第四周	第五周	第六周
1	5/2	21.6	25.8	39.2	*22.4*	23.5	36.9
2	6/1	25.6	31.7	39.5	46.9	*28.3*	33.8
3	601/3	41.0	44.7	58.9	65.6	*43.5*	56.9

从图 10-11 可看出，厂家规定 750h 的 402A 加油后高频值下降，电动机运转正常。而 5/2、6/1、603/1 的高频值持续上升，比初始值增加了一倍，电动机在运行时高频值比初始值大 $20m/s^2$ 时即为缺油状态。在第 4 周（672h）已达这一数值，远小于厂家规定的 2000h。当高频值升高大于 $20m/s^2$ 时，立即添加润滑脂，高频值回落，轴承润滑良好。

电动机连续运转加油间隔在 700～800h 为好。

10.6 混合动力汽车噪声和振动分析与控制

10.6.1 混合动力汽车噪声与振动源分析

混合动力汽车既存在与传统内燃机汽车相似的噪声与振动问题，同时又具有自身的特殊噪声与振动问题。根据混合动力汽车所组成的零部件、行驶和整车结构特点来看，其噪声与振动源主要包括发动机噪声与振动、电动机噪声与振动、升压电路系统噪声与振动、动力耦合装置噪声与振动、加/减速噪声、整车结构噪声与振动以及制动噪声与振动等。

(1) *发动机噪声与振动*

在混合动力汽车中，发动机仍然是噪声与振动的主要来源，虽然其噪声与振动源得到了大大的降低，但是其特性也相应发生了较大变化。关于混合动力汽车发动机的噪声与振动，有以下几个特点。

① 混合动力汽车在城市间低速运行时，发动机热效率非常低，为了提高其燃油经济性，发动机需要经常性地启动/停止。正是由于发动机这种经常性启动/停止之间的切换，造成了频繁的噪声与振动，给乘客带了非常不舒适的感觉，而且更容易引起注意。

② 混合动力汽车启动时，由于变速器挂在行驶挡，发动机的振动和扭矩脉动会传递到整个动力系统，从而可能引起地板和座椅的噪声与振动。

③ 发动机在低速运行时，混合动力汽车会受到最初扭矩波动的影响，从而造成嗡嗡噪声和车身的振动。这些问题是由发动机直接与传动系统连接所造成的。

(2) *电动机/发电动机噪声与振动*

在混合动力汽车上，电动机/发电动机主要是起到辅助动力和发电的作用，在加速爬坡时电动机/发电动机提供额外的辅助动力；而在减速或制动时电动机/发电动机可以回收这一部分能量，存储在蓄电池中。

电动机/发电动机在提供辅助动力或发电的过程中，其噪声的主要来源有电磁噪声、机械噪声以及空气动力性噪声。

电磁噪声是电动机噪声的主要部分，它通过磁轭向外传播。气隙磁波作用在定子铁芯齿上。产生径向和切向磁力两个分量，使定子铁芯产生振动变形的径向分量是电磁噪声的主要来源，使齿根部弯曲产生局部变形的切向分量是电磁噪声的次要来源。当径向磁力波与定子的固有频率接近时，就会引起共振，使噪声与振动大大增强。由于定子和转子的偏心，或磁路的不对称引起磁通分配的不对称，出现一边儿受力大，一边儿受力小的现象，这样会产生单边磁拉力，也会引发振动产生噪声。

机械噪声是任何运动件都无法避免的噪声，在混合动力汽车电动机中它是与电磁噪声紧密相关的，因为一旦有结构振动，就会影响到电磁场；同时由于电磁力的存在也会改变结构件的振动频率和幅值特性。机械噪声一般随转速和负载电流增大而增大，在高速情况下成为电动机噪声的主要部分，包括轴承、电刷和结构共振引起的噪声。

电动机的空气动力噪声有涡流噪声和笛鸣噪声两种。涡流噪声主要是由转子和风扇引起冷却空气湍流，在旋转表面交替出现涡流引起的，其频谱范围较广。笛鸣噪声是通过压缩空气或空气在固定障碍物上擦过而产生的，即“口哨效应”。电动机内的笛鸣噪声主要是由径向通风沟引起的。旋转电动机的空气动力噪声是不可避免的，它与转子表面圆周速度、表面形状，以及风扇空气动力特性和突起的零部件形状有关。空气动力噪声是由随轴一起旋转的冷却风扇造成空气流动形成的噪声，它与转速、风扇与转子的形状、粗糙度、不平衡量及气流的风道截面的变化和风道形状有关，分为宽频噪声和离散噪声。

(3) 升压电路系统噪声与振动

为了改善混合动力系统的燃油经济性和动力性，在混合动力汽车上通常会增加了一个升压电路系统。升压电路系统会大大提高动力电压，以提高混合动力系统的功率和效率。当混合动力汽车蓄电池电压通过此系统增大时，在交流转换电路内完成的高频率转换会在电感线圈内产生一个交流磁场，随之出现磁致伸缩、磁芯的膨胀和收缩以及线圈振动现象。从升压电路系统产生的辐射噪声和振动成为汽车内、外高频率噪声的噪声源；而且升压电路系统内产生的辐射噪声与电流成正比，因此，当电动机产生高电流时，升压电路系统产生的噪声问题就会显得比较突出。

(4) 动力耦合装置噪声与振动

混合动力汽车在加速或爬坡时，由发动机和电动机产生的驱动力共同驱动，而负责这两种驱动力合成的装置就是动力耦合装置。动力耦合装置的好坏直接关系到动力耦合的效率和耦合过程的平稳性。如果耦合装置在合成动力的过程中出现问题，就会产生耦合装置振动、冲击，而且会伴随相关的噪声；并且如果耦合动力输出不平稳也会造成与其相连的动力传统系统发生振动。除此之外，动力耦合装置还要负责动力分解与能量回馈功能，也就是将发动机动力的全部或部分通过发电动机存储到蓄电池中；这样一来势必会造成动力切换过程的平稳性问题；如果混合动力汽车的动力系统和传动系统协调控制不当，就会引起动力切换过程的噪声与振动问题。

因此，动力耦合装置的噪声与振动直接影响到驾驶的舒适性，也是不容忽视的噪声与振动问题。

(5) 其他噪声与振动

混合动力汽车在加/减速运行时，电动机会增加或减少辅助扭矩的输出，当电动机产生的辅助扭矩比发动机产生的扭矩增加或减小得更快时，它们两者合成的扭矩便会不稳定，从而造成牵引扭矩的波动，最终导致动力传动系统的扭转振动。

混合动力汽车增加了高压镍氢电池或锂电池，其质量都很大，几十斤甚至上百公斤，这些电池的布置和支撑都会影响到车辆的结构模态。增加的电池质量可能会使整车模态频率降低。

由于混合动力汽车采用了先进的电子线路控制技术，相比于传统内燃机汽车，其电路系统和通风管道比较复杂；而且它们布置在车体结构和内饰之间，造成了大量的气体孔洞噪声与振动问题。

10.6.2 混合动力汽车单元噪声与振动控制技术

(1) 发动机噪声与振动控制

发动机的噪声与振动可以通过以下措施得到控制。

① 优化发动机/混合动力之间的转换控制来降低发动机启动产生的外加振动力。

② 优化发动机支架系统来改善传递振动特性。

③ 采用低噪声的结构形式和传动形式。

④ 提高关键零部件的加工质量和装配精度。

⑤ 振动表面加贴黏弹性材料吸收振动能量。

(2) 电动机噪声与振动控制

降低混合动力汽车用电动机系统噪声，首要考虑降低电磁噪声，其次是机械结构噪声。

降低电磁噪声的方法如下。

① 合理设计爪极，形成正弦励磁场，减少谐波成分。

② 选择适当的气隙磁密。

③ 选择合适的槽配合，避免出现低次力波。

④ 定子和转子磁片路对称均匀，叠压紧密，特别是定子线圈与定子之间要固定牢靠。

⑤ 定子和转子加工与装配时应注意圆度及同轴度。

降低机械结构噪声的方法：保证很好的转子动平衡度，在采用转子去重法达到动平衡时应尽量将所有结构件都包含进去。

减小和隔离机械结构振动的方法如下。

① 使主要结构件的固有频率偏离主激振力频率，特别使结构件的共振动频率远离高阶电磁激振力的振动频率。

② 电动机端盖与定子铁芯之间加装弹性连接结构。

③ 加阻尼措施，增强电动机结构阻尼能力，高能量地耗散内部能量，降低电动机的振动响应。

(3) 升压电路系统噪声与振动控制

混合动力汽车在高负荷加速或制动能量回收情况下，其产生的噪声更加突出。为了最大限度降低升压电路系统的空气传播噪声和结构传播噪声问题，通常采取下面的措施进行有效控制。

① 定期更换电磁线圈磁芯材质，就可以降低磁致伸缩以及磁芯膨胀和收缩产生的外加强制力。

② 改进车身部件，例如改进升压电路系统外壳和支架的振动特性措施。

③ 改进车身噪声与振动吸收和隔离的相应措施。

(4) 动力耦合装置噪声与振动控制

动力耦合装置的好坏，直接关系到动力切换过程的平稳性及其工作效率。一方面是优化动力耦合装置的控制算法；另一方面，运用仿真软件对动力耦合装置的动力学性能进行仿真研究，找出不合理的设计，改善其机械结构部分。

(5) 其他噪声与振动控制

混合动力汽车加/减速时，辅助动力源产生的扭矩与主动力产生的扭矩往往不匹配，在这种情况下，会发生不同程度的冲击和不平稳性问题。要解决这一问题，可以通过设计控制器单元精确计算主动力源产生的扭矩，根据功率需求，再精确计算辅助动力应当产生的扭矩，使其与主动力源产生的扭矩较好匹配。

由于混合动力汽车的高压镍氢电池或锂电池的布置和支撑会影响到整车的结构模态，为了降低结构噪声和振动，应尽可能把电池布置在靠近整车模态振型的节点处，如放在第二排座椅下面。

混合动力汽车所用电池的重量比较大，可能会使整车模态频率降低，为了减少整车低频噪声与振动，可以从以下几个方面来考虑。

① 避免悬架系统与车架耦合。

② 避免发动机、车身和与其相连系统间的耦合。

③ 避免车身壁板的结构模态与车厢的声学模态耦合。

④ 加强结构强度。

混合动力汽车电路系统和通风管道形成的孔洞气体噪声与振动问题，可以对其进行空气动力学方面的研究，通过空气动力学试验研究，改善电路系统和通风管道系统的结构设计，以达到降低其噪声与振动的要求。

第 11 章

机床振动故障监测与诊断

现代机床是先进制造技术的主要发展方向之一，它是集材料科学、工程力学、控制理论和制造技术于一体的综合高新切削加工技术，在机械制造、汽车模具和航空航天等行业中得到了广泛应用，并取得了显著的经济和社会效益。高速加工技术最突出的优点是高的生产效率和加工精度与表面质量并降低生产成本，它是先进制造技术的一项全新的共性基础技术，是切削加工技术的发展方向，具有广阔的应用前景。但由于高速加工中切削振动的形成与影响，降低了工件表面质量和切削生产效率。尤其在某些特定条件下产生的切削振动甚至可能造成加工无法进行乃至引起重大事故等。因此深入分析高速切削加工振动形成的主要原因，探讨高速加工振动形成的机制，对确保高速加工的正常运行促进高速切削加工技术迅速发展及应用，具有重要的理论意义和较大的实用价值。

11.1 高速切削振动的原因及其控制

11.1.1 影响高速切削加工振动的主要因素

通常情况下，高速加工中机床主轴转速很高（10000～100000r/min），并且需要具备高的进给速度（15～60m/min），现代高速加工机床进给系统执行机构的运动速度甚至要求达到120m/min。主轴从启动到最高转速只需要1～2s的时间，工作台的加速度可以达到(1～10)g。如此高的切削速度和如此大的加速度，势必需要高速加工机床具有良好刚性和抗振性。而且高速加工刀具的动平衡失稳问题是直接影响高速加工稳定性和安全性的一个重要因素。

高速切削加工可以说是一个复杂的加工系统，它是由机床-刀具-工件-夹具构成的。因此影响及导致高速切削加工振动形成的主要原因有高速机床结构、工具系统构成、工件材料特性、切削参数选用和加工环境状况等。

(1) 高速机床结构

高速机床使用的是电主轴，这样虽然简化了传动链同时消除了传动误差，但这种直接传动的方式就使得电主轴自身的振动直接传到刀具，从而引起刀具和工件之间的振动。影响电主轴振动的因素主要有：电主轴的谐振、电主轴的电磁振荡以及电主轴的机械振动。

目前，许多高速机床用直线电动机直接驱动进给机构，这样就使得进给机构的刚性受到电动机的直接影响，此时机构的刚性往往取决于电动机推力的大小，高速加工中如果选用的是小推力电动机，则进给系统具备低刚性、高进给的特点，在加工过程中就容易引起振动。另外，高速切削加工机床自身要有足够的刚性，并且机床的工作频率应尽量远离机床固有频率，如果工作频率和机床某阶固有频率相接近就会引起振动。

(2) 高速刀柄及其工具系统

高速刀柄及其工具系统是指由刀具、刀柄、刀盘、夹紧装置构成的系统。目前用于高速加工的刀柄主要有 HSK、KM、Big、Plus 等，而刀杆形式主要有热装夹头、液压夹头以及弹性夹头等形式，刀具材料主要有金刚石、CBN 和涂层硬质合金。不同的加工条件就要选择不同的刀柄、刀杆以及刀具材料。引起工具系统振动的主要因素有：刀具的平衡极限和残余不平衡度、刀体结构的不平衡、刀具的不对称、刀具及夹头的安装不对称等。高速加工在加工薄壁工件上也有自己的优势，因为其采用的是小切深，对应的切削力小，从而由于切削力而使得工件产生的变形小，从而可以保证加工精度。但在加工薄壁零件时，随着工件厚度的减小，工件刚度降低，固有频率降低，当工件的某阶固有频率降低到激振力的倍频分量处附近时，就会诱发切削振动。

(3) 工件材料及切削参数

工件材料与加工参数的选择是密切相关的。不同的加工方式、不同的工件材料与刀具材料的匹配有不同的高速切削速度范围。例如，铝合金的切削速度可高达 7500m/min，而铸铁的切削速度约为 500～1500m/min，要根据工件材料及其毛坯状态和加工要求，正确选择刀具材料、刀具结构和几何参数以及切削用量等。如果参数选择不当，就会引起振动，加剧刀具磨损。对切削振动影响较大的刀具几何参数是前角 γ_0、后角 κ_0、主偏角 κ_γ 以及刀尖圆角半径 r_ε 等。在切削加工过程中可以适当调整切削参数从而减少切削振动，例如，在切削加工过程中，适当地增加前角可以降低切削力从而可以减少切削振动，适当地减小后角可以增加后刀面与工件之间的摩擦，从而可以有效地抑制振动。另外，切削参数选择不当可能会引发颤振，会严重恶化工件加工质量，加剧刀具磨损甚至可能造成重大事故。

(4) 加工环境

高速加工振动产生的一个很常见的原因就是有外在振源的干扰，例如，在高速加工中心周围有其他高振动机床，则其振动就会传递到高速加工中心从而引起高速加工中心的振动。另外，高速加工时加工中心所处的温度环境、切削液的使用与否以及切削液的选择也是与高速切削振动相关的一个重要因素。

11.1.2 控制高速加工振动的基本策略及途径

机械振动通常分为自由振动、强迫振动和自激振动三类。自由振动是指物体在外力撤销后按自身固有频率进行振动，由于阻尼的存在振幅逐渐减小而停止。强迫振动有外力的作用而且振动频率和激励力频率一致。要解决强迫振动的问题就要首先找出激励源，然后采取相应的措施减小或者消除激励力。对于外部激励可以采取相应的隔振措施或者远离振源。机床的很多故障都会伴随有振动的产生，对此前人们已经做了大量的研究并将其应用到工程中去，例如将通信诊断、自修复系统、人工智能与专家系统、神经网络诊断、多传感器信息融合技术以及智能化集成诊断等应用到机床的故障诊断中，取得了很好的效果。基于系统控制理论，可给出高速切削加工振动形成及控制的因果关系图（图 11-1）。

从图 11-1 可以看出，导致高速切削加工振动的因素很多，并且它们相互影响、相互制约，其结果取决于各影响因素的综合作用。高速切削中可根据加工需要和条件可能，采取相应措施控制或消除切削振动的影响，确保加工质量和生产效率的不断提高。

有关研究表明，影响高速加工效率进一步提高的一个重要原因就是加工过程中颤振的存在。人们对颤振做了大量的研究，而再生型颤振是目前得到公认的并且研究的相对成熟的一种颤振理论，目前对颤振的控制主要有两类方法：一类是振动控制方法，一类是调整切削参数控制方法。

基于系统工程理论，并针对高速加工系统各部位控制的特点、主要成因，可提出主动控制高速加工振动的主要控制策略及改进途径，见表 11-1。

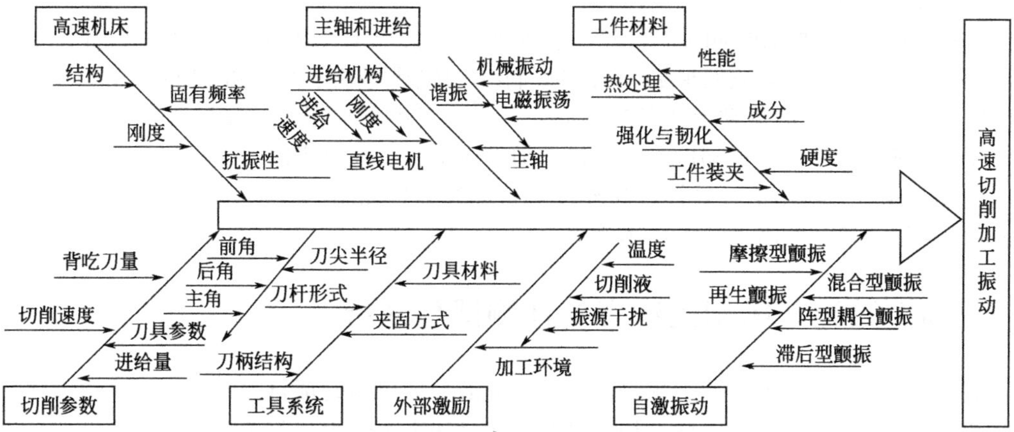

图 11-1　高速加工形成及控制因果图

表 11-1　高速加工振动的主要成因、主要控制策略及改进途径

<table>
<tr><th colspan="5">振动源(部位)</th><th colspan="2">主要成因</th><th colspan="3">主要控制策略及途径</th></tr>
<tr><td colspan="5">机床整体</td><td colspan="2">周围存在高振动设备</td><td colspan="3">远离振源，将机床安装在合适的弹性装置上或者在其地基上建防振沟</td></tr>
<tr><td rowspan="11">工艺系统</td><td colspan="4">机床</td><td colspan="2">机床刚度以及抗振性欠佳</td><td colspan="3">提高系统动刚度和阻尼</td></tr>
<tr><td colspan="4">夹具</td><td colspan="2">夹具的选择和安装直接关系到工件-夹具系统的刚性</td><td colspan="3" rowspan="2">选择适当的夹具和装夹方式以提高工件-夹具系统的刚性</td></tr>
<tr><td colspan="4">工件</td><td colspan="2">在加工过程中工件自身刚性随材料的去除而降低</td></tr>
<tr><td rowspan="8">刀具系统</td><td colspan="3">刀柄</td><td rowspan="3">存在偏心质量</td><td rowspan="3">装配误差或各组件不平衡质量叠加使动平衡精度降低</td><td rowspan="3">提高动平衡精度</td><td colspan="2" rowspan="3">组装以后进行动平衡调节，可以在刀杆上安装调整环</td></tr>
<tr><td colspan="3">刀盘</td></tr>
<tr><td colspan="3">夹紧装置</td></tr>
<tr><td rowspan="5">刀具</td><td colspan="2">刀具磨损</td><td colspan="2">磨损前较磨损后稳定性低</td><td colspan="3">适当将刀具进行钝化处理</td></tr>
<tr><td rowspan="4">刀具参数</td><td>前角</td><td colspan="2">随着前角的减小，切削力逐渐增大且加工表面质量下降</td><td colspan="3">适当增大前角(过大会削弱刀尖强度)，减小切削力</td></tr>
<tr><td>后角</td><td colspan="2">后角增大减小了后刀面摩擦，降低了阻尼作用</td><td colspan="3">适当减小后角(2°～3°，过小会引起自激振动)或磨负倒棱</td></tr>
<tr><td>主偏角</td><td colspan="2">随着主偏角的减小(≤90°)切削力逐渐增大</td><td colspan="3">适当增大主偏角(>90°时切削力随之增大)，减小切削力</td></tr>
<tr><td>刀尖半径</td><td colspan="2">径向切削力随着刀尖半径的增加而增大</td><td colspan="3">适当减小刀尖半径(刀具寿命随之下降)以减小径向切削力</td></tr>
<tr><td colspan="5" rowspan="3">机床主轴</td><td>谐振</td><td>主轴工作频率与自身固有频率重合</td><td colspan="3">找出电主轴固有频率使得常用工作频率避开主轴固有频率</td></tr>
<tr><td>电磁振荡</td><td>定子、转子在电磁场作用下产生的单边电磁拉力，驱动控制器的供电品质低，驱动控制器与电主轴的匹配不合理</td><td colspan="3">提高电动机的加工制造精度使定子转子间的空气隙尽可能均衡，选用供电品质优良的驱动控制器，设置阻抗自动检索功能使控制器取得与主轴电动机匹配的阻抗值</td></tr>
<tr><td>机械振动</td><td>主轴存在偏心不平衡质量</td><td colspan="3">控制不平衡质量到最小以减少由于不平衡质量引起的振动</td></tr>
<tr><td colspan="5">进给机构</td><td colspan="2">进给机构刚性直接和直线电动机的推力相关</td><td colspan="3">根据加工条件选取合适的直线电动机</td></tr>
<tr><td colspan="5" rowspan="3">自激振动</td><td colspan="2" rowspan="3">再生型颤振
阵型耦合型颤振
摩擦型颤振
混合型颤振
滞后型颤振</td><td rowspan="2">振动控制</td><td>主动控制</td><td>在线测出工件和刀具之间的相对振幅和切削力大小进行反馈控制</td></tr>
<tr><td>被动控制</td><td>在系统中加入吸振部件进行控制</td></tr>
<tr><td>调整参数</td><td colspan="2">变切削速度、变进给量以及变刀具角度</td></tr>
</table>

可得出如下结论。

① 引起高速切削加工振动的主要因素有高速机床结构、工具系统构成、工件材料特性、切削参数选用和加工环境状况等，它们相互影响、相互制约，其结果取决于各影响因素的综合作用。

② 高速切削加工的振动形式各有不同，具体加工中可根据加工需要和条件可能，采取相应措施控制或消除切削振动的影响，确保加工质量和生产效率的不断提高。

③ 基于系统工程理论，并针对高速加工系统各部位控制的特点，提出了若干主动控制高速加工振动的控制策略及改进技术途径。

11.2 高速数控车床切削动态特性测试与分析

高速切削加工已成为国内外先进制造技术领域的重要科研项目之一。本例采用大功率内装式电主轴、弹筒式主轴、直联结构的伺服电动机和高刚性大导程滚珠丝杠等先进技术测试数控车床 CK7516GS。在数控车床 CK7516GS 高速车削加工过程中，振动是制约其加工精度的一个重要因素，对工件的加工质量具有重要的影响。

11.2.1 测试方案及内容

在此针对主轴空运转、空载进给运动和切削工件 3 种工况分别进行了现场测试及分析，该测试方法为同类机床的动态设计提供了依据。

(1) 测试目的

在高速车床 CK7516GS 运行的不同工况下，通过加速度传感器采集机座、刀架和电主轴的振动数据，对数据进行处理和分析，从而得出其机械加工时的振动动态特性，并把各个工况对应的主频进行了对比，对振源进行了分析。通过测试的方法来检验高速数控车床 CK7516GS 是否达到指定的技术要求。

(2) 测试仪器

TS1102 压电式加速度传感器；TS5863 电荷放大器；自行设计的数据采集分析软件和台式计算机。

(3) 测试系统框图

测试过程中，在选取的测试点的 X、Y、Z 方向上各安装一个压电式加速度传感器，通过自行设计的数据采集分析软件采集其对应的振动数据，其数据保存在台式计算机上。测试系统示意框图如图 11-2 所示。

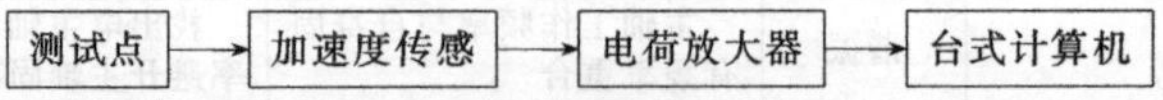

图 11-2 测试系统示意框图

11.2.2 测试数据及结果分析

(1) 电主轴空运转测试数据及结果分析

电主轴的运转是影响高速车床动态特性的重要因素，通过测试电主轴旋转时所引起的机床振动，可以获得空载时机床动态特性参数。高速数控车床最高转速能达到 8000r/min，实际工作的最高速度一般都小于 6000r/min，因此实际测试取主轴转速 $n=6000$r/min。因为电主轴是在 X 和 Y 平面内旋转的，旋转所引起的 X 和 Y 方向的振动是基本对称的，所以只列出 Y 方向的测试结果。测试点分别选择在刀架、电主轴座、机座上。电主轴在不同转速工况下的采样频率均为 $f_s=3000$Hz，采样点数均为 4096 个。由于分析方法具有共性，这里以刀架测试数据分析为例，说明分析过程。刀架的测点数据如图 11-3 所示。

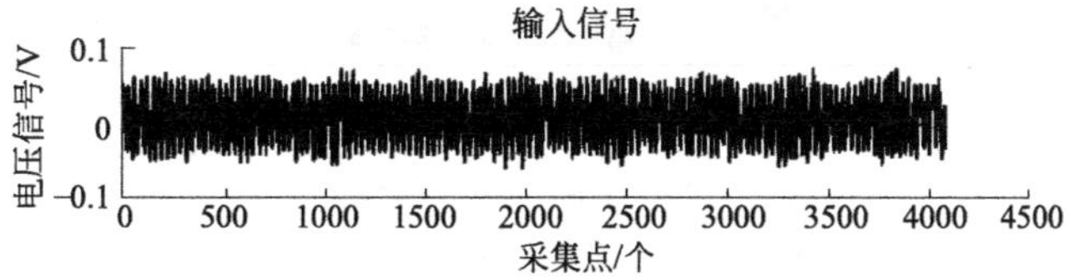

图 11-3　刀架的测点数据

由于现场采集数据会受到干扰信号的影响，需对原始数据进行数值滤波处理。采用海明窗函数设置低通滤波器，其结果如图 11-4 所示。为了获得刀架的动态特性，需对测点数据进行频谱分析，选择 Matlab 软件进行处理，然后进行 FFT 变换，得到幅频谱如图 11-4 所示。

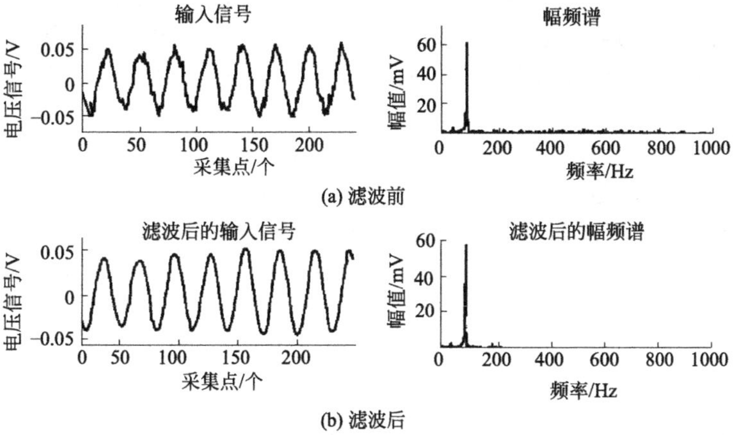

图 11-4　过滤前后输入信号的时域与幅频谱图

由幅频谱可以看出，刀架振动的主振频率为 100Hz 左右。对于机座、电主轴的测试和数据分析方法与刀架是一样的。最后得到电主轴空运转测试分析结果如表 11-2 所示。

表 11-2　电主轴空运转测试分析结果

测点	主轴转速/(r/min)	方向	振动能量最大的五阶主频/Hz				
			第一阶	第二阶	第三阶	第四阶	第五阶
机座	3000	Y	152	200	248	285	347
		Z	88	141	212	286	330
	4000	Y	200	234	304	367	400
		Z	180	302	370	447	533
	5000	Y	250	292	350	438	500
		Z	72	110	214	251	291
	6000	Y	200	300	400	483	570
		Z	110	155	199	275	375
刀架	3000	Y	50	107	156	233	297
		Z	50	107	154	232	362
	4000	Y	68	107	213	235	298
		Z	67	107	180	234	300
	5000	Y	83	155	213	298	395
		Z	84	233	320	427	488
	6000	Y	100	200	300	400	528
		Z	100	200	300	400	500

续表

测点	主轴转速/(r/min)	方向	振动能量最大的五阶主频/Hz				
			第一阶	第二阶	第三阶	第四阶	第五阶
电主轴座	3000	Y	100	150	200	255	300
		Z	424	523	652	750	800
	4000	Y	235	272	333	368	435
		Z	400	500	600	683	725
	5000	Y	500	563	625	670	752
		Z	500	563	625	670	752
	6000	Y	112	200	275	375	475
		Z	200	242	297	374	438

电主轴空运转测试时，高速车床上仅电主轴旋转，不考虑外界干扰，其振动的激励仅由电主轴旋转产生。通过表 11-2 的数据对比分析得出：在同一测试点上，不同方向的主振频率是不相同的；机座、刀架与电主轴座的主振频率基本上都在电主轴旋转频率的倍频附近，电主轴座的主频明显比机座和刀架所对应的主频要大。由此可得出电主轴空载运转所引起的高速车床振动主要是由电主轴旋转不平衡以及电磁力不平衡引起的振动。

(2) *X 和 Z 方向空载进给平稳性测试数据及结果分析*

在高速数控车床加工过程中，进给平稳性是影响加工精度的重要因素。X 和 Z 方向空载进给平稳性测试时，车床仅进给系统工作，通过测试空载进给时所引起的机床振动，可以获得机床进给系统的动态特性参数。测试点选择在刀架上，X 和 Z 方向空载进给运动在不同进给速度工况下的采样频率均为 $f_s=30030$Hz，采样点数均为 262144 个，最大进给速度为 42m/min，由于 X 方向与 Z 方向空载进给运动分析方法一样，这里以 Z 方向为例，阐述其分析过程。

Z 方向测点数据时域图如图 11-5 所示。时域图中包含了多次进给往复运动的数据，为了便于观察分析，只取一个进给往复运动的数据进行分析。

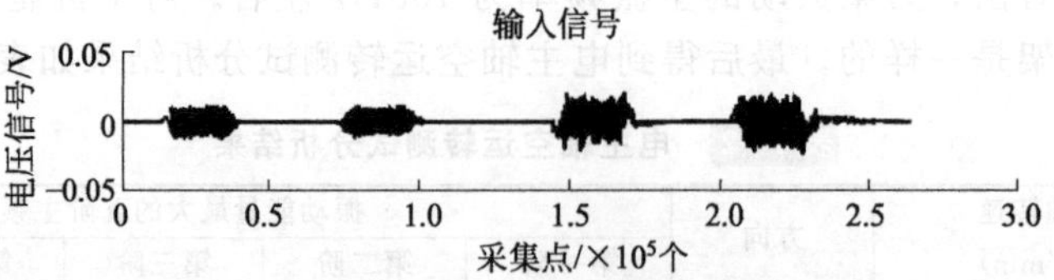

图 11-5　Z 方向测点数据时域图

一个进给往复运动包括两个不同的工况，振幅能量小的是进给满行程后的快退过程，而振动能量大的是进给的过程，为了更直观地观察分析，把两个过程分开来进行处理，并且做适当的图形放大，如图 11-6 和图 11-7 所示。能量主要集中在频率 300Hz、380Hz、500Hz 和 660Hz 左右；在快速退刀的过程中刀架 Z 方向振动的能量输入信号主要集中在频率 100Hz、220Hz 和 300Hz 左右。由于高频部分振动能量衰减很快，所以只考虑前三阶振动主频，最后得到 X 和 Z 方向进给平稳性测试结果，如表 11-3 所示。

表 11-3　*X* 和 *Z* 方向进给平稳性测试结果

进给加速度/(m/s²)	进给速度/(m/min)	振动方向	振动能量最大的三阶主频/Hz		
			第一阶	第二阶	第三阶
5	5	X	104	178	230
		Y	105	180	228
		Z	100	180	230

续表

进给加速度 /(m/s²)	进给速度 /(m/min)	振动方向	振动能量最大的三阶主频/Hz		
			第一阶	第二阶	第三阶
5	10	*X*	105	210	310
		Y	105	208	295
		Z	100	208	295
5	20	*X*	100	155	325
		Y	105	208	320
		Z	105	225	320
5	30	*X*	105	230	322
		Y	104	232	340
		Z	105	208	320
5	35	*X*	300	393	492
		Y	105	220	400
		Z	105	210	270
6	42	*X*	105	210	330
		Y	218	330	440
		Z	215	320	425

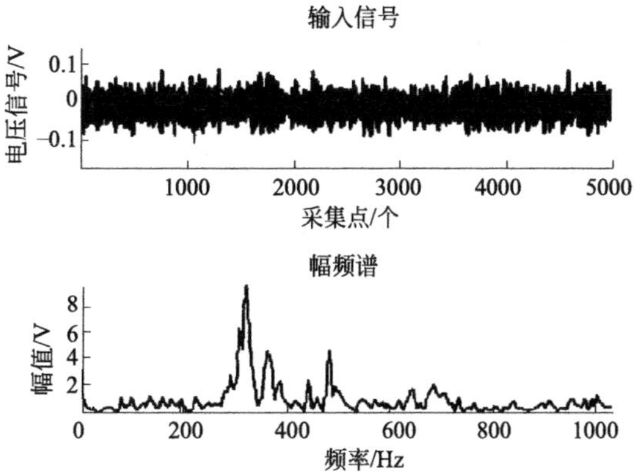

图 11-6 *X* 和 *Z* 方向进给的时域及幅频谱图

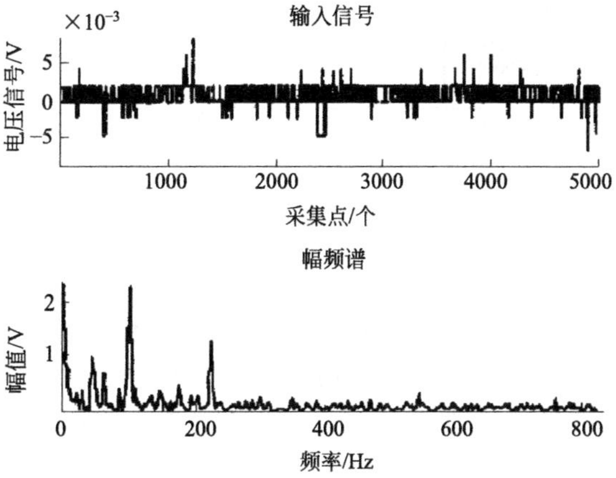

图 11-7 快速退刀过程的时域与幅频谱图

在进给运动的过程中，刀架的启停过程振动稳定，没有出现抖动爬行的现象；*X* 方向和 *Z* 方向空载进给运动在不同进给速度工况下，其振动主频主要集中在 100Hz、200Hz、300Hz 和 400Hz 低频附近，高频部分振动能量衰减得非常快，表明了空载进给的动态特性比较稳定。*X* 和 *Z* 方向空载进给所引起的振动主要是由进给伺服电动机的旋转以及进给丝杠的往复运动所产生的。

(3) 切削测试数据及结果分析

在主轴空运转以及 *X* 和 *Z* 方向空载进给运动测试的基础上，通过切削测试来获得机床加工过程中的动态特性。切削测试包括两个试验：①不装夹工件，让其空切的振动测试；②装夹材料为 45#、ϕ45mm、l=100mm 的工件，进行加工。测试点选择在刀架上，切削测试在不同工况下采样频率均为 30030Hz，采样点数均为 524288 个。以转速 r=6000r/min、进给速度 v=1500mm/min 为样本进行分析，其测点数据如图 11-8 所示。

图 11-8 中包括了多种不同工况的数据，切削测试中分析切削的动态特性，因此只取空切过程和切削过程的数据进行对比分析。通过傅里叶变换后，由于高频部分相对于低频部分

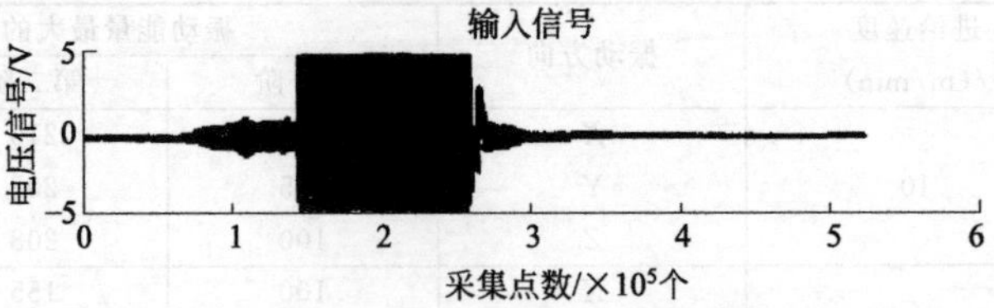

图 11-8 切削测试的时域图

的振动非常小，所以只截取放大频率为 1000Hz 左右的频谱图。

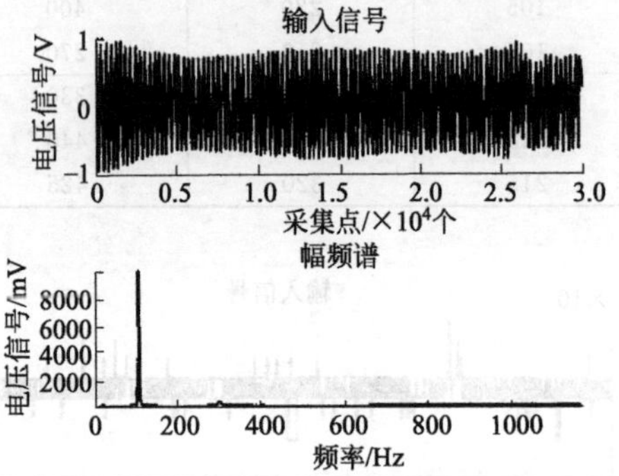

图 11-9 空切过程的时域与幅频谱图

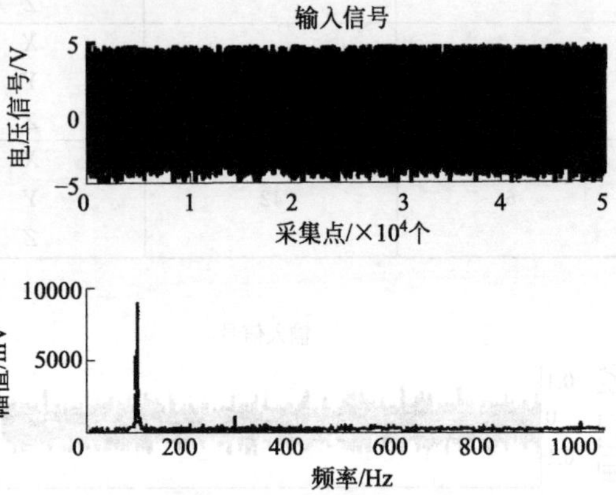

图 11-10 切削过程的时域与幅频谱图

通过比较图 11-9 和图 11-10，高速车床在切削工作的过程中其振动能量主要集中在频率 100Hz、200Hz、300Hz，在切削工件的过程中，由于刀具与工件的相互作用，振动的能量明显大于空切时候的能量，但其振动主频仍然集中在同一频率附近，不同工况下的测试结果如表 11-4 和表 11-5 所示，其测试点选在刀架上。

通过表 11-4 和表 11-5 可以看出，振动能量大的所对应的频率主要集中在 100Hz、200Hz、300Hz。通过各个对比试验可以发现，大部分频率信号都接近 100 的倍频，因此可以认为，机床的主振频率为 100Hz。车床振动主要是因为车床上电主轴的振动，包括电主轴转子旋转不平衡以及电磁力不平衡引起的振动、直线运动构件往复运动所产生的抖动（如和 Z 方向的进给运动）、切削时的冲击振动等。

表 11-4 空切过程的振动测试

进给速度/(mm/min)	主轴转速/(r/min)	振动方向	振动能量最大的三阶主频/Hz		
			第一阶	第二阶	第三阶
500	2000	X	50	100	150
		Y	100	200	260
		Z	100	166	260
1000	4000	X	66	133	200
		Y	68	133	200
		Z	67	133	200
1500	6000	X	100	200	300
		Y	100	200	300
		Z	100	200	300

表 11-5　切削过程的振动测试

进给速度/(mm/min)	主轴转速/(r/min)	振动方向	振动能量最大的三阶主频/Hz		
			第一阶	第二阶	第三阶
500	2000	X	35	70	103
		Y	100	200	260
		Z	100	166	260
1000	4000	X	67	135	194
		Y	68	133	192
		Z	67	133	205
1500	6000	X	100	200	300
		Y	100	200	300
		Z	100	300	400

(4) 高速车床进给停止产生的冲击分析

当高速车床从 42m/min 高速进给速度，以加速度 $5m/s^2$ 停止时，由于惯性，刀架产生了一定的冲击，现场测得冲击如图 11-11 所示。

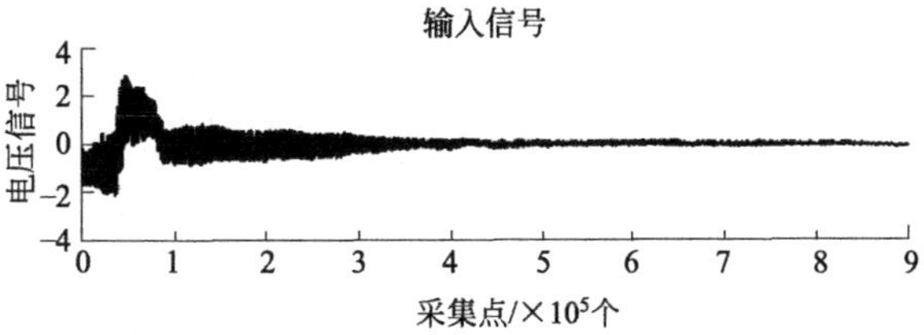

图 11-11　高速车床进给停止产生的冲击时域图

从图 11-11 可以看出，冲击对车床的刚度和产品加工质量具有重要的影响，因此，在高速车床的结构设计中必须引起重视。为了减小冲击，根据高速车床的工况，可适当提高高速车床各部件的静刚度（如刀架、机座、X 和 Z 方向进给平台等），加强基座与地基连接处的刚度，以及改善高速车床的固有频率和阻尼特性。

11.3　立式旋转电火花线切割机床振动分析与动平衡试验

提高快走丝线切割机床的加工质量一直是提高国产机床技术含量的一个关键问题。某立式旋转电火花线切割机床核心部分是上下两回转头（可视为刚件转子）在几个伺服电动机的驱动下高速旋转，从而带动电极丝转动和移动。因此，能否有效地保证刚性转子的动平衡性和合理地控制电动机组产生的振动，直接影响到机床运行的可靠性和其他关键性能。

11.3.1　振动的分析

(1) 振动的类型

机电设备常见的振动主要来自以下两个方面。

① 机械振动。振动中的干扰力来自机械部分的惯性力、摩擦力及其他力。

② 电磁振动。干扰力来自电动机电气部分的电磁力。

(2) 产生振动的主要原因

① 机械振动。引起机械振动的因素有转子质量不平衡、机组轴线不正、轴承缺陷等。在立式旋转电火花线切割机中主要是由于上下两回转头高速旋转时的动不平衡引起的振动。

② 电磁振动。引起电磁振动的因素有伺服电动机本身的机械结构、速度环反馈、负载

惯量和电气控制等。

(3) 发生振动的主要危害

① 轴承温度易升高，严重影响其使用寿命。

② 电极丝的定轴性受到破坏，影响工件的加工质量。

③ 产生强烈的噪声。

(4) 振动的消减

机床振动的大小直接影响着工件的加工质量，因此如何采取有效的措施来消减机床运行时产生的振动是本课题组研究的一项重要内容。

① 电磁振动的消减。由于电磁振动主要是由伺服电动机本身的机械结构速度环反馈、负载惯量和电气控制等因素引起的，属于电动机的内部原因，而使用的电动机是一个整体，所以无法从电动机内部对其产生的振动进行控制，而只能从电动机的外部消减其产生的振动。经过认真思考和反复试验，采取的方法：一是采用交流伺服电动机，由于交流伺服系统具有共振抑制功能，可涵盖机械的刚性不足，并且系统内部具有频率解析机能（FFT），可检测出机械的共振点，便于系统调整；同时交流伺服电动机运转非常平稳，即使在低速时也不会出现振动现象；二是在丝架立柱与电动机板的连接处增加了一块减振垫（黑色塑胶垫板，厚度为10mm，面积与电动机板相当），以消减驱动系统的振动对工作系统的影响；三是在电动机轴与传动轴的连接采用弹性联轴器，消减两者间安装误差引起振动，及工作的不平稳性；四是在满足加工条件的情况下尽可能地将伺服电动机放在较低的位置，以便提高支撑件的刚性，更好地消减振动。

② 机械振动的消减。引起机械振动的原因主要有转子质量不平衡、机组轴线不正等，其中转子质量不平衡是引起机组机械振动的一种最普遍的现象。在某实验室研制的立式回转电火花线切割机床中，可以确定机床的机械振动主要是由刚性转子（即上下两高速旋转的回转头）质量不平衡引起的；因此，就必须采取动平衡试验法找出不平衡力的大小和方位，并采取相应措施加以处理。

11.3.2 动平衡试验

(1) 刚性转子动平衡测试原理

转子可视为由无限多个连续的薄盘组成，转子的不平衡是由每个薄盘相对旋转轴线存在偏心所造成的。对于刚性转子，按照静力学定律，每个薄盘上的不平衡离心力可以分解到2个任意选定的平面上，并用2个等效力代替所有薄盘上的离心力。即刚性转子的任意不平衡状态，均可由选定的2个校正平面上的等效不平衡量来代替。

动平衡测量时要求转子必须能在支承系统上被驱动而旋转，支承系统必须有必要的自由度，以保证支承系统在转子不平衡离心力的作用下产生与转子不平衡量成正比的有规律振动。这样，转子-支承系统就组成了一定形式的质量-弹簧系统，进而通过测量支承的振动而获得转子的校正平面上不平衡量的大小和方向。这就是动平衡测量的基本原理。

(2) 平衡机工作原理

如图11-12所示，设转子本身在左、右2个选定校正平面的等效不平衡量为U_1、U_2，不平衡离心力$U_1\omega^2$、$U_2\omega^2$带来的左、右两支承的动反力为P_A、P_B。因此，由静力学原理可以得出支承上所受反动力与不平衡量离心力的关系式为

$$P_A=\omega^2\left[\left(1-\frac{a}{l}\right)U_1+\frac{b}{l}U_2\right]=a_{11}U_1+a_{12}U_2$$

$$P_B=\omega^2\left[\frac{a}{l}U_1+\left(1-\frac{b}{l}\right)U_2\right]=a_{11}U_1+a_{12}U_2 \tag{11-1}$$

式(11-1) 中，U_1、U_2、P_A、P_B 为垂直于回转轴的平面内的矢量。

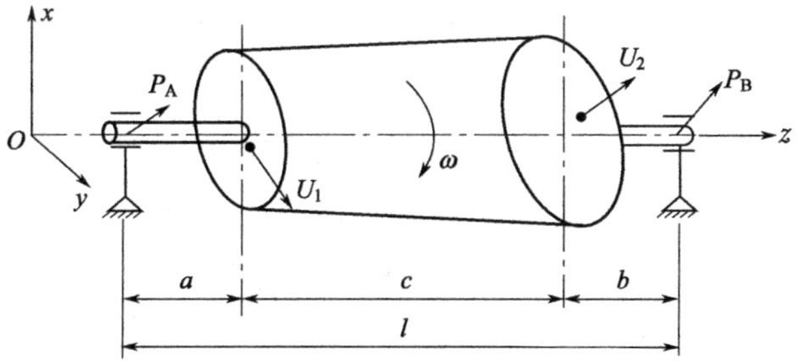

图 11-12　平衡机原理

如果在支承处安装传感器就可将振动信号转换成相应的电信号送入后续测量系统，就可以得出 2 个不平衡量的大小和相位差。

(3) 动平衡试验的基本方法

机床的机械振动主要是由转子质量的不平衡引起的，因此，可以利用平衡机求出刚性转子不平衡力的大小和方向，并采取相应的措施加以处理。下面就以壳体为例，介绍用平衡机做转子动平衡试验的具体步骤。

① 选择校正平面。在壳体上选取两个校正平面（在校正平面的选择上，根据动平衡的性质，一般来讲，两校正平面间的距离越大，效果越好），测得 $a=104$mm、$b=160$mm、$c=105$mm、$R_1=91$mm、$R_2=91$mm，并将所测量的值输入平衡机内。其中：a 为左支撑轴承与第一个校正平面之间的距离；b 为第一个校正平面与第二个校正平面之间的距离；c 为第二个校正平面与右支撑轴承之间的距离；R_1 为第一个校正平面的半径；R_2 为第二个校正平面的半径。

② 观察、记录数据。将壳体平放在动平衡机上，调整水平、光电传感器，启动平衡机，屏幕上会显示两个校正平面上不平衡力的大小和方向，将其记录下来。根据静力学定律，刚性转子的任意不平衡状态，均可由选定的 2 个校正平面上的等效不平衡量来代替。因此，平衡机的作用就是将刚性转子的动不平衡量分解到选取的 2 个校正平面上。记录屏幕数据见表 11-6。该数据表示在第一个校正平面上 114°这个位置多余的不平衡量是 26.0g，在第二个校正平面上 165°这个位置多余的不平衡量是 20.5g。

③ 初次选择去除材料的位置。在校正平面一上 114°这个位置附近去除一定的质量（动不平衡的力较大），而在 114°这个位置上，由于壳体是铝材料，密度较小，通过去除材料减少不平衡量的效果不大明显，而同在一个面有一块支撑板，其材料是 45 钢，密度较大，通过去除材料减少动不平衡量的效果比较明显，因此在支撑板上 114°附近通过钻若干个孔的方式来减少整个壳体的动不平衡量，并记录屏幕上的数据。此时记录的数据见表 11-7。

表 11-6　记录的数据（一）

项　目	平面一	平面二
质量/g	26.0	20.5
角度/(°)	114	165

表 11-7　记录的数据（二）

项　目	平面一	平面二
质量/g	21.0	20.1
角度/(°)	138	183

④ 分析数据。校正平面一的不平衡力减少了，但不够，因此重复步骤③，直到支撑板上的孔离板的中心较近，从数据上看，效果已不大明显时停止钻孔。通过步骤④，记录的数据见表 11-8。

⑤ 再次选择去除材料的位置。在壳体两校正平面对应的位置，通过钻孔和锉刀磨削逐

步去掉多余的重量。最终记录的数据见表11-9。

表11-8 记录的数据（三）

项　目	平面一	平面二
质量/g	9.5	15.8
角度/(°)	135	192

表11-9 最终记录的数据

项　目	平面一	平面二
质量/g	0.7	0.8
角度/(°)	214	338

经过转子动平衡试验，回转头在实际高速旋转过程中基本上达到动平衡状态，有效地消减了立式旋转电火花线切割机床工作时产生的振动，机床的精度更高，加工件的质量更好。一般来说，刚性转子在工作中，由于各方面的原因，难免都会存在转子质量的不平衡，导致机床发生机械振动。因此，在安装过程中，必须应用动平衡试验法找出转子不平衡力的大小和方向，并采用各种措施加以处理，以达到工作的要求。

11.4 磨削加工颤振分析

磨削加工是机械制造中重要的加工方法之一。在磨削过程中产生的振动是一种十分有害的现象，不仅干扰了正常的磨削过程，严重降低加工表面质量，还会缩短磨床及砂轮使用寿命。由此产生的噪声甚至影响到操作者的工作情绪，对正常工作的开展带来一定的负面影响；而为了减少振动，往往不得不减少加工时的进刀量，从而降低了生产率。

11.4.1 磨削颤振类型及形成原因

磨削颤振是磨削加工中最重要的误差源之一，对工件最终几何精度有直接的影响。磨削过程中有两种基本形式的振动：强迫振动和自激振动。强迫振动的主要原因是砂轮不平衡和偏心，易于确定。消除砂轮不平衡和偏心可通过多次平衡和整形交替进行。

在机加工中把颤振形成机理分为再生型、振型耦合型和摩擦型三种颤振形式。对于磨削加工，主要体现为再生型颤振。再生型颤振是指砂轮或工件表面上一转留下的振纹对瞬时磨削力的影响，进而形成磨削颤振。

（1）*砂轮表面再生型颤振*

R. Hahn通过实验在砂轮表面上观察到再生效应：如果使用软砂轮，则会在外圆上出现多角形磨耗；如果使用硬砂轮，则会在外圆上生成大体上等间隔的阻塞条纹。这种现象的发展则会导致颤振。砂轮的动态不平衡，砂轮的磨耗与修整条件，磨削条件以及机床结构的动态特性都会给这种振动的发生与振幅的加大施以综合的影响。外圆磨削时会在工件表面造成密集的直线条纹。随着磨削时间的延长，在砂轮表面上逐渐形成间隔大致相当的不均匀磨耗，与此同时振幅增大，加工表面恶化，并发生颤振噪声。

（2）*工件表面再生型颤振*

磨削前工件表面的波纹以及磨削中振动的幅值不同程度残留在工件表面上，并且在表面上前一转所复映的起伏波纹，在下一个磨削中其幅值不同程度地改变，这种变化称为工件再生效应。

在外圆切入磨削时工件再生效应在一般磨削条件下比较小，因此很少发生由此效应而产生的工件再生型振动，另外工件再生颤振一般发生在磨削开始阶段。

（3）*扭转振动对磨削颤振的影响*

轧辊驱动装置驱动时未形成力偶矩，单点拨动轧辊旋转，造成轧辊转动不平稳；轧辊辊肩未与磨床托架托瓦表面良好接触，轧辊偏心转动，都会形成颤振。当颤振出现时，存在一个变动的力，使得在工件或（和）砂轮的扭转振动的存在，形成一个变动的力矩。而磨削中的磨削力矩既随工件速度变化又随砂轮速度变化。

11.4.2 颤振消除措施

磨削颤振的抑制可以从多方面进行考虑，比如抑制或延缓颤振的发展，提高磨削表面质量，延长砂轮的修整周期等。其中变速磨削是诸多抑制磨削颤振的方法之一。所谓变速磨削即在磨削过程的整个过程或某段时间内，人为地改变工件与砂轮的瞬时转速比或进给速度。

(1) 变进给速度抑制磨削颤振

磨床在磨削过程中发生颤振，颤振频率在敏感模态所对应的固有频率附近。不同的进给速度对应不同的发生颤振临界频率，如果不断改变进给速度，同时使变化时间间隔小于颤振形成时间，则可以达到抑制颤振的目的。

(2) 变砂轮转速抑制磨削颤振

特定的磨床和砂轮组成系统的固有振动周期是一定的，不同的颤振频率对应的颤振增长率大小不同，又由于在磨削过程中，再生颤振的闭环反馈作用，所以变速磨削的实质是通过改变砂轮的转速，不让磨削颤振始终处于最大颤振增长率对应的频率下振动，从而保证变速磨削期间颤振增长率小于最大颤振增长率，来抑制或延缓颤振增长的目的。

(3) 变工件转速抑制磨削颤振

在磨削过程中，工件在前一转切削时表面产生了波纹，后一转时砂轮将在有波纹的表面进行切削，并在工件表面上形成新的波纹。

如果前后两次波纹之间没有相位差，磨削深度基本不变，磨削力也基本不变，即不产生动态磨削力。

如果后一圈磨削振纹滞后于前一圈振纹时，磨削深度相对增大，磨削力相对也增大。在这种情况下，再生效应起激发颤振，使振动加大的作用。

如果后一圈磨削振纹超前于前一圈振纹时，磨削深度相对减少，磨削力相对也减少。在这种情况下，再生效应起抑制颤振的作用。

在实际磨削中，颤振频率是在不断变化的，而颤振波形中一般也会含有多个频率分量，并不是单一的正弦波形式，所以在实际磨削过程中颤振激发区和抑制区并不是一成不变的。颤振频率的变化使得在同一工件速度下，一会在颤振抑制区，过了片刻又在颤振激发区。而多种频率分量使得不同频率分量的颤振激发区和抑制区之间交叉存在。但是不论哪种情况，只要变速磨削时变速的幅度、频率适当，总可以使磨削系统在某一时间内避开颤振激发区，得到比恒速磨削较好的效果。1#、2#、3#磨床（HERKULES 生产的磨床）在磨削时开启砂轮和轧辊驱动装置的周期变速功能，振幅不低 15%，周期不小于 60s 可以取得良好效果。

(4) 工艺条件适配法

变速磨削，一方面由于要附加一些调速装置使得实现起来比较麻烦，另一方面变速磨削时有很大的电流通过驱动电动机，实际使用时对供电线路、功率放大器、电动机的热载能力都有较高要求。某厂在1#、2#、3#磨床（HERKULES 生产的磨床）砂轮和轧辊驱动装置都有周期变速功能，而4#磨床（WALDRICH-SIGEN 生产的磨床）没有周期变速功能，因此有必要寻求更为方便、实用、有效的磨削抑制方法。

磨削过程中影响磨削颤振产生和发展的因素有：磨床系统的刚度，砂轮及其特性，工件结构及其材质，磨削工艺参数等。

工艺条件的适配，就是在磨削加工时，根据工件的材质、结构合理确定所用砂轮的特性及磨削工艺参数，以保证在一定生产率的条件下防止磨削颤振产生，提高磨削表面质量。有关砂轮特性（主要指硬度）及工件材质性能（主要指硬度、强度）对磨削过程稳定性的影响，理论和实践都证明：砂轮硬度和工件材质硬度越高，越容易发生颤振。

砂轮特性与工件材质性能的适配条件是磨削较硬工件时选择较软砂轮；磨削较软工件时选择较硬砂轮。根据经验，W A36M 砂轮适合于磨削支撑辊，粗轧机工作辊，精轧机前三架工作辊等高铬铸钢辊，而磨削平整分卷工作辊和夹送辊等硬度高且脆的轧辊时选用 GC36M 砂轮。在磨削过程中一般 36～40m/s 易产生振动则选择磨削速度时避开这一区域在高速或低速范围内磨削。在光磨磨削步骤中减小电流值；增加轧辊转速，不低于 45r/min 等措施也取得良好效果。

通过这一系列针对磨削过程产生的不同振动，在分析产生振动的原因后采取相应的措施，可明显减少磨削中振动，提高了轧辊的表面质量和劳动生产率，并延长砂轮的使用寿命。

11.5 铣削系统稳定性判定

颤振稳定性的分析理论很多，但绝大多数理论都很难在实际加工中进行应用。利用铣削系统稳定性曲线与系统共振区在稳定性极限图中的位置关系，提出一种实用、简便的铣削系统稳定性判定方法，此方法可以方便地指导实际加工，对高速铣削加工的推广应用具有重要理论和实际指导意义。

11.5.1 铣削过程中的振动

考虑刀具在（进给）和 Y 两个方向的振动，如图 11-13 所示，a_e 是径向切削深度，$D=2R$ 是刀具直径，Ω 是主轴转动角速度（rad/s）。

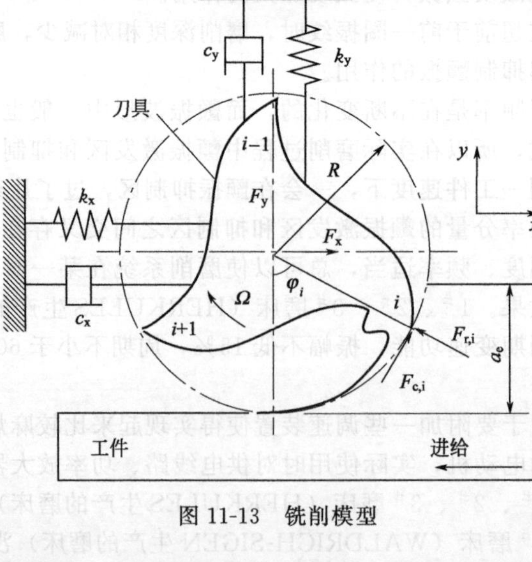

图 11-13 铣削模型

铣削过程中存在两种振动，强迫振动和自激振动（颤振）。由于系统受到这两种振动的共同影响，所以系统参数（加工参数和结构参数）的选取既要考虑强迫振动引起的共振影响，又要考虑自激振动引起的颤振影响。

11.5.2 铣削系统稳定性判定方法

(1) 强迫振动的共振区

由振动理论知，强迫振动系统的剧烈振动不仅在共振频率处，而且在其附近的一个频段

内，通常将速度振幅放大系数下降到其峰值的 $1/\sqrt{2}$ 倍所对应的频段定义为共振区。且共振区的频率半带宽为

$$\begin{cases}\omega_A=\dfrac{\omega_n}{l}(\sqrt{1+\zeta^2}-\zeta)\\ \omega_B=\dfrac{\omega_n}{l}(\sqrt{1+\zeta^2}+\zeta)\end{cases}\quad l=1,2,\cdots$$

式中，ω_A 和 ω_B 分别为共振区对应的上、下边界频率；ω_n 为系统固有频率；ζ 为阻尼比率。共振区频率对应的主轴转速为

$$n_n=\frac{60\omega_n}{N}\quad n_A=\frac{60\omega_A}{N}\quad n_B=\frac{60\omega_B}{N}$$

式中，n_n 为系统固有频率对应的主轴转速；n_A 和 n_B 分别为共振区上、下边界频率对应的主轴转速。主轴转速在 n_A 和 n_B 之间范围内的区域为共振区。

(2) 稳定性判定方法

一种确定稳定性加工参数的方法，具体判定过程见图 11-14。

① 对已经确定的加工系统（机床、刀柄、刀具、工件），获得系统的模态参数（M、C、K、ω_n），确定径向切削深度（a_e）和进给量（f_z）。

② 由系统固有频率及其分、倍频，计算对应的刀齿通过频率，获得对应的主轴转速（n_n）。

③ 根据共振区理论，计算共振区对应的上、下边界频率（ω_A 和 ω_B）及主轴转速（n_A 和 n_B）。

④ 确定稳定性主轴转速的范围。

⑤ 在确定的稳定性主轴转速范围内，选定转速进行变轴向切削深度试验，同时测试系统的振动信号，通过测得的系统振动信号，获得此转速下系统的稳定性轴向切削深度。

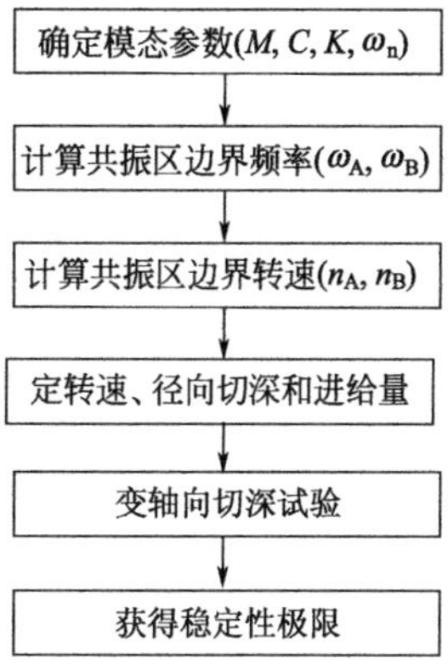

图 11-14 铣削系统稳定性判定流程图

通过上面 5 步的分析，在给定系统（模态参数）、进给量和径向切削深度的情况下，可以获得稳定的轴向切削深度。如果第 1 步中事先确定轴向切削深度，则在第 5 步中要进行变径向切削深度试验，获得稳定性径向切削深度。另外，也可以获得给定转速和进给量下的最大稳定性材料切除率。

11.5.3 实例分析及试验验证

试验用加工系统是五轴加工中心 DMU. 70V（最高转速 18000r/min）。选用 HSK 刀柄，刀具选用直径（D）20mm，螺旋角 30°，悬长 70mm，齿长 25mm 的 3 齿整体圆柱立铣刀。工件是航空铝合金，其弹性模量 $E=70.3$GPa，密度 $\rho=2820$kg/m^3，尺寸是 150mm×100mm×15mm，与测力仪固定的底板厚度是 10mm。工件通过 Kistler 测力仪固定在工作台上，两个旋涡流位移传感器通过垂直支架固定在主轴上。系统模态特性通过锤击实验获得，切削力系数每齿进给量从 0.05mm 到 0.25mm 变化，间隔 0.05mm，如表 11-10 所示。

表 11-10 系统模态参数及切削力系数

	m/kg	ζ	ω_n/Hz			K_t/Pa	K_r/Pa
x	0.04	0.03	287	430	860	5.8×10^8	2.1×10^8
y	0.04	0.03	287	430	860		

固有频率及其分、倍频计算获得共振区的主轴转速，如表 11-11 所示。

表 11-11 共振区的主轴转速

编号	ω_n/Hz	主轴转速/(r/min)		
		下边界	共振	上边界
(1)	860	16692	17200	17724
(2)	430	8346	8600	8862
(3)	287	5570	5733	5915

用数值方法获得系统的稳定性图（$a_e=1$mm，$D=20$mm）和频率图，分别如图 11-15 和图 11-16 所示。在图 11-15 中，灰区域表示不稳定区，固有频率及其分、倍频对应的主轴转速如图中标记。从图中看出，系统的共振区处于稳性 lobes 结构的左侧，且绝大部分区域处于稳定性区内。由此得出，仅仅通过获得系统的稳定极限图来确定系统参数是不能合乎实际加工需要的，必须再考虑共振区的影响。

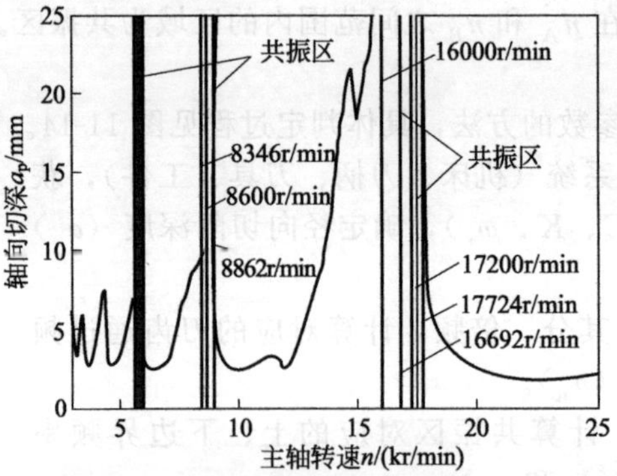

图 11-15 铣削稳定性图

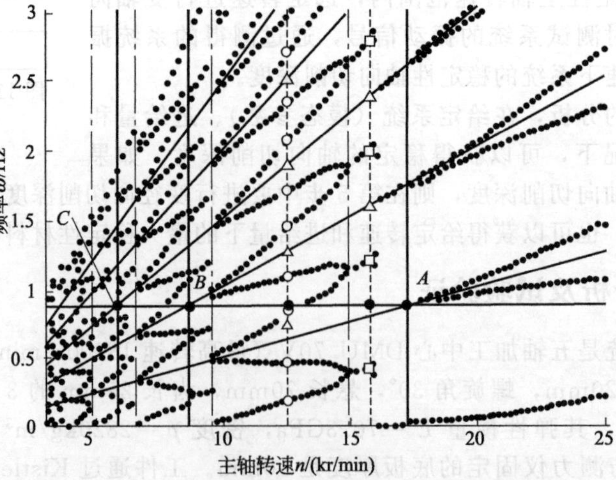

图 11-16 频率图

在图 11-16 中，符号“□”，“△”，“○”和“●”分别表示周期分叉频率、刀齿通过频率、Hopf 分叉频率和系统的固有频率（及其分、倍频）。从图中可以看出，当系统固有频率（及其分、倍频）等于刀齿通过频率时，系统发生共振，且分别处于稳定性极限较好的转速位置，如图 11-16 中 A 和 C，分别对应表 11-15 中的（1）、（2）和（3）。

铣削系统稳定性好的区域与系统的固有频率（共振区）之间满足一定的位置关系。可以通过系统的共振区来确定系统的稳定性极限。图 11-15 中最右侧的共振点对应的主轴转速是

17200r/min，由共振区理论计算获得的共振区转速范围是 16692～17724r/min，则由此获得系统稳定且非共振的速度应小于 16692r/min；考虑到主轴转速在受外界干扰下会发生变动，转速取 16000r/min。材料切除率的关系曲线（每齿进给量 A＝0.1mm）如图 11-17 所示。从图中曲线看出，最大材料切除率约为 $1.294\times10^5 mm^3/min$，此时轴向切深为 20.24mm，径向切削深度为 1.33mm。

试验工况为无切削液，顺铣。加工参数：每齿进给量为 0.1mm，主轴转速为 16000 r/min，径向切深 $a_e=1.33mm$，轴向切深 a_p 从 0 到 24mm 连续变化，表面粗糙度通过 2205 型表面粗糙度 R_a 每隔 10mm 测量一组，每组测量三次取平均。测得的振动信号和表面粗糙度如图 11-18 所示。

从图 11-18 中可以看出，随着轴向切削深度的增大，加工表面的粗糙度和最大振动位移逐渐增大，在轴向切深超过 22mm 至 23mm 附近，表面粗糙度已达 0.6μm 左右，而最大振动位移也达到 200μm 左右，可以判定此处处于临界切削深度附近，即稳定性轴向切削深度在 22～23mm 范围内。由此说明，转速 16000r/min，每齿进给量 0.1mm，轴向切削深度 20.24mm，径向切削深度 1.33mm 工况时，在保证铣削稳定性且高的加工表面质量的情况下，可以实现最大材料切除率 $1.294\times10^5 mm^3/min$ 的材料切除量。

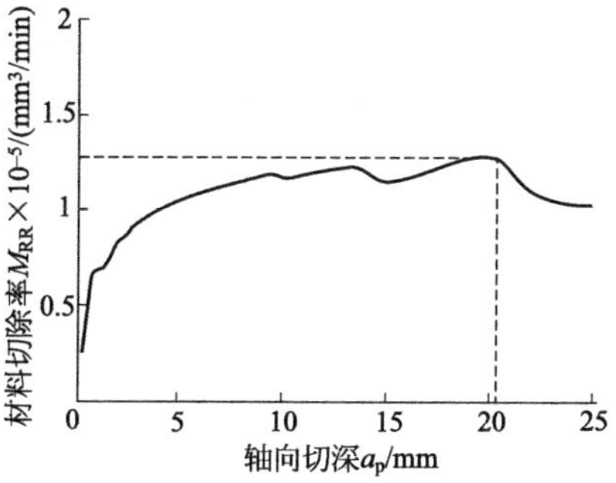

图 11-17　材料切除率与稳定性轴向切深关系曲线

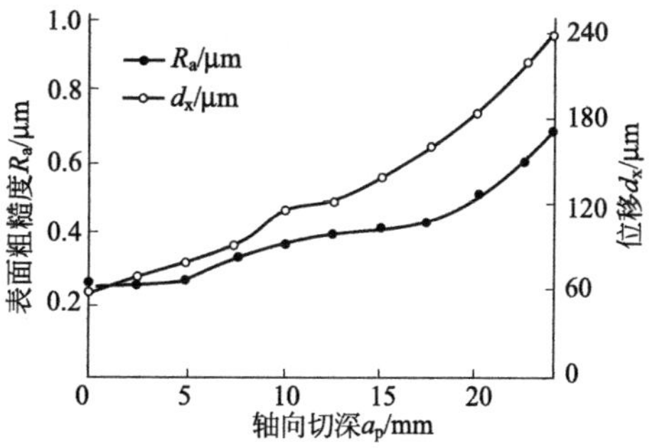

图 11-18　表面粗糙度 R_a 和位移信号 d_x

11.6　数控铣削工件振动测试及分析

数控铣床在加工工件时引起的振动，不仅会造成噪声污染，影响被加工零件的质量，而且会降低生产效率，影响铣刀的耐用度，降低铣床的使用寿命。在此基于虚拟测试技术，利用 QLVC-ZSA1 型振动测试分析仪对工件在数控铣削时的横向振动响应进行试验，分析不同的主轴转速对铣削过程中工件振动的影响。

11.6.1　试验设备与方案

（1）试验设备

试验在数控铣床（XKA714/B）上进行。采用压电式加速度传感器拾取工件的竖直方向振动信号，利用 QLVC-ZSA1 型振动信号分析仪（嵌入式一体化虚拟仪器）采集、存储和分析工件振动信号，该信号分析仪内部集成了嵌入式计算机、信号源、功率放大器、两通道电荷放大器、示波器及虚拟式动态信号分析仪等。刀具为面铣刀（PM90-63LD15），铣削工件为长 150mm、宽 110mm、厚 30.6mm 的 $45^{\#}$ 钢块，铣削前工件的质量为 3.969kg。

（2）试验方案

先用锤击法测试加工系统在铣削前的固有频率，然后改变主轴转速，测试工件在铣削过程中的振动响应。加工过程中的铣削深度 e 为 0.5mm，铣刀进给速度 v 为 100mm/min，主轴转速分别为 350r/min、400r/min、450r/min、500r/min。测试固有频率时，将力锤传感器及置于工件上的加速度传感器分别接入振动信号分析仪前面板上的“传感器 1”和“传感器 2”通道。测试工件在加工时的振动响应，只需将加速度传感器接入振动信号分析仪的“传感器 1”和“传感器 2”通道。

11.6.2 试验结果及分析

设定动态信号的采样频率为 30000Hz，采样长度为 64kb，每一次采样文件的记录时间为 2.18s，则在一次完整、连续的铣削时间内，需在线记录并存储多个采样文件。在振动分析仪的界面上能实时显示采集加速度信号的时域波形，其中 A 通道显示传感器 1 拾取的振动信号，B 通道显示传感器 2 拾取的振动信号。由动态信号分析仪的频谱分析功能模块得到采集信号的各种频谱图。采用自功率谱密度函数（该函数表示随机振动的能量按频率分布的度量）对振动信号进行频率分析，试验分析时记录每个采样文件中的最大自功率谱密度及其对应的频率值。

(1) 铣削前固有频率的测试

通过锤击法多次测试可得铣削前加工系统的平均固有频率。图 11-19 给出了采样文件 Xg2 的力锤激励信号及传感器振动信号的加速度-时域曲线（a-t 曲线）。对采集的振动信号进行频谱分析，最大谱值对应的频率即为加工系统的一阶固有频率。锤击法的测试结果见表 11-12，可知加工系统的平均固有频率约为 484Hz。

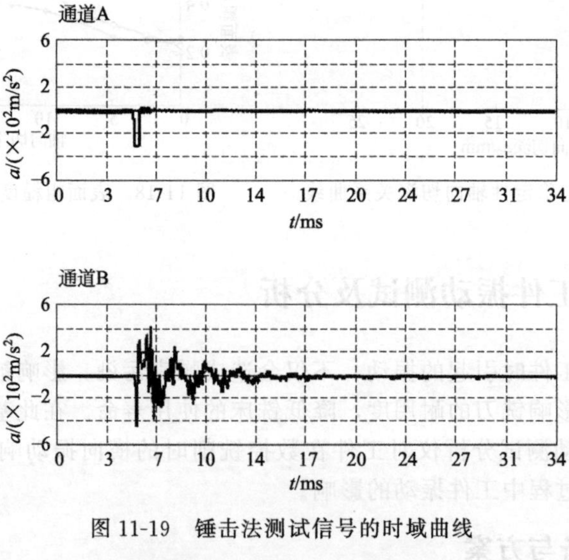

图 11-19 锤击法测试信号的时域曲线

表 11-12 锤击法的测试结果

采样	频率/Hz	采样	频率/Hz
Xg1	483.0	Xg9	483.1
Xg2	487.3	Xg10	485.4
Xg3	484.8	Xg11	485.2
Xg4	482.6	Xg12	483.6
Xg5	483.7	Xg13	482.3
Xg6	483.2	Xg14	482.8
Xg7	482.7	Xg15	482.7
Xg8	485.7		

(2) 不同主轴转速下工件的振动响应

在同一转速的一次完整走刀的铣削过程中，每个通道记录了 10 个采样文件。图 11-20 给出了采样文件 S72 两通道的时域信号及相应的自功率谱密度曲线。表 11-13 给出了转速为 350r/min 时对应 A 通道的 10 个采样信号的最大自谱密度值 ρ 及其相应的频率 f。

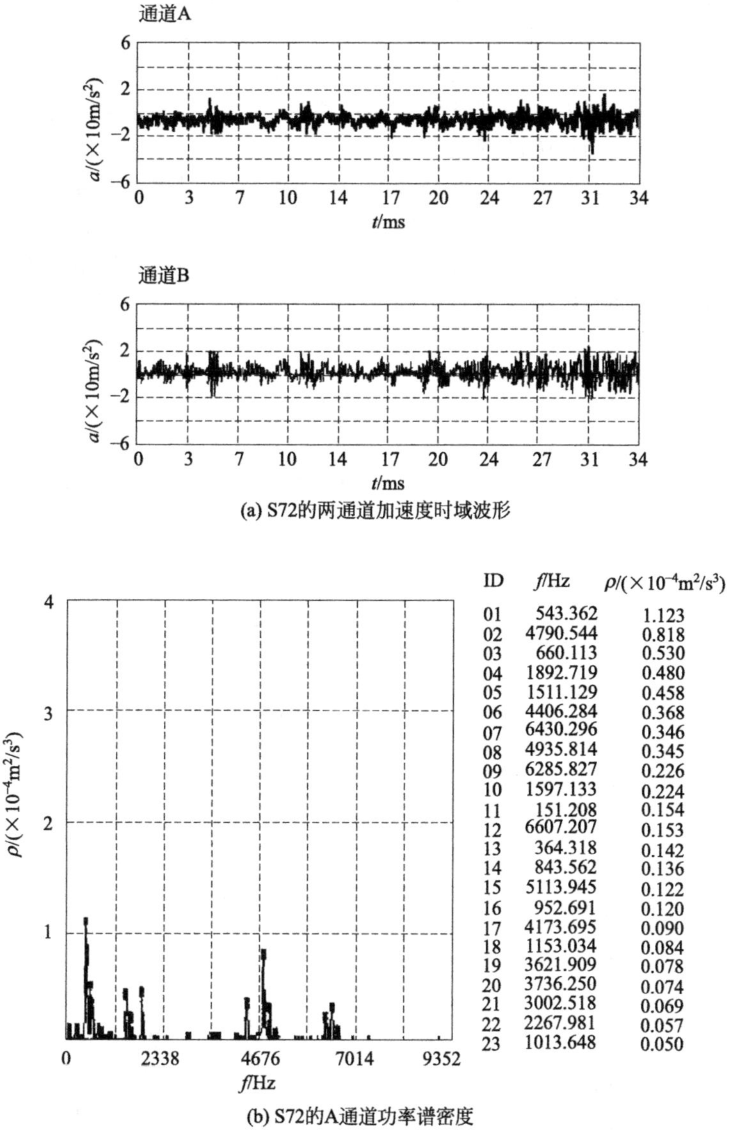

(a) S72的两通道加速度时域波形

(b) S72的A通道功率谱密度

图 11-20　铣削振动信号的时域曲线及自功率谱密度曲线

表 11-13　n=350r/min 时的试验结果

采样次数	$\rho/(\times10^{-4}m^2/s^3)$	f/Hz	采样次数	$\rho/(\times10^{-4}m^2/s^3)$	f/Hz
1	0.525	571	6	0.677	574
2	0.739	543	7	0.621	570
3	0.529	571	8	0.561	572
4	0.523	542	9	0.678	570
5	0.636	542	10	1.083	663

由表 11-13 可知，在转速 n=350r/min 的铣削过程中，工件的振动较平稳，最大自功率

谱值变化不显著，相应的频率域集中在540～570Hz。

为了比较不同的转速对工件振动的影响，图11-21和图11-22分别给出了不同转速的铣削过程中，各采样信号的最大自功率谱密度值ρ及相应的频率f随采样次数N的变化规律。从图11-21可以看出，在同一转速的铣削过程中，随着采样次数的增加，其振动响应的自功率谱密度值的变化大致可分为3个阶段：①铣刀与工件刚接触时振动显著，其自谱密度值最大，然后迅速减小；②经过一段时间后趋于平稳，此时谱值波动不明显；③在铣刀向传感器位置移近的加工过程中，振动响应又逐渐加强，直到铣刀离开工件停止加工，工件的振动又将达到一个极值。即每次走刀在铣削开始时存在切入冲击，铣削结束时存在切出冲击，故会出现铣削开始和结束时振动加强的现象。

而在铣削的中间阶段，铣刀与工件接触面积大，振动相对平缓一些。转速对铣削走刀的开始及结束阶段的谱密度值影响较明显，转速较高时谱值也相对较大，但谱值随转速的增加并非单调升高；而在走刀行程的中间阶段，转速对铣削工件振动的影响不明显。在试验的铣削过程中，最大自功率谱密度值是最小值的4.3倍，表明工件在铣削时其随机振动的最大能量是最小值的4.3倍。

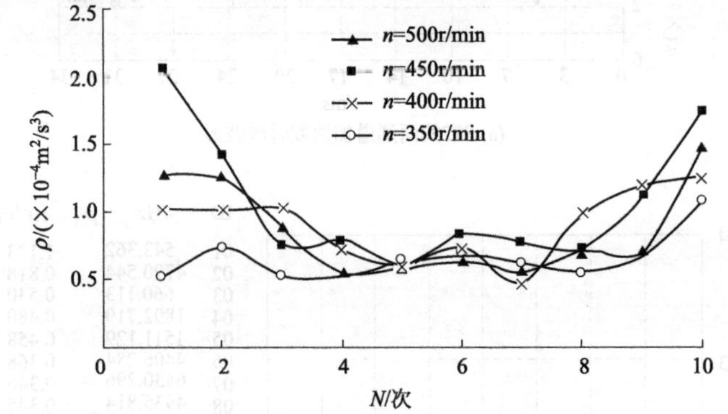

图11-21　不同转速下工件振动最大自谱密度值变化曲线

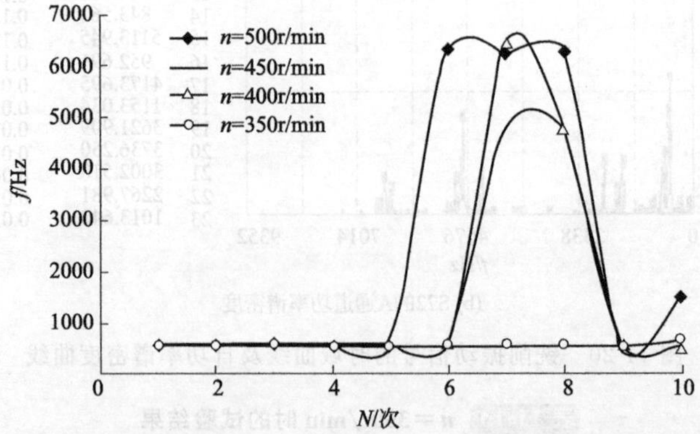

图11-22　不同转速下工件振动频率随采样次数的变化曲线

根据图11-22，当主轴转速n较低时（如$n=350$r/min），频率集中在540～570Hz，没有高频振动。随着转速的提高，工件的振动相继出现了高频振动。在本次试验的最高转速$n=500$r/min时，工件出现高频振动的时间最长。这表明主轴转速的不同是引起激振频率变化的主要因素，当转速降低到某一值时，高频振动消失。当转速较高时，在铣削的开始阶段，频率变化不明显，工件振动响应的频率集中在低频540Hz左右；随着采样时间的增加及铣刀位置的变化，工件的振动响应出现了高频振动，最高频率是最低频率的 11.7 倍。表明在铣削阶段，铣刀位置的时变是引起激振频率变化的另一要素。

此外，加工过程中工件的抗弯刚度及质量是时变的，根据振动理论，工件的质量及抗弯刚度会影响加工系统的弯曲固有频率，抗弯刚度降低则固有频率减小，同时单位面积内工件系统的质量减少，其固有频率增加，故加工系统的固有频率也是时变的。

(3) 铣削后的固有频率

试验结束后，用锤击法再次测试了加工系统的固有频率，其值为 454Hz。这表明，铣削过程中，随着去除材料的增加，加工系统的固有频率降低。若激振频率接近于加工系统的某阶固有频率，会引起该阶频率下的共振。

(4) 小结

① 用锤击法得到了加工系统在铣削振动测试前后的固有频率分别为 484Hz 和 454Hz。

② 测试了数控铣床在不同主轴转速的铣削过程中工件的振动响应，研究表明：随着主轴转速的降低，工件振动的自谱密度值减小，同时高频振动的时间缩短。

③ 在本次试验的铣削过程中，工件振动的最大能量是最小值的 4.3 倍，最高频率是最低频率的 11.7 倍。

11.7 数控转塔冲床振动噪声分析检测及改进

数控转塔冲床是高效、精密的柔性薄板材冲裁设备，利用数控系统对转塔刀具更换、冲孔形状以及板料进给位置进行控制，其可靠性、加工精度都与机床的振动和噪声有密切的关系。数控转塔冲床的床身主要由两块主板和多块加强筋焊接而成，且上下转盘采用铸钢件，尺寸较大，在空转或者板材加工时会产生很大的振动和噪声，因此对其进行振动和噪声的监测是有效解决问题的必要步骤。

11.7.1 振源和噪声源分析及测试

(1) 振源和噪声源分析

① 振源分析。要解决数控转塔冲床的振动问题，就要先分析振动产生的原因并找出振源，只有对振源的具体情况具体分析，才能制定出针对振源的有效控制方法。

数控转塔冲床的主要振源如下所示。

a. 不平衡的旋转件曲轴。曲轴在高速旋转下，由于其重心和旋转中心存在偏心，从而产生了绕旋转中心的离心力，使轴与轴承直接产生了较大的振动。

b. 进给横梁在 Y 轴与 Z 轴加速情况下的自振，以及带动机床床身的振动。

c. 旋转盘尺寸和质量较大，其铸造加工以及装配容易产生偏心，旋转时引起较大的离心力。其离心力 W(N) 为

$$W=me\lambda^2 \tag{11-2}$$

式中，m 为旋转偏心部件与轴的质量之和，kg；e 为偏心距，m；λ 为旋转角速度，rad/s。

由式(11-2) 可以看出，在偏心距一定的情况下，离心力与旋转件的质量和速度成正比。

d. 在离心力作用下，冲床受到了离心力与机床底边所产生的颠覆力矩 γ(N·m)。

$$\gamma=Wh \tag{11-3}$$

式中，h 为离心力到机床底边的距离。

e. 凸模冲击板材引起的振动，以及带动冲床的振动。

f. 来自其他设备通过地面传递过来的干扰。

② 噪声源分析。机械噪声与振动有着密不可分的关系，在机械有较大噪声的部位一般就有较大的振动。数控转塔冲床的噪声是脉冲式的瞬态噪声，其声压级峰值达到100～120dB。其噪声分为运转噪声和冲裁噪声，如齿轮间的啮合噪声、轴承噪声、空气动力噪声、电动机噪声、机构间隙产生的噪声和冲裁工艺噪声。

(2) 数控转塔冲床振动和噪声测试

机械（或结构）的振动测试主要是指测量振动体（或振动体上某一点）的位移、速度、加速度的大小，以及振动频率（或周期）、相位、衰减系数、振型、频谱等。机械振动测量中，有时不需要测量振动信号的时间历程曲线，而只需要测量振动信号的幅值，即振动位移、速度和加速度信号的有效值或峰值。如果所测的振动信号是简谐信号，只要测出振动位移、速度、加速度幅值中的任何一个，就可以根据位移、速度、加速度三者的关系求出其余的两个。设振动位移、速度、加速度分别为 x、v、a，即

$$x=Q\sin(\omega t-\varphi)$$

$$v=\frac{\mathrm{d}y}{\mathrm{d}t}=\omega Q\cos(\omega t-\varphi)$$

$$a=\frac{\mathrm{d}^2 y}{\mathrm{d}t^2}=-\omega^2 Q\sin(\omega t-\varphi)$$

式中，Q 为位移振幅；ω 为振动角频率，$\omega=2\pi f$，f 为振动频率；φ 为初相位。

振动信号的幅值可以根据位移、速度、加速度的关系，分别用位移传感器、速度传感器和加速度传感器测量，也可利用信号分析仪和振动仪中的微分、积分功能测量。

测量机械噪声的目的一般是为了进行产品噪声鉴定、评价或噪声声源识别，以便采取噪声控制措施。在机械噪声现场测量时，须使声音的混响小于3dB(绝压)。为此，要求现场测量的实验室体积 $H(\mathrm{m}^3)$ 与机械规定表面积 $Z(\mathrm{m}^2)$ 之比足够大。其表面积 Z 按下式计算。

$$Z=2kc+2bc+kb$$

式中，k 为有效长度，即机械长度加2倍的测点距离，m；b 为有效宽度，即机械宽度加2倍的测点距离，m；c 为有效高度，即机械高度加测量距离，m。

① 振动噪声测试系统

a. 设计实验方案。设计的系统测量框图如图11-23所示。

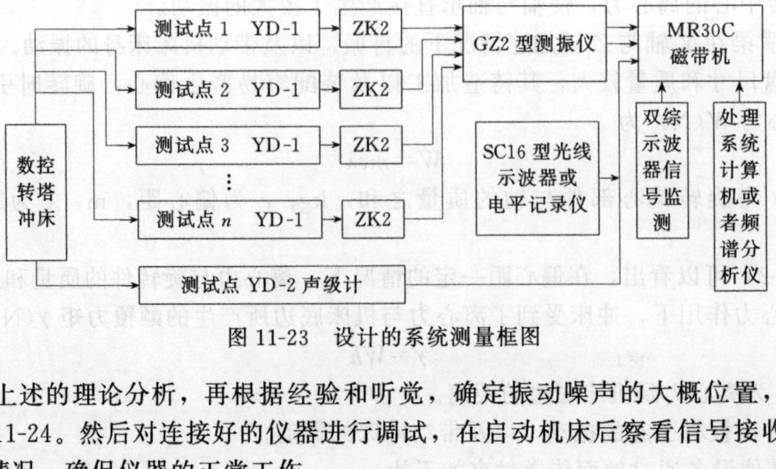

图 11-23 设计的系统测量框图

b. 根据上述的理论分析，再根据经验和听觉，确定振动噪声的大概位置，确定测试点1～3，见图11-24。然后对连接好的仪器进行调试，在启动机床后察看信号接收及仪器仪表指针读数等情况，确保仪器的正常工作。

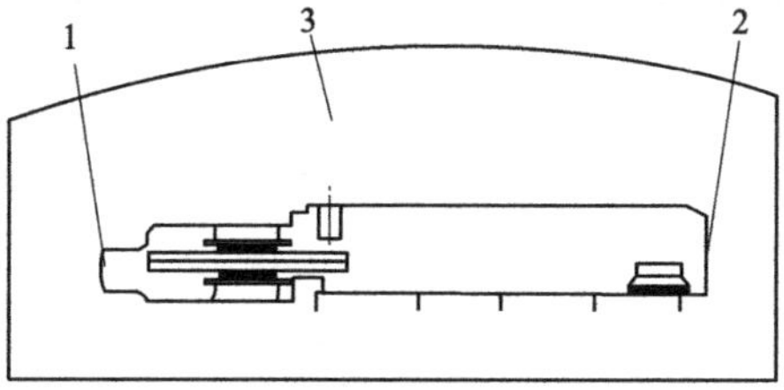

图 11-24　机床测试点

1～3—测试点

② 振动测试数据。表 11-14～表 11-16 为振动测试结果。

表 11-14　按 100%速率、72h 性能试验程序运行机床的振动测试结果

1	X	0.26	2	X	0.40	3	X	0.22
	Y	0.42		Y	0.44		Y	0.51

表 11-15　按 100%速率、Y 轴以 1mm 步距运行机床的振动测试结果

1	X	0.036	2	X	0.035	3	X	0.041
	Y	0.071		Y	0.062		Y	0.075

表 11-16　按 100%速率、Y 轴以 25mm 步距运行机床的振动测试结果

1	X	0.17	2	X	0.10	3	X	0.12
	Y	0.50		Y	0.51		Y	0.51

③ 噪声图谱。如图 11-25、图 11-26 所示分别为机床开机和工作时的噪声图谱。

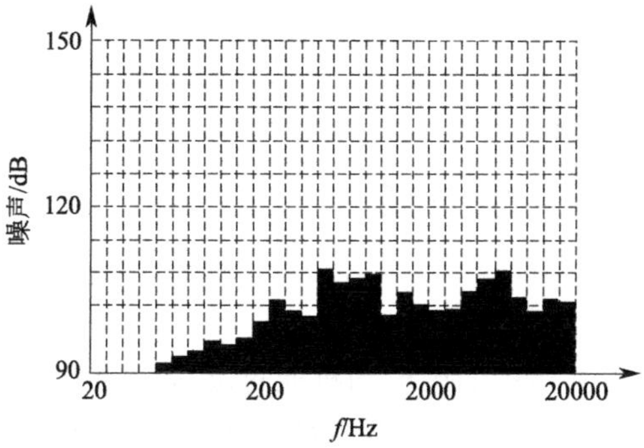

图 11-25　机床开机噪声

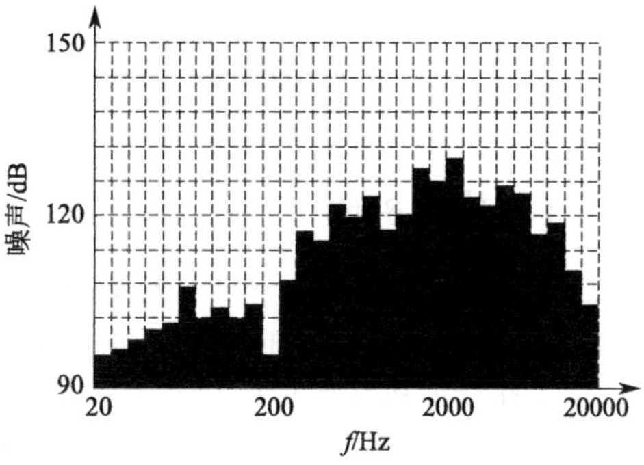

图 11-26　机床工作时噪声

11.7.2　测试结果与改进措施

（1）测试结果

对测试结果与理论分析的振动源、噪声源位置进行比较，其位置基本一致。由图 11-24 给出的数控转塔冲床测试点分别为：喉口 1、横梁位置端 2、伺服电机处 3。在这 3 点位置中，测试点 3 的峰值偏大，这是由于伺服电动机的影响；且随着进给步距的增加，1～3 三点的振动明显上升，1 点的位置受到转轮的影响，使其振动超过了其他两点；2 点的振动是由自由振动等多方面的振动叠加而成的，如床身的自振、横梁振动等，这些都影响了机床的稳定性。

根据噪声测试结果，可以看出冲床的最低噪声也在 90dB 以上，最高速度运转时的噪声达到了120～125dB。85dB以上的噪声就会使人感到心烦意乱，因而无法专心工作，导致工作效率降低；超过115dB的噪声会造成耳聋。因此该机床的最低和最高噪声都对工作人员的身心健康造成了危害，严重影响了生产质量和生产效率。

(2) 改进措施

通过对数控转塔冲床振动源的分析测试，提出以下改进措施。

① 针对其振动，可以在机床床身支撑脚上安装WJ-90型橡胶减振底盘使其固定在机床与地基之间，加大底盘的厚度和面积。在机床床身中装入适量的黄沙，利用床身里面的黄沙来吸振，将机械能转化成内能，见图11-27。

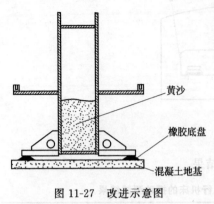

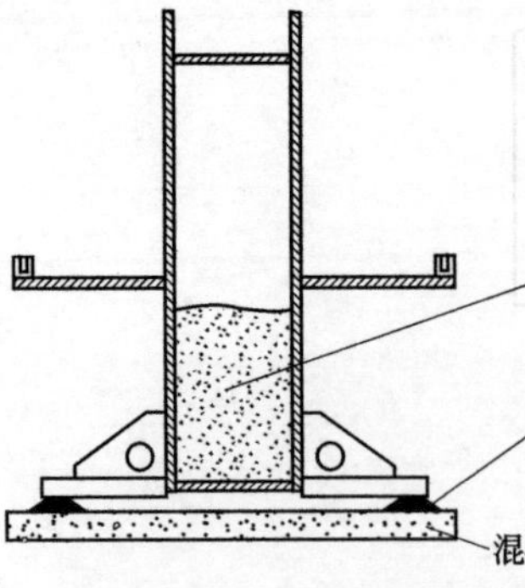

图11-27 改进示意图

② 对局部噪声较大的区域采用隔声罩，这种隔声罩可采用硬纸片或者是聚氨酯塑料制造，制作简单，成本低廉；也可以在适当的地方加隔振垫来减小噪声。在床身支持板噪声振动较大的地方，适当地粘贴阻尼材料，将振动的机械能转化成为内能，从而减小振动和噪声。

11.8 数控机床工作台振动故障诊断维修

数控工作台平稳移动、精确定位，是数控机床正常工作的重要环节。随着工作台控制系统的应用复杂化和控制性能要求的提高，深入掌握数控工作台的伺服控制技术原理和工作台传动机械运动结构，对维护使用好数控机床有很大帮助。

数控机床工作台振动，指运行时爬行、正常加工过程中运动不稳定，工作台在启动、停车或换向时，发生振动，严重时整个工作台振动不停，同时发出尖锐声音，直接影响数控机床的加工精度和正常工作。要了解其形成的原因，首先要了解机床工作台的工作原理。

11.8.1 数控机床工作台伺服驱动工作原理与故障诊断

(1) 数控机床工作台伺服驱动工作原理

数控机床工作台由机械传动机构和伺服控制系统两部分组成。

① 工作台的机械传动机构。工作台的机械传动机构是伺服电动机通过联轴器带动变速齿轮，再由变速齿轮通过齿形皮带，传动到滚珠丝杠、丝母，使工作台在导轨上平稳移动。数控机床进给装置的传动精度和定位精度，对所加工零件的精度，起着关键作用。为了确保进给传动系统的定位精度、快速响应特性和稳定性要求，机械传动装置通过在进给系统中加入减速齿轮，减小脉冲当量，预紧滚珠丝杠、丝母，消除齿轮、蜗轮等传动件的间隙，达到提高传动精度与定位精度的目的。

② 工作台进给伺服系统。工作台进给伺服系统采用闭环或半闭环控制，如图11-28所示。

位置控制环和速度控制环嵌套组成闭环进给伺服系统。位置控制环由CNC中的位置控制、速度控制位置检测及反馈装置组成。在位置控制中，根据插补运算得到的位置指令，与位置检测装置反馈来的工作台移动的实际位置信号相比较，形成位置偏差，经变换得到速度给定电压。速度控制环由伺服电动机、伺服驱动装置、测速装置及速度反馈等组成。在速度控制中，伺服电动机驱动装置根据速度给定电压和速度检测装置反馈的实际转速，对伺服电动机进行实时控制。

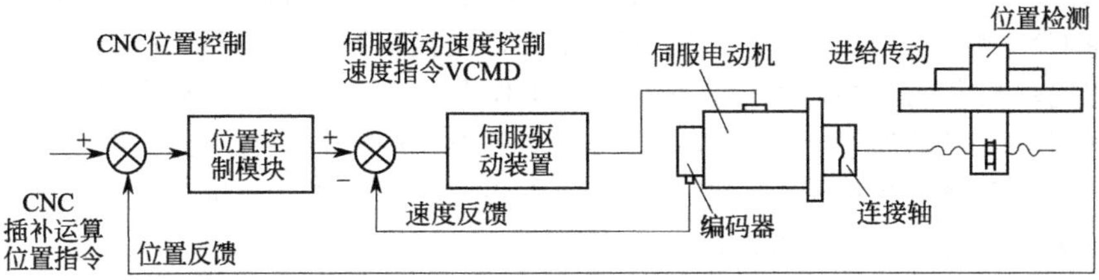

图 11-28　闭环进给伺服系统结构图

(2) 故障诊断

在数控机床维修过程中，工作台振动是一个比较棘手的问题。引起工作台振动的原因复杂多样，在此通过维修案例，介绍数种机床发生工作台振动时的处理步骤或思路。

机床工作台发生振动，伴随着定位精度差、加工零件表面光洁度下降，首先认真观察故障发生的详细过程，对机床进行看、听、触、嗅等诊断。工作台振动，又分有报警和无报警两种情况。

① 有报警。数控机床的故障，大多是通过数控系统自诊断功能以报警文本的形式，指示出故障内容及故障产生的可能原因，给维修人员提供一些分析判断故障部位的线索，充分利用数控系统的自诊断功能，依靠数控系统内部计算机对出错系统进行多路、快速的信号采集处理。然后由诊断程序进行逻辑分析判断，以确定系统故障部位。

维修人员根据报警提示，进行有针对性的检查修理。在数控系统内部，不但有自诊断功能状态显示软件报警，而且还有许多硬件报警指示灯，它们分布在电源板、伺服控制单元、输入/输出接口等部件上，根据这些报警灯的指示，可大致判断故障所在部位。

② 无报警。数控机床工作台发生轻微振动，一般不报警，而振动加大时，出现过流报警。机床工作台振动，一般是速度调节问题，机床速度的整个调节过程，是由速度调节器完成的。与速度调节器的相关因素有速度给定指令、测速反馈信号和速度调节器本身。

a. 发现数控机床工作台振动又无报警，首先测量位置控制器给速度调节器送来的给定信号模拟量 VCMD，可以通过伺服板上的插脚（FANUC6 系统的伺服板是 X18 脚）来看这个信号是否有振动分量。如果它有一个周期的振动信号，那么问题出在位置单元或 CNC 控制系统；如果测量结果没有任何振动周期性波形，那么从速度环往下找。

b. 半闭环系统脱开伺服电动机联轴结，电器控制系统和机械传动机构分离，通电观察伺服电动机是否振动。如果振动，检查反馈信号线路连接、电源线缆连接，通过用相同型号的电动机、编码器、测速电动机的交换，来确定故障部位，更换损坏元件；如果不振动，则检查机械传动机构、滚珠丝杠、丝母、轴承间隙、工作台导轨润滑等，必要时调整间隙和预紧力，磨损严重时要进行更换。

c. 通过上述检查处理后，仍然无法消除振动，可能是系统本身参数设置引起的振动。闭环系统由于参数设置和各种扰动而引起的振荡，最简单的方法就是减小放大倍数，调整位置环、速度环增益、速度调节器积分时间常数等。但这样的调节，要和机械调整配合进行，否则会影响设备跟随误差及响应速度。

11.8.2　维修案例

(1) 数控加工中心旋转工作台振动分析与排除

① 故障现象。一台带圆旋转工作台的数控加工中心，在加工零件时，圆周分度不均，零件圆周表面粗糙，精度达不到技术要求，仔细观察旋转工作台的圆周分度时，发现有轻微不规则振动。

② 判断与处理。调整放大器增益。振动随着放大器增益的减小，有时能静止，但很不稳定。测量 CNC 输出位置指令信号 VCMD 正常，交换伺服控制器后，故障依然存在。

把伺服电动机和同轴编码器拿下来与旋转工作台分离，让伺服电动机带编码器反馈低速转动，给伺服电动机轴加一个反向力，感到电动机轴在旋转时，有间断的摆动。查看控制信号、电源电压、反馈电缆都正常，把伺服电动机和编码器分离，测量直流伺服电动机的各项参数，给电单独旋转电动机一段时间，没有异常。

试编码器。根据增量式光电编码器信号线的分布，外接一个 DC＋5V 电源，用示波器测量编码器的输出信号 A、B 的输出波形，用手轻轻转动编码器轴，正常情况下 A、B 应该输出两组相位差 90°的矩形波信号，但这个编码器输出的波形有杂波，不整齐，给编码器轴加一个力，输出矩形波，变形很大，更换一个同型号新的光电编码器，该机床旋转圆工作台加工正常。

③ 原因分析。编码器轴径有间隙。在加工零件时，随着进刀量的变化，阻力大小不均匀，因为轴径间隙使编码器输出反馈信号不稳定，通过伺服系统的位置环，比较放大，使得系统经常处于补偿调整状态。

(2) 数控铣床 *X* 轴工作台振动分析与排除

① 故障现象。一台数控铣床，使用多年一直很稳定，最近操作者反映 *X* 轴工作台启动、停车或换向时振动，加工圆弧曲线零件时，光洁度较差。

② 故障分析。让操作者开机正常加工零件，调出故障存储信息，没有和工作台运动有关的故障记录。查看 CNC 系统和伺服单元运行，指示灯显示无异常，测量各关键点电压，正常，把相同的 *X* 轴、*Y* 轴伺服驱动单元进行交换，结果故障依然表现在轴上。说明从伺服驱动器往前的信号，都是好的。该控制系统采用半闭环控制，脱开伺服电动机与滚珠丝杆相连接的联轴器，使电器控制和机械传动机构分离，开机试验电器控制系统，结果振动消失。根据以上检查结果，判定问题出在工作台机械传动部分。

③ 处理方法

a. 滚珠丝杠两端采用角接触球轴承，工作台电动机一端有 3 个轴承，由于长时间使用，环境较差，保养不到位，轴承有一定磨损，选择 3 个 c 级轴承进行更换，轴承预紧力由两个背对背轴承内外圈轴向尺寸差来实现，用螺母通过隔套将轴承内圈压紧，外圈因为比内圈轴向尺寸稍短，有微量间隙，用螺钉通过法兰盘压紧轴承外圈，修磨垫片厚度，调整预紧力到合适为止。

b. 调整滚球丝杠副轴向间隙。轴向间隙是指静止时丝杠与丝母之间的最大轴向窜动量。这台机床滚珠丝杠副采用双螺母螺纹式预紧，调整时松开锁紧螺母，旋转调整圆螺母消除轴向间隙，并产生一定的预紧力，然后用锁紧螺母锁紧，预紧后两个螺母中的滚珠相向受力，从而消除轴向间隙，通过更换轴承和调整丝杠间隙，开机试车，工作台移动平稳，加工出的零件合格。

④ 原因分析。工作台进给机械传动由联轴器、齿轮、轴承、丝杠、导轨等多个环节串联起来，由于某种间隙误差扰动，使控制器不断调整输出位置指令，造成工作台振动。预紧力消除间隙，是预加载荷，可有效减少弹性变形所带来的轴向位移，但预紧力不可过大，否则会增加摩擦力，降低传动效率。预紧力要反复调整，在机床最大轴向载荷下，既能消除间隙，又能灵活运转。

(3) 激光切割机工作台振动分析与排除

① 故障现象。一台激光切割机，投入使用以来一直很稳定。开机，轴工作台振动不停，关机后复位重新启动，初始化找原点，工作台一走就振动，数控系统故障诊断显示，轴误差寄存器出错。

② 检查步骤。根据诊断提示，问题集中在伺服控制单元，把相同的 Y 轴伺服控制单元信号送到轴，则轴工作台移动正常，说明轴伺服控制单元有问题。印制电路板过流指示红灯亮，检查电路板上电源电压，正常，各项参数设定没有变化，查验各元件没有发现异常，试着对伺服控制系统参数进行调整。

③ 处理方法

a. 将位置环增益降低，在工作台移动平稳不振动的情况下，逐渐增加速度环增益至最大值。

b. 逐渐降低速度环增益值，同时一边儿逐渐加大位置环增益，一边儿移动工作台，把手放在工作台上，注意观察在无振动的前提下，将位置环增益设置尽可能大。

c. 速度环积分时间常数取决于定位时间的长短，在机械系统不振动时，尽量减小此值。

d. 对位置环增益、速度环增益及积分时间常数进行微调，找到最佳点。

通过以上调整，工作台运行平稳，定位精度没有发生变化。

④ 原因分析。位置回路增益决定伺服系统反应速度。位置回路增益设定较高时，反应速度增加，跟随误差减小，定位时间缩短。但位置回路增益加大，会使整个伺服系统不稳定，工作台产生振荡，为了保持控制系统稳定工作，应当注意：

a. 降低位置回路增益，同时调整速度环增益；

b. 尽量减小机械传动机构的各种扰动误差。

系统参数的调整和机械传动机构误差调整是相辅相成的，互相补充，只有把伺服系统参数和机械传动机构都调整到最佳状态，机床的性能才能发挥到极致。

(4) 加工中心 Y 轴振动分析与排除

① 故障现象。一台加工中心，Y 轴静止时，机床工作正常，无报警，但在 Y 轴运动过程中，出现振动并伴随有噪声。

② 判断与处理。由于 Y 轴在静止时机床工作正常，无报警，初步判断数控系统和驱动器无故障；检查 Y 轴的振动情况，发现振动的频率与运动速度有关。运动速度快，则振动频率高；运动速度慢，则振动频率低。因此判定故障与速度反馈环节有关。

首先检查测速反馈的电缆连接，没有发现不良；检查 Y 轴伺服电动机和与内装式测速发电机，发现换向器表面堆积很多炭粉，拿刷子蘸汽油清洗换向器表面，用细金属丝把换向器极间槽中炭粉刮干净，再用压缩空气把换向器表面吹干，试机工作台移动恢复正常。

③ 原因分析。该伺服驱动采用直流调速，驱动器仅起速度调节作用，位置闭环调节由 CNC 进行控制，速度位置检测元件与电动机做成一体，内装测速发电机。由于炭粉和油污拌在一起，堆积在换向器上，极间产生局部短路，速度反馈出现扰动，经过速度环放大，就引起电动机震荡。

参考文献

[1] 张键．机械故障诊断技术．北京：机械工业出版社，2008.
[2] 秦树人．机械测试系统原理与应用．北京：科学出版社，2005.
[3] 张优云，陈花玲，张小栋等．现代机械测试技术．北京：科学出版社，2005.
[4] 梁吉波，吴银龙．电机滚动轴承异常振动噪声的分析及处理．防爆电机，2008 (4).
[5] 王静，邓军，曹阳．轴承状态监测与诊断系统研究与开发．噪声与振动控制，2008 (5).
[6] 申甲斌．齿轮箱中滚动轴承的故障诊断与分析．设备管理与维修，2008 (11).
[7] 赵军，张丹，王金光．齿轮箱的失效原因与振动诊断．中国修船，2008 (5).
[8] 陈艳锋，吴新跃，宋继忠．某船用齿轮振动分析．船海工程，2008 (3).
[9] 陈小星，王晓荣，黄大星．丰收 180-3 变速箱齿轮副振动性能分析．农机化研究，2009 (11).
[10] 任学平，马文生，杨文志等．基于小波包分析的减速机故障诊断研究．噪声与振动控制，2008 (5).
[11] 徐跃进．齿轮箱中齿轮故障的振动分析与诊断．机械设计，2009 (12).
[12] 范小彬，臧勇，吴迪平等．CSP 热连轧机振动问题．机械工程学报，2007 (8).
[13] 闫晓强．热连轧机机电液耦合振动控制．机械工程学报，2011 (17).
[14] 郭学，程明都，李新峰等．210MW 汽轮发电机组振动分析与处理．华电技术，2008 (9).
[15] 扬海斌．某电厂 360MW 汽轮机组不平衡振动分析．应用能源技术，2008 (7).
[16] 王家胜，邓彤天，冉景川．300MW 汽轮机组振动原因诊断和处理．热力透平，2008 (3).
[17] 张俊杰，韩阳，王顶辉等．600MW 机组 11 号瓦振动故障诊断和消除．广东电力，2008 (5).
[18] 工海明，周森，王广庭，马光荣．华能阳逻电厂 600MW 机组轴系振动故障诊断及处理．湖北电力，2008 (1).
[19] 张秋生，范永胜，史文韬等．1000MW 汽轮机组轴瓦振动保护误动的原因分析及对策．中国电力，2012 (12).
[20] 张煜，韩宝军，张荣佩．凝汽器真空变化对机组振动的影响分析．河北电力技术，2008 (2).
[21] 杨毅．CPR1000 技术核电机组高频振动故障诊断与处理．广东电力，2016 (1).
[22] 王宏兵，杨学伟．甲岩水电站机组振动问题分析及处理．云南水力发电，2015 (4).
[23] 赵洪山，徐樊浩，徐文岐，高夺．风电机组振动监测与故障预测系统．陕西电力，2016 (7).
[24] 张为春，何吕昌．基于振动的柴油机转速测量仪研究与开发．拖拉机与农用运输车，2008 (5).
[25] 谭季秋，鄂加强，邢丽华．车用柴油机振动信号的去噪声处理．湖南工程学院学报，2008 (3).
[26] 段礼祥，张来斌，卢群辉．往复机械磨损故障的振动油液复合诊断法研究．石油矿场机械，2008 (10).
[27] 王云，雷娜．旋转冲压发动机冲压转子振动模态分析．南昌航空大学学报，2008 (2).
[28] 舒苗森，刘广璞，潘宏侠．基于小波消噪的柴油机缸盖振动信号分析．中国科技信息，2008 (20).
[29] 蔡振雄，李寒林，林金表等．船舶柴油机拉缸故障振动诊断技术．上海海事大学学报，2007 (1).
[30] 杨玲，王克明，张琼．某型航空发动机整机振动分析．沈阳航空工业学院学报，2008 (5).
[31] 熊慧英，何洁，严爱芳．烟气轮机转子不平衡故障诊断研究．噪声与振动控制，2008 (5).
[32] 王玮玺．油膜涡动引起烟气轮机振动的分析．石油化工设备，2008 (5).
[33] 冯永和．合成气压缩机汽轮机故障分析及改造．石油化工应用，2008 (5).
[34] 娄朝辉，袁成清，郭智威，杜杰伟．基于 LabVIEW 的船舶柴油机不同工况下的机身振动信号分析．中国修船，2014 (4).
[35] 姬广勤，徐兴科，赵以万．引风机振动故障的诊断与分析．风机技术，2006 (6).
[36] 王计栓，苑文改．离心式压缩机喘振问题研究及解决方案．风机技术，2005 (3).
[37] 赵爽，张世丽．大型离心压缩机的喘振试验. 风机技术，2007 (2) .
[38] 李钢燕，何立波．故障诊断技术在高炉助燃风机中的应用. 风机技术，2005 (3).
[39] 董明洪，李俊．轴流通风机喘振现象分析及预防措施．风机技术，2008 (04).
[40] 张子敬，王利．空压机电机振动原因分析．风机技术，2006 (06).
[41] 陈宜振，尹民权．动叶可调轴流通风机机械故障原因分析．风机技术，2008 (4).
[42] 陈冬．离心式空压机振动故障的诊断与检修．风机技术，2006 (3).
[43] 张立发，翟所斌．大型空分装置离心式压缩机振动故障分析及处理．风机技术，2008 (3).
[44] 黄崇林，吕广红，钟经山．DH63 型空压机振动故障分析及处理．风机技术，2007 (5).
[45] 陈珊珊，胡军．脱硫风机轴承故障诊断．风机技术，2008 (2).
[46] 丁鹏，吴跃东．动叶可调轴流通风机的失速与喘振分析及改进措施．风机技术，2007 (3).
[47] 孟庆遥．引风机积灰振动影响因素及吹灰装置应用．风机技术，2008 (1).
[48] 张立发，翟所斌．大型空分装置离心式压缩机振动故障分析及处理．风机技术，2008 (3).

[49] 王凤良，富学斌，许志铭．发电厂一次风机异常振动故障诊断及处理．风机技术，2014（3）.
[50] 李建宏．多级给水泵转子不平衡引起振动原因分析．山西焦煤科技，2008（6）.
[51] 肖小清，冯永新. 交流润滑油泵振动故障原因分析及处理．广东电力，2008（8）.
[52] 徐颜军. 循环水泵振动原因分析与处理．电力学报，2008（4）.
[53] 梁飞华，黄玉新，邓宇．输油泵在输油管道中运行的振动监测与故障诊断．茂名学院学报，2008（8）.
[54] 袁周，黄志坚．工业泵常见故障及维修技巧．北京：化学工业出版社，2008.
[55] 杨敏，马光辉，吴乃军．大功率高速泵的振动监测系统及其应用．火箭推进，2013（1）.
[56] 吕志远．基于振动频谱分析的电动机故障诊断．冶金动力，2008（5）.
[57] 李建波，陈志忠，陈东．火电厂引风电机轴承损坏分析及处理．广西电力，2008（4）.
[58] 刘勇，王海峰，王建明等．舰用异步电动机故障诊断中振动频谱的研究．大众科技，2008（9）.
[59] 严自新．永磁直流电动机振动和噪声分析．微特电机，2008（7）.
[60] 杨鸿儒，王新梅．振动检测仪在电动机状态监测和润滑管理中的应用机械，2008（9）.
[61] 熊建强，黄菊花．混合动力汽车噪声和振动的分析与控制噪声与振动控制，2009（5）.
[62] 宋志鹏，王责成，王树林．高速切削振动的形成及其控制．工具技术，2008（10）.
[63] 廖平，邓方平．高速数控车床切削的动态特性测试与分析．郑州大学学报：工学版，2011（3）.
[64] 侯静强，李震杰，梁瑞容等．浅谈磨削加工中的振动．中国科技信息，2008（22）.
[65] 郑华山，滕向阳，贾志新等．立式旋转电火花线切割机床的振动分析与动平衡试验研究．机械工程师，2008（11）.
[66] 宋清华，艾兴，万熠等．铣削系统稳定性判定新方法研究．机械强度，2008（5）.
[67] 李顺才，张彬彬，刘玉庆．数控铣削过程中工件的振动测试及分析．徐州师范大学学报：自然科学版，2011（4）.
[68] 郭伟，宋爱平，杨益，陶建明．数控转塔冲床振动噪声分析检测及针对性建议．机械工程与自动化，2013（3）.
[69] 杨桂平．数控机床工作台振动故障的诊断维修及案例．装备制造技术，2011（9）.